非线性发展方程动力系统丛书 3

粗糙微分方程及其动力学

高洪俊　曹琪勇　马鸿燕　著

科学出版社

北　京

内 容 简 介

本书主要介绍粗糙微分方程及其动力学方面的若干研究成果. 全书分为七章. 第 1 章介绍相关背景材料；第 2 章为全书的基础, 给出粗糙路径、高斯粗糙路径、受控粗糙路径的定义及相关性质；第 3 章介绍粗糙积分和粗糙微分方程的解理论；第 4 章介绍随机动力系统基本理论；第 5 章介绍有限维粗糙微分方程所生成随机动力系统的相关动力学——中心流形、随机吸引子以及随机动力系统的逼近；第 6 章介绍几类粗糙偏微分方程的基本解理论, 内容涵盖特征线方法、Feynman-Kac 表示、半群方法、变分方法；第 7 章介绍随机粗糙偏微分方程生成的无穷维随机动力系统的局部稳定性、局部不稳定流形以及粗糙噪声输运驱动的三维 Navier-Stokes 方程生成随机动力系统.

本书可供数学相关专业的高年级本科生、研究生、教师以及相关领域的研究人员阅读和参考.

图书在版编目 (CIP) 数据

粗糙微分方程及其动力学/高洪俊, 曹琪勇, 马鸿燕著. —北京: 科学出版社, 2024.6

(非线性发展方程动力系统丛书；3)

ISBN 978-7-03-077211-4

I.①粗… II.①高… ②曹… ③马… III.①数学物理方程-研究

IV.① O175.24

中国国家版本馆 CIP 数据核字(2023)第 234244 号

责任编辑：李 欣 李月婷 贾晓瑞 / 责任校对：彭珍珍
责任印制：张 伟 / 封面设计：无极书装

科学出版社 出版

北京东黄城根北街 16 号
邮政编码：100717
http://www.sciencep.com

涿州市般润文化传播有限公司印刷
科学出版社发行 各地新华书店经销

*

2024 年 6 月第 一 版 开本: 720×1000 1/16
2024 年 6 月第一次印刷 印张: 24 1/4
字数: 488 000

定价: 148.00 元

(如有印装质量问题, 我社负责调换)

"非线性发展方程动力系统丛书"编委会

主　编: 郭柏灵

编　委: (以姓氏拼音为序)

郭　岩　　江　松　　李　勇　　李海梁

苗长兴　　王　术　　王保祥　　王亚光

辛周平　　闫振亚　　杨　彤　　殷朝阳

庾建设　　曾崇纯　　赵会江　　朱长江

"非线性发展方程动力系统丛书" 序

　　科学出版社出版的"纯粹数学与应用数学专著丛书"和"现代数学基础丛书"都取得了很好的效果, 使广大青年学子和专家学者受益匪浅.

　　"非线性发展方程动力系统丛书"的内容是针对当前非线性发展方程动力系统取得的最新进展, 由该领域处于第一线工作并取得创新成果的专家, 用简明扼要、深入浅出的语言描述该研究领域的研究进展、动态、前沿, 以及需要进一步深入研究的问题和对未来的展望.

　　我们希望这一套丛书能得到广大读者, 包括大学数学专业的高年级本科生、研究生、青年学者以及从事这一领域的各位专家的喜爱. 我们对于撰写丛书的作者表示深深的谢意, 也对编辑人员的辛勤劳动表示崇高的敬意, 我们希望这套丛书越办越好, 为我国偏微分方程的研究工作作出贡献.

郭柏灵

2023 年 3 月

前　　言

　　复杂系统通常会受到随机因素或不确定性因素的影响, 然而, 在刻画复杂系统的确定性微分方程的建模过程中, 往往忽略了这些随机和不确定性因素, 而这些因素有时会对系统造成根本性的影响. 因此诞生了一种不同于确定性的微分方程理论——随机微分方程.

　　作为随机微分方程的重要理论工具, 随机分析为随机动力系统的发展带来了机遇与挑战. 在过去的几十年里, 人们通过对随机微分方程生成的随机动力系统进行研究, 将随机分析和随机动力系统有机联系起来, 取得了丰硕的研究成果. 但是, 随机动力系统领域仍存在许多未解决的问题. 其中最重要的问题是研究非线性乘性噪声驱动的随机偏微分方程的动力学行为. 事实上, 随机动力系统的概念是 20 世纪 90 年代德国的 Arnold 教授所领导的 Bremen 学派历经数十年研究后提出的. 这种方法是从逐轨道的角度出发来研究随机动力系统. 在这个框架下, 很多实际问题往往只能考虑加性或线性乘性的噪声.

　　20 世纪 90 年代, 英国的 Lyons 教授提出了一种革命性的理论, 被称为粗糙路径分析, 它完全克服了常微分方程和随机微分方程之间的差距, 建立起了随机分析和粗糙路径分析之间的联系. 粗糙路径分析是一种逐轨道的分析方法, 为随机动力系统的发展提供了新的机遇. 目前关于粗糙动力系统的研究主要是由 Imkeller、Riedel、Scheutzow、Bailleul、吕克宁、Schmalfuss、Garrido-Atienza、Kuehn 等教授及其合作者推动. 对于粗糙噪声驱动的随机动力系统的研究仍处于起步阶段, 国内外尚无合适的粗糙微分方程和动力系统相结合的教材.

　　近年来, 我们对粗糙噪声驱动的偏微分方程进行了较为系统的学习和研究, 并在国家自然科学基金的资助下, 对粗糙噪声驱动的系统的动力学逼近开展了研究, 并取得了一些研究成果. 其间, 我们邀请德国 Jena 大学 Hesse 博士为我们讲授八讲关于粗糙路径理论及粗糙吸引子的工作; 听取了耿曦博士线上的粗糙路径理论的课程; 仔细研讨了 Friz 和 Hairer 关于粗糙路径的专著; 研读了粗糙路径在偏微分方程和随机动力系统中应用的相关结果. 在对相关理论和结果消化和吸收的基础上, 对粗糙路径和随机动力系统理论进行合理编排, 撰写了本书. 希望本书的出版能够帮助对粗糙动力系统感兴趣的学者尽快进入该领域, 并在阅读此书的基础上, 尽快进入前沿.

　　郭柏灵院士是作者高洪俊的授业恩师, 郭老师一直关心我们的发展, 正值郭老师主编科学出版社"非线性发展方程动力系统丛书"之际, 给了我们向各位专家学习的机会. 我们也是抱着抛砖引玉的想法, 希望粗糙偏微分方程及其动力学的研究能引起更多学者的关注.

　　本书的写作过程中, 我们得到了郭柏灵院士给予的极大的鼓励与支持. 同时也得到了 Schmalfuss 教授、吕克宁教授和 Hesse 博士的诸多帮助, 在此对他们表示衷心的感谢.

　　限于作者的水平和学识, 本书难免有疏漏和不足之处, 敬请读者批评指正.

作　者

2023 年 6 月

目　　录

第 1 章 绪 论

1.1 粗糙路径的理论发展简介

粗糙路径的发展需从解常微分方程说起, 在实际的一些应用中通常会考虑如下的常微分方程

$$dY = f(Y)dX,$$

这里为了陈述的方便, 假设 $X \in C^\infty([0,T], \mathbb{R}^d)$, $f \in C_b^\infty(\mathbb{R}^m, \mathbb{R}^{m \times d})$, 即函数 f 及其任意阶导数都是有界的. 对于任意给定的初值条件 Y_0, 在该条件下很容易得到解 Y 的存在唯一性. 另外, 值得注意的是, 该常微分方程的解在时间点 s 附近具有局部行为

$$Y_t - Y_s \approx f(Y_s)X_{s,t},$$

它可以被视为常微分方程的一阶 Euler 格式, 或者作为积分 $\int_s^t f(Y_s)dX_s$ 在小区间上的近似, 其中 $X_{s,t} = X_t - X_s$. 但是, 当考虑的驱动信号 X_t 为 Hölder 连续路径时, Riemann-Stieltjes 积分便失效, 则需要利用 Young 积分理论. 1936 年, Young[1] 考虑了 α-Hölder 正则性路径 X 和 β-Hölder 正则性路径 Y, 且在满足 $\alpha + \beta > 1$ 的条件下, 给出了积分 $\int_0^T Y_r dX_r, T > 0$ 的定义:

$$\int_0^T Y_r dX_r := \lim_{|\mathcal{P}(0,T)| \to 0} \sup_{[u,v] \in \mathcal{P}(0,T)} Y_u X_{u,v},$$

其中 $\mathcal{P}(0,T)$ 表示区间 $[0,T]$ 的划分, $|\mathcal{P}(0,T)|$ 表示划分区间的最大长度. 通常称该积分为 Young 积分, Young 积分在随机微分方程中应用的经典情形是 Hurst 指标 $H > \dfrac{1}{2}$ 的分数布朗运动. Zähle[2] 在 1998 年利用分数阶积分理论建立了对于分数布朗运动的 Hurst 指标 $H > \dfrac{1}{2}$ 的逐轨道意义下的随机积分, 这本质上是一种 Young 积分.

　　与此同时, Lyons[3] 于 1998 年给出粗糙信号驱动的微分方程解的适定性, 并给出粗糙路径的概念. 粗糙路径概念的诞生是自然而又充满创造性的, 在粗糙情形下, 上述考虑的微分中驱动路径 X 的 Hölder 连续性指标 $\alpha \in \left(\dfrac{1}{3}, \dfrac{1}{2}\right)$, 而更低的正则性也有类似的考虑. 同样地, 解 Y 在时刻 s 附近的局部行为为

$$Y_t - Y_s \approx f(Y_s)X_{s,t} + Df(Y_s)f(Y_s)\mathbb{X}_{s,t},$$

从而, 直观上可以将粗糙积分定义为

$$\int_0^T f(Y_s)d\mathbf{X}_s := \lim_{|\mathcal{P}(0,T)| \to 0} \sup_{[u,v] \in \mathcal{P}(0,T)} (Y_u X_{u,v} + Df(Y_u)f(Y_u)\mathbb{X}_{u,v}).$$

值得注意的是, 上述的 $\mathbb{X}_{s,t}$ 在非正式观点下可以被视为二重积分 $\displaystyle\int_s^t \int_s^r dX_{s'}dX_r$, 它通常被称为 Lévy 面积, 这里的粗糙积分 $\displaystyle\int_0^T f(Y_s)d\mathbf{X}_s$ 应该被理解为积分 $\displaystyle\int_0^T f(Y_s)dX_s$ 的一种体现, 也就是说, 为了给出积分 $\displaystyle\int_0^T f(Y_s)dX_s$ 的定义, 需要引入 X 的额外信息, 将 X 提升为 $\mathbf{X} = (X, \mathbb{X})$. 故而, 往往在微分或积分方程中看到的是提升后的粗糙路径而非原始的路径. 相比于 Young 积分, 粗糙积分可以被理解成双线性的 Young 积分. 定义积分的目的是求解相应的微分方程. Davie[4] 于 2008 年利用二阶 Euler 格式建立粗糙微分方程解的适定性, 这是一种离散化的方法, 主要通过离散的 Sewing 引理和 Areza-Ascoli 定理来建立连续情形的解. 除去上述的离散化方法, 还存在逼近的方法建立解的适定性, 其中比较经典的是 Friz 和 Victoir[5] 的 "sub-Riemann geodesics".

　　上面所介绍的方法都是从间接的角度获得微分方程的解. 一个重要的观察是在微分方程的框架下 Young 积分和粗糙积分的给出都表明了一个共有的特征, 解在局部上看起来像 X. 因此 Gubinelli[6] 在 2004 年提出了 "受控粗糙路径" 的概念, 将解的局部行为写成

$$Y_t - Y_s \approx f(Y_s)X_{s,t} + R^Y_{s,t},$$

其中 $f(Y)$ 被称为 Gubinelli 导数, R^Y 被称为解的余项. 此时, 粗糙微分方程解的结构被看成由解和 Gubinelli 导数两部分组成, 因此 Gubinelli 将解空间定义为受控粗糙路径空间. 然后, 解可以通过经典的 Banach 不动点定理得以建立.

到目前为止, 已经有很多学者关心粗糙偏微分方程的研究. 首先, 对于一阶线性输运方程和二阶线性抛物方程, 流变换的方法起着至关重要的作用, 粗糙输运方程可以看成经典特征线方法的推广, 这项工作[7] 由 Friz 的团队于 2020 年完成. Friz 团队于 2017 年建立二阶线性偏微分方程解的 Feynman-Kac 表示[8]. 流变换的思想不仅仅用于处理线性的方程而且也能用于粗糙噪声驱动的完全非线性的方程. Friz 的团队于 2011 年建立一类具有粗糙输运噪声的完全非线性方程的粗糙粘性解[9], 之后, 其他学者在粗糙粘性解框架下给出了正则性以及数值解方面的一些结果[10-13]. 对于一些半线性发展方程的研究, 近几年的结果主要集中在 Martin Hairer 和 Gubinelli 的团队, 他们主要是考虑有限维噪声驱动的发展方程, 将有限维的受控粗糙路径的概念推广到无穷维系统中, 建立温和受控粗糙路径[14] 和插值空间上的受控粗糙路径[15] 的概念, 并且在半群框架下获得解的适定性. [14] 中的工作与早期 Gubinelli 和 Tindel 的工作[16] 密切相关. 此外, 另外一些学者, 比如, Hesse 和 Neamţu 考虑无穷维噪声驱动的半线性发展方程, 他们基于解内在的定义, 给出了在粗糙路径框架下解的适定性[17,18]. 最近, 针对于粗糙输运噪声驱动的非线性方程, Hocquet 等发展了一套变分框架, 使得解的适定性和稳定性得以建立. 变分框架下的结果主要有两类, 它们的区别在于双变量技巧和对偶技巧, 后者的应用比较少, 它被用来研究广义的 Burgers 方程[20] 和一类半线性发展方程[21] 解的适定性和稳定性. 双变量技巧下的变分方法更有应用价值, 它能被用于处理一类非线性的 Navier-Stokes 方程和 Euler 方程的适定性和稳定性[22-24].

尽管现在粗糙偏微分方程的解理论已经发展得相当成熟, 但是从上面的介绍中发现驱动的噪声往往要求是传输型的, 也就是说不管是变分框架还是流变换的框架或多或少要求噪声的部分是线性乘性的, 那么对于更一般的噪声能否将上述的变分框架和随机偏微分方程的其他研究手段扩展到粗糙偏微分方程是一个比较有意思的研究课题. 此外, 上述提及的应用仅仅是现实生活中的一部分, 对于粗糙噪声驱动的大气海洋模型和一些其他的物理模型, 能否克服模型中非线性项所带来的困难来建立解的适定性, 是一个重要的研究课题.

粗糙路径理论在其他领域内也有着重要作用, 将粗糙路径看成信息集的编码, 专业的叫法是签名 (signature), 2021 年 6 月, 布朗大学线上举办了主题为 "Applications of Rough Paths: Computational Signatures and Data Science" 的研讨会, 讨论粗糙路径在数据科学方向上的应用, 涉及金融、医疗保健、计算机视觉识别等, 并且神经网络微分方程作为数据科学的重要工具加深了与粗糙路径之间的联系. 可以预见在不久的将来, 粗糙路径理论的研究与应用将产生质的飞跃.

1.2　粗糙路径在随机动力系统中的应用

过去的几十年里, 在流体力学、等离子体物理、金融和生物学等领域中, 随机模型的引入更加符合实际, 并且带来一些新的特征, 比如, 噪声影响孤立子的形成和传播速度, 延缓解爆破的形成. 也就是有助于系统建立 "有序性". 在过去几十年间, 对于非线性系统的随机吸引子、指数吸引子、不变流形、随机分岔等有丰富、深刻的结果. 但是, 随机动力系统以往的结果都是关于布朗运动驱动的随机方程生成的随机动力系统的长时间行为研究, 并且噪声也基本要求是线性乘性或者加性噪声. 这种情形下, 基于布朗运动的鞅性, 随机方程可转化成为具有随机系数的方程. 而对于某些非半鞅过程或非马尔可夫过程驱动的随机系统, 其动力学研究则显得比较困难. 这一类过程的代表是分数布朗运动, 分数布朗运动因为其特殊的长程相关性被广泛地应用于大气科学和金融工程等领域. 所以这一类特殊过程驱动的方程生成的随机动力系统的长时间行为研究具有重要意义. 另外, 先前提及的噪声类型只能是加性以及线性乘性的原因是存在变换使得原系统和变换后的系统是共轭的, 并且可以在逐轨道的角度研究变换后的随机系统的动力学, 这符合随机动力系统从微观角度观察系统动力学的行为. 但是, 当考虑的噪声为非线性乘性时, 一般不存在变换使得系统可以转化为一个具有随机系数的系统. 在目前新的技术手段中, 粗糙路径理论可以保证随机偏微分方程在逐轨道意义下考虑解的适定性. 故而粗糙路径理论为研究随机动力系统的动力学提供了可能性.

我们下面提及的工作中的噪声类型基本属于非线性乘性. 关于粗糙路径的理论在随机动力系统中的发展, 最早应该追溯至分数布朗运动驱动的随机方程动力学行为的研究. 特别是在早期, 领域内的一些专家对于 Hurst 指标 $H > 1/2$ 的分数布朗运动驱动的随机微分方程和随机偏微分方程的随机吸引子进行了研究, 见 Garrido-Atienza, Maslowski, Schmalfuss, Gao 等在这方面的研究工作[25,26]. 此时, 分数布朗运动的随机积分是在 Zähle 的分数阶积分意义下被定义的, 其本质上是 Young 积分的思想体现. 同时 Garrido-Atienza, Schmalfuss, Lu 在 [27,28] 中考虑分数布朗运动驱动的随机偏微分方程的不变流形. 在之后的 10 年里, 这一领域发展迅速, Garrido-Atienza 及其合作者研究了分数布朗运动驱动的时滞微分方程、格点系统, 以及具体的随机壳模型等应用 (见 [29–32]). 其间, 研究不仅仅是局限于分数布朗运动的 Hurst 指标 $H > \dfrac{1}{2}$ 情形, Garrido-Atienza, Schmalfuss, Lu 建立了分数布朗运动驱动的随机偏微分方程的全局解及余圈 (cocycle) 性质[33,34], 此时 Hurst 指标 $H \in \left(\dfrac{1}{3}, \dfrac{1}{2} \right]$. 他们的做法采用了补偿的分数阶积分, 也引入了带半群的二阶过程, 其类似于粗糙路径的 Lévy 面积. 近五年, 随着相关的一些国际、国内的关于粗糙路径和分数布朗运动的学术活动的举办, 越来越多的学者了解到粗糙路径这一工具在动力系统中的重要作用. 因此, 在粗糙路径框架下的动力学行为的结果也随之产生, 目前的研究往往是抽象粗糙方程的不变流形、随机吸引子、乘性遍历定理、局部稳定性等 (见 [35–39]). 随着研究的深入, 相信会有一些更具体的应用和更深入的结果.

第 2 章　粗糙路径空间

在本章中我们将给出粗糙路径空间、几何粗糙路径空间和受控粗糙路径空间的定义, 这将为粗糙微分方程的解和动力学行为的研究提供重要的理论框架. 本章内容主要参考 [3] 和 [40].

2.1　动　　机

粗糙路径理论, 最初由 Terry Lyons 于 1998 年在其开创性工作 [3] 中提出, 是一种由多维不规则路径 (例如布朗运动) 驱动的微分方程的分析理论. 它发展的部分动机是从路径或分析的角度重新审视 Itô 随机积分.

众所周知, 根据 Itô 积分理论, 可以通过鞅方法以概率方式构建随机微分方程 (SDE)

$$dX_t = b(t, X_t)dt + \sigma(t, X_t)dB_t$$

的解, 其中 B_t 是布朗运动. 这本质上是一个 L^2 理论, 因为在适当的 L^2 空间中解被构造为唯一不动点. 通过在 Wiener 空间 (具有布朗运动分布的路径空间) 上模拟布朗运动, 可以看到, 固定 ω, $X_t : t \to X_t(\omega)$ 作为布朗运动样本路径 ω 的 (可测) 函数是几乎处处定义良好的. 然而, 由于解不是通过求解具有给定一固定的布朗运动样本路径 ω 的方程来获得的, 因此这一观点并没有带来新的见解.

以更一般的形式, 可以从路径的角度提出以下基本问题.

问题　如何理解微分方程

$$dY_t = g(Y_t)dX_t,$$

其中 $X : [0, T] \to \mathbb{R}^d$ 是一个确定的连续路径, 例如, 布朗运动的样本路径?

由于通常将微分方程以积分形式给出解释和求解, 因此, 构造积分

$$I_t(X, Y) = \int_0^t Y_u dX_u$$

的问题是很自然的, 其中 X, Y 是一类合适的连续路径, 它至少足够丰富, 可以包含布朗运动的样本路径. 当 X, Y 具有有界变差时, 积分 I_t 可以在 Lebesgue-Stieltjes 积分意义下去定义. 如果 X, Y 是 α-Hölder 连续的, 且 $\alpha > \dfrac{1}{2}$, 那么 I_t

可以在 Young 积分[1] 意义下被构造. 即

$$I_t = \lim_{|\mathcal{P}| \to 0} \sum_{t_i \in \mathcal{P}} Y_{t_{i-1}} X_{t_{i-1}, t_i}, \tag{2.1}$$

其中 $\mathcal{P}$ 为 $[0, T]$ 的任意有限划分且 $|\mathcal{P}|$ 表示划分区间的最大长度. 然而, 遗憾的是, $\alpha > \frac{1}{2}$ 的正则性区域不足以覆盖布朗运动的情形, 这是因为布朗运动的路径包含了 $\alpha \leqslant \frac{1}{2}$ 的 Hölder 正则性. 人们想知道, 当 $\alpha \leqslant \frac{1}{2}$ 时, 近似值 (2.1) 是否足以定义积分 I_t? 答案是否定的. 事实上, (2.1) 只是一阶近似, 其精度不足以在更粗糙的 Hölder 指标 $\alpha \leqslant \frac{1}{2}$ 时产生收敛!

从泛函分析的角度来看, 对 I_t 给出合适的定义还有另一种自然的尝试. 人们知道, 当 X, Y 是光滑路径时, $(X, Y) \to I_t(X, Y)$ 是定义良好的. 是否可以通过将光滑路径与合适的拓扑结合起来构建映射 I_t? 路径拓扑的一个自然选择是一致拓扑. 然而, 下面的反例表明, I_t 关于一致拓扑是不连续的.

例 2.1　令

$$(X_t, Y_t) := \left(\frac{1}{n} \sin n^2 t, \frac{1}{n} \cos n^2 t \right), \quad 0 \leqslant t \leqslant T.$$

很明显, X, Y 都一致收敛于零. 然而, 通过显式计算, 可以发现

$$I_t(X, Y) = \int_0^t Y_u dX_u = \frac{t}{2} + \frac{1}{4n^2} \sin 2n^2 t$$

不会收敛到零路径.

根据 Young 积分理论, 当 $\alpha \in \left(\frac{1}{2}, 1 \right]$ 时, α-Hölder 拓扑确实有效. 然而, 在 α-Hölder 拓扑意义下, 光滑路径的完备空间不足以覆盖布朗运动的情形. 对于路径拓扑, 是否有一种恰当的选择, 一方面确保其连续性, 另一方面又足够弱, 足以在光滑路径的完备空间中包含布朗运动的样本路径? 然而, 以下结果[40] 表明答案基本上是否定的.

命题 2.1

设 W 表示连续路径 $X: [0, T] \to \mathbb{R}^d$ 组成的空间. 光滑路径空间 $E^\infty \subseteq W$ 上确实不存在范数 $|\cdot|$ 满足:

(1) 在范数 $|\cdot|$ 下, E^∞ 的闭包 E 包含几乎所有布朗粗糙路径;

(2) 在范数 $|\cdot|$ 下, I_t 在 $E^\infty \times E^\infty$ 上的限制可连续地延拓到 $E \times E$.

　　例 2.1 中的收敛失败和命题 2.1 的结果表明, 缺少比经典观点更基本的内容. 正如下面例子所表明的非线性结构, 缺少的是对路径的适当看待方式: 粗糙路径应该是一个提升的对象, 其中原始路径 $X : [0, T] \to \mathbb{R}^d$ 作为一阶结构被嵌入其中.

　　以下形式计算揭示了为什么路径需要提升, 即需要包含刻画原始路径 X 的高阶结构. 为了积分 $\int_0^t Y_u dX_u$, 现在假设 Y_t 的形式为 $Y_t = g(X_t)$, 其中 g 是一光滑函数. 通过对 g 关于变量 X 运用中值定理, 有

$$\int_s^t g(X_u) dX_u = g(X_s)(X_t - X_s) + \int_s^t (g(X_u) - g(X_s)) dX_u$$

$$= g(X_s)(X_t - X_s) + Dg(X_s) \int_s^t \left(\int_s^u dX_v \right) dX_u$$

$$+ \int_s^t \int_s^u (Dg(\theta X_s + (1 - \theta) X_u) - Dg(X_s)) dX_v dX_u + \cdots$$

$$= g(X_s)(X_t - X_s) + Dg(X_s) \int_s^t \int_s^u dX_v dX_u$$

$$+ D^2 g(X_s) \int_s^t \int_s^u \int_s^v dX_r dX_v dX_u + \cdots,$$

上式中的 $\theta \in [0, 1]$, 且从上述展开式可以得出, $\int_0^t g(X_u) dX_u$ 的准确定义应取决于量

$$X_t - X_s, \int_s^t \int_s^u dX_v dX_u, \int_s^t \int_s^u \int_s^v dX_r dX_v dX_u, \cdots. \tag{2.2}$$

需要注意的是, 上述符号是多维的. 由于假设 X 在 $\mathbb{R}^d$ 中取值, 那么乘积 $dX_v dX_u$ 并不是通常意义上的标量乘法. 实际上, 积分 $\int_s^t \int_s^u dX_v dX_u$ 是由 $d \times d$ 个坐标分量

$$\int_s^t \int_s^u dX_v^i dX_u^j \quad (i, j = 1, \cdots, d)$$

组成的. 对该信息进行刻画的一种合适的方式是利用张量积的概念 (参见 2.2 节), 在这里不再赘述.

　　如果维数 $d = 1$, 则乘积 $dX_v dX_u$ 实际上是 (可交换的) 标量乘法. 不管 X 的

正则性如何, (2.2) 中的积分都可以被显式计算 (或定义) 为

$$\int_s^t \int_s^u dX_v dX_u = \frac{1}{2}(X_t - X_s)^2, \int_s^t \int_s^u \int_s^v dX_r dX_v dX_u = \frac{1}{6}(X_t - X_s)^3, \cdots.$$

如果维数 $d > 1$, $\alpha > \frac{1}{2}$, 则 (2.2) 中的积分在 Young 积分意义下都是定义良好的. 在这两种情况下 (后一种情况参见 (2.1)), 这些积分的值都由原始路径 X 唯一确定, 更精确地说, 是由增量族

$$\{X_v - X_u : 0 \leqslant u \leqslant v \leqslant T\}$$

中编码的信息确定. 然而, 对于 $\alpha \leqslant \frac{1}{2}$ 的一般多维 α-Hölder 连续路径 X, (2.2) 中的积分不再是 (也不能是!) 良好定义的. 因此在粗糙路径的定义中, 这些积分需要与原始路径一起给定.

2.2　基 本 定 义

路径空间　给定 Banach 空间 V, $|\cdot|$ 为 V 上的范数. 考虑连续路径 $X : [0,T] \to V$, 若对 X 连续路径 $\dot{X} : [0,T] \to V$, 有 $X_\cdot = X_0 + \int_0^\cdot \dot{X}_t dt$, 则称 X 是连续 (Fréchet) 可微的. 若 X 和它所有阶导数都是连续 (Fréchet) 可微的, 则称 X 是光滑的, 记作 $X \in \mathcal{C}^\infty = \mathcal{C}^\infty([0,T], V)$. 对 $0 < \alpha < 1$, 若连续路径 $X : [0,T] \to V$ 满足

$$\|X\|_\alpha := \sup_{s \neq t \in [0,T]} \frac{|X_{s,t}|_V}{|t-s|^\alpha} < \infty,$$

其中 $X_{s,t} = X_t - X_s$, 则称 X 是 α-Hölder 连续路径. 记 $\mathcal{C}^\alpha([0,T], V)$ 为 V 值的 α-Hölder 连续路径组成的空间. 请注意 $\|X\|_\alpha$ 是 $\mathcal{C}^\alpha([0,T], V)$ 空间上的一半范数, 因为通过 $\|X\|_\alpha$ 不能辨别常值路径. 因此, 定义 $\|X\|_{\mathcal{C}^\alpha} = |X_0| + \|X\|_\alpha$ 为 $\mathcal{C}^\alpha([0,T], V)$ 空间上的一范数.

双参数空间　记 $\Delta_T := \{(s,t) : 0 \leqslant s \leqslant t \leqslant T\}$, 考虑 $\Xi : \Delta_T \to V$ 且 $\Xi_{t,t} = 0$, 若

$$\|\Xi\|_\alpha := \sup_{s \neq t \in [0,T]} \frac{|\Xi_{s,t}|_V}{|t-s|^\alpha} < \infty,$$

则记 $\Xi \in \mathcal{C}_2^\alpha([0,T], V)$. 同时 $\|\Xi\|_\alpha$ 是 $\mathcal{C}_2^\alpha([0,T], V)$ 上的范数.

粗糙路径的定义非常依赖于张量积, 在介绍粗糙路径结构之前, 首先回顾相关的代数概念.

张量积空间 给定 Banach 空间 V 和 W, 其中范数分别记为 $|\cdot|_V, |\cdot|_W$. 代数张量积 $V \otimes_a W = \text{span}\{x \otimes y : x \in V, y \in W\}$ 满足以下关系: 对于任意 $a \in \mathbb{R}$, $x, x_1, x_2 \in V$, $y, y_1, y_2 \in W$ 有

- $(ax_1 + x_2) \otimes y = a(x_1 \otimes y) + (x_2 \otimes y)$;
- $x \otimes (ay_1 + y_2) = a(x \otimes y_1) + (x \otimes y_2)$.

根据以上性质, $V \otimes_a W$ 中的任意元素 ξ 具有以下表示形式 (通常不唯一!)

$$\xi = \sum_{i=1}^{r} c_i x_i \otimes y_i.$$

对于 $V \otimes_a W$ 空间上的范数 $|\cdot|_{V \otimes_a W}$, 若对任意 $x \in V, y \in W$, 有 $|\cdot|_{V \otimes_a W} \leqslant$ $|\cdot|_V \cdot |\cdot|_W$, 则称范数 $|\cdot|_{V \otimes_a W}$ 是可兼容范数. 此外, 若 $|x \otimes y|_{V \otimes_a W} = |y \otimes x|_{V \otimes_a W}$, 则称范数 $|\cdot|_{V \otimes_a W}$ 是对称的. 称 $V \otimes_a W$ 在可兼容范数下的完备化空间为张量积空间 $V \otimes W$.

例 2.2 令 $V = \mathbb{R}^d$ 具有标准基 $\{e_1, \cdots, e_d\}$, 则 $V \otimes V$ 是有基 $\{e_i \otimes e_j : 1 \leqslant i, j \leqslant d\}$ 的 d^2 维向量空间. $V \otimes_a V$ 中的任意元素 ξ 具有唯一的表示形式

$$\xi = \sum_{i,j=1}^{d} c_{i,j} e_i \otimes e_j, \quad c_{i,j} \in \mathbb{R}.$$

如果 $X : [0, T] \to \mathbb{R}^d$ 是一光滑路径, 那么有

$$\int_{s<u<v<t} dX_u \otimes dX_v = \sum_{i,j=1}^{d} \left(\int_{s<u<v<t} \dot{X}_u^i \dot{X}_v^j du \otimes dv \right) e_i \otimes e_j,$$

其中 $\dot{X}$ 为 X 的导数.

对于 $n \geqslant 1$, 可类似地定义 n-阶代数张量积空间 $V^{\otimes_a n}$ 和 n-阶张量积空间 $V^{\otimes n}$. 给定 $\xi \in V^{\otimes_a m}$ 和 $\eta \in V^{\otimes_a n}$, 构造张量积 $\xi \otimes \eta \in V^{\otimes_a (m+n)}$, 且张量积满足结合律:

$$(\xi \otimes \eta) \otimes \zeta = \xi \otimes (\eta \otimes \zeta).$$

$\{V^{\otimes_a n}\}_{n=1}^{\infty}$ 上一族可兼容张量积范数是由定义在每一 $V^{\otimes_a n}$ 上且满足以下两个性质的范数组成的.

- 对任意 $\xi \in V^{\otimes_a m}$ 和 $\eta \in V^{\otimes_a n}$,

$$|\xi \otimes \eta|_{V^{\otimes_a (m+n)}} \leqslant |\xi|_{V^{\otimes_a m}} |\eta|_{V^{\otimes_a n}}.$$

- 对于 n-阶任意置换 σ, 令 $P_\sigma : V^{\otimes_a n} \to V^{\otimes_a n}$ 为线性变换

$$P_\sigma(v_1 \otimes \cdots \otimes v_n) := v_{\sigma(1)} \otimes \cdots \otimes v_{\sigma(n)}. \tag{2.3}$$

则

$$|P_\sigma(\xi)|_{V^{\otimes_a n}} = |\xi|_{V^{\otimes_a n}}, \quad \forall \xi \in V^{\otimes_a n}.$$

假设给定一族可兼容张量积范数 $\{|\cdot|_{V^{\otimes_a n}} : n \geqslant 1\}$, 则用 $V^{\otimes_a n}$ 的可兼容范数 $|\cdot|_{V^{\otimes_a n}}$ 完备化 n-阶代数张量积空间 $V^{\otimes_a n}$ 可以得到一个 n-阶张量积空间 $V^{\otimes n}$.

注 2.1 若 $\dim(V) < \infty$, 则代数张量积空间和它的完备化张量积空间相同.

对称部分和反对称部分 首先, 对于 $x \in V \otimes V$, 定义转置映射 $x \mapsto x^{\mathrm{T}}$, 它将定义在代数张量积空间 $V \otimes_a V$ 上的张量积 $x \otimes y (x, y \in V)$ 映成 $y \otimes x$, 并且转置映射在任意对称相容张量范数下能被唯一地扩展到 $V \otimes V$ 上. 因此, 对于任意 $x \in V \otimes V$, 其对称和反对称部分定义如下:

$$\mathrm{Sym}(x) = \frac{1}{2}(x + x^{\mathrm{T}}), \quad \mathrm{Anti}(x) = \frac{1}{2}(x - x^{\mathrm{T}}).$$

截断张量代数和基本运算 给定 Banach 空间 V. 令 $N \geqslant 1$, V 上的 N-阶截断张量代数定义为

$$T^N(V) := \bigoplus_{n=0}^{N} V^{\otimes n},$$

且按照惯例记 $V^{\otimes 0} := \mathbb{R}$. 显然地, $T^N(V)$ 也是 Banach 空间. 给定 $\xi = (\xi_0, \cdots, \xi_N)$, $\eta = (\eta_0, \cdots, \eta_N) \in T^N(V), a \in \mathbb{R}$, 可以定义以下的加法、数乘和乘法:

$$\xi + \eta := (\xi_0 + \eta_0, \xi_1 + \eta_1, \cdots, \xi_N + \eta_N),$$

$$a\xi := (a\xi_0, \cdots, a\xi_N),$$

$$(\xi \otimes \eta)_n := \sum_{k=0}^{n} \xi_k \otimes \eta_{n-k}, \quad n = 0, 1, \cdots, N. \tag{2.4}$$

由此可得 $(T^N(V), +, \otimes)$ 是具有单位元 $\mathbf{1} = (1, 0, \cdots, 0)$ 的代数. 注意, $T^N(V)$ 中的元素不一定都是可逆的. 但是可以定义

$$T_1^N(V) := \{\xi = (\xi_0, \cdots, \xi_N) \in T^N(V) : \xi_0 = 1\}.$$

特别地, 对于 $N = 2, (1, b, c) \in T_1^2(V)$, 存在逆元使得

$$(1, b, c) \otimes (1, -b, -c + b \otimes b) = (1, 0, 0), \tag{2.5}$$

因此, $(T_1^2(V), \otimes)$ 是一李群.

定义 2.1

令
$$\mathbf{X}_{\cdot,\cdot} = (1, \mathbf{X}^1_{\cdot,\cdot}, \cdots, \mathbf{X}^N_{\cdot,\cdot}) : \Delta_T \to T^N_1(V)$$

是一连续映射. 对所有 $0 \leqslant s \leqslant u \leqslant t \leqslant T$, 若满足下列等式

$$\mathbf{X}_{s,t} = \mathbf{X}_{s,u} \otimes \mathbf{X}_{u,t}, \tag{2.6}$$

则称 $\mathbf{X}$ 为乘性泛函.

在本书中, 除特别说明外, 在不引起混淆的情况下, 一般我们讨论 $\alpha \in \left(\dfrac{1}{3}, \dfrac{1}{2}\right]$ 的情形. 接下来, 给出 α-Hölder 粗糙路径的定义.

定义 2.2

设 $\alpha \in \left(\dfrac{1}{3}, \dfrac{1}{2}\right]$, 定义 V 上的 α-Hölder 粗糙路径 $\mathbf{X} := (X, \mathbb{X}) \in \mathcal{C}^\alpha([0,T], V) \oplus \mathcal{C}^{2\alpha}_2([0,T], V^{\otimes 2})$ 满足

$$\|X\|_\alpha := \sup_{s \leqslant t \in [0,T]} \frac{|X_{s,t}|_V}{|t-s|^\alpha} < \infty, \quad \|\mathbb{X}\|_{2\alpha} := \sup_{s \leqslant t \in [0,T]} \frac{|\mathbb{X}_{s,t}|_{V^{\otimes 2}}}{|t-s|^{2\alpha}} < \infty \tag{2.7}$$

和 Chen 等式, 即对所有 $0 \leqslant s \leqslant u \leqslant t \leqslant T$, 有

$$\mathbb{X}_{s,t} - \mathbb{X}_{u,t} - \mathbb{X}_{s,u} = X_{s,u} \otimes X_{u,t}. \tag{2.8}$$

记 $\mathscr{C}^\alpha([0,T], V)$ 为所有的 α-Hölder 粗糙路径组成的空间.

通常称 X 为 α-Hölder 粗糙路径的一阶过程, $\mathbb{X}$ 为其二阶过程 (Lévy 面积). 假设 $\mathbb{X}$ 的值为

$$\int_s^t X_{s,u} \otimes dX_u := \mathbb{X}_{s,t}. \tag{2.9}$$

这里把 (2.9) 式右边作为左边的定义 (而不是相反的!).

注 2.2 请注意, Chen 等式本身并不足以确定 $\mathbb{X}$ 是 X 的函数. 因为对于任意取值于 $V \otimes V$ 的函数 F, 用 $\mathbb{X}_{s,t} + F_t - F_s$ 代替 $\mathbb{X}_{s,t}$, (2.8) 式左边仍保持不变. 而且, 由 (2.8) 式可知, 路径 $t \to (X_{0,t}, \mathbb{X}_{0,t})$ 的所有信息已经决定了整个二阶过程 $\mathbb{X}$. 从这个意义上讲, 虽然将其视为一个双参数对象更为方便, 但 $(X, \mathbb{X})$ 实际上是一条路径, 而不是某个双参数对象. 然而, 二阶过程的存在性对于判断一个路径 X 是否能够提升为粗糙路径来说是至关重要的. 对于一个光滑路径 X, 可以

通过经典的 Riemann-Stieltjes 积分定义其二阶过程 $\mathbb{X}_{s,t} = \int_s^t X_{s,u} \otimes dX_u$, 且它满足 (2.8) 式. 此外, 对于任意形如 $f \mapsto \int f dX$ 的 "积分", 如果它关于被积函数是线性的, 关于积分区间具有可加性, 并且具有性质 $\int_s^t dX_u = X_{s,t}$, 则可以使用这样的 "积分" 通过 (2.9) 式去定义 $\mathbb{X}$, 并且 (2.8) 式自然地成立.

注 2.3 对于任意标量路径 $X \in \mathcal{C}^\alpha([0,T], \mathbb{R})$, 设 $\mathbb{X}_{s,t} = (X_{s,t})^2/2$, 则路径 X 可以提升为一取值于 $\mathbb{R}$ 上的粗糙路径. 然而, 对于取值于某个 Banach 空间 V 的向量值路径 $X \in \mathcal{C}^\alpha([0,T], V)$, 很难找到合适的 "二阶增量" $\mathbb{X}$, 使得 X 可提升为一粗糙路径 $(X, \mathbb{X}) \in \mathscr{C}^\alpha([0,T], V)$. 但 Lyons-Victoir 扩张定理 (参考 [40] 习题 2.14) 断言, 即使在连续的情况下, 只要 $1/\alpha \notin \mathbb{N}$, 即对于现在讨论的 $\alpha \in \left(\dfrac{1}{3}, \dfrac{1}{2}\right)$, 总是可以做到这一点. 注意到, 如果使用 Lyons-Victoir 扩张定理来定义 $X \mapsto \mathbf{X}$, 它限制于光滑路径的映射通常与 X 关于自身的 Riemann-Stieltjes 积分不一致.

对于 α-Hölder 连续样本路径的随机过程, 例如布朗运动, 通过概率构造可将随机过程提升为粗糙路径, 这种构造不依赖于 Lyons-Victoir 扩张定理. 在大多数情况下, 一个随机过程的 "典则" (又称 Stratonovich 或 Wong-Zakai) 提升被给定为随机过程在样本路径磨光后提升的过程在概率和粗糙路径拓扑意义下的极限. 然而, 这可能不是唯一有意义的构造: 在 2.4 节中, 将用三种自然但不同的方法来将布朗运动提升为一粗糙路径.

注 2.4 从 "完整路径" 的角度, $\mathbf{X}_{\cdot,\cdot} = (1, X_{\cdot,\cdot}, \mathbb{X}_{\cdot,\cdot}) : \Delta_T \to T_1^2(V)$ 的增量可被定义为

$$\mathbf{X}_{0,s}^{-1} \otimes \mathbf{X}_{0,t} := \mathbf{X}_{s,t} := (1, X_{s,t}, \mathbb{X}_{s,t}), \tag{2.10}$$

并且满足 Chen 等式

$$X_{s,t} = X_{s,u} + X_{u,t}, \quad \mathbb{X}_{s,t} = \mathbb{X}_{s,u} + \mathbb{X}_{u,t} + X_{s,u} \otimes X_{u,t}. \tag{2.11}$$

Chen 等式 (2.8) 其实就是等式 $\mathbf{X}_{s,t} = \mathbf{X}_{s,u} \otimes \mathbf{X}_{u,t}$. 即, $\mathbf{X}_{\cdot,\cdot} = (1, X_{\cdot,\cdot}, \mathbb{X}_{\cdot,\cdot})$ 是取值于 $T_1^2(V)$ 的一乘性泛函. 根据定义 2.2, α-Hölder 粗糙路径 $\mathbf{X}_{\cdot} := \mathbf{X}_{0,\cdot} = (1, X_{0,\cdot}, \mathbb{X}_{0,\cdot})$ 是一取值于 $T_1^2(V)$ 的乘性泛函.

一个简单的例子是光滑路径 X 的典则提升, 形为 $\left(X, \int X \otimes dX\right)$, 记 $\mathscr{L}(\mathcal{C}^\infty)$ 为以典则方式提升得到的一类粗糙路径. 此外, 有严格的包含关系 $\mathscr{L}(\mathcal{C}^\infty) \subset \mathscr{C}^\infty$, 其中 $\mathscr{C}^\infty$ 为光滑粗糙路径空间, 其中光滑粗糙路径是指: 对于每个基点 s, 取值于 V 的映射 $X_{\cdot}$ 和取值于 $V \otimes V$ 的映射 $\mathbb{X}_{s,\cdot}$ 都是光滑的.

如果忽略非线性约束 (2.8), 则 (2.7) 中定义的量表明可以将 $(X, \mathbb{X})$ 视为具有半范数 $\|X\|_\alpha + \|\mathbb{X}\|_{2\alpha}$ 的 Banach 空间 $\mathscr{C}^\alpha \oplus \mathscr{C}_2^{2\alpha}$ 中的一个元素. 然而, 考虑到 (2.8), 尽管 $\mathscr{C}^\alpha$ 是上述 Banach 空间的一个闭子集, 但它不是线性空间. 仍然需要考虑 $\mathscr{C}^\alpha$ 的范数和度量. 由于 $\|X\|_\alpha + \|\mathbb{X}\|_{2\alpha}$ 导出 $\mathscr{C}^\alpha$ 的 "自然" 范数不符合 (2.8) 的结构, 鉴于 (2.8) 关于 $\mathscr{C}^\alpha$ 上的自然膨胀算子 $\delta_\lambda : (X, \mathbb{X}) \mapsto (\lambda X, \lambda^2 \mathbb{X})$ 是齐次的. 因此, 引入 α-Hölder 齐次粗糙路径半范数

$$\|\mathbf{X}\|_\alpha := \|X\|_\alpha + \sqrt{\|\mathbb{X}\|_{2\alpha}}, \tag{2.12}$$

虽然它不是通常意义上的赋范线性空间的半范数, 但对于粗糙路径 $\mathbf{X} = (X, \mathbb{X})$ 是一个非常合适的概念. 另一方面, (2.7) 引出了粗糙路径度量这样一个自然概念 (粗糙路径拓扑).

> **定义 2.3**
>
> 给定粗糙路径 $\mathbf{X}, \mathbf{Y} \in \mathscr{C}^\alpha([0, T], V)$, 定义 (非齐次) α-Hölder 粗糙路径度量
>
> $$\varrho_\alpha(\mathbf{X}, \mathbf{Y}) := \sup_{s \leqslant t \in [0,T]} \frac{|X_{s,t} - Y_{s,t}|_V}{|t - s|^\alpha} + \sup_{s \leqslant t \in [0,T]} \frac{|\mathbb{X}_{s,t} - \mathbb{Y}_{s,t}|_{V^{\otimes 2}}}{|t - s|^{2\alpha}}. \tag{2.13}$$

进一步, 对于 $\lambda \in \mathbb{R}$, 在 $T^2(V)$ 上定义膨胀算子 δ_λ, 它在第 n-阶张量空间 $V^{\otimes n}$ 上与 λ^n 相乘, $n = 0, 1, 2$, 即

$$\delta_\lambda : (a, b, c) \mapsto (a, \lambda b, \lambda^2 c).$$

在确定 $T^2(V)$ 为二阶粗糙路径的自然状态空间后, 可为其配备齐次、对称和次可加范数. 对 $\mathbf{x} = (1, b, c)$, 定义

$$\|\mathbf{x}\| := \frac{1}{2}(N(\mathbf{x}) + N(\mathbf{x}^{-1})), \quad \text{其中} \quad N(\mathbf{x}) = \max\{|b|, \sqrt{2|c|}\}, \tag{2.14}$$

注意到 $\|\delta_\lambda \mathbf{x}\| = |\lambda|\,\|\mathbf{x}\|$, 意味着该范数关于膨胀算子是齐次的, 且由 $N(\cdot)$ 的次可加性 (留给读者做一个简单的讨论), 有 $\|\mathbf{x} \otimes \mathbf{x}'\| \leqslant \|\mathbf{x}\| + \|\mathbf{x}'\|$. 很显然

$$(\mathbf{x}, \mathbf{x}') \mapsto \|\mathbf{x}^{-1} \otimes \mathbf{x}'\| := d(\mathbf{x}, \mathbf{x}')$$

在群 $T_1^2(V)$ 上定义了一个 (左不变) 度量. 粗糙路径 $\mathbf{X} = (X, \mathbb{X})$ 的分级 Hölder 正则性 (2.7) 作为粗糙路径定义的一部分, 可简化为要求 "度量" Hölder 半范

$$\sup_{s \neq t \in [0,T]} \frac{d(\mathbf{X}_s, \mathbf{X}_t)}{|t - s|^\alpha} \asymp \|X\|_\alpha + \sqrt{\|\mathbb{X}\|_{2\alpha}} = \|\mathbf{X}\|_{\alpha;[0,T]} \tag{2.15}$$

是有限的, 对于上式中的符号 $\asymp$, $x \asymp y$ 意味着 $y \leqslant Cx$, $C > 0$. 总之, 有如下 (Banach 空间中) 粗糙路径的刻画.

> **命题 2.2 (关于左不变度量 d 的 Hölder 连续性)**
>
> (a) 假设 $(X, \mathbb{X}) \in \mathscr{C}^\alpha([0,T], V)$. 则取值于 $T_1^2(V)$ 的路径 $t \mapsto \mathbf{X}_t = (1, X_{0,t}, \mathbb{X}_{0,t})$ 是 α-Hölder 连续的.
>
> (b) 反之, 若 $[0,T] \ni t \mapsto \mathbf{X}_t$ 是一个 α-Hölder 连续的 $T_1^2(V)$ 值路径, 则 $(X, \mathbb{X}) \in \mathscr{C}^\alpha([0,T], V)$ 且 $(1, X_{s,t}, \mathbb{X}_{s,t}) := \mathbf{X}_s^{-1} \otimes \mathbf{X}_t$. ♠

为了简化符号, 记 $\varrho_\alpha(\mathbf{X}) := \varrho_\alpha(\mathbf{X}, 0)$. 类似于 $\alpha \in \left(\dfrac{1}{3}, \dfrac{1}{2}\right]$, 对于任意 $\alpha \in (0,1]$, 给出 α-Hölder 粗糙路径的定义.

> **定义 2.4**
>
> 令 $\alpha \in (0,1]$, 记 $N_\alpha := \lfloor 1/\alpha \rfloor$ ($1/\alpha$ 的整数部分). V 上的 α-Hölder 粗糙路径 $\mathbf{X} : \Delta_T \to T_1^{N_\alpha}(V)$ 是一个乘性泛函, 其在以下意义下是 α-Hölder 连续的, 即对所有 $n = 1, \cdots, N_\alpha$, 都有
>
> $$\|X^n\|_{n\alpha} := \sup_{s \leqslant t \in [0,T]} \frac{|X_{s,t}^n|_{V^{\otimes n}}}{|t - s|^\alpha} < \infty. \tag{2.16}$$
> ♣

2.3 几何粗糙路径空间

虽然 (2.8) 显示出 "积分" 能遵守最基本的积分可加性, 但这并不意味着遵守任何形式分部积分或链式法则. 若要寻找满足那样性质的一阶积分条件. 比如, 在光滑路径或 Stratonovich 随机积分背景下, 分部积分或链式法则是有效的. 现在, 对任意元素 $e_i^*, e_j^* \in V^*$, 记 $X_t^i = e_i^*(X_t)$, $\mathbb{X}_{s,t}^{i,j} = e_i^* \otimes e_j^*(\mathbb{X}_{s,t})$, 期望拥有等式

$$\mathbb{X}_{s,t}^{i,j} + \mathbb{X}_{s,t}^{j,i} \text{``} = \text{''} \int_s^t X_{s,r}^i dX_r^j + \int_s^t X_{s,r}^j dX_r^i$$

$$= \int_s^t d(X^i X^j)_r - X_s^i X_{s,t}^j - X_s^j X_{s,t}^i$$

$$= (X^i X^j)_{s,t} - X_s^i X_{s,t}^j - X_s^j X_{s,t}^i$$

$$= X_{s,t}^i X_{s,t}^j,$$

则 $\mathbb{X}$ 的对称部分可由 X 确定. 这意味着对任意时间 s, t, 有如下的一阶微积分条件

$$\mathrm{Sym}(\mathbb{X}_{s,t}) = \frac{1}{2} X_{s,t} \otimes X_{s,t}. \tag{2.17}$$

然而, 若令 X 为 n 维布朗运动路径, 并用 Itô 积分定义 $\mathbb{X}$, 则 (2.8) 成立, 但 (2.17) 不成立. 因为 $\mathscr{L}(\mathcal{C}^{\infty}) \subset \mathscr{C}^{\alpha}([0,T], V)$, 根据 Riemann-Stieltjes 积分的性质, 得到 $\mathscr{L}(\mathcal{C}^{\infty})$ 中的元素满足 (2.17) 式. 接下来, 给出两种定义 "几何" 粗糙路径 (满足 (2.17)) 的方式.

定义 2.5

称由 $\mathscr{C}^{\alpha}([0,T], V)$ 中满足 (2.17) 的粗糙路径组成的空间为弱几何粗糙路径空间, 记为 $\mathscr{C}_{g}^{\alpha}([0,T], V)$.

♣

定义 2.6

称空间 $\mathscr{L}(\mathcal{C}^{\infty})$ 在 $\mathscr{C}^{\alpha}([0,T], V)$ 中的闭包为几何粗糙路径空间, 记为 $\mathscr{C}_{g}^{0,\alpha}([0,T], V)$.

♣

根据以上定义, 有明显的严格包含关系 $\mathscr{C}_{g}^{0,\alpha}([0,T], V) \subset \mathscr{C}_{g}^{\alpha}([0,T], V)$. 实际上, 如果 V 是可分的, 则 $\mathscr{C}_{g}^{0,\alpha}([0,T], V)$ 是可分的, 但 $\mathscr{C}_{g}^{\alpha}([0,T], V)$ 是不可分的 (详情请参考 [40] 习题 2.8). 类似于经典情形, 即 α-Hölder 连续函数空间严格大于光滑函数在 α-Hölder 范数下的闭包. 实际上, 当 V 是有限维空间, 与经典 Hölder 空间类似, 若 $\beta > \alpha$, 有相反的包含关系 $\mathscr{C}_{g}^{\beta} \subset \mathscr{C}_{g}^{0,\alpha}$. 因此, 弱几何粗糙路径和 "真正" 几何粗糙路径之间的区别很少. 出于这个原因, 经常会随意地谈论 "几何粗糙路径", 即使指的是弱几何粗糙路径.

当 $\alpha \in (0,1]$ 时, 为了刻画几何粗糙路径, 首先回顾以下代数概念. 通常的幂级数或基本李群理论表明可以定义

$$\log(1 + b + c) := b + c - \frac{1}{2} b \otimes b, \tag{2.18}$$

$$\exp(b + c) := 1 + b + c + \frac{1}{2} b \otimes b, \tag{2.19}$$

这表明 $T_1^2(V) = \exp(V \oplus V^{\otimes 2})$ 可由 $T_0^2(V) \cong V \oplus V^{\otimes 2}$ 表出. 下面的李括号使得 $T_0^2(V)$ 为一李代数. 对 $b, b' \in V, c, c' \in V^{\otimes 2}$,

$$[b + c, b' + c'] := b \otimes b' - b' \otimes b,$$

且在所有迭代括号长度为 2 时李括号运算为零的意义下 $T_0^2(V)$ 是二步幂零李代数. 定义 $\mathfrak{g}^2(V) \subset T_0^2(V)$ 为由 $V \subset T_0^2(V)$ 生成的闭李子代数, 即

$$\mathfrak{g}^2(V) = V \oplus [V,V], \quad \text{其中} \quad [V,V] := cl(\{[v,w] : v, w \in V\}),$$

称为 V 上自由二步幂零李代数. 注意, 在有限维空间, 例如 $V = \mathbb{R}^d$, 闭包这一过程是不必要的且 $[V,V]$ 就是 $d \times d$ 的反对称矩阵, 具有线性基 $([e_i, e_j] : 1 \leqslant i < j \leqslant d)$, 其中 $(e_i : 1 \leqslant i \leqslant d)$ 为 $\mathbb{R}^d$ 的标准基. 因此, $\mathfrak{g}^2(V)$ 在指数映射下的像定义了一闭李子群,

$$G^2(V) := \exp(\mathfrak{g}^2(V)) \subset T_1^2(V),$$

称其为 V 上自由二步幂零群. 借助上述工具可以给出弱几何粗糙路径的刻画.

命题 2.3

(a) 假设 $(X, \mathbb{X}) \in \mathscr{C}_g^\alpha([0,T], V)$. 则取值于 $G^2(V)$ 的路径 $t \mapsto \mathbf{X}_t = (1, X_{0,t}, \mathbb{X}_{0,t})$ 是 α-Hölder 连续的.

(b) 相反地, 若 $[0,T] \ni t \mapsto \mathbf{X}_t$ 是一个 α-Hölder 连续的 $G^2(V)$ 值路径, 则 $(X, \mathbb{X}) \in \mathscr{C}_g^\alpha([0,T], V)$ 且 $(1, X_{s,t}, \mathbb{X}_{s,t}) := \mathbf{X}_s^{-1} \otimes \mathbf{X}_t$.

♠

根据 2.2 节的讨论, 任何足够光滑的路径, 例如 $\gamma \in \mathcal{C}^1([0,1], V)$, 可通过二重积分生成 $G^{(2)}$ 中的元素, 即

$$S^{(2)}(\gamma) = \left(1, \int_0^1 d\gamma(t), \int_0^1 \int_0^t d\gamma(s) \otimes d\gamma(t) \right) \in G^{(2)}(V).$$

映射 $S^{(2)}$ 将固定时间间隔上的 (充分正则的) 路径映射到上述张量集合中, 称它为 2 步签名映射. 注意到, Chen 等式在这里有一个漂亮的解释, 即签名映射是从带有联积的路径空间到张量代数的态射. 若 V 是有限维的, 则包含关系 $S^{(2)}(\mathcal{C}^1) \subset G^{(2)}$ 变为等式

$$\{S^{(2)}(\gamma) : \gamma \in \mathcal{C}^1([0,1], \mathbb{R}^d)\} = G^{(2)}(\mathbb{R}^d). \tag{2.20}$$

为了说明这一点, 固定 $b + c \in \mathfrak{g}^{(2)}(\mathbb{R}^d)$, 并尝试找到有限多个 (例如 n 个) 仿射线性路径 γ_i, 且每个路径的签名由方向 $\gamma_i(1) - \gamma_i(0) = v_i \in \mathbb{R}^d$ 确定, 使得

$$\exp(v_1) \otimes \cdots \otimes \exp(v_n) = \exp(b + c).$$

恰当地应用 Baker-Campbell-Hausdorff 公式可以将指数表达式 $\exp(\sum_i b^i e_i + \sum_{j,k} c^{j,k}[e_j, e_k])$ 分解. 结合恒等式 $e^{[v,w]} = e^{-w} \otimes e^{-v} \otimes e^w \otimes e^v$ 可以找到 $v_1, \cdots, v_n$ 的可能选择. 通过连接 γ_i, 可构造出一条具有指定签名 $S^{(2)}(\gamma) = \exp(b + c)$ 的路径 γ. 显然这条路径在 $\mathcal{C}^1$ 中, 即 Lipschitz 路径空间. 这为在 $G^{(2)}(\mathbb{R}^d)$ 上引入另一个 (齐次、对称、次可加的) 范数提供了非常自然的方法, 即

$$\|\mathbf{x}\|_C := \inf\left\{\int_0^1 |\dot{\gamma}(t)|dt : \gamma \in \mathcal{C}^1([0,1],\mathbb{R}^d), S^{(2)}(\gamma) = \mathbf{x}\right\}, \tag{2.21}$$

其被称为 Carnot-Carathéodory 范数. (在无穷维空间中, 不能保证上述右侧的集合是非空的.) 当 $\mathbb{R}^d$ 具有欧几里得结构时, 它定义了一个 "水平" 子空间 $\mathbb{R}^d \times \{0\} \subset \mathfrak{g}^{(2)}(\mathbb{R}^d)$, 它被视为 $G^{(2)}(\mathbb{R}^d)$ 在 $(1,0,0)$ 处的切空间, 从而在 $G^{(2)}(\mathbb{R}^d)$ 上诱导了一个左不变的子 Riemann 结构. 然后, 相关的左不变 Carnot-Carathéodory 度量 d_C 可以被视为连接两点的 "水平" 路径的最小长度. 在 (2.21) 中的任何最小化序列 (若由恒定速度参数化) 都是等度连续的, 所以根据 Arzela-Ascoli 定理, 这种最小化 (也称为子 Riemann 测地线) 存在, 并且必须在 $\mathcal{C}^1$ 中. 此类测地线是 Friz-Victoir 方法[5] 中的关键工具. 这种测地线 (和 Carnot-Carathéodory 范数) 的显式计算是一个难题, 对于 $d = 2$, 可以使用显式公式, 注意, $G^{(2)}(\mathbb{R}^d)$(李群) $\cong$ $\mathbf{H}^3$(三维的 Heisenberg 群), 参见 [41]. 幸运的是, 如 [5] 中的 7.5 节的紧致性论证表明, 所有连续的齐次范数都是等价的. 在验证 Carnot-Carathéodory 范数的连续性时, 对于 $\mathbf{x} = \exp(b + c) \in G^{(2)}(\mathbb{R}^d)$, 有

$$\|\mathbf{x}\|_C \asymp_d |b| + |c|^{1/2} \asymp \max\{|b|, |c|^{1/2}\}, \tag{2.22}$$

上述中符号 $\asymp_d$ 表示不等式中的常数会依赖于 d, 尽管其依赖于维数 d, 但其对于许多实际目的而言是足够的. 作为一个有用的应用, 现在给出 $\mathbb{R}^d$ 上弱几何粗糙路径的一个近似结果. 有了上述准备工作, 有兴趣的读者可以轻松地提供一个完整的证明.

> **命题 2.4 (测地线近似)**
>
> 对任意 $(X, \mathbb{X}) \in \mathscr{C}_g^\beta([0,T], \mathbb{R}^d)$, 存在一个光滑路径序列 $X^n : [0,T] \to \mathbb{R}^d$ 在 $[0,T]$ 上一致地有
>
> $$(X^n, \mathbb{X}^n) := \left(X^n, \int_0^{\cdot} X_{0,t}^n \otimes dX_t^n\right) \to (X, \mathbb{X}),$$
>
> 并且有一致的粗糙路径估计界 $\sup_{n \geqslant 1} \|X^n, \mathbb{X}^n\|_\beta \lesssim \|X, \mathbb{X}\|_\beta$. 通过插值, 对任意 $\alpha < \beta$, 收敛在 $\mathscr{C}^\alpha$ 中成立.

注 2.5   根据定义, 每个几何粗糙路径 $\mathbf{X} \in \mathscr{C}_g^{0,\beta}$ 是典则提升 $(X^n, \mathbb{X}^n) = \mathbf{X}_n$ 的极限. 那么 $\|\mathbf{X}^n\|_\beta \to \|\mathbf{X}\|_\beta$. 对一般的弱几何粗糙路径 $\mathbf{X} \in \mathscr{C}_g^\beta$, 则不成立. 然而, 上述命题提供了近似 $(\mathbf{X}_n)$, 该近似一致收敛且有一致粗糙路径估计. 在这种情况下, $\|\mathbf{X}\|_\beta \leqslant \liminf_{n \geqslant 1} \|\mathbf{X}^n\|_\beta$, 并且这可能是严格的. 粗糙路径范数的这种下半连续行为让人联想到弱收敛条件下 Hilbert 空间上的范数, 并导出 "弱" 几何粗糙路径的术语.

为了刻画更低正则性的几何粗糙路径, 还需以下代数概念.

Shuffle 积 为了便于理解, 这里假设 $V = \mathbb{R}^d$, 可以考虑给定的粗糙路径增量 $\mathbf{X}_{s,t} = (1, \mathbf{X}^1, \cdots, \mathbf{X}^N) \in T_1^N(\mathbb{R}^d)$ 的分量, 它们由长度最多为 N 的单词 h 索引, 且构成的单词的字母为 $\{1, \cdots, d\}$. 对于给定一个单词 $h = h_1 \cdots h_n$, 相应的分量为 $\mathbf{X}^h$, 也将其记为 $\langle \mathbf{X}, h \rangle$, 它被解释为 n 重积分

$$\langle \mathbf{X}_{s,t}, h \rangle = \int_s^t \cdots \int_s^{s_1} dX_{s_1}^{h_1} \cdots dX_{s_n}^{h_n},$$

并且, 对所有的具有长度 $|h| \leqslant \lfloor 1/\alpha \rfloor$ 的单词, $\|\mathbf{X}_{s,t}\| \lesssim |t-s|^\alpha$ 等价于

$$|\langle \mathbf{X}, h \rangle| \lesssim |t-s|^{\alpha|h|}.$$

这里 $\|\cdot\|$ 定义为

$$\|\mathbf{X}\| := \frac{1}{2} \big(N(\mathbf{X}) + N(\mathbf{X}^{-1}) \big) \quad \text{且} \quad N(\mathbf{X}) = \max_{n=1,\cdots,N} (n! |\mathbf{X}^n|^{1/n}).$$

为了用链式法则描述这些重积分的约束条件, 将两个单词之间的 Shuffle 积 $\sqcup$ 定义为所有可能的交错方式的形式和, 但仍保持各自单词的顺序不变, 例如

$$a \sqcup x = ax + xa, \quad ab \sqcup xy = abxy + axby + xaby + axyb + xayb + xyab,$$

且该例以空单词作为单位元素. 有了这些记号, Ree[42] 已经注意到链式法则意味着如下恒等式

$$\langle \mathbf{X}_{s,t}, h \rangle \langle \mathbf{X}_{s,t}, v \rangle = \langle \mathbf{X}_{s,t}, h \sqcup v \rangle. \tag{2.23}$$

定义 2.7

$T_1^N(V)$ 上的 N-阶幂零子群定义为

$$G^N(V) := \Big\{ \xi = (1, \xi_1, \cdots, \xi_N) \in T_1^N(V) :$$

$$\xi_m \otimes \xi_n = \sum_{\sigma \in m \sqcup n} P_\sigma(\xi_{m+n}), \quad \forall m, n = 1, \cdots, N \Big\}. \tag{2.24}$$

根据上述讨论, 当 $\alpha \in (0, 1]$ 时, 有如下定义:

定义 2.8

一个 α-Hölder 粗糙路径称为弱几何粗糙路径当且仅当它取值于 $G^N(V)$.

2.4　随机粗糙路径

2.4.1　粗糙路径的 Kolmogorov 准则

考虑满足 (2.8) 式的一阶随机过程 $X(\omega) : [0, T] \to V$ 和二阶随机过程 $\mathbb{X}(\omega) :$ $\Delta_T \to V \otimes V$. 等价地, 可以将

$$\mathbf{X}(\omega) \equiv (X, \mathbb{X})(\omega) : [0, T] \to V \oplus (V \otimes V)$$

看作一 (随机) 路径. 最基本的例子是 d 维标准布朗运动 B 和它的提升

$$\mathbb{B}_{s,t} := \int_s^t B_{s,r} \otimes dB_r \in \mathbb{R}^d \otimes \mathbb{R}^d \cong \mathbb{R}^{d \times d}.$$

上述积分可以理解为 Itô 积分或 Stratonovich 积分 (对后一种情况, 记为 $\circ dB_r$), 有时分别用 $\mathbb{B}^{\text{Itô}}$ 和 $\mathbb{B}^{\text{Strat}}$ 来表示它们. 注意到, 取值于 $\mathfrak{so}(d) = [\mathbb{R}^d, \mathbb{R}^d] =$ $\text{cl}(\text{span}\{[v, w] := v \otimes w - w \otimes v : v, w \in \mathbb{R}^d\})$ 中的 $\mathbb{B}$ 的反对称部分 (也被称为 Lévy 随机面积) 不受随机积分选择的影响. 条件 (2.8) 在以上积分意义下都是成立的, 而条件 (2.17) 仅在 Stratonovich 积分意义下成立. 现在通过对经典的 Kolmogorov 准则作适当的推广来讨论 X 的 α-Hölder 正则性和 $\mathbb{X}$ 的 2α-Hölder 正则性问题.

定理 2.1 (粗糙路径的 Kolmogorov 准则)

令 $q \geqslant 2$, $\beta > 1/q$. 对任意 $s, t \in [0, T]$ 和某些常数 $C < \infty$, 假设有

$$|X_{s,t}|_{L^q} \leqslant C|t - s|^{\beta}, \quad |\mathbb{X}_{s,t}|_{L^{q/2}} \leqslant C|t - s|^{2\beta}. \tag{2.25}$$

则对任意 $\alpha \in [0, \beta - 1/q)$, 存在 $(X, \mathbb{X})$ 的一个修正 (仍被记为 $(X, \mathbb{X})$) 和随机变量 $K_{\alpha} \in L^q, \mathbb{K}_{\alpha} \in L^{q/2}$, 使得对任意 $s, t \in [0, T]$ 有

$$|X_{s,t}| \leqslant K_{\alpha}(\omega)|t - s|^{\alpha}, \quad |\mathbb{X}_{s,t}| \leqslant \mathbb{K}_{\alpha}(\omega)|t - s|^{2\alpha}. \tag{2.26}$$

特别地, 若 $\beta - \dfrac{1}{q} > \dfrac{1}{3}$, 则对每一 $\alpha \in \left(\dfrac{1}{3}, \beta - \dfrac{1}{q}\right)$, 齐次粗糙路径范数 $\|\mathbf{X}\|_{\alpha} \in L^q$, 此外 $\mathbf{X} = (X, \mathbb{X}) \in \mathscr{C}^{\alpha}$ a.s.. ♡

证明　该证明几乎与经典的 Kolmogorov 连续性准则的证明相同. 不失一般性, 取 $T = 1$, 对 $n \geqslant 1$, 令 $D_n = \{k/2^n; k = 0, 1, \cdots, 2^n\}$, $\bigcup_n D_n$ 是 $[0, 1]$ 中二进制有理数集合. 这里只需考虑 $s, t \in \bigcup_n D_n$, 其他点使用连续性即可得到. 令

$$K_n = \sup_{t \in D_n} |X_{t,t+2^{-n}}|, \quad \mathbb{K}_n = \sup_{t \in D_n} |\mathbb{X}_{t,t+2^{-n}}|.$$

由 (2.25) 可知

$$\mathbf{E}(K_n^q) \leqslant \mathbf{E} \sum_{t \in D_n} |X_{t,t+2^{-n}}|^q \leqslant \frac{1}{|D_n|} C^q |D_n|^{\beta q} = C^q |D_n|^{\beta q - 1},$$

$$\mathbf{E}(\mathbb{K}_n^{q/2}) \leqslant \mathbf{E} \sum_{t \in D_n} |\mathbb{X}_{t,t+2^{-n}}|^{q/2} \leqslant \frac{1}{|D_n|} C^{q/2} |D_n|^{2\beta q/2} = C^{q/2} |D_n|^{2\beta q/2 - 1}.$$

对任意固定的 $s < t \in \bigcup_n D_n$, 可以找到一整数 m 使得 $|D_{m+1}| < t - s \leqslant |D_m|$. 区间 $[s,t]$ 可以表示为形为区间 $[u,v] \in D_n, n \geqslant m+1$ 的有限不交并, 其中没有三个相同长度的区间. 换句话说, 对于区间 $[s,t]$ 的一划分

$$s = \tau_0 < \tau_1 < \cdots < \tau_N = t,$$

其中 $(\tau_i, \tau_{i+1}) \in D_n, n \geqslant m+1$, 对于每个固定的 $n \geqslant m+1$, 从 D_n 中最多取两个这样的区间属于区间 $[s,t]$ 的分割区间. 因此

$$|X_{s,t}| \leqslant \max_{0 \leqslant i < N} |X_{s,\tau_{i+1}}| \leqslant \sum_{i=0}^{N-1} |X_{\tau_i,\tau_{i+1}}| \leqslant 2 \sum_{n \geqslant m+1} K_n,$$

类似地,

$$\begin{aligned}
|\mathbb{X}_{s,t}| &= \left| \sum_{i=0}^{N-1} (\mathbb{X}_{\tau_i,\tau_{i+1}} + X_{s,\tau_i} \otimes X_{\tau_i,\tau_{i+1}}) \right| \\
&\leqslant \sum_{i=0}^{N-1} (|\mathbb{X}_{\tau_i,\tau_{i+1}}| + |X_{s,\tau_i}||X_{\tau_i,\tau_{i+1}}|) \\
&\leqslant \sum_{i=0}^{N-1} |\mathbb{X}_{\tau_i,\tau_{i+1}}| + \max_{0 \leqslant i < N} |X_{s,\tau_{i+1}}| \sum_{j=0}^{N-1} |X_{\tau_j,\tau_{j+1}}| \\
&\leqslant 2 \sum_{n \geqslant m+1} \mathbb{K}_n + \left(2 \sum_{n \geqslant m+1} K_n \right)^2.
\end{aligned} \tag{2.27}$$

因此有

$$\frac{|X_{s,t}|}{|t-s|^\alpha} \leqslant \sum_{n \geqslant m+1} \frac{1}{|D_{m+1}|^\alpha} 2K_n \leqslant \sum_{n \geqslant m+1} \frac{2K_n}{|D_n|^\alpha} \leqslant K_\alpha,$$

其中 $K_\alpha := 2\sum_{n\geqslant 0} K_n/|D_n|^\alpha \in L^q$. 事实上, 由假设 $\alpha < \beta - 1/q$ 以及 $|D_n|$ 的任意正幂是可求和的, 那么

$$\|K_\alpha\|_{L^q} \leqslant \sum_{n\geqslant 0} \frac{2}{|D_n|^\alpha} |\mathbf{E}(K_n^q)|^{1/q} \leqslant \sum_{n\geqslant 0} \frac{2C}{|D_n|^\alpha} |D_n|^{\beta - 1/q} < \infty.$$

同样地,

$$\frac{|\mathbb{X}_{s,t}|}{|t-s|^{2\alpha}} \leqslant \sum_{n\geqslant m+1} \frac{1}{|D_{m+1}|^{2\alpha}} 2\mathbb{K}_n + \left(\sum_{n\geqslant m+1} \frac{1}{|D_{m+1}|^\alpha} 2K_n\right)^2 \leqslant \mathbb{K}_\alpha + (K_\alpha)^2,$$

其中 $\mathbb{K}_\alpha := 2\sum_{n\geqslant 0} \mathbb{K}_n/|D_n|^{2\alpha} \in L^{q/2}$. 事实上,

$$\|\mathbb{K}_\alpha\|_{L^{q/2}} \leqslant \sum_{n\geqslant 0} \frac{2}{|D_n|^{2\alpha}} |\mathbf{E}(\mathbb{K}_n^{q/2})|^{2/q} \leqslant \sum_{n\geqslant 0} \frac{2C}{|D_n|^{2\alpha}} |D_n|^{2\beta - 2/q} < \infty.$$

至此, 该定理得证.

注意到, 只要忽略二阶过程 $\mathbb{X}$, 那么经典的 Kolmogorov 连续准则包含在上述定理和其证明中. 同时也注意到, 经典的 Kolmogorov 准则适用于取值于任意 (可分的) 度量空间的过程 $(\mathbf{X}_t : 0 \leqslant t \leqslant 1)$ (将 $|X_{s,t}|$ 替换为 $d(\mathbf{X}_s, \mathbf{X}_t)$ 即可). 这一观察实际上提供了定理 2.1 的另一种直接证明方法. 由命题 2.2 知, 粗糙路径可以被视为取值于具有齐次左不变度量 $d(\mathbf{X}_s, \mathbf{X}_t) \asymp |X_{s,t}| + |\mathbb{X}_{s,t}|^{1/2}$ 的度量空间中的路径, 即 T_1^2. 矩假设 (2.25) 则等价于 $|d(\mathbf{X}_s, \mathbf{X}_t)|_{L^q} \leqslant |t-s|^\beta$, 那么可以用 Kolmogorov 准则的 "度量" 形式得出结论. 根据 2.3 节的结论, "N-阶" 低正则性的粗糙路径的 Kolmogorov 准则也可以立即得到. 上述证明的方法很容易被调整应用到更一般的情形, 例如 $\mathbb{R}^2$ 值过程 (B^H, B)、分数布朗运动和标准布朗运动对, 在 $H \in (0, 1/2]$ 时, 有 Itô 二阶过程 $\mathbb{B}^H := \int B^H dB$. 在这种情况下, 应将 β 替换为正则向量 $(\beta_1, \beta_2) = (H, 1/2)$, 结论可通过将 α 和 2α 分别由向量 $(\alpha_1, \alpha_2) = (H^-, 1/2^-)$ 和 $(H+1/2)^-$ 代替来阐明.

注 2.6   通过将经典 Kolmogorov 准则应用于 $V \otimes V$ 值过程 $(\mathbb{X}_{0,t} : 0 \leqslant t \leqslant T)$, 得不到 (2.26). 因为忽略了非线性结构

$$\mathbb{X}_{s,t} = \mathbb{X}_{0,t} - \mathbb{X}_{0,s} - X_{0,s} \otimes X_{s,t}$$

中固有的一个关键抵消, 这样做只会得出 $|\mathbb{X}_{s,t}| = \mathbf{O}(|t-s|^\alpha)$ a.s.. 也就是说, 使用 Kolmogorov 准则的双参数版本可以得到 $(s,t) \mapsto \mathbb{X}_{s,t}/|t-s|^{2\alpha}$ 有一个连续修正, 这意味着 $\|\mathbb{X}\|_{2\alpha}$ 是几乎处处有限的.

在粗糙路径度量框架下也有类似的结论. 即对于两个不同的粗糙路径 **X** 和 **X̃** 之间也有类似的结果. 注意, 由于粗糙路径空间的非线性结构, 不能简单地将定理 2.1 应用于两条粗糙路径的 "差". 事实上, 如果在 Banach 空间 $\mathcal{C}^\alpha \oplus \mathcal{C}_2^\alpha$ 中考虑 **X** − **X̃**, 那么 Chen 等式通常是不成立的.

定理 2.2 (粗糙路径度量的 **Kolmogorov** 准则)

设 α, β, q 如定理 2.1 所述. 假设对某些常数 C, **X** $= (X, \mathbb{X})$ 和 **X̃** $= (\tilde{X}, \tilde{\mathbb{X}})$ 都满足粗糙路径的 Kolmogorov 准则中的矩条件. 令

$$\Delta X := X - \tilde{X}, \quad \Delta \mathbb{X} := \mathbb{X} - \tilde{\mathbb{X}},$$

并且假设对某些 $\varepsilon > 0$ 和任意的 $s, t \in [0, T]$,

$$|\Delta X_{s,t}|_{L^q} \leqslant C\varepsilon |t-s|^\beta, \quad |\Delta \mathbb{X}_{s,t}|_{L^{q/2}} \leqslant C\varepsilon |t-s|^{2\beta}.$$

则存在依赖于 C 且关于 C 是递增的 $M > 0$, 使得

$$\|\|\Delta X\|_\alpha|_{L^q} \leqslant M\varepsilon, \quad \|\|\Delta \mathbb{X}\|_{2\alpha}|_{L^{q/2}} \leqslant M\varepsilon.$$

特别地, 若 $\beta - \frac{1}{q} > \frac{1}{3}$, 则对于任意的 $\alpha \in \left(\frac{1}{3}, \beta - \frac{1}{q}\right)$, 有 $\|\mathbf{X}\|_\alpha, \|\tilde{\mathbf{X}}\|_\alpha \in L^q$ 且

$$|\varrho_\alpha(\mathbf{X}, \tilde{\mathbf{X}})|_{L^q} \leqslant M\varepsilon.$$

♡

该定理的证明类似于定理 2.1 的证明, 留给读者作为练习.

在通常的应用中, 对于一列 (随机) 粗糙路径 $\{\mathbf{X}^n \equiv (X^n, \mathbb{X}^n) : 1 \leqslant n \leqslant \infty\}$, 往往存在关于 $1 \leqslant n \leqslant \infty$ 和 $\varepsilon = \varepsilon_n \to 0$ 一致的常数 C 使得 Kolmogorov 准则中的矩条件成立. 因此定理 2.2 量化了 $\mathbf{X}^n \to \mathbf{X}^\infty$ 的收敛速度, 其收敛速率由

$$|\varrho_\alpha(\mathbf{X}^n, \mathbf{X}^\infty)|_{L^{q/2}} \lesssim \varepsilon_n$$

给出. 当然, 当 ε_n 衰减得足够快时, Borel-Cantelli 引理表明了它也会在几乎处处意义下收敛.

2.4.2 布朗粗糙路径

本小节将考虑重要的粗糙路径, 即与布朗运动有关的例子. 讨论 Itô 和 Stratonovich 布朗运动在粗糙路径层面上的差异. 并且介绍了 Stratonovich 布朗粗糙路径的概率框架下的二进制近似, 以及布朗运动提升的粗糙路径在实际中的应用.

2.4.2.1 Itô 布朗运动

考虑 d 维标准布朗运动 B, 在 Itô 积分意义下, 定义重积分

$$\mathbb{B}^{\text{Itô}}_{s,t} := \int_s^t B_{s,r} dB_r \in \mathbb{R}^d \otimes \mathbb{R}^d \cong \mathbb{R}^{d \times d}, \tag{2.28}$$

根据布朗运动和 Itô 积分的性质, 可知 B_t 和 $\mathbb{B}^{\text{Itô}}_{s,t}$ 分别在 t 和 s,t 处以概率 1 连续. 而且在一全概率集上满足 (2.8).

命题 2.5

对任意 $\alpha \in \left(\dfrac{1}{3}, \dfrac{1}{2} \right)$, 以概率 1 有

$$\mathbf{B}^{\text{Itô}} = (B, \mathbb{B}^{\text{Itô}}) \in \mathscr{C}^\alpha([0,T], \mathbb{R}^d).$$

此外, 齐次粗糙路径范数 $\left\|\left\|\left\| \mathbf{B}^{\text{Itô}} \right\|\right\|\right\|_\alpha$ 具有高斯尾.

♠

证明 利用布朗运动的尺度变换和 $\mathbb{B}^{\text{Itô}}_{0,1}$ 的有限阶矩, $\mathbb{B}^{\text{Itô}}_{0,1}$ 的任意有限阶矩直接由布朗运动的齐次二阶 Wiener-Itô 混沌的可积性质得到, 另外, 粗糙路径的 Kolmogorov 准则适用于 $\beta = 1/2$ 和所有 $q < \infty$ 的情形. (作为练习, 若希望使用混沌来证明 $\mathbb{B}^{\text{Itô}}_{0,1}$ 的有限矩, 一个基本方法是条件期望、等距公式和反射原理.) 那么对任意 $q < \infty$, 由 Kolmogorov 准则可得 $\left\|\left\|\left\| \mathbf{B}^{\text{Itô}} \right\|\right\|\right\|_\alpha \in L^q$. 对于布朗运动运用定理 2.1 即可得到齐次粗糙路径范数的高斯可积性.

通过二重 Itô 积分 (二阶微积分!) 提升的布朗运动得到一个 (随机) 粗糙路径, 但不是几何粗糙路径. 实际上, 由 Itô 公式有

$$d(B^i B^j) = B^i dB^j + B^j dB^i + \langle B^i, B^j \rangle dt, \quad i, j = 1, \cdots, d,$$

因此, 记 Id 为 d 维空间中的单位矩阵, 对 $s < t$, 有

$$\text{Sym}(\mathbb{B}^{\text{Itô}}_{s,t}) = \frac{1}{2} B_{s,t} \otimes B_{s,t} - \frac{1}{2} Id(t-s) \neq \frac{1}{2} B_{s,t} \otimes B_{s,t},$$

显然上式不满足 (2.17), 因此布朗运动通过 Itô 积分可提升为 (随机) 粗糙路径, 但却不是几何粗糙路径.

最后, 值得提及的是取值于无穷维空间的布朗运动也可以按照本节的思路提升为粗糙路径.

2.4.2.2 Stratonovich 布朗运动

在前一小节中, 通过考虑 d 维布朗运动 B 对自身的积分来定义 $\mathbf{B}^{\text{Itô}}$. 现在, 对于连续半鞅 (标量), M, N, Stratonovich 积分定义为

$$\int_0^t M \circ dN := \int_0^t M dN + \frac{1}{2}\langle M, N\rangle_t,$$

并且该积分有一阶微积分的优点. 例如, 一阶乘法法则

$$d(MN) = M \circ dN + N \circ dM.$$

那么可以通过布朗运动关于自身 (分量) 的 Stratonovich 积分来定义 $\mathbb{B}^{\text{Strat}}$. 利用布朗运动的二次变差 $d\langle B^i, B^j\rangle_t = \delta^{i,j} dt$, 其中, 当 $i = j$ 时, $\delta^{i,j} = 1$; 反之 $\delta^{i,j} = 0$, 那么有

$$\mathbb{B}^{\text{Strat}}_{s,t} = \mathbb{B}^{\text{Itô}}_{s,t} + \frac{1}{2} Id(t - s), \tag{2.29}$$

且

$$\text{Sym}(\mathbb{B}^{\text{Strat}}_{s,t}) = \frac{1}{2} B_{s,t} \otimes B_{s,t}.$$

命题 2.6

对任意 $\alpha \in \left(\dfrac{1}{3}, \dfrac{1}{2}\right)$, 以概率 1 有

$$\mathbf{B}^{\text{Strat}} = (B, \mathbb{B}^{\text{Strat}}) \in \mathscr{C}_g^\alpha([0, T], \mathbb{R}^d),$$

并且齐次粗糙路径范数 $\left\|\mathbf{B}^{\text{Itô}}\right\|_\alpha$ 具有高斯尾.

证明 使用 (2.29), 由 Itô 情形的正则性立即得到 $\mathbf{B}^{\text{Strat}}$ 的粗糙路径正则性. (或者, 可以再次使用粗糙路径的 Kolmogorov 准则; 唯一的区别是, 由于确定性部分 $Id/2$, 现在 $\mathbb{B}^{\text{Strat}}_{0,1}$ 取值于非齐次二阶混沌.) 最后, 由一阶乘积法则有

$$\text{Sym}(\mathbf{B}^{\text{Strat}}_{s,t}) = \frac{1}{2} B_{s,t} \otimes B_{s,t},$$

因此 $\mathbf{B}(\omega)$ 是几何粗糙路径. 最后, 从已知的 $\mathbf{B}^{\text{Itô}}$ 的可积性中可以清楚地看出 $\mathbf{B}^{\text{Strat}}$ 的可积性, 最终结论得证.

$\mathbf{B}(\omega)$ 的典则版本被称为布朗粗糙路径, $\mathbf{B} = \mathbf{B}^{\text{Strat}}$ 又被称为布朗运动 (Stratonovich) 提升的一个过程. 这种提升方式也是每一个弱几何粗糙路径 $(X, \mathbb{X})$ 的一个确定性特征, 这里的 $(X, \mathbb{X})$ 可以在命题 2.4 的意义下通过粗糙路径拓扑中的光

滑路径来近似. 这种近似不仅需要路径 X 基本的信息, 还需要整个粗糙路径的信息, 包括二阶信息 $\mathbb{X}$.

相比之下, 这里存在分段线性、磨光和许多其他的近似仍然在粗糙路径意义下收敛 (在概率陈述下). 更具体地, 对于当前的 d 维标准布朗运动, 基于 (离散时间!) 鞅论证可以给出如下命题.

命题 2.7

在区间 $[0, T]$ 上, 考虑 B 的二进制分段线性近似 $(B^{(n)})$. 即对于某些整数 $i \in \{0, 1, \cdots, 2^n\}$, 有

$$B_t^{(n)} = B_{iT/2^n} + 2^n/T(t - iT/2^n)B_{iT/2^n,(i+1)T/2^n}, \quad t \in [iT/2^n, (i+1)T/2^n],$$

其中 $B_{iT/2^n,(i+1)T/2^n} = B_{(i+1)T/2^n} - B_{iT/2^n}$. 则在 $\mathscr{C}_g^\alpha([0, T], \mathbb{R}^d)$ 中, 那么以概率 1 有

$$\left(B^{(n)}, \int_0^\cdot B^{(n)} \otimes dB^{(n)}\right) \to (B, \mathbb{B}^{\mathrm{Strat}})$$

(左侧的积分为经典的 Riemann-Stieltjes 积分).

证明　通过对 B 在二进制时间点取条件期望, 可得到 $B^{(n)}$,

$$B^{(n)} = \mathbf{E}(B | \sigma\{B_{kT/2^n} : 0 \leqslant k \leqslant 2^n\}).$$

对 $i \neq j$, 由分量 B^i, B^j 的相互独立性, $\mathbb{B}^{\mathrm{Strat}}$ 的非对角元素也有类似的近似表示, 由于 $\mathbb{B}_{s,t}^{\mathrm{Strat};i,i} = \dfrac{1}{2}(B_{s,t}^i)^2$, 所以无需特别的关注对角线元素. 那么从鞅收敛很容易推出几乎处处逐点收敛. 此外, 定理 2.1 表明

$$|B_{s,t}^i| \leqslant K_\alpha(\omega)|t - s|^\alpha, \quad |\mathbb{B}_{s,t}^{\mathrm{Strat};i,j}| \leqslant \mathbb{K}_\alpha(\omega)|t - s|^{2\alpha},$$

并且在对于 $\sigma\{B_{kT/2^n} : 0 \leqslant k \leqslant 2^n\}$ 的条件下, 即 $B^{(n);i}$ 和 $\int_0^\cdot B^{(n);i} dB^{(n);j}$ 有相同的界. 事实上, K_α, $\mathbb{K}_\alpha$ 可积性足以保证 Doob 的极大不等式可以被应用. 那么以概率 1 有

$$\sup_n \left\| B^{(n)}, \int_0^\cdot B^{(n)} \otimes dB^{(n)} \right\|_{2\alpha} < \infty.$$

结合前面的几乎处处逐点收敛, 通过 (确定性) 插值讨论可以证明在 α-Hölder 粗糙路径度量 ϱ_α 下几乎处处收敛.

值得注意的是, 布朗运动有一种一致光滑的近似, 但是它却不收敛于布朗运动的 Stratonovich 提升, 而是收敛于一些不同的几何 (随机) 粗糙路径, 例如

$$\mathbf{B} = (B, \bar{\mathbb{B}}), \quad \text{其中} \quad \bar{\mathbb{B}}_{s,t} = \mathbb{B}_{s,t}^{\text{Strat}} + (t-s)A, \quad A \in \mathfrak{so}(d).$$

注意, $\bar{\mathbb{B}}$ 和 $\mathbb{B}^{\text{Strat}}$ 之间的差异是反对称的, 即 $\mathbf{B}$ 的随机面积不同于 Lévy 面积.

2.4.2.3 磁场中的布朗运动

考虑 $\mathbb{R}^3$ 中质量为 m, 运动轨迹为 $x = x(t)$ 的粒子, 它在 3 个正交方向分别受到 $\alpha_1, \alpha_2, \alpha_3 > 0$ 的摩擦力, 并且受随机外力-白噪声的影响, 即三维布朗运动 B 的广义导数, 那么牛顿第二定律表明:

$$m\ddot{x} = -M\dot{x} + \dot{B}, \tag{2.30}$$

假设 M 对称且有谱 $\alpha_1, \alpha_2, \alpha_3$. 过程 $x(t)$ 描述了物理布朗运动. 众所周知, 在小质量区域, $m \ll 1$, 中处理粒子时具有明显物理相关性, (数学的) 布朗运动 (具有非标准协方差) 给出了 $x(t)$ 的一个很好的近似值. 为了看到这一点, 在 (2.30) 中取 $m = 0$, 在这种情况下 $x = M^{-1}B$.

现在假设粒子 (位置 x, 动量 $m\dot{x}$) 携带非零电荷, 并假设它在恒定的磁场中运动. 回想一下, 这样的粒子会受到与磁场强度、垂直于磁场方向的速度分量和粒子电荷成正比例的侧向力 ("洛伦兹力"). 根据这里的假设, 这意味着要在 M 上添加了一个非零的反对称分量. 因此, 将放弃对称性假设, 转而考虑更一般的方阵 M 且满足

$$\text{Real}\{\sigma(M)\} \subset (0, \infty).$$

注意, 这些二阶动力学可以利用动量方程 $p(t) = m\dot{x}$ 改写成如下的发展方程:

$$\dot{p} = -M\dot{x} + \dot{B} = -\frac{1}{m}Mp + \dot{B}.$$

正如我们将看到由以 "质量" m 为索引的 $X = X^m$ 在粗糙路径水平上以一种相当复杂的方式收敛到布朗运动. 事实上, 在粗糙路径意义下的正确极限是 $\mathbf{B} = (B, \bar{\mathbb{B}})$, 其中

$$\bar{\mathbb{B}}_{s,t} = \mathbb{B}_{s,t}^{\text{Strat}} + (t-s)A, \tag{2.31}$$

这里的 A 是一反对称矩阵, 且 A 可以显式地写成 $A = \frac{1}{2}(M\Sigma - \Sigma M^*) \in \mathfrak{so}(d)$, 其中

$$\Sigma = \int_0^\infty e^{-Ms}e^{-M^*s}ds.$$

当 M 是正规矩阵, 即 $M^*M = MM^*$, 作为线性代数中的一个练习, 上述表达式可简化为

$$A = \frac{1}{2}\mathrm{Anti}(M)\mathrm{Sym}(M)^{-1},$$

其中 $\mathrm{Anti}(M)$ 代表的是矩阵的反对称部分, $\mathrm{Sym}(M)$ 表示矩阵的对称部分. 因此有如下的结果.

定理 2.3

设 $M \in \mathbb{R}^{d \times d}$ 是 d 维方阵, 它所有特征值都有严格正的实部. 设 B 是 d 维标准布朗运动, $m > 0$, 并考虑随机微分方程

$$dX = \frac{1}{m}Pdt, \quad dP = -\frac{1}{m}MPdt + dB,$$

其中初始位置 X 和初始动量 P 都为零. 那么对任意 $q \geqslant 1$ 和 $\alpha \in (1/3, 1/2)$, 在 $\mathscr{C}^\alpha$ 和 L^q 中, 当质量 $m \to 0$ 时,

$$\left(MX, \int MX \otimes d(MX)\right) \to \mathbf{B}.$$

♡

证明　第一步 (L^q 中的逐点收敛). 为了利用布朗运动的尺度变换, 方便起见, 令 $m = \varepsilon^2$, 然后令 Y^ε 为重新放缩的动量,

$$Y_t^\varepsilon = P_t/\varepsilon.$$

同时记 $X^\varepsilon = X$, 以强调对 ε 的依赖性. 那么有

$$dY_t^\varepsilon = -\varepsilon^{-2}MY_t^\varepsilon dt + \varepsilon^{-1}dB_t, \quad dX_t^\varepsilon = \varepsilon^{-1}Y_t^\varepsilon dt.$$

由假设, 存在 $\lambda > 0$, 使得 M 的每个特征值的实部 (严格地) 大于 $\lambda > 0$. 注意到这意味着, 当 $\tau \to \infty$, $|\exp(-\tau M)| = \mathbf{O}(\exp(-\lambda\tau))$. 对固定的 ε, 定义布朗运动 $\tilde{B} = \varepsilon^{-1}B_{\varepsilon^2}$, 并且有 $\varepsilon^{-1}dB_t = d\tilde{B}_{\varepsilon^{-2}t}$, 考虑随机微分方程

$$d\tilde{Y}_t = -M\tilde{Y}_t dt + d\tilde{B}_t, \quad d\tilde{X}_t = \tilde{Y}_t dt.$$

注意, 解的分布不依赖于 ε. 此外, 当用相同的初始数据求解时, 有逐轨道的等式

$$(Y_t^\varepsilon, \varepsilon^{-1}X_t^\varepsilon) = (\tilde{Y}_{\varepsilon^{-2}t}, \tilde{X}_{\varepsilon^{-2}t}). \tag{2.32}$$

由于关于 M 的假设, $\tilde{Y}$ 是遍历的. 平稳解的 (零均值, 高斯) 分布为 $\nu = \mathcal{N}(0, \Sigma)$, 这里 Σ 为协方差矩阵. 平稳解可写成

$$\tilde{Y}_t^{\text{stat}} = \int_{-\infty}^{t} e^{-M(t-s)} d\tilde{B}_s.$$

对于任意的 t (特别是 $t=0$), $\tilde{Y}_t^{\text{stat}}$ 的分布也为 ν. 则有

$$\Sigma = \mathbf{E}(\tilde{Y}_0^{\text{stat}} \otimes \tilde{Y}_0^{\text{stat}}) = \int_{-\infty}^{0} e^{-M(-s)} e^{-M^*(-s)} ds = \int_{0}^{\infty} e^{-Ms} e^{-M^*s} ds.$$

由于 $\sup_{0 \leqslant t < \infty} \mathbf{E}|\tilde{Y}_t^2| < \infty$, 很明显在 L^2 中关于 t 一致地有 $\varepsilon \tilde{Y}_{\varepsilon^{-2}t} = \varepsilon Y_t^\varepsilon \to 0$(因此, 对任意 $q < \infty$, 在 L^q 中收敛也成立). 注意到 $MX_t^\varepsilon = B_t - \varepsilon Y_{0,t}^\varepsilon$, 该命题的第一部分显而易见. 此外, 由遍历定理, 对任意 $q < \infty$ 在 L^q 中对所有合理的测试函数 f 有

$$\int_0^t f(Y_t^\varepsilon) dt \to t \int f(y)\nu(dy). \tag{2.33}$$

在这里, 该式中的函数选取为一二次函数. 使用 $dX^\varepsilon = \varepsilon^{-1} Y^\varepsilon dt$, 则有

$$
\begin{aligned}
\int_0^t MX_s^\varepsilon \otimes d(MX^\varepsilon)_s &= \int_0^t MX_s^\varepsilon \otimes dB_s - \varepsilon \int_0^t MX_s^\varepsilon \otimes dY_s^\varepsilon \\
&= \int_0^t MX_s^\varepsilon \otimes dB_s - MX_t^\varepsilon \otimes (\varepsilon Y_t^\varepsilon) + \varepsilon \int_0^t d(MX^\varepsilon)_s \otimes Y_s^\varepsilon \\
&= \int_0^t MX_s^\varepsilon \otimes dB_s - MX_t^\varepsilon \otimes (\varepsilon Y_t^\varepsilon) + \int_0^t MY_s^\varepsilon \otimes Y_s^\varepsilon ds \\
&\to \int_0^t B_s \otimes dB_s - 0 + t \int (My \otimes y)\nu(dy) \\
&= \int_0^t B_s \otimes dB_s + tM\Sigma = \mathbb{B}_{0,t} + t\left(M\Sigma - \frac{1}{2}Id\right),
\end{aligned}
$$

其中的收敛性是对于任何 $q \geqslant 2$ 的 L^q 都成立. 通过考虑上述方程的对称部分,

$$\frac{1}{2}(MX_t^\varepsilon) \otimes (MX_t^\varepsilon) \to \frac{1}{2}B_t \otimes B_t + \text{Sym}(M\Sigma - \frac{1}{2}Id)t,$$

因此, 可知 $M\Sigma - \frac{1}{2}Id$ 是反对称的, 因此也等于 $\frac{1}{2}(M\Sigma - \Sigma M^*)$. 这解决了点态收敛性, 即

$$S(MX^\varepsilon)_t := \left(MX_t^\varepsilon, \int_0^t MX_s^\varepsilon \otimes d(MX^\varepsilon)_s\right) \to (B_t, \bar{\mathbb{B}}_{0,t}).$$

第二步 (L^q 中的一致粗糙路径估计). 首先, 声明将会有以下估计

$$\sup_{\varepsilon \in (0,1)} \mathbf{E}[|X_{s,t}^{\varepsilon}|^q] \lesssim |t-s|^{\frac{q}{2}}, \quad \sup_{\varepsilon \in (0,1)} \mathbf{E}\left[\left|\int_s^t X_{s,\cdot}^{\varepsilon} \otimes dX^{\varepsilon}\right|^q\right] \lesssim |t-s|^q,$$

由此, 根据定理 2.1, 对任意 $q < \infty$,

$$\sup_{\varepsilon \in (0,1)} \mathbf{E}[\|MX^{\varepsilon}\|_{\alpha}^q] < \infty, \quad \sup_{\varepsilon \in (0,1)} \mathbf{E}\left[\left\|\int MX^{\varepsilon} \otimes d(MX^{\varepsilon})\right\|_{2\alpha}^q\right] < \infty.$$

由于 X 是高斯的, 根据一、二阶 Wiener-Itô 混沌可积性, 对于上述声明的估计仅需要对 $q = 2$ 进行估计, 且期望的估计可由如下估计导出:

$$\mathbf{E}[|\tilde{X}_{s,t}|^2] \lesssim |t-s|, \tag{2.34}$$

$$\mathbf{E}\left[\left|\int_s^t \tilde{X}_{s,u} \otimes d\tilde{X}_u\right|^2\right] \lesssim |t-s|^2, \tag{2.35}$$

其中隐含的常数对于任意的 $t, s \in (0, \infty)$ 是一致的. 事实上, 这直接来自于

$$\mathbf{E}[|X_{s,t}^{\varepsilon}|^2] = \mathbf{E}[|\varepsilon \tilde{X}_{\varepsilon^{-2}s, \varepsilon^{-2}t}|^2] \lesssim \varepsilon^2 |\varepsilon^{-2}t - \varepsilon^{-2}s| = |t-s|$$

(注意该估计关于 ε 是一致的), 重积分的二阶矩也是满足类似的估计.

为了验证 (2.34), 只需注意到 $M\tilde{X}_{s,t} = \tilde{B}_{s,t} - \tilde{Y}_{s,t}$, 以及结合估计式

$$\mathbf{E}[|\tilde{Y}_{s,t}|^2] = \mathbf{E}\left[\left|(e^{-M(t-s)} - Id)\tilde{Y}_s\right|^2\right] + \int_s^t \mathrm{Tr}(e^{-Mu} e^{-M^*u})du \lesssim |t-s|,$$

这里使用 $\mathrm{Real}\{\sigma(M)\} \subset (0, \infty)$ 来得到一致估计. 为了得到 (2.35), 我们考虑其中一个分量, 即

$$\mathbf{E}\left[\left|\int_s^t \tilde{X}_{s,u}^i d\tilde{X}_u^j\right|^2\right] = \mathbf{E}\left[\left|\int_s^t \int_s^u \tilde{Y}_r^i \tilde{Y}_u^j dr du\right|^2\right]$$

$$= \int_{[s,t]^4} \mathbf{E}[\tilde{Y}_r^i \tilde{Y}_u^j \tilde{Y}_q^i \tilde{Y}_v^j] \mathbf{1}_{\{r \leqslant u; q \leqslant v\}} dr du dq dv$$

$$\leqslant \int_{[s,t]^4} \left(\left|\mathbf{E}[\tilde{Y}_r^i \tilde{Y}_u^j]\right|\left|\mathbf{E}[\tilde{Y}_q^i \tilde{Y}_v^j]\right| + \left|\mathbf{E}[\tilde{Y}_r^i \tilde{Y}_q^i]\right|\left|\mathbf{E}[\tilde{Y}_u^j \tilde{Y}_v^j]\right|\right.$$

$$\left. + \left|\mathbf{E}[\tilde{Y}_r^i \tilde{Y}_v^j]\right|\left|\mathbf{E}[\tilde{Y}_u^j \tilde{Y}_q^i]\right|\right) dr du dq dv$$

$$\lesssim \left(\int_{[s,t]^2} \left|\mathbf{E}[\tilde{Y}_r \otimes \tilde{Y}_u]\right| dr du\right)^2$$

$$\lesssim \left(\int_{[s,t]^2} \left|\mathbf{E}[\tilde{Y}_r \otimes \tilde{Y}_u]\right| \mathbf{1}_{\{r \leqslant u\}} dr du\right)^2,$$

在上述推导中, 使用了 $\tilde{Y}$ 是高斯过程的事实 (这保证乘积期望的 Wick 公式可以使用), 从而获得了上述第三行的控制. 但是对于 $r \leqslant u$, 有 $\mathbf{E}[\tilde{Y}_u | \tilde{Y}_r] = e^{-M(u-r)} \tilde{Y}_r$, 所以

$$\int_{[s,t]^2} \left| \mathbf{E}[\tilde{Y}_r \otimes \tilde{Y}_u] \right| \mathbf{1}_{\{r \leqslant u\}} dr du = \int_{[s,t]^2} \left| \mathbf{E}[\tilde{Y}_r \otimes e^{-M(u-r)} \tilde{Y}_r] \right| \mathbf{1}_{\{r \leqslant u\}} dr du$$
$$\lesssim \int_s^t \left(\int_r^t e^{-\lambda(u-r)} du \right) \mathbf{E}[|\tilde{Y}_r|^2] dr \lesssim |t-s|.$$

现在注意到 $|\exp(-\tau M)| = \mathbf{O}(\exp(-\lambda \tau))$, 由此可以导出 (2.35).

第三步 (L^q 中粗糙路径的收敛). 证明的剩余部分是插值的简单应用, 作为练习留给读者.

2.4.2.4 Wiener 空间中的数值积分 (Cubature)

数值积分规则将区间 $[0, 1]$ 上的 Lebesgue 测度 λ 替换为一组有限的点质量的凸组合, 例如 $\mu = \sum a_i \delta_{x_i}$, 其中选择权重 (a_i) 和点 (x_i), 使得所有 N 阶以下的单项式 (因此多项式) 都可以被正确计算. 换句话说, 首先计算关于测度 λ 的矩, 即对所有 $n \geqslant 0$,

$$\int_0^1 x^n d\lambda(x) = \frac{1}{n+1}.$$

然后寻找一个测度 μ, 对所有 $n \in \{0, 1, 2, \cdots, N\}$ 都满足 $\int_0^1 x^n d\mu(x) = \frac{1}{n+1}$. 在 Wiener 空间上也可进行类似的处理: 这里的单项式 x^n 被 n 重的迭代积分 (Stratonovich 意义义下的) 所取代, 那么积分在 $\mathcal{C}([0, T], \mathbb{R}^d)$ 上便是关于 d 维 Wiener 测度的积分. 为了获得那样的 Cubature 公式. 首先需要计算 n 次迭代积分的期望

$$\mathbf{E} \left(\int_{0 < t_1 < \cdots < t_n < T} \circ dB \otimes \cdots \otimes \circ dB \right).$$

将上述所有的迭代积分组合成一个单独的对象, 也称为布朗运动的 (Stratonovich) 签名, 它具有如下形式

$$S(B)_{0,T} = 1 + \sum_{n \geqslant 1} \int_{0 < t_1 < \cdots < t_n < T} \circ dB \otimes \cdots \otimes \circ dB.$$

签名 $S(B)_{0,T}$ 自然地取值于无穷张量级数构成的代数空间 $T((\mathbb{R}^d)) := \prod_{n=0}^{\infty} (\mathbb{R}^d)^{\otimes n} = \{\xi = (\xi_0, \xi_1, \cdots) : \xi_n \in (\mathbb{R}^d)^{\otimes n}, n \in \mathbb{N}\}$, 实际上, 它是由 $\bigoplus_{n \geqslant 0} (\mathbb{R}^d)^{\otimes n}$ 给出的张量多项式空间的闭包. 事实证明, 对于布朗运动, 签名的期望可以以特别简洁的形式表达.

> **定理 2.4**
>
> 考虑上述 $T((\mathbb{R}^d))$ 值的随机变量 $S(B)_{0,T}$, 那么
>
> $$\mathbf{E}S(B)_{0,T} = \exp\left(\frac{T}{2}\sum_{i=1}^{d}e_i\otimes e_i\right).$$
>
> ♡

证明　令 $\varphi_t := \mathbf{E}S(B)_{0,t}$. (通过 Wiener-Itô 混沌可积性或其他方法, 不难看出, 所有涉及的迭代积分都是可积的, 因此 φ 是定义良好的.) 根据 Chen 等式和布朗运动增量的独立性, 可以得出如下结论

$$\varphi_{t+s} = \varphi_t \otimes \varphi_s.$$

由于 $\varphi_t \otimes \varphi_s = \varphi_s \otimes \varphi_t$, 那么有 $[\varphi_s, \varphi_t] = 0$, 因此

$$\log\varphi_{t+s} = \log\varphi_t + \log\varphi_s.$$

对整数 m, n, 有 $\log\varphi_m = n\log\varphi_{m/n}$ 和 $\log\varphi_m = m\log\varphi_1$. 由此可见

$$\log\varphi_t = t\log\varphi_1,$$

由于首先对于 $t = \dfrac{m}{n} \in \mathbf{Q}$ 得到上述结果, 然后根据连续性可以获得对任何实数 t 上述等式也成立. 另一方面, 对 $t > 0$, 布朗运动的尺度变换隐含着 $\varphi_t = \delta_{\sqrt{t}}\varphi_1$, 其中 δ_λ 是膨胀算子, 它的作用是在第 n 级张量空间 $(\mathbb{R}^d)^{\otimes n}$ 上乘以 λ^n. 由于 δ_λ 与 $\otimes$ (因此也与定义为幂级数的对数 $\log$) 可交换, 那么

$$\log\varphi_t = \delta_{\sqrt{t}}\log\varphi_1,$$

并且由此可见

$$\log\varphi_t \in (\mathbb{R}^d)^{\otimes 2}.$$

仍需用 $\frac{1}{2}\sum_{i=1}^{d}e_i\otimes e_i$ 来表示 $\log\varphi_1$. 为此, 只需计算二阶签名的期望即可,

$$\mathbf{E}S^{(2)}(B) = \mathbf{E}\left(1 + B_{0,1} + \int_0^1 B\otimes\circ dB\right) = 1 + \frac{1}{2}\sum_{i=1}^{d}e_i\otimes e_i.$$

在上述表达式中, "1" 在截断张量代数中用 $(1, 0, 0)$ 表示, 其他被加数也是如此, 加法是在 $T^{(2)}(\mathbb{R}^d)$ 中进行的. 取对数 (在张量代数中超过 2-阶就会被截断; 如果 a 是 1-张量, b 是 2-张量, 在这种情况下 $\log(1 + a + b) = a + \left(b - \dfrac{1}{2}a\otimes a\right)$) 则得出所需的结果.

Cubature 公式是一个具有相应概率的分段光滑路径的有限族, 例如模拟预期签名到给定阶的行为. 而建立 Cubature 公式不是那么容易, 本小节不再深入讨论, 给出如下例子作为简单解释.

例 2.3 (3-阶 Cubature 公式)　在 $\mathcal{C}([0,1], \mathbb{R}^d)$ 上通过为每条路径

$$t \mapsto t \begin{pmatrix} \pm 1 \\ \pm 1 \\ \vdots \\ \pm 1 \end{pmatrix} \in \mathbb{R}^d$$

附加相同的权重 2^{-d} 来定义测度 μ. 用所得过程 $(X_t(\omega) : t \in [0,1])$ 和 3-阶期望签名, 可以记 $X_t(\omega) = t \sum_i Z_i(\omega) e_i$, 其中独立同分布随机变量 Z_i 以相同的概率取值于 $+1, -1$. 显然有

$$\mathbf{E} \int_{0 < t_1 < 1} dX_{t_1} = \mathbf{E} X_{t_1} = 0.$$

此外

$$\int_{0 < t_1 < t_2 < 1} dX_{t_1} \otimes dX_{t_2} = \frac{1}{2} \sum_{i,j} Z_i Z_j e_i \otimes e_j = \frac{1}{2} Id + (零均值),$$

并且 2-阶的期望值与 $\pi_2 \left(\exp \left(\frac{1}{2} Id \right) \right)$ 相等. 在第 3-阶上的类似展开表明, 对于某个 i, 每个被加数要么包含因子 $\mathbf{E} Z_{t_1}^i = 0$, 要么包含因子 $\mathbf{E} (Z_{t_1}^i)^3 = 0$. 换句话说, 第 3-阶的期望签名为零, 与 $\pi_3 \left(\exp \left(\frac{1}{2} Id \right) \right)$ 一致. 则有

$$\mathbf{E} \left(1, X_{0,1}, \int_{0 < t_1 < t_2 < 1} dX_{t_1} \otimes dX_{t_2}, \int_{0 < t_1 < t_2 < t_3 < 1} dX_{t_1} \otimes dX_{t_2} \otimes dX_{t_3} \right)$$
$$= \left(1, 0, \frac{1}{2} Id, 0 \right).$$

这里的结论是: μ 的期望签名和 Wiener 测度的期望签名在 3-阶以内都是一致的. 该方法利用独立同分布随机变量的特性和期望值计算, 成功逼近了 Wiener 测度的期望签名.

2.4.2.5　随机游走的尺度极限

考虑一列连续过程 $\mathbf{X}^n = (X^n, \mathbb{X}^n)$, 其取值于 $V \oplus (V \otimes V)$ 中, 其中 $\dim V < \infty$. 假设对所有 n, $\mathbf{X}_0^n = (0,0)$. 我们将以下结果的证明留作练习.

定理 2.5 (粗糙路径的 Kolmogorov 紧性准则)

令 $q \geqslant 2, \beta > 1/q$. 假设对所有 $s, t \in [0, T]$, 存在一个常数 $C < \infty$ 使得

$$\mathbf{E}_n |X^n_{s,t}|^q \leqslant C|t-s|^{\beta q}, \quad \mathbf{E}_n |\mathbb{X}^n_{s,t}|^{q/2} \leqslant C|t-s|^{\beta q}. \tag{2.36}$$

假设 $\beta - \dfrac{1}{q} > \dfrac{1}{3}$. 则对每一 $\alpha \in \left(\dfrac{1}{3}, \beta - \dfrac{1}{q}\right)$, $\mathbf{X}^n$ 在 $\mathscr{C}^{0,\alpha}$ 中是胎紧的. ♡

在经典的应用中, X^n 通常只在离散时间点上定义, 例如 $s = j/n$, $t = k/n$, 其中 j, k 是整数. 然后, 对于适当选择的 $\mathbb{X}^n$, 重要的是需要验证以下离散的胎紧性估计:

$$\mathbf{E}_n \left| X^n_{\frac{j}{n}, \frac{k}{n}} \right|^q \leqslant C \left| \frac{j-k}{n} \right|^{\beta q}, \quad \mathbf{E}_n \left| \mathbb{X}^n_{\frac{j}{n}, \frac{k}{n}} \right|^{q/2} \leqslant C \left| \frac{j-k}{n} \right|^{\beta q}. \tag{2.37}$$

类似地连续性胎紧估计通常通过将 $\mathbf{X}^n$ 以适当方式扩展到连续时间来获得.

命题 2.8

考虑 d 维独立同分布的随机游走 $(X_j : j \in \mathbb{N})$. 其具有零均值的增量, 有任意 $q < \infty$-阶矩和单位协方差矩阵. 通过分段线性插值将仅在离散时间上定义重新放缩的随机游走

$$X^n_{\frac{j}{n}} := \frac{1}{\sqrt{n}} X_j,$$

扩展到所有时间, 并通过迭代 (Riemann-Stieltjes) 积分构造 $\mathbf{X}^n = (X^n, \mathbb{X}^n)$. 那么对于 $\beta = 1/2$ 和所有 $q < \infty$, 定理 2.5 中的胎紧性估计成立. ♠

证明 利用 (2.19) 中介绍的张量指数, 具有增量 $v \in \mathbb{R}^d$ 的线性 (或仿射) 路径的迭代积分具有简单形式 $\exp(v)$. 则 Chen 等式表明

$$\mathbf{X}^n_{\frac{j}{n}, \frac{k}{n}} = \exp\left(X^n_{\frac{j}{n}, \frac{j+1}{n}}\right) \otimes \cdots \otimes \exp\left(X^n_{\frac{k-1}{n}, \frac{k}{n}}\right). \tag{2.38}$$

在 2-阶张量代数 $T^{(2)}(\mathbb{R}^d)$ 上的简单积分可以给出 $\mathbb{X}^n_{\frac{j}{n}, \frac{k}{n}}$ 的显式表达式, 应用 (离散) Burkholder-Davis-Gundy 不等式, 可获得离散的胎紧性估计 (2.37). 最后, 扩展到所有时间上的操作很简单, 细节留给读者.

注意, 如上所述的 $\mathbf{X}^n$ 是一 (随机) 几何粗糙路径. 这种粗糙路径可以被视为取值于李群 $G^{(2)}(\mathbb{R}^d) \subset T^{(2)}(\mathbb{R}^d)$ 中的真实路径. 另一方面, 由 (2.38) 知限制在离散时间 $\left\{\dfrac{j}{n} : j \in \mathbb{N}\right\}$ 上的 $\mathbf{X}^n$ 是李群值随机游走. 通过使用此类李群上的中心极

限定理, 可得 $\mathbf{X}^n$ 在单位时间上弱收敛于布朗运动, 即 Stratonovich 意义下的提升. 并且在 $\mathbf{E}(X \otimes X) = Id$(单位矩阵) 的假设下, 该布朗运动实际上是一标准的布朗运动. 这足以描述任何弱极限点的有限维分布, 并且有以下 "Donsker" 型的结果.

定理 2.6

考虑命题 2.8 中重新放缩的随机游走并假设 $\mathbf{E}(X \otimes X) = Id$, 那么对任意 $\alpha < \dfrac{1}{2}$, 在粗糙路径空间 $\mathscr{C}^\alpha([0,T], \mathbb{R}^d)$ 中, 有如下弱收敛成立:

$$\mathbf{X}^n \Rightarrow \mathbf{B}^{\text{Strat}}.$$

2.4.3 高斯粗糙路径

本小节研究多维随机过程何时可以以 "典则" 的方式被提升为随机粗糙路径. 并且将给出一个简单的判断准则, 用于判别高斯过程能否提升为随机粗糙路径. 它特别适用于具有适当 Hurst 指数的分数布朗运动.

2.4.3.1 高斯过程的 Hölder 正则性

现在, 考虑一取值于 $V = \mathbb{R}^d$ 的连续中心高斯过程, 则有连续的样本路径

$$X_\cdot(\omega) : [0,T] \to \mathbb{R}^d,$$

并且可以将基本概率空间取为 $\mathcal{C}([0,T], \mathbb{R}^d)$, 并赋予高斯测度 μ, 使得 $X_t(\omega) = \omega(t)$. 注意, X 的分布完全由其协方差函数确定

$$R : [0,T]^2 \to \mathbb{R}^{d \times d}$$

$$(s,t) \mapsto \mathbf{E}[X_s \otimes X_t].$$

在本节中, 协方差矩形增量将发挥主要作用, 即

$$R\begin{pmatrix} s & t \\ s' & t' \end{pmatrix} := \mathbf{E}[X_{s,t} \otimes X_{s',t'}].$$

就样本路径的 Hölder 正则性而言, 根据 Kolmogorov 连续性准则有以下经典结果:

命题 2.9

假设存在正常数 ϱ 和 M, 使得对任意 $0 \leqslant s \leqslant t \leqslant T$, 有

$$\left| R\begin{pmatrix} s & t \\ s & t \end{pmatrix} \right| \leqslant M|t-s|^{1/\varrho}. \tag{2.39}$$

则对于任意 $\alpha < 1/2\varrho$ 以及所有 $q < \infty$, 存在 $K_\alpha \in L^q$, 使得

$$|X_{s,t}(\omega)| \leqslant K_\alpha(\omega)|t - s|^\alpha.$$

♠

证明　可以从分量的角度进行证明, 不失一般性, 取 $d = 1$. 由

$$|X_{s,t}|_{L^2} = (\mathbf{E}[X_{s,t}X_{s,t}])^{1/2} \leqslant \left| R \begin{pmatrix} s & t \\ s & t \end{pmatrix} \right|^{1/2} \leqslant M^{1/2}|t - s|^{1/2\varrho}$$

和 $|X_{s,t}|_{L^q} \leqslant c_q|X_{s,t}|_{L^2}$ (它由高斯性直接可得), 那么应用 Kolmogorov 准则, 立即得出结论.

当 $\alpha \in \left(\dfrac{1}{2}, \dfrac{1}{2\rho} \right)$ 时, 这意味着 $\rho < 1$. 此时, 由 X 驱动的微分方程可以用 Young 积分理论处理. 因此, 当 $\varrho \geqslant 1$ 时, 我们将重点考虑满足 (2.39) 的高斯过程, 使得过程 X 的二阶过程有恰当的概率构造

$$\mathbb{X}(\omega) : [0, T]^2 \to \mathbb{R}^{d \times d},$$

也就是说让随机积分

$$\int_s^t X_{s,r}^i dX_r^j \quad \text{对} \quad 0 \leqslant s \leqslant t \leqslant T, \quad 1 \leqslant i, j \leqslant d \tag{2.40}$$

有意义. 并且使得对于某些 $\alpha \in (1/3, 1/2]$, 几乎所有的 $X(\omega)$ 都满足 (2.7) 和 (2.8). 这里的目标是构造 (随机) 几何粗糙路径 $(X, \mathbb{X})$, 根据 (2.17), 在 (2.40) 中只需考虑 $i < j$ 的情形.

注 2.7　*读者应该牢记以下三点:*
- 样本路径 $X(\omega)$ 通常没有足够的正则性使得 (2.40) 在 Young 积分意义下有定义;
- 过程 X 通常不是半鞅, 因此 (2.40) 不能在经典随机积分意义下去定义;
- 对于某些 $\alpha \in (1/3, 1/2]$, 如果可能的话, 过程 X 的提升 $(X, \mathbb{X}) \in \mathscr{C}_g^\alpha$ 将不是唯一的.

2.4.3.2　随机积分和协方差的变差正则性

从现在起, 假设 X 的 d 个分量是相互独立的, 即它的协方差矩阵是对角矩阵. 基本的例子是 d 维标准布朗运动 B,

$$R(s, t) = (s \wedge t)Id \in \mathbb{R}^{d \times d}$$

(这里 Id 表示 $\mathbb{R}^{d \times d}$ 中的单位矩阵) 或分数布朗运动 B^H,

$$R(s,t) = \frac{1}{2} \left[s^{2H} + t^{2H} - |t-s|^{2H} \right] Id \in \mathbb{R}^{d \times d},$$

其中 $H \in (0,1)$. 显然地, $\mathbf{E}[(B_t^H - B_s^H)^2] = |t-s|^{2H}$. 读者应该注意到, 命题 2.9 适用于 $\varrho = 1/(2H)$ 的情形, 则 $\varrho \geqslant 1$ 情形可以转换为 $H \leqslant 1/2$.

现在回到解释 (2.40) 的任务上来, 对于固定的 $i < j$, 由于区间 $[s,t]$ 可以通过考虑 $(X_{s+\tau(t-s)} : 0 \leqslant \tau \leqslant 1)$ 来处理, 因此只需考虑 $[0,1]$ 区间. 记 $(X, \tilde{X}) = (X^i, X^j)$, 尝试给出如下定义

$$\int_0^1 X_{0,u} d\tilde{X}_u := \lim_{|\mathcal{P}| \downarrow 0} \sum_{[s,t] \in \mathcal{P}} X_{0,\xi} \tilde{X}_{s,t}, \quad \xi \in [s,t], \tag{2.41}$$

这里的极限是概率意义下的. 由经典随机分析知道以下考虑是必要的: 如果 $X, \tilde{X}$ 是半鞅, 则选择 $\xi = s$ 得到 Itô 积分; $\xi = t$ 得到向后 Itô 积分和 $\xi = (s+t)/2$ 得到 Stratonovich 积分. 另一方面, 上述积分的区别仅在于交互变差项 $\langle X, \tilde{X} \rangle$, 如果 $X, \tilde{X}$ 是独立的, 则 $\langle X, \tilde{X} \rangle$ 为零, 虽然在这里不假设半鞅结构, 但的确有独立分量的假设. 这意味着, 可以期望端点的选取不影响 (2.40) 的 Riemann 和近似值; 因此, 考虑左端点的选取方式. 给定 $[0,1]$ 的划分 $\mathcal{P}, \mathcal{P}'$, 令

$$\int_{\mathcal{P}} X_{0,u} d\tilde{X}_u := \sum_{[s,t] \in \mathcal{P}} X_{0,s} \tilde{X}_{s,t},$$

因此, 在 X 和 $\tilde{X}$ 是独立的假设下, 有

$$\mathbf{E} \left[\int_{\mathcal{P}} X_{0,u} d\tilde{X}_u \int_{\mathcal{P}'} X_{0,u} d\tilde{X}_u \right] = \sum_{\substack{[s,t] \in \mathcal{P} \\ [s',t'] \in \mathcal{P}'}} R \begin{pmatrix} 0 & s \\ 0 & s' \end{pmatrix} \tilde{R} \begin{pmatrix} s & t \\ s' & t' \end{pmatrix}. \tag{2.42}$$

在 (2.42) 式的右边, 给出一二维 Riemann-Stieltjes 和, 令

$$\int_{\mathcal{P} \times \mathcal{P}'} R d\tilde{R} := \sum_{\substack{[s,t] \in \mathcal{P} \\ [s',t'] \in \mathcal{P}'}} R \begin{pmatrix} 0 & s \\ 0 & s' \end{pmatrix} \tilde{R} \begin{pmatrix} s & t \\ s' & t' \end{pmatrix}.$$

假设 R 具有有限 ϱ-变差, 即 $\|R\|_{\varrho,[0,1]^2} < \infty$, 这里矩形 $I \times I'$ 上的 ϱ-变差定义为

$$\|R\|_{\varrho;I \times I'} := \left(\sup_{\substack{\mathcal{P} \subset I \\ \mathcal{P}' \subset I'}} \sum_{\substack{[s,t] \in \mathcal{P} \\ [s',t'] \in \mathcal{P}'}} \left| R \begin{pmatrix} s & t \\ s' & t' \end{pmatrix} \right|^{\varrho} \right)^{1/\varrho} < \infty. \tag{2.43}$$

对于 $\tilde{R}$ 也可类似定义, 令 $\theta = 1/\varrho + 1/\tilde{\varrho} > 1$. Towghi[43] 推广的 Young 极大不等式表明

$$\sup_{\substack{\mathcal{P} \subset I, \\ \mathcal{P}' \subset I'}} \left| \int_{\mathcal{P} \times \mathcal{P}'} R d\tilde{R} \right| \leqslant C(\theta) \|R\|_{\varrho; I \times I'} \|\tilde{R}\|_{\tilde{\varrho}; I \times I'}.$$

特别地, 如果 $\tilde{X}$ 和 X 有相同的协方差变差正则性, 则上述条件简化为 $\varrho < 2$, 从而得到以下的 L^2 极大不等式.

引理 2.1

设 $X, \tilde{X}$ 是相互独立的连续中心高斯过程, 其相应的协方差 $R, \tilde{R}$ 具有限 ϱ-变差, 且 $\varrho < 2$, 则

$$\sup_{\mathcal{P} \subset [0,1]} \mathbf{E}\left[\left(\int_{\mathcal{P}} X_{0,u} d\tilde{X}_u \right)^2 \right] \leqslant C \|R\|_{\varrho; [0,1]^2} \|\tilde{R}\|_{\varrho; [0,1]^2},$$

其中常数 C 依赖于 ϱ.   ♡

接下来, 将证明 (2.41) 在 L^2 意义下存在极限.

命题 2.10

在前面引理的假设下,

$$\lim_{\varepsilon \to 0} \sup_{\substack{\mathcal{P}, \mathcal{P}' \subset [0,1]: \\ |\mathcal{P}| \vee |\mathcal{P}'| < \varepsilon}} \left| \int_{\mathcal{P}} X_{0,u} d\tilde{X}_u - \int_{\mathcal{P}'} X_{0,u} d\tilde{X}_u \right|_{L^2} = 0. \tag{2.44}$$

因此, 当 $|\mathcal{P}| \to 0$ 时, $\int_0^1 X_{0,u} d\tilde{X}_u$ 作为 $\int_{\mathcal{P}} X_{0,u} d\tilde{X}_u$ 的 L^2 极限存在且

$$\mathbf{E}\left[\left(\int_0^1 X_{0,u} d\tilde{X}_u \right)^2 \right] \leqslant C \|R\|_{\varrho; [0,1]^2} \|\tilde{R}\|_{\varrho; [0,1]^2}, \tag{2.45}$$

其中 $C = C(\varrho)$.   ♠

证明　现在, 我们给出 (2.44) 两种证明方法. **第一种证明**: 以增加或减少 $\mathcal{P} \cap \mathcal{P}'$ 为代价, 不失一般性, 假设 $\mathcal{P}'$ 为 $\mathcal{P}$ 的细化. 那么有

$$\int_{\mathcal{P}'} X_{0,u} d\tilde{X}_u - \int_{\mathcal{P}} X_{0,u} d\tilde{X}_u = \sum_{[u,v] \in \mathcal{P}} \int_{\mathcal{P}' \cap [u,v]} X_{u,r} d\tilde{X}_r := \mathcal{I},$$

需要证明在 L^2 意义下当 $|\mathcal{P}| = |\mathcal{P}| \vee |\mathcal{P}'| \to 0$ 时 $\mathcal{I}$ 收敛于 0. 为此, 将 $\mathcal{I}^2$ 的期望

重写为

$$\mathbf{E}\mathcal{I}^2 = \sum_{[u,v]\in\mathcal{P}} \sum_{[u',v']\in\mathcal{P}} \mathbf{E}\left(\int_{\mathcal{P}'\cap[u,v]} X_{u,r}d\tilde{X}_r \int_{\mathcal{P}'\cap[u',v']} X_{u',r'}d\tilde{X}_{r'} \right)$$

$$= \sum_{[u,v]\in\mathcal{P}} \sum_{[u',v']\in\mathcal{P}} \int_{\mathcal{P}'\cap[u,v]\times\mathcal{P}'\cap[u',v']} Rd\tilde{R}.$$

由引理 2.1, 上述最后一项可由一个常数 $C = C(\varrho)$ 乘以一个矩形增量协方差的上界估计控制, 并该上界有如下进一步的估计.

$$\sum_{[u,v]\in\mathcal{P}} \sum_{[u',v']\in\mathcal{P}} \|R\|_{\varrho;[u,v]\times[u',v']} \|\tilde{R}\|_{\varrho;[u,v]\times[u',v']}$$

$$\leqslant \sum_{[u,v]\in\mathcal{P}} \sum_{[u',v']\in\mathcal{P}} \omega([u,v]\times[u',v'])^{\frac{1}{\varrho}} \tilde{\omega}([u,v]\times[u',v'])^{\frac{1}{\varrho}},$$

其中 $\omega = \omega([s,t]\times[s',t'])$ ($\tilde{\omega}$ 与之类似) 是二维控制[5](即具有超可加性、连续性且当 $s=t$ 或 $s'=t'$ 时, $\omega = 0$). ω 的一可能选择 (若它有限) 是

$$\omega([s,t]\times[s',t']) := \sup_{\mathcal{Q}\subset[s,t]\times[s',t']} \sum_{[u,v]\times[u',v']\in\mathcal{Q}} \left| R\begin{pmatrix} u & v \\ u' & v' \end{pmatrix} \right|^\varrho. \tag{2.46}$$

(2.46) 与 (2.43) 的区别在于 sup 取遍 $[s,t]\times[s',t']$ 所有 (有限) 矩形划分 $\mathcal{Q}$, 而不仅仅是由 $\mathcal{P}\times\mathcal{P}'$ 导出的网格状划分. 在该意义下, 可以将假设 "有限 ϱ-变差" 更改为 "有限受控 ϱ-变差", 根据定义, 这意味着 $\omega([0,1]^2) < \infty$. 但事实上, 这几乎没有什么区别[5]: 有限受控 ϱ-变差意味着有限 ϱ-变差; 相反, 对任何 $\varrho' > \varrho$, 有限 ϱ-变差意味着有限受控 ϱ'-变差. 由于 (2.44) 不依赖于 ϱ, 也可以 (以 ϱ' 代替 ϱ 为代价) 假设协方差有有限受控 ϱ-变差. 由有限和的 Cauchy-Schwarz 不等式知 $\bar{\omega} := \omega^{1/2}\tilde{\omega}^{1/2}$ 也是一二维控制, 则可以继续进行上述估计

$$\mathbf{E}\mathcal{I}^2 \leqslant C \sum_{[u,v]\in\mathcal{P}} \sum_{[u',v']\in\mathcal{P}} \bar{\omega}([u,v]\times[u',v'])^{2/\varrho}$$

$$\leqslant C \max_{\substack{[u,v]\in\mathcal{P} \\ [u',v']\in\mathcal{P}}} \bar{\omega}([u,v]\times[u',v'])^{\frac{2-\varrho}{\varrho}} \times \sum_{[u,v]\in\mathcal{P}} \sum_{[u',v']\in\mathcal{P}} \bar{\omega}([u,v]\times[u',v'])$$

$$\leqslant \mathbf{o}(1) \times \bar{\omega}([0,1]\times[0,1]),$$

这里利用 $|\mathcal{P}| \downarrow 0$, $\varrho < 2$ 和 $\bar{\omega}$ 的超可加性来得到最后一个不等式. 从而完成证明.

第二种证明: 该方法利用了 Riemann-Stieltjes 积分理论, 该理论适用于光滑化的 $\tilde{X}$, 以及光滑化后 ρ-变差的一致性估计. 因此, 令 $\tilde{X}^n := \tilde{X} * f_n$ 表示 $t \to \tilde{X}$ 与 f_n 的卷积, 其中 f_n 为光滑, 具有紧支撑的概率密度函数族且弱收敛于一质量集中在 0 点的 Dirac 函数. 记 $\tilde{R}^n_{s,t} := \mathbf{E}(\tilde{X}^n_s \tilde{X}^n_t)$ 为 $\tilde{X}^n$ 的协方差, 同时 $\tilde{S}^n_{s,t} := \mathbf{E}(\tilde{X}_s \tilde{X}^n_t)$ 为 "混合" 协方差, 容易得到以下估计

$$\sup_n \|\tilde{R}^n\|_{\varrho;[0,1]^2}, \sup_n \|\tilde{S}^n\|_{\varrho;[0,1]^2} \leqslant \|\tilde{R}\|_{\varrho;[0,1]^2}, \tag{2.47}$$

对于读者来说, 这是一个简单的练习.

由于 $\tilde{X}^n$ 是一具有有限变差的样本路径, 则基本 Riemann-Stieltjes 理论表明

$$当 \quad |\mathcal{P}| \to 0, \quad \int_{\mathcal{P}} X_{0,r} d\tilde{X}^n_r \to \int X_{0,r} d\tilde{X}^n_r. \tag{2.48}$$

事实上, 上述收敛 (n 固定) 也发生在 L^2 意义下, 这可以作为引理 2.1 应用的结果. 另一方面, 选择 $\varrho' \in (\varrho, 2)$ 并应用引理 2.1 得

$$\sup_{\mathcal{P}} \left| \int_{\mathcal{P}} X_{0,r} d\tilde{X}_r - \int_{\mathcal{P}} X_{0,r} d\tilde{X}^n_r \right|^2_{L^2} \leqslant C \|R_X\|_{\varrho';[0,1]^2} \|R_{\tilde{X} - \tilde{X}^n}\|_{\varrho';[0,1]^2}$$

$$\leqslant C \|R_X\|_{\varrho';[0,1]^2} \|R_{\tilde{X} - \tilde{X}^n}\|^{\varrho/\varrho'}_{\varrho;[0,1]^2} \|R_{\tilde{X} - \tilde{X}^n}\|^{1-\varrho/\varrho'}_{\infty;[0,1]^2}, \tag{2.49}$$

其中 $C = C(\varrho)$. 现在 $\varrho' > \varrho$ 意味着 $\|R_X\|_{\varrho';[0,1]^2} \leqslant \|R_X\|_{\varrho;[0,1]^2}$ 且由 (2.47) 还有 (关于 n 的一致) 估计

$$\|R_{\tilde{X} - \tilde{X}^n}\|_{\varrho;[0,1]^2} \leqslant C_\varrho \left(\|R_{\tilde{X}}\|_{\varrho;[0,1]^2} + 2\|\tilde{S}^n\|_{\varrho;[0,1]^2} + \|R_{\tilde{X}^n}\|_{\varrho;[0,1]^2} \right)$$

$$\leqslant 4C_\varrho \|\tilde{R}\|_{\varrho;[0,1]^2}.$$

由于 $\tilde{X}^n$ 在 L_2 中一致收敛到 $\tilde{X}$, 所以不难看出 $R_{\tilde{X} - \tilde{X}^n}$ 在 $[0,1]^2$ 上一致收敛于 0. 由此, 当 $n \to \infty$ 时 (2.49) 趋向于零. 现在, 将此与 (2.48) 结合起来, 得出 (2.44) 的 (第二种) 证明, 这作为一个基本练习留给读者.

最后, L^2 估计是引理 2.1 中的极大不等式和近似 Riemann-Stieltjes 和的 L^2 收敛性的推论.

上述结论也可推广到一般的时间区间上. 这是由于变差范数在时间尺度变化下保持不变, 那么 (2.45) 立即转化为以下形式的估计

$$\mathbf{E} \left[\left(\int_s^t X_{s,u} d\tilde{X}_u \right)^2 \right] \leqslant C \|R\|_{\varrho,[s,t]^2} \|\tilde{R}\|_{\varrho,[s,t]^2}. \tag{2.50}$$

定理 2.7

令 $(X_t : 0 \leqslant t \leqslant T)$ 是一个具有独立分量和协方差矩阵 R 的 d 维连续中心高斯过程, 且存在 $\varrho \in [1, 2)$ 和 $M < \infty$ 使得对任意 $i \in \{1, \cdots, d\}$ 和 $0 \leqslant s \leqslant t \leqslant T$, 有

$$\|R_{X^i}\|_{\varrho;[s,t]^2} \leqslant M|t-s|^{1/\varrho}. \tag{2.51}$$

对于 $1 \leqslant i < j \leqslant d$ 和 $0 \leqslant s \leqslant t \leqslant T$, 在 L_2 意义下定义

$$\mathbb{X}_{s,t}^{i,j} := \lim_{|\mathcal{P}| \to 0} \int_{\mathcal{P}} (X_r^i - X_s^i) dX_r^j,$$

同时 (很显然满足代数条件 (2.8) 和 (2.17))

$$\mathbb{X}_{s,t}^{i,i} := \frac{1}{2}(X_{s,t}^i)^2 \quad \text{和} \quad \mathbb{X}_{s,t}^{j,i} := -\mathbb{X}_{s,t}^{i,j} + X_{s,t}^i X_{s,t}^j. \tag{2.52}$$

那么有以下性质成立

(a) 对每一 $q \in [1, \infty)$ 存在 $C_1 = C_1(q, \varrho, d, T)$ 使得对所有 $0 \leqslant s \leqslant t \leqslant T$,

$$\mathbf{E}\left(|X_{s,t}|^{2q} + |\mathbb{X}_{s,t}|^q\right) \leqslant C_1 M^q |t-s|^{q/\varrho}. \tag{2.53}$$

(b) 存在 $\mathbb{X}$ 的连续修正, 仍用 $\mathbb{X}$ 表示. 此外, 对任意 $\alpha < 1/(2\varrho)$ 和 $q \in [1, \infty)$, 存在 $C_2 = C_2(q, \varrho, d, \alpha)$ 使得

$$\mathbf{E}\left(\|X\|_\alpha^{2q} + \|\mathbb{X}\|_{2\alpha}^q\right) \leqslant C_2 M^q. \tag{2.54}$$

(c) 对任意 $\alpha < 1/(2\varrho)$, $(X, \mathbb{X})$ 以概率 1 满足 (2.7), (2.8) 和 (2.17). 特别地, 对 $\varrho \in (1, 3/2)$ 和任意 $\alpha \in \left(\frac{1}{3}, \frac{1}{2\varrho}\right)$ 有 $(X, \mathbb{X}) \in \mathscr{C}_g^\alpha$ a.s..

♡

证明 通过对 X 使用尺度变换, 总是可令 $M = 1$. 关于第一个性质,"一阶" 估计包含在命题 2.9 中. 因此, 鉴于 (2.52), 为了建立 (2.53), 只需考虑 $i < j$ 时 $\mathbf{E}(|\mathbb{X}_{s,t}^{i,j}|^q)$ 的估计. 对于 $q = 2$, 它是 (2.50) 和假设 (2.51) 的直接结果. 而一般的 $q > 2$, 可利用二阶 Wiener-Itô 混沌的 L^q 和 L^2 范数的等价性.

关于其余两个性质, 对任意固定的时间对 (s, t), 代数约束 (2.8) 的几乎处处成立是利用 Riemann 和的代数恒等式得到的. 在给定的变差估计假设下, $(s, t) \to \mathbb{X}_{s,t}$ 的连续修正的构造则是标准的 (事实上, 定理 2.1 的证明关于二进制时间是有效的, 并且唯一的连续扩张是所需的修正). 然后, 由定理 2.1 知存在 $K_\alpha, \mathbb{K}_\alpha$ 满足

$$|X_{s,t}| \leqslant K_\alpha(\omega)|t-s|^\alpha, \quad |\mathbb{X}_{s,t}| \leqslant \mathbb{K}_\alpha(\omega)|t-s|^{2\alpha},$$

并且 $K_\alpha, \mathbb{K}_\alpha$ 的所有阶矩都是有限的. 最后, 通过重新放缩得到 K_α 和 $\mathbb{K}_\alpha$ 的矩对 M 的依赖性.

定理 2.8

设 $(X, Y) = (X^1, Y^1, \cdots, X^d, Y^d)$ 是 $[0, T]$ 上的连续中心高斯过程, 当 $i \neq j$ 时, (X^i, Y^i) 与 (X^j, Y^j) 相互独立. 假设存在 $\varrho \in [1, 2)$ 和 $M \in (0, \infty)$ 使得对任意 $i \in \{1, \cdots, d\}$ 和所有 $0 \leqslant s \leqslant t \leqslant T$, 有

$$\|R_{X^i}\|_{\varrho; [s,t]^2} \leqslant M|t - s|^{1/\varrho}, \quad \|R_{Y^i}\|_{\varrho; [s,t]^2} \leqslant M|t - s|^{1/\varrho},$$
$$\|R_{X^i - Y^i}\|_{\varrho; [s,t]^2} \leqslant \varepsilon^2 M |t - s|^{1/\varrho}. \tag{2.55}$$

则

(a) 对任意 $q \in [1, \infty)$ 和 $0 \leqslant s \leqslant t \leqslant T$, 以下不等式成立

$$\mathbf{E}(|Y_{s,t} - X_{s,t}|^q)^{1/q} \lesssim \varepsilon \sqrt{M} |t - s|^{\frac{1}{2\varrho}},$$

$$\mathbf{E}(|\mathbb{Y}_{s,t} - \mathbb{X}_{s,t}|^q)^{1/q} \lesssim \varepsilon M |t - s|^{\frac{1}{\varrho}}.$$

(b) 对任意 $\alpha < 1/2\varrho$ 和 $q \in [1, \infty)$, 有

$$|\mathbf{E}(\|Y - X\|_\alpha^q)|^{1/q} \lesssim \varepsilon \sqrt{M},$$

$$|\mathbf{E}(\|\mathbb{Y} - \mathbb{X}\|_{2\alpha}^q)|^{1/q} \lesssim \varepsilon M.$$

(c) 对 $\varrho \in \left[1, \dfrac{3}{2}\right)$ 和任意 $\alpha \in \left[\dfrac{1}{3}, \dfrac{1}{2\varrho}\right), q < \infty$, 有

$$|\varrho_\alpha(\mathbf{X}, \mathbf{Y})|_{L^q} \lesssim \varepsilon$$

(这里, $\varrho_\alpha(\mathbf{X}, \mathbf{Y})$ 表示在 $\mathscr{C}_g^\alpha$ 中 $\mathbf{X} = (X, \mathbb{X})$ 与 $\mathbf{Y} = (Y, \mathbb{Y})$ 之间的 α-Hölder 粗糙路径度量).

证明　同样地, 假设 $M = 1$. 对于 (a), 由 Wiener-Itô 混沌 (详情请参考 [5] 附录 D) 关于 L^q 和 L^2 范数的等价性知, 只需考虑 $q = 2$ 的情形. 由于一阶过程的估计很简单, 这里只关注二阶过程的估计, 为此固定 $i \neq j$. 由于 L^2 收敛意味着存在网格趋于零的划分 $\mathcal{P}$, 沿其划分的某一子序列 $\mathcal{P}_n$ 几乎处处收敛, 因此使用 Fatou 引理得到

$$\mathbf{E}(|\mathbb{Y}_{s,t}^{i,j} - \mathbb{X}_{s,t}^{i,j}|^2) = \mathbf{E}\left(\lim_{n \to \infty} \left| \int_{\mathcal{P}_n} Y_{s,r}^i dY_r^j - \int_{\mathcal{P}_n} X_{s,r}^i dX_r^j \right|^2\right)$$

$$\leqslant \liminf_n \mathbf{E}\left(\left|\int_{\mathcal{P}_n} Y^i_{s,r} dY^j_r - \int_{\mathcal{P}_n} X^i_{s,r} dX^j_r\right|^2\right)$$

$$\leqslant \sup_{\mathcal{P}} \mathbf{E}\left(\left|\int_{\mathcal{P}} Y^i_{s,r} dY^j_r - \int_{\mathcal{P}} X^i_{s,r} dX^j_r\right|^2\right).$$

又由于

$$\left|\int_{\mathcal{P}} Y^i_{s,r} dY^j_r - \int_{\mathcal{P}} X^i_{s,r} dX^j_r\right| \leqslant \left|\int_{\mathcal{P}} Y^i_{s,r} d(Y-X)^j_r\right| + \left|\int_{\mathcal{P}} (Y-X)^i_{s,r} dX^j_r\right|,$$

最后, 通过协方差的变差范数估计右侧每一项的二阶矩. 例如

$$\mathbf{E}\left(\left|\int_{\mathcal{P}} Y^i_{s,r} d(Y-X)^j_r\right|^2\right) \leqslant C\|R_{Y^i}\|_{\varrho;[s,t]^2}\|R_{Y^j-X^j}\|_{\varrho;[s,t]^2}$$

$$\leqslant C\varepsilon^2|t-s|^{\frac{2}{\varrho}}.$$

对于 $i=j$ 的情况, 鉴于

$$\mathbf{E}(|\mathbb{Y}^{i,i}_{s,t} - \mathbb{X}^{i,i}_{s,t}|^2) = \frac{1}{4}\mathbf{E}((Y^i_{s,t})^2 - (X^i_{s,t})^2)$$

$$= \frac{1}{4}|\mathbf{E}((Y^i_{s,t} - X^i_{s,t})(Y^i_{s,t} + X^i_{s,t}))|,$$

然后利用 Cauchy-Schwarz 不等式可得到结论.

关于 (b), 鉴于 (a) 中所述的 L^q 估计, 由定理 2.2 可得到 $\|X-Y\|_\alpha$ 和 $\|\mathbb{X}-\mathbb{Y}\|_{2\alpha}$ 的 L_q 估计. 关于 (c) 的结论可由 ϱ_α 的定义推得.

推论 2.1

设 $(X,Y) = (X^1, Y^1, \cdots, X^d, Y^d)$ 是 $[0,T]$ 上的连续中心高斯过程, 当 $i \neq j$ 时, (X^i, Y^i) 与 (X^j, Y^j) 相互独立. 假设存在 $\varrho \in \left[1, \frac{3}{2}\right)$ 和 $M \in (0, \infty)$ 使得

$$\|R_{(X,Y)}\|_{\varrho;[s,t]^2} \leqslant M|t-s|^{\frac{1}{\varrho}}, \quad \forall 0 \leqslant s \leqslant t \leqslant T. \tag{2.56}$$

则对任意 $\alpha \in \left(\frac{1}{3}, \frac{1}{2\varrho}\right)$, 每一 $\theta \in \left(0, \frac{1}{2} - \varrho\alpha\right)$ 和 $q < \infty$, 存在一个常数 C 使得

$$|\varrho_\alpha(\mathbf{X}, \mathbf{Y})|_{L_q} \leqslant C \sup_{s,t \in [0,T]} \{\mathbf{E}|X_{s,t} - Y_{s,t}|^2\}^\theta. \tag{2.57}$$

证明   以放缩过程 $M^{-1/2}(X,Y)$ 替代 (X,Y), 则可令 $M = 1$. 则假设 (2.56)
可表示为

$$\|R_{X^i}\|_{\varrho;[s,t]^2} \leqslant |t-s|^{\frac{1}{\varrho}}, \quad \|R_{Y^i}\|_{\varrho;[s,t]^2} \leqslant |t-s|^{\frac{1}{\varrho}}$$

和

$$\|R_{(X^i,Y^i)}\|_{\varrho;[s,t]^2} \leqslant |t-s|^{\frac{1}{\varrho}},$$

其中 $R_{(X^i,Y^i)}(u,v) = \mathbf{E}(X_u^i Y_v^i)$. 则由该假设有

$$\|R_{Y^i-X^i}\|_{\varrho;[s,t]^2} \leqslant C_\varrho \left\{ \|R_{X^i}\|_{\varrho;[s,t]^2} + 2\|R_{(Y^i,X^i)}\|_{\varrho;[s,t]^2} + \|R_{Y^i}\|_{\varrho;[s,t]^2} \right\}$$

$$\leqslant 4C_\varrho |t-s|^{\frac{1}{\varrho}},$$

令

$$\eta := \max\{\|R_{Y^i-X^i}\|_{\infty;[0,T]^2} : 1 \leqslant i \leqslant d\},$$

其中 $\|R_{Y^i-X^i}\|_{\infty;[0,T]^2} = \sup\limits_{\substack{[u,v]\subset[0,T]\\ [u',v']\subset[0,T]}} \left\| R_{Y^i-X^i} \begin{pmatrix} u & v \\ u' & v' \end{pmatrix} \right\|$, 对任意 $\varrho' > \varrho$, 有

$$\|R_{Y^i-X^i}\|_{\varrho';[s,t]^2} \leqslant \|R_{Y^i-X^i}\|_{\infty;[s,t]^2}^{1-\varrho/\varrho'} \|R_{Y^i-X^i}\|_{\varrho;[s,t]^2}^{\varrho/\varrho'}$$

$$\leqslant (4C_\varrho)^{\varrho/\varrho'} \eta^{1-\varrho/\varrho'} |t-s|^{1/\varrho'}.$$

对于 R_{X^i} 有

$$\|R_{X^i}\|_{\varrho';[s,t]^2} \leqslant \|R_{X^i}\|_{\varrho;[s,t]^2} \leqslant |t-s|^{\frac{1}{\varrho}} \leqslant \tilde{M}|t-s|^{\frac{1}{\varrho'}},$$

其中 $\tilde{M} = 1 \vee T^{1/\varrho-1/\varrho'}$. 此外, R_{Y^i} 也满足相同的估计. 因此, 当 $\varrho \to \varrho'$, $\eta^{1-\varrho/\varrho'} \to$
ε^2, $\tilde{M} \vee (4C_\varrho)^{\varrho/\varrho'} \to M$, 取 $\varrho' = \dfrac{\varrho}{1-2\theta}$, 对任意给定 $\theta \in \left(0, \dfrac{1}{2} - \varrho\alpha\right)$, 由定理
2.8 有

$$|\varrho_\alpha(X,Y)|_{L^q} \leqslant C\varepsilon = C\eta^{\frac{1}{2}-\varrho\frac{1}{2\varrho'}} = C\eta^\theta.$$

最后, 取 $i_* \in \{1,\cdots,d\}$ 使得 $\eta = \|R_{Y^{i_*}-X^{i_*}}\|_{\infty;[0,T]^2}$, 并令 $\Delta = X^{i_*} - Y^{i_*}$. 则由
Cauchy-Schwarz 不等式有

$$\eta = \|R_\Delta\|_{\infty,[0,T]^2} = \sup_{\substack{0 \leqslant s \leqslant t \leqslant T \\ 0 \leqslant s' \leqslant t' \leqslant T}} \mathbf{E}(\Delta_{s,t}\Delta_{s',t'}) \leqslant \sup_{0 \leqslant s \leqslant t \leqslant T} \mathbf{E}\Delta_{s,t}^2.$$

这样就完成了证明.

2.4.3.3 分数布朗粗糙路径

(d 维) 分数布朗运动 B^H, 其 Hurst 指数 $H \in (0,1)$, 由其协方差矩阵

$$R_H(s,t) = \frac{1}{2}[s^{2H} + t^{2H} - |t-s|^{2H}]Id \in \mathbb{R}^{d \times d}$$

确定的路径都有 α-Hölder 正则性, 这里 $\alpha < H$. 当 $H > 1/2$ 时, 由于 Young 积分理论是适用的, 无需进行粗糙路径分析. 当 $H = 1/2$ 时, 即 d 维标准布朗运动, 则基于鞅的经典随机分析是适用的. 然而, 当 $H < 1/2$ 时, 上述理论都是失效的, 但粗糙路径分析是有效的. 在本节的剩余部分, 将详细介绍分数布朗粗糙路径的构造.

事实上, 将考虑具有独立分量和平稳增量的中心连续高斯过程 $X = (X^1, \cdots, X^d)$. 然后, 构造 X 的 (几何) 粗糙路径自然是通过 X 协方差矩阵 $R = R_X$ 的二维 ϱ-变差来理解. 为此, 只需考虑单个分量, 进一步, 可以将 X 取为标量. 该过程的分布完全由

$$\sigma^2(u) := \mathbf{E}[X_{t,t+u}^2] = R \begin{pmatrix} t & t+u \\ t & t+u \end{pmatrix}$$

确定.

引理 2.2

对某些 $h > 0$, 假设 $\sigma^2(\cdot)$ 在 $[0,h]$ 上是凹的. 则非重叠增量是非正相关的. 即对 $0 \leqslant s \leqslant t \leqslant u \leqslant v \leqslant h$

$$\mathbf{E}[X_{s,t}X_{u,v}] = R \begin{pmatrix} s & t \\ u & v \end{pmatrix} \leqslant 0.$$

此外, 若 $\sigma^2(\cdot)$ 限制在 $[0,h]$ 上是不减的 (对于一些可能较小的 h, 情况总是如此), 则对 $0 \leqslant s \leqslant u \leqslant v \leqslant t \leqslant h$,

$$0 \leqslant \mathbf{E}[X_{s,t}X_{u,v}] = |\mathbf{E}[X_{s,t}X_{u,v}]| \leqslant \mathbf{E}[X_{u,v}^2] = \sigma^2(v-u).$$

♡

证明 令 $a = X_{s,t}$, $b = X_{t,u}$ 和 $c = X_{u,v}$, 使用等式 $2ac = (a+b+c)^2 + b^2 - (b+c)^2 - (a+b)^2$, 那么有

$$2\mathbf{E}[X_{s,t}X_{u,v}] = \mathbf{E}[X_{s,v}^2] + \mathbf{E}[X_{u,t}^2] - \mathbf{E}[X_{v,t}^2] - \mathbf{E}[X_{s,u}^2]$$

$$= \sigma^2(v-s) + \sigma^2(t-u) - \sigma^2(t-v) - \sigma^2(u-s).$$

因此第一个结论可从凹性中推导出来.

为了证明第二个结论, 注意到 $X_{s,t}X_{u,v} = (a+b+c)b$, 其中 $a = X_{s,u}$, $b = X_{u,v}$ 以及 $c = X_{v,t}$. 应用代数恒等式

$$2(a+b+c)b = (a+b)^2 - a^2 + (b+c)^2 - c^2$$

并且取期望可得

$$2\mathbf{E}[X_{s,t}X_{u,v}] = \mathbf{E}[X_{s,v}^2] - \mathbf{E}[X_{s,u}^2] + \mathbf{E}[X_{u,t}^2] - \mathbf{E}[X_{v,t}^2]$$

$$= \left(\sigma^2(v-s) - \sigma^2(u-s)\right) + \left(\sigma^2(t-u) - \sigma^2(t-v)\right) \geqslant 0,$$

其中 $\sigma^2(\cdot)$ 是非递减的. 另一方面, 利用 $(a+b+c)b = b^2 + ab + cb$ 和非重叠增量的非正相关性, 可得

$$\mathbf{E}[X_{s,t}X_{u,v}] = \mathbf{E}[X_{u,v}^2] + \mathbf{E}[X_{s,u}X_{u,v}] + \mathbf{E}[X_{v,t}X_{u,v}] \leqslant \mathbf{E}[X_{u,v}^2],$$

从而完成证明.

定理 2.9

设 X 是一个具有平稳增量的实值高斯过程, 对某些 $h > 0$, $\sigma^2(\cdot)$ 在 $[0,h]$ 上是凹且不减的. 假设对常数 $L, \varrho \geqslant 1$ 和任意 $\tau \in [0,h]$, 有

$$|\sigma^2(\tau)| \leqslant L|\tau|^{1/\varrho}.$$

则 X 的协方差具有有限的 ϱ-变差. 即对满足区间长度 $|t-s| \leqslant h$ 的 $[s,t]$ 和某些 $M = M(\varrho, L) > 0$, 有

$$\|R_X\|_{\varrho\text{-var};[s,t]^2} \leqslant M|t-s|^{1/\varrho}. \tag{2.58}$$

证明　考虑区间长度满足 $|t-s| \leqslant h$ 的区间 $[s,t]$. 令 $\mathcal{D} = \{t_i\}$, $\mathcal{D}' = \{t_i'\}$ 为 $[s,t]$ 的两个划分. 对固定的 i, 由不等式 $(a+b+c)^p \leqslant 3^{p-1}(a^p + b^p + c^p)$, $p \geqslant 1$, 有

$$3^{1-\varrho} \sum_{t_j' \in \mathcal{D}'} \left| \mathbf{E}(X_{t_i,t_{i+1}} X_{t_j',t_{j+1}'}) \right|^{\varrho} \leqslant 3^{1-\varrho} \|\mathbf{E}X_{t_i,t_{i+1}} X_{\cdot}\|_{\varrho\text{-var};[s,t]}^{\varrho}$$

$$\leqslant \|\mathbf{E}X_{t_i,t_{i+1}} X_{\cdot}\|_{\varrho\text{-var};[s,t_i]}^{\varrho} + \|\mathbf{E}X_{t_i,t_{i+1}} X_{\cdot}\|_{\varrho\text{-var};[t_i,t_{i+1}]}^{\varrho}$$

$$+ \|\mathbf{E}X_{t_i,t_{i+1}} X_{\cdot}\|_{\varrho\text{-var};[t_{i+1},t]}^{\varrho}. \tag{2.59}$$

对 (2.59) 右边第一项, 利用不等式 $(\sum a_i^{p'})^{\frac{1}{p'}} \leqslant (\sum a_i^p)^{\frac{1}{p}}$, $1 \leqslant p \leqslant p' < \infty$, 由引

理 2.2, 有

$$\|\mathbf{E}X_{t_i,t_{i+1}}X.\|_{\varrho\text{-var};[s,t_i]} \leqslant |\mathbf{E}X_{t_i,t_{i+1}}X_{s,t_i}| \leqslant |\mathbf{E}X_{t_i,t_{i+1}}X_{s,t_{i+1}}| + |\mathbf{E}X^2_{t_i,t_{i+1}}|$$

$$\leqslant 2\sigma^2(t_{i+1}-t_i).$$

对 (2.59) 右边第三项, 可以类似地证明其有界. 对 (2.59) 右边的中间项, 有

$$\|\mathbf{E}X_{t_i,t_{i+1}}X.\|^{\varrho}_{\varrho\text{-var};[t_i,t_{i+1}]} \leqslant \sup_{\mathcal{D}'} \sum_{t'_j \in \mathcal{D}'} |\mathbf{E}X_{t_i,t_{i+1}}X_{t'_j,t'_{j+1}}|^{\varrho}$$

$$\leqslant \sup_{\mathcal{D}'} \sum_{t'_j \in \mathcal{D}'} |\sigma^2(t'_{j+1}-t'_j)|^{\varrho} \leqslant L|t_{i+1}-t_i|,$$

这里用到引理 2.2 的第二个估计得出上述不等式倒数第二个估计, 用 σ^2 的假设得出上述不等式最后一个估计. 在 (2.59) 中使用这些估计, 得到

$$\sum_{t'_j \in \mathcal{D}'} |\mathbf{E}X_{t_i,t_{i+1}}X_{t'_j,t'_{j+1}}|^{\varrho} \leqslant C|t_{i+1}-t_i|,$$

然后对 t_i 求和, 并关于 $[s,t]$ 所有的划分取上确界, 就得到 (2.58).

推论 2.2

设 $X = (X_1, \cdots, X_d)$ 是具有独立分量的连续中心高斯过程, 假设与前面定理有相同的 h, L 和 $\varrho \in [1, 3/2)$, 使得每个 X_i 都满足定理 2.9 的假设. 则 X 限制在任何区间 $[0,T]$ 上的提升为 $\mathbf{X} = (X, \mathbb{X}) \in \mathscr{C}^{\alpha}_g([0,T], \mathbb{R}^d)$. ♡

显然, 对具有 Hurst 指数 $H \in (1/3, 1/2]$ 的 d 维分数布朗运动 B^H, 它有

$$\sigma^2(u) = u^{2H}.$$

对于 $H \leqslant \frac{1}{2}$, 很明显在任何区间 $[0,T]$ 上 $\sigma^2(u) = u^{2H}$ 是不减凹的. 因此, 分数布朗运动所有分量满足上述定理或者推论的假设. 这表明了

$$\varrho = \frac{1}{2H}$$

且 $\varrho < \frac{2}{3}$ 意味着 $H > \frac{1}{3}$, 在这种情况下, 可以获得分数布朗运动相关的典则几何粗糙路径 $\mathbf{B}^H = (B^H, \mathbb{B}^H)$.

2.5 受控粗糙路径空间

在前几节, 给出积分 $\int Y dX$ 或微分方程 $dY = g(Y)dX$ 中驱动噪声 X 的结构. 在本节中, 将介绍被积函数或解路径 Y 的结构. 给定 Banach 空间 V 和 W, 用 $\mathcal{L}(V, W)$ 表示从 V 到 W 的连续线性映射空间. 当 $Y = F(\cdot) : V \to \mathcal{L}(V, W) \in \mathcal{C}^1$ 或具有更好的正则性时, 对 r 属于区间 $[s, t]$, 泰勒近似给出

$$F(X_r) \approx F(X_s) + DF(X_s)X_{s,r}. \tag{2.60}$$

因为

$$\mathcal{L}(V, \mathcal{L}(V, W)) \cong \mathcal{L}(V \otimes V, W),$$

所以 $DF(X_s)$ 可以被视为 $\mathcal{L}(V \otimes V, W)$ 中的元素.

引理 2.3

令 $F : V \to \mathcal{L}(V, W)$ 为一 $\mathcal{C}_b^2$ 函数且对某些 $\alpha > \dfrac{1}{3}$, $(X, \mathbb{X}) \in \mathscr{C}^\alpha$. 令 $Y_s := F(X_s), Y_s' := DF(X_s)$ 以及 $R_{s,t}^Y := Y_{s,t} - Y_s' X_{s,t}$. 则

$$Y, Y' \in \mathcal{C}^\alpha \quad \text{同时} \quad R^Y \in \mathcal{C}_2^{2\alpha}, \tag{2.61}$$

且它们满足如下估计

$$\|Y\|_\alpha \leqslant \|DF\|_\infty \|X\|_\alpha,$$

$$\|Y'\|_\alpha \leqslant \|D^2 F\|_\infty \|X\|_\alpha,$$

$$\|R^Y\|_{2\alpha} \leqslant \frac{1}{2} \|D^2 F\|_\infty \|X\|_\alpha^2.$$

♡

证明 F 的 $\mathcal{C}_b^2$ 正则性意味着 F 和 DF 都是 Lipschitz 连续的, Lipschitz 常数分别为 $\|DF\|_\infty$ 和 $\|D^2 F\|_\infty$. 那么可以立即得到 Y 和 Y' 的 α-Hölder 估计. 对于余项, 考虑函数

$$[0, 1] \ni \xi \mapsto F(X_s + \xi X_{s,t}).$$

对于 $\xi \in (0, 1)$, 根据泰勒展式有

$$R_{s,t}^Y = F(X_t) - F(X_s) - DF(X_s)X_{s,t} = \frac{1}{2} D^2 F(X_s + \xi X_{s,t})(X_{s,t}, X_{s,t}).$$

因此, 在 $|R_{s,t}^Y| \lesssim |t - s|^{2\alpha}$ 意义下, 得到余项的 2α-Hölder 估计.

根据引理 2.3 和 2.1 节中对积分 $\int_0^t Y_u dX_u$ 形式上的展开, 假设 $Y_t = g(X_t)$, 其中 g 是一光滑函数, 利用 g 的泰勒展式对积分进行形式计算分析. 粗糙积分本质上依赖于性质 (2.61), 基于 "参考" 路径 X, Gubinelli[6] 引入受控粗糙路径的概念.

定义 2.9

给定路径 $X \in \mathcal{C}^\alpha([0,T], V)$, 对 $Y \in \mathcal{C}^\alpha([0,T], W)$, 如果存在 $Y' \in \mathcal{C}^\alpha([0,T], \mathcal{L}(V,W))$ 使得余项 $R^Y \in \mathcal{C}_2^{2\alpha}([0,T], W)$ 由以下关系给出

$$Y_{s,t} = Y'_s X_{s,t} + R^Y_{s,t}, \qquad (2.62)$$

则称 Y 由 X 控制. 定义受控粗糙路径空间为满足关系 (2.62) 的受控粗糙路径 (Y, Y') 组成, 且记该空间为 $\mathscr{D}_X^{2\alpha}([0,T], W)$. 通常, 尽管 Y' 不是由 Y 唯一确定的, 称任何满足 (2.62) 的 Y' 为 Y 的 Gubinelli 导数 (关于 X). ♣

赋予受控粗糙路径空间 $\mathscr{D}_X^{2\alpha}$ 如下半范:

$$\|Y, Y'\|_{X,2\alpha} := \|Y'\|_\alpha + \|R^Y\|_{2\alpha}. \qquad (2.63)$$

与经典 Hölder 空间一样, $\mathscr{D}_X^{2\alpha}$ 在给定范数 $(Y, Y') \to \|Y, Y'\|_{\mathscr{D}_X^{2\alpha}} := |Y_0| + |Y'_0| + \|Y, Y'\|_{X,2\alpha}$ 下是一个 Banach 空间. 另外在 α-Hölder 半范下 Y 关于 X 一致有界, 即

$$\|Y\|_\alpha \leqslant \|Y'\|_\infty \|X\|_\alpha + \|R^Y\|_{2\alpha} T^\alpha \leqslant |Y'_0| \|X\|_\alpha + T^\alpha \{\|Y'\|_\alpha \|X\|_\alpha + \|R^Y\|_{2\alpha}\}$$

$$\leqslant (1 + \|X\|_\alpha)(|Y'_0| + T^\alpha \|Y, Y'\|_{X,2\alpha}) \lesssim |Y'_0| + T^\alpha \|Y, Y'\|_{X,2\alpha}. \qquad (2.64)$$

注 2.8 由于仅假设 $\|Y\|_\alpha < \infty$, 但又要求 $\|R^Y\|_{2\alpha} < \infty$, 意味着在 (2.62) 中发生了真正的抵消, 一个自然的问题是 Y 在多大程度上决定 Y'. 与经典情况 (光滑函数具有唯一导数) 相反, 粗糙路径 $\mathbf{X}$ 的正则性越好, 则关于 Y' 的信息就越少. 例如, 若 Y 是光滑的或 $Y \in \mathcal{C}^{2\alpha}$, 并且粗糙路径 $\mathbf{X}$ 的路径分量 X 恰好也是 $\mathcal{C}^{2\alpha}$, 则可令 $Y' = 0$, 但事实上, 任意的连续路径 Y' 和 $\|R^Y\|_{2\alpha} < \infty$ 都会满足 (2.62). 另一方面, 如果 X 正则性很差, 即在所有方向上, 在所有 (小) 尺度上都是真正粗糙的, 则 Y' 是由 Y 唯一确定的.

注 2.9 需要注意的是, 尽管粗糙路径空间 $\mathscr{C}^\alpha$ 不是向量空间, 但对于任何给定的 $\mathbf{X} = (X, \mathbb{X}) \in \mathscr{C}^\alpha$, 空间 $\mathscr{D}_X^{2\alpha}$ 都是 Banach 空间. 注意, 所讨论的空间依赖

于 $\mathbf{X}$ 的选择. 由所有 $(\mathbf{X}; (Y, Y'))$ 组成的集合是一具有基空间 $\mathscr{C}^\alpha$ 和 "纤维" $\mathscr{D}_X^{2\alpha}$ 的全空间

$$\mathscr{C}^\alpha \ltimes \mathscr{D}^{2\alpha} := \bigsqcup_{\mathbf{X} \in \mathscr{C}^\alpha} \{\mathbf{X}\} \times \mathscr{D}_X^{2\alpha}.$$

注 2.10   虽然 "受控粗糙路径" 的概念有许多吸引人的特点, 但它并没有自然逼近理论. 也就是说, 在命题 2.4 的意义下, 视 $(X, \mathbb{X}) \in \mathscr{C}_g^\alpha([0, T], \mathbb{R}^d)$ 为光滑路径 $X_n : [0, T] \to \mathbb{R}^d$ 的极限. 然后自然地用光滑的 (在 F 允许的范围内) $Y_n = F(X_n)$ 来近似 $Y = F(X)$. 对于受控粗糙路径, 则没有类似情况.

为了后面讨论映射的连续性, 需要度量由不同的粗糙路径控制的受控粗糙路径之间的距离. 设 $\mathbf{X}$, $\tilde{\mathbf{X}}$ 为 α-Hölder 粗糙路径, (Y, Y'), $(\tilde{Y}, \tilde{Y}')$ 分别由 X, $\tilde{X}$ 控制. 定义 "度量"

$$\|Y, Y'; \tilde{Y}, \tilde{Y}'\|_{X, \tilde{X}, 2\alpha} := \|Y' - \tilde{Y}'\|_\alpha + \|R^Y - R^{\tilde{Y}}\|_{2\alpha}. \tag{2.65}$$

注意, 因为 (Y, Y') 和 $(\tilde{Y}, \tilde{Y}')$ 在不同的 Banach 空间中, 所以这不是通常意义上的度量. 为了后续章节中粗糙微分方程的讨论, 接下来考虑受控粗糙路径与正则函数的复合. 令 V, W, $\bar{W}$ 为 Banach 空间, $g \in \mathcal{C}_b^2(W, \bar{W})$, 进一步设 $(X, \mathbb{X}) \in \mathscr{C}^\alpha([0, T], V)$, $(Y, Y') \in \mathscr{D}_X^{2\alpha}([0, T], W)$. 然后可以通过复合

$$g(Y)_t = g(Y_t), \quad g(Y)'_t = Dg(Y_t)Y'_t \tag{2.66}$$

定义一受控粗糙路径 $(g(Y), g(Y)') \in \mathscr{D}_X^{2\alpha}([0, T], \bar{W})$. 很容易验证相应的余项确实满足所需的界.

引理 2.4

令 $g \in \mathcal{C}_b^2(W, \bar{W})$, 对某些 $X \in \mathcal{C}^\alpha([0, T], V)$, $(Y, Y') \in \mathscr{D}_X^{2\alpha}([0, T], W)$, 且假设 $|Y_0'| + \|Y, Y'\|_{X, 2\alpha} \leqslant M \in [1, \infty)$. 对于 (2.66) 中给出的 $(g(Y), g(Y)') \in \mathscr{D}_X^{2\alpha}([0, T], \bar{W})$. 那么存在一个只依赖于 $T > 0$ 和 $\alpha > \dfrac{1}{3}$ 的常数 $C_{\alpha, T}$ 使得以下估计成立:

$$\|g(Y), g(Y)'\|_{X, 2\alpha} \leqslant C_{\alpha, T} M \|g\|_{\mathcal{C}_b^2} (1 + \|X\|_\alpha)^2 (|Y_0'| + \|Y, Y'\|_{X, 2\alpha}). \tag{2.67}$$

最后, 若 $T \in (0, 1]$, 则可以选择一致的 C.   ♡

证明   我们有 $(g(Y), g(Y)') \in \mathscr{D}_X^{2\alpha}([0, T], \bar{W})$. 事实上,

$$\|g(Y)\|_\alpha \leqslant \|Dg\|_\infty \|Y\|_\alpha,$$

$$\|g(Y)'\|_\alpha \leqslant \|Dg(Y)\|_\infty \|Y'\|_\alpha + \|Dg(Y)\|_\alpha \|Y'\|_\infty$$

$$\leqslant \|Dg(Y)\|_\infty \|Y'\|_\alpha + \|D^2g\|_\infty \|Y\|_\alpha \|Y'\|_\infty,$$

这说明 $g(Y), g(Y)' \in \mathcal{C}^\alpha$. 此外有

$$\begin{aligned}
R_{s,t}^{g(Y)} &= g(Y_t) - g(Y_s) - Dg(Y_s)Y_s'X_{s,t} \\
&= g(Y_t) - g(Y_s) - Dg(Y_s)Y_{s,t} + Dg(Y_s)R_{s,t}^Y,
\end{aligned}$$

因此

$$\|R^{g(Y)}\|_{2\alpha} \leqslant \frac{1}{2}\|D^2g\|_\infty \|Y\|_\alpha^2 + \|Dg\|_\infty \|R^Y\|_{2\alpha}.$$

由此,

$$\begin{aligned}
\|g(Y), g(Y)'\|_{X,2\alpha} &\leqslant \|Dg(Y)\|_\infty \|Y'\|_\alpha + \|D^2g\|_\infty \|Y\|_\alpha \|Y'\|_\infty \\
&\quad + \frac{1}{2}\|D^2g\|_\infty \|Y\|_\alpha^2 + \|Dg\|_\infty \|R^Y\|_{2\alpha} \\
&\leqslant \|g\|_{\mathcal{C}_b^2}\left(\|Y'\|_\alpha + \|Y\|_\alpha\|Y'\|_\infty + \|Y\|_\alpha^2 + \|R^Y\|_{2\alpha}\right) \\
&\leqslant C_{\alpha,T}\|g\|_{\mathcal{C}_b^2}(1 + \|X\|_\alpha)^2\left(1 + |Y_0'| + \|Y,Y'\|_{X,2\alpha}\right) \\
&\quad \times \left(|Y_0'| + \|Y,Y'\|_{X,2\alpha}\right),
\end{aligned}$$

那么便证得引理的估计 (2.67).

在引理 2.4 中, 得到了具有 (足够) 正则性的函数与受控粗糙路径的复合仍是受控粗糙路径. 接下来, 讨论受控粗糙路径与正则函数复合之后的连续性.

定理 2.10

令 $T \leqslant 1$, $X, \tilde{X} \in \mathcal{C}^\alpha([0,T])$, $(Y,Y') \in \mathscr{D}_X^{2\alpha}$ 以及 $(\tilde{Y}, \tilde{Y}') \in \mathscr{D}_{\tilde{X}}^{2\alpha}$, 且 $\|X\|_\alpha, \|\tilde{X}\|_\alpha, |Y_0'|+\|Y,Y'\|_{X,2\alpha}, |\tilde{Y}_0'|+\|\tilde{Y},\tilde{Y}'\|_{\tilde{X},2\alpha} \leqslant M \in [1,\infty)$. 对 $g \in \mathcal{C}_b^3$, 定义

$$(Z,Z') := (g(Y), Dg(Y)Y') \in \mathscr{D}_{\tilde{X}}^{2\alpha}, \tag{2.68}$$

且类似地定义 $(\tilde{Z}, \tilde{Z}')$. 则有局部 Lipschitz 估计

$$\begin{aligned}
\|Z,Z';\tilde{Z},\tilde{Z}'\|_{X,\tilde{X},2\alpha} &\leqslant C_M\{\|X-\tilde{X}\|_\alpha + |Y_0 - \tilde{Y}_0| + |Y_0' - \tilde{Y}_0'| \\
&\quad + \|Y,Y';\tilde{Y},\tilde{Y}'\|_{X,\tilde{X},2\alpha}\}
\end{aligned} \tag{2.69}$$

和

$$\|Z-\tilde{Z}\|_\alpha \leqslant C_M \left(\|X - \tilde{X}\|_\alpha + |Y_0 - \tilde{Y}_0| + |Y_0' - \tilde{Y}_0'| + \|Y, Y'; \tilde{Y}, \tilde{Y}'\|_{X, \tilde{X}, 2\alpha} \right), \tag{2.70}$$

其中 $C_M = C(M, \alpha, g)$ 是一合适的常数.

证明　首先, 注意到有如下不等式成立:

$$|ab - \tilde{a}\tilde{b}| \leqslant |a - \tilde{a}| \cdot |\tilde{b}| + |\tilde{a}| \cdot |b - \tilde{b}|,$$

对任意的 $g \in \mathcal{C}_b^3$ 和 x, y 有

$$g(x) - g(y) = \int_0^1 Dg(rx + (1-r)y)dr(x - y),$$

$$\begin{aligned}
\|Z' - \tilde{Z}'\|_\alpha &= \|Dg(Y)Y' - Dg(\tilde{Y})\tilde{Y}'\|_\alpha \\
&\leqslant \|g\|_{\mathcal{C}_b^1} \|Y' - \tilde{Y}'\|_\alpha + \|g\|_{\mathcal{C}_b^2} \|Y\|_\alpha \|Y' - \tilde{Y}'\|_\infty \\
&\quad + \|g\|_{\mathcal{C}_b^2} \|\tilde{Y}'\|_\alpha \|Y - \tilde{Y}\|_\infty + \|g\|_{\mathcal{C}_b^3} (\|Y_0 - \tilde{Y}_0\| + \|Y - \tilde{Y}\|_\alpha) \|\tilde{Y}\|_\infty.
\end{aligned} \tag{2.71}$$

由于

$$R_{s,t}^{g(Y)} = g(Y_t) - g(Y_s) - Dg(Y_s)Y_s'X_{s,t},$$

因此, 有

$$\begin{aligned}
&|R_{t,s}^{g(Y)} - R_{s,t}^{g(\tilde{Y})}| \\
&= \Big| g(Y_t) - g(Y_s) - Dg(Y_s)Y_{s,t} - \big(g(\tilde{Y}_t) - g(\tilde{Y}_s) - Dg(\tilde{Y}_s)\tilde{Y}_{s,t}\big) \\
&\quad + \big(Dg(Y_s)R_{s,t}^Y - Dg(\tilde{Y}_s)R_{s,t}^{\tilde{Y}}\big) \Big| \\
&\leqslant \|g\|_{\mathcal{C}_b^3} \left| \int_0^1 \int_0^1 [\tau r^2 (Y_t - \tilde{Y}_t) + (r - \tau r^2)(Y_s - \tilde{Y}_s)]d\tau dr Y_{s,t} \otimes Y_{t,s} \right| \\
&\quad + \left| \int_0^1 \int_0^1 D^2 g(\tau r \tilde{Y}_t + (1 - \tau r)\tilde{Y}_s) d\tau dr \left(Y_{s,t} \otimes (Y_{s,t} - \tilde{Y}_{s,t}) + (Y_{s,t} - \tilde{Y}_{s,t}) \otimes \tilde{Y}_{s,t} \right) \right| \\
&\quad + |Dg(Y_s)(R_{s,t}^Y - R_{s,t}^{\tilde{Y}})| + |(Dg(Y_s) - Dg(\tilde{Y}_s))R_{s,t}^{\tilde{Y}}|,
\end{aligned}$$

进一步, 有

$$\|R^{g(Y)} - R^{g(\tilde{Y})}\|_{2\alpha} \leqslant \|g\|_{\mathcal{C}_b^3} \|Y - \tilde{Y}\|_\infty \|Y\|_\alpha^2 + \|g\|_{\mathcal{C}_b^2} (\|Y\|_\alpha + \|\tilde{Y}\|_\alpha) \|Y - \tilde{Y}\|_\alpha$$

$$+ \|g\|_{C_b^2} \|Y - \tilde{Y}\|_\infty \|R^{\tilde{Y}}\|_{2\alpha} + \|g\|_{C_b^1} \|R^Y - R^{\tilde{Y}}\|_{2\alpha}, \quad (2.72)$$

由 (2.64), (2.71) 和 (2.72), 容易得证 (2.69). 又由

$$\begin{aligned}
|Z_{s,t} - \tilde{Z}_{s,t}| &= |g(Y)_{s,t} - g(\tilde{Y})_{s,t}| = |g(Y_s)' X_{s,t} + R^{g(Y)}_{s,t} - \left(g(\tilde{Y}_s)' \tilde{X}_{s,t} + R^{g(\tilde{Y})}_{s,t} \right)| \\
&\leqslant |g(Y_s)' X_{s,t} - g(\tilde{Y}_s)' \tilde{X}_{s,t}| + |R^{g(Y)}_{s,t} - R^{g(\tilde{Y})}_{s,t}| \\
&\leqslant |g(Y_s)'||X_{s,t} - \tilde{X}_{s,t}| + |g(Y_s)' - g(\tilde{Y}_s)'||\tilde{X}_{s,t}| + |R^{g(Y)}_{s,t} - R^{g(\tilde{Y})}_{s,t}|,
\end{aligned}$$

有

$$\begin{aligned}
\|Z - \tilde{Z}\|_\alpha &\leqslant \|g\|_{C_b^1} \|Y'\|_\infty \|X - \tilde{X}\|_\alpha + (\|g\|_{C_b^2} \|Y\|_\infty + \|g\|_{C_b^1}) \|Y - \tilde{Y}\|_\infty \|\tilde{X}\|_\alpha \\
&\quad + \|R^{g(Y)} - R^{g(\tilde{Y})}\|_{2\alpha}. \quad (2.73)
\end{aligned}$$

由 (2.64), (2.72) 和 (2.73), 知 (2.70) 成立.

第 3 章 粗糙微分方程

在本章中, 为了求解粗糙微分方程. 在 3.1 节中介绍定义解所需要的粗糙积分理论. 在 3.2 节中考虑随机情形, 给出关于布朗运动的随机积分和其粗糙积分的等价性, 同时, 类似于确定性情形, 给出随机情形下的 Sewing 引理. 最后, 类似于经典的随机情形, 介绍一阶形式下的 Itô 公式和 Föllmer 公式. 可积性作为高斯粗糙路径和高斯粗糙积分的概率性质, 在 3.3 节中, 通过推广经典的 Fernique 定理来建立粗糙路径和一阶粗糙积分的高斯可积性. 在 3.4 节中, 将讨论如何通过简单的 Picard 迭代来解决由粗糙路径驱动的微分方程, 类似于常微分方程中的标准解理论. 首先, 从一个由噪声驱动的微分方程的简单情形开始, 这种噪声具有足够的正则性, 适用于 Young 积分理论的应用. 随后, 再讨论更一般的粗糙噪声情形. 本章内容主要参考 [40].

3.1 粗糙积分理论

3.1.1 Young 积分

首先, 给定 Banach 空间 V 和 W, 定义 Young 积分:

引理 3.1 (Young 积分)

令 $X \in \mathcal{C}^{\alpha}([0,T], V)$, $Y \in \mathcal{C}^{\beta}([0,T], \mathcal{L}(V,W))$ 且 $\alpha + \beta > 1$. 则对任意 $0 \leqslant s \leqslant t \leqslant T$, Young 积分可被定义为

$$\int_s^t Y_r dX_r := \lim_{|\mathcal{P}| \to 0} \sum_{[u,v] \in \mathcal{P}} Y_u X_{u,v}, \tag{3.1}$$

其中 $\mathcal{P}$ 为 $[s,t]$ 的一划分, 且上述极限存在性与划分的选取方式无关. ♡

证明 第一步: 首先, 分析一下, 如果为给定划分增加一个新的划分点, 会发生什么情况. 令 $[u,v] \in \mathcal{P}$, 增加一个点 $m \in (u,v)$, 则得到一个新的划分

$$\tilde{\mathcal{P}} := \{\mathcal{P} \cup \{[u,m], [m,v]\}\} \backslash \{[u,v]\}.$$

为了符号简单, 令

$$\int_{\mathcal{P}} Y dX := \sum_{[u,v] \in \mathcal{P}} Y_u X_{u,v}.$$

则

$$\int_{\mathcal{P}} Y dX - \int_{\tilde{\mathcal{P}}} Y dX = Y_u X_{u,v} - Y_u X_{u,m} - Y_m X_{m,v}$$

$$= Y_u X_{m,v} - Y_m X_{m,v}$$

$$= -Y_{u,m} X_{m,v},$$

因此

$$\left| \int_{\mathcal{P}} Y dX - \int_{\tilde{\mathcal{P}}} Y dX \right| \leqslant \|Y\|_{\beta} \|X\|_{\alpha} |m - u|^{\beta} |v - m|^{\alpha}$$

$$\leqslant \|Y\|_{\beta} \|X\|_{\alpha} |v - u|^{\alpha+\beta}.$$

第二步: 考虑 $[s,t]$ 的一给定划分 $\mathcal{P}$, 其有 $m \geqslant 2$ 个区间和 $m+1$ 个划分点

$$s = u_0 \leqslant u_1 \leqslant \cdots \leqslant u_m = t.$$

则存在 $k \in \{1, \cdots, m-1\}$ 使得

$$|u_{k+1} - u_{k-1}| \leqslant \frac{2}{m-1} |t - s|.$$

事实上, 若不然, 则有 $2|t-s| \geqslant \sum_{k=1}^{m-1} |u_{k+1} - u_{k-1}| > 2|t-s|$. 令划分 $\mathring{\mathcal{P}}$ 是由划分 $\mathcal{P}$ 去掉 u_k 点而得到的新的划分. 由第一步, 有

$$\left| \int_{\mathcal{P}} Y dX - \int_{\mathring{\mathcal{P}}} Y dX \right| \leqslant \|Y\|_{\beta} \|X\|_{\alpha} |u_{k+1} - u_{k-1}|^{\alpha+\beta}$$

$$\leqslant \|Y\|_{\beta} \|X\|_{\alpha} \frac{2^{\alpha+\beta}}{(m-1)^{\alpha+\beta}} |t - s|^{\alpha+\beta}.$$

迭代上述过程, 得到

$$\left| \int_{\mathcal{P}} Y dX - Y_s X_{s,t} \right| \leqslant \sum_{i=2}^{m} \|Y\|_{\beta} \|X\|_{\alpha} |t - s|^{\alpha+\beta} \frac{2^{\alpha+\beta}}{(i-1)^{\alpha+\beta}}$$

$$\leqslant \|Y\|_{\beta} \|X\|_{\alpha} 2^{\alpha+\beta} |t - s|^{\alpha+\beta} \sum_{i=1}^{\infty} \left(\frac{1}{i} \right)^{\alpha+\beta}$$

$$\leqslant \|Y\|_{\beta} \|X\|_{\alpha} 2^{\alpha+\beta} |t - s|^{\alpha+\beta} \zeta(\alpha + \beta), \tag{3.2}$$

上式中 $\zeta(\cdot)$ 表示经典的 ζ 函数.

第三步: 接下来证明

$$\sup_{|\mathcal{P}_1|\vee|\mathcal{P}_2|<\varepsilon} \left| \int_{\mathcal{P}_1} YdX - \int_{\mathcal{P}_2} YdX \right| \to 0, \quad \varepsilon \to 0.$$

为简单起见, 设 $\mathcal{P}_2$ 是 $\mathcal{P}_1$ 的细化. 由 (3.2) 有

$$
\begin{aligned}
\left| \int_{\mathcal{P}_1} YdX - \int_{\mathcal{P}_2} YdX \right| &= \left| \sum_{[u,v]\in\mathcal{P}_1} \left(Y_u X_{u,v} - \int_{\mathcal{P}_2\cap[u,v]} YdX \right) \right| \\
&\leqslant \sum_{[u,v]\in\mathcal{P}_1} \left| Y_u X_{u,v} - \int_{\mathcal{P}_2\cap[u,v]} YdX \right| \\
&\leqslant \sum_{[u,v]\in\mathcal{P}_1} \|Y\|_\beta \|X\|_\alpha C_{\alpha,\beta} |v-u| |\varepsilon|^{\alpha+\beta-1} \\
&\leqslant \|Y\|_\beta \|X\|_\alpha C_{\alpha,\beta} |t-s| |\varepsilon|^{\alpha+\beta-1} \to 0, \quad \varepsilon \to 0.
\end{aligned}
$$

> **推论 3.1**
>
> 在引理 3.1 的假设下, 对任意 $0 \leqslant s \leqslant t \leqslant T$, 有以下估计
>
> $$\left| \int_s^t Y_r dX_r - Y_s X_{s,t} \right| \leqslant C_{\alpha,\beta} \|Y\|_\beta \|X\|_\alpha |t-s|^{\alpha+\beta}.$$
>
> 因此, 有 $\int_0^\cdot Y_r dX_r \in \mathcal{C}^\alpha([0,T], W)$. ♡

粗糙路径理论的主要观点是, 通过在问题中添加额外的结构, 可以打破 $\alpha + \beta > 1$(在 $\alpha = \beta$ 的情形可以转化为 $\alpha > 1/2$, 这是我们主要感兴趣的) 这一看似不可突破的障碍.

3.1.2 粗糙积分

这里主要的目标是构造 $Y = F(X)$ 关于 $\mathbf{X} = (X, \mathbb{X}) \in \mathscr{C}^\alpha$ 的积分. 当 $F: V \to \mathcal{L}(V, W) \in \mathcal{C}^1$, 或者具有更高的正则性, 对于 r 属于某个 (小) 区间 $[s,t]$, 泰勒展开近似给出

$$F(X_r) \approx F(X_s) + DF(X_s)X_{s,r}, \tag{3.3}$$

由于

$$\mathcal{L}(V, \mathcal{L}(V, W)) \cong \mathcal{L}(V \otimes V, W),$$

因此 $DF(X_s)$ 可以被视为 $\mathcal{L}(V \otimes V, W)$ 中的一算子. 对于 (3.1) 中定义的 Young 积分, 当应用于 $Y = F(X)$ 时, 其有效性基于近似 $F(X_r) \approx F(X_s)$, $r \in [s, t]$, 基于 (2.9) 的启发, 很自然地希望

$$\int_0^1 F(X_s) d\mathbf{X}_s \approx \sum_{[s,t] \in \mathcal{P}} (F(X_s) X_{s,t} + DF(X_s) \mathbb{X}_{s,t}) \tag{3.4}$$

的右侧出现补偿 Riemann-Stieltjes 和, 并且它能提供一个足够好的近似 (即当 $|\mathcal{P}| \to 0$ 时, 它是 Cauchy 列), 当 X 不再具有大于 $\frac{1}{2}$ 的 α-Hölder 正则性时, 但假设 $\mathbf{X} = (X, \mathbb{X}) \in \mathscr{C}^\alpha$, $\alpha \in \left(\frac{1}{3}, \frac{1}{2}\right]$. 为什么这就足够好了? 直觉是: 给定 $\alpha \in \left(\frac{1}{3}, \frac{1}{2}\right]$, 当 $|\mathcal{P}| \to 0$, 上述和式中的 $|X_{s,t}| \sim |t - s|^\alpha$ 和 $|\mathbb{X}_{s,t}| \sim |t - s|^{2\alpha}$ 都不能忽略. 继续使用上述方法, 期望 (事实上可以证明) 三重积分 $\mathbb{X}_{s,t}^{(3)}$ 的阶数为 $|\mathbb{X}_{s,t}^{(3)}| \sim |t - s|^{3\alpha} = \mathbf{o}(|t - s|)$, 因此在 (3.4) 的求和式中添加形为 $D^2 F(X_s) \mathbb{X}_{s,t}^{(3)}$ 的第三项, 若它存在的话, 至少不会影响极限. 接下来将看到

$$\int_0^1 F(X_s) d\mathbf{X}_s = \lim_{|\mathcal{P}| \to 0} \sum_{[s,t] \in \mathcal{P}} (F(X_s) X_{s,t} + DF(X_s) \mathbb{X}_{s,t}) \tag{3.5}$$

确实存在, 并且称之为粗糙积分. 事实上, 在本节中, 将把 (不定) 粗糙积分 $Z = \int_0^\cdot F(X) d\mathbf{X}$ 构造为 $\mathcal{C}^\alpha$ 中的元素, 即路径, 类似于把随机积分构造为过程而不是随机变量.

在证明粗糙积分 (3.5) 的存在性之前, 讨论一些抽象的 Riemann 积分. 在接下来的内容中, 人们可能会想到 Riemann-Stieltjes (或 Young) 积分 $Z_t := \int_0^t Y_r dX_r$ 的构造. 根据推论 3.1, 有 (与通常一样, 令 $Z_{s,t} = Z_t - Z_s$)

$$Z_{s,t} = Y_s X_{s,t} + \mathbf{o}(|t - s|),$$

并且在通过 (3.1) 中给出的极限过程完全确定积分 Z 的意义下, $\Xi_{s,t} = Y_s X_{s,t}$ 是一个足够好的局部近似. 在此意义下, 积分 $Z = \mathcal{I}\Xi$ 是在一些抽象积分映射 $\mathcal{I}$ 的良好定义的像. 请注意, $Z_{s,t} = Z_{s,u} + Z_{u,t}$, 即增量是可加的 (或如果将 "+" 视为群运算, 则增量是 "乘性的"), 但 Ξ 却不然.

接下来, 设 Ξ 是从 $\{(s, t) : 0 \leqslant s \leqslant t \leqslant T\}$ 到空间 W 的函数, 满足 $\Xi_{t,t} = 0$ 且

$$\|\Xi\|_{\alpha,\beta} := \|\Xi\|_\alpha + \|\delta\Xi\|_\beta < \infty, \tag{3.6}$$

其中

$$\delta\Xi_{s,u,t} := \Xi_{s,t} - \Xi_{s,u} - \Xi_{u,t}, \quad \|\delta\Xi\|_\beta := \sup_{s<u<t} \frac{|\delta\Xi_{s,u,t}|}{|t-s|^\beta}.$$

为此, 引入空间 $\Xi \in \mathcal{C}_2^{\alpha,\beta}([0,T], W)$.

> **引理 3.2 (Sewing 引理)**
>
> 设 α 和 β 满足 $0 < \alpha \leqslant 1 < \beta$. 则存在唯一的连续线性映射 $\mathcal{I}$: $\mathcal{C}_2^{\alpha,\beta}([0,T], W) \to \mathcal{C}^\alpha([0,T], W)$ 满足 $(\mathcal{I}\Xi)_0 = 0$ 且
>
> $$|(\mathcal{I}\Xi)_{s,t} - \Xi_{s,t}| \leqslant C|t-s|^\beta, \tag{3.7}$$
>
> 其中 C 只依赖于 β 和 $\|\delta\Xi\|_\beta$. ♡

证明　作为线性映射, $\mathcal{I}$ 的连续性可由其有界性直接给出. 接下来构造路径 $\mathcal{I}\Xi = I$, 其中 $I_0 = 0$, 增量 $I_{s,t} = I_t - I_s$. 证明的重点是增量的可加性 ($\delta I = 0$). $\mathcal{I}$ 的唯一性是直接的: 假设有两条路径 I 和 $\bar{I}$ 都满足 (3.7), 则 $I - \bar{I}$ 满足 $(I - \bar{I})_0 = 0$ 和 $|(I - \bar{I})_{s,t}| = |I_{s,t} - \bar{I}_{s,t}| \lesssim |t-s|^\beta$. 由假设 $\beta > 1$, 导出 $I = \bar{I}$. (3.7) 表明, I 必然由 Riemann 型极限给出: 记 $\mathcal{P}$ 为区间 $[s,t]$ 的一划分, 其网格大小记为 $|\mathcal{P}|$, 有

$$\left| I_{s,t} - \sum_{[u,v]\in\mathcal{P}} \Xi_{u,v} \right| = \left| \sum_{[u,v]\in\mathcal{P}} (I_{u,v} - \Xi_{u,v}) \right| = \mathbf{O}(|\mathcal{P}|^{\beta-1}),$$

即由以下形式给出:

$$(\mathcal{I}\Xi)_{s,t} = \lim_{|\mathcal{P}|\to 0} \sum_{[u,v]\in\mathcal{P}} \Xi_{u,v}. \tag{3.8}$$

接下来, 证明 (3.8) 的存在性. 这里给出了两个独立但相关的证明.

第一种证明: 通过逐次二进制细化来构造 $I_{s,t}$, 并且它满足所期望的估计式 (3.7), 该式由可加性的论证直接得到. 固定 $[s,t] \in [0,T]$ 并设 $\mathcal{P}_n$ 是 $[s,t]$ 的第 n 阶二进制划分, 它包含 2^n 个区间, 每个区间的长度为 $2^{-n}|t-s|$, 从平凡划分 $\mathcal{P}_0 = [s,t]$ 开始. 定义 $I_{s,t}^0 = \Xi_{s,t}$, 则 n 与 $n+1$ 阶近似满足如下关系

$$I_{s,t}^{n+1} := \sum_{[u,v]\in\mathcal{P}_{n+1}} \Xi_{u,v} = I_{s,t}^n - \sum_{[u,v]\in\mathcal{P}_n} \delta\Xi_{u,m,v},$$

其中验证第二个等式是否成立是一个简单的练习. 然后, 从 $\|\delta\Xi\|_\beta$ 的定义可以立即得到

$$|I_{s,t}^{n+1} - I_{s,t}^n| \leqslant 2^{n(1-\beta)}|t-s|^\beta\|\delta\Xi\|_\beta.$$

由于 $\beta > 1$, 上式左端构成的级数是可求和的, 因此得到序列 $(I_{s,t}^n : n \in N)$ 是 Cauchy 列. 对上面的估计式求和, 那么它的极限 I 满足

$$|I_{s,t} - \Xi_{s,t}| \leqslant \sum_{n \geqslant 0} |I_{s,t}^{n+1} - I_{s,t}^n| \leqslant C\|\delta\Xi\|_\beta |t-s|^\beta, \tag{3.9}$$

其中常数 C 依赖于 β, 这正是所需的估计式 (3.7). 但是, I 的可加性并不是该论点的结果. 不失一般性, 取 $T = 1$ (仅为了符号的简单性), 将前面的构造限制在形式为 $[s,t] = 2^{-k}[l, l+1]$ 的基本二进制区间上, 其中 $k \geqslant 0$ 且 $l \in \{0, \cdots, 2^k - 1\}$. 这样做的好处在于现在中点可加性成立, 即

$$I_{s,t} = I_{s,u} + I_{u,t}, \quad u = \frac{s+t}{2}, \tag{3.10}$$

这是在等式 $I_{s,t}^{n+1} = I_{s,u}^n + I_{u,t}^n$ 中取极限的结果. I 的自然可加性扩展到非基本二进制细分区间 $2^{-k}[l, m]$ 是通过假设

$$I_{2^{-k}l, 2^{-k}m} = \sum_{j=l}^{m-1} I_{2^{-k}j, 2^{-k}(j+1)} \tag{3.11}$$

来给出的, 由 (3.10) 它确实是良好定义的. 这便为所有二进制数 s, t 定义了 $I_{s,t}$, 并且该构造保证了可加性. 我们留下了这样一个事实, 即对于所有二进制数 s, t, $I_{s,t}$ 满足 (3.7), 将其作为练习留给读者.

第二种证明: 这里不需要再讨论增量的可加性, 它作为 (3.8) 的直接的推论. 现在考虑给定区间 $[s, t]$ 的一划分 $\mathcal{P}$, 其有 $r \geqslant 1$ 个区间. 则当 $r \geqslant 2$ 时, 存在 $u \in [s, t]$ 使得 $[u_-, u], [u, u_+] \in \mathcal{P}$ 且

$$|u_+ - u_-| \leqslant \frac{2}{r-1}|t-s|.$$

因此, $\left| \int_{\mathcal{P}\setminus\{u\}} \Xi - \int_{\mathcal{P}} \Xi \right| = |\delta\Xi_{u_-, u, u_+}| \leqslant \|\delta\Xi\|_\beta (2|t-s|/|r-1|)^\beta$ 且通过迭代此过程, 直到划分减少到 $\mathcal{P} = \{[s, t]\}$, 得到不等式

$$\sup_{\mathcal{P} \in [s,t]} \left| \Xi_{s,t} - \int_{\mathcal{P}} \Xi \right| \leqslant 2^\beta \|\delta\Xi\|_\beta \zeta(\beta) |t-s|^\beta. \tag{3.12}$$

最后只需要证明

$$\sup_{|\mathcal{P}| \vee |\mathcal{P}'| < \varepsilon} \left| \int_{\mathcal{P}} \Xi - \int_{\mathcal{P}'} \Xi \right| \to 0, \quad \varepsilon \to 0, \tag{3.13}$$

这意味着 $\mathcal{I}\Xi$ 作为 $\lim_{|\mathcal{P}| \to 0} \int_{\mathcal{P}} \Xi$ 的极限存在. 为此, 以增加或减少 $\mathcal{P} \cup \mathcal{P}'$ 的划分点为代价, 不失一般性, 可假设 $\mathcal{P}'$ 为 $\mathcal{P}$ 的细化. 特别地, 记 $|\mathcal{P}| \vee |\mathcal{P}'| = |\mathcal{P}|$ 和

$$\int_{\mathcal{P}} \Xi - \int_{\mathcal{P}'} \Xi = \sum_{[u,v] \in \mathcal{P}} \left(\Xi_{u,v} - \int_{\mathcal{P}' \cap [u,v]} \Xi \right).$$

那么对任意 $|\mathcal{P}| \vee |\mathcal{P}'| < \varepsilon$, 使用不等式 (3.12) 得到

$$\left| \int_{\mathcal{P}} \Xi - \int_{\mathcal{P}'} \Xi \right| \leqslant 2^{\beta} \|\delta\Xi\|_{\beta} \zeta(\beta) \sum_{[u,v]\in\mathcal{P}} |v-u|^{\beta} = \mathbf{O}(|\mathcal{P}|^{\beta-1}) = \mathbf{O}(\varepsilon^{\beta-1}).$$

最后, 类似于 Young 积分的讨论, 引理的结论很容易得证.

注 3.1　第一种证明方式最终受到验证可加性性质 $\delta\mathcal{I}\Xi = 0$ 的影响. 在某些情况下, 可以避免这一额外步骤. 特别是在 Riemann-Stieltjes 积分的一致粗糙路径估计的情况下. 更确切地说, 考虑光滑路径 $X : [0,T] \to V$, $\mathbb{X} = \int X dX$, 并只对 Riemann-Stieltjes 积分的二阶逼近的误差估计感兴趣, 形式如下:

$$\left| \int_s^t F(X_r)dX_r - F(X_s)X_{s,t} - DF(X_s)\mathbb{X}_{s,t} \right| \leqslant \mathbf{O}(|t-s|^{3\alpha}),$$

该估计式关于所有 (光滑) 路径 X 的 $\|X\|_{\alpha} + \|\mathbb{X}\|_{2\alpha}$ 范数是一致的. 在上述第一种证明方法中, 只需要取

$$\Xi_{s,t} = F(X_s)X_{s,t} + DF(X_s)\mathbb{X}_{s,t}$$

即可. 根据经典的 Riemann 积分理论, 作为 $[s,t]$ 的二进制划分的极限构造的 $(\mathcal{I}\Xi)_{s,t}$, 正是 Riemann-Stieltjes 积分 $\int_s^t F(X_r)dX_r$, 因此具有可加性.

现在我们将 Sewing 引理应用于 (3.4) 的构造.

定理 3.1

对 $T > 0$ 和 $\alpha > \dfrac{1}{3}$, 令 $\mathbf{X} = (X, \mathbb{X}) \in \mathscr{C}^{\alpha}([0,T], V)$, $F : V \to \mathcal{L}(V,W)$ 是一 C_b^2 函数. 则 (3.4) 式中定义的粗糙积分存在且有

$$\left| \int_s^t F(X_r)d\mathbf{X}_r - F(X_s)X_{s,t} - DF(X_s)\mathbb{X}_{s,t} \right|$$
$$\lesssim \|F\|_{C_b^2} \left(\|X\|_{\alpha}^3 + \|X\|_{\alpha}\|\mathbb{X}\|_{2\alpha} \right) |t-s|^{3\alpha}, \tag{3.14}$$

其中常数仅依赖于 α. 此外, 不定粗糙积分在 $[0,T]$ 上是 α-Hölder 连续的, 并且有以下估计:

$$\left\| \int_0^{\cdot} F(X)d\mathbf{X} \right\|_{\alpha} \leqslant C\|F\|_{C_b^2} \left(\|\mathbf{X}\|_{\alpha} \vee \|\mathbf{X}\|_{\alpha}^{1/\alpha} \right), \tag{3.15}$$

其中常数 C 仅依赖于 T 和 α, 并且可以在 $T \leqslant 1$ 时被一致选取. 此外, $\|\mathbf{X}\|_{\alpha} = \|X\|_{\alpha} + \sqrt{\|\mathbb{X}\|_{2\alpha}}$ 表示齐次 Hölder 粗糙路径范数. ♡

证明 注意这里给出的证明只依赖于引理 2.3 中的被积函数 $Y = F(X)$ 的性质. 特别地, 若 (Y, Y') 也满足 (2.61), 被积函数类很容易从 $(F(Y), DF(Y))$ 推广到更一般的形式 (Y, Y').

由引理 3.2, 基于上述引入的符号, Young 积分可以定义为 Riemann 和的极限

$$\int_s^t Y_u dX_u = (\mathcal{I}\Xi)_{s,t}, \quad \Xi_{s,t} = Y_s X_{s,t},$$

对于 $u \in [s, t]$, $\Xi_{s,t}$ 满足等式

$$\delta\Xi_{s,u,t} = -Y_{s,u} X_{u,t},$$

因此, 只有当 Y 和 X 是 Hölder 连续且 Hölder 指数加起来的总和 $\beta > 1$ 时, 才满足所需的估计式 (3.7). 如上所述, 为了能够涵盖 $\alpha < \frac{1}{2}$ 的情况, 因此, 需要考虑广义的 Riemann 和. 为此, 使用引理 2.3 的符号, 令

$$Y_s := F(X_s), \quad Y'_s := DF(X_s) \quad \text{和} \quad R^Y_{s,t} := Y_{s,t} - Y'_s X_{s,t},$$

然后, 令 $\Xi_{s,t} = Y_s X_{s,t} + Y'_s \mathbb{X}_{s,t}$. 注意, 对任意 $u \in (s, t)$, 有等式

$$\delta\Xi_{s,u,t} = -R^Y_{s,t} X_{u,t} - Y'_{s,u} \mathbb{X}_{u,t}.$$

根据 X, Y' 的 α-Hölder 正则性和 $R^Y, \mathbb{X}$ 的 2α-Hölder 正则性以及三角不等式, 可以导出: 当给定的 $\alpha > 1/3$ 和 $\beta := 3\alpha > 1$ 时, (3.6) 成立. 因此, 积分是定义良好的, 并且利用 (3.9) 知积分有如下估计

$$\left| \int_s^t Y d\mathbf{X} - Y_s X_{s,t} - Y'_s \mathbb{X}_{s,t} \right| \lesssim (\|R^Y\|_{2\alpha} \|X\|_\alpha + \|Y'\|_\alpha \|\mathbb{X}\|_{2\alpha}) |t-s|^{3\alpha}. \quad (3.16)$$

将引理 2.3 中的估计代入上式中得 (3.14).

接下来给出 (3.15) 的证明, 记 $Z = \int F(X) d\mathbf{X}$, 在 (3.14) 中使用三角不等式, 可得

$$|Z_{s,t}| \leqslant \|F\|_\infty |X_{s,t}| + \|DF\|_\infty |\mathbb{X}_{s,t}|$$
$$+ C\|F\|_{\mathcal{C}_b^2} \left(\|X\|_\alpha^3 + \|X\|_\alpha \|\mathbb{X}\|_{2\alpha} \right) |t-s|^{3\alpha}$$
$$\leqslant C\|F\|_{\mathcal{C}_b^2} \left[A_1 |t-s|^\alpha + A_2 |t-s|^{2\alpha} + A_3 |t-s|^{3\alpha} \right],$$

其中 $A_i \leqslant \|\mathbf{X}\|_\alpha$, $1 \leqslant i \leqslant 3$. 这意味着

$$\|Z\|_\alpha \leqslant C\|F\|_{\mathcal{C}_b^2} (\|\mathbf{X}\|_\alpha \vee \|\mathbf{X}\|_\alpha^3),$$

这是 $\alpha \to 1/3$ 中所要求的估计值 (3.15). 然而, 结果可以做得更好, 因为上述估计在 $|t-s|$ 很小的情况下最好, 而对 $|t-s|$ 大的情况最好将 $|Z_{s,t}|$ 分解为小增量之和. 更确切地是令 $\varrho := \|\mathbf{X}\|_\alpha$, 对 $\varrho^{1/\alpha}|t-s| \leqslant 1$, 记

$$|Z_{s,t}| \lesssim \varrho|t-s|^\alpha + \varrho^2|t-s|^{2\alpha} + \varrho^3|t-s|^{3\alpha}$$

$$\leqslant 3\varrho|t-s|^\alpha.$$

在长度大于 $h := \varrho^{-1/\alpha}$ 的情况下, 对于 $[s,t]$ 范围内 Z 的增量, 通过将其切割成长度为 h 的片段来处理. 更确切地说, 我们有 $\|Z\|_{\alpha;h} \leqslant 3\varrho$, 这意味着

$$\|Z\|_\alpha \leqslant 3\varrho\left(1 \vee 2h^{-(1-\alpha)}\right) \leqslant 6\left(\varrho \vee \varrho^{1/\alpha}\right).$$

最后, 在 $T \leqslant 1$ 的情况下, C 可以被一致地选择.

根据受控粗糙路径的定义和性质, 接下来将 Young 积分推广到由 $\mathbf{X} = (X, \mathbb{X}) \in \mathscr{C}^\alpha$ 控制的路径 $(Y, Y') \in \mathscr{D}_X^{2\alpha}$ 的积分.

定理 3.2 (粗糙积分)

令 $T > 0$, $\alpha \in \left(\dfrac{1}{3}, \dfrac{1}{2}\right]$, 粗糙路径 $\mathbf{X} \in \mathscr{C}^\alpha([0,T], V)$. 令受控粗糙路径 $(Y, Y') \in \mathscr{D}_X^{2\alpha}([0,T], \mathcal{L}(V, W))$. 此外, $\mathcal{P}$ 为 $[0,T]$ 的任意划分. 则粗糙积分定义为

$$\int_s^t Y_u d\mathbf{X}_u := \lim_{|\mathcal{P}| \to 0} \sum_{[u,v] \in \mathcal{P}} \left(Y_u X_{u,v} + Y_u' \mathbb{X}_{u,v}\right) \tag{3.17}$$

且它属于空间 $\mathcal{C}^\alpha([0,T], W)$, 进一步有

$$\left|\int_s^t Y_u d\mathbf{X}_u - Y_s X_{s,t} - Y_s' \mathbb{X}_{s,t}\right|$$

$$\lesssim \left(\|R^Y\|_{2\alpha}\|X\|_\alpha + \|Y'\|_\alpha\|\mathbb{X}\|_{2\alpha}\right)|t-s|^{3\alpha}. \tag{3.18}$$

此外,

$$(Y, Y') \to (Z, Z') := \left(\int_0^\cdot Y_u d\mathbf{X}_u, Y\right)$$

为从 $\mathscr{D}_X^{2\alpha}([0,T], \mathcal{L}(V, W))$ 到 $\mathscr{D}_X^{2\alpha}([0,T], W)$ 的连续映射, 且有

$$\|Z, Z'\|_{X,2\alpha} \lesssim \|Y\|_\alpha + \left(|Y_0'|_{\mathcal{L}(V \otimes V, W)} + T^\alpha\|Y, Y'\|_{X,2\alpha}\right)\left(\|X\|_\alpha + \|\mathbb{X}\|_{2\alpha}\right). \tag{3.19}$$

♡

证明　根据引理 3.2, 令 $\Xi_{s,t} = Y_s X_{s,t} + Y'_s \mathbb{X}_{s,t}$, 又根据受控粗糙路径的定义和 δ 的定义, 对 $u \in [s,t]$, 容易得到

$$\delta\Xi_{s,u,t} = -R^Y_{s,u} X_{u,t} - Y'_{s,u} \mathbb{X}_{u,t}.$$

由 X, Y' 的 α-Hölder 正则性和 R^Y, $\mathbb{X}$ 的 2α-Hölder 正则性和三角不等式知: 对任意给定 $\alpha > 1/3$ 且 $\beta = 3\alpha > 1$, (3.8) 式成立, 即 (3.17) 的定义是合理的, 并且根据 (3.12), 很容易得到 (3.18) 式的估计.

接下来, 还需证明 $\|Z, Z'\|_{X,2\alpha}$ 的界. 使用三角不等式, 将 (3.18) 的左侧第一项之后拆分, 很容易得到 $\int_s^t Y_u d\mathbf{X}_u = Z_{s,t}$, 因此 $Z \in \mathscr{C}^\alpha$. 由于 $Z' = Y$ 是由 X 控制的, 因此 $Z' = Y \in \mathscr{C}^\alpha$. 类似地, 将 (3.18) 的左侧在第二项之后分开, 给出 R^Z 的 2α-Hölder 估计, 即 (2.61) 意义下的剩余项. 最终, 很容易得到 $\|Z, Z'\|_{X,2\alpha} = \|Y\|_\alpha + \|R^Z\|_{2\alpha}$ 的显式估计.

注 3.2　与上述定理一样, 假设 $(X, \mathbb{X}) \in \mathscr{C}^\alpha([0,T], V)$, 考虑由 X 控制的 Y 和 Z 两条路径. 更确切地, 假设 $(Y, Y') \in \mathscr{D}^\alpha_X([0,T], \mathcal{L}(\bar{V}, W))$ 和 $(Z, Z') \in \mathscr{D}^\alpha_X([0,T], \bar{V})$, 其中 $V, \bar{V}, W$ 都是 Banach 空间. 然后, 根据抽象积分映射 (参见 Sewing 引理), 可以定义 Y 对 Z 的积分, 其取值于 W 中, 且有如下表示:

$$\int_s^t Y_u dZ_u := (\mathcal{I}\Xi)_{s,t}, \quad \Xi_{u,v} = Y_u Z_{u,v} + Y'_u Z'_u \mathbb{X}_{u,v}. \tag{3.20}$$

在这里, $Z'_u \in \mathcal{L}(V, \bar{V})$ 是作用于二阶过程上的算子, 它可以被规范地定义为 $\mathcal{L}(V \otimes V, V \otimes \bar{V})$ 中的算子, 并且 $Y'_u \in \mathcal{L}(V, \mathcal{L}(\bar{V}, W))$ 等同于 $\mathcal{L}(V \otimes \bar{V}, W)$ 中的算子. 从分量中可以发现这一事实, 假设空间是有限维的: 在 W 中使用索引指标 i, j, 然后在 V 中使用索引指标 k, l, 那么有

$$(\Xi_{u,v})^i = (Y_u)^i_j (Z_{u,v})^j + (Y'_u)^i_{k,j} (Z'_u)^j_l (\mathbb{X}_{u,v})^{k,l}.$$

类似于运用 Sewing 引理构造粗糙积分的计算, 那么有

$$-\delta\Xi_{s,u,t} = R^Y_{s,u} Z_{u,t} + Y'_s X_{s,u} R^Z_{s,u} + Y'_s X_{s,u} Z'_{s,u} X_{u,t} + (Y'Z')_{s,u} \mathbb{X}_{u,t}.$$

由此 $\|\delta\Xi\|_{3\alpha} < \infty$, 因此, 由 $3\alpha > 1$, (3.20) 的右边是适定的. 由 Sewing 引理进一步得到了 (3.18) 的以下推广

$$\left| \int_s^t Y dZ - \Xi_{s,t} \right| \lesssim (\|R^Y\|_{2\alpha} \|Z\|_\alpha + (*) + \|Y'Z'\|_\alpha \|\mathbb{X}\|_{2\alpha}) |t-s|^{3\alpha}, \tag{3.21}$$

其中 Ξ 在 (3.20) 中给出且

$$(*) = \|Y'\|_\infty \|X\|_\alpha (\|R^Z\|_{2\alpha} + \|Z'\|_\alpha \|X\|_\alpha).$$

注意, 当 $Z = X$ 和 Z' 是单位算子时, $(*)$ 为零, 因为此时 $R^Z \equiv 0$ 以及在时间方向上为常数的 Z' 具有为零的 α-Hölder 半范. 在这种情况下, 退化为先前介绍的粗糙积分 (3.17) 的估计. 此外, 在光滑的情况下, 又退化为通常的 Riemann 和 Young 积分.

注 3.3　　如果, 在定理 3.1 的证明符号中, 对某些 $\beta > 1$, Ξ 和 $\tilde{\Xi}$ 满足 $\Xi - \tilde{\Xi} \in C_2^\beta$, 即

$$|\Xi - \tilde{\Xi}| = \mathbf{O}(|t - s|^\beta),$$

则 $\mathcal{I}\Xi = \mathcal{I}\tilde{\Xi}$. 事实上, 由于

$$\sum_{[u,v] \in \mathcal{P}} |\Xi_{u,v} - \tilde{\Xi}_{u,v}| = \mathbf{O}(|\mathcal{P}|^{\beta-1}),$$

那么当 $|\mathcal{P}| \to 0$ 时, 它收敛到 0. 从而得到该结论.

这也表明, 如果 X 和 Y 是光滑函数, 并且 $\mathbb{X}$ 由 (2.9) 中的积分来定义, 那么刚刚定义的积分确实与 Riemann-Stieltjes 积分一致. 然而, 如果改变 $\mathbb{X}$, 那么得到的积分确实会改变, 这将在接下来的例子中看到.

例 3.1　　令 f 是一 2α-Hölder 连续函数且令 $\mathbf{X} = (X, \mathbb{X})$ 和 $\bar{\mathbf{X}} = (\bar{X}, \bar{\mathbb{X}})$ 是两个粗糙路径, 且满足

$$\bar{X}_t = X_t, \quad \bar{\mathbb{X}}_{s,t} = \mathbb{X}_{s,t} + f_t - f_s.$$

如上所示, 令 $(Y, Y') \in \mathscr{D}_X^{2\alpha}$. 则有 $(\bar{Y}, \bar{Y}') := (Y, Y') \in \mathscr{D}_{\bar{X}}^{2\alpha}$. 然而, 从 (3.17) 中可以看出

$$\int_s^t \bar{Y}_r d\bar{\mathbf{X}}_r = \int_s^t Y_r d\mathbf{X}_r + \int_s^t Y_r' df(r), \tag{3.22}$$

上式中右端第二项是作为 Young 积分良好定义, 这是因为 $\alpha + 2\alpha > 1$.

接下来, 利用 (2.65) 我们讨论粗糙积分的稳定性.

定理 3.3 (粗糙积分的稳定性)

对于 $\alpha \in \left(\dfrac{1}{3}, \dfrac{1}{2}\right]$, 在一个有界集合中, 考虑 $\mathbf{X} = (X, \mathbb{X})$, $\tilde{\mathbf{X}} = (\tilde{X}, \tilde{\mathbb{X}}) \in \mathscr{C}^\alpha$ 与 $(Y, Y') \in \mathscr{D}_X^{2\alpha}$, $(\tilde{Y}, \tilde{Y}') \in \mathscr{D}_{\tilde{X}}^{2\alpha}$, 其中有界集合是: 对于某些 $M < \infty$, 有

$$|Y_0'| + \|Y, Y'\|_{X,2\alpha} \leqslant M, \quad \varrho_\alpha(0, \mathbf{X}) \equiv \|X\|_\alpha + \|\mathbb{X}\|_{2\alpha} \leqslant M.$$

假设 $\tilde{\mathbf{X}} = (\tilde{X}, \tilde{\mathbb{X}})$ 和 $(\tilde{Y}, \tilde{Y}')$ 也具有上述同样的界. 定义

$$(Z, Z') := \left(\int_0^{\cdot} Y d\mathbf{X}, Y\right) \in \mathscr{D}_X^{2\alpha}, \quad (\tilde{Z}, \tilde{Z}') := \left(\int_0^{\cdot} \tilde{Y} d\tilde{\mathbf{X}}, \tilde{Y}\right) \in \mathscr{D}_{\tilde{X}}^{2\alpha}.$$

则有局部 Lipschitz 估计

$$\|Z, Z'; \tilde{Z}, \tilde{Z}'\|_{X, \tilde{X}, 2\alpha} \leqslant C\left(\varrho_\alpha(\mathbf{X}, \tilde{\mathbf{X}}) + |Y_0' - \tilde{Y}_0'| + T^\alpha \|Y, Y'; \tilde{Y}, \tilde{Y}'\|_{X, \tilde{X}, 2\alpha}\right), \tag{3.23}$$

且有

$$\|Z - \tilde{Z}\|_\alpha \leqslant C\left(\varrho_\alpha(\mathbf{X}, \tilde{\mathbf{X}}) + |Y_0 - \tilde{Y}_0| + |Y_0' - \tilde{Y}_0'| + T^\alpha \|Y, Y'; \tilde{Y}, \tilde{Y}'\|_{X, \tilde{X}, 2\alpha}\right), \tag{3.24}$$

其中 $C = C_M = C(M, \alpha)$ 是一个合适的常数. ♡

证明 由 (2.65) 有

$$\|Z, Z'; \tilde{Z}, \tilde{Z}'\|_{X, \tilde{X}, 2\alpha} = \|Z' - \tilde{Z}'\|_\alpha + \|R^Z - R^{\tilde{Z}}\|_{2\alpha} = \|Y - \tilde{Y}\|_\alpha + \|R^Z - R^{\tilde{Z}}\|_{2\alpha}.$$

首先, 因为

$$|Y_{s,t} - \tilde{Y}_{s,t}| = |Y_s' X_{s,t} + R_{s,t}^Y - (\tilde{Y}_s' \tilde{X}_{s,t} + R_{s,t}^{\tilde{Y}})|$$

$$\leqslant |Y_s' X_{s,t} - \tilde{Y}_s' \tilde{X}_{s,t}| + |R_{s,t}^Y - R_{s,t}^{\tilde{Y}}|,$$

所以

$$\|Y - \tilde{Y}\|_\alpha \leqslant \|Y' - \tilde{Y}'\|_\infty \|X\|_\alpha + \|\tilde{Y}'\|_\infty \|X - \tilde{X}\|_\alpha + T^\alpha \|R^Y - R^{\tilde{Y}}\|_{2\alpha}$$

$$\leqslant C(\|X - \tilde{X}\|_\alpha + |Y_0' - \tilde{Y}_0'| + T^\alpha \|Y, Y'; \tilde{Y}, \tilde{Y}'\|_{X, \tilde{X}, 2\alpha}).$$

其次, 对于余项

$$R_{s,t}^Z = Z_{s,t} - Z_s' X_{s,t} = \int_s^t Y d\mathbf{X} - Y_s X_{s,t} = (\mathcal{I}\Xi)_{s,t} - \Xi_{s,t} + Y_s' \mathbb{X}_{s,t},$$

其中 $\Xi_{s,t} = Y_s X_{s,t} + Y_s' \mathbb{X}_{s,t}$, 对于 $R^{\tilde{Z}}$ 也有类似的表示. 令 $\Delta = \Xi - \tilde{\Xi}$, 在 (3.9) 中, 将 Ξ 替换为 Δ, 其中 $\beta = 3\alpha$, 所以

$$|R_{s,t}^Z - R_{s,t}^{\tilde{Z}}| = |(\mathcal{I}\Delta)_{s,t} - \Delta_{s,t} + Y_s' \mathbb{X}_{s,t} - \tilde{Y}_s' \tilde{\mathbb{X}}_{s,t}|$$

$$\leqslant C\|\delta\Delta\|_{3\alpha}|t - s|^{3\alpha} + |Y_s' \mathbb{X}_{s,t} - \tilde{Y}_s' \tilde{\mathbb{X}}_{s,t}|,$$

其中 $\delta\Delta_{s,u,t} = R^{\tilde{Y}}_{s,u}\tilde{X}_{u,t} - R^Y_{s,u}X_{u,t} + \tilde{Y}'_{s,u}\tilde{\mathbb{X}}_{u,t} - Y'_{s,u}\mathbb{X}_{u,t}$. 那么便有

$$\|R^Z - R^{\tilde{Z}}\|_{2\alpha} \leqslant (\|R^Y - R^{\tilde{Y}}\|_{2\alpha}\|\tilde{X}\|_\alpha + \|R^Y\|_{2\alpha}\|X - \tilde{X}\|_\alpha)T^\alpha$$

$$+ (\|Y' - \tilde{Y}'\|_\alpha\|\tilde{\mathbb{X}}\|_{2\alpha} + \|\tilde{Y}'\|_\alpha\|\mathbb{X} - \tilde{\mathbb{X}}\|_{2\alpha})T^\alpha$$

$$+ \|Y' - \tilde{Y}'\|_\infty\|\mathbb{X}\|_{2\alpha} + \|\tilde{Y}'\|_\infty\|\mathbb{X} - \tilde{\mathbb{X}}\|_{2\alpha}$$

$$\leqslant (\|R^Y - R^{\tilde{Y}}\|_{2\alpha}\|\tilde{X}\|_\alpha + \|R^Y\|_{2\alpha}\|X - \tilde{X}\|_\alpha)T^\alpha$$

$$+ (|Y'_0 - \tilde{Y}'_0| + \|Y' - \tilde{Y}'\|_\alpha(T^\alpha + 1))(\|\mathbb{X}\|_{2\alpha} + \|\tilde{\mathbb{X}}\|_{2\alpha})$$

$$+ (|\tilde{Y}'_0| + \|\tilde{Y}'\|_\alpha T^\alpha)\|\mathbb{X} - \tilde{\mathbb{X}}\|_{2\alpha}.$$

最后, 综合上述估计 (3.23) 得证. 类似于 (3.23), (3.24) 可证.

3.1.3　随机 Sewing 引理

定理 3.2 表明粗糙积分的被积函数应当满足一定的条件, 如 $F(B)$, $F \in \mathcal{C}^2_b$, 那么它可以关于布朗粗糙路径 $\mathbf{B} = (B, \mathbb{B})$ 进行积分, 即关于 2.4.2 节中的布朗粗糙路径的积分. 在这种情况下, 可以关于增量 $\Xi(s,t) = F(B_s)B_{s,t} + DF(B_s)\mathbb{B}_{s,t}$ 应用 Sewing 引理, 其中的关键是 $\delta\Xi$ 的阶数为 $3\alpha = 1 + \varepsilon > 1$, 并且估计 $|\delta\tilde{\Xi}_{s,u,t}| \lesssim |t - s|^{1+\varepsilon}$ 关于任意的 $s < u < t \in [0, T]$ 是一致的. 在本小节中, 将介绍 K. Lê 在 [48] 中得到的随机 Sewing 引理, 它在最近的一些应用中被证明是非常有用的.

随机 Sewing 引理与 Sewing 引理相似, 但要缝合的双参数函数 Ξ 现在是一可积的随机场. 比如, 与 Itô 积分定义相似, 考虑增量 $\Xi_{s,t} = F(B_s)B_{s,t}$. 由于 $\delta\Xi_{s,u,t} = -F(B)_{s,u}B_{u,t}$ 的阶数为 $2\alpha < 1$, 因此经典的 Sewing 引理失效. 然而, 布朗运动的鞅性质使这个问题在考虑引入条件期望时消失. 事实上, 对于某些固定滤流 $\mathcal{F} = (\mathcal{F}_t)_{t \leqslant T}$, 记关于 $\mathcal{F}_s$ 的条件期望为 $\mathbf{E}_s$, B 关于 $\mathcal{F}$ 适应的, 在 $s < u < t$ 的情形下, 有

$$\mathbf{E}_s\delta\Xi_{s,u,t} = \mathbf{E}_s\mathbf{E}_u\delta\Xi_{s,u,t} = -\mathbf{E}_s(F(B)_{s,u}\mathbf{E}_uB_{u,t}) = 0.$$

当然, 这与经典 Itô 积分有效的原因非常相似: 尽管 $\Xi_{s,t}$ 的大小约为 $|t - s|^{1/2}$, 因此事先没有理由相信 Riemann 和会收敛, 但它们之所以收敛, 是因为条件期望 $\mathbf{E}_s\Xi_{s,t} = 0$ 这一事实隐含了随机抵消效应. 现在的目标是获得一个新的 Sewing 引理.

在本小节中, 假设在滤流概率空间 $(\Omega, (\mathcal{F}_t)_{0 \leqslant t \leqslant T}, \mathbf{P})$ 上处理 L^2 随机变量且记 L^2_s 为 $\mathcal{F}_s$ 可测的平方可积随机变量空间. 像通常一样记 $\|X\|_{L^2} := (\mathbf{E}X^2)^{1/2}$. 事实上, 使用 Burkholder-Davis-Gundy 不等式不难将以下结果扩展到 $L^q, 2 \leqslant q < \infty$ 空间中.

命题 3.1 (随机 Sewing 引理)

对 $0 \leqslant s \leqslant t \leqslant T$, 令 $(s,t) \mapsto \Xi_{s,t} \in L_t^2$ 是连续的且对所有的 t, $\Xi_{t,t} = 0$. 假设存在常数 $\Gamma_1, \Gamma_2 \geqslant 0$ 和 $\varepsilon_1, \varepsilon_2 > 0$ 使得对于所有 $0 \leqslant s \leqslant u \leqslant t \leqslant T$, 有

$$\|\delta\Xi_{s,u,t}\|_{L^2} \leqslant \Gamma_1 |t-s|^{\frac{1}{2}+\varepsilon_1} \tag{3.25}$$

和

$$\|\mathbf{E}_s \delta\Xi_{s,u,t}\|_{L^2} \leqslant \Gamma_2 |t-s|^{1+\varepsilon_2}. \tag{3.26}$$

则存在唯一的连续 (作为 $[0,T] \to L^2$ 的映射) 过程 $t \to X_t \in L_t^2$, 并且 $X_0 = 0$. 此外, 存在常数 $C > 0$ 使得对任意 $0 \leqslant s \leqslant t \leqslant T$, 有

$$\|X_t - X_s - \Xi_{s,t}\|_{L^2} \leqslant C\Gamma_1 |t-s|^{\frac{1}{2}+\varepsilon_1} + C\Gamma_2 |t-s|^{1+\varepsilon_2} \tag{3.27}$$

和

$$\|\mathbf{E}_s(X_t - X_s - \Xi_{s,t})\|_{L^2} \leqslant C\Gamma_2 |t-s|^{1+\varepsilon_2}. \tag{3.28}$$

证明 (唯一性) 假设有两个具有上述性质 (3.27) 和 (3.28) 的适应过程 $X, \bar{X}$, 需要证明, 对于每个 t 几乎处处有 $\Delta_t := X_t - \bar{X}_t = 0$. 令 n 是一正整数且 $t_i = ti/n$. 记 $X_i := X_{t_i, t_{i+1}}$, 对 Δ 和 Ξ 也采用类似的记法. 由 (3.27) 和 (3.28) 可直接得到 $\Delta_i = (X_i - \Xi_i) - (\bar{X}_i - \Xi_i)$ 以及 $\mathbf{E}_{t_i}\Delta_i$ 的 L^2 估计. 我们有

$$\Delta_t = \sum_{i=0}^{n-1}(\Delta_i - \mathbf{E}_{t_i}\Delta_i) + \sum_{i=0}^{n-1}\mathbf{E}_{t_i}\Delta_i =: \Delta_t^{(1)} + \Delta_t^{(2)},$$

它是部分和过程 $\sum_{i=0}^{n-1}\Delta_i$ 的 Doob 分解, 即分解为鞅和可料过程两个部分. 利用鞅增量的正交性、条件期望的 L^2 压缩性质和 (3.27), 那么有

$$\|\Delta_t^{(1)}\|_{L^2} = \left(\sum_{i=0}^{n-1}\|\Delta_i - \mathbf{E}_{t_i}\Delta_i\|_{L^2}^2\right)^{\frac{1}{2}} \leqslant 2\left(\sum_{i=0}^{n-1}\|\Delta_i\|_{L^2}^2\right)^{\frac{1}{2}}$$

$$\lesssim n^{1/2} \cdot \left(\frac{1}{n}\right)^{1/2+\varepsilon_1}.$$

由于 n 是任意的, 因此 $\Delta_t^{(1)} = 0$ a.s., 对于 $\Delta_t^{(2)}$, 由三角不等式和 (3.28) 可以得到

$$\|\Delta_t^{(2)}\|_{L^2} \leqslant \sum_i \|\mathbf{E}_{t_i}\Delta_i\|_{L^2} \lesssim n \cdot \left(\frac{1}{n}\right)^{1+\varepsilon_2}.$$

又由于 n 是任意的, 因此 $\Delta_t^{(2)} = 0$ a.s..

(存在性) 这里采用前面 Sewing 引理 "二进制细化" 的证明方法. 固定 $0 \leqslant s \leqslant t \leqslant T$ 并且考虑 $[s, t]$ 的二进制细化 (t_i^k), 使得第 k 阶近似值为

$$I_{s,t}^k = \sum_{i=0}^{2^k-1} \Xi_{t_i^k, t_{i+1}^k} \in L_t^2.$$

对于中点 $u_i^k \in [t_i^k, t_{i+1}^k]$ 和固定的 k, $\delta\Xi_i := \delta\Xi_{t_i^k, u_i^k, t_{i+1}^k}$, 再次使用 Doob 分解

$$I_{s,t}^{k+1} - I_{s,t}^k = \sum_{i=0}^{2^k-1} \delta\Xi_i = I_{s,t}^{k;(1)} + I_{s,t}^{k;(2)}. \tag{3.29}$$

与唯一性部分一样, 在 L^2 中对第一项 (第二项) 使用 (3.25)((3.26)) 的估计, 得到

$$\|I_{s,t}^{k+1} - I_{s,t}^k\|_{L^2} \lesssim |t - s|^{\frac{1}{2}+\varepsilon_1} 2^{-k\varepsilon_1} + |t - s|^{1+\varepsilon_2} 2^{-k\varepsilon_2}.$$

这意味着 $I_{s,t} := \lim_{k\to\infty} I_{s,t}^k$ 在 L_t^2 中存在, 且该极限在 $0 \leqslant s \leqslant t \leqslant T$ 内是一致的, 其局部估计形式为 (3.27), 其中 $X_t - X_s$ 被 $I_{s,t}$ 代替. (由 Ξ 的假设, 因此所有的 I^k 以及一致极限 I 都是 L^2 连续的.) 此外, 因为对于所有 $k \geqslant 0$, 有 $\mathbf{E}_s I_{s,t}^{k;(1)} = 0$, 那么 $\mathbf{E}_s I_{s,t} = \lim_{k\to\infty} \mathbf{E}_s I_{s,t}^k$, 故而得到 (3.28) 的估计. 最后, 正如在确定性 Sewing 引理的 "二进制" 证明中一样, 需要证明 I 是可加的, 这留给读者作为练习, 因此从 $I_0 = 0$ 开始的唯一 L^2 路径 I 的增量正是所需的平方可积过程 $X = X(t, \omega)$.

3.2　随机积分和 Itô 公式

在本节中, 将前一节中发展的积分理论与通常的随机积分理论 (无论是在 Itô 还是 Stratonovich 意义上) 进行比较.

3.2.1　Itô 积分

回顾 2.4 节, 可知布朗运动 B 可以提升为 (随机) 粗糙路径 $\mathbf{B} = (B, \mathbb{B})$. 目前, 关注的 $\mathbb{B}$ 是由布朗运动 B 对自身的 Itô 积分情形

$$\mathbb{B}_{s,t} = \mathbb{B}_{s,t}^{\mathrm{Itô}} := \int_s^t B_{s,u} dB_u,$$

并且对任意 $\alpha \in \left(\dfrac{1}{3}, \dfrac{1}{2}\right)$, 上述提升的布朗运动在几乎处处意义下具有 (非几何的) α-Hölder 粗糙样本路径. 也就是说, 对于每个 $\omega \in N_1^c$, $\mathbf{B}(\omega) = (B(\omega), \mathbb{B}(\omega)) \in \mathscr{C}^\alpha$, 这里以及后续的章节中将会使用 $N_i, i = 1, 2, \cdots$ 来表示合适的零测度集合. 现在证明粗糙积分 (关于 $\mathbf{B} = \mathbf{B}^{\mathrm{Itô}}$) 和 Itô 积分, 无论何时两者都是定义良好的, 并且等价的.

命题 3.2

假设对任意 $\omega \in N_2^c$, $(Y(\omega), Y'(\omega)) \in \mathscr{D}_{B(\omega)}^{2\alpha}$. 令 $N_3 = N_1 \cup N_2$. 那么对于每一固定的 $\omega \in N_3^c$, 沿着任何网格大小趋于零的序列 $(\mathcal{P}_n)$, 粗糙积分

$$\int_0^T Y d\mathbf{B} = \lim_{n \to \infty} \sum_{[u,v] \in \mathcal{P}_n} (Y_u B_{u,v} + Y_u' \mathbb{B}_{u,v})$$

存在. 如果 Y, Y' 是适应的, 则

$$\int_0^T Y d\mathbf{B} = \int_0^T Y dB \quad \text{a.s.}.$$

♠

证明　不失一般性令 $T = 1$. 对 $\omega \in N_3^c$, 在上述假设下, 那么 $\omega \in N_2^c$, 从而对于 $B(\omega)$ 控制的路径 $Y(\omega)$ 应用定理 3.2, 直接得到粗糙积分的存在性. 对于任意连续适应的过程 Y, 沿任意划分序列 $(\mathcal{P}_n)$ 且当划分细度 $|\mathcal{P}_n| \to 0$ 时, Itô 积分具有如下表示

$$\int_0^1 Y dB = \lim_{n \to \infty} \sum_{[u,v] \in \mathcal{P}_n} Y_u B_{u,v},$$

并且该极限在依概率的意义下成立. 如果必要的话, 通过切换到子序列, 我们可以假设收敛在几乎处处意义下成立, 不妨记该收敛的全测集为 N_4^c. 令 $N_5 = N_3 \cup N_4$. 最后, 这里将假设: 存在确定性常数 $M > 0$ (对于 $Y = F(X), Y' = DF(X)$ 的情形, 其中 F 具有有界导数, 以下假设是成立的. 而更一般的情形, 则是通过局部化来考虑. 为了问题陈述的方便, 仅考虑有界情形), 满足

$$\sup_{\omega \in N_5^c} |Y'(\omega)|_\infty \leqslant M.$$

为了说明粗糙积分和 Itô 积分在 N_5^c 上一致. 基本分析表明

$$\forall \omega \in N_5^c : \exists \lim_n \sum_{[u,v] \in \mathcal{P}_n} Y_u' \mathbb{B}_{u,v}$$

并且这个极限等于粗糙积分和 Itô 积分的差. 当然, 当 $|\mathcal{P}_n| \to 0$ 时, 希望上述极限为零 (至少在一全测集上), 那么仅需要证明

$$\left\| \sum_{[u,v] \in \mathcal{P}} Y_u' \mathbb{B}_{u,v} \right\|_{L^2}^2 = \mathbf{O}(|\mathcal{P}|). \tag{3.30}$$

为此, 假设划分的形式为 $\mathcal{P} = \{0 = \tau_0 < \tau_1 < \cdots < \tau_N = 1\}$ 并定义从 $S_0 = 0$ 开始的 (离散时间) 鞅, 增量为 $S_k = Y'_{\tau_k} \mathbb{B}_{\tau_k, \tau_{k+1}}$. 由于 $|\mathbb{B}_{\tau_k, \tau_{k+1}}|^2_{L^2}$ 正比于 $|\tau_{k+1} - \tau_k|^2$, 那么得到

$$\left| \sum_{[u,v] \in \mathcal{P}} Y'_u \mathbb{B}_{u,v} \right|^2_{L^2} = \left| \sum_{k=0}^{N-1} (S_{k+1} - S_k) \right|^2_{L^2} = \sum_{k=0}^{N-1} |S_{k+1} - S_k|^2_{L^2}$$

$$\leqslant M^2 \sum_{k=0}^{N-1} |\mathbb{B}_{\tau_k, \tau_{k+1}}|^2_{L^2} = \mathbf{O}(|\mathcal{P}|).$$

3.2.2   Stratonovich 积分

同样可以用

$$\mathbb{B}^{\text{Strat}}_{s,t} := \int_s^t B_{s,u} \otimes \circ dB_u = \mathbb{B}^{\text{Itô}}_{s,t} + \frac{1}{2}(t-s)Id$$

来提升布朗运动. 这种构造在几乎处处意义下得到几何 α-Hölder 粗糙样本路径, 这里 $\alpha \in \left(\frac{1}{3}, \frac{1}{2} \right]$. 根据 Itô 积分和 Stratonovich 积分的关系, Stratonovich 积分有如下表示

$$\int_0^T Y \circ dB := \int_0^T Y dB + \frac{1}{2}[Y, B]_T,$$

上式中 Itô 积分不论什么情况下总是定义良好的, 并且二次协变差 $[Y, B]_T$ 在依概率的意义下存在, 即 $[Y, B]_T := \lim_{n \to \infty} \sum_{[u,v] \in \mathcal{P}} Y_{u,v} B_{u,v}$.

类似于 Itô 情形, 现在证明, 在一些自然假设下, 关于 Stratonovich 提升的布朗运动粗糙积分与布朗运动的 Stratonovich 积分一致.

> **推论 3.2**
>
> 同上, 假设对任意 $\omega \in N_2^c$, $(Y(\omega), Y'(\omega)) \in \mathscr{D}^{2\alpha}_{B(\omega)}$. 令 $N_3 = N_1 \cup N_2$. 则 Y 关于 $\mathbf{B} := \mathbf{B}^{\text{Strat}}$ 的粗糙积分存在
>
> $$\int_0^T Y d\mathbf{B} = \lim_{n \to \infty} \sum_{[u,v] \in \mathcal{P}_n} (Y_u B_{u,v} + Y'_u \mathbb{B}^{\text{Strat}}_{u,v}).$$
>
> 此外, 如果 Y, Y' 是适应的, 则 Y 和 B 的二次协变差存在, 并且
>
> $$\int_0^T Y d\mathbf{B} = \int_0^T Y \circ dB \quad \text{a.s..}$$

证明　$\mathbb{B}_{s,t}^{\text{Strat}} = \mathbb{B}_{s,t}^{\text{Itô}} + f_{s,t}$ 其中 $f(t) = \dfrac{t}{2}Id$. 正如在例 3.1 中所讨论的那样,

$$\int_0^1 Y d\mathbf{B}^{\text{Strat}} = \int_0^1 Y d\mathbf{B}^{\text{Itô}} + \int_0^1 Y' df.$$

根据命题 3.2, 只剩下验证 $[Y, B]_1$ 和 $2\displaystyle\int_0^1 Y' df = \int_0^1 Y' dt$ 是否相等. 为此, 记

$$\sum_{[u,v]\in\mathcal{P}} Y_{u,v} B_{u,v} = \sum_{[u,v]\in\mathcal{P}} \left((Y'_{u,v} B_{u,v}) B_{u,v} + R_{u,v} B_{u,v} \right)$$

$$= \left(\sum_{[u,v]\in\mathcal{P}} Y'_{u,v} (B_{u,v} \otimes B_{u,v}) \right) + \mathbf{O}(|\mathcal{P}|^{3\alpha-1}),$$

上式通过使用 $R \in \mathcal{C}_2^{2\alpha}$ 和 $B \in \mathcal{C}^\alpha$ 来得到 $\sum R_{u,v} B_{u,v} = \mathbf{O}(|\mathcal{P}|^{3\alpha-1})$. 注意到

$$B_{u,v} \otimes B_{u,v} = 2\text{Sym}(\mathbb{B}_{u,v}^{\text{Strat}}) = 2\text{Sym}(\mathbb{B}_{u,v}^{\text{Itô}}) + (v-u)I.$$

命题 3.2 的证明表明

$$\sum_{[u,v]\in\mathcal{P}} Y'_{u,v} \mathbb{B}_{u,v}^{\text{Itô}}$$

的任何极限 (在依概率意义下) 都必须为零. 实际上, 即使 $\mathbb{B}^{\text{Itô}}$ 被 $\text{Sym}(\mathbb{B}_{u,v}^{\text{Itô}})$ 取代后, 情况依然如此 (证明同命题 3.2 一样). 因此

$$\lim_{|\mathcal{P}|\to 0} \sum_{[u,v]\in\mathcal{P}} Y_{u,v} B_{u,v} = \lim_{|\mathcal{P}|\to 0} \left(\sum_{[u,v]\in\mathcal{P}} Y'_{u,v} (v-u) \right) = \int_0^1 Y' dt,$$

从而推论得证.

3.2.3　Itô 公式和 Föllmer 公式

给定光滑路径 $X : [0, T] \to V$ 和映射 $F : V \to W \in \mathcal{C}_b^1$, 其中 V, W 是 Banach 空间, 经典 "一阶" 积分的链式法则表明

$$F(X_t) = F(X_0) + \int_0^t DF(X_s) dX_s, \quad 0 \leqslant t \leqslant T.$$

同样的变量变换公式也适用于几何粗糙路径 $\mathbf{X} = (X, \mathbb{X})$, 因为它本质上是光滑路径的极限, 并且例 3.1 表明, 在非几何情况下会出现涉及 $D^2 F$ 的 "二阶" 校正. 换言之, 可以为粗糙路径给出相应的 Itô 公式.

　　然而, 在这样做之前, 需要进行一次重要的讨论. 本小节主要致力于理解 1-形式 (粗糙) 积分的链式法则, 事实上, 1-形式粗糙积分有如下近似:

$$\int G(X)d\mathbf{X} \approx \sum_{[u,v]\in\mathcal{P}} \left(G(X_s)X_{s,t} + DG(X_s)\mathbb{X}_{s,t}\right),$$

当 $|\mathcal{P}| \to 0$ 时, 出现在右侧的补偿 Riemann-Stieltjes 和收敛. 让我们将 $\mathbb{X}$ 分成对称部分 $\mathbb{S}_{s,t} := \text{Sym}(\mathbb{X}_{s,t})$ 和反对称 ("面积") 部分 $\mathbb{A}_{s,t} := \text{Anti}(\mathbb{X}_{s,t})$. 则

$$DG(X_s)\mathbb{X}_{s,t} = DG(X_s)\mathbb{S}_{s,t} + DG(X_s)\mathbb{A}_{s,t},$$

并且最后一项在梯度情形下总会消失, 即当 $G = DF$. 事实上, 对称张量 (此处: D^2F) 与反对称张量 (这里: $\mathbb{A}$) 的缩并总是消失的. 换句话说, 面积对于 1-形式的一般积分非常重要, 但对于梯度情形下的 1-形式则不是关心的重点. 还要注意, 与 $\mathbb{A}$ 不同, 对称部分 $\mathbb{S}$ 是路径 X 的一个很好的函数. 例如, 对于 $\mathbb{R}^d$ 中的 Itô 粗糙布朗运动, 有一个恒等式

$$\mathbb{S}_{s,t}^{i,j} = \int_s^t B_{s,r}^i dB_r^j = \frac{1}{2}\left(B_{s,t}^i B_{s,t}^j - \delta^{ij}(t-s)\right), \quad 1 \leqslant i,j \leqslant d.$$

　　出于上述考虑给出如下的定义.

定义 3.1

称 $\mathbf{X} = (X,\mathbb{S})$ 为简化的粗糙路径, 并记为 $\mathbf{X} \in \mathscr{C}_r^\alpha([0,T],V)$, 如果 $X = X_t$ 取值于 Banach 空间 V 中, $\mathbb{S} = \mathbb{S}_{s,t}$ 在 $\text{Sym}(V \otimes V)$ 中取值, 并且满足以下性质:

(i) 简化的 Chen 等式

$$\mathbb{S}_{s,t} - \mathbb{S}_{s,u} - \mathbb{S}_{u,t} = \text{Sym}(X_{s,u} \otimes X_{u,t}), \quad 0 \leqslant s,u,t \leqslant T;$$

(ii) 通常的解析条件, $X_{s,t} = \mathbf{O}(|t-s|^\alpha)$, $\mathbb{S}_{s,t} = \mathbf{O}(|t-s|^{2\alpha})$, $\alpha > 1/3$.

　　显然, 任何 $\mathbf{X} = (X,\mathbb{X}) \in \mathscr{C}^\alpha([0,T],V)$ 通过忽略其面积 $\mathbb{A} := \text{Anti}(\mathbb{X})$ 可得到一简化的粗糙路径. 更重要的是, 与一般的粗糙路径情形形成鲜明对比, 路径 $X \in \mathcal{C}^\alpha$ 可以通过它的增量平方 $\frac{1}{2}X_{s,t} \otimes X_{s,t}$ 来提升为简化的粗糙路径. 因此有以下结果.

引理 3.3

给定 $X \in \mathcal{C}^\alpha$, $\alpha \in \left(\frac{1}{3}, \frac{1}{2}\right]$, "几何" 选择 $\bar{\mathbb{S}}_{s,t} = \frac{1}{2} X_{s,t} \otimes X_{s,t}$ 可得到一个简化的粗糙路径, 即 $(X, \bar{\mathbb{S}}) \in \mathscr{C}_r^\alpha$. 此外, 对于任意取值于 $\mathrm{Sym}(V \otimes V)$ 的 2α-Hölder 路径 γ, 扰动

$$\mathbb{S}_{s,t} = \bar{\mathbb{S}}_{s,t} + \frac{1}{2}(\gamma_t - \gamma_s) = \frac{1}{2}(X_{s,t} \otimes X_{s,t} + \gamma_{s,t})$$

也产生一简化的粗糙路径 $(X, \mathbb{S})$. 最后, 以这种方式可获得 X 所有的简化的粗糙路径的提升. ♡

证明　此引理的证明很简单, 作为练习留给读者.

定义 3.2 (简化的粗糙路径的括号)

给定 $(X, \bar{\mathbb{S}}) \in \mathscr{C}_r^\alpha(V)$, 定义括号

$$[\mathbf{X}] : [0, T] \to \mathrm{Sym}(V \otimes V)$$
$$t \mapsto [\mathbf{X}]_t := X_{0,t} \otimes X_{0,t} - 2\mathbb{S}_{0,t}.$$

♣

注意, 作为前面引理的结果, $[\mathbf{X}] \in \mathscr{C}^{2\alpha}$. 此外, 如果定义

$$[\mathbf{X}]_{s,t} := X_{s,t} \otimes X_{s,t} - 2\mathbb{S}_{s,t},$$

则对于任意两个时间 s, t 都有恒等式 $[\mathbf{X}]_{s,t} = [\mathbf{X}]_{0,t} - [\mathbf{X}]_{0,s}$.

注 3.4　虽然括号的概念不依赖于任何类型的 "二次变差", 但它与 Itô 积分中的乘积 (又称分部积分) 公式一致. 事实上, 对于任意半鞅 $X = X(t, \omega)$, 当 $X_0 = 0$ 时, 那么有

$$\int_0^t X_s^i dX_s^j + \int_0^t X_s^j dX_s^i = X_t^i X_t^j - \langle X^i, X^j \rangle_t, \tag{3.31}$$

从粗糙路径的角度来看, 左侧正好是 $\mathbb{X}_{0,t}^{i,j} + \mathbb{X}_{0,t}^{j,i} = 2\mathbb{S}_{0,t}^{i,j}$.

命题 3.3 (简化的粗糙路径的 Itô 公式)

设 $F : V \to W$ 是 $\mathcal{C}_b^3$ 函数类中的一个函数, $\mathbf{X} = (X, \mathbb{S}) \in \mathscr{C}_r^\alpha([0, T], V)$, 其中 $\alpha > 1/3$. 则

$$F(X_t) = F(X_0) + \int_0^t DF(X_s) d\mathbf{X}_s + \frac{1}{2} \int_0^t D^2 F(X_s) d[\mathbf{X}]_s, \quad 0 \leqslant t \leqslant T,$$

这里 $\mathcal{P}$ 为区间 $[0, t]$ 的有限划分, 第一个积分由

$$\int_0^t DF(X_s)d\mathbf{X}_s := \lim_{|\mathcal{P}| \to 0} \sum_{[u,v] \in \mathcal{P}} \left(DF(X_u)X_{u,v} + D^2F(X_u)\mathbb{S}_{u,v} \right) \quad (3.32)$$

给出, 而第二个积分是定义良好的 Young 积分.

证明　首先考虑几何情况, 即 $\mathbb{S} = \bar{\mathbb{S}}$, 在这种情况下括号为零. 证明很简单. 事实上, 由 X 的 $\frac{1}{3} < \alpha$-Hölder 正则性, 可得到

$$\begin{aligned}
F(X_T) - F(X_0) &= \sum_{[u,v] \in \mathcal{P}} \left(F(X_v) - F(X_u) \right) \\
&= \sum_{[u,v] \in \mathcal{P}} \bigg(DF(X_u)X_{u,v} + \frac{1}{2}D^2F(X_u)(X_{u,v}, X_{u,v}) \\
&\quad + \mathbf{o}(|u - v|) \bigg) \\
&= \sum_{[u,v] \in \mathcal{P}} \left(DF(X_u)X_{u,v} + D^2F(X_u)\bar{\mathbb{S}}_{u,v} + \mathbf{o}(|u - v|) \right).
\end{aligned}$$

通过令 $|\mathcal{P}| \to 0$, 便会有 $\sum_{[u,v] \in \mathcal{P}} \mathbf{o}(|u - v|) \to 0$. 因此, 便得到所需结论. 对于非几何情形, 即

$$\bar{\mathbb{S}}_{u,v} = \mathbb{S}_{u,v} + \frac{1}{2}[\mathbf{X}]_{u,v}.$$

由于 D^2F 是 Lipschitz 的, 则 $D^2F(X) \in \mathcal{C}^\alpha$, 并注意到

$$\sum_{[u,v] \in \mathcal{P}} D^2F(X_u)[\mathbf{X}]_{u,v} \to \int_0^t D^2F(X_u)d[\mathbf{X}]_u,$$

这是由于 $[\mathbf{X}] \in \mathcal{C}^{2\alpha}$, 上述极限为 Young 积分. 因此, 便完成证明.

例 3.2　考虑 $\mathbf{X} = \mathbf{B}$ 的情形, 即布朗运动的 Itô 提升. 那么 $\mathbb{X}$ 由 Itô 迭代的积分给出, 并借助 Itô 乘积法则 (3.31),

$$2\mathbb{S}_{0,t}^{i,j} = \int_0^t (B^i dB^j + B^j dB^i) = B_t^i B_t^j - \langle B^i, B^j \rangle_t.$$

通常的 Itô 公式也可利用以下事实

$$[\mathbf{B}]_t^{i,j} = B_{0,t}^i B_{0,t}^j - 2\mathbb{S}_{0,t}^{i,j} = \langle B^i, B^j \rangle_{0,t} = \delta_t^{i,j}$$

得到.

在本小节结束前对 Föllmer 的工作 [49] 进行简短的讨论. 为了符号简便, 接下来, 令 $V = \mathbb{R}^d$, $W = \mathbb{R}^e$. 关于 (3.32), 坚持认为补偿的和是必要的, 通常不能将总和分离为两个收敛的总和. 另一方面, 可以将收敛的和组合起来写成

$$
\begin{aligned}
F(X)_{0,t} &= \lim_{|\mathcal{P}| \to 0} \sum_{[u,v] \in \mathcal{P}} \left(DF(X_u) X_{u,v} + D^2 F(X_u) \mathbb{S}_{u,v} \right. \\
&\qquad\qquad\quad \left. + \frac{1}{2} \sum_{[u,v] \in \mathcal{P}} D^2 F(X_u) [\mathbf{X}]_{u,v} \right) \\
&= \lim_{|\mathcal{P}| \to 0} \sum_{[u,v] \in \mathcal{P}} \left(DF(X_u) X_{u,v} + \frac{1}{2} D^2 F(X_u)(X_{u,v}, X_{u,v}) \right). \quad (3.33)
\end{aligned}
$$

现在提出一允许分解上述和的假设.

定义 3.3

设 $\pi = (\mathcal{P}_n)_{n \geqslant 0}$ 是 $[0, T]$ 一有限划分序列且划分细度 $|\mathcal{P}_n| \to 0$. 称 $X : [0, T] \to \mathbb{R}^d$ 在 Föllmer 意义上沿着 π 具有有限的二次变差, 若对于每个 $t \in [0, T]$ 和 $1 \leqslant i, j \leqslant d$, 极限

$$
[X^i, X^j]_t^\pi := \lim_{n \to 0} \sum_{[u,v] \in \mathcal{P}_n} (X_{v \wedge t}^i - X_{u \wedge t}^i)(X_{v \wedge t}^j - X_{u \wedge t}^j)
$$

都存在. 那么可记 $[X, X]^\pi$ 为 X 在 $[0, T]$ 上为 Föllmer 意义下的二次变差, 它的分量为 $[X^i, X^j]_t^\pi$, 显然它取值于 $\mathrm{Sym}(\mathbb{R}^d \times \mathbb{R}^d)$ 中. 即 $d \times d$ 对称矩阵空间.

♣

引理 3.4

假设 $X : [0, T] \to \mathbb{R}^d$ 是连续的, 并且在 Föllmer 意义上沿着 $\pi = (\mathcal{P}_n)_{n \geqslant 0}$ 具有有限的二次变差. 则映射 $t \mapsto [X, X]_t^\pi$ 在 $[0, T]$ 上具有有界变差, 并且对于任何关于时间连续的算子 $G : [0, T] \to \mathcal{L}^{(2)}(\mathbb{R}^d \times \mathbb{R}^d, \mathbb{R}^e)$, 有

$$
\lim_{n \to 0} \sum_{\substack{[u,v] \in \mathcal{P}_n \\ u < t}} G(u)(X_{u,v}, X_{u,v}) = \int_0^t G(u) d[X, X]_u^\pi \in \mathbb{R}^e.
$$

♡

证明　对于第一个结果, 仅需要逐个分量进行讨论. 令 $[X^i]^\pi := [X^i, X^i]^\pi$. 通过简单的极化论证,

$$
[X^i, X^j]_t^\pi = \frac{1}{2} [X^i + X^j]_t^\pi - [X^i]_t^\pi - [X^j]_t^\pi.
$$

由于右侧的每一项关于 t 都是单调的, 因此映射 $t \mapsto [X^i, X^j]_t^\pi$ 确实具有有界变差.

关于第二个结果, 只需要验证: 对于连续函数 $g : [0, T] \to \mathbb{R}$ 以及具有连续括号映射 $t \mapsto [Y]_t^\pi$ 的 Y, 可以使得如下极限

$$\lim_{n \to 0} \sum_{\substack{[u,v] \in \mathcal{P}_n \\ u < t}} g(u) Y_{u,v}^2 = \int_0^t g(u) d[Y]_u^\pi \tag{3.34}$$

成立. 的确可以将其应用于每个分量, $g = G_{i,j}^k$ 和 $Y \in \{(X^i + X^j), X^i, X^j\}$, 然后通过极化论证给出

$$\sum_{\substack{[u,v] \in \mathcal{P}_n \\ u < t}} G_{i,j}^k(u) X_{u,v}^i X_{u,v}^j \to \int_0^t G_{i,j}^k(u) d[X^i, X^j]_u^\pi.$$

为了说明 (3.34) 成立, 记 $\sum_{\substack{[u,v] \in \mathcal{P}_n \\ u < t}} g(u) Y_{u,v}^2 = \int_0^t g(u) d\mu_n(u)$, 其中

$$\mu_n = \sum_{\substack{[u,v] \in \mathcal{P}_n \\ u < s}} Y_{u,v}^2 \delta_u.$$

注意, μ_n 在 $[0, t)$ 上具有有限测度, 且分布函数为

$$F_n(s) := \mu_n([0, s]) = \sum_{\substack{[u,v] \in \mathcal{P}_n \\ u < t}} Y_{u,v}^2.$$

对任意 $s \leqslant t$, 由 Y 的连续性, 当 $n \to \infty$, $F_n(s) \to [Y]_s^\pi$. 分布函数的逐点收敛意味着测度 μ_n 在 $[0, t)$ 上弱收敛到的测度 $d[Y]^\pi$, 其中极限分布函数是 $[Y]^\pi$ 的右连续修正. 由于 $g|_{[0,t)}$ 是连续的, 因此 (3.34) 成立.

结合上述引理与 (3.33) 可给出 Itô-Föllmer 公式,

$$F(X_t) = F(X_0) + \int_0^t DF(X_s) dX_s + \frac{1}{2} \int_0^t D^2 F(X_s) d[X, X]_s, \quad 0 \leqslant t \leqslant T. \tag{3.35}$$

上述中间的积分由左端点 Riemann-Stieltjes 近似的极限给出

$$\lim_{n \to 0} \sum_{[u,v] \in \mathcal{P}_n} DF(X_u) X_{u,v} =: \int_0^t DF(X) dX.$$

事实上, 对于任何的连续函数 $X : [0, T] \to \mathbb{R}^d$, 它具有有限的二次变差, 且 $t \mapsto [X, X]_t^\pi$ 是连续的, 那么该公式都是有效的. 然而, 请注意, Föllmer 的二次变差概念 (以及上述积分) 通常会依赖于序列 $(\mathcal{P}_n)$.

3.3 测度集中

本小节主要介绍高斯粗糙路径的指数可积性, 通过介绍广义 Fernique 不等式来解释随机粗糙积分的指数可积性.

3.3.1 Cameron-Martin 空间

尽管先前介绍粗糙路径是以 α-Hölder 正则性为基础, 现在换成与之相对应的 $[1,\infty) \ni \frac{1}{\alpha} = p$-变差正则性, 相应的讨论不会太困难. 记 $\mathcal{C}^{p\text{-var}}([0,T],\mathbb{R}^d)$ 为连续路径 $X : [0,T] \to \mathbb{R}^d$ 组成的空间, 且满足

$$\|X\|_{p\text{-var};[0,T]} := \left(\sup_{\mathcal{P}} \sum_{[s,t]\in\mathcal{P}} |X_{s,t}|^p \right)^{\frac{1}{p}} < \infty.$$

注意上述上确界是对区间 $[0,T]$ 所有的划分而取. 根据 Hölder 连续函数的定义知: 空间 $\mathcal{C}^\alpha([0,T],\mathbb{R}^d)$ 连续嵌入到 $\mathcal{C}^{p\text{-var}}([0,T],\mathbb{R}^d)$ 空间. 设 X 为 $[0,T]$ 上的 $\mathbb{R}^d$ 值连续中心高斯过程, 其轨道 $X(\omega) = \omega \in \mathcal{C}([0,T],\mathbb{R}^d)$, 轨道空间在被赋予一致范数时是一 Banach 空间, 此外轨道空间 $\mathcal{C}([0,T],\mathbb{R}^d)$ 可以被赋予一高斯测度. 对于当前的情况, 相应的 Cameron-Martin 空间 $\mathcal{H} \subset \mathcal{C}([0,T],\mathbb{R}^d)$ 为路径 $t \mapsto h_t = \mathbf{E}(ZX_t)$ 组成, 其中 $Z \in \mathcal{W}^1$ 为一阶 Wiener 混沌, 即 $\mathcal{W}^1$ 由 $\{X_t^i : t \in [0,T], 1 \leqslant i \leqslant d\}$ 在 L^2 闭包下张成的随机变量空间. 若 $h' = \mathbf{E}(Z'X_\cdot)$ 为 $\mathcal{H}$ 中的另外一个元素, 那么在 $\mathcal{H}$ 中可以定义内积 $\langle h, h' \rangle_{\mathcal{H}} = \mathbf{E}(ZZ')$ 使其成为一 Hilbert 空间, 且随机变量与路径通过映射 $Z \mapsto h$ 使得 $\mathcal{W}^1$ 和 $\mathcal{H}$ 是等距的.

例 3.3 (布朗情形)　设 B 为一个 d 维布朗运动, $g \in L^2([0,T],\mathbb{R}^d)$, 并且令

$$Z = \sum_{i=1}^d \int_0^T g_s^i dB_s^i \equiv \int_0^T \langle g, dB \rangle.$$

由 Itô 等距公式, $h_t^i := \mathbf{E}(ZB_t^i) = \int_0^t g_s^i ds$. 因此 $\dot{h} = g$, 并且 $\|h\|_{\mathcal{H}}^2 := \mathbf{E}(Z^2) = \int_0^T |g_s|^2 ds = \|\dot{h}\|_{L^2}^2$.

命题 3.4

假设协方差 $R : (s,t) \mapsto \mathbf{E}(X_s \otimes X_t)$ 具有有限的 ϱ-变差且 $\varrho \in [1,\infty)$. 那么 $\mathcal{H}$ 连续嵌入到有限 ϱ-变差路径空间中. 此外, 对于所有的 $h \in \mathcal{H}$ 和 $s < t \in [0,T]$ 有

$$\|h\|_{\varrho\text{-var};[s,t]} \leqslant \|h\|_{\mathcal{H}} \sqrt{\|R\|_{\varrho\text{-var};[s,t]^2}}.$$

♠

证明　出于证明的方便, 不妨假设 X, h 均为一维的, 高维情形可以类似地处理. 令 $h = \mathbf{E}(ZX.)$, 不失一般性可以假设 $\|h\|_{\mathcal{H}}^2 := \mathbf{E}(Z^2) = 1$(若不然, 总是可以进行尺度变换). 设 (t_j) 为区间 $[s,t]$ 的划分. 设 ϱ' 为 ϱ 的 Hölder 共轭. 使用 l^{ϱ}-空间的共轭便有

$$
\begin{aligned}
\left(\sum_j |h_{t_j,t_{j+1}}|^{\varrho}\right)^{1/\varrho} &= \sup_{\beta,|\beta|_{l^{\varrho'}}\leqslant 1} \sum_j \langle \beta_j, h_{t_j,t_{j+1}}\rangle \\
&= \sup_{\beta,|\beta|_{l^{\varrho'}}\leqslant 1} \mathbf{E}\left(Z\sum_j \langle \beta_j, X_{t_j,t_{j+1}}\rangle\right) \\
&\leqslant \sup_{\beta,|\beta|_{l^{\varrho'}}\leqslant 1} \sqrt{\sum_{j,k}\langle \beta_j \otimes \beta_k, \mathbf{E}(X_{t_j,t_{j+1}} \otimes X_{t_k,t_{k+1}})\rangle} \\
&\leqslant \sup_{\beta,|\beta|_{l^{\varrho'}}\leqslant 1} \sqrt{\left(\sum_{j,k}|\beta_j|^{\varrho'}|\beta_k|^{\varrho'}\right)^{\frac{1}{\varrho'}}\left(\sum_{j,k}|\mathbf{E}(X_{t_j,t_{j+1}}\otimes X_{t_k,t_{k+1}})|^{\varrho}\right)^{\frac{1}{\varrho}}} \\
&\leqslant \left(\sum_{j,k}\mathbf{E}|(X_{t_j,t_{j+1}}\otimes X_{t_k,t_{k+1}})|^{\varrho}\right)^{\frac{1}{2\varrho}} \leqslant \sqrt{\|R\|_{\varrho\text{-var};[s,t]^2}},
\end{aligned}
$$

对上述划分 (t_j) 取上确界, 便得最终证明的结果.

注 3.5　上述命题的经典应用是分数布朗运动, 对于分数布朗运动, $\varrho = 1/(2H) \geqslant 1$, 即

$$\|R\|_{\varrho\text{-var};[s,t]^2} \leqslant M|t-s|^{1/\varrho}, \quad \{(s,t)\in[0,T]^2 : s < t\}.$$

在该情形下, 命题 3.4 表明

$$|h_{s,t}| \leqslant \|h\|_{\varrho\text{-var};[s,t]} \leqslant \|h\|_{\mathcal{H}} M^{\frac{1}{2}}|t-s|^{\frac{1}{2\varrho}}.$$

这意味着 $\mathcal{H}$ 可以连续地嵌入到 $\frac{1}{2\varrho}$-Hölder 连续函数空间. 而 $\frac{1}{2\varrho}$-Hölder 连续函数隐含 2ϱ-变差正则性. 相比于命题 3.4, 这里得到的结果更进一步.

现在需要介绍连续的 p-变差粗糙路径. 更具体地, 记 $\mathbf{X} \in \mathscr{C}^{p\text{-var}}([0,T],\mathbb{R}^d)$, $p \in [2,3)$. 相应的解析条件 (2.7) 被替换为 $\|X\|_{p\text{-var};[0,T]} < \infty$ 和

$$\|\mathbb{X}\|_{p/2\text{-var};[0,T]} := \left(\sup_{\mathcal{P}}\sum_{[s,t]\in\mathcal{P}}|\mathbb{X}_{s,t}|^{p/2}\right)^{2/p} < \infty. \tag{3.36}$$

下面当区间 $[0,T]$ 固定时, 将在范数里省去它. 相应的粗糙路径齐次 p-变差范数可定义如下

$$\|\mathbf{X}\|_{p\text{-var};[0,T]} = \|\mathbf{X}\|_{p\text{-var}} := \|X\|_{p\text{-var}} + \sqrt{\|\mathbb{X}\|_{p/2\text{-var}}}. \tag{3.37}$$

同样地, p-变差范数下也有几何粗糙路径, 即满足等式 (2.17), 这样的空间记为 $\mathscr{C}_g^{p\text{-var}}$.

给定一粗糙路径 $\mathbf{X} = (X, \mathbb{X})$, 可以定义方向 h 上的平移

$$T_h(\mathbf{X}) := (X^h, \mathbb{X}^h), \tag{3.38}$$

上式中 $X^h := X + h$ 并且

$$\mathbb{X}_{s,t}^h := \mathbb{X}_{s,t} + \int_s^t h_{s,r} \otimes dX_r + \int_s^t X_{s,r} \otimes dh_r + \int_s^t h_{s,r} \otimes dh_r, \tag{3.39}$$

当 h 足够正则时, 上述最后三个积分是适定的.

引理 3.5

(i) 设 $\mathbf{X} \in \mathscr{C}_g^{p\text{-var}}([0,T], \mathbb{R}^d), p \in [2,3)$ 和函数 $h \in \mathcal{C}^{q\text{-var}}([0,T], \mathbb{R}^d)$ 满足完备的 Young 正则性, 即

$$\frac{1}{p} + \frac{1}{q} > 1.$$

那么 $\mathbf{X}$ 在 h 方向上的平移是良好定义的, 即 (3.39) 中的关于 h 的积分是良好定义的, 映射 $T_h: \mathbf{X} \mapsto T_h(\mathbf{X})$ 为从 $\mathscr{C}_g^{p\text{-var}}([0,T], \mathbb{R}^d)$ 到它自身的映射. 此外, 存在常数 $C = C(p,q)$ 使得如下估计成立

$$\|T_h(\mathbf{X})\|_{p\text{-var}} \leqslant C(\|\mathbf{X}\|_{p\text{-var}} + \|h\|_{q\text{-var}}).$$

(ii) 相似地, 设 $\alpha = \frac{1}{p} \in \left(\frac{1}{3}, \frac{1}{2}\right]$, $\mathbf{X} \in \mathscr{C}_g^\alpha([0,T], \mathbb{R}^d)$ 和函数 $h: [0,T] \to \mathbb{R}^d$ 也满足完备的 Young 正则性条件, 但出于 α-Hölder 正则性的考虑, 假设函数 h 在 $[0,T]$ 上有一致的估计

$$\|h\|_{q\text{-var};[s,t]} \leqslant K|t-s|^\alpha, \tag{3.40}$$

记 $\|h\|_{q\text{-var},\alpha}$ 为使估计式 (3.40) 成立的最小的 K. 再次 T_h 是适定的, 并且它为 $\mathscr{C}_g^\alpha([0,T], \mathbb{R}^d)$ 到自身的映射. 此外, 存在常数 $C = C(p,q)$ 使得如下估计成立

$$\|T_h(\mathbf{X})\|_\alpha \leqslant C(\|\mathbf{X}\|_\alpha + \|h\|_{q\text{-var},\alpha}).$$

证明 其证明是 Young 不等式直接的运用, 即

$$\left|\int_s^t h_{s,r} \otimes dX_r\right| \leqslant C\|h\|_{q\text{-var};[s,t]}\|X\|_{p\text{-var};[s,t]}.$$

对于其余两项的估计也可类似地处理. 紧接着使用基本不等式 $\sqrt{ab} \leqslant a + b$, a, b 是非负实数, 然后根据非齐次范数的定义可证得结论.

利用命题 3.4 的 Cameron-Martin 空间的正则性以及先前的引理可获得如下结果.

> **定理 3.4**
>
> 假设 $(X_t : 0 \leqslant t \leqslant T)$ 是一个具有独立分量和协方差 R 的 d 维连续中心高斯过程, 并且存在 $\varrho \in \left[1, \dfrac{3}{2}\right)$ 和 $M < \infty$ 使得对于每一个 $i \in \{1, \cdots, d\}$ 和 $0 \leqslant s \leqslant t \leqslant T$ 有
>
> $$\|R_{X^i}\|_{\varrho\text{-var};[s,t]^2} \leqslant M|t - s|^{1/\varrho}.$$
>
> 设 $\alpha \in \left(\dfrac{1}{3}, \dfrac{1}{2\varrho}\right)$ 和 $\mathbf{X} = (X, \mathbb{X}) \in \mathscr{C}^\alpha([0,T], \mathbb{R}^d)$ a.s. 是在定理 2.7 中构造的随机高斯粗糙路径. 那么存在零测集 N 使得对于每一个 $\omega \in N^c$ 和 $h \in \mathcal{H}$ 有
>
> $$T_h(\mathbf{X}(\omega)) = \mathbf{X}(\omega + h).$$

证明 注意到, 根据命题 3.4 知: 满足对应的完备的 Young 正则性, 即 $p = \dfrac{1}{\alpha} < 3$, $q = \varrho < \dfrac{3}{2}$, 那么 $\dfrac{1}{p} + \dfrac{1}{q} > \dfrac{1}{3} + \dfrac{2}{3} = 1$. 所以由引理 3.5 知: 当 $\mathbf{X}(\omega) \in \mathscr{C}^\alpha$ 时, $T_h(\mathbf{X}(\omega))$ 是良好定义的.

接下来的讨论限制在二进制时间上, 对于非二进制时间可以利用连续性得到相应的结论.

- 首先, 设 N_1 为样本轨道 α-Hölder (或 p-变差) 正则性失效的轨道集合. 那么对于任意的 $h \in \mathcal{H}, \omega \in N_1^c$, 则 $\omega + h \in N_1^c$.

- 其次, 对于固定的 s, t, 二阶过程 $\mathbb{X}_{s,t}$ 为 L^2 中的极限, 这里存在区间 $[s, t]$ 的划分序列 $(\mathcal{P}^m)$ 使得 $\mathbb{X}_{s,t}(\omega) = \lim_m \int_{\mathcal{P}^m} X \otimes dX$ 对于几乎所有的 ω 都成立. 那么便记 $N_{2;[s,t]}$ 为使得上述极限失效的零测度集. 对于 $N_{2;[s,t]}^c$ 关于二进制时间的点的可列交, 记为 N_2^c, 仍然是全测集.

现在取 $\omega \in N_1^c \cap N_2^c$. 对于固定的二进制划分点 s, t, 考虑先前划分序列 $(\mathcal{P}^m)$, 记

$$
\int_{\mathcal{P}^m} X(\omega + h) \otimes dX(\omega + h) = \int_{\mathcal{P}^m} X(\omega) \otimes dX(\omega) + \int_{\mathcal{P}^m} h \otimes dX(\omega)
$$
$$
+ \int_{\mathcal{P}^m} X(\omega) \otimes dh + \int_{\mathcal{P}^m} h \otimes dh. \qquad (3.41)
$$

首先, 因为 $\omega \in N_1^c$, 那么使用命题 3.4, 知上述最后三个积分作为 Young 积分是成立的. 其次, 又因为 $\omega \in N_2^c$. 那么 $\int_{\mathcal{P}^m} X(\omega) \otimes dX(\omega) \to \mathbb{X}_{s,t}(\omega)$. 综合这两点知左端的极限 $\mathbb{X}$ 是存在的. 也就是说, 对于 $\omega \in N_1^c \cap N_2^c, h \in \mathcal{H}$ 和二进制划分点 s, t 有

$$
T_h(\mathbf{X}(\omega))_{s,t} = \mathbf{X}(\omega + h)_{s,t}.
$$

3.3.2 Borell 不等式

首先回顾高斯测度的等周不等式 (下面定理 3.5 中的不等式, 通常也被称为 Borell 不等式), 相关的结果可参考 [44–46]. 考虑抽象的 Wiener 空间 $(E, \mathcal{H}, \mu)$, 其中 $E = \mathcal{C}([0, T], \mathbb{R}^d)$, 且赋予一致范数 $\|x\|_E := \sup_{0 \leqslant t \leqslant T} |x_t|$ 和高斯测度 μ, 即 d 维连续中心高斯过程 X 的分布. 其 Cameron-Martin 空间 $\mathcal{H} = \{\mathbf{E}(X.Z) : Z \in \mathcal{W}^1\}$ 且 $\|h\|_{\mathcal{H}} = (\mathbf{E}(Z^2))^{\frac{1}{2}}, h = \mathbf{E}(X.Z)$. 记

$$
\Phi(y) = \frac{1}{\sqrt{2\pi}} \int_{-\infty}^{y} e^{-x^2/2} dx
$$

为标准高斯随机变量的分布, 它有基本的尾部估计

$$
\bar{\Phi}(y) := 1 - \Phi(y) \leqslant \exp(-y^2/2), \quad y \geqslant 0.
$$

定理 3.5

设 $(E, \mathcal{H}, \mu)$ 为一抽象的 Wiener 空间, 此外, 令 $A \subset E$ 为 $\mu(A) > 0$ 的 Borel 可测集, 使得

$$
\hat{a} := \Phi^{-1}(\mu(A)) \in (-\infty, \infty].
$$

设 $\mathcal{K}$ 为 $\mathcal{H}$ 中的单位球, 那么对于 $r \geqslant 0$, 有

$$
\mu((A + r\mathcal{K})^c) \leqslant \bar{\Phi}(\hat{a} + r).
$$

上式中 $A + r\mathcal{K} = \{x + rh : x \in A, h \in \mathcal{K}\}$ 被称为 Minkowski 和. $\heartsuit$

> **定理 3.6 (广义的 Fernique 定理)**
>
> 设 $a, \sigma \in (0, \infty)$, 并且考虑如下可测映射 $f, g : E \to [0, \infty]$ 使得
>
> $$A_a = \{x : g(x) \leqslant a\}$$
>
> 有严格正的测度 μ, 此外令
>
> $$\hat{a} := \Phi^{-1}(\mu(A_a)) \in (-\infty, \infty].$$
>
> 更进一步假设存在一个零测集 N 使得对于所有的 $x \in N^c, h \in \mathcal{H}$ 有
>
> $$f(x) \leqslant g(x - h) + \sigma \|h\|_{\mathcal{H}}. \tag{3.42}$$
>
> 那么 f 有高斯尾. 更具体地, 对于所有的 $r > a$ 和 $\bar{a} := \hat{a} - \dfrac{a}{\sigma}$, 有
>
> $$\mu(x : f(x) > r) \leqslant \bar{\Phi}(\bar{a} + r/\sigma).$$

证明　注意到 $\mu(A_a) > 0$, 表明 $\hat{a} = \Phi^{-1}(\mu(A_a)) > -\infty$. 对于所有的 $x \notin N$ 和任意的 $r, M > 0$ 以及 $h \in r\mathcal{K}$,

$$\{x : f(x) \leqslant M\} \supset \{x : g(x - h) + \sigma \|h\|_{\mathcal{H}} \leqslant M\}$$
$$\supset \{x : g(x - h) + \sigma r \leqslant M\}$$
$$= \{x + h : g(x) \leqslant M - \sigma r\}.$$

由于 $h \in r\mathcal{K}$ 的任意性, 那么有

$$\{x : f(x) \leqslant M\} \supset \bigcup_{h \in r\mathcal{K}} \{x + h : g(x) \leqslant M - \sigma r\}$$
$$= \{x : g(x) \leqslant M - \sigma r\} + r\mathcal{K},$$

自然地有

$$\mu(f(x) \leqslant M) \geqslant \mu(\{x : g(x) \leqslant M - \sigma r\} + r\mathcal{K}).$$

令 $M = \sigma r + a$ 以及 $A := \{x : g(x) \leqslant a\}$, 故而使用 Borell 不等式便有

$$\mu(f(x) > \sigma r + a) \leqslant \mu((A + r\mathcal{K})^c) \leqslant \bar{\Phi}(\hat{a} + r).$$

最后, 经过变量变换即可得最终的结论.

3.3.3 高斯粗糙路径的 Fernique 定理

定理 3.7

设 $(X_t : 0 \leqslant t \leqslant T)$ 是一个具有独立分量和协方差 R 的 d 维连续中心高斯过程, 并且存在 $\varrho \in \left[1, \dfrac{3}{2}\right)$ 和 $M < \infty$ 使得对于所有的 $i \in \{1, \cdots, d\}$ 和 $0 \leqslant s \leqslant t \leqslant T$ 有

$$\|R_{X^i}\|_{\varrho\text{-var};[s,t]^2} \leqslant M|t-s|^{\frac{1}{\varrho}}.$$

那么, 对于任意的 $\alpha \in \left(\dfrac{1}{3}, \dfrac{1}{2\varrho}\right)$, 对于定理 2.7 中构造的粗糙路径 $\mathbf{X} = (X, \mathbb{X}) \in \mathscr{C}_g^\alpha$ 存在 $\eta = \eta(M, T, \alpha, \varrho)$ 使得

$$\mathbf{E} \exp(\eta \|\mathbf{X}\|_\alpha^2) < \infty. \tag{3.43}$$

证明 由引理 3.5 和定理 3.4 以及命题 3.4 可知: 对于几乎所有的 ω 和所有的 $h \in \mathcal{H}$ 有

$$\|\mathbf{X}(\omega)\|_\alpha \leqslant C(\|\mathbf{X}(\omega - h)\|_\alpha + M^{\frac{1}{2}}\|h\|_{\mathcal{H}}).$$

为了运用广义的 Fernique 定理. 那么取 $f(\omega) = \|\mathbf{X}(\omega)\|_\alpha$ 和 $g(\omega) = Cf(\omega)$. 由于 $\|\mathbf{X}(\omega)\|_\alpha < \infty$ 几乎处处成立, 则表明

$$A_a := \{x : g(x) \leqslant a\}$$

对于足够大的 a 有严格正的概率, 那么高斯粗糙路径 $\mathbf{X}$ 的范数是高斯可积的. 为了确定一个具体的参数 a, 以说明高斯粗糙路径的齐次 Hölder 范数指数可积性, 即保证 $\mu(\|\mathbf{X}\|_\alpha \leqslant a)$ 严格大于 0. 由 (2.54), 使用切比雪夫不等式有

$$\mu(\|\mathbf{X}\|_\alpha \leqslant a) \geqslant 1 - \frac{\mathbf{E}\|\mathbf{X}\|_\alpha^2}{a^2} \geqslant 1 - \frac{C}{a^2},$$

此处常数 $C = C(M, \varrho, \alpha, d)$, 可以取 $a = \sqrt{2C}$. 最后由高斯尾和高斯可积性的等价性 ([5, 定理 A.17]) 可完成证明.

3.3.4 粗糙积分的可积性

对于给定的 $\mathbf{X} = (X, \mathbb{X}) \in \mathscr{C}_g^\alpha, \alpha \in \left(\dfrac{1}{3}, \dfrac{1}{2}\right]$ 以及 $F \in \mathcal{C}_b^2$, 令 $p = \dfrac{1}{\alpha}$, 易证

$$\left| \int_0^T F(X) d\mathbf{X} \right| \leqslant C \left(\|\mathbf{X}\|_{p\text{-var};[0,T]} \vee \|\mathbf{X}\|_{p\text{-var};[0,T]}^p \right), \tag{3.44}$$

上式估计中的常数 C 仅依赖于 F 和 $\alpha \in \left(\frac{1}{3}, \frac{1}{2}\right]$, 但不依赖于 T. 那么接下来考虑估计式 (3.44) 中的粗糙积分的可积性质. 内容节选自文献 [47]. 因为粗糙积分有上述估计, 那么对于具有有限 p-变差的粗糙路径 $\mathbf{X}$, 可以利用其变差范数对区间 $[0, T]$ 做如下的划分, 即

$$\mathcal{P} = \{[\tau_i, \tau_{i+1}] : i = 0, \cdots, N\}$$

且对于所有的 $i < N$ 有

$$\|\mathbf{X}\|_{p\text{-var};[\tau_i, \tau_{i+1}]} = 1,$$

也就是说在最后一个区间上 $\|\mathbf{X}\|_{p\text{-var};[\tau_N, \tau_{N+1}]} \leqslant 1$. 这表明可以在小区间上对积分进行估计, 进而考虑划分区间个数的可积性. 考虑在 $\{0 \leqslant s \leqslant t \leqslant T\}$ 上的一维的连续控制函数 $w = w(s, t)$, 即它具有连续性、超可加性 $(w(s, u) + w(u, t) \leqslant w(s, t), s < u < t)$、在对角线上等于 $0(w(t, t) = 0, t \in [0, T])$. 一个经典的控制函数是

$$w(s, t) := w_{\mathbf{X}}(s, t) = \|\mathbf{X}\|_{p\text{-var};[s,t]}^p \cdot$$

下面过程中所考虑的划分步长为 β, 即

$$\tau_0 = 0, \quad \tau_{i+1} = \inf\{t : w(\tau_i, t) \geqslant \beta, \tau_i < t \leqslant T\} \wedge T, \tag{3.45}$$

因此, $w(\tau_i, \tau_{i+1}) = \beta, i < N, w(\tau_N, \tau_{N+1}) \leqslant \beta$, 那么 N 被定义为

$$N(w) \equiv N_\beta(w; [0, T]) := \sup\{i \geqslant 0 : \tau_i < T\}.$$

由控制函数的超可加性直接有

$$\beta N_\beta(w; [0, T]) = \sum_{i=0}^{N-1} w(\tau_i, \tau_{i+1}) \leqslant w(0, \tau_N) \leqslant w(0, \tau_{N+1}) = w(0, T).$$

显然的 N 关于控制函数是单调的, 即 $w_1 \leqslant w_2$ 时有 $N(w_1) \leqslant N(w_2)$, 最后记 $N(\mathbf{X}) = N(w_{\mathbf{X}})$.

引理 3.6

假设 $\mathbf{X} \in \mathscr{C}_g^{p\text{-var}}, p \in [2, 3)$ 和函数 $h \in \mathcal{C}^{q\text{-var}}$ 满足完备的 Young 正则性 $\frac{1}{p} + \frac{1}{q} > 1$. 那么便存在常数 $C = C(p, q)$ 使得

$$N_1(\mathbf{X}; [0, T])^{\frac{1}{q}} \leqslant C(\|T_{-h}(\mathbf{X})\|_{p\text{-var};[0,T]}^{\frac{p}{q}} + \|h\|_{q\text{-var};[0,T]}). \tag{3.46}$$

♡

证明　对于 $h \in \mathcal{C}^{q\text{-var}}, w_h(s,t) = \|h\|_{q\text{-var};[s,t]}$ 是一个控制函数, 此外令 $\theta = \dfrac{p}{q}$, 那么 $w_h^\theta(s,t)$ 也是一控制函数. 那么由引理 3.5 可知, 对于任何固定的区间 I 有

$$\|T_h\mathbf{X}\|_{p\text{-var};I} \lesssim \|\mathbf{X}\|_{p\text{-var};I} + \|h\|_{q\text{-var};I}.$$

对上式两端同时 p-次幂得新的控制函数

$$(s,t) \to \|T_h\mathbf{X}\|_{p\text{-var};I}^p \leqslant C(\|\mathbf{X}\|_{p\text{-var};I}^p + \|h\|_{q\text{-var};I}^p) := C\tilde{w}(s,t).$$

上式中 $C = C(p,q)$ 且 $\tilde{w}$ 为一控制. 选取 $\beta = C$, 利用单调性有

$$N_\beta(T_h\mathbf{X};[0,T]) \leqslant N_\beta(C\tilde{w};[0,T]) = N_1(\tilde{w};[0,T]).$$

根据定义, $\tilde{N} := N_1(\tilde{w};[0,T])$ 为连续区间 $[\tau_i, \tau_{i+1}]$ 满足以下条件的个数

$$1 = \tilde{w}(\tau_i, \tau_{i+1}) = \|\mathbf{X}\|_{p\text{-var};[\tau_i,\tau_{i+1}]}^p + \|h\|_{q\text{-var};[\tau_i,\tau_{i+1}]}^p.$$

使用估计 $\|h\|_{q\text{-var};[\tau_i,\tau_{i+1}]}^p \leqslant 1$ 和 $q/p \leqslant 1$, 那么对于 $0 \leqslant i < \tilde{N}$ 有

$$1 \leqslant \|\mathbf{X}\|_{p\text{-var};[\tau_i,\tau_{i+1}]}^p + \|h\|_{q\text{-var};[\tau_i,\tau_{i+1}]}^q = w_\mathbf{X}(\tau_i, \tau_{i+1}) + w_h(\tau_i, \tau_{i+1}).$$

对所有的 i 加总可得

$$\tilde{N} \leqslant w_\mathbf{X}(0, \tau_{\tilde{N}}) + w_h(0, \tau_{\tilde{N}}) \leqslant \|\mathbf{X}\|_{p\text{-var};[0,T]}^p + \|h\|_{q\text{-var};[0,T]}^q.$$

再结合先前的估计可知

$$N_\beta(T_h\mathbf{X};[0,T]) \leqslant \|\mathbf{X}\|_{p\text{-var};[0,T]}^p + \|h\|_{q\text{-var};[0,T]}^q.$$

最后用 $T_{-h}\mathbf{X}$ 替换原来的 $\mathbf{X}$ 以及基本不等式便可完成证明.

接下来, 利用上面的引理, 以及命题 3.4 和广义的 Fernique 定理 (定理 3.6), 即可得到下面的定理.

定理 3.8 (Cass-Litterer-Lyons)

设 $\mathbf{X} = (X, \mathbb{X}) \in \mathscr{C}_g^\alpha$ a.s. 为一在定理 3.7 中构造的高斯粗糙路径. 那么整数值随机变量

$$N(\omega) := N_1(\mathbf{X}(\omega);[0,T])$$

有一个参数为 $\dfrac{2}{\varrho}$ 的 Weibull 尾, 或者说 $N^{\frac{1}{\varrho}}$ 有高斯尾. ♡

最后说明如何使用上述定理得到可积性.

推论 3.3

设 $\mathbf{X}$ 为先前定理的高斯粗糙路径且 $F \in \mathcal{C}_b^2$. 那么随机粗糙积分

$$Z(\omega) := \int_0^T F(X(\omega))d\mathbf{X}(\omega)$$

有参数为 $\dfrac{2}{\varrho}$ 的 Weibull 尾, 或者说 $|Z|^{\frac{1}{\varrho}}$ 有高斯尾.   ♡

证明　设 (τ_i) 为高斯粗糙路径 $\mathbf{X}(\omega)$ 在 (3.45) 中定义的一个划分, 其中 $\beta = 1, w = w_{\mathbf{X}}$. 使用估计式 (3.44) 有

$$\left| \int_0^T F(X(\omega))d\mathbf{X}(\omega) \right| \leqslant \sum_{[\tau_i, \tau_{i+1}] \in \mathcal{P}} \left| \int_{\tau_i}^{\tau_{i+1}} F(X(\omega))d\mathbf{X}(\omega) \right|$$

$$\lesssim (N(\omega) + 1) \sup_i (\|\mathbf{X}\|_{p\text{-var};[\tau_i, \tau_{i+1}]} \vee \|\mathbf{X}\|_{p\text{-var};[\tau_i, \tau_{i+1}]}^p)$$

$$= (N(\omega) + 1).$$

上述省略的常数仅仅依赖于 F, T 以及 $\alpha \in \left(\dfrac{1}{3}, \dfrac{1}{2\varrho} \right]$. 从而完成证明.

3.4　粗糙微分方程的解

本节考虑 (粗糙) 微分方程

$$dY_t = g(Y_t)dX_t, \quad Y_0 = \xi \in W, \tag{3.47}$$

其中, $X : [0,T] \to V$ 为驱动或输入信号, $Y : [0,T] \to W$ 是输出信号. 将在受控粗糙路径空间中讨论其全局解.

3.4.1　全局解

首先, 讨论 (3.47) 的局部解. 令 V 和 W 是 Banach 空间, $g : W \to \mathcal{L}(V, W)$. 当 $\dim(V) = d < \infty$, 通常假设 g 是 W 上的向量场 $(g_1, \cdots, g_d)$. 为了便于理解, 读者可以认为 $V = \mathbb{R}^d$ 和 $W = \mathbb{R}^n$, 但是其实这在论证中并没有太大区别. 这种方程在常微分方程理论中很常见, 更具体地说, 在控制理论中, 通常假设 X 是绝对连续的, 因此, $dX_t = \dot{X}_t dt$. 在随机微分方程的情况下, 通常将 dX 解释为布朗运动的 Itô 或 Stratonovich 微分. 这两种情况都将被视为粗糙微分方程 (RDEs) 的特殊例子.

首先, 回顾一下 Young 微分方程解的经典 Picard 迭代方法. 对于 $\alpha \in \left(\dfrac{1}{2}, 1 \right]$, 假设 $X \in \mathcal{C}^\alpha([0,T], V), Y \in \mathcal{C}^\alpha([0,T], W), g \in \mathcal{C}_b^2(W, \mathcal{L}(V,W))$, 对于问题 (3.47), 有如下的局部解.

> **引理 3.7**
>
> 令 $T > 0$, $\xi \in W$ 及 $g \in \mathcal{C}_b^2(W, \mathcal{L}(V,W))$, 对于 $X \in \mathcal{C}^\alpha([0,T], V)$, 存在 $0 \leqslant T_0 \leqslant T$, 使得 (3.47) 存在唯一的解 $Y \in \mathcal{C}^\alpha([0,T_0], W)$, 即对所有 $0 \leqslant t \leqslant T_0$,
> $$Y_t = \xi + \int_0^t g(Y_u) dX_u, \quad Y_0 = \xi.$$

证明 对于 $0 < T \leqslant 1$, 定义映射

$$\mathcal{M}_T(Y)_t := \xi + \int_0^t g(Y_u) dX_u.$$

因为 $Y_0 = \xi$, 所以 $\mathcal{M}_T(Y)_0 = \xi$. 因此在 $\mathcal{C}^\alpha([0,T], W)$ 的子空间

$$\{ Y \in \mathcal{C}^\alpha([0,T], W) : Y_0 = \xi \}$$

里讨论 (3.47) 的解. 在度量 $(Y, \tilde{Y}) \mapsto \|Y - \tilde{Y}\|_\alpha$ 下容易验证上述子空间是完备度量空间. 以 ξ 为球心的闭球

$$\mathcal{B}_T(X, R) := \{ Y \in \mathcal{C}^\alpha([0,T], W) : Y_0 = \xi, \|Y - \xi\|_\alpha \leqslant R \}$$

也是一 Banach 空间. 由 $\|\xi\|_\alpha = 0$ 及三角不等式, 上述闭球 $\mathcal{B}_T$ 里的路径 Y 也满足 $\|Y\|_\alpha \leqslant R$.

$\mathcal{M}_T$ **的不变性**: 由推论 3.1, 对于 $Y \in \mathcal{B}_T(X, R)$,

$$\|\mathcal{M}_T(Y)\|_\alpha \leqslant C_\alpha (\|g(Y)\|_\infty \|X\|_\alpha + \|Dg(Y)\|_\infty \|Y\|_\alpha \|X\|_\alpha T^\alpha)$$
$$\leqslant C_\alpha (\|g\|_{\mathcal{C}_b^1} \|X\|_\alpha + \|g\|_{\mathcal{C}_b^1} \cdot R \cdot \|X\|_\alpha T^\alpha),$$

令

$$R := 2 C_\alpha \|g\|_{\mathcal{C}_b^1} \|X\|_\alpha.$$

则有

$$\|\mathcal{M}_T(Y)\|_\alpha \leqslant C_\alpha T^\alpha M(\|X\|_\alpha, \|g\|_{\mathcal{C}_b^1}, R) + \frac{R}{2},$$

上式中的 $M(\|X\|_\alpha, \|g\|_{\mathcal{C}_b^1}, R) > 0$ 是一个依赖于括号中参数的量. 然后, 通过选取足够小的 $T = T_1$, 使得

$$C_\alpha T_1^\alpha M(\|X\|_\alpha, \|g\|_{\mathcal{C}_b^1}, R) < \frac{R}{2},$$

确保

$$\mathcal{M}_{T_1}(\mathcal{B}_{T_1}(X, R)) \subset \mathcal{B}_{T_1}(X, R).$$

$\mathcal{M}_T$ **的压缩性**: 对于 $Y, \tilde{Y} \in \mathcal{B}_T(X, R)$ 且 $Y_0 = \tilde{Y}_0$, 由推论 3.1 有

$$\begin{aligned}
\|\mathcal{M}_T(Y) - \mathcal{M}_T(\tilde{Y})\|_\alpha &\leqslant C_\alpha \left(\|g(Y) - g(\tilde{Y})\|_\alpha \|X\|_\alpha T^\alpha + \|g(Y) - g(\tilde{Y})\|_\infty \|X\|_\alpha \right) \\
&\leqslant C_\alpha \|X\|_\alpha \big(\|g\|_{\mathcal{C}_b^2}(1 + T^\alpha \|\tilde{Y}\|_\alpha) T^\alpha \|Y - \tilde{Y}\|_\alpha \\
&\quad + \|g\|_{\mathcal{C}_b^1} T^\alpha \|Y - \tilde{Y}\|_\alpha \big) \\
&\leqslant C_\alpha T^\alpha M(\|g\|_{\mathcal{C}_b^2}, T^\alpha, \|X\|_\alpha, R) \|Y - \tilde{Y}\|_\alpha.
\end{aligned}$$

再一次通过选取足够小的 $T = T_2$, 使得

$$C_\alpha T_2^\alpha M(\|g\|_{\mathcal{C}_b^2}, T_2^\alpha, \|X\|_\alpha, R) \leqslant \frac{1}{2},$$

则有

$$\|\mathcal{M}_{T_2}(Y) - \mathcal{M}_{T_2}(\tilde{Y})\|_\alpha \leqslant \frac{1}{2} \|Y - \tilde{Y}\|_\alpha.$$

根据 Banach 不动点定理, 在上述 $R, T_0 = \min\{T_1, T_2\}$ 的选择下有唯一的 $Y \in \mathcal{B}_{T_0}(X, R)$, 使得 $\mathcal{M}_{T_0}(Y) = Y$.

本小节的目的是证明如果 g 有足够的正则性, 以及 $(X, \mathbb{X}) \in \mathscr{C}^\alpha$, 其中 $\alpha > \frac{1}{3}$, 类比上述 Young 微分方程解的讨论, 在 $\mathscr{D}_X^{2\alpha}$ 中求解由粗糙路径 $\mathbf{X} = (X, \mathbb{X})$ 驱动的粗糙微分方程

$$dY = g(Y)d\mathbf{X}, \quad Y_0 = \xi \in W. \tag{3.48}$$

定理 3.9 (局部解)

给定 $\xi \in W$, $g \in \mathcal{C}_b^3(W, \mathcal{L}(V, W))$ 以及粗糙路径 $\mathbf{X} = (X, \mathbb{X}) \in \mathscr{C}^\alpha([0, T], W)$, 其中 $\alpha \in \left(\frac{1}{3}, \frac{1}{2}\right]$, 则存在 $0 \leqslant T_0 \leqslant T$ 和唯一的 $(Y, Y') \in \mathscr{D}_X^{2\alpha}([0, T_0], W)$, 其中 $Y' = g(Y)$, 对所有 $0 \leqslant t \leqslant T_0$, 满足

$$Y_t = \xi + \int_0^t g(Y_u)d\mathbf{X}_u, \quad Y_0 = \xi. \tag{3.49}$$

证明 如同引理 3.7 的证明, 总是可设 $0 < T \leqslant 1$. 由于 $\mathbf{X} = (X, \mathbb{X}) \in \mathscr{C}^{\alpha}([0, T], W)$, 其中 $\alpha \in \left(\dfrac{1}{3}, \dfrac{1}{2}\right]$, $(Y, Y') \in \mathscr{D}_X^{2\alpha}$, 根据定理 3.2, 可以定义映射

$$\mathcal{M}_T(Y, Y')_t := \left(\xi + \int_0^t g(Y_u) d\mathbf{X}_u, g(Y_t)\right) \in \mathscr{D}_X^{2\alpha}.$$

注意, 如果 (Y, Y') 满足 $(Y_0, Y_0') = (\xi, g(\xi))$, 则 $\mathcal{M}_T(Y, Y')$ 也满足相同的初值条件. 因此, $\mathcal{M}_T$ 是作用在从 $(\xi, g(\xi))$ 出发的受控粗糙路径空间的映射, 即

$$\{(Y, Y') \in \mathscr{D}_X^{2\alpha}([0, T], W) : Y_0 = \xi, Y_0' = g(\xi)\}.$$

由于 $\mathscr{D}_X^{2\alpha}$ 在范数 $|Y_0| + |Y_0'| + \|Y, Y'\|_{X, 2\alpha}$ 下是一 Banach 空间, 因此, 上述子空间在该度量下是完备度量空间. 这对于以

$$t \to (\xi + g(\xi)X_{0,t}, g(\xi))$$

为球心的 (闭) 球 $\mathcal{B}_T$ 也是如此, 其中

$$\mathcal{B}_T(X, R) := \{(Y, Y') \in \mathscr{D}_X^{2\alpha}([0, T], W) : Y_0 = \xi, Y_0' = g(\xi),$$

$$|Y_0 - \xi| + |Y_0' - g(\xi)| + \|Y - (\xi + g(\xi)X), Y' - g(\xi)\|_{X, 2\alpha} \leqslant R\}.$$

上述半径 R 将在稍后适当地选取, 希望 $\mathcal{M}_T$ 能够将 $\mathcal{B}_T(X, R)$ 映射到 $\mathcal{B}_T(X, R)$.

$\mathcal{M}_T$ **的不变性**: 由三角不等式, 我们有 $\|Y - (\xi + g(\xi)X), Y' - g(\xi)\|_{X, 2\alpha} = \|Y, Y'\|_{X, 2\alpha}$, 同时 $\|\xi + g(\xi)X, g(\xi)\|_{X, 2\alpha} = \|g(\xi)\|_{\alpha} + \|0\|_{2\alpha}$, 因此, $\|Y, Y'\|_{X, 2\alpha} \leqslant R$,

$$\|\mathcal{M}_T(Y) - (\xi + g(\xi)X), \mathcal{M}_T(Y') - g(\xi)\|_{X, 2\alpha} = \|\mathcal{M}_T(Y), g(Y)\|_{X, 2\alpha}.$$

在这里令

$$R := 2C_{\alpha}(1 + \|X\|_{\alpha} + \|\mathbb{X}\|_{2\alpha})\|g\|_{\mathcal{C}_b^1},$$

由 (2.61), (2.64), (3.19) 和 $|g'(Y_0)| = |Dg(\xi)g(\xi)| \leqslant \|g\|_{\mathcal{C}_b^1}$, 对 $\forall (Y, Y') \in \mathcal{B}_T(X, R)$ 有

$$\|\mathcal{M}_T(Y), g(Y)\|_{X, 2\alpha}$$

$$\leqslant C_{\alpha}\big(\|g(Y)\|_{\alpha} + |g'(Y_0)|\|\mathbb{X}\|_{2\alpha} + (\|X\|_{\alpha} + \|\mathbb{X}\|_{2\alpha})T^{\alpha}\|g(Y), g'(Y)\|_{X, 2\alpha}\big)$$

$$\leqslant C_{\alpha}\big((1 + \|X\|_{\alpha})\|g\|_{\mathcal{C}_b^1} + (1 + \|X\|_{\alpha})T^{\alpha}\|g(Y), g'(Y)\|_{X, 2\alpha} + \|g\|_{\mathcal{C}_b^1}\|\mathbb{X}\|_{2\alpha}$$

$$+ (\|X\|_{\alpha} + \|\mathbb{X}\|_{2\alpha})T^{\alpha}\|g(Y), g'(Y)\|_{X, 2\alpha}\big)$$

$$\leqslant C_{\alpha}T^{\alpha}M(T, \|g\|_{\mathcal{C}_b^2}, \varrho_{\alpha}(0, \mathbf{X}), R) + \frac{R}{2}.$$

通过选取足够小的 $T = T_1$, 使得

$$C_\alpha T_1^\alpha M(T_1, \|g\|_{\mathcal{C}_b^2}, \varrho_\alpha(0, \mathbf{X}), R) < \frac{R}{2},$$

从而确保

$$\mathcal{M}_{T_1}(\mathcal{B}_{T_1}(X, R)) \subset \mathcal{B}_{T_1}(X, R).$$

$\mathcal{M}_T$ **的压缩性**: 对任意 $(Y, Y'), (\tilde{Y}, \tilde{Y}') \in \mathcal{B}_T(X, R)$, 由 (2.66) 和 (3.23) 有

$$\|\mathcal{M}_T(Y) - \mathcal{M}_T(\tilde{Y}), g(Y) - g(\tilde{Y})\|_{X, 2\alpha}$$
$$\leqslant C_\alpha T^\alpha M(T, \|g\|_{\mathcal{C}_b^3}, \varrho_\alpha(0, \mathbf{X}), R) \|Y - \tilde{Y}, Y' - \tilde{Y}'\|_{X, 2\alpha}.$$

通过进一步选取足够小的 $T = T_2$, 使得

$$C_\alpha T_2^\alpha M(T_2, \|g\|_{\mathcal{C}_b^3}, \varrho_\alpha(0, \mathbf{X}), R) < \frac{R}{2},$$

因此, 获得压缩性

$$\|\mathcal{M}_{T_2}(Y) - \mathcal{M}_{T_2}(\tilde{Y}), g(Y) - g(\tilde{Y})\|_{X, 2\alpha} \leqslant \frac{1}{2} \|Y - \tilde{Y}, Y' - \tilde{Y}'\|_{X, 2\alpha}.$$

根据 Banach 不动点定理, 在上述 $R, T_0 = \min\{T_1, T_2\}$ 的选择下有唯一的 (Y, Y') $\in \mathcal{B}_{T_0}(X, R)$, 使得 $\mathcal{M}_{T_0}(Y, Y') = (Y, Y')$.

引理 3.8

存在 $T_0 > 0$, 其独立于初值 ξ, 且依赖于参数 α, $\|g\|_{\mathcal{C}_b^3}$ 和 $\varrho_\alpha(0, \mathbf{X})$, 使得粗糙微分方程 (3.48) 在 $[0, T_0]$ 上的解 (Y, Y') 满足

$$\|Y, Y'\|_{X, 2\alpha} \leqslant C_\alpha M(\|g\|_{\mathcal{C}_b^1}, \varrho_\alpha(0, \mathbf{X})).$$

根据引理 3.8, 通过标准的粘接讨论, 很容易得出解的全局存在性. 设 T_0 等于引理 3.8 中的 T_0. 注意, T_0 不依赖于初始条件. 因此, 在获得 $[0, T_0]$ 上的解后, 可以将 Y_{T_0} 视为新的初始条件, 以获得在 $[T_0, 2T_0]$ 上的解. 迭代以上过程, 得到的路径 Y 显然是 $[0, T]$ 上的全局解.

定理 3.10 (全局解)

给定 $\xi \in W$, $g \in \mathcal{C}_b^3(W, \mathcal{L}(V, W))$ 和粗糙路径 $\mathbf{X} = (X, \mathbb{X}) \in \mathscr{C}^\alpha([0, T], W)$, 其中 $\alpha \in \left(\dfrac{1}{3}, \dfrac{1}{2}\right]$, 则存在唯一的 $(Y, Y') \in \mathscr{D}_X^{2\alpha}([0, T], W)$, 其中 $Y' = g(Y)$,

满足对所有 $0 \leqslant t \leqslant T$,

$$Y_t = \xi + \int_0^t g(Y_u) d\mathbf{X}_u, \quad Y_0 = \xi. \tag{3.50}$$

$\heartsuit$

证明 基于上述分析, 这里需给出唯一性的证明. 设 $\tilde{Y}$ 是具有相同初始条件 Y_0 的粗糙微分方程的另一个解. 定义

$$\tilde{T} = \sup\{t \geqslant 0 : \tilde{Y}_s = Y_s, s \in [0, t]\}.$$

假设 $\tilde{T} < \infty$. 注意 $\tilde{Y}_{\tilde{T}} = Y_{\tilde{T}}$. 根据 (2.66), (3.23), 对每一 $T_0 > 0$, 在 $[\tilde{T}, \tilde{T} + T_0]$ 上有

$$\|Y, Y'; \tilde{Y}, \tilde{Y}'\|_{X, 2\alpha} \leqslant C_\alpha T_0^\alpha M(\|g\|_{\mathscr{C}_b^3}, \varrho_\alpha(0, \mathbf{X}), |Y'_{\tilde{T}}|, |\tilde{Y}'_{\tilde{T}}|, \|Y, Y'\|_{X, 2\alpha}; \|\tilde{Y}, \tilde{Y}'\|_{X, 2\alpha})$$
$$\times \|Y, Y'; \tilde{Y}, \tilde{Y}'\|_{X, 2\alpha}.$$

通过选取充分小的 T_0, 使得

$$\|Y, Y'; \tilde{Y}, \tilde{Y}'\|_{X, 2\alpha} \leqslant \frac{1}{2} \|Y, Y'; \tilde{Y}, \tilde{Y}'\|_{X, 2\alpha}.$$

这意味着在 $[\tilde{T}, \tilde{T} + T_0]$ 上, 有 $\tilde{Y} = Y$. 这与 $\tilde{T} < \infty$ 的定义相矛盾. 因此, 对所有时间有 $\tilde{Y} = Y$.

3.4.2 解的稳定性

接下来, 讨论粗糙微分方程的解关于 (粗糙) 驱动信号的稳定性.

定理 3.11

令 $g \in \mathcal{C}_b^3$, 对 $\alpha \in \left(\frac{1}{3}, \frac{1}{2}\right]$, 令 $(Y, g(Y)) \in \mathscr{D}_X^{2\alpha}$ 是粗糙微分方程 (3.48) 的唯一解. 类似地, 设 $(\tilde{Y}, g(\tilde{Y}))$ 是由 $\tilde{\mathbf{X}}$ 驱动的粗糙微分方程 (3.48) 的解, 初值为 $\tilde{\xi}$. 其中 $\mathbf{X}, \tilde{\mathbf{X}} \in \mathscr{C}^\alpha$. 假设

$$\varrho_\alpha(0, \mathbf{X}), \varrho_\alpha(0, \tilde{\mathbf{X}}) \leqslant M < \infty.$$

那么解有局部 Lipschitz 估计

$$\|Y, g(Y); \tilde{Y}, g(\tilde{Y})\|_{X, \tilde{X}, 2\alpha} \leqslant C_M \left(|\xi - \tilde{\xi}| + \varrho_\alpha(\mathbf{X}, \tilde{\mathbf{X}})\right),$$

以及
$$\|Y - \tilde{Y}\|_\alpha \leqslant C_M(|\xi - \tilde{\xi}| + \varrho_\alpha(\mathbf{X}, \tilde{\mathbf{X}})),$$
其中 $C_M = C(M, \alpha, g)$ 是一合适的常数.

证明　对于给定 $\mathbf{X} \in \mathscr{C}^\alpha$, 粗糙微分方程的解 $(Y, g(Y)) \in \mathscr{D}_X^{2\alpha}$ 被构造为不动点映射

$$\mathcal{M}(Y, Y') := (Z, Z') := \left(\xi + \int_0^\cdot g(Y) d\mathbf{X}, g(Y) \right) \in \mathscr{D}_X^{2\alpha}$$

的唯一不动点, 对于 $\mathcal{M}(\tilde{Y}, \tilde{Y}') \in \mathscr{D}_{\tilde{X}}^{2\alpha}$ 也是类似的. 则由不动点的性质有

$$(Y, g(Y)) = (Y, Y') = (Z, Z') = (Z, g(Y)),$$

对于 $(\tilde{Y}, g(\tilde{Y}))$ 也有类似等式, 由定理 3.3 中粗糙积分的局部 Lipschitz 估计有

$$\|Y, g(Y); \tilde{Y}, g(\tilde{Y})\|_{X, \tilde{X}, 2\alpha}$$
$$= \|Z, Z'; \tilde{Z}, \tilde{Z}'\|_{X, \tilde{X}, 2\alpha}$$
$$\lesssim \varrho_\alpha(\mathbf{X}, \tilde{\mathbf{X}}) + |\xi - \tilde{\xi}| + T^\alpha \|g(Y), g'(Y); g(\tilde{Y}), g'(\tilde{Y})\|_{X, \tilde{X}, 2\alpha},$$

根据定理 2.10 中复合的局部 Lipschitz 估计, 当 $T \leqslant 1$ 时一致地有

$$\|g(Y), g'(Y); g(\tilde{Y}), g'(\tilde{Y})\|_{X, \tilde{X}, 2\alpha} \lesssim \varrho_\alpha(\mathbf{X}, \tilde{\mathbf{X}}) + |\xi - \tilde{\xi}| + \|Y, g(Y); \tilde{Y}, g(\tilde{Y})\|_{X, \tilde{X}, 2\alpha}.$$

综上, 存在常数 $C = C(M, \alpha, g)$, 有

$$\|Y, g(Y); \tilde{Y}, g(\tilde{Y})\|_{X, \tilde{X}, 2\alpha} \lesssim C\big(\varrho_\alpha(\mathbf{X}, \tilde{\mathbf{X}}) + |\xi - \tilde{\xi}|$$
$$+ T^\alpha \|Y, g(Y); \tilde{Y}, g(\tilde{Y})\|_{X, \tilde{X}, 2\alpha}\big),$$

通过选取足够小的 $T = T_0(M, \alpha, g)$, 使得 $CT_0^\alpha \leqslant 1/2$, 由此得出

$$\|Y, g(Y); \tilde{Y}, g(\tilde{Y})\|_{X, \tilde{X}, 2\alpha} \lesssim 2C(\varrho_\alpha(\mathbf{X}, \tilde{\mathbf{X}}) + |\xi - \tilde{\xi}|),$$

这正是所需的界. 然后, 由 (3.24), 有 $\|Y - \tilde{Y}\|_\alpha$ 的估计, 并且上述估计可以通过迭代方式延拓到任意 (固定) 长度的时间间隔上.

最后, 在不给出证明的情况下, 简要地陈述粗糙微分方程的解流的正则性, 以及在解流水平上 Itô-Lyons 映射的局部 Lipschitz 估计. 这里考虑给定一几何粗糙路径 $\mathbf{X} \in \mathscr{C}^\alpha([0,T],\mathbb{R}^d)$, 由定理 3.10, 对 $\mathbb{R}^e$ 上的 $\mathcal{C}_b^3$ 向量场 $f=(f_1,f_2,\cdots,f_d)$, 如下粗糙积分方程有唯一的全局解

$$Y_t = y + \int_0^t f(Y_s)d\mathbf{X}_s, \quad t \geqslant 0. \tag{3.51}$$

记该解为 $\pi_{(f)}(0,y;\mathbf{X})$. 注意, 它的逆流是存在的, 并且可以看成由 $\mathbf{X}(t-\cdot)$ 驱动的粗糙微分方程, 并将其解记为

$$\pi_{(f)}(0,\cdot;\mathbf{X})_t^{-1} = \pi_{(f)}(0,\cdot;\mathbf{X}(t-\cdot))_t.$$

称映射 $y \mapsto \pi_{(f)}(0,y;\mathbf{X})$ 为与上述粗糙微分方程对应的流. 此外, 如果 X^ε 是 X 的光滑近似 (在粗糙路径度量中), 则常微分方程 (ODE) 相应的解 Y^ε 逼近于 Y, 局部 Lipschitz 估计如定理 3.11 所示.

很自然地会问流是否会光滑地依赖于 y. 给定一个多指标 $k=(k_1,\cdots,k_e) \in N^e$, 记关于 $y^1,\cdots,y^e$ 的偏导数为 D^k. 以下陈述是 [5] 中第 12 章的一个结果.

定理 3.12

令 $\alpha \in \left(\frac{1}{3},\frac{1}{2}\right]$, $\mathbf{X},\tilde{\mathbf{X}} \in \mathscr{C}_g^\alpha$. 假设对某些正数 n, $f \in \mathcal{C}_b^{3+n}$. 那么, 与粗糙路径相关联的流关于 y 具有 $\mathcal{C}^{n+1}$ 的正则性, 其逆流也是如此. 由此得到的偏导数族 $\{D^k\pi_{(f)}(0,\xi;\mathbf{X}), |k| \leqslant n\}$ 满足对粗糙微分方程 $dY=f(Y)d\mathbf{X}$ 形式微分的方程.

最后, 对于每个 $M>0$, 存在依赖于 M 和 f 范数的常数 C,K, 使得, 当 $\|\mathbf{X}\|_\alpha, \left\|\tilde{\mathbf{X}}\right\|_\alpha \leqslant M < \infty$ 和 $|k| \leqslant n$ 时, 有

$$\sup_{\xi \in R^e} |D^k\pi_{(f)}(0,\xi;\mathbf{X}) - D^k\pi_{(f)}(0,\xi;\tilde{\mathbf{X}})|_{\alpha;[0,t]} \leqslant C\varrho_\alpha(\mathbf{X},\tilde{\mathbf{X}}),$$

$$\sup_{\xi \in R^e} |D^k\pi_{(f)}(0,\xi;\mathbf{X})^{-1} - D^k\pi_{(f)}(0,\xi;\tilde{\mathbf{X}})^{-1}|_{\alpha;[0,t]} \leqslant C\varrho_\alpha(\mathbf{X},\tilde{\mathbf{X}}),$$

$$\sup_{\xi \in R^e} |D^k\pi_{(f)}(0,\xi;\mathbf{X})|_{\alpha;[0,t]} \leqslant K,$$

$$\sup_{\xi \in R^e} |D^k\pi_{(f)}(0,\xi;\mathbf{X})^{-1}|_{\alpha;[0,t]} \leqslant K.$$

第 4 章 随机动力系统理论

本章主要介绍随机动力系统的相关基本概念与理论, 内容主要参考 Arnold[50], 黄建华等[51], 段金桥[52] 和 Bailleul 等 [53].

4.1 可测动力系统

在本节中, 将给出描述随机动力系统中驱动噪声演化的可测动力系统的相关概念.

定义 4.1

给定样本空间 Ω, $\mathcal{F}$ 为 Ω 的一子集族, 若

(1) $\Omega \in \mathcal{F}$;

(2) 若 $A \in \mathcal{F}$, 则 $\Omega \backslash A \in \mathcal{F}$;

(3) 若对任意 $n \in \mathbb{N}$, $n \geqslant 1$, $A_n \in \mathcal{F}$, 则 $\bigcup_{n=1}^{\infty} A_n \in \mathcal{F}$.

则称 $\mathcal{F}$ 为一 σ-代数. 称二元组 $(\Omega, \mathcal{F})$ 为可测空间, 并且称 $\mathcal{F}$ 中任意一集合为可测集.

若广义实值函数 $P : \mathcal{F} \to \mathbb{R}^+$ 满足下列条件:

(1) $P(\varnothing) = 0$;

(2) 对任意一列互不相交的集合 $A_n \in \mathcal{F}, n = 1, 2, \cdots$, $\bigcup_{n=1}^{\infty} A_n \in \mathcal{F}$, 有
$P(\bigcup_{n=1}^{\infty} A_n) = \sum_{n=1}^{\infty} P(A_n)$;

(3) $P(\Omega) = 1$,

则称 P 为可测空间 $(\Omega, \mathcal{F})$ 上的概率测度. 同时称三元组 $(\Omega, \mathcal{F}, P)$ 为概率空间. 若 σ-代数 $\mathcal{F}$ 包含所有概率为 0 的样本空间 Ω 的子集, 则称概率空间 $(\Omega, \mathcal{F}, P)$ 是完备的.

设集合 E 为可测空间 $(\Omega, \mathcal{F})$ 上的可测集, f 为定义在 E 上的有限实值函数, 如果对任意 $c \in \mathbb{R}$ 均有 $\{\omega \in E : f(\omega) > c\} \in \mathcal{F}$ 成立, 则称 f 为集合 E 上关于 $(\Omega, \mathcal{F})$ 可测的函数, 也称 f 为 E 上 $\mathcal{F}$-可测函数.

给定两个可测空间 $(\Omega_1, \mathcal{F}_1)$, $(\Omega_2, \mathcal{F}_2)$ 以及变换 $f : \Omega_1 \to \Omega_2$, 如果 $f^{-1}(\mathcal{F}_2) \subset \mathcal{F}_1$ 成立, 则称 f 关于 $(\mathcal{F}_1, \mathcal{F}_2)$ 可测.

给定两个可测空间 $(\Omega_1, \mathcal{F}_1, P_1)$, $(\Omega_2, \mathcal{F}_2, P_2)$ 以及变换 $f : \Omega_1 \to \Omega_2$, 如果对

任意 $A_2 \in \mathcal{F}_2$ 均有 $P_1(f^{-1}(A_2)) = P_2(A_2)$ 成立, 则称 f 为保测变换.

以下概念是随机动力系统理论的基础, 它是随机动力系统中描述噪声演化的重要工具.

定义 4.2

给定一概率空间 $(\Omega, \mathcal{F}, P)$, 若映射 $\theta : \mathbb{R} \times \Omega \to \Omega$ 满足下列条件:

(1) 映射 $(t, \omega) \mapsto \theta_t \omega$ 是 $(\mathcal{B}(\mathbb{R}) \otimes \mathcal{F}, \mathcal{F})$-可测的;

(2) 对所有 $t, s \in \mathbb{R}$, $\theta_0 = Id$, $\theta_t \circ \theta_s = \theta_{t+s}$;

(3) $P(\theta_t^{-1} A) = P(A), \forall A \in \mathcal{F}, t \in \mathbb{R}$,

则称四元组 $(\Omega, \mathcal{F}, P, (\theta_t)_{t \in \mathbb{R}})$ 为定义在概率空间 $(\Omega, \mathcal{F}, P)$ 上, 且时间域为 $\mathbb{R}$ 的可测动力系统.

称集合 $A \in \mathcal{F}$ 为 θ-不变的, 当且仅当对任意 $t \in \mathbb{R}$, $\theta_t^{-1} A = A$.

称可测函数 $f : \Omega \to \mathbb{R}$ 为 θ-不变的, 当且仅当对所有 $\omega \in \Omega$ 和 $t \in \mathbb{R}$ 有 $f(\theta_t \omega) = f(\omega)$.

如果对任意的 θ-不变集 $A \in \mathcal{F}$, 有 $P(A) = 0$ 或 $P(A) = 1$, 则称可测动力系统 $(\Omega, \mathcal{F}, P, (\theta_t)_{t \in \mathbb{R}})$ 在概率 P 下是遍历的.

例 4.1 假设 $\Omega = \{\omega \in \mathcal{C}(\mathbb{R}, \mathbb{R}^n), \omega_0 = 0\}$, $\mathcal{F}$ 为 Ω 上的 σ-代数, P 为相应的 Wiener 测度, 定义 Wiener 变换

$$\theta_t \omega. = \omega_{t+.} - \omega_t, \quad \omega \in \Omega.$$

不难证明 $(\Omega, \mathcal{F}, P, (\theta_t)_{t \in \mathbb{R}})$ 是一可测动力系统, 并且该系统在概率 P 下是遍历的.

根据 Bailleul 等[53], 对于粗糙路径, 类似地定义 Θ 作为时间变换. 对于一 α-Hölder 粗糙路径 $\mathbf{X} = (X, \mathbb{X})$ 和 $\tau \in \mathbb{R}$, 定义变换 $\Theta \mathbf{X} := (\theta X, \tilde{\theta} \mathbb{X})$ 为

$$\theta_\tau X_t := X_{t+\tau} - X_\tau,$$

$$\tilde{\theta}_\tau \mathbb{X}_{s,t} := \mathbb{X}_{s+\tau, t+\tau}.$$

注意, 根据以上定义有 $\theta_\tau X_{s,t} = X_{t+\tau} - X_{s+\tau}$. 更进一步, 该时间变换保持路径空间不变性:

引理 4.1

令 $T_1, T_2, \tau \in \mathbb{R}$, $\mathbf{X} = (X, \mathbb{X})$ 为区间 $[T_1, T_2]$ 上的 α-Hölder 粗糙路径, 其中 $\alpha \in \left(\frac{1}{3}, \frac{1}{2}\right]$. 则时间变换 $\Theta \mathbf{X} := (\theta X, \tilde{\theta} \mathbb{X})$ 为区间 $[T_1 - \tau, T_2 - \tau]$ 上的 α-Hölder 粗糙路径.

证明　令 $s, u, t \in [T_1 - \tau, T_2 - \tau]$. θX 的 α-Hölder 连续性以及 $\tilde{\theta}\mathbb{X}$ 的 2α-Hölder 连续性是显然的. 这里仅证明 $\Theta\mathbf{X}$ 满足 Chen 等式. 有

$$\tilde{\theta}\mathbb{X}_{s,t} - \tilde{\theta}\mathbb{X}_{s,u} - \tilde{\theta}\mathbb{X}_{u,t}$$

$$= \mathbb{X}_{s+\tau, t+\tau} - \mathbb{X}_{s+\tau, u+\tau} - \mathbb{X}_{u+\tau, t+\tau}$$

$$= X_{s+\tau, u+\tau} \otimes X_{u+\tau, t+\tau}$$

$$= (X_{u+\tau} - X_\tau - (X_{s+\tau} - X_\tau)) \otimes (X_{t+\tau} - X_\tau - (X_{u+\tau} - X_\tau))$$

$$= \theta_\tau X_{s,u} \otimes \theta_\tau X_{u,t}. \tag{4.1}$$

对于粗糙路径驱动的微分方程是否能生成随机动力系统, 以下概念至关重要.

定义 4.3

令 $(\Omega, \mathcal{F}, P, (\theta_t)_{t \in \mathbb{R}})$ 是一可测动力系统. 若对每一 $\omega \in \Omega$, $s \in \mathbb{R}$ 和 $t \geqslant 0$, 粗糙路径 $\mathbf{X} = (X, \mathbb{X})$ 满足等式

$$\mathbf{X}_{s,s+t}(\omega) = \mathbf{X}_{0,t}(\theta_s \omega),$$

则称 $\mathbf{X} = (X, \mathbb{X})$ 为粗糙路径余圈.　　　　　　　　　　　　　　　♣

对于粗糙路径余圈的存在性, 详情请参考 Bailleul 等[53], 这里不再赘述.

前面的定义隐含这样一事实: 可以使用路径空间作为概率空间. 接下来以分数布朗运动为例构造该概率空间.

例 4.2　对 $H \in \left(\dfrac{1}{3}, \dfrac{1}{2}\right]$ 和 $T > 0$, 考虑限制在任意紧区间 $[-T, T] \subset \mathbb{R}$ 上的分数布朗运动 B^H. 引入经典概率空间

$$(\mathcal{C}_0(\mathbb{R}, \mathbb{R}^d), \mathcal{B}(\mathcal{C}_0(\mathbb{R}, \mathbb{R}^d)), P),$$

其中 $C_0(\mathbb{R}, \mathbb{R}^d)$ 表示所有 $\mathbb{R}^d$ 值且其在 0 点的值为 0 的连续函数空间, 具有紧开拓扑, $\mathcal{B}(\mathcal{C}_0(\mathbb{R}, \mathbb{R}^d))$ 是 $\mathcal{C}_0(\mathbb{R}, \mathbb{R}^d)$ 生成的 Borel σ-代数, P 为分数布朗运动的高斯测度. 该空间上的变换定义为

$$(\theta_\tau f)(\cdot) := f(\cdot + \tau) - f(\tau), \quad \tau \in \mathbb{R}, \quad f \in \mathcal{C}_0(\mathbb{R}, \mathbb{R}^d).$$

此外, 将考虑限制在紧区间 $J \subset \mathbb{R}$ 上 α'-Hölder 连续的路径集 $\Omega = \mathcal{C}_0^{\alpha'}(\mathbb{R}, \mathbb{R}^d)$, 其中 $\dfrac{1}{3} < \alpha < \alpha' < H < \dfrac{1}{2}$. 请注意, 这里为了将 X 提升为 α-Hölder 几何粗糙路径, 不得不考虑 α'-Hölder 函数空间. 进一步地, 在该集合新生成的 σ-代数为 $\mathcal{F} := \Omega \cap \mathcal{B}(\mathcal{C}_0(\mathbb{R}, \mathbb{R}^d))$, 并考虑 P 在 Ω 上的限制测度. 容易验证集合

$\Omega \subset \mathcal{C}_0(\mathbb{R}, \mathbb{R}^d)$ 是 θ 不变的全测集. 因此, 新的四元组 $(\Omega, \mathcal{F}, P, \theta)$ 再次构成一度量动力系统. 更进一步地, 可以证明存在一全测度的 θ 不变子集 $\Omega_{BH} \subset \Omega$, 使得对 Ω_{BH} 中的任意路径 X 和任意紧区间 $J \subset \mathbb{R}$, 在 $\mathcal{C}_2^{2\alpha}(J, \mathbb{R}^d \otimes \mathbb{R}^d)$ 中存在一 Lévy 面积 $\mathbb{X}$, 使得 $\mathbf{X} = (X, \mathbb{X})$ 是 α-Hölder 几何粗糙路径. 事实上, 可以在粗糙路径度量 $\varrho_{\alpha;J}$ 下通过序列 $\mathbf{X}^n := (X^n, \mathbb{X}^n)_{n \in \mathbb{N}}$ 来近似 $\mathbf{X}$. 这里 $(X^n)_{n \in \mathbb{N}}$ 为分段二进制线性函数. 在这种情况下, 迭代积分 $\mathbb{X}^n$ 在经典意义下存在, 即对任意的 $(s, t) \in \Delta_J$,

$$\mathbb{X}^n = \int_s^t (X_r^n - X_s^n) dX_r^n. \tag{4.2}$$

假设 $J \subset [-T, T]$, 根据 Coutin 和 Qian[54] 的定理 2 有, 对 $-T \leqslant s \leqslant t \leqslant T$, 在几乎处处意义下存在迭代积分

$$\mathbb{X}_{s,t} := \int_s^t (X_r - X_s) dX_r.$$

而且, 在 $\mathcal{C}_2^{2\alpha}([-T, T], \mathbb{R}^d \otimes \mathbb{R}^d)$ 中有 $\mathbb{X}^n \to \mathbb{X}$ a.s.. 由于 $J \subset [-T, T]$, 可以立即得到在粗糙路径度量 $\varrho_{\alpha;J}$ 下 $\mathbf{X}^n$ 收敛于 $\mathbf{X}$. 总之, 在紧区间 $[-T, T]$ 上利用 (4.2) 可以使用近似方法得到 X 的 Lévy 域 $\mathbb{X}$ 的存在性. 把这些提升粘在一起得到 $\Delta_{\mathbb{R}}$ 上 X 的二阶过程 $\mathbb{X}$. 由于 $\mathbf{X}^n$ 在粗糙路径度量 $\varrho_{\alpha;J}$ 下收敛到 $\mathbf{X}$, 由此可得 $\Omega_{BH} \subset \Omega$ 是一个 θ 不变的全测集. 因此, 可像上述第二个度量动力系统的构造方法一样, 构造新的度量动力系统 $(\Omega, \mathcal{F}_{BH}, P_{BH}, \theta)$, 其中 P_{BH} 是 P 限制在 Ω_{BH} 上的分布, $\mathcal{F}_{BH} = \mathcal{F} \cap \Omega_{BH}$, 根据定义 4.3 可知分数布朗粗糙路径 $\mathbf{B}^H = (B^H, \mathbb{B}^H)$ 为一粗糙路径余圈.

注意到用分段二进制线性近似来构造 Lévy 面积 (4.2) 是几何 α-Hölder 粗糙路径的一个基本性质. 当然, 除了分数布朗运动, 具有平稳增量的高斯随机过程 X_t 的 α-Hölder 粗糙路径 $\mathbf{X} = (X, \mathbb{X})$ 也可以构造相似的概率空间 $(\Omega_X, \mathcal{F}, P)$. 其中变换的定义仍然如上所述, 即

$$\theta_\tau X_t := X_{t+\tau} - X_\tau.$$

4.2 随机动力系统

假设给定一概率空间 $(\Omega, \mathcal{F}, P)$, X 是一 Polish 空间, 即一由度量 d 生成的完备可分拓扑空间. 给定 $A, B \subset X$, 定义

$$d(x, A) = \inf\{d(x, a) : a \in A\},$$
$$d(A, B) = \inf\{d(x, B) : x \in A\},$$
$$\rho_X(A, B) = \max\{d(A, B), d(B, A)\},$$

其中 ρ_X 为空间 X 上的 Hausdorff 度量. 由 Hausdorff 度量定义的所有 X 的闭子集构成的集合 $\mathcal{M}(X)$ 是一度量空间 (参考文献 [55]).

定义 4.4

令 $\mathbb{T} = \mathbb{R}, \mathbb{R}^+, \mathbb{Z}, \mathbb{N}$. 可测空间 $(X, \mathcal{B})$ 上的可测随机动力系统是具有时间 $\mathbb{T}$ 的度量动力系统 $(\Omega, \mathcal{F}, P, (\theta_t)_{t \in \mathbb{T}})$ 上的一映射

$$\varphi : \mathbb{T} \times \Omega \times X \mapsto X,$$

且具有下列性质:

(1) 可测性: φ 是 $(\mathcal{B}(\mathbb{T}) \otimes \mathcal{F} \otimes \mathcal{B}, \mathcal{B})$-可测的.

(2) 余圈性: 映射 $\varphi(t, \omega) := \varphi(t, \omega, \cdot) : X \mapsto X$ 在 $\theta(\cdot)$ 上形成余圈, 即满足

$$\text{对所有} \omega \in \Omega \,(\text{若} 0 \in \mathbb{T}), \quad \varphi(0, \omega) = Id_X, \tag{4.3}$$

$$\text{对所有} s, t \in \mathbb{T}, \omega \in \Omega, \quad \varphi(t, \omega) = \varphi(t, \theta(s)\omega) \circ \varphi(s, \omega), \tag{4.4}$$

其中 $\circ$ 表示复合, 即 $(f \circ g)(x) = f(g(x))$.

进一步, 如果对任意 $\omega \in \Omega$, 映射 $\varphi(\cdot, \omega, \cdot) : (t, x) \in \mathbb{T}^+ \times X \mapsto \varphi(t, \omega, x) \in X$ 是连续的, 则称 φ 为 θ 驱动的连续随机动力系统.

若 X 为一光滑流形, φ 为连续随机动力系统, 如果对某个 $k, 1 \leqslant k \leqslant \infty$, 对任意的 $(t, \omega) \in \mathbb{T}^+ \times \Omega$,

$$\varphi(t, \omega) : X \mapsto X \text{ 是 } \mathcal{C}^k \text{ 的},$$

则称 φ 为 θ 驱动的 $\mathcal{C}^k$ 随机动力系统.

♣

由第 3 章的讨论知粗糙微分方程 (3.48) 存在全局解, 假设 $\mathbf{X}$ 是一粗糙路径余圈, 则有以下引理:

引理 4.2

令 $\mathbf{X}$ 是一粗糙路径余圈, 对任意 $t \in [0, \infty)$, 粗糙微分方程 (3.48) 的解算子

$$t \to \varphi(t, X, \xi) = Y_t = \xi + \int_0^t g(Y_u) d\mathbf{X}_u$$

在度量动力系统 $(\Omega_X, \mathcal{F}, P_X, (\theta_t)_{t \in \mathbb{R}})$ 上生成随机动力系统.

♡

证明　根据例 4.2, 可以类似得到 $\mathbf{X}$ 所需的度量动力系统. 这里只需证明解算子满足余圈性质. 由于

$$\int_{\tau}^{t+\tau} g(Y_u)d\mathbf{X}_u$$

$$= \lim_{|\mathcal{P}| \to 0} \sum_{[u,v] \in \mathcal{P}} (g(Y_u)\delta X_{v,u} + Dg(Y_u)Y_u'\mathbb{X}_{v,u})$$

$$= \lim_{|\mathcal{P}'| \to 0} \sum_{[u',v'] \in \mathcal{P}'} (g(Y_{u'+\tau})\delta X_{v'+\tau,u'+\tau} + Dg(Y_{u'+\tau})Y_{u'+\tau}'\mathbb{X}_{v'+\tau,u'+\tau})$$

$$= \lim_{|\mathcal{P}'| \to 0} \sum_{[u',v'] \in \mathcal{P}'} \left(g(Y_{u'+\tau})\delta(\theta_\tau X)_{v',u'} + Dg(Y_{u'+\tau})Y_{u'+\tau}'\tilde{\theta}_\tau \mathbb{X}_{v',u'} \right)$$

$$= \int_0^t g(Y_{u'+\tau})d\Theta_\tau \mathbf{X}_{u'},$$

其中 $\mathcal{P}$ 为 $[\tau, t+\tau]$ 的有限划分, $\mathcal{P}'$ 为 $[0,t]$ 的有限划分. 则有

$$\varphi(t+\tau, X, \xi) = Y_{t+\tau} = \xi + \int_0^{t+\tau} g(Y_u)d\mathbf{X}_u$$

$$= \xi + \int_0^\tau g(Y_u)d\mathbf{X}_u + \int_\tau^{t+\tau} g(Y_u)d\mathbf{X}_u$$

$$= Y_\tau + \int_0^t g(Y_{u+\tau})d\Theta_\tau \mathbf{X}_u.$$

对 $t \geqslant 0$, 记 $\tilde{Y}_t = Y_{t+\tau}$, 根据解算子的唯一性, 那么上述等式表明

$$\varphi(t+\tau, X, \xi) = \tilde{Y}_0 + \int_0^t g(\tilde{Y}_u)d\Theta_\tau \mathbf{X}_u$$

$$= \varphi(t, \theta_\tau X, \varphi(\tau, X, \xi)).$$

定义 4.5

对于集值映射 $M = M(\omega): \Omega \to \mathcal{B}(X)$, 其中对每一 $\omega \in \Omega$, $M(\omega)$ 是 X 上的非空闭集. 若对每一 $x \in X$, 映射

$$\omega \to d(x, M(\omega))$$

是可测的, 则称 $M(\omega)$ 为随机集.

如果进一步, 对任意 $\omega \in \Omega$, 随机集 $M(\omega)$ 是紧集, 则称 M 为一随机紧集. 当 $M(\omega)$ 为一流形时, 则称 M 为一随机流形. 当 $M(\omega)$ 为一 $\mathcal{C}^k$ 光滑流形时, 则称 M 为一 $\mathcal{C}^k$ 光滑随机流形.

♣

定义 4.6

对一随机动力系统 φ 和随机集 M, 若对所有 $t \in \mathbb{R}, \omega \in \Omega$ 有

$$\varphi(t, \omega, M(\omega)) = M(\theta_t \omega) \big(\varphi(t, \omega, M(\omega)) \subset M(\theta_t \omega) \big),$$

则称随机集 M 关于随机动力系统 φ 是随机不变 (向前不变) 集. ♣

定义 4.7

如果一随机不变集 M 可以表示为一 Lipschitz 映射

$$\gamma^*(\omega, \cdot) : X^+ \to X^-$$

的图, 其中 $X^+ \oplus X^- = X$ 为 X 的直和分解, 且满足

$$M(\omega) = \{x^+ + \gamma^*(\omega, x^+), x^+ \in X^+\},$$

则称 M 为一 Lipschitz 连续的不变流形. 如果映射 $\gamma^*(\omega, \cdot)$ 是 $\mathcal{C}^k$ 的, 则称流形 M 为一 $\mathcal{C}^k$ 不变流形. ♣

定义 4.8

假设 $\varphi(t, \omega, \cdot)$ 为一定义在完备可分的度量空间 X 上的随机动力系统, 集合 $B \subset X$ 的 ω-极限集的定义如下

$$\Omega(B, \omega) = \Omega_B(\omega) = \bigcap_{T \geq 0} \overline{\bigcup_{t \geq T} \varphi(t, \theta_{-t} \omega) B(\theta_{-t} \omega)}.$$

♣

根据 ω-极限集的定义, 很容易得知 $\Omega_B(\omega)$ 是闭集.

定义 4.9

称随机集 A 拉回吸收随机集 B, 如果对所有 $\omega \in \Omega$, 存在一随机时刻 $t_B(\omega)$, 使得对所有 $t \geq t_B(\omega)$, 有

$$\varphi(t, \theta_{-t} \omega) B(\theta_{-t} \omega) \subset A(\omega),$$

其中 $t_B(\omega)$ 被称为吸收时刻.
称随机集 A 拉回吸引随机集 B, 如果对所有的 $\omega \in \Omega$, 有

$$\lim_{t \to \infty} d(\varphi(t, \theta_{-t} \omega) B(\theta_{-t} \omega), A(\omega)) = 0.$$

称随机集 A 正向吸引随机集 B, 如果对所有的 $\omega \in \Omega$, 有

$$\lim_{t \to \infty} d(\varphi(t, \omega)B(\omega), A(\theta_t \omega)) = 0.$$

♣

定义 4.10

设 $(\Omega, \mathcal{F}, P, (\theta_t)_{t \in \mathbb{R}})$ 为一可测动力系统, $(\Omega, \mathcal{F}, P)$ 为一概率空间, (X, d) 为一 Polish 空间, 映射 $\varphi : (t, \omega, x) \in \mathbb{R}^+ \times \Omega \times X \mapsto \varphi(t, \omega)x \in X$ 为 θ 驱动的随机动力系统, X 的随机紧集族 $\{A(\omega) | \omega \in \Omega\}$ 被称为是随机动力系统 φ 的随机吸引子 (也称随机拉回吸引子), 如果 φ 不变的随机紧集 $A(\omega)$ 吸引 X 中一类有界闭的随机集合 B. 即对所有 $t > 0$ 和 $\omega \in \Omega$, $B \subset X$,

$$\varphi(t, \omega)A(\omega) = A(\theta_t \omega),$$

$$\lim_{t \to \infty} d(\varphi(t, \theta_{-t}\omega)B(\theta_{-t}\omega), A(\omega)) = 0.$$

♣

定理 4.1

设 $(\Omega, \mathcal{F}, P, (\theta_t)_{t \in \mathbb{R}})$ 为可测动力系统, $\varphi : (t, \omega, x) \in \mathbb{R}^+ \times \Omega \times X \mapsto \varphi(t, \omega)x \in X$ 为 θ 驱动的随机动力系统, 如果存在一随机紧集 $\omega \to K(\omega)$, 吸收 X 中的一类有界闭的随机集合 $B \subset X$, 则随机动力系统 φ 存在随机吸引子

$$\mathcal{A}(\omega) = \overline{\bigcup_{B \subset X} \Omega_B(\omega)},$$

且 $\mathcal{A}(\omega)$ 关于 $\mathcal{F}$ 的完备化是可测的, 如果 X 是连通的, 则 $\mathcal{A}(\omega)$ 是连通的.

♡

在随机动力系统中对局部不变流形的研究和刻画中, 缓增随机变量的概念起到至关重要的作用. 由缓增随机变量构成的集合具有重要意义, 特别地, 上述定义 4.10 和定理 4.1 中的一类集合往往就是具有缓增性质的随机集合. 下面给出相关定义.

定义 4.11

对于随机变量 $\tilde{R} : \Omega \to (0, \infty)$ 和度量动力系统 $(\Omega, \mathcal{F}, P, (\theta_t)_{t \in \mathbb{R}})$, 若对所有的 $\omega \in \Omega$, 有

$$\limsup_{t \to \pm\infty} \frac{\ln^+ \tilde{R}(\theta_t \omega)}{|t|} = 0, \tag{4.5}$$

其中 $\ln^+ a = \max\{\ln a, 0\}$, 则称随机变量 $\tilde{R}$ 关于度量动力系统 $(\Omega, \mathcal{F},$

$P, (\theta_t)_{t\in\mathbb{R}})$ 是向上缓增的. 若 $1/\tilde{R}$ 是向上缓增的, 则称其为向下缓增的. 一个随机变量称为缓增随机变量当且仅当其既是向下缓增的又是向上缓增的. ♣

注意到, 缓增相当于次指数增长. 由于必须控制随机变量沿轨道 $(\theta_t\omega)$ 的增长, 这一概念对于计算是至关重要的. 注意, 满足 (4.5) 的所有 $\omega \in \Omega$ 的集合相对于任何变换 θ_t 都是不变的, 当 $\theta_t = \Theta_t$ 时, 则适用于粗糙路径的情形. 根据 Anorld[50], 随机变量的缓增性的充分条件是

$$\mathbb{E} \sup_{t\in[0,1]} \tilde{R}(\theta_t\omega) < \infty. \tag{4.6}$$

此外, 对所有 $\omega \in \Omega$, 如果随机变量 $\tilde{R} : t \to \tilde{R}(\theta_t\omega)$ 是向下缓增的, 则对每一 $\varepsilon > 0$, 存在一个常数 $C[\varepsilon, \omega] > 0$ 使得对任意 $\omega \in \Omega$, 有

$$\tilde{R}(\theta_t\omega) \geqslant C[\varepsilon, \omega]e^{-\varepsilon|t|}. \tag{4.7}$$

引理 4.3

设 $\mathbf{B}^H = (B^H, \mathbb{B}^H)$ 是 Hurst 指数为 $(1/3, 1/2)$ 的分数布朗粗糙路径余圈. 则随机变量

$$R_1(B^H) = \|B^H\|_\alpha \quad \text{和} \quad R_2(\mathbb{B}^H) = \|\mathbb{B}^H\|_{2\alpha}$$

是向上缓增的. ♡

证明　根据粗糙路径的 Kolmogorov 准则, 对 $m \in \mathbb{N}$, 有 $\mathbf{E}\|B^H\|_\alpha^m < \infty$ 和 $\mathbf{E}\|\mathbb{B}^H\|_{2\alpha}^m < \infty$. 这意味着 $\mathbf{E}\sup_{t\in[0,1]} \|\theta_t B^H\|_\alpha < \infty$ 和 $\mathbf{E}\sup_{t\in[0,1]} \|\tilde{\theta}_t \mathbb{B}^H\|_{2\alpha} < \infty$. 因此, 条件 (4.6) 是成立的, 这意味着两个随机变量是向上缓增的.

第 5 章 粗糙微分方程的动力学

本章中将介绍粗糙微分方程的动力学, 涉及动力系统的近似、随机吸引子、随机中心流形等内容, 所选内容节选自 [37,38,56].

5.1 粗糙微分方程动力系统的逼近

第 3 章给出了粗糙微分方程 (3.48)的全局解, 由引理 4.2 知 (3.48) 的解能生成随机动力系统. 本节将在上述理论的基础上讨论粗糙微分方程

$$dY(t) = f(Y(t))d\boldsymbol{\omega}(t), \quad Y(0) = \xi \in \mathbb{R}^n, \quad t \in [0, T] \tag{5.1}$$

解生成的动力系统的逼近问题, 其中 $f \in \mathcal{C}_b^3(\mathbb{R}^n, \mathbb{R}^{n \times d})$, $\boldsymbol{\omega} = (\omega, \omega^2) \in \mathscr{C}_g^\alpha([0, T], \mathbb{R}^d)$ 为布朗粗糙路径, 本节内容主要参考 Gao 等在 [56] 中的结果.

在例 4.2 中, 构造了度量动力系统 $(\Omega_B, \mathcal{F}_{B\frac{1}{2}}, P_{B^{1/2}}, (\theta_t)_{t \in \mathbb{R}})$, 但在本节, 需要例 4.2 中将路径提升为粗糙路径的方法修改一下, 即, 只需要例 4.2 中的前两步, 即经典的概率空间和修正版本的 Hölder 路径空间结合起来所生成的度量动力系统, 仍采用记号 $(\Omega_B, \mathcal{F}_B, P_{B\frac{1}{2}}, (\theta_t)_{t \in \mathbb{R}})$ 表示. 注意, 对于每一 $\omega \in \Omega_B, \omega \in \mathcal{C}^\alpha([-T, T], \mathbb{R}^m)$, 这里 $\frac{1}{3} < \alpha < \frac{1}{2}$, 不再施加条件 $\frac{1}{3} < \alpha < \alpha' < \frac{1}{2}$, 这是因为这里不考虑使用几何粗糙路径作为驱动路径, 而是弱几何粗糙路径. 记 $\omega := B^{1/2}(\omega) \in \Omega_B$ 为定义在 $\mathbb{R}$ 上取值于 $\mathbb{R}^d$ 上的经典布朗运动. 首先, 讨论由平稳过程近似布朗粗糙路径的问题. 根据定理 2.7 可知布朗运动在 $\mathbb{R}^+$ 上可以被提升为布朗粗糙路径, 出于本节的考虑, 需要在 $\mathbb{R}$ 上定义布朗粗糙路径. 因此, 需要将粗糙路径 $\boldsymbol{\omega}$ 扩展到 $[-T, T]$ 使得 Chen 等式成立, 即对所有 $s < 0 < t$,

$$\omega^{2,i,j}(s,t) := \omega^{2,i,j}(s,0) + \omega^{2,i,j}(0,t) - \omega^j(t)\omega^i(s), \tag{5.2}$$

这意味着只需验证当 $s < 0$ 时 $\omega^{2,i,j}(s,0), i,j \in \{1, \cdots, m\}$ 是否定义良好. 考虑到

$$\int_{\mathcal{P}(s,0)} (\omega(u) - \omega(s)) \otimes d\omega(u) = \int_{\mathcal{P}(0,-s)} \theta_s \omega(u) \otimes d\theta_s \omega(u), \tag{5.3}$$

其中 $\theta_s \omega$ 是布朗运动, 其与 ω 具有相同增量协方差. 因此, 当 $|\mathcal{P}| \to 0$ 时, (5.3) 在 L_2 意义下存在极限. 因此, 由命题 2.10 知, 对每个 $s < t \in \mathbb{R}$, $\omega_{s,t}^2$ 都在 L^2 意义下存在.

更进一步, 根据定理 2.7 知, 对任何 $T > 0$, 在几乎处处意义下, 存在 ω 的一修正, 使得对几乎所有的 $\omega \in \Omega_B$ 有 $\omega \in \mathscr{C}_g^\alpha([-T,T],\mathbb{R}^d)$, 为了符号简便, 这里修正仍用 ω 表示.

此外, 根据定理 2.7, 在几乎处处意义下, 对所有 $T \geqslant 0$, 可以定义一修正

$$\Theta_\tau\boldsymbol{\omega} = (\theta_\tau\omega, \tilde{\theta}_\tau\omega^2) \in \mathscr{C}_g^\alpha([-T,T],\mathbb{R}^d), \tag{5.4}$$

这里 $\tilde{\theta}_\tau\omega^2$ 表示路径 $\theta_\tau\omega$ 的 Lévy 面积.

注意, 按定理 2.7 (概率意义下) 和按例 4.2 (光滑极限) 得到的粗糙路径似乎是难以分辨的, 但是鉴于推论 2.1, 不难验证, 本小节中的噪声逼近序列为 $\mathscr{C}_g^{0,\alpha}$ 柯西列, 那么在 $\mathscr{C}_g^{0,\alpha}$ 有一极限, 不妨记为 $\tilde{\omega}$. 此外, 后面将会看到逼近序列在 $\mathscr{C}_g^\alpha$ 会收敛到本节的 $\boldsymbol{\omega}$, 根据极限唯一性, 不难看出它们会在一个 θ-不变的全测集上是相等的. 因此, 对于 ω 本节会直接使用粗糙概率构造, 来建立其近似格式, 并且这也能保证 $\boldsymbol{\omega}$ 是一粗糙余圈.

现在, 对 $\delta \in (0,1)$ 和 $t \in \mathbb{R}$, 定义 ω 的近似

$$\omega_\delta(t) := \frac{1}{\delta}\int_0^t \theta_u\omega(\delta)du = \int_0^t \frac{\omega(\delta+u)-\omega(u)}{\delta}du, \tag{5.5}$$

可以把

$$(t,\omega) \mapsto \omega_\delta(t)$$

当作度量动力系统 $(\Omega_B, \mathcal{F}_{B^{\frac{1}{2}}}, P_{B^{1/2}}, (\theta_t)_{t\in\mathbb{R}})$ 上的随机过程. 此外, 很容易得到

$$(t,\omega) \in \mathbb{R} \times \Omega \mapsto \omega_\delta'(t) = \frac{1}{\delta}\theta_t\omega(\delta), \tag{5.6}$$

因此, 可以用 Riemann 积分来定义 ω_δ 的 Lévy 面积

$$\omega_\delta^2(s,t) := \int_s^t (\omega_\delta(u)-\omega_\delta(s)) \otimes \omega_\delta'(u)du, \quad s \leqslant t \in \mathbb{R}. \tag{5.7}$$

则对任意 $s \leqslant t \in \mathbb{R}$,

$$((s,t),\omega) \to \omega_\delta^2(s,t)$$

是度量动力系统 $(\Omega_B, \mathcal{F}_{B^{\frac{1}{2}}}, P_{B^{1/2}}, (\theta_t)_{t\in\mathbb{R}})$ 上的随机场. 而且容易证明 $(\omega_\delta, \omega_\delta^2) \in \mathcal{C}^\alpha([-T,T],\mathbb{R}^d) \times \mathcal{C}_2^{2\alpha}([-T,T],\mathbb{R}^d \otimes \mathbb{R}^d)$ 并且满足 Chen 等式. 因此, ω_δ 可以提升为一粗糙路径 $\boldsymbol{\omega}_\delta := (\omega_\delta, \omega_\delta^2)$.

同时, 对 $\tau \in \mathbb{R}$, $s \leqslant t \in \mathbb{R}$, $\omega \in \Omega_B$, 定义

$$\tilde{\theta}_\tau\omega_\delta^2(s,t) := \int_s^t (\theta_\tau\omega_\delta(u)-\theta_\tau\omega_\delta(s)) \otimes (\theta_\tau\omega_\delta)'(u)du.$$

则有

$$\tilde{\theta}_\tau \omega_\delta^2(s,t) = \omega_\delta^2(s+\tau, t+\tau). \tag{5.8}$$

现在定义

$$\Theta_\tau \boldsymbol{\omega}_\delta := (\theta_\tau \omega_\delta, \tilde{\theta}_\tau \omega_\delta^2), \quad \tau \in \mathbb{R}. \tag{5.9}$$

则对任意 $T > 0$, $\Theta_\tau \boldsymbol{\omega}_\delta$ 在 $[-T, T]$ 上是一粗糙路径.

同时, 对 $\delta \in (0,1)$, 定义随机过程

$$(t, \omega) \in \mathbb{R} \times \Omega \mapsto X_\delta(t, \omega) := \omega_\delta(t) - \omega(t) \in \mathbb{R}^d.$$

根据高斯过程的性质, 有

引理 5.1

在 $\mathbb{R}$ 上, X_δ 和 ω_δ 是具有平稳增量的中心高斯过程.

证明 注意, 对于任意固定的 δ 和任意 $T > 0$, 在 $[-T, T]$ 上定义的被积函数 ω_δ 是连续的. 此外, 被积函数的二阶矩在 $[-T, T]$ 上一致有界. 则 ω_δ 和 X_δ 都是高斯过程 [57,pp.91,297].

接下来, 证明 X_δ 具有平稳增量. 对 $s, t \in \mathbb{R}$, 简单的计算表明

$$\begin{aligned}
X_\delta(t+s, \omega) - X_\delta(t, \omega) &= \frac{1}{\delta} \int_t^{t+s} \theta_u \omega(\delta) du - (\omega(t+s) - \omega(t)) \\
&= \frac{1}{\delta} \int_0^s \theta_u \theta_t \omega(\delta) du - \theta_t \omega(s) \\
&= X_\delta(s, \theta_t \omega).
\end{aligned}$$

因为 θ_t 是保测变换, 这意味着增量 $X_\delta(t+s, \omega) - X_\delta(t, \omega)$ 与 $X_\delta(s, \omega)$ 具有相同的分布. 对于 ω_δ 也是如此.

接下来, 讨论 ω_δ 和 X_δ 的协方差. 为了使结果尽可能一般化, 这里假设 ω 是一 Hurst 指数 $H \in (0,1)$ 的分数布朗运动.

定理 5.1

X_δ 的协方差为 $\sigma_{X_\delta}^2(u) = K(u)Id$, $K(u)$ 由以下式子给出

$$K(u) = \frac{1}{H+1}\delta^{2H} + \frac{1}{\delta^2(2H+1)(2H+2)}\bar{K}(u),$$

其中, 当 $u \geqslant \delta$ 时,

$$
\begin{aligned}
\bar{K}(u) = {} & (u+\delta)^{2H+2} + (u-\delta)^{2H+2} - 2u^{2H+2} \\
& - \delta(2H+2)\big((u+\delta)^{2H+1} - (u-\delta)^{2H+1}\big) + \delta^2(2H+1)(2H+2)u^{2H},
\end{aligned}
$$

当 $0 \leqslant u < \delta$ 时,

$$
\begin{aligned}
\bar{K}(u) = {} & (u+\delta)^{2H+2} + (\delta-u)^{2H+2} - 2u^{2H+2} \\
& - \delta(2H+2)\big((u+\delta)^{2H+1} + (\delta-u)^{2H+1}\big) + \delta^2(2H+1)(2H+2)u^{2H}.
\end{aligned}
$$

$\heartsuit$

该定理的证明基于下面的引理.

引理 5.2

假设 ω 是取值于 $\mathbb{R}^d$ 且 Hurst 指数属于 $(0,1)$ 的分数布朗运动. 则当 $u \geqslant 0$ 时, $\omega_\delta(u)$ 的协方差为 $\sigma^2_{\omega_\delta}(u) = I(u)Id$, 其中

$$
I(u) := \frac{1}{\delta^2(2H+1)(2H+2)}
$$
$$
\times \begin{cases} \big((u+\delta)^{2H+2} - 2\delta^{2H+2} - 2u^{2H+2} + (u-\delta)^{2H+2}\big), & u \geqslant \delta, \\ \big((u+\delta)^{2H+2} - 2\delta^{2H+2} - 2u^{2H+2} + (\delta-u)^{2H+2}\big), & u < \delta. \end{cases}
$$

此外, 当 $u \geqslant 0$ 时, $\mathbf{E}(\omega_\delta(u)\omega(u)) = J(u)Id$, 其中

$$
J(u) := \frac{1}{2\delta(2H+1)} \times \begin{cases} \big((u+\delta)^{2H+1} - 2\delta^{2H+1} - (u-\delta)^{2H+1}\big), & u \geqslant \delta, \\ \big((u+\delta)^{2H+1} - 2\delta^{2H+1} + (\delta-u)^{2H+1}\big), & u < \delta. \end{cases}
$$

$\heartsuit$

证明　首先, 对 $1 \leqslant i, j \leqslant d$,

$$
\omega_\delta^i(u)\omega_\delta^j(u) = \frac{1}{\delta^2} \int_0^u \int_0^u \theta_r \omega^i(\delta) \theta_q \omega^j(\delta)\, dq\, dr.
$$

当 $i \neq j$, 由 ω 分量的相互独立性, 有 $\mathbf{E}(\omega_\delta^i(u)\omega_\delta^j(u)) = 0$. 若 $i = j$,

$$
I(u) := \mathbf{E}(\omega_\delta^i(u))^2 = \frac{1}{2\delta^2} \int_0^u \int_0^u (|r-\delta-q|^{2H} + |r+\delta-q|^{2H} - 2|r-q|^{2H})\, dq\, dr
$$

$$
=: I_1(u) + I_2(u) + I_3(u).
$$

注意,

$$
I_3(u) = -\frac{2}{\delta^2} \int_0^u \int_0^r |r-q|^{2H}\, dq\, dr = -\frac{2}{\delta^2(2H+1)(2H+2)} u^{2H+2}.
$$

现在处理 I_1. 首先, 考虑 $\delta < u$ 的情形且假设 $r - q > \delta$. 则有

$$\int_{q+\delta}^{u} (r - q - \delta)^{2H} dr = \frac{1}{2H+1}(u - q - \delta)^{2H+1}.$$

接下来考虑 $r - q < \delta$ 情形, 有

$$\int_{0}^{q+\delta} (q + \delta - r)^{2H} dr = \frac{1}{2H+1}(q + \delta)^{2H+1}, \quad \delta + q < u$$

和

$$\int_{0}^{u} (q + \delta - r)^{2H} dr = \frac{1}{2H+1}\left((q + \delta)^{2H+1} - (q + \delta - u)^{2H+1}\right), \quad \delta + q > u.$$

综上, 当 $\delta < u$ 时, 有

$$
\begin{aligned}
I_1(u) &= \frac{1}{2\delta^2(2H+1)} \int_0^{u-\delta} \left((u - q - \delta)^{2H+1} + (q + \delta)^{2H+1}\right) dq \\
&\quad + \frac{1}{2\delta^2(2H+1)} \int_{u-\delta}^{u} \left((q + \delta)^{2H+1} - (q + \delta - u)^{2H+1}\right) dq \\
&= \frac{1}{2\delta^2(2H+1)(2H+2)} \left((u + \delta)^{2H+2} - 2\delta^{2H+2} + (u - \delta)^{2H+2}\right).
\end{aligned}
$$

另一方面, 当 $\delta > u$ 时, 有

$$I_1(u) = \frac{1}{2\delta^2(2H+1)(2H+2)} \left((u + \delta)^{2H+2} - 2\delta^{2H+2} + (\delta - u)^{2H+2}\right).$$

最后, 处理 I_2. 与前面一样, 第一步假设 $\delta < u$, 而且假设 $r - q > -\delta$. 则对 $q < \delta$, 有

$$\int_{0}^{u} (r - q + \delta)^{2H} dr = \frac{1}{2H+1}\left((u - q + \delta)^{2H+1} - (\delta - q)^{2H+1}\right),$$

而对 $q > \delta$,

$$\int_{q-\delta}^{u} (r - q + \delta)^{2H} dr = \frac{1}{2H+1}(u - q + \delta)^{2H+1}.$$

如果假设 $r - q < -\delta$, 由于 $q > \delta$, 则有

$$\int_{0}^{q-\delta} (q - \delta - r)^{2H} dr = \frac{1}{2H+1}(q - \delta)^{2H+1}.$$

综上所述, 当 $\delta < u$ 时, 有

$$
\begin{aligned}
I_2(u) &= \frac{1}{2\delta^2(2H+1)} \int_0^\delta ((u-q+\delta)^{2H+1} - (\delta-q)^{2H+1})dq \\
&\quad + \frac{1}{2\delta^2(2H+1)} \int_\delta^u ((u-q+\delta)^{2H+1} + (q-\delta)^{2H+1})dr \\
&= \frac{1}{2\delta^2(2H+1)(2H+2)}((u+\delta)^{2H+2} - 2\delta^{2H+2} + (u-\delta)^{2H+2}).
\end{aligned}
$$

另一方面, 当 $\delta > u$ 时,

$$
\begin{aligned}
I_2(u) &= \frac{1}{2\delta^2} \int_0^u \int_0^u (r-q+\delta)^{2H} dr dq \\
&= \frac{1}{2\delta^2(2H+1)} \int_0^u ((u+\delta-q)^{2H+1} - (\delta-q)^{2H+1})dq \\
&= \frac{1}{2\delta^2(2H+1)(2H+2)}((u+\delta)^{2H+2} - 2\delta^{2H+2} + (\delta-u)^{2H+2}).
\end{aligned}
$$

结果表明, ω_δ 的协方差是 $m \times m$ 矩阵, 其中对角元素为 $I(u)$ 且非对角元素为零.

现在我们考虑 $\mathbf{E}(\omega_\delta(u)\omega(u))$. 和前面一样, 当 $i \neq j$ 时, $\mathbf{E}(\omega_\delta^i(u)\omega^j(u)) = 0$. 因此仅需考虑 $i = j$ 情形. 那么

$$
\begin{aligned}
J(u) := \mathbf{E}(\omega_\delta^i(u)\omega^i(u)) &= \mathbf{E}\left(\frac{1}{\delta} \int_0^u \theta_r \omega^i(\delta)\omega^i(u)dr\right) \\
&= \frac{1}{2\delta} \int_0^u ((r+\delta)^{2H} - |r+\delta-u|^{2H} - |r|^{2H} + |r-u|^{2H})dr \\
&= \frac{1}{2\delta(2H+1)}((u+\delta)^{2H+1} - \delta^{2H+1}) - \frac{1}{2\delta}J_1(u),
\end{aligned}
$$

其中, 当 $\delta < u$ 时,

$$
\begin{aligned}
J_1(u) &= \int_{u-\delta}^u (r+\delta-u)^{2H} dr + \int_0^{u-\delta} (u-\delta-r)^{2H} dr \\
&= \frac{1}{(2H+1)}(\delta^{2H+1} + (u-\delta)^{2H+1}),
\end{aligned}
$$

且当 $\delta > u$ 时,

$$
J_1(u) = \frac{1}{2H+1}(\delta^{2H+1} - (\delta-u)^{2H+1}).
$$

因此,

$$J(u) := \frac{1}{2\delta(2H+1)} \times \begin{cases} \left((u+\delta)^{2H+1} - 2\delta^{2H+1} - (u-\delta)^{2H+1}\right), & u \geqslant \delta \\ \left((u+\delta)^{2H+1} - 2\delta^{2H+1} + (\delta-u)^{2H+1}\right), & u < \delta. \end{cases}$$

因此, $\mathbf{E}(\omega_\delta(u)\omega(u))$ 的协方差是 $d \times d$ 矩阵, 其中对角元素为 $J(u)$ 且非对角元素为零.

现在证明定理 5.1.

证明 令 $u \geqslant 0$, 由于 $X_\delta = \omega_\delta - \omega$, 则对任意 $1 \leqslant i \leqslant j \leqslant m$,

$$\mathbf{E}(X_\delta^i(u)X_\delta^j(u)) = \mathbf{E}(\omega_\delta^i(u)\omega_\delta^j(u)) + \mathbf{E}(\omega^i(u)\omega^j(u)) - \mathbf{E}(\omega_\delta^i(u)\omega^j(u)) - \mathbf{E}(\omega_\delta^j(u)\omega^i(u)),$$

此外, 根据 $\sigma_\omega^2(u) = |u|^{2H}Id$ 和引理 5.2 很容易得到定理 5.1 的结果.

引理 5.3

当 $u < 0$ 时, 将定理 5.1 和引理 5.2 中的 u 用 $-u$ 代替, 结果仍然成立.

证明 令 $u < 0$. 很容易验证

$$\mathbf{E}\left(\int_0^u \theta_r\omega(\delta)dr \int_0^u \theta_r\omega(\delta)dr\right) = \mathbf{E}\left(\int_{-u}^0 \theta_{r+u}\omega(\delta)dr \int_{-u}^0 \theta_{r+u}\omega(\delta)dr\right)$$

$$= \mathbf{E}\left(\int_{-u}^0 \theta_r\omega(\delta)dr \int_{-u}^0 \theta_r\omega(\delta)dr\right) = \mathbf{E}\left(\int_0^{-u} \theta_r\omega(\delta)dr \int_0^{-u} \theta_r\omega(\delta)dr\right).$$

类似地, 有

$$\mathbf{E}\left(\omega(u)\int_0^u \theta_r\omega(\delta)dr\right) = \mathbf{E}\left((-\theta_u\omega(-u))\int_{-u}^0 \theta_{r+u}\omega(\delta)dr\right)$$

$$= -\mathbf{E}\left(\omega(-u)\int_{-u}^0 \theta_r\omega(\delta)dr\right) = \mathbf{E}\left(\omega(-u)\int_0^{-u} \theta_r\omega(\delta)dr\right).$$

在考虑布朗运动这一特殊情况时, 定理 5.1 退化为如下表述.

推论 5.1

若 ω 为布朗运动, 则对 $1 \leqslant i \leqslant d$, 每一分量 X_δ^i 的协方差 $\sigma_{X_\delta^i}^2$ 为

$$\sigma_{X_\delta^i}^2(u) = \begin{cases} u - \dfrac{u^3}{3\delta^2}, & 0 \leqslant u < \delta, \\ \dfrac{2}{3}\delta, & u \geqslant \delta. \end{cases} \tag{5.10}$$

接下来讨论: 对任意 $T \geqslant 0$, 在 $[-T, T]$ 上 X_δ 是否可以提升为一粗糙路径 $(X_\delta, \mathbb{X}_\delta)$.

定理 5.2

对于 $u \geqslant 0, \delta \in (0, 1], \rho \in [1, 2)$, X_δ 的任意分量 X_δ^i 的协方差满足

$$\sigma_{X_\delta^i}^2(u) \leqslant \delta^{1-1/\rho} u^{1/\rho},$$

因此,

$$\|R_{X_\delta^i}\|_{\rho;[s,t]^2} \leqslant \delta^{1-1/\rho} M |t-s|^{1/\rho},$$

其中 $M := \left(\dfrac{2^{1+\rho} + 1}{3^{1-\rho}} \right)^{1/\rho}$.

证明　由推论 5.1, 对于 $1 \leqslant i \leqslant d$, 每个分量 X_δ^i 的方差 $\sigma_{X_\delta^i}^2$ 为

$$\sigma_{X_\delta^i}^2(u) = \begin{cases} u - \dfrac{u^3}{3\delta^2}, & 0 \leqslant u < \delta, \\ \dfrac{2}{3}\delta, & u \geqslant \delta. \end{cases} \tag{5.11}$$

显然, $\sigma_{X_\delta^i}^2(u)$ 是一个连续且非减的函数. 此外, $\sigma_{X_\delta^i}^2(\cdot)$ 是凹的, 对于 $u \geqslant 0$, 有

$$\sigma_{X_\delta^i}^2(u) \leqslant L u^{1/\rho}, \quad \text{其中} L := L(\delta, \rho) = \delta^{1-1/\rho}.$$

而且, 由定理 2.9, 可以导出协方差 $R_{X_\delta^i}$ 的 ρ-变差范数的显式估计:

$$\|R_{X_\delta^i}\|_{\rho;[s,t]^2} \leqslant \delta^{1-1/\rho} \left(\frac{2^{1+\rho} + 1}{3^{1-\rho}} \right)^{1/\rho} |t-s|^{1/\rho}. \tag{5.12}$$

推论 5.2

对于 $\delta \in (0, 1]$ 和 $0 \leqslant s \leqslant t$, X_δ 的 Lévy 面积

$$\mathbb{X}_\delta(s, t) := \int_s^t (X_\delta(u) - X_\delta(s)) \otimes dX_\delta(u)$$

是定义良好的. 特别地, 对 $1 \leqslant i, j \leqslant d$, 有

$$|\mathbb{X}_\delta^{i,j}(s,t)|_{L_2}^2 \leqslant C \delta^{2(1-1/\rho)} M^2 |t-s|^{2/\rho},$$

其中, $M = \left(\dfrac{2^{1+\rho} + 1}{3^{1-\rho}} \right)^{1/\rho}$ 且 C 仅依赖于 ρ.

证明 对于 $i \neq j$, 由命题 2.10 和 (5.12), 很容易得出上述结论. 另一方面, 对于 $i = j$ 及所有 $0 \leqslant s \leqslant t$,

$$|\mathbb{X}_\delta^{i,i}(s,t)|_{L_2}^2 \leqslant \mathbf{E}|X_\delta^i(t) - X_\delta^i(s)|^4 \leqslant 3(\mathbf{E}|X_\delta^i(t) - X_\delta^i(s)|^2)^2$$

$$\leqslant 3\delta^{2(1-1/\rho)} M^2 |t-s|^{2/\rho}.$$

定理 5.3

令 $\delta \in (0,1]$, $\rho > 1$ 且 $q > 1$ 使得 $1/\rho - 1/q > 2/3$. 则对每一 $\alpha \in \left(\dfrac{1}{3}, \dfrac{1}{2\rho} - \dfrac{1}{2q} \right)$, 有 $\|\boldsymbol{\omega}\|_\alpha, \|\boldsymbol{\omega}_\delta\|_\alpha \in L_{2q}$. 此外, 存在正常数 $C_{q,\rho,T}$ 其可能依赖于 q, ρ 和 T, 使得

$$|\varrho_{\alpha;[s,t]}(\boldsymbol{\omega}, \boldsymbol{\omega}_\delta)|_{L_{2q}} \leqslant C_{q,\rho,T} \delta^{1/2(1-1/\rho)}.$$

因此, 对任意 $[s,t] \subset [-T,T]$,

$$\lim_{\delta \to 0} \mathbf{E}(\varrho_{\alpha;[s,t]}(\boldsymbol{\omega}, \boldsymbol{\omega}_\delta))^{2q} = 0.$$

♡

证明 首先假设 $0 \leqslant s \leqslant t$. 为了证明这个结果, 我们将应用定理 2.2, 因此必须验证 $\boldsymbol{\omega}$, $\boldsymbol{\omega}_\delta$ 及其差 (具有不依赖于 δ 的一致常数) 的相应矩条件. 在整个证明过程中, C 是一个常数, 它可能依赖 ρ 或 T, 但不依赖 δ. 在需要的时候, 将强调这些值的依赖性.

注意, 对于 $i \neq j$, 可以考虑以下拆分:

$$\mathbb{X}_\delta^{i,j}(s,t) = \int_s^t [(\omega_\delta^i - \omega^i)(u) - (\omega_\delta^i - \omega^i)(s)] d(\omega_\delta^j - \omega^j)(u)$$

$$= \int_s^t [\omega_\delta^i(u) - \omega_\delta^i(s)] d\omega_\delta^j(u) - \int_s^t [\omega^i(u) - \omega^i(s)] d\omega_\delta^j(u)$$

$$- \int_s^t [(\omega_\delta^i - \omega^i)(u) - (\omega_\delta^i - \omega^i)(s)] d\omega^j(u)$$

$$=: \omega_\delta^{2,i,j}(s,t) - I_\delta^{1,i,j}(s,t) - I_\delta^{2,i,j}(s,t).$$

积分 $I_\delta^{1,i,j}$ 可以重写为

$$I_\delta^{1,i,j}(s,t) = \int_s^t [\omega^i(u) - \omega^i(s)] d\omega^j(u) + \int_s^t [\omega^i(u) - \omega^i(s)] d(\omega_\delta^j - \omega^j)(u)$$

$$=: \omega^{2,i,j}(s,t) + I_\delta^{3,i,j}(s,t).$$

因此, 得到

$$\omega_\delta^{2,i,j}(s,t) - \omega^{2,i,j}(s,t) = \mathbb{X}_\delta^{i,j}(s,t) + I_\delta^{2,i,j}(s,t) + I_\delta^{3,i,j}(s,t). \tag{5.13}$$

根据命题 2.10, 可以通过各自增量协方差的变差范数估计 $I_\delta^{2,i,j}(s,t)$ 和 $I_\delta^{3,i,j}(s,t)$ 的二阶矩. 事实上

$$\mathbf{E}|I_\delta^{2,i,j}(s,t)|^2 = \mathbf{E}\left(\left|\int_s^t [X_\delta^i(u) - X_\delta^i(s)]d\omega^j(u)\right|^2\right)$$

$$\leqslant C\|R_{X_\delta^i}\|_{\rho;[s,t]^2}\|R_{\omega^j}\|_{\rho;[s,t]^2}, \tag{5.14}$$

以及

$$\mathbf{E}|I_\delta^{3,i,j}(s,t)|^2 = \mathbf{E}\left(\left|\int_s^t [\omega^i(u) - \omega^i(s)]dX_\delta^j(u)\right|^2\right)$$

$$\leqslant C\|R_{\omega^i}\|_{\rho;[s,t]^2}\|R_{X_\delta^j}\|_{\rho;[s,t]^2}. \tag{5.15}$$

结合定理 2.9, (5.12), (5.14) 和 (5.15), 对于 $k=2,3$, 有

$$\mathbf{E}|I_\delta^{k,i,j}(s,t)|^2 \leqslant C\delta^{1-1/\rho}T^{1-1/\rho}M^2|t-s|^{2/\rho}.$$

将上述估计代入 (5.13) 中, 并且利用推论 5.2, 有

$$\mathbf{E}|\omega_\delta^{2,i,j}(s,t) - \omega^{2,i,j}(s,t)|^2 \leqslant 3\mathbf{E}|\mathbb{X}_\delta^{i,j}(s,t)|^2 + 3\mathbf{E}|I_\delta^{2,i,j}(s,t)|^2 + 3\mathbf{E}|I_\delta^{3,i,j}(s,t)|^2$$

$$\leqslant CM^2\delta^{1-1/\rho}(\delta^{1-1/\rho} + T^{1-1/\rho})|t-s|^{2/\rho}$$

$$\leqslant CM^2\delta^{1-1/\rho}(1 + T^{1-1/\rho})|t-s|^{2/\rho}. \tag{5.16}$$

实际上, (5.16) 可以重写为

$$|\omega_\delta^{2,i,j}(s,t) - \omega^{2,i,j}(s,t)|_{L_2} \leqslant C\varepsilon|t-s|^{1/\rho}, \tag{5.17}$$

其中, $\varepsilon := \delta^{1/2(1-1/\rho)}$ 且上述 C 是一个依赖于 ρ 和 T 但不依赖于 δ 的常数.

此外, 对于 $i \neq j$, 根据命题 2.10 和定理 2.9, 布朗运动的协方差, 可以得到

$$\mathbf{E}|\omega^{2,i,j}(s,t)|^2 \leqslant CT^{2(1-1/\rho)}M^2|t-s|^{2/\rho}.$$

根据上述不等式和 (5.16), 得到 ω_δ^2 相应的估计, 即

$$\mathbf{E}|\omega_\delta^{2,i,j}(s,t)|^2 \leqslant 2\mathbf{E}|\omega_\delta^{2,i,j}(s,t) - \omega^{2,i,j}(s,t)|^2 + 2\mathbf{E}|\omega^{2,i,j}(s,t)|^2$$

$$\leqslant CM^2\left(\delta^{2(1-1/\rho)} + \delta^{1-1/\rho}T^{1-1/\rho} + T^{2(1-1/\rho)}\right)|t-s|^{2/\rho},$$

因此

$$|\omega^{2,i,j}(s,t)|_{L_2} \leqslant C|t-s|^{1/\rho}, \quad |\omega^{2,i,j}_{\delta}(s,t)|_{L_2} \leqslant C|t-s|^{1/\rho}. \tag{5.18}$$

另一方面, 由于 $\omega^i(t) - \omega^i(s)$ 和 $\omega^i_{\delta}(t) - \omega^i_{\delta}(s)$ 是高斯变量, 考虑到 $\omega^i_{\delta}(t) = X^i_{\delta}(t) + \omega^i(t)$, 那么有如下估计

$$\mathbf{E}|\omega^i_{\delta}(t) - \omega^i_{\delta}(s) + \omega^i(t) - \omega^i(s)|^4 \leqslant 8\mathbf{E}|\omega^i_{\delta}(t) - \omega^i_{\delta}(s)|^4 + 8\mathbf{E}|\omega^i(t) - \omega^i(s)|^4$$

$$\leqslant 24(\mathbf{E}|\omega^i_{\delta}(t) - \omega^i_{\delta}(s)|^2)^2 + 24(\mathbf{E}|\omega^i(t) - \omega^i(s)|^2)^2$$

$$\leqslant 96(\mathbf{E}|X^i_{\delta}(t) - X^i_{\delta}(s)|^2 + \mathbf{E}|\omega^i(t) - \omega^i(s)|^2)^2 + 24(\mathbf{E}|\omega^i(t) - \omega^i(s)|^2)^2$$

$$\leqslant C|t-s|^{2/\rho},$$

上式中 C 关于 $\delta \in (0,1)$ 是一致的, 但会依赖于 T 和 ρ. 当 $i = j$ 时, 通过直接计算得到

$$\mathbf{E}(\omega^{2,i,i}_{\delta}(s,t) - \omega^{2,i,i}(s,t))^2$$

$$= \frac{1}{4}\mathbf{E}\left((\omega^i_{\delta}(t) - \omega^i_{\delta}(s))^2 - (\omega^i(t) - \omega^i(s))^2\right)^2$$

$$= \frac{1}{4}\left((\omega^i_{\delta}(t) - \omega^i_{\delta}(s) + \omega^i(t) - \omega^i(s))(X^i_{\delta}(t) - X^i_{\delta}(s))\right)^2$$

$$\leqslant \frac{1}{4}\left(\mathbf{E}|\omega^i_{\delta}(t) - \omega^i_{\delta}(s) + \omega^i(t) - \omega^i(s)|^2 \mathbf{E}|X^i_{\delta}(t) - X^i_{\delta}(s)|^2\right)^{1/2},$$

因此

$$|\omega^{2,i,i}_{\delta}(s,t) - \omega^{2,i,i}(s,t)|_{L_2} \leqslant C\varepsilon|t-s|^{1/\rho}, \tag{5.19}$$

其中, $\varepsilon = \delta^{1/2(1-1/\rho)}$. 根据 (2.52) 有

$$|\omega^{2,i,i}(s,t)|_{L_2} \leqslant C|t-s|^{1/\rho}. \tag{5.20}$$

再次使用三角不等式, 有

$$|\omega^{2,i,i}_{\delta}(s,t)|_{L_2} \leqslant C|t-s|^{1/\rho}. \tag{5.21}$$

因此, 考虑到 (5.17) — (5.21), 在 $q = 2$ 的特殊情况下, 所有矩条件对所有的 Lévy 面积都满足. 现在, 由 Wiener-Itô 混沌的 L_q 和 L_2 范数等价性 (详情请参考 [5] 附录 D) 知对于每个 $q > 1$, 有

$$|\omega^2(s,t)|_{L_q} \leqslant C_{q,\rho,T}|t-s|^{1/\rho},$$

$$|\omega^2_{\delta}(s,t)|_{L_q} \leqslant C_{q,\rho,T}|t-s|^{1/\rho},$$

$$|\omega_\delta^2(s,t) - \omega^2(s,t)|_{L_q} \leqslant \varepsilon C_{q,\rho,T}|t-s|^{1/\rho}.$$

另一方面, 由定理 5.2,

$$|\omega_\delta(t) - \omega_\delta(s) - \omega(t) + \omega(s)|_{L_{2q}} = |X_\delta(t) - X_\delta(s)|_{L_{2q}} \leqslant \varepsilon C_{q,\rho,T}|t-s|^{1/\rho},$$

且由定理 2.9 和布朗运动的协方差有

$$|\omega(t) - \omega(s)|_{L_{2q}} \leqslant C_{q,\rho,T}|t-s|^{1/2\rho}.$$

最后两个不等式表明了

$$|\omega_\delta(t) - \omega_\delta(s)| \leqslant C_{q,\rho,T}|t-s|^{1/2\rho}.$$

现在, 对于每个 $\alpha \in (1/3, 1/2)$, 存在 $\rho > 1$ 和 $q > 1$ 满足 $1/\rho - 1/q > 2/3$, 运用定理 2.2, 知 $\|\boldsymbol{\omega}\|_\alpha, \|\boldsymbol{\omega}_\delta\|_\alpha \in L_{2q}$ 和

$$|\varrho_{\alpha;[s,t]}(\boldsymbol{\omega}, \boldsymbol{\omega}_\delta)|_{L_{2q}} \leqslant C_{q,\rho,T}\delta^{1/2(1-1/\rho)}. \tag{5.22}$$

因此

$$\lim_{\delta \mapsto 0} |\varrho_{\alpha;[s,t]}(\boldsymbol{\omega}, \boldsymbol{\omega}_\delta)|_{L_{2q}} = 0.$$

到目前为止, 仅考虑了 $0 \leqslant s \leqslant t$ 的情况, (5.2) 和 (5.3) 确保可以只考虑 $s \leqslant t \leqslant 0$, 此种情形的收敛证明方法与 $0 \leqslant s \leqslant t$ 的情形相同.

> **定理 5.4**
>
> 考虑一个序列 $(\delta_i)_{i\in\mathbb{N}}$, 满足当 $i \to \infty$ 时, 该序列足够快地收敛到 0. 则有以下收敛: 对每一 $T > 0$, $\alpha \in \left(\dfrac{1}{3}, \dfrac{1}{2}\right)$, 在一个 θ 不变全测集 Ω' 中, 有
>
> $$\begin{array}{ll} \text{在 } \mathcal{C}^\alpha([-T,T], \mathbb{R}^d) \text{ 中}, & \lim_{i\to\infty} \omega_{\delta_i} = \omega, \\ \text{在 } \mathcal{C}_2^{2\alpha}([-T,T], \mathbb{R}^d \otimes \mathbb{R}^d) \text{ 中}, & \lim_{i\to\infty} \omega_{\delta_i}^2 = \omega^2. \end{array} \tag{5.23}$$
>
> ♡

证明　假设序列 $(\delta_i)_{i\in\mathbb{N}}$ 足够快地收敛到 0, 这意味着可以应用 Borel-Cantelli 引理, 因此这里考虑 $\delta_i = 2^{-i}$. 此外, 这里只需要考虑 $T = n \in \mathbb{N}$ 的情形.

鉴于 (5.22), 对每一 $\alpha \in (1/3, 1/2)$, 存在 $\rho > 1$ 和 $q > 1$ 满足 $1/\rho - 1/q > 2/3$, 那么由定理 2.2, 则存在一正常数 C_n, 使得当 $i \to \infty$,

$$\mathbf{E}(\varrho_{\alpha;[-n,n]}(\boldsymbol{\omega}_{\delta_i}, \boldsymbol{\omega}))^{2q} \leqslant C_{q,\rho,n}\delta_i^{q(1-1/\rho)} = C_{q,\rho,n}2^{iq(1/\rho-1)} \to 0, \tag{5.24}$$

现在由切比雪夫不等式和 (5.24), 有

$$P_{\frac{1}{2}}\left(\omega : \varrho_{\alpha;[s,t]}(\boldsymbol{\omega}_{\delta_i}, \boldsymbol{\omega}) > 2^{i/2(1/\rho-1)}\right) \leqslant \frac{1}{2^{iq/2(1/\rho-1)}} \mathbf{E}(\varrho_{\alpha;[-n,n]}(\boldsymbol{\omega}_{\delta_i}, \boldsymbol{\omega}))^{2q}$$

$$\leqslant C_{q,\rho,n} 2^{iq/2(1/\rho-1)}.$$

由 Borel-Cantelli 引理, 存在一族 $P_{\frac{1}{2}}$-全测度子集 $\Omega^{(n)}$ 和 $i_0 = i_0(\omega, n) \geqslant 1$ 使得对每一 $\omega \in \Omega^{(n)}$, 当 $i \geqslant i_0$ 时有

$$\varrho_{\alpha;[s,t]}(\boldsymbol{\omega}_{\delta_i}, \boldsymbol{\omega}) \leqslant 2^{i/2(1/\rho-1)}.$$

现在取 $\hat{\Omega}^{(0)} = \bigcap_{n \geqslant 1} \Omega^{(n)}$, 那么有 $P_{\frac{1}{2}}(\hat{\Omega}^{(0)}) = 1$. 用 $\theta_\tau \omega$ 替换 ω, 我们可以引入全测集 $\hat{\Omega}^{(\tau)}$, $\tau \in \mathbb{R}$.

为了找到使 (5.23) 成立的不变集 Ω', 假设 Ω^τ 是一 σ-代数 $\mathcal{F}$ 中的可测集, 且满足对任意 $n \in \mathbb{N}$, $\Theta_\tau \boldsymbol{\omega}_{\delta_i}$ 在 $\mathscr{C}^\alpha([-n,n], \mathbb{R}^d)$ 中收敛, 即该序列构成了一 Cauchy 序列. 由于

$$\sup_{-n \leqslant s < t \leqslant n} \frac{|\tilde{\theta}_\tau^2 \omega_{\delta_i}(s,t)|}{|t-s|^{2\alpha}} = \sup_{\{-n \leqslant s < t \leqslant n\} \cap \mathbb{Q}} \frac{|\tilde{\theta}_\tau \omega_{\delta_i}^2(s,t)|}{|t-s|^{2\alpha}}$$

作为一个从 $\mathcal{C}_0(\mathbb{R}, \mathbb{R}^d) \ni \omega \mapsto \tilde{\theta}_\tau \omega_{\delta_i}^2(s,t)$ 的映射是可测的, 则得到 Ω^τ 的可测性. 对于路径分量, 可以用类似的方法进行讨论, 因此只考虑 Lévy 面积分量. 此外, 构成 Cauchy 序列的随机变量 ω 的集合也是可测的. 由于 Ω^τ 包含 $\hat{\Omega}^\tau$, 因此 Ω^τ 是全测度集合. 根据 (5.8), 对任意 $q, \tau \in \mathbb{R}$,

$$\tilde{\theta}_{\tau+q} \omega_{\delta_i}^2(s,t) = \tilde{\theta}_\tau \omega_{\delta_i}^2(s+q, t+q),$$

因此, 对 $s \leqslant t \in \mathbb{R}$, 取极限得到

$$\tilde{\theta}_{\tau+q} \omega^2(s,t) = \tilde{\theta}_\tau \omega^2(s+q, t+q),$$

这使得 $\Omega^\tau \subset \Omega^{\tau+q}$. 类似地有

$$\tilde{\theta}_\tau \omega_{\delta_i}^2(s,t) = \tilde{\theta}_{\tau+q-q} \omega_{\delta_i}^2(s,t) = \tilde{\theta}_{\tau+q} \omega_{\delta_i}^2(s-q, t-q),$$

这意味着 $\Omega^\tau \supset \Omega^{\tau+q}$, 因此取 $\tau = 0$,

$$\Omega^q = \Omega^0.$$

则对 $q \in \mathbb{R}$,

$$\theta_{-q} \Omega^0 = \theta_q^{-1} \Omega^0$$

$$= \{\omega \in \Omega : \text{对} n \in \mathbb{N}, \theta_q \omega_{\delta_i}^2 \text{ 在度量 } \varrho_{\alpha;[-n,n]} \text{ 下收敛}\} = \Omega^q = \Omega^0,$$

因此 $\Omega' := \Omega^0$ 是 θ 不变的.

以上定理给出了布朗粗糙路径的逼近. 在第 3 章及第 4 章中已经讨论了 (5.1) 的全局解及其解生成动力系统 $\varphi_0(t,\omega,\xi)$ 的问题. 注意, 例 4.2 中构造度量动力系统的最后一个重要步骤——路径提升为粗糙, 将被定理 5.4 所取代, 即路径不仅可以提升为几何粗糙路径而且有好的近似方式. 所以生成动力系统以及动力学近似都应在新生成的度量动力系统上考虑. 接下来, 在上述理论的基础上, 回到本节的主题, 讨论 (5.1) 的动力系统逼近问题. 我们将 (5.1) 的解与由近似提升 ω_δ 驱动的相应系统的解进行比较, 也就是说, 考虑以下粗糙微分方程:

$$dY_\delta(t) = f(Y_\delta(t))d\omega_\delta(t), \quad Y_\delta(0) = \xi_\delta \in \mathbb{R}^n, \quad t \in [0,T], \tag{5.25}$$

目的是建立其与系统 (5.1) 的关系.

应该注意到, ω_δ 属于 $\mathcal{C}^1([0,T],\mathbb{R}^d)$, 因此求解由 ω_δ 提升 ω_δ 驱动的微分方程是不需要的, 这反过来意味着粗糙微分方程 (5.25) 的研究可以简化为以下常微分方程

$$dY_\delta(t) = f(Y_\delta(t))d\omega_\delta(t), \quad Y_\delta(0) = \xi_\delta \in \mathbb{R}^n, \quad t \in [0,T] \tag{5.26}$$

的研究.

然后, 在 $f \in \mathcal{C}_b^3(\mathbb{R}^n,\mathbb{R}^{n\times d})$ 的正则性假设下, (5.25) 在 $\mathcal{C}^\alpha([0,T],\mathbb{R}^n)$ 中存在的唯一解 Y_δ, 进一步对所有 $t \in [0,T]$ 和 $\omega \in \Omega'$, 该解生成随机动力系统 $\varphi_\delta(t,\omega,\xi_\delta)$. 注意到 ω_δ 和 θ_t 是可交换的, 因此 $\varphi_\delta(t,\omega,\xi_\delta)$ 是一个随机动力系统.

现在, 可以建立 φ_δ 和 φ_0 之间的关系.

定理 5.5

令 $f \in \mathcal{C}_b^3(\mathbb{R}^n,\mathbb{R}^{n\times d})$. 对任意 $T > 0$ 和 $\alpha \in (1/3,1/2)$, 存在一列收敛于 0 的正数序列 $(\delta_i)_{i\in\mathbb{N}}$ 使得, 若一列初值条件序列 $(\xi_{\delta_i})_{i\in\mathbb{N}}$ 收敛于 ξ, 则在空间 $\mathcal{C}^\alpha([0,T],\mathbb{R}^n)$ 中, 当 $i \to \infty$ 时, 由 (5.25) 生成的动力系统 φ_δ 收敛到由 (5.1) 生成的动力系统 φ_0.

证明 由于 ω 和 ω_{δ_i} 是粗糙路径, 因此存在正常数 $K = K(\omega)$ 使得

$$\|\omega\|_{\alpha;[0,T]} \leqslant K, \quad \|\omega_{\delta_i}\|_{\alpha;[0,T]} \leqslant K.$$

根据定理 3.11, 则存在一常数 $C = C(K,\alpha,f) > 0$ 使得

$$\|Y_{\delta_i} - Y\|_{\alpha;[0,T]} \leqslant C\left(|\xi_{\delta_i} - \xi| + \varrho_{\alpha;[0,T]}(\omega_{\delta_i},\omega)\right),$$

因此定理 5.4 意味着, 当 $i \to \infty$ 时, 有

$$\|\varphi_{\delta_i} - \varphi_0\|_{\alpha;[0,T]} \leqslant C\left(|\xi_{\delta_i} - \xi| + \varrho_{\alpha;[0,T]}(\omega_{\delta_i},\omega)\right) \to 0.$$

注 5.1　在本节, 主要讨论由布朗粗糙路径驱动的粗糙微分方程的动力系统的逼近问题, 对于由 Hurst 指数属于 $(1/3, 1/2)$ 的分数布朗粗糙路径驱动的粗糙微分方程是否有相应的结果呢? 其难点在于对分数布朗粗糙路径的近似与分数布朗粗糙路径的差是否能提升为一几何粗糙路径以及能否验证定理 2.8 中的估计. 更具体地, 此种情形下的分数布朗运动, 所对应的逼近过程以及分数布朗运动和逼近过程之间的差过程的二阶矩 (见引理 5.2) 的凹性难以判断, 使得定理 2.9 难以应用. 最近在文献 [58] 中, 基于协方差的变差范数定义来克服上述的困难, 使得本节的结果得以推广. 这里不再论述相关结果, 感兴趣的读者可以参考相应的文献 [58].

5.2　粗糙微分方程的中心流形

不变流形理论为研究有限维或无限维空间中非线性随机系统的动力学提供了不可或缺的工具. 可用于捕捉复杂动力学和解的长时间行为, 并提供了将高维问题约化到低维结构中去分析的工具. 本节内容主要参考 Kuehn 和 Neamţu 在 [38] 中内容, 将介绍粗糙微分方程的中心流形. 考虑如下形式的粗糙微分方程:

$$dY_t = (AY_t + f(Y_t))dt + g(Y_t)d\mathbf{X}_t, \quad Y_0 = \xi \in \mathbb{R}^n, \tag{5.27}$$

其中 $n \geqslant 1, A \in \mathbb{R}^{n \times n}$ 是一矩阵, $f : \mathbb{R}^n \to \mathbb{R}^n$ 是 Lipschtiz 连续的, $g : \mathbb{R}^n \to \mathbb{R}^{n \times d}$ 是一 $\mathcal{C}_b^3$ 矩阵值映射, $\mathbf{X} \in \mathscr{C}^\alpha([0, T], \mathbb{R}^d)$. 根据第 2 章粗糙微分方程解的讨论, 可以通过标准的拼接论证过程得到时间区间为 $[0, \infty)$ 上的全局解. 为了便于讨论, 假定时间 $T = 1$.

当 $g = 0$ 时, 在经典理论中, 常微分方程的中心流形得到了很好的研究. 在 Itô 积分理论中, 利用 Ornstein-Uhlenbeck(OU) 过程使用 Doss-Sussmann 变换将随机 (stochastic) 微分方程转化为随机 (random) 微分方程, 研究了一类随机微分方程的随机中心流形 (详情可参考 [50]). 对于 $g \neq 0$ 的一类函数, 从定理 3.2 中粗糙积分的定义可知粗糙积分是逐轨道意义下的, 其更接近确定性分析方法. 因此, 本节将介绍如何利用粗糙积分和粗糙分析的技巧来研究粗糙微分方程生成的动力系统的粗糙中心流形.

首先, 类似于第 3 章粗糙微分方程 (3.48) 全局解的讨论, 在受控粗糙路径空间, 可以得到粗糙微分方程 (5.27) 的温和解:

$$\left(Y_t = S_t\xi + \int_0^t S_{t-u}f(Y_u)du + \int_0^t S_{t-u}g(Y_u)d\mathbf{X}_u, g(Y_t)\right) \in \mathscr{D}_X^{2\alpha}([0, T], \mathbb{R}^n),$$
$$Y_0 = \xi \in \mathbb{R}^n,$$
$$\tag{5.28}$$

其中 $S_t = e^{tA}, t \geqslant 0$. 为了讨论粗糙中心流形, 需要给出相应的估计.

首先, 对于 $S.$, 有如下有用的结论:

引理 5.4

令 $A \in \mathbb{R}^{n \times n}$. 则存在常数 $\tilde{M} \geqslant 1$ 使得, 对 $t \geqslant 0$, 有

$$|S_t| \leqslant \tilde{M} e^{t|A|} \quad 和 \quad |S_t - Id| \leqslant \tilde{M}|A|t e^{t|A|}.$$

注意, 不失一般性, 为了符号简便, 假定 $\tilde{M} = 1$. 根据定义 2.9 有

引理 5.5

令 $(Y, Y') \in \mathscr{D}_X^{2\alpha}([0,1], \mathbb{R}^n)$. 对每一 $c \in [0,1]$, 令 $Z_.^c = S_{c-.}Y.$, 则有 $(Z^c, (Z^c)') \in \mathscr{D}_X^{2\alpha}([0,c], \mathbb{R}^n)$, 其中 $(Z_.^c)' = S_{c-.}Y_.'$.

证明 根据受控粗糙路径定义, 需要证明 $Z^c \in \mathcal{C}^\alpha$, $(Z^c)' \in \mathcal{C}^\alpha$ 和 $R^{Z^c} \in \mathcal{C}^{2\alpha}$. 对于任何固定 $0 \leqslant s \leqslant t \leqslant c \leqslant 1$. 则有

$$
\begin{aligned}
|Z_{s,t}^c| &= |S_{c-t}Y_t - S_{c-s}Y_s| \\
&\leqslant |S_{c-t}Y_t - S_{c-t}Y_s| + |(S_{c-t} - S_{c-s})Y_s| \\
&\leqslant |S_{c-t}||Y_{s,t}| + |S_{c-t}||S_{t-s} - Id||Y_s| \\
&\leqslant e^{c|A|}\|Y\|_\alpha |t-s|^\alpha + |A|e^{2c|A|}\|Y\|_\infty |t-s|,
\end{aligned}
$$

因此

$$\|Z^c\|_\alpha \leqslant C[|A|](|Y_0| + \|Y\|_\alpha).$$

对于 $(Z^c)'$, 类似于 Z^c 的估计, 有

$$\|(Z^c)'\|_\alpha \leqslant C[|A|](|Y_0'| + \|Y'\|_\alpha).$$

对于余项 R^{Z^c}, 有

$$
\begin{aligned}
|R_{s,t}^{Z^c}| &= |Z_{s,t}^c - (Z_s^c)' X_{s,t}| \\
&= |S_{c-t}Y_t - S_{c-s}Y_s - S_{c-s}Y_s' X_{s,t}| \\
&= |S_{c-t}Y_t - S_{c-s}Y_s - S_{c-s}Y_{s,t} + S_{c-s}R_{s,t}^Y| \\
&\leqslant |S_{c-t}||S_{t-s} - Id||Y_t| + |S_{c-s}||R_{s,t}^Y| \\
&\leqslant |A|e^{2c|A|}\|Y\|_\infty |t-s| + e^{c|A|}\|R^Y\|_{2\alpha}|t-s|^{2\alpha},
\end{aligned}
$$

那么有

$$\|R^{Z^c}\|_{2\alpha} \leqslant C[|A|](|Y_0| + \|Y\|_\alpha + \|R^Y\|_{2\alpha}).$$

综上所述, 引理得证.

根据定理 3.2, 有以下引理.

> **引理 5.6**
>
> 令 $(Y, Y') \in \mathscr{D}_X^{2\alpha}([0,1], \mathbb{R}^{n\times d})$. 则
>
> $$\left(\int_0^\cdot S_{\cdot-u}Y_u d\mathbf{X}_u, Y_\cdot\right) \in \mathscr{D}_X^{2\alpha}([0,1], \mathbb{R}^n). \qquad (5.29)$$
> ♡

证明   由引理 5.5 和定理 3.2, 可以定义积分

$$I_t := \int_0^t S_{t-u}Y_u d\mathbf{X}_u.$$

证明 (5.29) 的关键是证明 R^I 是 2α-Hölder 连续的. 其他的性质是易证的. 比如, I 的 Gubinelli 导数是 Y, 由假设它是 α-Hölder 连续的. 由引理 5.4 和 (3.18) 很容易证明 I 是 α-Hölder 连续的. 事实上, 由于

$$I_{s,t} = \int_s^t S_{t-u}Y_u d\mathbf{X}_u + (S_{t-s} - Id)\int_0^s S_{s-u}Y_u d\mathbf{X}_u.$$

因此, 对于第一项有

$$\left|\int_s^t S_{t-u}Y_u d\mathbf{X}_u\right| \leqslant |S_{t-s}|\|Y\|_\infty\|X\|_\alpha|t-s|^\alpha$$
$$+ |S_{t-s}|\|Y'\|_\infty\|\mathbb{X}\|_{2\alpha}|t-s|^{2\alpha} + C|t-s|^{3\alpha}.$$

同时, 对于第二项有

$$\left|(S_{t-s} - Id)\int_0^s S_{s-u}Y_u d\mathbf{X}_u\right| \leqslant |A|e^{(t-s)|A|}|t-s|\left|\int_0^s S_{s-u}Y_u d\mathbf{X}_u\right|.$$

接下来, 证明 R^I 的 2α-Hölder 连续性.

$$|R_{s,t}^I| = |I_{s,t} - I_s'X_{s,t}| = \left|\int_0^t S_{t-u}Y_u d\mathbf{X}_u - \int_0^s S_{s-u}Y_u d\mathbf{X}_u - Y_s X_{s,t}\right|$$
$$\leqslant \left|(S_{t-s} - Id)\int_0^s S_{s-u}Y_u d\mathbf{X}_u\right| + \left|\int_s^t S_{t-u}Y_u d\mathbf{X}_u - Y_s X_{s,t}\right|.$$

由引理 5.4 和 (3.18), 有

$$\left| (S_{t-s} - Id) \int_0^s S_{s-u} Y_u d\mathbf{X}_u \right|$$

$$\leqslant |A| e^{(t-s)|A|} |t - s| (|S_s Y_0 X_{0,s}| + |S_s Y_0' \mathbb{X}_{0,s}|$$

$$+ C(\|X\|_\alpha \|R^{Z^s}\|_{2\alpha} + \|\mathbb{X}\|_{2\alpha} \|(Z^s)'\|_\alpha) s^{3\alpha})$$

$$\leqslant C[|A|] |t - s| (|Y_0| \|X\|_\alpha s^\alpha$$

$$+ |Y_0'| \|\mathbb{X}\|_{2\alpha} s^{2\alpha} + (\|X\|_\alpha \|R^{Z^s}\|_{2\alpha} + \|\mathbb{X}\|_{2\alpha} \|(Z^s)'\|_\alpha) s^{3\alpha}).$$

将引理 5.5 中关于 $\|(Z^s)'\|_\alpha$ 和 $\|R^{Z^s}\|_{2\alpha}$ 的估计代入上式, 那么存在一个常数 $C = C[|A|]$ 使得

$$\left| (S_{t-s} - Id) \int_0^s S_{s-u} Y_u d\mathbf{X}_u \right|$$

$$\leqslant C[|A|] (|Y_0| + |Y_0'| + |Y\|_\alpha + |Y'\|_\alpha + \|R^Y\|_{2\alpha}) (\|X\|_\alpha + \|\mathbb{X}\|_{2\alpha}) |t - s|.$$

现在估计第二项, 再次使用 (3.18) 式, 有

$$\left| \int_s^t S_{t-u} Y_u d\mathbf{X}_u - Y_s X_{s,t} \right|$$

$$\leqslant |S_{t-s} Y_s X_{s,t} - Y_s X_{s,t}| + |S_{t-s} Y_s' \mathbb{X}_{s,t}|$$

$$+ C(\|X\|_\alpha \|R^{Z^t}\|_{2\alpha} + \|\mathbb{X}\|_{2\alpha} \|(Z^t)'\|_\alpha) |t - s|^{3\alpha}$$

$$\leqslant C[|A|] (\|Y\|_\infty \|X\|_\alpha |t - s|^{1+\alpha} + \|Y'\|_\infty \|\mathbb{X}\|_{2\alpha} |t - s|^{2\alpha})$$

$$+ C(\|X\|_\alpha \|R^{Z^t}\|_{2\alpha} + \|\mathbb{X}\|_{2\alpha} \|(Z^t)'\|_\alpha) |t - s|^{3\alpha}.$$

因此有

$$\left| \int_s^t S_{t-u} Y_u d\mathbf{X}_u - Y_s X_{s,t} \right|$$

$$\leqslant C[|A|] (|Y_0| + |Y_0'| + \|Y\|_\alpha + \|Y'\|_\alpha + \|R^Y\|_{2\alpha}) (\|X\|_\alpha + \|\mathbb{X}\|_{2\alpha}) |t - s|^{2\alpha}.$$

这就得到了受控粗糙积分所对应余项的正则性. 综合上述估计以及

$$\|Y\|_\alpha \leqslant C(1 + \|X\|_\alpha)(|Y_0'| + \|Y, Y'\|_{X,2\alpha}),$$

最终得到

$$\left\|\int_0^\cdot S_{\cdot-u}Y_u d\mathbf{X}_u, Y_\cdot\right\|_{X,2\alpha}$$

$$\leqslant \|Y\|_\alpha + C[\|A\|](|Y_0| + |Y_0'| + \|Y,Y'\|_{X,2\alpha})(1 + \|X\|_\alpha)(\|X\|_\alpha + \|\mathbb{X}\|_{2\alpha}). \quad (5.30)$$

因此, 根据引理 2.4 和 (5.30), 对 $(Y,Y') \in \mathscr{D}_X^{2\alpha}([0,1],\mathbb{R}^n)$ 和 $g \in \mathcal{C}_b^3(\mathbb{R}^n, \mathbb{R}^{n\times d})$ 有

$$\left\|\int_0^\cdot S_{\cdot-u}g(Y_u) d\mathbf{X}_u, g(Y_\cdot)\right\|_{X,2\alpha}$$

$$\leqslant \|g(Y)\|_\alpha + C[\|A\|](|g(Y_0)| + |(g(Y_0))'|$$

$$+ \|g(Y), (g(Y))'\|_{X,2\alpha})(1 + \|X\|_\alpha)(\|X\|_\alpha + \|\mathbb{X}\|_{2\alpha}). \quad (5.31)$$

结合定理 2.10 和 (5.30), 有

引理 5.7

令 $(Y,Y'),(\tilde{Y},\tilde{Y}') \in \mathscr{D}_X^{2\alpha}([0,1],\mathbb{R}^n)$, 且 $\|X\|_\alpha, |Y_0'| + \|Y,Y'\|_{X,2\alpha}, |\tilde{Y}_0'| + \|\tilde{Y},\tilde{Y}'\|_{\tilde{X},2\alpha} \leqslant M \in [1,\infty)$. 对 $g \in \mathcal{C}_b^3(\mathbb{R}^n, \mathbb{R}^{n\times d})$ 有以下估计

$$\left\|\int_0^\cdot S_{\cdot-u}(g(Y_u) - g(\tilde{Y}_u)) d\mathbf{X}_u, g(Y_\cdot) - g(\tilde{Y}_\cdot)\right\|_{X,2\alpha}$$

$$\leqslant C[\|A\|]M^2\|g\|_{\mathcal{C}_b^3}(1 + \|X\|_\alpha)(\|X\|_\alpha + \|\mathbb{X}\|_{2\alpha})\|Y-\tilde{Y}, Y'-\tilde{Y}'\|_{\mathscr{D}_X^{2\alpha}}. \quad (5.32)$$

♡

因为这里考虑粗糙微分方程 (5.27), 所以需要估计包含初值项和漂移项的部分. 在这种情形下, 由于它们的 Gubinelli 导数为 0, 所以估计相对简单.

引理 5.8

令 $\xi \in \mathbb{R}^n$ 和 $f: \mathbb{R}^n \to \mathbb{R}^n$ 是 Lipschitz 连续的. 则对 $(Y,Y') \in \mathscr{D}_X^{2\alpha}([0,1],\mathbb{R}^n)$, 漂移项和扩散项部分的 Gubinelli 导数由下式给出:

$$\left(S_\cdot\xi + \int_0^\cdot S_{\cdot-u}f(Y_u) du\right)' = 0. \quad (5.33)$$

此外, 有以下估计

$$\left\|S_\cdot\xi + \int_0^\cdot S_{\cdot-u}f(Y_u) du, 0\right\|_{X,2\alpha} \leqslant C[\|A\|](|\xi| + |f(Y_0)| + L_f\|Y\|_\alpha), \quad (5.34)$$

其中 L_f 表示 f 的 Lipschitz 常数. 更进一步, 对于两个受控粗糙路径 (Y, Y') 和 $(\tilde{Y}, \tilde{Y}')$, 其中 $Y_0 = \xi$ 和 $\tilde{Y}_0 = \tilde{\xi}$, 有以下估计:

$$\left\| S_{\cdot}(\xi - \tilde{\xi}) + \int_0^{\cdot} S_{\cdot - u}(f(Y_u) - f(\tilde{Y}_u)) du, 0 \right\|_{X, 2\alpha} \leqslant C[\|A\|](|\xi - \tilde{\xi}| + L_f \|Y - \tilde{Y}\|_{\infty}).$$

$$(5.35)$$

证明　　为了证明 Gubinelli 导数是 0, 需证明 (5.33) 中的项具有 2α-Hölder 正则性. 令 $0 \leqslant s \leqslant t \leqslant 1$, 首先验证包含初始条件的项的正则性. 根据算子 S 的性质——引理 5.4, 因此很容易推得

$$|(S_t - S_s)\xi| \leqslant |S_s||S_{t-s} - Id||\xi| \leqslant e^{s|A|}|A|e^{(t-s)|A|}|t-s||\xi|,$$

由此有

$$\|S_{\cdot}\xi\|_{2\alpha} \leqslant C[\|A\|]|\xi|. \tag{5.36}$$

对非线性卷积项, 有

$$\left| \int_0^t S_{t-u} f(Y_u) du - \int_0^s S_{s-u} f(Y_u) du \right|$$

$$\leqslant \left| (S_{t-s} - Id) \int_0^s S_{s-u} f(Y_u) du \right| + \left| \int_s^t S_{t-u} f(Y_u) du \right|.$$

因此, 对于上述第一项, 有

$$\left| (S_{t-s} - Id) \int_0^s S_{s-u} f(Y_u) du \right| \leqslant |S_{t-s} - Id| \int_0^s |S_{s-u}||f(Y_u)| du$$

$$\leqslant |A||t - s|e^{(t-s)|A|} \|f(Y)\|_{\infty} \int_0^s e^{(s-u)|A|} du$$

$$\leqslant C[\|A\|](|f(Y_0)| + L_f \|Y\|_{\alpha})|t - s|.$$

对于第二项, 有

$$\left| \int_s^t S_{t-u} f(Y_u) du \right| \leqslant C[\|A\|](|f(Y_0)| + L_f \|Y\|_{\alpha})|t - s|,$$

综合上述计算知

$$\left\| S_{\cdot}\xi + \int_0^{\cdot} S_{\cdot - u} f(Y_u) du \right\|_{2\alpha} \leqslant C[\|A\|](|\xi| + |f(Y_0)| + L_f \|Y\|_{\alpha}).$$

利用估计式

$$\left\| S.\xi + \int_0^. S_{.-u} f(Y_u) du \right\|_{2\alpha} \leqslant C[\|A\|] (|\xi| + \|f(Y)\|_\infty)$$

以及初值和漂移积分关于两个分别具有初值 $Y_0 = \xi, \tilde{Y}_0 = \tilde{\xi}$ 的受控粗糙路径 $(Y, Y'), (\tilde{Y}, \tilde{Y}')$ 有一定的线性性质, 可得到 (5.35).

根据上述估计, 类似于定理 3.9 和定理 3.10, 粗糙微分方程 (3.48) 局部解的存在和唯一性以及全局解的构造, 可以证明粗糙微分方程 (5.27) 有一形如 (5.28) 的全局解.

定理 5.6

(5.27) 在 $\mathscr{D}_X^{2\alpha}([0,1], \mathbb{R}^n)$ 中存在唯一全局解 $(Y, Y') \in \mathscr{D}_X^{2\alpha}([0,1], \mathbb{R}^n)$ 使得 $Y' = g(Y)$, 且

$$(Y, Y') = \left(S.\xi + \int_0^. S_{.-u} f(Y_u) du + \int_0^. S_{.-u} g(Y_u) d\mathbf{X}_u, g(Y.) \right).$$

♡

5.2.1 截断技术

在本小节, 将给出导出 (5.27) 的局部中心流形所需的一些结果. 为了通过不动点论证给出不变流形的存在性, 需要满足一定条件, 这些条件涉及非线性项的增长. 由于这些限制性可能太强, 并且需要非线性项满足一定的小条件, 因此第一步是引入适当的截断技术, 以便在以原点为球心的球外截断这些非线性项. 与经典截断技术不同的是, 这里不是在向量场的层次上进行截断讨论, 而是在路径的层次上进行. 更准确地说, 将在受控粗糙路径范数 $\| \cdot \|_{\mathscr{D}_X^{2\alpha}([0,1], \mathbb{R}^n)}$ 下截断受控粗糙路径.

此外, 需对漂移和扩散项增加以下限制:

(f) $f : \mathbb{R}^n \to \mathbb{R}^n \in \mathcal{C}_b^1$ 是 Lipschitz 连续的且 $f(0) = Df(0) = 0$;

(g) $g : \mathbb{R}^n \to \mathbb{R}^{n \times d} \in \mathcal{C}_b^3$ 是 Lipschitz 连续的且 $g(0) = Dg(0) = D^2g(0) = 0$.

为了记号的简洁性, 这里记 $\| \cdot \|_{\mathscr{D}_X^{2\alpha}} = \| \cdot \|_{\mathscr{D}_X^{2\alpha}([0,1], \mathbb{R}^n)}$, 这里的目的是对于属于 $\mathscr{D}_X^{2\alpha}([0,1], \mathbb{R}^n)$ 空间的元素使用光滑的 (三次可微的有界导数)Lipschitz 截断函数截断它的 $\| \cdot \|_{\mathscr{D}_X^{2\alpha}}$ 范数. 将按如下步骤进行. 令 $\chi : \mathscr{D}_X^{2\alpha}([0,1], \mathbb{R}^n) \to \mathscr{D}_X^{2\alpha}([0,1], \mathbb{R}^n)$ 为

$$\chi(Y) := \begin{cases} Y, & \|Y, Y'\|_{\mathscr{D}_X^{2\alpha}} \leqslant \dfrac{1}{2}, \\ 0, & \|Y, Y'\|_{\mathscr{D}_X^{2\alpha}} \geqslant 1. \end{cases}$$

这种函数有如下构造

$$\chi(Y) = Y\phi(\|Y, Y'\|_{\mathscr{D}_X^{2\alpha}}),$$

其中 $\phi : \mathbb{R}^+ \to [0,1]$ 是一个 $\mathcal{C}_b^3$-Lipschitz 截断函数. 例如: ϕ 可以通过光滑函数和如下函数 $\tilde{\phi}$ 的卷积得到

$$
\tilde{\phi}(x) := \begin{cases} 1, & x \leqslant \dfrac{1}{2}, \\[2mm] 2-2x, & x \in \left(\dfrac{1}{2},1\right), \\[2mm] 0, & x \geqslant 1, \end{cases}
$$

另一个例子是

$$
\tilde{\phi}(x) := \begin{cases} e^{-1/x}, & x > 0, \\[1mm] 0, & x \leqslant 0, \end{cases}
$$

且

$$
\phi(x) := \frac{\tilde{\phi}(1-x)}{\tilde{\phi}(x-1/2) + \tilde{\phi}(1-x)}.
$$

由于 $\phi(\|Y,Y'\|_{\mathscr{D}_X^{2\alpha}})$ 是一与时间变量无关的常数, 因此, 其 Gubinelli 导数为零. 由 $\chi(Y) = Y\phi(\|Y,Y'\|_{\mathscr{D}_X^{2\alpha}})$ 知

$$
(\chi(Y))' = Y'\phi(\|Y,Y'\|_{\mathscr{D}_X^{2\alpha}}).
$$

这种结构表明

$$
(\chi(Y),(\chi(Y))') := \begin{cases} (Y,Y'), & \|Y,Y'\|_{\mathscr{D}_X^{2\alpha}} \leqslant \dfrac{1}{2}, \\[2mm] 0, & \|Y,Y'\|_{\mathscr{D}_X^{2\alpha}} \geqslant 1. \end{cases}
$$

对于正数 $R > 0$, 引入

$$
\chi_R(Y) = R\chi(Y/R),
$$

这意味着

$$
\chi_R(Y) := \begin{cases} Y, & \|Y,Y'\|_{\mathscr{D}_X^{2\alpha}} \leqslant \dfrac{R}{2}, \\[2mm] 0, & \|Y,Y'\|_{\mathscr{D}_X^{2\alpha}} \geqslant R, \end{cases}
$$

由于 $\chi_R(Y) = Y\phi(\|Y,Y'\|_{\mathscr{D}_X^{2\alpha}}/R)$, 那么有

$$
(\chi_R(Y))' = Y'\phi(\|Y,Y'\|_{\mathscr{D}_X^{2\alpha}}/R),
$$

因此

$$(\chi_R(Y), (\chi_R(Y))') := \begin{cases} (Y, Y'), & \|Y, Y'\|_{\mathscr{D}_X^{2\alpha}} \leqslant \dfrac{R}{2}, \\ 0, & \|Y, Y'\|_{\mathscr{D}_X^{2\alpha}} \geqslant R. \end{cases}$$

使用上面定义的截断函数 χ_R, 接下来的目标是考虑 (5.27) 的修正版本. 为此, 首先介绍以下符号: 为了记号简单, 我们省略范数 $\|Y, Y'\|_{\mathscr{D}_X^{2\alpha}}$ 的下标. 对 $t \in [0, 1]$, 令

$$\bar{f}(Y)(t) := f(Y_t) \quad \text{和} \quad \bar{g}(Y)(t) := g(Y_t).$$

使用此符号, (5.27) 的温和解的第一个分量等价地重写为

$$Y_t = S_t \xi + \int_0^t S_{t-u} \bar{f}(Y)(u) du + \int_0^t S_{t-u} \bar{g}(Y)(u) d\mathbf{X}_u, \tag{5.37}$$

对于受控粗糙路径 $(Y, Y') \in \mathscr{D}_X^{2\alpha}([0, 1], \mathbb{R}^n)$, 现在引入截断

$$f_R(Y) = \bar{f} \circ \chi_R(Y) \quad \text{和} \quad g_R(Y) = \bar{g} \circ \chi_R(Y),$$

这意味着

$$f_R(Y)(t) = \bar{f}(\chi_R(Y))(t) = f(\chi_R(Y)_t) = f(Y_t \phi(\|Y, Y'\|/R)).$$

同时,

$$g_R(Y)(t) = \bar{g}(\chi_R(Y))(t) = g(\chi_R(Y)_t) = g(Y_t \phi(\|Y, Y'\|/R)),$$

那么 g_R 的 Gubinelli 导数为

$$(g_R(Y))' = Dg(\chi_R(Y))(\chi_R(Y))' = Dg(Y\phi(\|Y, Y'\|/R))Y'\phi(\|Y, Y'\|/R),$$

因为 ϕ 关于时间是常数. 那么得到在区间 $[0, 1]$ 中时间 t 处 $(g_R(Y))'$ 为

$$(g_R(Y)(t))' = Dg(\chi_R(Y)_t)(\chi_R(Y)_t)' = Dg(Y_t\phi(\|Y, Y'\|/R))Y_t'\phi(\|Y, Y'\|/R).$$

根据 χ_R 的定义, 如果 $\|Y, Y'\|_{\mathscr{D}_X^{2\alpha}([0,1], \mathbb{R}^n)} \leqslant \dfrac{R}{2}$, 则 $f_R(Y) = \bar{f}(Y)$ 和 $g_R(Y) = \bar{g}(Y)$.

现在分几个步骤来讨论为什么在粗糙微分方程 (5.27) 中可以用 f_R 和 g_R 替换 f 和 g. 首先, 强调这样一个事实: $f: \mathbb{R}^n \to \mathbb{R}^n$ 和 $g: \mathbb{R}^n \to \mathbb{R}^{n \times d}$, 而且上面定义的 f_R 和 g_R 是路径依赖的. 为此, 我们首先证明 f_R 和 g_R 是 Lipschitz 连续的.

> **引理 5.9**
>
> 令 (Y, Y'), $(\tilde{Y}, \tilde{Y}') \in \mathscr{D}_X^{2\alpha}([0,1], \mathbb{R}^n)$. 则存在一个正常数 $C = C[f, \kappa]$ 使得
>
> $$\|f_R(Y) - f_R(\tilde{Y})\|_\infty \leqslant C(1 + \|X\|_\alpha)R\|Y - \tilde{Y}, Y' - \tilde{Y}'\|_{\mathscr{D}_X^{2\alpha}}. \qquad (5.38)$$

证明 首先,

$$\sup_{t \in [0,1]} |f_R(Y)(t) - f_R(\tilde{Y})(t)| = \sup_{t \in [0,1]} |f(\chi_R(Y)_t) - f(\chi_R(\tilde{Y})_t)|.$$

此外,

$$|f(\chi_R(Y)_t) - f(\chi_R(\tilde{Y})_t)|$$

$$\leqslant \int_0^1 |Df(r\chi_R(Y)_t + (1-r)\chi_R(\tilde{Y})_t)|dr|\chi_R(Y)_t - \chi_R(\tilde{Y})_t|$$

$$\leqslant C[f] \max\{|\chi_R(Y)_t|, |\chi_R(\tilde{Y})_t|\}|\chi_R(Y)_t - \chi_R(\tilde{Y})_t|$$

$$\leqslant C[f](1 + \|X\|_\alpha)R|\chi_R(Y)_t - \chi_R(\tilde{Y})_t|. \qquad (5.39)$$

在这里用到 $|\chi_R(Y)_t| \leqslant \|\chi_R(Y)\|_\infty = \|Y\|_\infty \phi(\|Y, Y'\|_{\mathscr{D}_X^{2\alpha}}) \leqslant (1 + \|X\|_\alpha)R$. 对 (5.39) 式在 $[0,1]$ 上取 sup, 利用 χ 的 Lipschitz 连续性得到

$$\sup_{t \in [0,1]} |f(\chi_R(Y)_t) - f(\chi_R(\tilde{Y})_t)|$$

$$\leqslant C[f](1 + \|X\|_\alpha)R\|\chi_R(Y) - \chi_R(\tilde{Y})\|_\infty$$

$$\leqslant C[f](1 + \|X\|_\alpha)R(|\chi_R(Y)_0 - \chi_R(\tilde{Y})_0| + \|\chi_R(Y) - \chi_R(\tilde{Y})\|_\alpha)$$

$$\leqslant C[f](1 + \|X\|_\alpha)R\|\chi_R(Y) - \chi_R(\tilde{Y}), \chi_R(Y) - \chi_R(\tilde{Y})\|_{\mathscr{D}_X^{2\alpha}}$$

$$\leqslant C[f, \chi](1 + \|X\|_\alpha)R\|Y - \tilde{Y}, Y' - \tilde{Y}'\|_{\mathscr{D}_X^{2\alpha}}. \qquad (5.40)$$

由此, 引理得证.

接下来, 考虑 $(g_R, (g_R)')$. 令 $C[g]$ 代表一常数, 该常数仅依赖于 g, Dg, D^2g 和 D^3g 的 Lipschitz 常数. 由于最终目的是使 R 尽可能小, 由此确保 $f(\chi_R(Y))$ 和 $g(\chi_R(Y))$ 的 Lipschitz 常数充分小. 由 (5.38), 对于 $f(\chi_R(Y))$, 这也是正确的. 接下来证明 $g(\chi_R(Y))$ 也有类似的结论. 令 $C(R)$ 表示常数依赖于截断参数 R.

> **引理 5.10**
>
> 令受控粗糙路径 (Y, Y') 和 $(\tilde{Y}, \tilde{Y}') \in \mathscr{D}_X^{2\alpha}([0,1], \mathbb{R}^n)$. 则存在一正常数 $C(R) = C[R, \|X\|_\alpha, g, \chi]$ 使得 $R \to 0$ 时, $C(R) \to 0$, 并且有

$$\|g_R(Y) - g_R(\tilde{Y}), (g_R(Y) - g_R(\tilde{Y}))'\|_{\mathscr{D}_X^{2\alpha}}$$
$$\leqslant C[g, \chi](1 + \|X\|_\alpha)^2 (R^2 + R)\|Y - \tilde{Y}, Y' - \tilde{Y}'\|_{\mathscr{D}_X^{2\alpha}}. \tag{5.41}$$

证明 由于 $\phi \in \mathcal{C}_b^3$ 是 Lipschtiz 连续的且 $\phi(\|Y, Y'\|_{\mathscr{D}_X^{2\alpha}}/R) \in [0, 1]$, 则有

$$\|\chi_R(Y)\|_\infty = \|Y\phi(\|Y, Y'\|/R)\|_\infty \leqslant C(1 + \|X\|_\alpha)R,$$

$$\|\chi_R(Y)\|_\alpha = \|Y\phi(\|Y, Y'\|/R)\|_\alpha \leqslant C(1 + \|X\|_\alpha)R,$$

$$\|\chi_R'(Y)\|_\infty = \|Y'\phi(\|Y, Y'\|/R)\|_\infty \leqslant R,$$

$$\|\chi_R'(Y)\|_\alpha = \|Y'\phi(\|Y, Y'\|/R)\|_\alpha = \|Y'\|_\alpha \phi(\|Y, Y'\|/R) \leqslant R.$$

根据以上估计, 有

$$|g(\chi_R(Y)_t) - g(\chi_R(\tilde{Y})_t) - (g(\chi_R(Y)_s) - g(\chi_R(\tilde{Y})_s))|$$
$$\leqslant C[g] \max\{|\chi_R(Y)|, |\chi_R(\tilde{Y})|\}|\chi_R(Y)_t - \chi_R(\tilde{Y})_t - (\chi_R(Y)_s - \chi_R(\tilde{Y})_s)|$$
$$+ C[g]|\chi_R(Y)_s - \chi_R(\tilde{Y})_s|[|\chi_R(Y)_t - \chi_R(Y)_s| + |\chi_R(\tilde{Y})_t - \chi_R(\tilde{Y})_s|],$$

因此,

$$\|g(\chi_R(Y)) - g(\chi_R(\tilde{Y}))\|_\alpha$$
$$\leqslant C[g](1 + \|X\|_\alpha)R\|\chi_R(Y) - \chi_R(\tilde{Y})\|_\alpha$$
$$+ C_g\|\chi_R(Y) - \chi_R(\tilde{Y})\|_\infty(\|\chi_R(Y)\|_\alpha + \|\chi_R(\tilde{Y})\|_\alpha)$$
$$\leqslant C[g](1 + \|X\|_\alpha)R\|Y - \tilde{Y}, Y' - \tilde{Y}'\|_{\mathscr{D}_X^{2\alpha}}.$$

运用初等不等式

$$|ab - \tilde{a}\tilde{b}| \leqslant |a - \tilde{a}| \cdot |\tilde{b}| + |\tilde{a}| \cdot |b - \tilde{b}|.$$

接下来给出 $\|g'(\chi_R(Y)) - g'(\chi_R(\tilde{Y}))\|_\alpha$ 的估计. 有

$$\|g'(\chi_R(Y)) - g'(\chi_R(\tilde{Y}))\|_\alpha = \|Dg(\chi_R(Y))\chi_R'(Y) - Dg(\chi_R(\tilde{Y}))\chi_R'(\tilde{Y})\|_\alpha$$
$$\leqslant \|Dg(\chi_R(Y))(\chi_R'(Y) - \chi_R'(\tilde{Y}))\|_\alpha + \|(Dg(\chi_R(Y)) - Dg(\chi_R(\tilde{Y})))\chi_R'(\tilde{Y})\|_\alpha$$
$$\leqslant \|Dg(\chi_R(Y))\|_\infty \|(\chi_R'(Y) - \chi_R'(\tilde{Y}))\|_\alpha + \|Dg(\chi_R(Y))\|_\alpha \|(\chi_R'(Y) - \chi_R'(\tilde{Y}))\|_\infty$$
$$+ \|Dg(\chi_R(Y)) - Dg(\chi_R(\tilde{Y}))\|_\alpha \|\chi_R'(Y)\|_\infty + \|Dg(\chi_R(Y))$$
$$- Dg(\chi_R(\tilde{Y}))\|_\infty \|\chi_R'(Y)\|_\alpha$$

$$\leqslant C[g]\left(\|\chi_R(Y)\|_\infty\|\chi_R'(Y)-\chi_R'(\tilde{Y})\|_\alpha+\|\chi_R(Y)\|_\alpha\|\chi_R'(Y)-\chi_R'(\tilde{Y})\|_\infty\right)$$

$$+C[g]\left(\|\chi_R'(Y)\|_\infty\|\chi_R(Y)-\chi_R(\tilde{Y})\|_\alpha+(\|\chi_R(Y)\|_\alpha\right.$$

$$+\|\chi_R(\tilde{Y})\|_\alpha)\|\chi_R'(Y)\|_\infty\|\chi_R(Y)-\chi_R(\tilde{Y})\|_\infty+\|\chi_R'(Y)\|_\alpha\|\chi_R(Y)-\chi_R(\tilde{Y})\|_\infty\Big)$$

$$\leqslant C[g](1+\|X\|_\alpha)R\left(\|\chi_R'(Y)-\chi_R'(\tilde{Y})\|_\alpha+\|\chi_R'(Y)-\chi_R'(\tilde{Y})\|_\infty\right)$$

$$+C[g](1+\|X\|_\alpha)R\left(\|\chi_R(Y)-\chi_R(\tilde{Y})\|_\alpha+\|\chi_R(Y)-\chi_R(\tilde{Y})\|_\infty\right)$$

$$\leqslant C[g](1+\|X\|_\alpha)R\|Y-\tilde{Y},Y'-\tilde{Y}'\|_{\mathscr{D}_X^{2\alpha}}.$$

接下来估计 $g(\chi_R(Y))-g(\chi_R(\tilde{Y}))$ 的余项. $g(\chi_R(Y))$ 的余项满足关系式

$$(R^{g(\chi_R(Y))})_{s,t}=g(\chi_R(Y)_t)-g(\chi_R(Y)_s)-Dg(\chi_R(Y)_s)(\chi_R(Y)_s)'X_{s,t}.$$

由于 $(Y,Y')\in\mathscr{D}_X^{2\alpha}$, 则有

$$Y_t=Y_s+Y_s'X_{s,t}+R_{s,t}^Y.$$

因而

$$Y_t\phi(\|Y,Y'\|_{\mathscr{D}_X^{2\alpha}}/R)$$

$$=Y_s\phi(\|Y,Y'\|_{\mathscr{D}_X^{2\alpha}}/R)+Y_s'\phi(\|Y,Y'\|_{\mathscr{D}_X^{2\alpha}}/R)X_{s,t}+R_{s,t}^Y\phi(\|Y,Y'\|_{\mathscr{D}_X^{2\alpha}}/R),$$

由此有 $R^{\chi_R(Y)}=R^Y\phi(\|Y,Y'\|_{\mathscr{D}_X^{2\alpha}}/R)$. 从而

$$(R^{g(\chi_R(Y))})_{s,t}$$

$$=g(\chi_R(Y)_t)-g(\chi_R(Y)_s)-Dg(\chi_R(Y)_s)(\chi_R(Y))_{s,t}$$

$$+Dg(\chi_R(Y)_s)R_{s,t}^Y\phi(\|Y,Y'\|_{\mathscr{D}_X^{2\alpha}}/R),$$

$$(R^{g(\chi_R(Y))})_{s,t}-(R^{g(\chi_R(\tilde{Y}))})_{s,t}$$

$$=g(\chi_R(Y)_t)-g(\chi_R(Y)_s)-Dg(\chi_R(Y)_s)(\chi_R(Y))_{s,t}'$$

$$-\Big(g(\chi_R(\tilde{Y})_t)-g(\chi_R(\tilde{Y})_s)-Dg(\chi_R(\tilde{Y})_s)(\chi_R(\tilde{Y}))_{s,t}'\Big)$$

$$+Dg(\chi_R(Y)_s)R_{s,t}^Y\phi(\|Y,Y'\|_{\mathscr{D}_X^{2\alpha}}/R)$$

$$-Dg(\chi_R(\tilde{Y})_s)R_{s,t}^{\tilde{Y}}\phi(\|\tilde{Y},\tilde{Y}'\|_{\mathscr{D}_X^{2\alpha}}/R)$$

$$=\mathrm{I}+\mathrm{II}.$$

对于 I, 有

$|\mathrm{I}|$

$$\leqslant \left| \int_0^1 \int_0^1 C[g][\tau r^2 (\chi_R(Y_t) - \chi_R(\tilde{Y}_t)) + (r - \tau r^2)(\chi_R(Y_s) - \chi_R(\tilde{Y}_s))] d\tau dr \right.$$

$$\left. \cdot \chi_R(Y)_{s,t} \otimes \chi_R(Y)_{s,t} \right| + \left| \int_0^1 r \int_0^1 D^2 g(\tau r \chi_R(\tilde{Y}_t) + (1 - \tau r)\chi_R(\tilde{Y}_s)) d\tau dr \right.$$

$$\left. \left(\chi_R(Y)_{s,t} \otimes \chi_R(Y)_{s,t} - \chi_R(\tilde{Y})_{s,t} \otimes \chi_R(\tilde{Y})_{s,t} \right) \right|$$

$$= \left| \int_0^1 \int_0^1 C[g][\tau r^2(\chi_R(Y_t) - \chi_R(\tilde{Y}_t)) + (r - \tau r^2)(\chi_R(Y_s) - \chi_R(\tilde{Y}_s))] d\tau dr \right.$$

$$\left. \cdot \chi_R(Y)_{s,t} \otimes \chi_R(Y)_{s,t} \right| + \left| \int_0^1 r \int_0^1 D^2 g(\tau r \chi_R(\tilde{Y}_t) + (1 - \tau r)\chi_R(\tilde{Y}_s)) d\tau dr \right.$$

$$\left. \cdot \left(\chi_R(Y)_{s,t} \otimes (\chi_R(Y)_{s,t} - \chi_R(\tilde{Y})_{s,t}) + (\chi_R(Y)_{s,t} - \chi_R(\tilde{Y})_{s,t}) \otimes \chi_R(\tilde{Y})_{s,t} \right) \right|$$

$$\leqslant C[g] \|\chi_R(Y) - \chi_R(\tilde{Y})\|_\infty \cdot |\chi_R(Y)_{s,t}|^2 + C[g] \left(|\chi_R(Y)_{s,t}| + |\chi_R(\tilde{Y})_{s,t}| \right)$$

$$\cdot |(\chi_R(Y) - \chi_R(\tilde{Y}))_{s,t}|$$

$$\leqslant C[g] \|\chi_R(Y) - \chi_R(\tilde{Y})\|_\infty (\|\chi_R(Y)\|_\alpha |t - s|^\alpha)^2$$

$$+ C[g] (\|\chi_R(Y)\|_\alpha |t - s|^\alpha + \|\chi_R(\tilde{Y})\|_\alpha |t - s|^\alpha) \cdot \|\chi_R(Y) - \chi_R(\tilde{Y})\|_\alpha |t - s|^\alpha,$$

对于 II, 有

$$|\mathrm{II}| \leqslant \left| Dg(\chi_R(Y_s)) R_{s,t}^{\chi_R(Y)} - Dg(\chi_R(Y_s)) R_{s,t}^{\chi_R(\tilde{Y})} \right.$$

$$\left. + Dg(\chi_R(Y_s)) R_{s,t}^{\chi_R(\tilde{Y})} - Dg(\chi_R(\tilde{Y}_s)) R_{s,t}^{\chi_R(\tilde{Y})} \right|$$

$$\leqslant \left| Dg(\chi_R(Y_s))(R_{s,t}^{\chi_R(Y)} - R_{s,t}^{\chi_R(\tilde{Y})}) \right| + \left| (Dg(\chi_R(Y_s)) - Dg(\chi_R(\tilde{Y}_s))) R_{s,t}^{\chi_R(\tilde{Y})} \right|$$

$$\leqslant C[g] \left(\|\chi_R(Y)\|_\infty \|R^{\chi_R(Y)} - R^{\chi_R(\tilde{Y})}\|_{2\alpha} + \|\chi_R(Y) \right.$$

$$\left. - \chi_R(\tilde{Y})\|_\infty \|R^{\chi_R(\tilde{Y})}\|_{2\alpha} \right) |t - s|^{2\alpha},$$

因此, 综合上述余项估计得到 $R^{g(\chi_R(Y))} - R^{g(\chi_R(\tilde{Y}))}$ 的 2α-Hölder 估计

$$\|R^{g(\chi_R(Y))} - R^{g(\chi_R(\tilde{Y}))}\|_{2\alpha}$$

$$\leqslant C[g, \chi]((1 + \|X\|_\alpha)^2 R^2 + (1 + \|X\|_\alpha)R) \|Y - \tilde{Y}, Y' - \tilde{Y}'\|_{\mathscr{D}_X^{2\alpha}}.$$

综合上述估计, (5.41) 得证.

接下来证明用 f_R 和 g_R 替换 f 和 g 得到 (5.27) 的修正方程在适当的受控粗糙路径空间中具有唯一解. 为了符号的简便, 对于 $(Y, Y') \in \mathscr{D}_X^{2\alpha}([0,1], \mathbb{R}^n)$ 和

$t \in [0, 1]$, 引入

$$T_R(X, Y, Y')[t] := \int_0^t S_{t-u} \bar{f}(\chi_R(Y))(u)du + \int_0^t S_{t-u} \bar{g}(\chi_R(Y))(u)d\mathbf{X}_u$$

$$= \int_0^t S_{t-u} f_R(Y)(u)du + \int_0^t S_{t-u} g_R(Y)(u)d\mathbf{X}_u,$$

其 Gubinelli 导数为 $(T_R(X, Y, Y'))' = g_R(Y)$. 综合上述引理 5.9 和引理 5.10 的估计, 可得出以下结果.

> **定理 5.7**
>
> 对于 $t \in [0, 1]$, 存在唯一 $(Y, Y') \in \mathscr{D}_X^{2\alpha}([0, 1], \mathbb{R}^n)$ 且 $Y' = g_R(Y)$ 使得
>
> $$Y_t = \int_0^t S_{t-u} f_R(Y)(u)du + \int_0^t S_{t-u} g_R(Y)(u)d\mathbf{X}_u. \qquad \heartsuit$$

证明　令 $(Y, Y'), (\tilde{Y}, \tilde{Y}') \in \mathscr{D}_X^{2\alpha}([0, 1], \mathbb{R}^n)$ 且 $Y_0 = \tilde{Y}_0$. 结合 (5.38) 和引理 5.8 中 (5.33) 的证明, 可以得到

$$\left\| \int_0^\cdot S_{\cdot-u} \left(f_R(Y)(u) - f_R(\tilde{Y})(u) \right) du, 0 \right\|_{\mathscr{D}_X^{2\alpha}}$$

$$\leqslant C[|A|] \| f_R(Y) - f_R(\tilde{Y}) \|_\infty$$

$$\leqslant C[|A|, f, \chi](1 + \|X\|_\alpha)R\|Y - \tilde{Y}, Y' - \tilde{Y}'\|_{\mathscr{D}_X^{2\alpha}}.$$

结合 (5.30) 和引理 5.10, 那么有

$$\left\| \int_0^\cdot S_{\cdot-u} \left(g_R(Y)(u) - g_R(\tilde{Y})(u) \right) d\mathbf{X}_u, g_R(Y) - g_R(\tilde{Y}) \right\|_{\mathscr{D}_X^{2\alpha}}$$

$$\leqslant C[|A|](1 + \|X\|_\alpha)(\|X\|_\alpha + \|\mathbb{X}\|_{2\alpha})\|g_R(Y) - g_R(\tilde{Y}), (g_R(Y) - g_R(\tilde{Y}))'\|_{\mathscr{D}_X^{2\alpha}}$$

$$\leqslant C[|A|, g, \chi](R^2 + R)(1 + \|X\|_\alpha)^3(\|X\|_\alpha + \|\mathbb{X}\|_{2\alpha})\|Y - \tilde{Y}, Y' - \tilde{Y}'\|_{\mathscr{D}_X^{2\alpha}}.$$

综合上述估计, 推得

$$\left\| \int_0^\cdot S_{\cdot-u} \left(f_R(Y)(u) - f_R(\tilde{Y})(u) \right) du + \int_0^\cdot S_{\cdot-u} \left(g_R(Y)(u) - g_R(\tilde{Y})(u) \right) d\mathbf{X}_u, \right.$$

$$\left. g(\chi_R(Y)) - g(\chi_R(\tilde{Y})) \right\|_{\mathscr{D}_X^{2\alpha}}$$

$$\leqslant (C[|A|, f, \chi](1 + \|X\|_\alpha)R$$

$$+ C[|A|, g, \chi](R^2 + R)(1 + \|X\|_\alpha)^3(\|X\|_\alpha + \|\mathbb{X}\|_{2\alpha}))\|Y - \tilde{Y}, Y' - \tilde{Y}'\|_{\mathscr{D}_X^{2\alpha}}.$$

$$\tag{5.42}$$

令 $\tilde{Y}=0$ 并且使用 $f_R(0)=g_R(0)=0$, 从前面的讨论中得知 T_R 是从 $\mathscr{D}_X^{2\alpha}([0,1],\mathbb{R}^n)$ 到自身的映射. 此外, 通过选择足够小的 R, 当 $R \to 0$ 时 $C(R) \to 0$, 那么映射 T_R 是压缩映射. 因此, 根据 Banach 不动点定理本定理得证.

回到所考虑的系统中, 接下来的目标是刻画所需的参数 R, 以便利用 χ_R 减小 f 和 g 的 Lipschitz 常数. 如上所述, 必须选择尽可能小的 R.

由于在我们的讨论中, 始终要求 $R \leqslant 1$ 和当 $R \to 0$ 时 $C(R) \to 0$, (5.42) 中的估计式可以被改写为

$$
\left\| \int_0^{\cdot} S_{\cdot-u} \Big(f_R(Y)(u) - f_R(\tilde{Y})(u) \Big) \, du + \int_0^{\cdot} S_{\cdot-u} \Big(g_R(Y)(u) - g_R(\tilde{Y})(u) \Big) \, d\mathbf{X}_u, \right.
$$
$$
\left. g_R(Y) - g_R(\tilde{Y}) \right\|_{\mathscr{D}_X^{2\alpha}}
$$
$$
\leqslant (C[|A|, f, \chi](1 + \|X\|_\alpha)R
$$
$$
+ C[|A|, g, \chi](R^2 + R)(1 + \|X\|_\alpha)^3 (\|X\|_\alpha + \|\mathbb{X}\|_{2\alpha})) \|Y - \tilde{Y}, Y' - \tilde{Y}'\|_{\mathscr{D}_X^{2\alpha}}.
$$
$$
(5.43)
$$

正如随机动力系统理论中常见的那样, 由于所有估计都依赖于随机输入, 因此对随机变量 $R = R(X)$ 采用截断技术是有意义的. 这样的论证将在下面被使用.

固定 $K > 0$, 对于 (5.43), 假设 $\tilde{R}(X)$ 是使得下述等式

$$
C[|A|, f, \chi](1 + \|X\|_\alpha)\tilde{R} + C[|A|, g, \chi](\tilde{R}^2 + \tilde{R})(1 + \|X\|_\alpha)^3 (\|X\|_\alpha + \|\mathbb{X}\|_{2\alpha}) = K
$$
$$
(5.44)
$$

成立的唯一解且令

$$
R(X) := \min\{\tilde{R}(X), 1\}. \tag{5.45}
$$

这意味着, 如果 $R(X) = 1$, 我们对 $\|Y, Y'\|_{\mathscr{D}_X^{2\alpha}} \leqslant 1/2$ 进行截断; 或者, 如果 $R(X) < 1$, 对 $\|Y, Y'\|_{\mathscr{D}_X^{2\alpha}} \leqslant R/2$ 进行截断.

总之, 在接下来的内容中使用 (5.27) 的修正版本 (即 (5.37)), 其中漂移和扩散系数 f 和 g 分别由 $f_{R(X)}$ 和 $g_{R(X)}$ 代替. 为了符号的简便, 只要不引起混淆, 会省略 R 中的参数 X.

根据 (5.44), 有

引理 5.11

令受控粗糙路径 (Y, Y') 和 $(\tilde{Y}, \tilde{Y}') \in \mathscr{D}_X^{2\alpha}([0,1],\mathbb{R}^n)$. 那么有

$$
\|T_R(X, Y, Y') - T_R(X, \tilde{Y}, \tilde{Y}'), (T_R(X, Y, Y') - T_R(X, \tilde{Y}, \tilde{Y}'))'\|_{\mathscr{D}_X^{2\alpha}}
$$
$$
\leqslant K \|Y - \tilde{Y}, Y' - \tilde{Y}'\|_{\mathscr{D}_X^{2\alpha}}. \tag{5.46}
$$

这里强调, 需要控制扩散系数 g 的导数, 以便在截断后使依赖于 g 的常数很小. 通常在具有非线性乘性噪声的随机 (偏) 微分方程的不变流形中会遇到这种限制.

根据第 3 章关于粗糙微分方程全局解的讨论和引理 4.2, 很容易推得 (5.27) 能够生成随机动力系统.

引理 5.12

令 $\mathbf{X}$ 是一粗糙路径余圈. 则对任意 $t \in [0, \infty)$, 在度量动力系统 $(\Omega_X, \mathcal{F}_X, \mathbb{P}, (\Theta_t)_{t \in \mathbb{R}})$ 上 (5.27) 的解算子

$$t \mapsto \varphi(t, X, \xi) = Y_t = S_t \xi + \int_0^t S_{t-u} f(Y_u) du + \int_0^t S_{t-u} g(Y_u) d\mathbf{X}_u$$

生成随机动力系统.

该引理的证明类似于引理 4.2 的证明. 这里不再给出证明过程. 留给读者作为练习.

根据引理 4.2, 从现在开始, 将简单地假设 $\mathbf{X} = (X, \mathbb{X})$ 是一个粗糙路径余圈. 使得随机变量 $R_1(X) = \|X\|_\alpha$ 和 $R_2(\mathbb{X}) = \|\mathbb{X}\|_{2\alpha}$ 是向上缓增的. 这对局部中心流形的存在性证明是必要的. 这样能确保对属于半径足够小的球内的初始条件所对相应的轨迹仍保持在这样的球内. 为此, 强调如下.

引理 5.13

(5.45) 中的随机变量 $R(X)$ 是向下缓增的.

5.2.2　粗糙微分方程的局部中心流形

接下来, 证明 (5.27) 的局部中心流形的存在性. 为此, 先给出一些基本假设.

假设 A: 假设系统 (5.27) 处于中心稳定状态, 即在虚轴 $i\mathbb{R}$ 上有线性算子 A 的特征值 $\{\lambda_j^c\}_{j=1}^{n_c}$ 和在复平面 $\mathbb{C}$ 的左半平面 $\{z \in \mathbb{C} : \operatorname{Re}(z) < 0\}$ 上有 A 的特征值 $\{\lambda_j^s\}_{j=1}^{n_s}$, 其中 $n_c + n_s = n$. 因此, 存在相空间 $\mathbb{R}^n$ 的分解 $\mathbb{R}^n = \mathcal{W} = \mathcal{W}^c \oplus \mathcal{W}^s$, 其中线性空间 $\mathcal{W}^c$ 和 $\mathcal{W}^s$ 分别是由特征值 λ_j^c 和 λ_j^s 的 (广义) 特征向量张成的. 用 $A_c := A|_{\mathcal{W}^c}$ 和 $A_s := A|_{\mathcal{W}^s}$ 分别表示 A 在 $\mathcal{W}^c$ 和 $\mathcal{W}^s$ 上的限制. 此外, 与相空间分解相关的两个有界投影算子 P^c 和 P^s 满足

(1) $Id = P^s + P^c$;

(2) 对 $t \geq 0$, $P^c S_t = S_t P^c$ 和 $P^s S_t = S_t P^s$.

此外, 假设存在两个指数 γ 和 β, 满足 $-\beta < 0 \leq \gamma < \beta$, 并且存在常数 $M_c, M_s \geq$

1, 使得

$$对\ t \leqslant 0\ 和\ x \in \mathcal{W}, \quad |S_t^c x| \leqslant M_c e^{\gamma t}|x|. \tag{5.47}$$

$$对\ t \geqslant 0\ 和\ x \in \mathcal{W}, \quad |S_t^s x| \leqslant M_s e^{-\beta t}|x|. \tag{5.48}$$

根据限制条件, 有 $\gamma \geqslant 0$ 和 $-\beta < 0$, 从而给出谱间隙条件 $\gamma + \beta > 0$. 记 $\xi^c := P^c \xi$, 并记 $\mathcal{W}^c$ 和 $\mathcal{W}^s$ 分别为中心子空间和稳定子空间.

注 5.2 如果还有不稳定子空间, 即存在实部大于零的特征值, 仍然可以比较容易地推广本节接下来介绍的技术. 在这种情况下, 满足经典的指数三分法条件. 例如参考文献 [59] 附录 B. 为了简单起见, 从应用的角度来看, 这里假设处于中心稳定的情形, 其类似于 [60] 中第六节的结果.

定义 5.1

对于随机集 $\mathcal{M}^c(X)$, 其关于动力系统 φ 是不变的随机集, 即对 $t \in \mathbb{R}$ 和 $X \in \Omega_X$, 有 $\varphi(t, X, \mathcal{M}^c(X)) \subset \mathcal{M}^c(\theta_t X)$. 如果

$$\mathcal{M}^c(X) = \{\xi + h^c(\xi, X) : \xi \in \mathcal{W}^c\}, \tag{5.49}$$

其中 $h^c(\cdot, X) : \mathcal{W}^c \to \mathcal{W}^s$ 是 Lipschitz 连续的, 且在 0 点是可微的, 则我们称 $\mathcal{M}^c(X)$ 为一中心流形. 此外, $h^c(0, X) = 0$, $\mathcal{M}^c(X)$ 在原点与 $\mathcal{W}^c$ 相切, 则切条件是满足的, 即 $Dh^c(0, X) = 0$.

♣

接下来证明 (5.27) 的局部中心流形 $\mathcal{M}_{\text{loc}}^c(X)$ 的存在性, 即 (5.49) 在 ξ 属于 $\mathcal{W}^c$ 中具有缓增半径的随机球时成立. 同时, 证明 h^c 关于 ξ 是 Lipschitz 连续的.

证明确定的和随机的常微分方程或偏微分方程 (局部) 中心流形存在性有 Hadamard 图变换方法[61] 和 Lyapunov-Perron 方法[62,63], 其中 Hadamard 图变换方法是几何方法, Lyapunov-Perron 方法是分析方法. 在这里将 Lyapunov-Perron 方法与粗糙路径估计相结合来对中心流形进行讨论.

注意, 类似于 [60] 中的 6.2 节, (5.27) 的连续时间 Lyapunov-Perron 映射如下: 对任意的 $\tau \leqslant 0$,

$$J(X, Y, \xi)[\tau] := S_\tau^c \xi^c + \int_0^\tau S_{\tau-u}^c P^c f(Y_u) du + \int_0^\tau S_{\tau-u}^c P^c g(Y_u) d\mathbf{X}_u$$

$$+ \int_{-\infty}^\tau S_{\tau-u}^s P^s f(Y_u) du + \int_{-\infty}^\tau S_{\tau-u}^s P^s g(Y_u) d\mathbf{X}_u. \tag{5.50}$$

鉴于粗糙积分仅在任意有限区间上定义, 那么无法直接使用 (5.50), 因为必须在有限时间区间内讨论 (5.32) 中出现的 $\|X\|_\alpha$ 和 $\|\mathbb{X}\|_{2\alpha}$. 类似于 [28], 这里给出离散化的 Lyapunov-Perron 映射, 并证明其在适当的函数空间中具有不动点.

为了本节的目的, 需考虑 (5.27) 的修正版本, 并给出如下映射:

$$
\begin{aligned}
J_R(X,Y,\xi)[\tau] := {} & S_\tau^c \xi^c + \int_0^\tau S_{\tau-u}^c P^c \bar{f}(\chi_R(Y))(u)du + \int_0^\tau S_{\tau-u}^c P^c \bar{g}(\chi_R(Y))(u)d\mathbf{X}_u \\
& + \int_{-\infty}^\tau S_{\tau-u}^s P^s \bar{f}(\chi_R(Y))(u)du + \int_{-\infty}^\tau S_{\tau-u}^s P^s \bar{g}(\chi_R(Y))(u)d\mathbf{X}_u \\
= {} & S_\tau^c \xi^c + \int_0^\tau S_{\tau-u}^c P^c f_R(Y)(u)du + \int_0^\tau S_{\tau-u}^c P^c g_R(Y)(u)d\mathbf{X}_u \\
& + \int_{-\infty}^\tau S_{\tau-u}^s P^s f_R(Y)(u)du + \int_{-\infty}^\tau S_{\tau-u}^s P^s g_R(Y)(u)d\mathbf{X}_u.
\end{aligned}
$$

接下来, 将考虑 (5.27) 在离散时间上的解, 其为一列温和解. 并导出离散时间随机动力系统的局部中心流形, 如 [28] 所示, 其对连续时间随机动力系统仍然成立.

根据第 2 章粗糙微分方程全局解的讨论, 接下来只需要考虑 $[0,1]$ 上的随机积分. 为此, 令 $X \in \Omega_X$, $t \in [0,1]$ 和 $i \in \mathbb{Z}^-$. 在 (5.50) 中, 用 $t+i-1$ 代替 τ, 有

$$
J(X,Y,\xi)[t+i-1]
$$

$$
\begin{aligned}
= {} & S_{t+i-1}^c \xi^c + \int_0^{t+i-1} S_{t+i-1-u}^c P^c f(Y_u)du + \int_0^{t+i-1} S_{t+i-1-u}^c P^c g(Y_u)d\mathbf{X}_u \\
& + \int_{-\infty}^{t+i-1} S_{t+i-1-u}^s P^s f(Y_u)du + \int_{-\infty}^{t+i-1} S_{t+i-1-u}^s P^s g(Y_u)d\mathbf{X}_u \\
= {} & S_{t+i-1}^c \xi^c + \int_0^i S_{t+i-1-u}^c P^c f(Y_u)du + \int_0^i S_{t+i-1-u}^c P^c g(Y_u)d\mathbf{X}_u \\
& + \int_i^{t+i-1} S_{t+i-1-u}^c P^c f(Y_u)du + \int_i^{t+i-1} S_{t+i-1-u}^c P^c g(Y_u)d\mathbf{X}_u \\
& + \int_{-\infty}^{i-1} S_{t+i-1-u}^s P^s f(Y_u)du + \int_{-\infty}^{i-1} S_{t+i-1-u}^s P^s g(Y_u)d\mathbf{X}_u \\
& + \int_{i-1}^{t+i-1} S_{t+i-1-u}^s P^s f(Y_u)du + \int_{i-1}^{t+i-1} S_{t+i-1-u}^s P^s g(Y_u)d\mathbf{X}_u \\
= {} & S_{t+i-1}^c \xi^c + \sum_{k=0}^{i+1} \left(\int_k^{k-1} S_{t+i-1-u}^c P^c f(Y_u)du + \int_k^{k-1} S_{t+i-1-u}^c P^c g(Y_u)d\mathbf{X}_u \right) \\
& + \int_{1+i-1}^{t+i-1} S_{t+i-1-u}^c P^c f(Y_u)du + \int_{1+i-1}^{t+i-1} S_{t+i-1-u}^c P^c g(Y_u)d\mathbf{X}_u \\
& + \sum_{k=-\infty}^{i-1} \left(\int_{k-1}^k S_{t+i-1-u}^s P^s f(Y_u)du + \int_{k-1}^k S_{t+i-1-u}^s P^s g(Y_u)d\mathbf{X}_u \right)
\end{aligned}
$$

$$+ \int_{i-1}^{t+i-1} S_{t+i-1-u}^s P^s f(Y_u) du + \int_{i-1}^{t+i-1} S_{t+i-1-u}^s P^s g(Y_u) d\mathbf{X}_u$$

$$= S_{t+i-1}^c \xi^c - \sum_{k=0}^{i+1} S_{t+i-1-k}^c \Big(\int_0^1 S_{1-u}^c P^c f(Y_{u+k-1}) du$$

$$+ \int_0^1 S_{1-u}^c P^c g(Y_{u+k-1}) d\Theta_{k-1}\mathbf{X}_u \Big)$$

$$- \int_t^1 S_{t-u}^c P^c f(Y_{u+i-1}) du - \int_t^1 S_{t-u}^c P^c g(Y_{u+i-1}) d\Theta_{i-1}\mathbf{X}_u$$

$$+ \sum_{k=-\infty}^{i-1} S_{t+i-1-k}^s \Big(\int_0^1 S_{1-u}^s P^s f(Y_{u+k-1}) du + \int_0^1 S_{1-u}^s P^s g(Y_{u+k-1}) d\Theta_{k-1}\mathbf{X}_u \Big)$$

$$+ \int_0^t S_{t-u}^s P^s f(Y_{u+i-1}) du + \int_0^t S_{t-u}^s P^s g(Y_{u+i-1}) d\Theta_{i-1}\mathbf{X}_u, \tag{5.51}$$

那么 (5.51) 给出了离散的 Lyapunov-Perron 映射. 为了简化符号, 对 $(Y, Y') \in \mathscr{D}_X^{2\alpha}([0,1], \mathcal{W})$ 记

$$\mathcal{T}^{s/c}(X, Y, Y')[\cdot] = \int_0^{\cdot} S_{\cdot-u}^{s/c} P^{s/c} \bar{f}(Y)(u) du + \int_0^{\cdot} S_{\cdot-u}^{s/c} P^{s/c} \bar{g}(Y)(u) d\mathbf{X}_u$$

$$= \int_0^{\cdot} S_{\cdot-u}^{s/c} P^{s/c} f(Y_u) du + \int_0^{\cdot} S_{\cdot-u}^{s/c} P^{s/c} g(Y_u) d\mathbf{X}_u, \tag{5.52}$$

$$\tilde{\mathcal{T}}^c(X, Y, Y')[\cdot] = \int_{\cdot}^1 S_{\cdot-u}^c P^c \bar{f}(Y)(u) du + \int_{\cdot}^1 S_{\cdot-u}^c P^c \bar{g}(Y)(u) d\mathbf{X}_u$$

$$= \int_{\cdot}^1 S_{\cdot-u}^c P^c f(Y_u) du + \int_{\cdot}^1 S_{\cdot-u}^c P^c g(Y_u) d\mathbf{X}_u. \tag{5.53}$$

显然, $\mathcal{T}^{s/c}(X, Y, Y')$ 和 $\tilde{\mathcal{T}}^c(X, Y, Y')$ 的 Gubinelli 导数为 $g(Y)$.

接下来的目标是找到一个合适的函数空间给出 Lyapunov-Perron 映射 J 的不动点. 基于离散的 Lyapunov-Perron 映射, 给出如下的一列函数空间, 记为 $BC^\eta(\mathscr{D}_X^{2\alpha})$, 其为定义在 $[0,1]$ 上取值于 $\mathcal{W}$ 的受控粗糙路径组成的空间.

定义 5.2

称一列受控粗糙路径 $\mathbb{Y} := ((Y^{i-1}, (Y^{i-1})'))_{i \in \mathbb{Z}^-}$, 其中 $Y_0^{i-1} = Y_1^{i-2}$, 属于空间 $BC^\eta(\mathscr{D}_X^{2\alpha})$. 对于 $-\beta < \eta < 0$, 如果有

$$\|\mathbb{Y}\|_{BC^\eta(\mathscr{D}_X^{2\alpha})} := \sup_{i \in \mathbb{Z}^-} e^{-\eta(i-1)} \|Y^{i-1}, (Y^{i-1})'\|_{\mathscr{D}_X^{2\alpha}([0,1], \mathcal{W})} < \infty. \tag{5.54}$$

为了导出 (5.27) 的局部中心流形, 首先, 用截断函数修正 (5.27), 即分别用 f_R 和 g_R 代替 f 和 g. 根据 (5.27) 的离散 Lyapunov-Perron 映射, 为 $\mathscr{D}_X^{2\alpha}([0,1], \mathcal{W})$ 空间中的受控粗糙路径序列 $\mathbb{Y}$ 引入离散的 Lyapunov-Perron 映射 $J_d(X, Y, \xi) :=$ $(J_d^1(X, Y, \xi), J_d^2(X, Y, \xi))$, 其中 $\xi \in \mathcal{W}$, 且映射的具体结构如下所示. J_d 对截断参数 R 的依赖性由下标 R 表示. 对于 $t \in [0, 1]$, $X \in \Omega_X$ 和 $i \in \mathbb{Z}^-$, 定义

$$J_{R,d}^1(X, \mathbb{Y}, \xi)[i-1, t]$$

$$= S_{t+i-1}^c \xi^c - \sum_{k=0}^{i+1} S_{t+i-1-k}^c \left(\int_0^1 S_{1-u}^c P^c f_R(Y_u^{k-1}) du \right.$$

$$+ \int_0^1 S_{1-u}^c P^c g_R(Y_u^{k-1}) d\Theta_{k-1} \mathbf{X}_u \bigg) - \int_t^1 S_{t-u}^c P^c f_R(Y_u^{i-1}) du$$

$$- \int_t^1 S_{t-u}^c P^c g_R(Y_u^{i-1}) d\Theta_{i-1} \mathbf{X}_u$$

$$+ \sum_{k=-\infty}^{i-1} S_{t+i-1-k}^s \left(\int_0^1 S_{1-u}^s P^s f_R(Y_u^{k-1}) du + \int_0^1 S_{1-u}^s P^s g_R(Y_u^{k-1}) d\Theta_{k-1} \mathbf{X}_u \right)$$

$$+ \int_0^t S_{t-u}^s P^s f_R(Y_u^{i-1}) du + \int_0^t S_{t-u}^s P^s g_R(Y_u^{i-1}) d\Theta_{i-1} \mathbf{X}_u, \tag{5.55}$$

此外, $J_{R,d}^2(X, \mathbb{Y}, \xi)$ 表示 $J_{R,d}^1(X, \mathbb{Y}, \xi)$ 的 Gubinelli 导数, 即 $J_{R,d}^2(X, \mathbb{Y}, \xi)[i-1, \cdot] := (J_{R,d}^1(X, \mathbb{Y}, \xi)[i-1, \cdot])'$. 注意, 令 $i = 0, t = 1$, 在中心子空间中对 $J_{R,d}^1$ 进行投影即得 ξ^c, 即 $P^c J_{R,d}^1(X, \mathbb{Y}, \xi)[-1, 1] = \xi^c$.

注意到, 对于 $BC^\eta(\mathscr{D}_X^{2\alpha})$ 中的序列 $\mathbb{Y}$, $J_{R,d}(X, \mathbb{Y}, \xi)[\cdot, \cdot]$ 定义中的第一个索引 $i \in \mathbb{Z}^-$ 表示受控粗糙路径在序列中的位置, 第二个索引表示 $[0, 1]$ 中的时间变量 t.

接下来, 将证明 (5.55) 为 $BC^\eta(\mathscr{D}_X^{2\alpha})$ 到 $BC^\eta(\mathscr{D}_X^{2\alpha})$ 的映射, 此外, 如果 (5.44) 中指定的常数 K 足够小, 则 (5.55) 为压缩映射. 接下来用 C_S 表示一常数且该常数完全依赖半群 S, 并给出如下结果.

定理 5.8

假设 A, (f) 和 (g) 成立, 若 K 满足谱间隙条件

$$K \left(\frac{e^{\beta+\eta}(C_S M_s e^{-\eta} + 1)}{1 - e^{-(\beta+\eta)}} + \frac{e^{\gamma-\eta}(C_S M_c e^{-\eta} + 1)}{1 - e^{-(\gamma-\eta)}} \right) < \frac{1}{4}. \tag{5.56}$$

则映射 $J_{R,d} : \Omega \times BC^\eta(\mathscr{D}_X^{2\alpha}) \to BC^\eta(\mathscr{D}_X^{2\alpha})$ 在 $BC^\eta(\mathscr{D}_X^{2\alpha})$ 中有唯一的不动点.　　　　　　　　　　　　　　　　　　　　　　　♡

注 5.3 注意 (5.56) 总是可以得到的, 例如, 可令 $\eta := \dfrac{-\beta + \gamma}{2} < 0$, 从而可以选择 (5.44) 中的常数 K 为

$$K^{-1} := 4e^{(\beta+\gamma)/2}\left(\frac{e^{(\beta-\gamma)/2}C_S(M_s + M_c) + 1}{1 - e^{-(\beta+\gamma)/2}}\right).$$

证明 令序列

$$\mathbb{Y} = (Y^{i-1}, (Y^{i-1})')_{i \in \mathbb{Z}^-} \quad \text{和} \quad \tilde{\mathbb{Y}} = (\tilde{Y}^{i-1}, (\tilde{Y}^{i-1})')_{i \in \mathbb{Z}^-} \in BC^\eta(\mathscr{D}_X^{2\alpha})$$

并且满足 $P^c Y_1^{-1} = P^c \tilde{Y}_1^{-1} = \xi^c$. 这里仅验证压缩性质. $J_d(\cdot)$ 为从 $BC^\eta(\mathscr{D}_X^{2\alpha})$ 到 $BC^\eta(\mathscr{D}_X^{2\alpha})$ 的映射, 可以通过在接下来的计算中令 $\tilde{\mathbb{Y}} = 0$ 并使用 $f_R(0) = g_R(0) = 0$ 来推导得出. 根据 (5.36) 可导出

$$\|S_{\cdot+i-1}^c \xi^c, 0\|_{BC^\eta(\mathscr{D}_X^{2\alpha})} = \|S_{\cdot+i-1}^c \xi^c\|_{2\alpha} e^{-\eta(i-1)}$$

$$= |S_{i-1}^c|\|S_{\cdot}^c \xi^c\|_{2\alpha} e^{-\eta(i-1)}$$

$$\leqslant C_S M_c e^{(\gamma-\eta)(i-1)}|\xi^c|.$$

由于假设 $-\beta < \eta < 0 \leqslant \gamma < \beta$, 因此对 $i \in \mathbb{Z}^-$, 上述表达式仍然是有界的. 接下来的步骤为估计

$$\|J_{R,d}(X, \mathbb{Y}, \xi) - J_{R,d}(X, \tilde{\mathbb{Y}}, \xi)\|_{BC^\eta(\mathscr{D}_X^{2\alpha})}$$

服务. 为验证 (5.55) 稳定部分的压缩性质, 必须计算两项. 首先, 由于 (5.46)

$$\sum_{k=-\infty}^{i-1} e^{-\eta(i-1)}\|S_{\cdot+i-1-k}^s\|_{2\alpha}\|\mathcal{T}_R^s(\theta_{k-1}X, Y^{k-1}, (Y^{k-1})')[1] - \mathcal{T}_R^s(\theta_{k-1}X, \tilde{Y}^{k-1},$$

$$(\tilde{Y}^{k-1})')[1], (\mathcal{T}_R^s(\theta_{k-1}X, Y^{k-1}, (Y^{k-1})')[1] - \mathcal{T}_R^s(\theta_{k-1}X, \tilde{Y}^{k-1}, (\tilde{Y}^{k-1})')[1])'\|_{\mathscr{D}_X^{2\alpha}}$$

$$\leqslant \sum_{k=-\infty}^{i-1} C_S M_s e^{-\eta(i-1)} e^{-\beta(i-1-k)} K\|Y^{k-1} - \tilde{Y}^{k-1}, (Y^{k-1} - \tilde{Y}^{k-1})'\|_{\mathscr{D}_X^{2\alpha}}$$

$$\leqslant \sum_{k=-\infty}^{i-1} C_S M_s e^{-\eta(i-1)} e^{-\beta(i-1-k)} e^{\eta(k-1)} K e^{-\eta(k-1)}\|Y^{k-1} - \tilde{Y}^{k-1}, (Y^{k-1} - \tilde{Y}^{k-1})'\|_{\mathscr{D}_X^{2\alpha}}$$

$$\leqslant \sum_{k=-\infty}^{i-1} e^{-(\eta+\beta)(i-1-k)} C_S M_s e^{-\eta} K e^{-\eta(k-1)}\|Y^{k-1} - \tilde{Y}^{k-1}, (Y^{k-1} - \tilde{Y}^{k-1})'\|_{\mathscr{D}_X^{2\alpha}}.$$

将其与 (5.55) 的最后一项相结合, 得到稳定部分最终估计为

$$
\sum_{k=-\infty}^{i-1} e^{-\eta(i-1)} \|S_{\cdot+i-1-k}^s\|_{2\alpha} \|\mathcal{T}_R^s(\theta_{k-1}X, Y^{k-1}, (Y^{k-1})')[1] - \mathcal{T}_R^s(\theta_{k-1}X, \tilde{Y}^{k-1},
$$

$$
(\tilde{Y}^{k-1})')[1], (\mathcal{T}_R^s(\theta_{k-1}X, Y^{k-1}, (Y^{k-1})')[1] - \mathcal{T}_R^s(\theta_{k-1}X, \tilde{Y}^{k-1}, (\tilde{Y}^{k-1})')[1])'\|_{\mathscr{D}_X^{2\alpha}}
$$

$$
+ e^{-\eta(i-1)} \|\mathcal{T}_R^s(\theta_{i-1}X, Y^{i-1}, (Y^{i-1})')[\cdot] - \mathcal{T}_R^s(\theta_{i-1}X, \tilde{Y}^{i-1}, (\tilde{Y}^{i-1})')[\cdot],
$$

$$
(\mathcal{T}_R^s(\theta_{i-1}X, Y^{i-1}, (Y^{i-1})')[\cdot] - \mathcal{T}_R^s(\theta_{i-1}X, \tilde{Y}^{i-1}, (\tilde{Y}^{i-1})')[\cdot])'\|_{\mathscr{D}_X^{2\alpha}}
$$

$$
\leqslant \sum_{k=-\infty}^{i-1} e^{-(\eta+\beta)(i-1-k)} K(C_S M_s e^{-\eta}+1) e^{-\eta(k-1)} \|Y^{k-1} - \tilde{Y}^{k-1}, (Y^{k-1} - \tilde{Y}^{k-1})'\|_{\mathscr{D}_X^{2\alpha}}
$$

$$
\leqslant K \frac{e^{(\eta+\beta)}(C_S M_s e^{-\eta}+1)}{1 - e^{-(\eta+\beta)}} \|\mathbb{Y} - \tilde{\mathbb{Y}}, (\mathbb{Y} - \tilde{\mathbb{Y}})'\|_{BC^\eta(\mathscr{D}_X^{2\alpha})}.
$$

关于中心部分, 有

$$
\sum_{k=0}^{i+1} e^{-\eta(i-1)} \|S_{\cdot+i-1-k}^c\|_{2\alpha} \|\mathcal{T}_R^c(\theta_{k-1}X, Y^{k-1}, (Y^{k-1})')[1] - \mathcal{T}_R^c(\theta_{k-1}X, \tilde{Y}^{k-1},
$$

$$
(\tilde{Y}^{k-1})')[1], (\mathcal{T}_R^c(\theta_{k-1}X, Y^{k-1}, (Y^{k-1})')[1] - \mathcal{T}_R^c(\theta_{k-1}X, \tilde{Y}^{k-1}, (\tilde{Y}^{k-1})')[1])'\|_{\mathscr{D}_X^{2\alpha}}
$$

$$
\leqslant \sum_{k=0}^{i+1} C_S M_c e^{-\eta(i-1)} e^{\gamma(i-1-k)} K \|Y^{k-1} - \tilde{Y}^{k-1}, (Y^{k-1} - \tilde{Y}^{k-1})'\|_{\mathscr{D}_X^{2\alpha}}
$$

$$
\leqslant \sum_{k=0}^{i+1} C_S M_c e^{-\eta(i-1)} e^{\gamma(i-1-k)} e^{\eta(k-1)} K e^{-\eta(k-1)} \|Y^{k-1} - \tilde{Y}^{k-1}, (Y^{k-1} - \tilde{Y}^{k-1})'\|_{\mathscr{D}_X^{2\alpha}}
$$

$$
\leqslant \sum_{k=0}^{i+1} e^{(\gamma-\eta)(i-1-k)} C_S M_c e^{-\eta} K e^{-\eta(k-1)} \|Y^{k-1} - \tilde{Y}^{k-1}, (Y^{k-1} - \tilde{Y}^{k-1})'\|_{\mathscr{D}_X^{2\alpha}}.
$$

将其与 (5.55) 的第三项相结合, 得到中心部分最终估计

$$
\sum_{k=0}^{i+1} e^{-\eta(i-1)} \|S_{\cdot+i-1-k}^c\|_{2\alpha} \|\mathcal{T}_R^c(\theta_{k-1}X, Y^{k-1}, (Y^{k-1})')[1] - \mathcal{T}_R^c(\theta_{k-1}X, \tilde{Y}^{k-1},
$$

$$
(\tilde{Y}^{k-1})')[1], (\mathcal{T}_R^c(\theta_{k-1}X, Y^{k-1}, (Y^{k-1})')[1] - \mathcal{T}_R^c(\theta_{k-1}X, \tilde{Y}^{k-1}, (\tilde{Y}^{k-1})')[1])'\|_{\mathscr{D}_X^{2\alpha}}
$$

$$
+ e^{-\eta(i-1)} \|\tilde{\mathcal{T}}_R^c(\theta_{i-1}X, Y^{i-1}, (Y^{i-1})')[\cdot] - \tilde{\mathcal{T}}_R^c(\theta_{i-1}X, \tilde{Y}^{i-1}, (\tilde{Y}^{i-1})')[\cdot],
$$

$$
(\tilde{\mathcal{T}}_R^c(\theta_{i-1}X, Y^{i-1}, (Y^{i-1})')[\cdot] - \tilde{\mathcal{T}}_R^c(\theta_{i-1}X, \tilde{Y}^{i-1}, (\tilde{Y}^{i-1})')[\cdot])'\|_{\mathscr{D}_X^{2\alpha}}
$$

$$\leqslant \sum_{k=0}^{i} e^{(\gamma-\eta)(i-1-k)} K(C_S M_c e^{-\eta} + 1) e^{-\eta(k-1)} \|Y^{k-1} - \tilde{Y}^{k-1}, (Y^{k-1} - \tilde{Y}^{k-1})'\|_{\mathscr{D}_X^{2\alpha}}$$

$$\leqslant K \frac{e^{(\gamma-\eta)}(C_S M_c e^{-\eta} + 1)}{1 - e^{-(\gamma-\eta)}} \|\mathbb{Y} - \tilde{\mathbb{Y}}, (\mathbb{Y} - \tilde{\mathbb{Y}})'\|_{BC^{\eta}(\mathscr{D}_X^{2\alpha})}.$$

根据 (5.56), 那么有

$$\|J_{R,d}(X, \mathbb{Y}, \xi) - J_{R,d}(X, \tilde{\mathbb{Y}}, \xi)\|_{BC^{\eta}(\mathscr{D}_X^{2\alpha})} \leqslant \frac{1}{4} \|\mathbb{Y} - \tilde{\mathbb{Y}}, (\mathbb{Y} - \tilde{\mathbb{Y}})'\|_{BC^{\eta}(\mathscr{D}_X^{2\alpha})}.$$

根据 Banach 不动点定理, 可得 $J_{R,d}(X, \mathbb{Y}, \xi)$ 在 $BC^{\eta}(\mathscr{D}_X^{2\alpha})$ 中对 $\mathcal{W}^c$ 中的每个固定 ξ^c 具有唯一的不动点 $\Gamma(\xi^c, X) \in BC^{\eta}(\mathscr{D}_X^{2\alpha})$.

注意, 该不动点将有助于刻画局部中心流形.

> **引理 5.14**
>
> 映射 $\xi^c \mapsto \Gamma(\xi^c, X) \in BC^{\eta}(\mathscr{D}_X^{2\alpha})$ 是 Lipschitz 连续的. ♡

证明 对 $\xi_1^c, \xi_2^c \in \mathcal{W}$, 有

$$\|\Gamma(\xi_1^c, X) - \Gamma(\xi_2^c, X)\|_{BC^{\eta}(\mathscr{D}_X^{2\alpha})}$$

$$= \|J_{R,d}(X, \Gamma(\xi_1^c, X), \xi_1^c) - J_{R,d}(X, \Gamma(\xi_2^c, X), \xi_2^c)\|_{BC^{\eta}(\mathscr{D}_X^{2\alpha})}$$

$$\leqslant \|J_{R,d}(X, \Gamma(\xi_1^c, X), \xi_1^c) - J_{R,d}(X, \Gamma(\xi_1^c, X), \xi_2^c)\|_{BC^{\eta}(\mathscr{D}_X^{2\alpha})}$$

$$+ \|J_{R,d}(X, \Gamma(\xi_1^c, X), \xi_2^c) - J_{R,d}(X, \Gamma(\xi_2^c, X), \xi_2^c)\|_{BC^{\eta}(\mathscr{D}_X^{2\alpha})}$$

$$\leqslant \|S_{\cdot+i-1}^c(\xi_1^c - \xi_2^c), 0\|_{BC^{\eta}(\mathscr{D}_X^{2\alpha})}$$

$$+ \frac{1}{4} \|\Gamma(\xi_1^c, X) - \Gamma(\xi_2^c, X)\|_{BC^{\eta}(\mathscr{D}_X^{2\alpha})}$$

$$\leqslant C_S M_c e^{\gamma} |\xi_1^c - \xi_2^c| + \frac{1}{4} \|\Gamma(\xi_1^c, X) - \Gamma(\xi_2^c, X)\|_{BC^{\eta}(\mathscr{D}_X^{2\alpha})}.$$

由此, 引理结论得证.

在给出 (5.27) 的局部中心流形的存在性之前, 需要进一步强调使用到的符号. 接下来, 用 $Y.(\xi)$ 来强调路径 Y 对 (5.27) 的初始条件 ξ 的依赖. 此外, 考虑 $\Gamma(\xi^c, X)$, 其是 $J_{R,d}(X, \mathbb{Y}, \xi^c)$ 在空间 $BC^{\eta}(\mathscr{D}_X^{2\alpha})$ 中的不动点. 同样, 符号 $\Gamma(\xi^c, X)[\cdot, \cdot]$ 中的第一个索引表示在序列内的位置, 第二个表示时间变量. 因此, 对于固定 k, $\Gamma(\xi^c, X)[k, \cdot] \in \mathscr{D}_X^{2\alpha}([0,1], \mathcal{W})$. 为了证明定义 5.1 中所要求的中心流形的不变性, 需证: 若 $\xi^c \in \mathcal{M}_{\text{loc}}^c(X)$, 以 ξ^c 为初始条件的 (5.27) 的解在时间点

τ 处属于 $\mathcal{M}_{\mathrm{loc}}^c(\theta_\tau X)$. 因此, 这意味着必须考虑 X 的转移, 因此在所考虑的系统中, 我们必须分析如 $\Gamma(\xi^c, \theta X)[\cdot, \cdot]$ 之类的表达式.

接下来给出一个基本的结果, 其刻画了 (5.27) 的局部中心流形. 用 $B_{\mathcal{W}^c}(0, \iota(X))$ 表示 $\mathcal{W}^c$ 中以 0 为中心, 随机半径 $\iota(X)$ 的球.

引理 5.15

存在一个向下缓增随机变量 $\rho(X)$, 使得 (5.27) 的局部中心流形通过 Lipschitz 函数图给出, 即

$$\mathcal{M}_{\mathrm{loc}}^c = \{\xi + h^c(\xi, X) : \xi \in B_{\mathcal{W}^c}(0, \rho(X))\}, \qquad (5.57)$$

其中

$$h^c(\xi, X) := P^s \Gamma(\xi, X)[-1, 1]|_{B_{\mathcal{W}^c}(0, \rho(X))},$$

由此有

$$h^c(\xi, X) = \sum_{k=-\infty}^{0} S_{-k}^s \int_0^1 S_{1-u}^s P^s f(\Gamma(\xi, X)[k-1, u]) du$$

$$+ \sum_{k=-\infty}^{0} S_{-k}^s \int_0^1 S_{1-u}^s P^s g(\Gamma(\xi, X)[k-1, u]) d\Theta_{k-1} \mathbf{X}_u.$$

该引理的证明基于以下结论:

引理 5.16

令 $\xi_{-1}^c := P^c \Gamma(\xi_{-1}^c, X)[-1, 0]$. $J_{R,d}(X, \cdot, \xi^c)$ 的不动点 $\Gamma(\xi^c, X)$ 可表示为

$$\Xi(\xi^c, X)[i, \cdot] := \begin{cases} \Gamma(\xi_{-1}^c, \theta_{-1} X)[i+1, \cdot], & i = -2, -3, \cdots, \\ \varphi_R(\cdot, \theta_{-1} X, \Gamma(\xi_1^c, \theta_{-1} X)[-1, 1]), & i = -1. \end{cases}$$

$$(5.58)$$

证明　为了证明这一说法, 这里将说明 $\Xi(\xi^c, X)$ 是 $J_{R,d}(X, \cdot, \xi^c)$ 的不动点. 由不动点的唯一性, 可以推得

$$\Xi(\xi^c, X) = \Gamma(\xi^c, X).$$

由于 $\Gamma(\xi_{-1}^c, \theta_{-1} X)$ 是 $J_{R,d}(\theta_{-1} X, \cdot, \xi_{-1}^c)$ 的不动点, 即离散 Lyapunov-Perron 映射 (5.55). 为了符号的简单, 在接下来的计算中忽略 Gubinelli 导数, 即仅用表

达式 $J_{R,d}^1(\cdot,\cdot,\cdot)$. 同时注意到对固定的 k, $\Gamma(\xi,X)[k,\cdot] \in \mathscr{D}_X^{2\alpha}([0,1],\mathcal{W})$. 因此, $f_R(\Gamma(\xi,X)[k,\cdot])$ 意味着 f_R 作用于路径 $\Gamma(\xi,X)[k,\cdot]$.

对于稳定部分, 有

$$
\Gamma^s(\xi_{-1}^c,\theta_{-1}X)[-1,1]
$$

$$
= \sum_{k=-\infty}^{-1} S^s(-k)\bigg(\int_0^1 S^s(1-r)P^s f_R(\Gamma(\xi_1^c,\theta_{-1}X)[k-1,\cdot])(r)dr
$$

$$
+ \int_0^1 S^s(1-r)P^s g_R(\Gamma(\xi_1^c,\theta_{-1}X)[k-1,\cdot])(r)d\Theta_{k-1}\Theta_{-1}\mathbf{X}_r \bigg)
$$

$$
+ \int_0^1 S^s(1-r)P^s f_R(\Gamma(\xi_1^c,\theta_{-1}X)[-1,\cdot])(r)dr
$$

$$
+ \int_0^1 S^s(1-r)P^s g_R(\Gamma(\xi_1^c,\theta_{-1}X)[-1,\cdot])(r)d\Theta_{-1}\Theta_{-1}\mathbf{X}_r
$$

$$
= \sum_{k=-\infty}^{0} S^s(-k)\bigg(\int_0^1 S^s(1-r)P^s f_R(\Gamma(\xi_1^c,\theta_{-1}X)[k-1,\cdot])(r)dr
$$

$$
+ \int_0^1 S^s(1-r)P^s g_R(\Gamma(\xi_1^c,\theta_{-1}X)[k-1,\cdot])(r)d\Theta_{k-1}\Theta_{-1}\mathbf{X}_r \bigg).
$$

对 $i=-1$ 使用 (5.58), 从而关于稳定部分有

$$
\Xi^s(\xi^c,X)[-1,t] = \varphi_R^s(t,\theta_{-1}X,\Gamma(\xi_{-1}^c,\theta_{-1}X)[-1,1])
$$

$$
= \sum_{k=-\infty}^{0} S^s(t-k)\bigg(\int_0^1 P^s f_R(\Gamma(\xi_{-1}^c,\theta_{-1}X)[k-1,\cdot])(r)dr
$$

$$
+ \int_0^t P^s g_R(\Gamma(\xi_{-1}^c,\theta_{-1}X)[k-1,\cdot])(r)d\Theta_{k-1}\Theta_{-1}\mathbf{X}_r \bigg)
$$

$$
+ \int_0^t S^s(t-r)P^s f_R(\Xi(\xi_{-1}^c,\theta_{-1}X)[-1,\cdot])(r)dr
$$

$$
+ \int_0^t S^s(t-r)P^s g_R(\Xi(\xi_{-1}^c,\theta_{-1}X)[-1,\cdot])(r)d\Theta_{-1}\mathbf{X}_r
$$

$$
= \sum_{k=-\infty}^{-1} S^s(t-k-1)\bigg(\int_0^1 P^s f_R(\Gamma(\xi_{-1}^c,\theta_{-1}X)[k,\cdot])(r)dr
$$

$$
+ \int_0^t P^s g_R(\Gamma(\xi_{-1}^c,\theta_{-1}X)[k,\cdot])(r)d\Theta_{k-1}\mathbf{X}_r \bigg)
$$

$$+ \int_0^t S^s(t-r)P^s f_R(\Xi(\xi_{-1}^c, \theta_{-1}X)[-1, \cdot])(r)dr$$

$$+ \int_0^t S^s(t-r)P^s g_R(\Xi(\xi_{-1}^c, \theta_{-1}X)[-1, \cdot])(r)d\Theta_{-1}\mathbf{X}_r$$

$$= \sum_{k=-\infty}^{-1} S^s(t-k-1)\left(\int_0^1 S^s(1-r)P^s f_R(\Xi(\xi^c, X)[k-1, \cdot])(r)dr\right.$$

$$+ \int_0^1 S^s(1-r)P^s g_R(\Xi(\xi, X)[k-1, \cdot])(r)d\Theta_{k-1}\mathbf{X}_r \Big)$$

$$+ \int_0^t S^s(t-r)P^s f_R(\Xi(\xi_{-1}^c, \theta_{-1}X)[-1, \cdot])(r)dr$$

$$+ \int_0^t S^s(t-r)P^s g_R(\Xi(\xi_{-1}^c, \theta_{-1}X)[-1, \cdot])(r)d\Theta_{-1}\mathbf{X}_r,$$

上式在最后一步再次使用了 (5.58). 进一步, 由于 $\Gamma(\xi_{-1}^c, \theta_{-1}X)$ 是 $J_{R,d}(\theta_{-1}X, \cdot, \xi_{-1}^c)$ 的不动点, 现在类似于 (5.55) 中的第一步, 计算 $i = -2, -3, \cdots$ 的情形, 从而有

$$\Gamma^s(\xi_{-1}^c, \theta_{-1}X)[i+1, t]$$

$$= \sum_{k=-\infty}^{i+1} S^s(t+i+1-k)\left(\int_0^1 S^s(1-r)P^s f_R(\Gamma(\xi_1^c, \theta_{-1}X)[k-1, \cdot])(r)dr\right.$$

$$+ \int_0^1 S^s(1-r)P^s g_R(\Gamma(\xi_1^c, \theta_{-1}X)[k-1, \cdot])(r)d\Theta_{k-1}\Theta_{-1}\mathbf{X}_r \Big)$$

$$+ \int_0^t S^s(t-r)P^s f_R(\Gamma(\xi_1^c, \theta_{-1}X)[i+1, \cdot])(r)dr$$

$$+ \int_0^t S^s(t-r)P^s g_R(\Gamma(\xi_1^c, \theta_{-1}X)[i+1, \cdot])(r)d\Theta_{i+1}\Theta_{-1}\mathbf{X}_r$$

$$= \sum_{k=-\infty}^{i} S^s(t+i-k)\left(\int_0^1 S^s(1-r)P^s f_R(\Gamma(\xi_1^c, \theta_{-1}X)[k, \cdot])(r)dr\right.$$

$$+ \int_0^1 S^s(1-r)P^s g_R(\Gamma(\xi_1^c, \theta_{-1}X)[k, \cdot])(r)d\Theta_{k-1}\mathbf{X}_r \Big)$$

$$+ \int_0^t S^s(t-r)P^s f_R(\Gamma(\xi_1^c, \theta_{-1}X)[i+1, \cdot])(r)dr$$

$$+ \int_0^t S^s(t-r)P^s g_R(\Gamma(\xi_1^c, \theta_{-1}X)[i+1, \cdot])(r)d\Theta_i\mathbf{X}_r.$$

另一方面, 关于稳定部分由 (5.58) 有

$$\Xi^s(\xi^c, X)[i, t] = \sum_{k=-\infty}^{i} S^s(t+i-k) \bigg(\int_0^1 S^s(1-r) P^s f_R(\Xi(\xi^c, X)[k-1, \cdot])(r) dr$$

$$+ \int_0^1 S^s(1-r) P^s g_R(\Xi(\xi^c, X)[k-1, \cdot])(r) d\Theta_{k-1} \mathbf{X}_r \bigg)$$

$$+ \int_0^t S^s(t-r) P^s f_R(\Xi(\xi^c, X)[i, \cdot])(r) dr$$

$$+ \int_0^t S^s(t-r) P^s g_R(\Xi(\xi^c, X)[i, \cdot])(r) d\Theta_i \mathbf{X}_r.$$

为了证明结论, 可对中心部分做类似的计算. 综上有

$$\Gamma(\xi^c, X)[i, t]$$

$$:= S^c(t+i)\xi^c - \sum_{k=0}^{i+2} S^c(t+i-k) \bigg(\int_0^1 S^c(1-r) P^c f_R(\Gamma(\xi^c, X)[k$$

$$-1, \cdot])(r) dr + \int_0^1 S^c(1-r) P^c g_R(\Gamma(\xi^c, X)[k-1, \cdot])(r) d\Theta_{k-1} \mathbf{X}_r \bigg)$$

$$- \int_t^1 S^c(t-r) P^c f_R(\Gamma(\xi^c, X)[i, \cdot])(r) dr$$

$$- \int_t^1 S^c(t-r) P^c g_R(\Gamma(\xi^c, X)[i, \cdot])(r) d\Theta_i \mathbf{X}_r$$

$$+ \sum_{k=-\infty}^{i} S^s(t+i-k) \bigg(\int_0^1 S^s(1-r) P^s f_R(\Gamma(\xi^c, X)[k-1, \cdot])(r) dr$$

$$+ \int_0^1 S^s(1-r) P^s g_R(\Gamma(\xi^c, X)[k-1, \cdot])(r) d\Theta_{k-1} \mathbf{X}_r \bigg)$$

$$+ \int_0^t S^s(t-r) P^s f_R(\Gamma(\xi^c, X)[i, \cdot])(r) dr$$

$$+ \int_0^t S^s(t-r) P^s g_R(\Gamma(\xi^c, X)[i, \cdot])(r) d\Theta_i \mathbf{X}_r.$$

这证明 $\Xi(\xi^c, X)$ 是 $J_{R,d}(X, \cdot, \xi^c)$ 的不动点. 由不动点的唯一性有 $\Xi(\xi^c, X) = \Gamma(\xi^c, X)$. 结论得证.

接下来给出引理 5.15 的证明.

证明　首先, 由于 $f(0) = g(0) = 0$, 可得到 $h^c(0, X) = 0$, 因此 $0 \in \mathcal{M}^c_{\mathrm{loc}}(X)$. 现在证明, 对于 (5.27) 生成的随机动力系统 φ, $\mathcal{M}^c_{\mathrm{loc}}(X)$ 是其离散的局部中心流形. 也就是说, 对于 $B_{\mathcal{W}^c}(0, \rho(X))$ 中的初始条件 ξ, 其中 $\rho(X)$ 将被适当地选取, 后续将会证明, 对 $i \in \mathbb{Z}^-$ 有

$$\Gamma(\xi, X)[-1, 1] \in \mathcal{M}^c_{\mathrm{loc}}(X) \quad \text{和} \quad \Gamma(\xi, X)[i-1, 1] \in \mathcal{M}^c_{\mathrm{loc}}(\theta_i X).$$

此外, 从 $\Gamma(\xi, X)[-1, 1]$ 和 $\Gamma(\xi, X)[i-1, 1]$ 出发的轨道仍在具有缓增随机半径的球内. 令 $\tilde{Y}^i_\cdot(\xi) := \Gamma(\xi, X)[i-1, \cdot]$. 因为这里要分别导出 $\mathcal{M}^c_{\mathrm{loc}}(X)$ 和 $\mathcal{M}^c_{\mathrm{loc}}(\theta_i X)$ 的表达式, 而不是 $\mathcal{M}^c_{\mathrm{loc}}(\theta_{i-1} X)$, 所以用 i 而不是 $i-1$ 进行索引. 当计算 $\mathscr{D}^{2\alpha}_X$ 范数时, 为了符号简单, 使用符号 $\tilde{Y}$. 然而, 当分析 $\Gamma(\xi, X)[\cdot, \cdot]$ 对于 X 的移位时, 即 $\Gamma(\xi, \theta_i X)[\cdot, \cdot]$, 则显式地写下所有参数.

为了证明上述论断, 首先令

$$\rho(X) := \frac{R(\theta_{-1} X)}{2 L_\Gamma e^{-\eta}}, \tag{5.59}$$

其中 L_Γ 代表的是引理 5.14 中映射 $\xi^c \mapsto \Gamma(\xi^c, X) \in BC^\eta(\mathscr{D}^{2\alpha}_X)$ 的 Lipschitz 常数, R 为 (5.45) 所介绍的半径. 因此对 $\xi \in \mathcal{W}$, 有

$$\|\Gamma(P^c \xi, X)\|_{BC^\eta(\mathscr{D}^{2\alpha}_X)} \leqslant L_\Gamma |P^c \xi|,$$

那么令 $\xi \in B_{\mathcal{W}^c}(0, \rho(X))$, 有

$$\|\Gamma(\xi, X)\|_{BC^\eta(\mathscr{D}^{2\alpha}_X)} \leqslant L_\Gamma \rho(X). \tag{5.60}$$

利用 $\|\cdot\|_{BC^\eta(\mathscr{D}^{2\alpha}_X)}$ 范数的定义, 上述不等式重写为

$$\sup_{i \in \mathbb{Z}^-} e^{-\eta(i-1)} \|\tilde{Y}^i_\cdot(\xi), (\tilde{Y}^i_\cdot(\xi))'\|_{\mathscr{D}^{2\alpha}_X} \leqslant L_\Gamma \frac{R(\theta_{-1} X)}{2 L_\Gamma e^{-\eta}}. \tag{5.61}$$

在 (5.61) 式中令 $i = 0$, 对 $|\xi| \leqslant \rho(X)$, 轨迹 $\tilde{Y}^0_\cdot(\xi) = \Gamma(\xi, X)[-1, \cdot]$ 的范数估计如下:

$$\|\tilde{Y}^0_\cdot(\xi), (\tilde{Y}^0_\cdot(\xi))'\|_{\mathscr{D}^{2\alpha}_X} \leqslant \frac{R(\theta_{-1} X)}{2}.$$

接下来的目的是推出 $\Gamma(\xi, X)[i-1, 1] = \tilde{Y}^i_1(\xi) \in \mathcal{M}^c_{\mathrm{loc}}(\theta_i X)$ 并证明对应的轨迹满足以下关系

$$\|\tilde{Y}^i_\cdot(\xi), (\tilde{Y}^i_\cdot(\xi))'\|_{\mathscr{D}^{2\alpha}_X} \leqslant \frac{R(\theta_{i-1} X)}{2}.$$

为此, 首先运用 (4.7). 注意, 根据 [50] 的 4.1.1 节, (4.7) 在离散系统中也是有效的. 即存在正随机变量 $\hat{\rho}(X)$ 和常数 (它可以被选择为 L_Γ) 使得

$$\rho(\theta_i X) \geqslant \hat{\rho}(X) L_\Gamma e^{\eta(i-1)}. \tag{5.62}$$

现在, 取 $\xi \in B_{\mathcal{W}^c}(0, \hat{\rho}(X))$, 根据 (5.60), 可以得到

$$\sup_{i \in \mathbb{Z}^-} e^{-\eta(i-1)} \|\tilde{Y}^i_\cdot(\xi), (\tilde{Y}^i_\cdot(\xi))'\|_{\mathscr{D}^{2\alpha}_X} \leqslant L_\Gamma \hat{\rho}(X). \tag{5.63}$$

再结合 (5.62), 有

$$\rho(\theta_i X) \geqslant \hat{\rho}(X) L_\Gamma e^{\eta(i-1)} \geqslant |P^c \tilde{Y}^i_1(\xi)| = |P^c \Gamma(\xi, X)[i-1, 1]|. \tag{5.64}$$

综上所述, 对 $\xi \in B_{\mathcal{W}^c}(0, \hat{\rho}(X))$, 有

$$\Gamma(\xi, X)[-1, 1] \in \mathcal{M}^c_{\mathrm{loc}}(X),$$

$$\Gamma(\xi, X)[i-1, 1] \in \mathcal{M}^c_{\mathrm{loc}}(\theta_i X).$$

其次, 为了证明 $\mathcal{M}^c_{\mathrm{loc}}(X)$ 的不变性. 首先注意到, 对于 $i \in \mathbb{Z}^-$ 可以建立 $J_{R,d}(X, \cdot, \cdot)$ 和 $J_{R,d}(\theta_i X, \cdot, \cdot)$ 的不动点之间的联系. 即利用

$$\Gamma(\xi, X)[i-1, 0] = \Gamma(\xi, X)[i-2, 1]$$

和引理 5.16, 可推得

$$\Gamma(\xi, X)[i-1, \cdot] = \Gamma(P^c \Gamma(\xi, X)[i-1, 1], \theta_i X)[-1, \cdot], \tag{5.65}$$

由此可知, $\Gamma(\xi, X)[i-1, \cdot]$ 可以从 $\theta_i X$-纤维丛上以 $P^c \Gamma(\xi, X)[i-1, 1]$ 为初始条件的映射 $\Gamma(\cdot, \theta_i X)[-1, \cdot]$ 中获得. 基于这一点, 使用 (5.63) 和 (5.64) 可以导出

$$\|\tilde{Y}^i_\cdot(\xi), (\tilde{Y}^i_\cdot(\xi))'\|_{\mathscr{D}^{2\alpha}_X} \leqslant L_\Gamma e^{-\eta} \rho(\theta_i X),$$

从而获得

$$\|\tilde{Y}^i_\cdot(\xi), (\tilde{Y}^i_\cdot(\xi))'\|_{\mathscr{D}^{2\alpha}_X} \leqslant \frac{R(\theta_{i-1} X)}{2}. \tag{5.66}$$

从而估计式 (5.66) 允许移去截断参数 R 且导出

$$(\Gamma(\xi, X)[i-1, t], (\Gamma(\xi, X)[i-1, t])') = (\tilde{Y}^i_t(\xi), (\tilde{Y}^i_t(\xi))')$$

$$= \left(S_t \Gamma(\xi, X)[i-1, 0] + \int_0^t S_{t-u} f(\tilde{Y}^i_u) du + \int_0^t S_{t-u} g(\tilde{Y}^i_u) d\Theta_{i-1} \mathbf{X}_u, g(\tilde{Y}^i_t) \right)$$

$$= \left(S_t \Gamma(\xi, X)[i-2, 1] + \int_0^t S_{t-u} f(\tilde{Y}^i_u) du + \int_0^t S_{t-u} g(\tilde{Y}^i_u) d\Theta_{i-1} \mathbf{X}_u, g(\tilde{Y}^i_t) \right),$$

这意味着

$$\tilde{Y}_t^i = \Gamma(\xi, X)[i-1, t] = \varphi(t, \theta_{i-1}X, \Gamma(\xi, X)[i-2, 1]), \tag{5.67}$$

因此, 在 (5.67) 中令 $t = 1$ 可得到

$$\varphi(1, \theta_{i-1}X, \Gamma(\xi, X)[i-2, 1]) = \Gamma(\xi, X)[i-1, 1] \in \mathcal{M}_{\text{loc}}^c(\theta_i X).$$

现在引理 5.12 中的余圈性意味着

$$\mathcal{M}_{\text{loc}}^c(X) \ni \Gamma(\xi, X)[-1, 1] = \varphi(1, \theta_{-1}X, \Gamma(\xi, X)[-1, 0])$$
$$= \varphi(-i+1, \theta_{i-1}X, \Gamma(\xi, X)[i-1, 0]).$$

在上面的等式中令 $j := -i + 1$ 得到

$$\varphi(j, \theta_{-j}X, \Gamma(\xi, X)[-j-1, 1]) \in \mathcal{M}_{\text{loc}}^c(X).$$

用 X 代替 $\theta_{-j}X$, 最后便得出结论

$$\varphi(j, X, \Gamma(\xi, \theta_j X)[-j-1, 1]) \in \mathcal{M}_{\text{loc}}^c(\theta_j X).$$

可以将这些结论推广到连续时间系统, 即按照前面的证明步骤, 用 $i-1+t$ 代替 $i-1$, 其中 $i \in \mathbb{Z}^-$ 且 $t \in (0, 1)$. 这可以很容易地实现, 因为根据余圈性质, 有

$$\varphi(-i+1, \theta_{i-1}X, \Gamma(\xi, X)[i-1, 0]) = \varphi(-i+1-t, \theta_{i-1+t}X, \Gamma(\xi, X)[i-1, t]).$$

因此, 对于足够小的初始条件 ξ, 即 $\xi \in B_{\mathcal{W}^c}(0, \hat{\rho}(X))$, 可以证明 $\Gamma(\xi, X)[i-1, t] \in \mathcal{M}_{\text{loc}}^c(\theta_{t+i-1}X)$. 事实上, 如前所述, 可构造一个如同 (5.64) 中的缓增随机半径 $\hat{r}(X)$, 使得 $|P^c\Gamma(\xi, X)[i-1, t]| \leqslant \hat{r}(\theta_{t+i-1}X)$. 也可参考 [28].

综合以上结果, 有如下结论:

> **定理 5.9**
>
> 假设 A, (f) 和 (g) 成立. 则粗糙微分方程 (5.27) 存在一个局部中心流形 $\mathcal{M}_{\text{loc}}^c(X)$, 定义如下
>
> $$\mathcal{M}_{\text{loc}}^c(X) = \{\xi + h^c(\xi, X) : \xi \in B_{\mathcal{W}^c}(0, \hat{\rho}(X))\},$$
>
> 其中
>
> $$h^c(\xi, X) := \int_{-\infty}^0 S_{-u}^s P^s f(Y_u(\xi)) du + \int_{-\infty}^0 S_{-u}^s P^s g(Y_u(\xi)) d\mathbf{X}_u.$$

5.2.3 中心流形的光滑性

接下来讨论中心流形的光滑性. 首先指出保证随机不变流形光滑性的主要方法. 这些方法已在 [64] 中用于随机稳定或不稳定流形, 在 [122] 中用于中心流形. 从粗糙路径的角度, 研究 Itô-Lyons 映射的可微性是至关重要的, 即将受控粗糙路径与由该路径驱动的粗糙微分方程的解相关联的映射, 该映射的可微性可参考定理 3.12. 对于这里的目标来说, 只要证明映射 $\xi \mapsto Y.(\xi)$ 的连续可微性就足够了, 其中 $\xi \in \mathcal{W}$ 和 $Y.(\xi)$ 是 (5.27) 的解. 这里只指出研究相应流形的光滑性所需的主要论点和假设.

注 5.4 注意, 根据引理 5.14, h^c 是 Lipschitz 的. 在本小节中, 通常会对 f 和 g 给出额外的光滑性假设 (即对 $m \geqslant 1$, $f : \mathbb{R}^n \to \mathbb{R}^n$ 是 $\mathcal{C}^m$ 和 $g : \mathbb{R}^n \to \mathbb{R}^{n \times d}$ 是 $\mathcal{C}_b^{m+3}$), 从而保证 $h^c(\cdot, X)$ 具有更好的正则性.

现在指出随机 (偏) 微分方程的不变流形光滑性的经典证明中的主要思想. 为了证明定理 5.9 中得到的 $\mathcal{M}_{\mathrm{loc}}^c(X)$ 是 $\mathcal{C}^1$, 需要验证 $h(\xi, X)$ 在 $\xi \in \mathcal{W}^c$ 中是连续可微的. 因此, 必须建立 Lyapunov-Perron 映射不动点关于 ξ 的可微性. 为了简化符号, 在不使用受控粗糙路径符号的情形下, 首先描述主要的证明思想. 这里考虑与 (5.27) 相关的连续时间 Lyapunov-Perron 变换, 并进行形式化计算来说明主要思想. 对 $\xi \in \mathcal{W}^c$, 有

$$Y_t(\xi) := S_t^c \xi + \int_0^t S_{t-u}^c P^c f(Y_u(\xi)) du + \int_0^t S_{t-u}^c P^c g(Y_u(\xi)) d\mathbf{X}_u$$

$$+ \int_{-\infty}^t S_{t-u}^s P^s f(Y_u(\xi)) du + \int_{-\infty}^t S_{t-u}^s P^s g(Y_u(\xi)) d\mathbf{X}_u.$$

由于需要分析 $\xi \mapsto Y.(\xi)$ 的可微性, 那么就必须研究其差 $Y_t(\xi) - Y_t(\xi_0)$, 其中 $\xi_0 \in \mathcal{W}^c$. 这里考虑

$$Y_t(\xi) - Y_t(\xi_0) - \mathcal{T}(Y_t(\xi) - Y_t(\xi_0)) = S_t^c(\xi - \xi_0) + I, \tag{5.68}$$

其中

$$\mathcal{T}(Z) := \int_0^t S_{t-u}^c P^c Df(Y_u(\xi_0)) Z du + \int_0^t S_{t-u}^c P^c Dg(Y_u(\xi_0)) Z d\mathbf{X}_u$$

$$+ \int_{-\infty}^t S_{t-u}^s P^s Df(Y_u(\xi_0)) Z du + \int_{-\infty}^t S_{t-u}^s P^s Dg(Y_u(\xi_0)) Z d\mathbf{X}_u, \tag{5.69}$$

并且

$$I := \int_0^t S_{t-u}^c P^c(f(Y_u(\xi)) - f(Y_u(\xi_0)) - Df(Y_u(\xi_0)(Y_u(\xi) - Y_u(\xi_0)))) du$$

$$+ \int_0^t S_{t-u}^c P^c (g(Y_u(\xi)) - g(Y_u(\xi_0)) - Dg(Y_u(\xi_0))(Y_u(\xi) - Y_u(\xi_0)))) d\mathbf{X}_u$$

$$+ \int_{-\infty}^t S_{t-u}^s P^s (f(Y_u(\xi)) - f(Y_u(\xi_0)) - Df(Y_u(\xi_0))(Y_u(\xi) - Y_u(\xi_0)))) du$$

$$+ \int_{-\infty}^t S_{t-u}^s P^s (g(Y_u(\xi)) - g(Y_u(\xi_0)) - Dg(Y_u(\xi_0))(Y_u(\xi) - Y_u(\xi_0)))) d\mathbf{X}_u.$$

$$(5.70)$$

现在, 推导出确保 $|\mathcal{T}| < 1$ 的条件, 以便使得 $(Id - \mathcal{T})$ 是可逆的以及当 $\xi \to \xi_0$ 时, 有 $|I| = \mathbf{o}(|\xi - \xi_0|)$. 然后, 由于 (5.68), 可以得出结论: 当 $\xi \to \xi_0$,

$$Y_t(\xi) - Y_t(\xi_0) = (Id - \mathcal{T})^{-1} S_t^c (\xi - \xi_0) + \mathbf{o}(|\xi - \xi_0|), \qquad (5.71)$$

这意味着 $Y_t(\xi)$ 关于 ξ 是可微的. 它的导数由下式给出

$$D_\xi Y_t(\xi) := S_t^c + \int_0^t S_{t-u}^c P^c Df(Y_u(\xi)) D_\xi Y_u(\xi) du + \int_0^t S_{t-u}^c P^c Dg(Y_u(\xi)) D_\xi Y_u(\xi) d\mathbf{X}_u$$

$$+ \int_{-\infty}^t S_{t-u}^s P^s Df(Y_u(\xi)) D_\xi Y_u(\xi) du + \int_{-\infty}^t S_{t-u}^s P^s Dg(Y_u(\xi)) D_\xi Y_u(\xi) d\mathbf{X}_u.$$

事实上, 这样的公式对于定理 3.2 中引入的受控粗糙积分是有效的. 为了证明映射 $\xi \mapsto D_\xi Y_t(\xi)$ 的连续性, 对 $\xi, \xi_0 \in \mathcal{W}^c$ 需要计算

$$D_\xi Y_t(\xi) - D_\xi Y_t(\xi_0) := \int_0^t S_{t-u}^c P^c (Df(Y_u(\xi)) D_\xi Y_u(\xi) - Df(Y_u(\xi_0)) D_\xi Y_u(\xi_0)) du$$

$$+ \int_{-\infty}^t S_{t-u}^s P^s (Dg(Y_u(\xi)) D_\xi Y_u(\xi) - Dg(Y_u(\xi_0)) D_\xi Y_u(\xi_0)) d\mathbf{X}_u$$

$$= \int_0^t S_{t-u}^c P^c (Df(Y_u(\xi))(D_\xi Y_u(\xi) - D_\xi Y_u(\xi_0))) du$$

$$+ \int_{-\infty}^t S_{t-u}^s P^s (Dg(Y_u(\xi))(D_\xi Y_u(\xi) - D_\xi Y_u(\xi_0))) d\mathbf{X}_u + \bar{I},$$

$$(5.72)$$

其中

$$\bar{I} = \int_0^t S_{t-u}^c P^c (Df(Y_u(\xi)) - Df(Y_u(\xi_0))) D_\xi Y_u(\xi_0)) du$$

$$+ \int_{-\infty}^t S_{t-u}^s P^s (Dg(Y_u(\xi)) - Dg(Y_u(\xi_0))) D_\xi Y_u(\xi_0)) d\mathbf{X}_u.$$

根据上述考虑, 可以得出以下结果. 证明类似于定理 5.8, 作为练习留给读者, 这里不再详细给出证明.

> **定理 5.10**
>
> 假设, 对 $m \geqslant 1$, f 是 $\mathcal{C}^m$ 且 g 属于 $\mathcal{C}_b^{m+3}$. 如果 $-\beta < m\eta < \gamma$ 且对 $1 \leqslant j \leqslant m$ 有
>
> $$K\left(\frac{e^{\beta+j\eta}(C_S M_s e^{-j\eta} + 1)}{1 - e^{-(\beta+j\eta)}} + \frac{e^{\gamma-j\eta}(C_S M_c e^{-j\eta} + 1)}{1 - e^{-(\gamma-j\eta)}}\right) < 1, \qquad (5.73)$$
>
> 则 $\mathcal{M}_{\text{loc}}^c(X)$ 是一个局部 $\mathcal{C}^m$ 中心流形. ♡

注 5.5 基于 [38] 中讨论中心流形的方法, Kuehn 和 Neamţu 在文献 [59] 中利用插值空间上的受控粗糙路径理论框架, 讨论了粗糙偏微分方程的中心流形, 其中噪声项仍然是有限维的粗糙路径.

5.3 粗糙微分方程的吸引子

众所周知, 随机吸引子的研究是随机动力系统中的重要课题. 对于随机微分方程, 已有很多学者对吸引子进行了广泛和深入的讨论和研究. 然而, 对于粗糙微分方程, 关于吸引子的研究才刚刚开始. 本小节将简单地介绍粗糙微分方程吸引子的相关结论. 内容主要参考 [37].

5.3.1 方程及其假设

本小节考虑如下的随机微分方程

$$dy_t = f(y_t)dt + g(y_t)dX_t \qquad (5.74)$$

的动力学行为, 其中 $f : \mathbb{R}^n \to \mathbb{R}^n$ 和 $g : \mathbb{R}^n \to \mathbb{R}^{n \times d}$ 具有足够的正则性, $X_t \in \mathcal{C}_{\text{loc}}^\alpha([0, \infty), \mathbb{R}^d)$ a.s., 其中 $\alpha \in \left(\frac{1}{3}, \frac{1}{2}\right]$ 且 $X_t \in \mathbb{R}^d$ 是一具有平稳增量的随机过程. 记随机过程 X 的轨道为 x, 且 x 能够被提升成为一个粗糙路径 $\mathbf{x} = (x, \mathbb{X})$.

方程 (5.74) 能够用粗糙路径理论来解释与求解, 即求解如下的受控微分方程

$$dy_t = f(y_t)dt + g(y_t)dx_t. \qquad (5.75)$$

根据第 3 章关于粗糙微分方程解的讨论, 可以证明在受控粗糙路径空间 $\mathscr{D}_x^{2\alpha}([0, T], \mathbb{R}^n)$ 中, (5.74) 存在唯一的解

$$y_t = \int_0^t f(y_u)du + \int_0^t g(y_u)d\mathbf{x}_u, \quad y_0 = \xi \in \mathbb{R}^n. \qquad (5.76)$$

另外类似引理 4.2, 如果 **x** 是一粗糙路径余圈, 则很容易得到系统 (5.74) 的解能生成随机动力系统. 由 [26] 和最近 [53, 65–67] 中的结果表明, 在逐轨道意义下, 可以在随机动力系统的框架下研究吸引子, 因此可以很好地理解类似随机吸引子的渐近结构. 故而本节想要探究粗糙路径框架下的随机吸引子.

首先, 给出相关的假设:

(H_f) f 是局部 Lipschitz 连续并且满足耗散条件, 即存在常数 $D_1 \geqslant 0, D_2 > 0$ 满足

$$\langle y, f(y) \rangle \leqslant \|y\|(D_1 - D_2\|y\|), \quad \forall y \in \mathbb{R}^n, \tag{5.77}$$

此外, f 在垂直方向上是线性增长的, 即存在常数 $C_f > 0$ 使得

$$\left\| f(y) - \frac{\langle f(y), y \rangle}{\|y\|^2} y \right\| \leqslant C_f (1 + \|y\|), \quad \forall y \neq 0; \tag{5.78}$$

(H_g) $g \in \mathcal{C}_b^3(\mathbb{R}^n, \mathbb{R}^{n \times d})$ 使得

$$C_g := \max \left\{ \|g\|_\infty, \|Dg\|_\infty, \|D^2 g\|_\infty, \|D^3 g\|_\infty \right\} < \infty; \tag{5.79}$$

(H_X) 对于给定的 $\alpha \in \left(\frac{1}{3}, \frac{1}{2} \right)$, $X_t(\omega)$ 是一个具有平稳增量的随机过程, 它几乎所有的轨道 x 都属于 $\mathcal{C}_{\mathrm{loc}}^\alpha(\mathbb{R}, \mathbb{R}^d)$ 空间, 且 x 是真正粗糙的, 并且它能够提升成为 $\mathbf{x} = (x, \mathbb{X})$, $\mathbf{x}$ 被视为随机粗糙路径 $\mathbf{X}.(\omega) = (X.(\omega), \mathbb{X}.(\omega))$ 的轨道, 该随机粗糙路径具有平稳增量且对任意 $[0, T]$, $p\alpha \geqslant 1$, $q = \frac{p}{2}$ 和某个常数 $C_{T,\alpha}$ 满足

$$E \left(\|X_{s,t}\|^p + \|\mathbb{X}_{s,t}\|^q \right) \leqslant C_{T,\alpha} |t - s|^{p\alpha}, \quad \forall s, t \in \mathbb{R}. \tag{5.80}$$

注 5.6　(1) 根据 2.4.3.3 节的结果, 如果 X 是具有 Hurst 参数 $H \in (1/3, 1/2]$ 的分数布朗运动 B^H, 即中心高斯过程族 $B^H = \{B_t^H\}_{t \in \mathbb{R}}$ 具有连续样本路径和对任意 $s, t \in \mathbb{R}$ 有

$$\mathbf{E} \| B_t^H - B_s^H \| = |t - s|^{2H},$$

则它满足假设 H_X.

(2) 为了证明 (5.74) 的解的存在性和唯一性, 以及解半流的连续性和 (5.74) 生成连续随机动力系统, 仅仅需要 f 满足局部 Lipschitz 连续条件和单边线性增长条件

对任意 $y \in \mathbb{R}^n$, 　存在 $C > 0 : \langle y, f(y) \rangle \leqslant C(1 + |y|^2)$

(见文献 [53]). 在本节中, 条件 (5.78) 比单边线性增长条件更强, 事实上等同于经典耗散性条件, 如以下引理所示.

引理 5.17

条件 (5.77) 等价于以下条件: 存在常数 $d_1 \geqslant 0$, $d_2 > 0$ 使得对任意的 $y \in \mathbb{R}^n$, 有

$$\langle y, f(y) \rangle \leqslant d_1 - d_2 \|y\|^2. \tag{5.81}$$

证明 假设 (5.77) 成立, 由 Cauchy 不等式有

$$\langle y, f(y) \rangle \leqslant \frac{D_1^2}{2D_2} - \frac{D_2}{2}\|y\|^2 - \frac{1}{2}\left(\sqrt{D_2}\|y\| - \frac{D_1}{\sqrt{D_2}}\right)^2 \leqslant \frac{D_1^2}{2D_2} - \frac{D_2}{2}\|y\|^2,$$

通过取 $d_1 := \frac{D_1^2}{2D_2}$ 和 $d_2 := \frac{D_2}{2}$ 便得到 (5.81). 对于另一个方向, 可以证明对任意的 $y \in \mathbb{R}^n$ 有

$$\langle y, f(y) \rangle \leqslant \|y\| \left(\sup_{\|y\| \leqslant 1} \|f(y)\| + d_1 + d_2 - d_2\|y\| \right).$$

事实上, 如果 $\|y\| \leqslant 1$, 则

$$\langle y, f(y) \rangle \leqslant \|y\| \sup_{\|y\| \leqslant 1} \|f(y)\| + d_2\|y\|(1-\|y\|) \leqslant \|y\| \left(\sup_{\|y\| \leqslant 1} \|f(y)\| + d_1 + d_2 - d_2\|y\| \right).$$

另一方面, 如果 $\|y\| \geqslant 1$, 则利用 (5.81) 知

$$\langle y, f(y) \rangle \leqslant d_1 - d_2\|y\|^2 \leqslant d_1\|y\| - d_2\|y\|^2 \leqslant \|y\| \left(\sup_{\|y\| \leqslant 1} \|f(y)\| + d_1 + d_2 - d_2\|y\| \right).$$

因此取 $D_1 := \sup_{\|y\| \leqslant 1} \|f(y)\| + d_1 + d_2$ 和 $D_1 := d_2$ 可得到 (5.77).

条件 (5.78) 等同于以下内容: 对 $y \in \mathbb{R}^n$ 和 $y \neq 0$, $f(y)$ 以唯一的形式分解为

$$f(y) = \frac{\langle f(y), y \rangle}{\|y\|^2}y + \pi_y^{\perp}(f(y)), \quad \text{其中 } \pi_y^{\perp} = 1 - \pi_y \quad \text{且} \quad |\pi_y^{\perp}(f(y))| \leqslant C_f(1+\|y\|). \tag{5.82}$$

如果 f 是全局 Lipschitz 连续的, 即对任意的 $y_1, y_2 \in \mathbb{R}^n$ 有

$$\|f(y_1) - f(y_2)\| \leqslant L_f\|y_1 - y_2\|, \tag{5.83}$$

或者如果 f 仅仅是线性增长的, 即 $\|f(y)\| \leqslant L_f(1 + \|y\|)$, 则条件 (5.78) 也是满足的. 因此, 假设 H_f 比 [68] 中的假设弱. 下面给出一非平凡的例子.

例 5.1 对所有的 $y \in \mathbb{R}^n$ 考虑向量场 $f(y) = \chi y - \|y\|^2 y$,其中 $\chi > 0$ 是常数. 通过计算知: 对某些 $\chi > 0$, 存在 d_1, d_2 使得 $d_1 > 0$, $d_2 \leqslant 9 - \chi$ 时,那么

$$\langle y, f(y) \rangle = \|y\|(\chi\|y\| - \|y\|^3) \leqslant \|y\|(d_1 - d_2\|y\|).$$

另一方面,当 $y \neq 0$ 时,$\pi_y^{\perp}(f(y)) = 0$. 因此条件 (5.77) 和 (5.78) 都满足.

5.3.2 变差空间中的粗糙路径与积分

为便于讨论,在 p-变差范数下给出粗糙路径及相应的估计 (参考 [3,40]). 首先回顾一下 p-变差基本概念. 给定任意紧区间 $I = [\min I, \max I] \subset \mathbb{R}$,令 $|I| := \max I - \min I$. 对于 $p \geqslant 1$,记 $\mathcal{C}^{p\text{-var}}(I, V) \subset \mathcal{C}(I, V)$ 为所有具有 p-变差 $\|Y\|_{p\text{-var};I} := \left(\sup_{\mathcal{P}} \sum_{i=1}^{n} |Y_{t_i, t_{i+1}}|^p\right)^{\frac{1}{p}} < \infty$ 的连续路径组成的空间,其中 $\mathcal{P}$ 为 I 的一个划分. 众所周知 $\|Y\|_{p\text{-var};I}^p$ 是一控制[5],即对任意 $s \leqslant u \leqslant t$,它满足

$$\|Y\|_{p\text{-var};[s,s]}^p = 0, \quad \|Y\|_{p\text{-var};[s,u]}^p + \|Y\|_{p\text{-var};[u,t]}^p \leqslant \|Y\|_{p\text{-var};[s,t]}^p. \tag{5.84}$$

在本小节中,对于固定的参数 $\frac{1}{3} < \alpha < \nu < \frac{1}{2}$ 和 $p = \frac{1}{\alpha}$,有 $\mathcal{C}^{\alpha}(I, V) \subset \mathcal{C}^{p\text{-var}}(I, V)$. 同时令 $q = \frac{p}{2}$ 并且对于 $\mathbf{x}_t = (x, \mathbb{X}) \in \mathscr{C}^{\alpha}(I, \mathbb{R}^d)$,考虑如下变差范数

$$\|\mathbf{x}\|_{p\text{-var};I} = \left(\|x\|_{p\text{-var};I}^p + \|\mathbb{X}\|_{q\text{-var};I}^q\right)^{\frac{1}{p}},$$

$$\|\mathbb{X}\|_{q\text{-var};I} = \left(\sup_{\mathcal{P}} \sum_{i=1}^{n} |\mathbb{X}_{t_i, t_{i+1}}|^q\right)^{1/q}. \tag{5.85}$$

对于 $(y, y') \in \mathscr{D}_x^{2\alpha}(I, \mathbb{R}^n)$,它的 p-变差范数为

$$\|y, y'\|_{x,p;I} := \|y_{\min}\| + \|y'_{\min}\| + \|\!|y, y'|\!\|_{x,p;I},$$

$$\|\!|y, y'|\!\|_{x,p;I} := \|y'\|_{p\text{-var};I} + \|R^y\|_{q\text{-var};I}, \tag{5.86}$$

并且粗糙积分 $\int_0^t y_u d\mathbf{x}_u$ 在 p-变差半范下有类似于 (3.18) 的估计:

$$\left\|\int_s^t y_u d\mathbf{x}_u - y_s x_{s,t} - y'_s \mathbb{X}_{s,t}\right\|$$

$$\leqslant C_p(\|R^Y\|_{q;[s,t]}\|x\|_{p;[s,t]} + \|y'\|_{p;[s,t]}\|\mathbb{X}\|_{q;[s,t]}), \tag{5.87}$$

其中 $C_p > 1$ 与 $\mathbf{x}$ 和 (y, y') 无关.

5.3.3 粗糙微分方程

文献 [37] 在 p-变差范数下, 通过使用 Doss-Sussmann 方法[69] 和访问停时序列[47] 得出 (5.76) 解的存在唯一性, 其中最为关键的步骤是对噪声构造访问停时序列. 具体地, 对任意固定的 $\gamma \in (0, 1)$ 和紧区间 $I \subset \mathbb{R}$, 访问停时序列 $\{\tau_i(\gamma, \mathbf{x}, I)\}_{i \in I}$ 可定义为

$$\tau_0 = \min I, \quad \tau_{i+1} := \inf\{t \geqslant \tau_i : \|\mathbf{x}\|_{p\text{-var};[\tau_i, t]} = \gamma\} \wedge \max I. \tag{5.88}$$

定义 $N(\gamma, \mathbf{x}, I) := \sup\{i \in \mathbb{N} : \tau_i \leqslant \max I\}$, 则很容易给出它的一个粗略的估计

$$N(\gamma, \mathbf{x}, I) \leqslant 1 + \gamma^{-p} \|\mathbf{x}\|_{p\text{-var};I}^p. \tag{5.89}$$

设 $\phi.(\mathbf{x}, \phi_a)$ 为无漂移项的粗糙微分方程

$$d\phi_u = g(\phi_u) d\mathbf{x}_u, \quad u \in [a, b], \phi_a \in \mathbb{R}^n \tag{5.90}$$

的解. 由解流的稳定性理论知: ϕ 关于初值是连续可微的, 并且 $\dfrac{\partial \phi}{\partial \phi_a}(\cdot, \mathbf{x}, \phi_a)$ 是如下线性系统的解

$$d\xi_u = Dg(\phi_u(\mathbf{x}, \phi_s))\xi_u dx_u, \quad u \in [a, b], \xi_a = Id, \tag{5.91}$$

这里的 Id 表示 n-阶单位矩阵. 为了接下来的讨论, 介绍另外一个半范数 $\|\kappa, R^\kappa\|_{p\text{-var};[s,t]} := \|\kappa\|_{p\text{-var};[s,t]} + \|R^\kappa\|_{q\text{-var};[s,t]}$.

命题 5.1

假设 $\phi_t, \bar{\phi}_t$ 为方程 (5.90) 的解. 那么对于任意的区间 $[a, b]$, 若它满足 $16 C_p C_g \|\mathbf{x}\|_{p\text{-var};[a,b]} \leqslant 1$, 便有如下事实:

$$\left\|\phi, R^\phi\right\|_{p\text{-var};[a,b]} \leqslant 8 C_p C_g \|\mathbf{x}\|_{p\text{-var};[a,b]}; \tag{5.92}$$

$$\left\|\bar{\phi} - \phi, R^{\bar{\phi}-\phi}\right\|_{p\text{-var};[a,b]} \leqslant 16 C_p C_g \|\mathbf{x}\|_{p\text{-var};[a,b]} \|\bar{\phi}_a - \phi_a\|; \tag{5.93}$$

$$\left\|\bar{\phi} - \phi\right\|_{\infty;[a,b]} \leqslant 2\|\bar{\phi}_a - \phi_a\|. \tag{5.94}$$

证明　由于

$$g(\phi_t) - g(\phi_s) = \int_0^1 Dg(\phi_s + \eta\phi_{s,t})\phi_{s,t}d\eta$$

$$= D_g(\phi_s)\phi_s' \otimes x_{s,t} + \int_0^1 Dg(\phi_s + \eta\phi_{s,t})R_{s,t}^\phi d\eta$$

$$+ \int_0^1 [Dg(\phi_s + \eta\phi_{s,t}) - Dg(\phi_s)]\phi_{s,t}' \otimes x_{s,t}d\eta,$$

因此 $[g(\phi)]_s' = Dg(\phi_s)g(\phi_s)$. 事实上, 由 (5.79) 有

$$\|R_{s,t}^{g(\phi)}\| \leqslant \int_0^1 \|Dg(\phi_s + \eta\phi_{s,t})\|\|R_{s,t}^\phi\|d\eta$$

$$+ \int_0^1 \|Dg(\phi_s + \eta\phi_{s,t}) - Dg(\phi_s)\|\|g(\phi_s)\|\|x_{s,t}\|d\eta$$

$$\leqslant C_g\|R_{s,t}^\phi\| + \frac{1}{2}C_g^2\|\phi_{s,t}\|\|x_{s,t}\|.$$

上述不等式再结合 Hölder 不等式有

$$\|[g(\phi)]'\|_{p\text{-var};[a,b]} \leqslant 2C_g^2\|\phi'\|_{p\text{-var};[a,b]}, \quad \|[g(\phi)]'\|_{\infty;[a,b]} \leqslant C_g^2,$$

$$\|R^{g(\phi)}\|_{q\text{-var};[a,b]} \leqslant C_g\|R^\phi\|_{q\text{-var};[a,b]} + \frac{1}{2}C_g^2\|x\|_{p\text{-var};[a,b]}\|\phi\|_{p\text{-var};[a,b]}.$$

又因为 $16C_pC_g\|\mathbf{x}\|_{p\text{-var};[a,b]} \leqslant 1$, 那么

$$4C_g^2\|\mathbf{x}\|_{p\text{-var};[a,b]}^2 \leqslant C_g\|\mathbf{x}\|_{p\text{-var};[a,b]} < 1.$$

由 (5.85) 和 (5.87)可得: 对于任意的 $a \leqslant s < t \leqslant b$ 有

$$\|\phi_{s,t}\|$$

$$\leqslant \left\| \int_s^t g(\phi_u)d\mathbf{x}_u \right\|$$

$$\leqslant C_g\|x\|_{p\text{-var};[s,t]} + C_g^2\|\mathbb{X}\|_{q\text{-var};[s,t]}$$

$$+ C_p\Big\{\|x\|_{p\text{-var};[s,t]}\|R^{g(\phi)}\|_{q\text{-var};[s,t]} + \|\mathbb{X}\|_{q\text{-var};[s,t]}\|[g(\phi)]'\|_{p\text{-var};[a,b]}\Big\}$$

$$\leqslant 2\Big\{C_g\|\mathbf{x}\|_{p\text{-var};[s,t]} \vee 4C_g^2\|\mathbf{x}\|_{p\text{-var};[s,t]}^2\Big\}\Big(1 + C_p\|\phi, R^\phi\|_{p\text{-var};[s,t]}\Big)$$

$$\leqslant 2C_pC_g\|\mathbf{x}\|_{p\text{-var};[s,t]}\Big(1 + \|\phi, R^\phi\|_{p\text{-var};[a,b]}\Big),$$

由 p-变差范数定义以及 (5.84) 可导出

$$\|\phi\|_{p\text{-var};[a,b]} \leqslant 2C_pC_g\Big\{ \sup_{\mathcal{P}([a,b])} \sum_{[s,t]\in\mathcal{P}([a,b])} \|\mathbf{x}\|_{p\text{-var};[s,t]}^p \Big\}^{\frac{1}{p}} \Big(1 + \big\|\phi, R^\phi\big\|_{p\text{-var};[a,b]} \Big)$$

$$\leqslant 2C_pC_g \|\mathbf{x}\|_{p\text{-var};[a,b]} \Big(1 + \big\|\phi, R^\phi\big\|_{p\text{-var};[a,b]} \Big).$$

对于余项 R^ϕ 也进行同样的计算, 因此

$$\big\|\phi, R^\phi\big\|_{p\text{-var};[a,b]} \leqslant 4C_pC_g \|\mathbf{x}\|_{p\text{-var};[a,b]} \Big(1 + \big\|\phi, R^\phi\big\|_{p\text{-var};[a,b]} \Big)$$

$$\leqslant 4C_pC_g \|\mathbf{x}\|_{p\text{-var};[a,b]} + \frac{1}{2} \big\|\phi, R^\phi\big\|_{p\text{-var};[a,b]},$$

从而证得 (5.92).

设 $\phi_t(\mathbf{x}, \phi_a)$ 和 $\bar{\phi}_t(\mathbf{x}, \bar{\phi}_a)$ 为 (5.90) 的两个解. 考虑 $\bar{\phi}_t - \phi_t$, 它作为粗糙微分方程 $d(\bar{\phi}_t - \phi_t) = [g(\bar{\phi}_t) - g(\phi_t)]d\mathbf{x}_t$ 的解. 由于

$$g(\bar{\phi}_t) - g(\phi_t) - g(\bar{\phi}_s) + g(\phi_s)$$

$$= \Big[Dg(\bar{\phi}_s)g(\bar{\phi}_s) - Dg(\phi_s)g(\phi_s) \Big] \otimes x_{s,t}$$

$$+ \int_0^1 \Big\{ Dg(\bar{\phi}_s + \eta\bar{\phi}_{s,t})R_{s,t}^{\bar{\phi}-\phi} + \Big[Dg(\bar{\phi}_s + \eta\bar{\phi}_{s,t}) - Dg(\phi_s + \eta\phi_{s,t}) \Big]R_{s,t}^\phi \Big\}d\eta$$

$$+ \int_0^1 \Big[Dg(\bar{\phi}_s + \eta\bar{\phi}_{s,t}) - Dg(\bar{\phi}_s) \Big]\Big[g(\bar{\phi}_s) - g(\phi_s) \Big] \otimes x_{s,t}d\eta$$

$$+ \Big(\int_0^1\int_0^1 D^2g(\bar{\phi}_s + \mu\eta\bar{\phi}_{s,t})\eta(\bar{\phi}_{s,t} - \phi_{s,t})d\mu d\eta \Big)g(\phi_s) \otimes x_{s,t}$$

$$+ \Big(\int_0^1\int_0^1 \Big[D^2g(\bar{\phi}_s + \mu\eta\bar{\phi}_{s,t}) - D^2g(\phi_s + \mu\eta\phi_{s,t})\eta\phi_{s,t} \Big]d\mu d\eta \Big)g(\phi_s) \otimes x_{s,t}.$$

那么 Gubinelli 导数 $[g(\bar{\phi}) - g(\phi)]'_s = Dg(\bar{\phi}_s)g(\bar{\phi}_s) - Dg(\phi_s)g(\phi_s)$, 这意味 Gubinelli 导数可以写成 $Q(\bar{\phi}_s) - Q(\phi_s)$ 这种形式. 注意到 $\|Q(\bar{\phi}_s) - Q(\phi_s)\| \leqslant 2C_g^2\|\bar{\phi}_s - \phi_s\|$ 以及

$$\|Q(\bar{\phi}) - Q(\phi)\|_{p\text{-var};[s,t]} \leqslant C_Q\Big(\|\bar{\phi} - \phi\|_{p\text{-var};[s,t]} + \|\bar{\phi} - \phi\|_{\infty;[s,t]}\|\phi\|_{p\text{-var};[s,t]} \Big)$$

$$\leqslant 2C_g^2\Big(\|\bar{\phi} - \phi\|_{p\text{-var};[s,t]} + \|\bar{\phi} - \phi\|_{\infty;[s,t]}\|\phi\|_{p\text{-var};[s,t]} \Big).$$

另外一方面,

$$\Big\| R^{g(\bar{\phi})-g(\phi)} \Big\|_{q\text{-var};[s,t]} \leqslant C_g\|R^{\bar{\phi}-\phi}\|_{q\text{-var};[s,t]} + C_g\|\bar{\phi} - \phi\|_{\infty;[s,t]}\|R^\phi\|_{q\text{-var};[s,t]}$$

$$+ \frac{1}{2} C_g^2 \|x\|_{p\text{-var};[s,t]} \Big[\|\bar{\phi} - \phi\|_{p\text{-var};[s,t]}$$

$$+ \|\bar{\phi} - \phi\|_{\infty;[s,t]} \Big(\|\bar{\phi}\|_{p\text{-var};[s,t]} + \|\phi\|_{p\text{-var};[s,t]} \Big) \Big].$$

那么便有如下估计:

$$\|\bar{\phi}_{s,t} - \phi_{s,t}\| \leqslant \Big\| \int_s^t [g(\bar{\phi}_u) - g(\phi_u)] d\mathbf{x}_u \Big\|$$

$$\leqslant C_g \|\bar{\phi}_s - \phi_s\| \|x\|_{p\text{-var};[s,t]} + 2C_g^2 \|\bar{\phi}_s - \phi_s\| \|\mathbb{X}\|_{q\text{-var};[s,t]}$$

$$+ C_p \Big\{ \|x\|_{p\text{-var};[s,t]} \|R^{g(\bar{\phi}) - g(\phi)}\|_{q\text{-var};[s,t]}$$

$$+ \|\mathbb{X}\|_{q\text{-var};[s,t]} \|[g(\bar{\phi}) - g(\phi)]'\|_{p\text{-var};[s,t]} \Big\}, \tag{5.95}$$

由上述不等式可导出

$$\|\bar{\phi} - \phi\|_{p\text{-var};[a,b]} \leqslant 2C_p \Big\{ C_g \|\mathbf{x}\|_{p\text{-var};[a,b]} \vee 4C_g^2 \|\mathbf{x}\|_{p\text{-var};[a,b]}^2 \Big\}$$

$$\times \Big(1 + \big\| \bar{\phi}, R^{\bar{\phi}} \big\|_{p\text{-var};[a,b]} + \big\| \phi, R^{\phi} \big\|_{p\text{-var};[a,b]} \Big)$$

$$\times \Big(\|\bar{\phi}_a - \phi_a\| + \big\| \bar{\phi} - \phi, R^{\bar{\phi} - \phi} \big\|_{p\text{-var};[a,b]} \Big). \tag{5.96}$$

对于 $\big\| R^{\bar{\phi} - \phi} \big\|_{q\text{-var};[a,b]}$ 范数的估计相似的计算已经在 (5.95) 中处理过, 因此

$$\Big\| \bar{\phi} - \phi, R^{\bar{\phi} - \phi} \Big\|_{p\text{-var};[a,b]} \leqslant 4C_p \Big\{ C_g \|\mathbf{x}\|_{p\text{-var};[a,b]} \vee C_g^2 \|\mathbf{x}\|_{p\text{-var};[a,b]}^2 \Big\}$$

$$\times \Big(1 + \Big\| \bar{\phi}, R^{\bar{\phi}} \Big\|_{p\text{-var};[a,b]} + \big\| \phi, R^{\phi} \big\|_{p\text{-var};[a,b]}$$

$$\times \Big(\|\bar{\phi}_a - \phi_a\| + \Big\| \bar{\phi} - \phi, R^{\bar{\phi} - \phi} \Big\|_{p\text{-var};[a,b]} \Big),$$

最后, 结合 (5.92) 可以导出 (5.93) 和 (5.94).

由于 $\phi_{\cdot}(\mathbf{x}, \phi_a)$ 关于 ϕ_a 是 $\mathcal{C}^1$ 的, 那么在 (5.93) 的两端同时除以 $\|\bar{\phi}_a - \phi_a\|$, 然后令 $\|\bar{\phi}_a - \phi_a\|$ 趋向于 0, 可以得到

$$\Big\| \frac{\partial \phi}{\partial \phi_a}(t, \mathbf{x}, \phi_a) - Id \Big\| \leqslant \Big\| \frac{\partial \phi}{\partial \phi_a}(\cdot, \mathbf{x}, \phi_a), R^{\frac{\partial \phi}{\partial \phi_a}(\cdot, \mathbf{x}, \phi_a)} \Big\|_{p\text{-var};[a,b]}$$

$$\leqslant 16 C_p C_g \|\mathbf{x}\|_{p\text{-var};[a,b]}. \tag{5.97}$$

注意到 (5.92), (5.93) 对于向后方程

$$h_b = h_t + \int_t^b g(h_u)dx_u, \quad \forall t \in [a,b] \tag{5.98}$$

也是成立的, 因此 (5.97) 中的 $\frac{\partial \phi}{\partial \phi_s}(t, \mathbf{x}, \phi_s)$ 被 $\left[\frac{\partial \phi}{\partial \phi_s}(t, \mathbf{x}, \phi_s)\right]^{-1}$ 替换仍然满足 (5.97), $\left[\frac{\partial \phi}{\partial \phi_s}(t, \mathbf{x}, \phi_s)\right]^{-1}$ 是 (5.98) 的解关于终值的导数所满足的方程的解 (参考 [70] 中推论 3.5, 定理 3.7).

在对方程 (5.76) 给出的系数假设下, 解有如下估计:

> **定理 5.11**
>
> 在假设 (H_f), (H_g) 和 (H_X) 下, 在任意区间 $[0, T]$ 上 (5.75) 存在一个解. 而且, 对足够小的 $\lambda > 0$, 存在常数 δ_λ, $C_\lambda > 0$ 使得下列估计成立
>
> $$\|y_t\| \leqslant \|y_0\|e^{-\delta_\lambda t} + C_\lambda N\left(\frac{\lambda}{16C_pC_g}, \mathbf{x}, [0, t]\right), \quad \forall t \in [0, T]. \tag{5.99}$$

证明 证明的主要思想是考虑解在任何两个连续停时区间上的存在唯一性, 然后将它们拼接起来得任意有限区间上的适定性. Doss-Sussmann 变换 $y_t = \phi_t(\mathbf{x}, z_t)$ 确保了在时间区间 $[0, \tau]$ 上 (5.75) 的解 y_t 与如下的常微分方程

$$\dot{z}_t = \left[\frac{\partial \phi}{\partial z}(t, \mathbf{x}, z_t)\right]^{-1} f(\phi_t(\mathbf{x}, z_t)), \quad t \in [0, \tau], \; z_0 = y_0 \tag{5.100}$$

的解 z_t 是一一对应的. 由于 f 是局部 Lipschitz 的, 那么方程 (5.100) 在某些区间 τ_{local} 上存在唯一解. 为了估计解范数的增长, 在 $t \in [0, \tau \wedge \tau_{\text{local}}]$ 上, 令 $\gamma_t := y_t - z_t$ 和 $\psi_t := \left[\frac{\partial \phi}{\partial z}(t, \mathbf{x}, z_t)\right]^{-1} - Id$, 这里 $\tau > 0$ 满足 $16C_pC_g\||\mathbf{x}\||_{p\text{-var};[0,\tau]} \leqslant \lambda$, $\lambda \in (0, 1)$ 充分小. 由命题 5.1 和 (5.97) 有

$$\|\gamma_t\| = \|\phi_t(\mathbf{x}, z_t) - z_t\| \leqslant \frac{\lambda}{2} \quad \text{和} \quad \|\psi_t\| \leqslant \lambda, \quad \forall t \in [0, \tau \wedge \tau_{\text{local}}]. \tag{5.101}$$

为了估计 $\|z_t\|$, 将 (5.100) 重写为

$$\dot{z}_t = (Id + \psi_t)f(z_t + \gamma_t). \tag{5.102}$$

首先, 证明存在常数 $\bar{C}_\lambda, \delta_\lambda > 0$ 使得

$$\frac{d}{2dt}\|z_t\|^2 \leqslant \bar{C}_\lambda - \delta_\lambda\|z_t\|^2. \tag{5.103}$$

事实上, 可以分成两种情形进行讨论.

情形一　$z_t + \gamma_t \neq 0$, 根据假设 (H_f) 和条件 (5.82), 那么有

$$\frac{d}{2dt}\|z_t\|^2 = \left\langle z_t, (Id + \psi_t)\left[\frac{\langle z_t + \gamma_t, f(z_t + \gamma_t)\rangle}{\|z_t + \gamma_t\|^2}(z_t + \gamma_t) + \pi_{z_t+\gamma_t}^{\perp}(f(z_t + \gamma_t))\right]\right\rangle$$

$$= \underbrace{\left\langle z_t, (Id + \psi_t)\frac{(z_t + \gamma_t)}{\|z_t + \gamma_t\|}\right\rangle}_{=:M_1}\underbrace{\left\langle \frac{z_t + \gamma_t}{\|z_t + \gamma_t\|}, f(z_t + \gamma_t)\right\rangle}_{=:M_2}$$

$$+ \underbrace{\left\langle z_t, (Id + \psi_t)\pi_{z_t+\gamma_t}^{\perp}(f(z_t + \gamma_t))\right\rangle}_{=:M_3}. \tag{5.104}$$

利用 (5.77) 和 (5.101) 有

$$M_1 \leqslant (1 + \|\psi_t\|)\|z_t\| \leqslant (1 + \lambda)\|z_t\|; \tag{5.105}$$

$$M_1 \geqslant \left\langle z_t, \frac{z_t + \gamma_t}{\|z_t + \gamma_t\|}\right\rangle - \|\psi_t\|\|z_t\|$$

$$\geqslant \|z_t + \gamma_t\| - \|\gamma_t\| - \|\psi_t\|\|z_t\| \geqslant (1 - \lambda)\|z_t\| - \lambda; \tag{5.106}$$

$$M_2 \leqslant D_1 - D_2\|z_t + \gamma_t\| \leqslant D_1 + D_2\lambda - D_2\|z_t\|. \tag{5.107}$$

因此, 从 (5.105) 中可以导出

$$若 \quad M_2 \geqslant 0, \quad 则 \quad M_1 M_2 \leqslant (1 + \lambda)\|z_t\|M_2. \tag{5.108}$$

另外, (5.106) 可以导出

$$若 \quad M_2 \leqslant 0, \quad 则 \quad M_1 M_2 \leqslant \left[(1 - \lambda)\|z_t\| - \lambda\right]M_2. \tag{5.109}$$

若 $M_2 \geqslant 0$, 由 (5.108) 和 (5.107), 那么有

$$M_1 M_2 \leqslant (1 + \lambda)\|z_t\|\left[D_1 + D_2\lambda - D_2\|z_t\|\right]. \tag{5.110}$$

若 $M_2 < 0$ 和 $(1 - \lambda)\|z_t\| - \lambda \geqslant 0$, 那么由 (5.109) 和 (5.107) 可以导出

$$M_1 M_2 \leqslant \left[(1 - \lambda)\|z_t\| - \lambda\right]\left[D_1 + D_2\lambda - D_2\|z_t\|\right]. \tag{5.111}$$

若 $M_2 < 0$ 和 $(1-\lambda)\|z_t\| - \lambda < 0$, 那么 $\|z_t\| \leqslant \dfrac{\lambda}{1 - \lambda}$ 以及 $\|z_t + \gamma_t\| \leqslant \|z_t\| + \|\gamma_t\| \leqslant \dfrac{\lambda}{1 - \lambda} + \lambda$. 因此由 (5.109) 和 (5.107) 导出

$$M_1 M_2 \leqslant (1-\lambda)\|z_t\| M_2 + \lambda |M_2|$$

$$\leqslant (1-\lambda)\|z_t\|\Big[D_1 + D_2\lambda - D_2\|z_t\|\Big] + \lambda\|f(z_t + \gamma_t)\|$$

$$\leqslant (1-\lambda)\|z_t\|\Big[D_1 + D_2\lambda - D_2\|z_t\|\Big] + \lambda \max\Big\{\|f(\xi)\| : \|\xi\| \leqslant \frac{\lambda}{1-\lambda} + \lambda\Big\}. \tag{5.112}$$

结合上面三种情形 (5.110) — (5.112) 以及 Cauchy 不等式, 可以证明存在常数 $\bar{C}_\lambda > 0$ 使得

$$M_1 M_2 \leqslant \bar{C}_\lambda - \frac{D_2}{2}(1-\lambda)\|z_t\|^2.$$

另外一方面, 有

$$\begin{aligned}
M_3 &= \Big\langle z_t + \gamma_t, \pi_{z_t+h_t}^{\perp}(f(z_t + \gamma_t))\Big\rangle - \Big\langle \gamma_t, \pi_{z_t+h_t}^{\perp}(f(z_t + \gamma_t))\Big\rangle \\
&\quad + \Big\langle z_t, \psi_t \pi_{z_t+h_t}^{\perp}(f(z_t + \gamma_t))\Big\rangle \\
&= -\Big\langle \gamma_t, \pi_{z_t+h_t}^{\perp}(f(z_t + \gamma_t))\Big\rangle + \Big\langle z_t, \psi_t \pi_{z_t+h_t}^{\perp}(f(z_t + \gamma_t))\Big\rangle \\
&\leqslant (\|\gamma_t\| + \|\psi_t\|\|z_t\|)C_f(1 + \|z_t + \gamma_t\|) \\
&\leqslant \bar{C}_\lambda + 2C_f\lambda\|z_t\|^2,
\end{aligned}$$

因此, 存在一个常数 $\bar{C}_\lambda > 0$ 使得

$$\frac{d}{2dt}\|z_t\|^2 \leqslant \bar{C}_\lambda + \Big[2C_f\lambda - \frac{D_2}{2}(1-\lambda)\Big]\|z_t\|^2. \tag{5.113}$$

情形二 对于 $z_t + \gamma_t = 0$, 同样有

$$\begin{aligned}
\frac{d}{2dt}\|z_t\|^2 &= \langle z_t + \gamma_t, f(z_t + \gamma_t)\rangle - \langle \gamma_t, f(z_t + \gamma_t)\rangle + \langle z_t, \psi_t f(z_t + \gamma_t)\rangle \\
&= \langle z_t + \gamma_t, f(z_t + \gamma_t)\rangle - \langle \gamma_t, f(0)\rangle + \langle z_t, \psi_t f(0)\rangle \\
&\leqslant D_1\|z_t + \gamma_t\| - D_2\|z_t + \gamma_t\|^2 + (\|\gamma_t\| + \|\psi_t\|\|z_t\|)\|f(0)\| \\
&\leqslant \bar{C}_\lambda + \Big[2C_f\lambda - \frac{D_2}{2}(1-\lambda)\Big]\|z_t\|^2,
\end{aligned}$$

这里由 Cauchy 不等式知存在常数 $\bar{C}_\lambda$ 使得上述最后一个不等式成立. 因此, (5.113) 对于所有的 $z_t \in \mathbb{R}^d, t \in [0, \tau \wedge \tau_{\text{local}}]$ 都成立. 因此, 通过选择

$$\delta_\lambda := \frac{D_2}{2}(1-\lambda) - 2C_f\lambda > 0, \quad 0 < \lambda < \frac{D_2}{D_2 + 4C_f} < 1,$$

便完成 (5.103) 的证明. 因此, 对于所有的 $t \in [0, \tau \wedge \tau_{\text{local}}]$, (5.103) 表明了 $\|z_t\|$ 可以被 $\sqrt{\dfrac{\bar{C}_\lambda}{\delta_\lambda}} + \|z_0\| = \sqrt{\dfrac{\bar{C}_\lambda}{\delta_\lambda}} + \|y_0\|$ 控制. 因此一旦证明了方程 (5.100) 的解 z_t 在 $[0, \tau \wedge \tau_{\text{local}}]$ 上的存在唯一性. 那么方程 (5.75) 在 $[0, \tau \wedge \tau_{\text{local}}]$ 上的解也是存在唯一的. 另外, 当 $\tau > \tau_{\text{local}}$ 时, (5.101) 也是满足的, 并且上述讨论也可用于拼接论证来证明存在唯一性, 直到 $[0, \tau]$ 被完全覆盖.

最后, 对于上述给定的 $\lambda > 0$ 以及其对应的访问停时序列 $\left\{ \tau_i \left(\dfrac{\lambda}{16 C_p C_g}, \mathbf{x}, [0, t] \right) \right\}$. 在每一个停时区间 $[\tau_i, \tau_{i+1}]$, 可以用类似的方法证明方程 (5.75) 和 (5.100) 的时间平移版本

$$dy_{t+\tau_i} = f(y_{t+\tau_i})dt + g(y_{t+\tau_i})dx_{t+\tau_i}, \quad \forall t \in [0, \tau_{i+1} - \tau_i];$$

$$\dot{z}_{t+\tau_i} = \left[\frac{\partial \phi}{\partial z}(t, \mathbf{x}_{\cdot+\tau_i}, z_{t+\tau_i}) \right]^{-1} f(\phi_t(\mathbf{x}_{\cdot+\tau_i}, z_{t+\tau_i})), \quad \forall t \in [0, \tau_{i+1} - \tau_i].$$

因此, 方程 (5.75) 和 (5.100) 在 $[0, T]$ 上的解可以通过拼接论证获得. 为了估计解的范数, 由 (5.113) 知

$$\|z_t\| \leqslant \sqrt{\frac{\bar{C}_\lambda}{\delta_\lambda}} + \|z_{\tau_i}\| \exp\left\{ -\delta_\lambda (t - \tau_i) \right\}, \quad \forall t \in [\tau_i, \tau_{i+1}], i \in \mathbb{N}.$$

特别地,

$$\|y_{\tau_{i+1}}\| \leqslant \frac{\lambda}{2} + \sqrt{\frac{\bar{C}_\lambda}{\delta_\lambda}} + \|y_{\tau_i}\| \exp\left\{ -\delta_\lambda (\tau_{i+1} - \tau_i) \right\}, \quad \forall i \in \mathbb{N}.$$

令 $C_\lambda := \dfrac{\lambda}{2} + \sqrt{\dfrac{\bar{C}_\lambda}{\delta_\lambda}}$, 由归纳法, 容易导出

$$\|y_{\tau_i}\| \leqslant \|y_0\| \exp\left\{ -\delta_\lambda \tau_i \right\} + i C_\lambda, \quad \forall i \in \mathbb{N}.$$

根据停时的定义, 那么便完成 (5.99) 的证明.

5.3.4　随机吸引子

在本小节中, 记 $T_1^2(\mathbb{R}^d) = 1 \oplus \mathbb{R}^d \oplus (\mathbb{R}^d \otimes \mathbb{R}^d)$, 它对应的张量积为

$$(1, g^1, g^2) \otimes (1, h^1, h^2) = (1, g^1 + h^1, g^1 \otimes h^1 + g^2 + h^2),$$

这里的 $\mathbf{g} = (1, g^1, g^2), \mathbf{h} = (1, h^1, h^2) \in T_1^2(\mathbb{R}^d)$. 那么 $(T_1^2(\mathbb{R}^d), \otimes)$ 是一个拓扑群, 并且具有单位元 $\mathbf{1} = (1, 0, 0)$ 和逆元 $\mathbf{g}^{-1} = (1, -g^1, g^1 \otimes g^1 - g^2)$.

给定的 $\alpha \in \left(\dfrac{1}{3}, \nu\right)$, 记 $\mathcal{C}^{0,\alpha}(I, T_1^2(\mathbb{R}^d))$ 为 $\mathcal{C}^\infty(I, T_1^2(\mathbb{R}^d))$ 在 $\mathcal{C}^\alpha(I, T_1^2(\mathbb{R}^d))$ 空间中的闭包, 并且记 $\mathcal{C}_0^{0,\alpha}(\mathbb{R}, T_1^2(\mathbb{R}^d))$ 为路径 $\mathbf{g} : \mathbb{R} \to T_1^2(\mathbb{R}^d)$ 的集合, 且满足 $\mathbf{g}|_I \in \mathcal{C}^{0,\alpha}(I, T_1^2(\mathbb{R}^d))$, 这里的 I 是包含 0 的区间. 那么空间 $\mathcal{C}_0^{0,\alpha}(\mathbb{R}, T_1^2(\mathbb{R}^d))$ 在被赋予一个紧开拓扑时, 即

$$d_\alpha(\mathbf{g}, \mathbf{h}) := \sum_{k \geqslant 1} \frac{1}{2^k}(\|\mathbf{g} - \mathbf{h}\|_{\alpha, [-k,k]} \wedge 1),$$

它是一个 Polish 空间. 基于上述介绍的结果, 那么可以构造如下的度量动力系统.

考虑概率空间 $(\bar{\Omega}, \bar{\mathcal{F}}, \bar{\mathbb{P}})$ 上的随机过程 $\bar{\mathbf{X}}$, 它的路径属于 $(\mathcal{C}_0^{0,\alpha}(\mathbb{R}, T_1^2(\mathbb{R}^d)), \mathcal{F})$. 进一步假设 $\bar{\mathbf{X}}$ 具有平稳增量, 设 $\Omega := \mathcal{C}_0^{0,\alpha}(\mathbb{R}, T_1^2(\mathbb{R}^d))$, 它被赋予一个 Borel-$\sigma$ 代数 $\mathcal{F}$, 设 $\mathbb{P}$ 为 $\bar{\mathbf{X}}$ 的分布. 记 θ 为 Wiener 移位子, 即

$$(\theta_t\omega). = \omega_t^{-1} \otimes \omega_{t+.}, \quad \forall t \in \mathbb{R}, \omega \in \mathcal{C}_0^{0,\alpha}(\mathbb{R}, T_1^2(\mathbb{R}^d)), \tag{5.114}$$

并且定义所谓的对角过程 $\mathbf{X} : \mathbb{R} \times \Omega \to T_1^2(\mathbb{R}^m), \mathbf{X}_t(\omega) = \omega_t, t \in \mathbb{R}, \omega \in \Omega$. 由平稳过程 $\bar{\mathbf{X}}$ 的平稳性, θ 关于 $\mathbb{P}$ 是不变的, 那么便得到一个可测的度量动力系统 $(\Omega, \mathcal{F}, \mathbb{P}, \theta)$. 此外, $\mathbf{X}$ 形成了 α-粗糙路径余圈, 即 $\mathbf{X}.(\omega) \in \mathcal{C}_0^{0,\alpha}(\mathbb{R}, T_1^2(\mathbb{R}^d)), \omega \in \Omega$. 它满足如下的余圈关系

$$\mathbf{X}_{t+s}(\omega) = \mathbf{X}_s(\omega) \otimes \mathbf{X}_t(\theta_s\omega), \quad \forall \omega \in \Omega, t, s \in \mathbb{R},$$

上式中 $\mathbf{X}_{s,s+t} = \mathbf{X}_t(\theta_s\omega)$, 并且增量 $\mathbf{X}_{s,s+t} := \mathbf{X}_s^{-1} \otimes \mathbf{X}_{s+t}$. 特别地, 对于本节中的考虑的粗糙路径, Wiener 移位子 (5.114) 表明

$$\|\mathbf{x}(\theta_h\omega)\|_{p\text{-var};[s,t]} = \|\mathbf{x}(\omega)\|_{p\text{-var};[s+h,t+h]}, \quad N_{[s,t]}(\mathbf{x}(\theta_h\omega)) = N_{[s+h,t+h]}(\mathbf{x}(\omega)). \tag{5.115}$$

命题 5.2

对于上面给定可测度量动力系统 $(\Omega, \mathcal{F}, \mathbb{P}, \theta)$ 和 α-粗糙路径余圈 $\mathbf{X} : \mathbb{R} \times \Omega \to T_1^2(\mathbb{R}^m)$, 那么系统 (5.75) 在度量动力系统 $(\Omega, \mathcal{F}, P, (\theta_t)_{t \in \mathbb{R}})$ 上生成一连续随机动力系统 φ, 使得对于任意的 $T > 0$ 和 $\omega \in \Omega$, $\varphi(t, \omega)y_0$ 是系统 (5.75)在 $[0, T]$ 上的唯一解 (在 Gubinelli 意义下的), 这里 $\mathbf{x} = (x, \mathbb{X})$ 为 $\mathbf{X}.(\omega)$ 在 $\mathbb{R}^m \oplus (\mathbb{R}^m \otimes \mathbb{R}^m)$ 上的投影.

上述命题的证明同先前小节类似, 主要利用粗糙余圈性质, 便略去其证明. 回顾定义 4.10 中给出的随机拉回吸引子的概念, 有如下定理.

定理 5.12

在假设 (H_f), (H_g) 和 (H_X) 下, 系统 (5.74) 生成的随机动力系统存在拉回吸引子 $\mathcal{A}(\omega)$, 使得, 对任意 $\rho \geqslant 1$ 有 $|\mathcal{A}(\cdot)| \in L^\rho$.   ♡

证明   首先, 由 (5.99) 和 Jensen 不等式可导出, 对任意的 $\rho \geqslant 1$, 存在一个 $\eta \in (0,1)$ 和可积随机变量 $\xi_1(\omega) = \xi_1(C_g \|\mathbf{x}(\omega)\|_{p\text{-var};[0,1]})$ 满足

$$\|y_1\|^\rho \leqslant \eta \|y_0\|^\rho + \xi_1(\omega). \tag{5.116}$$

利用 (5.116), 通过归纳很容易证明: 对任意 $n \geqslant 1$ 有

$$\|y_n(\omega, y_0)\|^\rho \leqslant \eta^n \|y_0\|^\rho + \sum_{i=0}^{n-1} \eta^i \xi_1(\theta_{n-i}\omega);$$

因此, 用 $\theta_{-n}\omega$ 代替 ω 得到

$$\|y_n(\theta_{-n}\omega, y_0(\theta_{-n}\omega))\|^\rho \leqslant \eta^n \|y_0(\theta_{-n}\omega)\|^\rho + \sum_{i=0}^{\infty} \eta^i \xi_1(\theta_{-i}\omega).$$

换句话说, 从一个缓增随机集 $D(\omega) \in \mathcal{D}$ (其包含在一个具有缓增随机半径 $r(\omega)$ 的球 $B(0, r(\omega))$ 中) 出发的初值, 即对于任意 $y_0 = y_0(\theta_{-n}\omega) \in D(\theta_{-n}\omega)$, 那么都满足

$$\left\| y_n(\theta_{-n}\omega, y_0(\theta_{-n}\omega)) \right\|^\rho \leqslant \eta^n r(\theta_{-n}\omega)^\rho + \underbrace{\sum_{i=0}^{\infty} \eta^i \xi_1(\theta_{-i}\omega)}_{=:R(\omega)}$$

$$\Rightarrow \left\| \varphi(n, \theta_{-n}\omega) D(\theta_{-n}\omega) \right\|^\rho \leqslant \eta^n r(\theta_{-n}\omega)^\rho + R(\omega). \tag{5.117}$$

由于 ξ_1 的可积性和缓增性以及 [65] 中的引理 5.2, $R(\omega)$ 在几乎处处意义下是有限的, 也是可积和缓增的且 $\mathbf{E}R(\cdot) = \dfrac{1}{1-\eta} \mathbf{E}\xi_1(\cdot)$. 另一方面, 由随机动力系统的余圈性质, 那么对 $\forall t \in [0, 1]$ 有

$$\varphi(t+n, \theta_{-t-n}\omega) D(\theta_{-t-n}\omega) = \varphi(n, \theta_{-n}\omega) \circ \varphi(t, \theta_{-t-n}\omega) D(\theta_{-t-n}\omega). \tag{5.118}$$

由 (5.99) 和 (5.115) 可知, 对所有 $t \in [0,1]$ 和 $n \in \mathbb{N}$, 有

$$\|\varphi(t, \theta_{-t-n}\omega)y(\theta_{-t-n}\omega)\| \leqslant \|y(\theta_{-t-n}\omega)\| + C_\lambda N\left(\frac{\lambda}{16C_pC_g}, \mathbf{x}(\theta_{-t-n}\omega), [0,t]\right)$$

$$\leqslant r(\theta_{-t-n}\omega) + C_\lambda N\left(\frac{\lambda}{16C_pC_g}, \mathbf{x}(\theta_{-n}\omega), [-1,0]\right).$$

$$\tag{5.119}$$

由于 (5.119) 的右侧是缓增随机变量, 由 (5.117)—(5.119) 可得, 存在一个具有缓增随机半径的 $\hat{b}(\omega) = [1 + R(\omega)]^{\frac{1}{\rho}}$ 拉回吸收集 $\mathcal{B}(\omega) = B(0, \hat{b}(\omega))$, 它包含我们的拉回吸引子 $\mathcal{A}(\omega)$. 特别地, $|\mathcal{A}(\cdot)| \in L^\rho$.

注 5.7 最近, 出现了在粗糙路径框架下的无穷维系统的吸引的研究结果, 文献 [71, 72] 基于插值空间上受控粗糙路径的基本框架, 使用停时等手段建立了无穷维系统的随机吸引子. 考虑粗糙路径驱动系统的随机吸引子, 本节中的 Doss-Sussmann 技巧无法在无穷系统中应用, 故而排除了能量方法的应用. 因此, 采取了 [25,26] 中类似的处理方法. 此外, 文献 [71] 基于前面章节所介绍的噪声逼近格式建立了逼近系统吸引子的上半连续性.

第 6 章 粗糙偏微分方程

本章主要介绍粗糙噪声驱动的偏微分方程. 对于一阶偏微分方程, 介绍如何使用特征线方法研究粗糙输运噪声驱动的一阶偏微分方程. 对于二阶偏微分方程, Feynman-Kac 方法可用于线性情形下解的研究. 此外, 通过半群方法来研究半线性情形, 即在半群方法的框架下, 介绍类似于有限维情形下的受控粗糙路径等概念方法. 最后介绍一类输运噪声驱动的二阶线性和半线性方程的变分框架, 该框架可用于某些非线性流体方程的研究. 本章主要内容节选自文献 [14, 15, 21, 40, 73].

6.1 一阶粗糙偏微分方程

6.1.1 粗糙输运方程

类似于经典一阶偏微分方程的研究, 研究如下伴有终值的输运方程

$$
\begin{cases}
-\partial_t u(t,x) = \sum_{i=1}^{d} f_i(x) \cdot D_x u(t,x) \dot{W}_t^i \equiv \Gamma u_t(x) \dot{W}_t, \\
u(T, \cdot) = g,
\end{cases}
\tag{6.1}
$$

这里 $u : [0,T] \times \mathbb{R}^n \to \mathbb{R}$, 向量场 $f = (f_1, \cdots, f_d)$, 驱动信号 $W = (W^1, \cdots, W^d)$ 是一 $\mathcal{C}^1$ 函数. 记 $u_t(x) = u(t,x)$, $Du = D_x u = (\partial_{x^1} u, \cdots, \partial_{x^n} u)$, $\Gamma = (\Gamma_1, \cdots, \Gamma_d)$, 且 $\Gamma_i = f_i(x) \cdot D_x$. 运用特征线方法, 如果 $g \in \mathcal{C}^1$, 此外, 向量场 $f_1, \cdots, f_d$ 有足够好的正则性 ($\mathcal{C}_b^1$) 可以保证常微分方程

$$
\dot{X} = \sum_{i=1}^{d} f_i(X) \dot{W}^i \equiv f(X) \dot{W}, \quad X_s = x
\tag{6.2}
$$

有 $\mathcal{C}^1$ 的解流 $X^{s,x}$, 那么方程 (6.1) 有 $\mathcal{C}^{1,1}$ 经典解 $u : [0,T] \times \mathbb{R}^n \to \mathbb{R}$ 并且有以下的显式表示

$$
u(s,x) = u(s,x,W) := g(X_T^{s,x}).
\tag{6.3}
$$

接下来, 首先介绍输运方程在粗糙路径框架下的稳定性, 它可以由粗糙微分方程解流的稳定性 (定理 3.12) 直接得到.

命题 6.1

设 $g \in \mathcal{C}(\mathbb{R}^m)$ 并且 $W^\varepsilon \in \mathcal{C}^1([0,T], \mathbb{R}^d)$, 它具有几何粗糙路径极限 $\mathbf{W} \in \mathscr{C}_g^{0,\alpha}, \alpha > \frac{1}{3}$. 记 $u^\varepsilon(s,x) := u(s,x,W^\varepsilon)$ 为 (6.3) 中 W 被 W^ε 所代替的解. 设 $f \in \mathcal{C}_b^3$, 那么 u^ε 局部一致收敛到

$$u(s,x,\mathbf{W}) := g(X_T^{s,x}), \tag{6.4}$$

$X^{s,x}$ 是粗糙微分方程 $dX = f(X)d\mathbf{W}$, 在 s 时刻以 x 为初值的解.

现在给出粗糙输运方程的正则向后解的概念. 下面用 $(a) \overset{\gamma}{=} (b)$ 表示估计 $|(a) - (b)| \lesssim |t - s|^\gamma$, 该不等式中的 (a) 和 (b) 可能依赖于 s, t, 并且 $\lesssim$ 表示不等式右端对于固定的时间区间所依赖于隐藏的常数 $C > 0$ 是一致的.

定义 6.1

设 $g \in \mathcal{C}^3, \mathbf{W} \in \mathscr{C}_g^\alpha, \alpha > \frac{1}{3}$. 任何 $\mathcal{C}^{\alpha,3}$ 函数 $u : [0,T] \times \mathbb{R}^n \to \mathbb{R}$ 被称为向后的粗糙输运方程

$$-du = \Gamma u d\mathbf{W}, \quad u_T = g$$

的正则解, 如果满足下面的估计

$$u_s(x) \overset{3\alpha}{=} u_t(x) + \Gamma_i u_t(x) W_{s,t}^i + \Gamma_i \Gamma_j u_t(x) \mathbb{W}_{s,t}^{i,j},$$

$$\Gamma_i u_s(x) \overset{2\alpha}{=} \Gamma_i u_t(x) + \Gamma_i \Gamma_j u_t(x) W_{s,t}^j,$$

$$\Gamma_i \Gamma_j u_s(x) \overset{\alpha}{=} \Gamma_i \Gamma_j u_t(x),$$

这里 $0 \leqslant s < t \leqslant T, i,j = 1, \cdots, d$, 此外上述的估计对于 x 是局部一致的.

根据上面解的定义, 有如下的命题.

命题 6.2

设一阶微分算子 $\Gamma = (\Gamma_1, \cdots, \Gamma_d)$ 的向量场 $f = (f_1, \cdots, f_d) \in \mathcal{C}_b^5$, 那么粗糙微分方程 $dX = f(X)d\mathbf{W}, \mathbf{W} \in \mathscr{C}_g^\alpha, \alpha > \frac{1}{3}$, 存在唯一的 $\mathcal{C}^3$ 解流. 另外设 $g \in \mathcal{C}^3$, 与 (6.4) 一样, 定义 $u(s,x,\mathbf{W}) := g(X_T^{s,x})$. 那么 $u = u(s,x) \in \mathcal{C}^{\alpha,3}, u_T = g$ 是粗糙输运方程的正则解, 即

$$u_s(x) - g(x) = u_s(x) - u_T(x) = \int_s^T \Gamma u_t(x) d\mathbf{W}_t.$$

证明　令 $X = X^{s,x}$ 为粗糙微分方程 $dX = f(X)d\mathbf{W}$ 在 s 时刻以 x 为初值的解. 那么便有以下估计成立

$$X_t \overset{3\alpha}{=} x + f(x)W_{s,t} + f'(x)f(x)\mathbb{W}_{s,t}, \quad 0 \leqslant s < t \leqslant T.$$

解流的唯一性表明 $X_T^{t,y} = X_T^{s,x}, y = X_t^{s,x}$. 因而根据定义 $u(s,x) := g(X_T^{s,x})$, 那么

$$u(s,x) = g(X_T^{s,x}) = g(X_T^{t,y}) = g(X_T^{t,X_t^{s,x}}) = u(t, X_t^{s,x}).$$

根据解流的稳定性定理知在满足 $g \in \mathcal{C}^3$ 和 $f \in \mathcal{C}_b^5$ 条件下, 有解 $u \in \mathcal{C}^{\alpha,3}$. 因此, 泰勒展开表明

$$\begin{aligned}
u(s,x) - u(t,x) &= u(t, X_t^{s,x}) - u(t, X_s^{s,x}) \\
&= Du(t, X_s^{s,x})(X_t^{s,x} - X_s^{s,x}) \\
&\quad + \frac{1}{2}D^2u(t, X_s^{s,x})(X_{s,t}^{s,x} \otimes X_{s,t}^{s,x}) + \mathbf{o}(|t-s|^{3\alpha}).
\end{aligned}$$

记 $u_s(x) = u(s,x)$, 那么

$$u_s(x) \overset{3\alpha}{=} u_t(x) + Du_t(x)(f(x)W_{s,t} + f'(x)f(x)\mathbb{W}_{s,t}) + \frac{1}{2}D^2u_t(x)(f(x)W_{s,t})^2,$$

由于 $\mathbf{W}$ 为几何粗糙路径, 那么上式右边等于

$$u_t(x) + Du_t(x)f(x)W_{s,t} + \left\{Du_t(x)f'(x)f(x) + D^2u_t(x)(f,f)(x)\right\}\mathbb{W}_{s,t},$$

其中 $D^2u_t(x)(f,f)(x)\mathbb{W}_{s,t} = \sum_{i,j}\sum_{k,l}\partial_{i,j}u_t f_k^i f_l^j \mathbb{W}_{s,t}^{k,l}$. 利用一阶微分算子 Γ 的定义, 上述估计式可以表示成以下形式

$$u_s(x) \overset{3\alpha}{=} u_t(x) + \Gamma u_t(x)W_{s,t} + \Gamma^2 u_t(x)\mathbb{W}_{s,t}.$$

与 "3α" 估计类似, 进行二阶泰勒展开, 然后用 Γ_i 作用到泰勒展开等式两端得到

$$\Gamma_i u_s(x) \overset{2\alpha}{=} \Gamma_i u_t(x) + \Gamma_i \Gamma_j u_t(x)W_{s,t}^j.$$

使用相同的处理方法不难得到

$$\Gamma_i \Gamma_j u_s(x) \overset{\alpha}{=} \Gamma_i \Gamma_j u_t(x).$$

最后, "3α" 估计表明命题中的积分等式成立.

现在可以给出上述定义 (6.1) 中给出的解是对应的粗糙微分方程的唯一解.

定理 6.1

假设一阶微分算子 $\Gamma = (\Gamma_1, \cdots, \Gamma_d)$ 的向量场 $f = (f_1, \cdots, f_d) \in \mathcal{C}_b^5$ 以及 $\mathbf{W} \in \mathscr{C}_g^\alpha([0,T], \mathbb{R}^d), \alpha > \dfrac{1}{3}$, 对于 $g \in \mathcal{C}^3$, 向后的粗糙传输方程

$$-du = \Gamma u d\mathbf{W}, \quad u(T, \cdot) = g$$

有唯一 $\mathcal{C}^{\alpha,3}$ 正则解 $u : [0,T] \times \mathbb{R}^n \to \mathbb{R}$.

$\heartsuit$

证明 存在性是显然的, 命题 6.1 所找到解 $(s, x) \mapsto g(X_T^{s,x})$ 便是一个正则解. 现在假设 u 是另外一个 $u_T = g$ 的正则解. 若能在 X 为粗糙微分方程 $dX = f(X)d\mathbf{W}$ 的解流的条件下证明事实

$$u(t, X_t) - u(s, X_s) \stackrel{3\alpha}{=} 0$$

成立, 便可说明解映射 $t \mapsto u(t, X_t)$ 恒为常数. 因此, 便有 $u(s, x) = u(T, X_T^{s,x}) = g(X_T^{s,x})$. 事实上, 将要证明

$$\Gamma^{3-k} u_t(X_t) \stackrel{k\alpha}{=} \Gamma^{3-k} u_s(X_s), \quad k = 1, 2, 3.$$

首先讨论 $k = 1$ 的情形,

$$\Gamma^2 u_t(X_t) - \Gamma^2 u_s(X_s) = \Gamma^2 u_t(X_t) - \Gamma^2 u_s(X_t) + \Gamma^2 u_s(X_t) - \Gamma^2 u_s(X_s),$$

那么上述等式右端两部分和可分别处理. 对于第一部分, 可直接由粗糙输运方程向后正则解的定义得到 α-Hölder 估计; 而对于第二部分的处理, 因为 $u \in \mathcal{C}^{\alpha,3}$, 那么 $\Gamma^2 u_s \in \mathcal{C}^{\alpha,1}$, 因此可得到 $[0,T]$ 上的一致 Hölder 的估计.

然后讨论 $k = 2$ 的情形, 注意到

$$\Gamma u_t(X_t) - \Gamma u_s(X_s) = \Gamma u_t(X_t) - \Gamma u_s(X_t) + \Gamma u_s(X_t) - \Gamma u_s(X_s).$$

同样地, 上述等式右端第一部分可由解的定义知, 它与 $-\Gamma^2 u_t(X_t)W_{s,t}$ 相减后满足 2α-Hölder 的估计. 对于第二部分, 由于 $\Gamma u_s \in \mathcal{C}^2$, 因此它可以被如下估计替代:

$$D\Gamma u_s(X_s)(X_t - X_s) \stackrel{2\alpha}{=} D\Gamma u_s(X_s)f(X_s)W_{s,t} = \Gamma^2 u_s(X_s)W_{s,t}.$$

利用 $k = 1$ 的结论和 $W_{s,t} \stackrel{\alpha}{=} 0$, 那么两部分加总便得到想要的估计.

最后, 考虑 $k = 3$ 的情形. 同样地有

$$u_t(X_t) - u_s(X_s) = u_t(X_t) - u_s(X_t) + u_s(X_t) - u_s(X_s).$$

上述等式右端第一部分可由正则解的定义的第一条性质, 在 3α-Hölder 范数意义下等于 $-\Gamma u_t(X_t)W_{s,t} - \Gamma^2 u_t(X_t)\mathbb{W}_{s,t}$. 另外, 最后一部分泰勒展开到二阶, 然后利用 $k=1,2$ 的结果可完成证明.

6.1.2　连续性方程与解析弱解

本小节关心连续性方程的测度值解. 即如下的向前方程

$$\partial_t \varrho = -\sum_{i=1}^d \mathrm{div}_x(f_i(x)\rho_t)\dot{W}_t^i \equiv \Gamma^\star \varrho_t \dot{W}_t,$$

这里 W 能够提升成一个几何粗糙路径. 与前一小节一样, $\Gamma_i = f_i(x) \cdot D_x$, 并且有共轭算子 $\Gamma_i^\star \equiv -\mathrm{div}_x(f_i\cdot)$. 此外, 解在弱形式的意义下理解, 即对于一个给定的有限测度 $\varrho \in \mathcal{M}(\mathbb{R}^n)$ 和有界连续函数 $\varphi \in \mathcal{C}_b(\mathbb{R}^n)$, 记 $\varrho(\varphi) = \int \varphi(x)\varrho(dx)$. 下面给出上述方程的解定义:

> **定义 6.2**
>
> 我们称 $\varrho : [0,T] \to \mathcal{M}(\mathbb{R}^n)$ 为粗糙连续性方程
>
> $$d\varrho_t + \mathrm{div}_x(f(x)\varrho_t)d\mathbf{W}_t = 0, \quad \varrho_0 = \mu \qquad (6.5)$$
>
> 的测度值向前粗糙偏微方程解. 如果对于 $\mathcal{C}_b^3$ 中有一致界的函数 φ 和任意的 $s < t \in [0,T]$, 下面的估计
>
> $$\varrho_t(\varphi) \stackrel{3\alpha}{=} \varrho_s(\varphi) + \varrho_s(\Gamma\varphi)W_{s,t} + \varrho_s(\Gamma^2\varphi)\mathbb{W}_{s,t},$$
> $$\varrho_t(\Gamma\varphi) \stackrel{2\alpha}{=} \varrho_s(\Gamma\varphi) + \varrho_s(\Gamma^2\varphi)W_{s,t},$$
> $$\varrho_t(\Gamma^2\varphi) \stackrel{\alpha}{=} \varrho_s(\Gamma^2\varphi)$$
>
> 是一致的. ♣

注 6.1　上述解的 "3α" 估计意味着如下的解析弱形式: 对于任意的 $\varphi \in \mathcal{C}_b^3$,

$$\varrho_t(\varphi) - \varrho_0(\varphi) = \int_0^t (\varrho_s(\Gamma\varphi), \varrho_s(\Gamma^2\varphi))d\mathbf{W}_s,$$

这里积分应该理解为缝补极限, 即对于区间 $[0,t]$ 的任何划分 $\mathcal{P}$ 有

$$\lim_{|\mathcal{P}|\to 0}\sum_{[u,v]\in\mathcal{P}}(\varrho_u(\Gamma\varphi)W_{u,v} + \varrho_u(\Gamma^2\varphi)\mathbb{W}_{u,v}) = \int_0^t (\varrho_s(\Gamma\varphi), \varrho_s(\Gamma^2\varphi))d\mathbf{W}_s.$$

定理 6.2

考虑一阶微分算子 $\Gamma = (\Gamma_1, \cdots, \Gamma_d)$ 的向量场 $f = (f_1, \cdots, f_d) \in \mathcal{C}_b^5$ 和 $\mathbf{W} \in \mathscr{C}_g^\alpha([0,T], \mathbb{R}^d), \alpha > \frac{1}{3}$. 那么对于给定的初始测度 $\nu \in \mathcal{M}(\mathbb{R}^n)$, 下面的连续性粗糙方程

$$d\varrho_t + \operatorname{div}_x(f(x)\varrho_t)d\mathbf{W}_t = 0, \quad \varrho_0 = \nu$$

有唯一的测度值解, 并且对于给定的 $\varphi \in \mathcal{C}_b^3$, 解有如下的显式表示

$$\varrho_t(\varphi) = \int \varphi(X_t^{0,x})\nu(dx).$$

♡

证明　存在性: 设粗糙微分方程 $dX_t = f(X_t)d\mathbf{W}_t$ 初值为 $X_0 = x$ 的解为 $X = X^{0,x}$, 那么利用泰勒定理、受控粗糙路径和几何粗糙路径的定义和性质, 对于任意给定的 $\varphi \in \mathcal{C}_b^3$, 有

$$\varphi(X_t) \stackrel{3\alpha}{=} \varphi(X_s) + D\varphi(X_s)f(X_s)W_{s,t}$$
$$+ \left(D\varphi(X_s)Df(X_s)f(X_s) + D^2\varphi(X_s)(f(X_s), f(X_s))\right)\mathbb{W}_{s,t},$$

上式中 $(f(X_s), f(X_s))$ 作用在 $\mathbb{W}_{s,t}$, 即

$$(f(X_s), f(X_s))\mathbb{W}_{s,t} = \frac{1}{2}(f(X_s)W_{s,t}, f(X_s)W_{s,t}).$$

利用算子 Γ 的定义上述估计可重写成

$$\varphi(X_t) \stackrel{3\alpha}{=} \varphi(X_s) + \Gamma\varphi(X_s)W_{s,t} + \left(\Gamma^2\varphi(X_s)\right)\mathbb{W}_{s,t}.$$

由于受控粗糙路径与光滑函数复合仍为一受控粗糙路径, 那么可直接得到

$$\varphi(X_t) \stackrel{2\alpha}{=} \varphi(X_s) + \Gamma\varphi(X_s)W_{s,t}.$$

最后, 因为 $\Gamma^2\varphi \in \mathcal{C}_b^1$, $X \in \mathcal{C}^\alpha$, 由中值定理有

$$\varphi(X_t) \stackrel{\alpha}{=} \varphi(X_s).$$

注意到上述的 3 个估计式的常数对于有一致界的 φ 是一致的, 那么令 $\varrho_t(\varphi) = \varphi(X_t)$, 则得到初值测度 $\varrho_0 = \delta_x$ 的解. 对于一般情形, 即 $\varrho_0 = \nu$, 令

$$\varrho_t(\varphi) := \int \varphi(X_t)\nu(dx).$$

积分关于 φ 的线性性保证上述的 $3\alpha, 2\alpha, \alpha$ 估计对于 $\varrho_t(\varphi)$ 均成立. 因此完成存在性的论证.

唯一性: 由前面的命题 6.2 知, 对于 $g = u_T \in \mathcal{C}_b^3$, 存在一个正则向后粗糙偏微分方程的解 $u(t, \cdot) \in \mathcal{C}_b^3$, 并且

$$u_s - u_t \overset{3\alpha}{=} u_t' W_{s,t} + u_t'' \mathbb{W}_{s,t},$$

其中 u_t' 和 u_t'' 分别为 $\Gamma u_t, \Gamma^2 u_t$. 记 $u_{s,t} := u_t - u_s$, 那么

$$\varrho_t(u_t) - \varrho_s(u_s) = \varrho_{s,t}(u_t) + \varrho_s(u_{s,t}).$$

对于上述右端第一项, 令 $\varphi = u_t \in \mathcal{C}_b^3$, 则由解的定义有

$$\varrho_{s,t}(u_t) \overset{3\alpha}{=} \varrho_s(\Gamma u_t) W_{s,t} + \varrho_s(\Gamma^2 u_t) \mathbb{W}_{s,t}.$$

对于右端第二项, 利用向后正则方程解的定义有

$$\varrho_s(u_{s,t}) = -\varrho_s(u_s - u_t) \overset{3\alpha}{=} -\varrho_s(\Gamma u_t) W_{s,t} - \varrho_s(\Gamma^2 u_t) \mathbb{W}_{s,t}.$$

因此, $\varrho_t(u_t) \overset{3\alpha}{=} \varrho_s(u_s)$. 它表明 $\varrho_t(u_t)$ 为一常数. 故而有

$$\varrho_T(u_T) = \varrho_T(g) = \varrho_0(u_0) = \nu(u_0).$$

那么测度值解唯一.

6.2　二阶粗糙偏微分方程

6.2.1　线性理论: Feynman-Kac 公式

经典的 Feynman-Kac 公式考虑如下的 d 维布朗运动驱动的向后的 Stratonovich 随机偏微分方程的终值问题:

$$-du = Ludt + \Gamma u \circ \overleftarrow{dB}, \quad u(T, \cdot) = g, \tag{6.6}$$

方程的解 $u = u(\omega) : [0, T] \times \mathbb{R}^n \to \mathbb{R}$, 此外上述方程中的微分算子 L 和 Γ 的定义分别如下:

$$\begin{aligned} Lu &:= \frac{1}{2}\operatorname{Tr}\left(\sigma(x)\sigma^{\mathrm{T}}(x)D^2 u\right) + b(x) \cdot Du + c(x)u, \\ \Gamma_i u &:= \beta_i(x) \cdot Du + \gamma_i(x)u. \end{aligned} \tag{6.7}$$

方程中的系数 $\sigma = (\sigma_1, \cdots, \sigma_m), b$ 和 $\beta = (\beta_1, \cdots, \beta_d)$ 为 $\mathbb{R}^n$ 中的向量场, $c, \gamma_1, \cdots,$ γ_d 为标量函数. 出于简化考虑的目的, 假设上述系数均有界并且所有涉及的导数

也是有界的. 此外假设终值 g 是有界连续的, 即 $g \in \mathcal{C}_b(\mathbb{R}^n)$. 本节关心的是上述方程在换成一个粗糙偏微分方程时是否仍然有相应的 Feynman-Kac 公式, 即考虑如下的几何粗糙路径 $\mathbf{W}$ 驱动的粗糙偏微分方程

$$-du = Ludt + \Gamma u d\mathbf{W}, \quad u(T, \cdot) = g. \tag{6.8}$$

先前的小节讨论了 $L = 0$ 的输运方程, 解能借助一个粗糙微分方程的解流表示. 另外, 所考虑的几何粗糙路径可以用光滑的 $\mathcal{C}^1([0, T], \mathbb{R}^d)$-路径提升后来进行近似得到. 因此考虑用 $\dot{W}dt$ 替代 $d\mathbf{W}$, 则得到

$$-\partial_t u = Lu + \sum_{i=1}^{d} \Gamma_i u \dot{W}_t^i, \quad u(T, \cdot) = g, \tag{6.9}$$

且该方程有唯一的 $\mathcal{C}^{1,2}$ 解. 此外, 解有如下经典的 Feynman-Kac 表示

$$u(s, x) = E^{s,x}\left[g(X_T)\exp\left(\int_s^T c(X_t)dt + \int_s^T \gamma(X_t)\dot{W}_t dt\right)\right]$$
$$= S[W; g](s, x). \tag{6.10}$$

上述表示式中 X 为以下方程

$$dX_t = \sigma(X_t)dB(\omega) + b(X_t)dt + \beta(X_t)\dot{W}_t dt \tag{6.11}$$

的唯一强解, 其中 B 为 m 维布朗运动.

类似地, 对于粗糙偏微分方程也有如下结果.

定理 6.3

设 $\alpha \in \left(\dfrac{1}{3}, \dfrac{1}{2}\right)$, 对于任何给定的几何粗糙路径 $\mathbf{W} = (W, \mathbb{W}) \in \mathscr{C}_g^{0,\alpha}([0, T], \mathbb{R}^d)$, 选取 $W^\varepsilon \in \mathcal{C}^1([0, T], \mathbb{R}^d)$ 使得

$$(W^\varepsilon, \mathbb{W}^\varepsilon) := \left(W^\varepsilon, \int_0^\cdot W_{0,t}^\varepsilon \otimes dW_t^\varepsilon\right) \to \mathbf{W},$$

上述收敛在 α-Hölder 粗糙路径度量下成立. 那么便存在 $u = u(t, x) \in \mathcal{C}_b([0, T] \times \mathbb{R}^n)$, 它并不依赖于逼近序列 (W^ε), 而是依赖于 $\mathbf{W} \in \mathscr{C}_g^{0,\alpha}([0, T], \mathbb{R}^d)$, 并且对于 $g \in \mathcal{C}_b(\mathbb{R}^n)$, 当 $\varepsilon \to 0$, 有

$$u^\varepsilon = S[W^\varepsilon; g] \to u =: S[\mathbf{W}; g],$$

且该收敛是局部一致的. 此外, 解映射

$$S : \mathscr{C}_g^{0,\alpha}([0, T], \mathbb{R}^d) \times \mathcal{C}_b(\mathbb{R}^n) \to \mathcal{C}_b([0, T] \times \mathbb{R}^n)$$

是连续的. 最后, 称上述的 u 为粗糙偏微分方程 (6.8) 的解.　　　　　　　♡

证明　记 $X = X^W$ 为 (6.11) 关于 $W \in \mathcal{C}^1$ 的解. 那么, 首先要明确以下的随机的粗糙微分方程

$$dX_t = \sigma(X_t)dB_t + b(X_t)dt + \beta(X_t)d\mathbf{W}_t \tag{6.12}$$

的具体含义, 即解应该在什么意义下理解. 它既不是单纯地使用 Itô 理论的结果, 也不是直接利用粗糙微分方程的结果. 这意味着需要将 B 和 $\mathbf{W} = (W, \mathbb{W})$ 联合到一起作为一个新的粗糙路径. 由于在微分方程 (6.12) 中 dB 是在 Itô 意义下理解, 故而将其取为 $(B, \mathbb{B}^{\text{Itô}})$. 此外, 还需要定义 W 和 B 的交叉积分. 为了符号的简单, 这里仅考虑 W 和 B 均是一维的情形. 将积分 $\int W dB(\omega)$ 定义为一个 Wiener 积分 (对于确定函数的 Itô 积分), 分部积分公式表明 $\int B dW = WB - \int W dB$. 由 Itô 等距有

$$\mathbf{E}\left(\int_s^t W_{s,r}dB_r\right)^2 \lesssim \|W\|_\alpha^2 |t-s|^{2\alpha+1},$$

另外, $\int B dW$ 也会满足类似的估计, 进而由 Kolmogorov 准则知: 在几乎处处意义下有 $\mathbf{Z}^{\mathbf{W}}(\omega) := \mathbf{Z} = (Z, \mathbb{Z}) \in \mathscr{C}^{\alpha'}, \alpha' \in \left(\dfrac{1}{3}, \alpha\right)$, 其中

$$Z_t = \begin{pmatrix} B_t(\omega) \\ W_t \end{pmatrix}, \quad \mathbb{Z}_{s,t} = \begin{pmatrix} \mathbb{B}^{\text{Itô}} & \int_s^t W_{s,r} \otimes dB_r(\omega) \\ \int_s^t B_{s,r} \otimes dW_r(\omega) & \mathbb{W}_{s,t}. \end{pmatrix}, \tag{6.13}$$

那么由定理 2.2 可知, 对于任意的 $q < \infty$, 有

$$\left| \varrho_{\alpha'}\left(\mathbf{Z}^{\mathbf{W}}, \mathbf{Z}^{\tilde{\mathbf{W}}}\right) \right|_{L^q} \lesssim \varrho_\alpha\left(\mathbf{W}, \tilde{\mathbf{W}}\right). \tag{6.14}$$

因此, 称(6.12) 的解 $X = X(\omega)$ 是以下由 $\mathbf{Z}^{\mathbf{W}}(\omega)$ 驱动的随机粗糙微分方程

$$dX = (\sigma, \beta)(X)d\mathbf{Z}^{\mathbf{W}}(\omega) + b(X)dt \tag{6.15}$$

的解 (具体的见 [5, Sec. 17]). 此外, 由 (6.14) 和 Itô-Lyons 映射的连续性知, X 作为经典的 Itô 微分方程的解 X^ε 在依概率下的极限 (且在 [0,T] 上是一致的), 即方程 (6.12) 中 $d\mathbf{W}_t$ 被 $\dot{W}^\varepsilon dt$ 替换.

接下来, 考虑对于给定的 (s, x), 令 $(X_t : s \leqslant t \leqslant T)$ 为随机粗糙微分方程 (6.12) 在 $X_s = x$ 的解. 则 $(X, X') \in \mathscr{D}_Z^{2\alpha'}, X' = (\sigma, \beta)(X)$. 因此, 粗糙积分

$$\int \gamma(X) d\mathbf{W} := \int (0, \gamma(X)) d\mathbf{Z}$$

是良好定义的. 此外, 要使得 Feynman-Kac 公式中的随机变量

$$g(X_T) \exp \left(\int_s^T c(X_t) dt + \int_s^T \gamma(X_t) d\mathbf{W}_t \right) \tag{6.16}$$

是良好定义的. 因为粗糙积分具有以下的估计

$$\left| \int_s^t \gamma(X) d\mathbf{W} \right| \lesssim \|\mathbf{Z}\|_{p\text{-var};[s,t]},$$

该式里的 $p = \dfrac{1}{\alpha'}$, 并且 $[s, t]$ 使得 $\|\mathbf{Z}\|_{p\text{-var};[s,t]} \leqslant 1$ 成立. 因而积分指数可积性可以转化为在区间 $[s, T]$ 中满足 $\|\mathbf{Z}\|_{p\text{-var};[u,v]} \leqslant 1$ 的区间个数总和的随机变量 $N(\omega)$ 的指数可积性. 类似于定理 3.8 的证明, 这里需要取 $\varrho = 1$, 利用广义的 Fernique 定理 (定理 3.11) 可证得 $N(\omega)$ 是指数可积的. 所以

$$u(s, x) := \mathbf{E}^{s,x} \left[g(X_T) \exp \left(\int_s^T C(X_t) dt + \int_s^T \gamma(X_t) d\mathbf{W}_t \right) \right] \tag{6.17}$$

是良好定义的并且为 u^ε 的逐点极限, 即对应于 W^ε 的解. 由 Arzela-Ascoli 论证知极限关于 $\mathbf{W}$ 和 $\mathbf{W}^\varepsilon$ 是局部一致的. 最后解映射关于噪声和终值的连续性, 也可采用相同方法, 在论证过程中只需要将 $\mathbf{W}$ 换成 $\mathbf{W}^\varepsilon$, g 换成 g^ε 即可.

6.2.2 自治型的半线性发展方程

本小节关注由 Gubinelli 和 Tinde 在 [16] 中所介绍的一类抽象的粗糙发展方程, Gerasimovičs 和 Hairer 在 [14] 中进一步发展了一套针对粗糙发展方程的温和解理论. 与经典的偏微分方程理论相似, 粗糙偏微分方程的解可以被视为取值于 Hilbert 空间 H 中的路径, 并且它是以下粗糙偏微分方程

$$du_t = Lu_t + F(u_t) d\mathbf{X}_t, \quad u_0 = \xi \in H \tag{6.18}$$

的解. 上式中 $\mathbf{X} = (X, \mathbb{X}) \in \mathscr{C}^\gamma([0, T], \mathbb{R}^d), \gamma \in \left(\dfrac{1}{3}, \dfrac{1}{2} \right]$, L 是非负定的自伴算子, $F = (F_1, \cdots, F_d)$ 为一合适的算子, 并且本节的理论并不考虑粗糙输运方程, 因此不要求噪声是几何粗糙路径.

为了更清楚地说明该抽象方程的假设, 以下提供一个具体的例子.

例 6.1　考虑如下的粗糙反应扩散方程

$$du_t(x) = \Delta u_t(x)dt + f(u_t(x))dt + p(u_t(x))d\mathbf{X}_t, \tag{6.19}$$

方程中 $u_t : \mathbb{T}^n \to \mathbb{R}^l, \mathbb{T}^n$ 为一 n 维环面, 方程中的 f 和 $p = (p_1, \cdots, p_d)$ 为 $\mathbb{R}^l$ 上的多项式非线性项. 与经典的偏微分方程理论一致, 试图寻找一个解 $u_t \in H^k(\mathbb{T}^n, \mathbb{R}^l) =: H$, H^k 为 Sobolev 空间 $W^{k,2}(\mathbb{T}^n, \mathbb{R}^l)$, 即解为 $L^2(\mathbb{T}^n, \mathbb{R}^l)$ 上的 k-阶弱可微函数. 显然, Δ 算子为 H 上的非负定的自伴算子, 并且它的定义域 $\mathrm{Dom}(\Delta) = H_1$, 此处令 $H_\alpha = H^{k+2\alpha}$, 它为一抽象的插值空间, 另外热半群 $(e^{\Delta t})_{t \geqslant 0}$ 也会作用在该 Sobolev 尺度 H_α 上. 本例中的非线性都是通过解和多项式复合给出, 出于提及的算子的光滑性需求, 要求解空间 H 为一 Banach 代数, 基于 Sobolev 空间理论, 那么 $k > \dfrac{n}{2}$, 并且在后面的定理中需要非线性项 $p_i : H_{-2\gamma} \to H_{-2\gamma}, i \in \{1, \cdots, d\}$ 是三阶 Fréchet 可微. 因此, 要求 $k > \dfrac{n}{2} + 4\gamma$, 特别地, 对于 $\gamma \in \left(\dfrac{1}{3}, \dfrac{1}{2}\right]$ 且趋于 $\dfrac{1}{3}$, 当空间维数 $n = 1$, k 可以取 2, 当空间维数 n 取 2 或 3, 则 k 可以取 3. 简而言之, 空间维数越大会对解 $u_t(x)$ 会提出更高的正则性要求. 最后, 该方程中的噪声可以包含布朗粗糙路径 $\mathbf{B}^{\mathrm{Itô}}(\omega)$ 或 $\mathbf{B}^{\mathrm{Strat}}(\omega)$.

接下来, 给出方程 (6.18) 的解的定义. 同先前小节类似, 对于该二阶半线性偏微分方程可定义它的解析弱解. 我们称 u_t 为 (6.18) 的解析弱解, 如果对于任意的 $h \in \mathrm{Dom}(L)$ 以及 $0 \leqslant t \leqslant T$ 下面的积分等式成立:

$$\langle u_t, h \rangle = \langle \xi, h \rangle + \int_0^t \langle u_s, Lh \rangle \, ds + \int_0^t \langle F(u_s), h \rangle \, d\mathbf{X}_s, \tag{6.20}$$

上式中的角括号表示 H 中的内积. 此外, 若记 $(S_t)_{t \geqslant 0}$ 表示自伴算子 L 生成的解析半群 $S_t = e^{Lt}$, 那么希望 (6.18) 的解可以通过以下的温和解公式给出, 即对于任意的 $t \in [0, T]$ 有

$$u_t = S_t \xi + \int_0^t S_{t-s} F(u_s) d\mathbf{X}_t, \tag{6.21}$$

该式在 H 中成立. 注意本节的重心是温和解的研究, 本质上温和解和解析弱解是等价的, 在 [14] 中给出了等价性的具体证明. 非线性项 F 总是被视为 H_α 上的 Fréchet 可微的映射, α 为取值于特定区间的实数. 本小节中对于 $\alpha \geqslant 0$, 当插值空间 $H_\alpha = \mathrm{Dom}((-L)^\alpha)$ 被赋予范数 $\|\cdot\|_{H_\alpha} = \|(-L)^\alpha \cdot\|_H$ 时, 它是一 Hilbert 空间. 类似地, $H_{-\alpha}$ 可以被定义为 H 中的元素在范数 $\|\cdot\|_{H_{-\alpha}} = \|(-L)^{-\alpha} \cdot\|_H$ 作用下的完备化空间.

6.2.2.1 半群下的受控粗糙路径

6.2.2.1.1 粗糙积分

对于解析弱解, 仅需将映射 $s \mapsto \langle F(u_s), h \rangle$ 理解为受控粗糙路径. 但是, 对于 (6.21) 中的积分项, 暂时不清楚在什么意义下去理解它. 在本小节, 与粗糙微分方程的处理方法类似, 通过介绍 Sewing 引理和新的受控粗糙路径来给出该积分的合理定义.

引理 6.1

考虑作用在一族 Hilbert 空间 $(H_\alpha, \alpha \in \mathbb{R})$ 上的强连续半群 $(S_t)_{t \geq 0}$, 并且对于 $\alpha \geq \beta$ 时, H_α 是 H_β 的稠密子空间. 此外, 对于所有 $\gamma \in [0, 1]$, 有如下不等式

$$\|S_t u\|_{H_\alpha} \lesssim t^{\beta - \alpha} \|u\|_{H_\beta}, \quad \|S_t u - u\|_{H_{\beta - \gamma}} \lesssim t^\gamma \|u\|_{H_\beta}, \tag{6.22}$$

且上述不等式对于所有的 $t \in [0, 1]$ 和 $u \in H_\beta$ 是一致成立的. 定义 $\hat{\mathcal{C}}_2^{\gamma, \mu}$ 为从二元指标集 $\{0 \leq s < t \leq T\}$ 到 H_α 的函数 Ξ, 并且满足

$$\|\Xi\|_\gamma + \|\hat{\delta} \Xi\|_\mu < \infty,$$

上式中 $\|\Xi\|_\gamma = \sup_{0 \leq s < t \leq T} \dfrac{|\Xi_{s,t}|}{|t-s|^\gamma}$, $\hat{\delta}$ 表示修正的增量算子, 即

$$\hat{\delta} \Xi_{s,u,t} := \Xi_{s,t} - \Xi_{u,t} - S_{t-u} \Xi_{s,u},$$

并且 $\|\hat{\delta} \Xi\|_\mu = \sup_{0 \leq s < u < t \leq T} \dfrac{|\hat{\delta} \Xi_{s,u,t}|}{|t-s|^\mu}$. 那么便有如下结论成立:

(a) 设 $0 < \gamma \leq 1 < \mu$, 那么存在唯一的连续映射 $\mathcal{I} : \hat{\mathcal{C}}_2^{\gamma, \mu}([0, T], H_\alpha) \to \mathcal{C}^\gamma([0, T], H_\alpha)$ 使得 $(\mathcal{I}\Xi)_0 = 0$ 和如下估计成立

$$\|(\mathcal{I}\Xi)_{s,t} - \Xi_{s,t}\|_{H_\alpha} \lesssim |t-s|^\mu. \tag{6.23}$$

(b) 此外, 对于一些 H_α-值函数 $\tilde{\Xi} = \tilde{\Xi}(u, m, v), 0 \leq u < m < v \leq T$ 有 $\hat{\delta} \Xi_{u,m,v} = S_{v-m} \tilde{\Xi}_{u,m,v}$, 并且存在一 $M > 0$ 使得

$$\|\tilde{\Xi}_{u,m,v}\|_{H_\alpha} \leq M |v-m|^{\mu-1} |v-u|. \tag{6.24}$$

那么对任意的 $\beta \in [0, \mu)$ 有下面的不等式成立:

$$\|\mathcal{I}\Xi_{s,t} - \Xi_{s,t}\|_{H_{\alpha+\beta}} \lesssim_{\mu, \beta} M |t-s|^{\mu-\beta}. \tag{6.25}$$

最后, $\mathcal{I}\Xi_{s,t} = \lim_{|\mathcal{P}| \to 0} \sum_{[u,v] \in \mathcal{P}} S_{t-v} \Xi_{u,v}$.

♡

证明 该引理的证明与 Sewing 引理 3.2 的证明类似, 以下是该引理一个简单的证明. 首先证明 (6.23), 考虑区间 $[s,t]$ 的 n-阶二进制划分 $\mathcal{P}_n$, 即每一个划分区间的长度均为 $\frac{t-s}{2^n}$, 并且记 $\mathcal{P}_0 = [s,t]$, 那么自然地有

$$\mathcal{P}_{n+1} = \bigcup_{[u,v]\in\mathcal{P}_n} \{[u,m],[m,v]\}.$$

上式中 $m = \dfrac{u+v}{2}$. 此外, 定义

$$\mathcal{I}^{n+1}\Xi_{s,t} := \sum_{[u,v]\in\mathcal{P}_{n+1}} S(t-v)\Xi_{u,v} = \mathcal{I}^n\Xi_{s,t} - \sum_{[u,v]\in\mathcal{P}_n} S_{t-v}\hat{\delta}\Xi_{u,m,v}.$$

那么由该等式有

$$\|\mathcal{I}^{n+1}\Xi_{s,t} - \mathcal{I}^n\Xi_{s,t}\|_{H_\alpha} \lesssim_S \|\hat{\delta}\Xi\|_\mu 2^{(1-\mu)n}(t-s)^\mu.$$

鉴于 $\mu > 1$, 那么序列 $\{\mathcal{I}^n\Xi_{s,t}\}_{n\in\mathbb{N}}$ 为一 Cauchy 列, 并且它的极限满足如下的估计

$$\|\mathcal{I}\Xi_{s,t} - \Xi_{s,t}\|_{H_\alpha} \leqslant \sum_{n\geqslant 0} \|\mathcal{I}^{n+1}\Xi_{s,t} - \mathcal{I}^n\Xi_{s,t}\|_{H_\alpha} \lesssim_{S,\mu} \|\hat{\delta}\Xi\|_\mu(t-s)^\mu.$$

接下来利用 (6.24) 去证明 (6.25). 选取 $\delta \in (\beta-1, \mu-1)$, 由于 $\hat{\delta}\Xi_{u,m,v} = S_{v-m}\tilde{\Xi}_{u,m,v}$, 使用半群性质 (6.22) 有

$$
\begin{aligned}
\|\mathcal{I}^{n+1}\Xi_{s,t} - \mathcal{I}^n\Xi_{s,t}\|_{H_{\alpha+\beta}} &\leqslant \left\|\sum_{[u,v]\in\mathcal{P}_n} S_{t-v}\hat{\delta}\Xi_{u,m,v}\right\|_{H_{\alpha+\beta}} \\
&\lesssim_S M \sum_{[u,v]\in\mathcal{P}_n} (t-m)^{-\beta}|v-m|^{\mu-1}|v-u| \\
&\lesssim_S M \sum_{[u,v]\in\mathcal{P}_n} (t-m)^{\delta-\beta}|v-m|^{\mu-\delta-1}|v-u| \\
&\lesssim_S M \frac{(t-s)^{\mu-\delta-1}}{2^{(n+1)(\mu-\delta-1)}} \sum_{[u,v]\in\mathcal{P}_n} (t-m)^{\delta-\beta}|v-u| \\
&\lesssim_S M \frac{(t-s)^{\mu-\delta-1}}{2^{(n+1)(\mu-\delta-1)}} \int_s^t (t-r)^{\delta-\beta}dr \\
&\lesssim_{S,\beta} M \frac{(t-s)^{\mu-\beta}}{2^{(n+1)(\mu-\delta-1)}}.
\end{aligned}
$$

因此, 与 (6.23) 计算一样可得

$$\|(\mathcal{I}\Xi)_{s,t} - \Xi_{s,t}\|_{H_{\alpha+\beta}} \leqslant \sum_{n \geqslant 0} \|\mathcal{I}^{n+1}\Xi_{s,t} - \mathcal{I}^n\Xi_{s,t}\|_{H_{\alpha+\beta}} \lesssim_{S,\mu,\beta} M(t-s)^{\mu-\beta}.$$

因此, (a) 表明了在 H_α 中有 $\mathcal{I}\Xi_{s,t} = \lim_{|\mathcal{P}| \to 0} \sum_{[u,v] \in \mathcal{P}} S_{t-v}\Xi_{u,v}$.

基于 Sewing 引理, 可以给出粗糙卷积 $\int_s^t S_{t-u}Y_u d\mathbf{X}_u$ 的定义.

定理 6.4

考虑 Sewing 引理 6.1 中 Hilbert 空间中的半群设置以及 $\alpha \in \mathbb{R}$. 并且取一个粗糙路径 $\mathbf{X} = (X, \mathbb{X}) \in \mathscr{C}^\gamma([0,T], \mathbb{R}^d)$, $\gamma \in \left(\frac{1}{3}, \frac{1}{2}\right]$, 为了讨论方便取 $d = 1$.

记 $\hat{\mathcal{C}}^\gamma H_\alpha$ 为 $Y : [0,T] \to H_\alpha$ 的路径, 并且满足 $\|Y\|_{\gamma;\alpha}^\wedge := \dfrac{\|\hat{\delta}Y_{s,t}\|_{H_\alpha}}{|t-s|^\gamma} < \infty$, $\hat{\delta}Y_{s,t} = Y_t - S_{t-s}Y_s$. 这里称 $(Y,Y') \in \mathscr{D}_{S,X}^{2\gamma}([0,T], H_\alpha)$ 为一温和受控粗糙路径, 如果 $(Y,Y') \in \hat{\mathcal{C}}^\gamma H_\alpha \times \hat{\mathcal{C}}^\gamma H_\alpha$ 以及余项

$$R_{s,t}^Y := \hat{\delta}Y_{s,t} - S_{t-s}Y_s' X_{s,t} \tag{6.26}$$

属于 $\mathcal{C}_2^{2\gamma}H_\alpha$. 另外, 赋予空间 $\mathscr{D}_{S,X}^{2\gamma}([0,T], H_\alpha)$ 一半范数 $\|Y,Y'\|_{X,2\gamma;\alpha}^\wedge := \|Y'\|_{\gamma;\alpha}^\wedge + \|R^Y\|_{2\gamma;\alpha}$.

(a) 那么粗糙卷积可以被定义为

$$\int_s^t S_{t-u}Y_u d\mathbf{X}_u := \lim_{|\mathcal{P}| \to 0} \sum_{[u,v] \in \mathcal{P}} S(t-u)(Y_u X_{u,v} + Y_u' \mathbb{X}_{u,v}), \tag{6.27}$$

该极限在 $\hat{\mathcal{C}}^\gamma H_\alpha$ 中存在, 并且满足如下估计

$$\left\| \int_s^t S_{t-u}Y_u d\mathbf{X}_u - S(t-s)(Y_s X_{s,t} + Y_s' \mathbb{X}_{s,t}) \right\|_{H_{\alpha+\beta}}$$

$$\lesssim (\|R^Y\|_{2\gamma;\alpha}\|X\|_\gamma + \|Y'\|_{\gamma;\alpha}^\wedge \|\mathbb{X}\|_{2\gamma})|t-s|^{3\gamma-\beta}. \tag{6.28}$$

(b) 映射 $(Y,Y') \mapsto (Z,Z') := \left(\int_0^\cdot S_{\cdot-u}Y_u d\mathbf{X}_u, Y \right)$ 是从 $\mathscr{D}_{S,X}^{2\gamma}([0,T], H_\alpha)$ 到 $\mathscr{D}_{S,X}^{2\gamma}([0,T], H_\alpha)$ 的连续映射, 并且有如下的估计

$$\|Z,Z'\|_{X,2\alpha;\gamma}^\wedge \lesssim \|Y\|_{\gamma;\alpha}^\wedge + (\|Y_0'\|_{H_\alpha} + \|Y,Y'\|_{X,2\gamma;\alpha}^\wedge)(\|X\|_\gamma + \|\mathbb{X}\|_{2\gamma}). \tag{6.29}$$

证明　对于 $\Xi_{u,v} = S_{v-u}Y_u X_{u,v} + S_{v-u}Y_u' \mathbb{X}_{u,v}$, 使用 Chen 等式以及 (6.26) 有

$$\hat{\delta}\Xi_{u,m,v} = -S_{v-m}R_{u,m}^Y X_{m,v} - S_{v-m}\hat{\delta}Y_{u,m}' \mathbb{X}_{m,v}.$$

因此, $\hat{\delta}\Xi_{u,m,v} = S_{v-m}\tilde{\Xi}_{u,m,v}$, 显然在不等式 (6.24) 中 $\mu = 3\gamma$, $M = \|R^Y\|_{2\gamma;\alpha}\|X\|_\gamma + \|Y'\|_{\gamma;\alpha}^{\wedge}\|\mathbb{X}\|_{2\alpha}$. 那么粗糙积分在 $\hat{\mathcal{C}}^\gamma H_\alpha$ 中的存在性及其估计直接可由 (6.25) 得到. 直接使用估计式 (6.28) 可得 (6.29), 而映射的连续性可以从后面的积分稳定性结果中得到.

6.2.2.1.2　温和受控粗糙路径与正则函数的复合

现在, 我们需要明确所研究的非线性函数类所在的函数空间.

定义 6.3

对于固定的 $\alpha, \beta \in \mathbb{R}$ 和 $k \in \mathbb{N}_0$, 定义空间 $\mathcal{C}_{\alpha,\beta}^k(H^m, H^n)$ 为 k-阶可微函数 $G : H_\theta^m \to H_{\theta+\beta}^n$, $\theta \geqslant \alpha$, $n, m \in \mathbb{N}_0$, 并且对于所有的 $i = 0, \cdots, k$, $D^i G$ 把 H_θ^m 中的有界集映到 $H_{\theta+\beta}^n$ 中的有界集, $\|G\|_{\mathcal{C}^k}$ 表示依赖于 G 的前 k 阶导数的范数, 具体形式见下文. 当 $m = n$ 时, 则简记为 $\mathcal{C}_{\alpha,\beta}^k(H^m)$. 这里出现在函数空间 $H^m, H^n, H_{\theta+\beta}^n$ 表示函数空间中函数是 n 维或者是 m 维. ♣

使用上面记号, 则有

引理 6.2

设 $F \in C_{\alpha,0}^2(H^m, H^n)$ 所有直到 (含) 2-阶的导数都是有界的, 令 $T > 0$, 对于 $(X, \mathbb{X}) \in \mathscr{C}^\gamma([0,T], \mathbb{R}^d)$, $\gamma \in (1/3, 1/2)$, 假设 $(Y, Y') \in \mathscr{D}_{S,X}^{2\gamma}([0,T], H_\alpha^m)$. 此外假设 $Y \in L^\infty([0,T], H_{\alpha+2\gamma}^m)$ 以及 $Y' \in L^\infty([0,T], H_{\alpha+2\gamma}^{m\times d})$. 定义 $(Z_t, Z_t') = (F(Y_t), DF(Y_t) \circ Y_t')$, 那么 $(Z, Z') \in \mathscr{D}_{S,X}^{2\gamma}([0,T], H_\alpha^n)$, 并且满足如下估计:

$$\|Z, Z'\|_{X,2\gamma;\alpha}^{\wedge} \leqslant C_F(1 + \|X\|_\gamma)^2(1 + \|Y\|_{\infty;H_{\alpha+2\gamma}} + \|Y'\|_{\infty;H_{\alpha+2\gamma}} + \|Y, Y'\|_{X,2\gamma}^{\wedge})^2. \tag{6.30}$$

常数 C_F 表示依赖于 F 及其导数的界. 它也依赖于时间 T, 但是当 $T \in (0,1]$, C_F 是一致的. ♡

证明　这里仅考虑 $d = m = n = 1$ 的情形, 一般的情况很容易推广. 由于 $0 < \gamma < 2\gamma \leqslant 1$, 对任意的 $V \in \mathcal{C}([0,T], H_{\alpha+2\gamma})$, $u \in [0,T]$, $\alpha \in \mathbb{R}$, 使用 (6.22) 有

$$\|S_{t-s}V_u - V_u\|_{H_\alpha} \lesssim |t-s|^{2\gamma}\|V_u\|_{H_{\alpha+2\gamma}}, \quad \|V\|_{\gamma;\alpha} \lesssim \|V\|_{\gamma;\alpha}^{\wedge} + \|V\|_{\infty;H_{\alpha+2\gamma}}. \tag{6.31}$$

Z' 的估计: 首先, $\hat{\delta}Z'$ 可以表示为

$$(\hat{\delta}Z')_{s,t} = (DF(Y_t)Y'_t - DF(Y_t)S_{t-s}Y'_s) + (DF(Y_t)S_{t-s}Y'_s - DF(Y_s)S_{t-s}Y'_s)$$
$$+ (DF(Y_s)S_{t-s}Y'_s - DF(Y_s)Y'_s) + (DF(Y_s)Y'_s - S_{t-s}DF(Y_s)Y'_s)$$
$$= \mathrm{I} + \mathrm{II} + \mathrm{III} + \mathrm{IV}.$$

使用 (6.31) 可获得上面 I—IV 的估计:

$$\|\mathrm{I}\|_{H_\alpha} \leqslant \|DF(Y_t)\|_{\mathcal{L}(H_\alpha, H_\alpha)}\|Y'\|^\wedge_{\gamma;\alpha}|t-s|^\gamma \lesssim C_F\|Y'\|^\wedge_{\gamma;\alpha}|t-s|^\gamma,$$

$$\|\mathrm{II}\|_{H_\alpha} \leqslant \|DF(Y_t) - DF(Y_s)\|_{\mathcal{L}(H_\alpha, H_\alpha)}\|Y'_s\|_{H_\alpha} \lesssim C_F\|Y\|_{\gamma;\alpha}|t-s|^\gamma\|Y'\|_{\infty;H_{\alpha+2\gamma}}$$
$$\lesssim C_F(\|Y\|^\wedge_{\gamma;\alpha} + \|Y\|_{\infty;H_{\alpha+2\gamma}})\|Y'\|_{\infty;H_{\alpha+2\gamma}}|t-s|^\gamma,$$

$$\|\mathrm{III}\|_{H_\alpha} \lesssim C_F\|Y'\|_{\infty;H_{\alpha+2\gamma}}|t-s|^\gamma,$$

$$\|\mathrm{IV}\|_{H_\alpha} \lesssim \|DF(Y_s)Y'_s\|_{H_{\alpha+2\gamma}}|t-s|^\gamma \lesssim C_F\|Y'\|_{\infty;H_{\alpha+2\gamma}}|t-s|^\gamma.$$

因此, 结合上述估计有

$$\|Z'\|^\wedge_{\gamma;\alpha} \lesssim C_F(\|Y'\|^\wedge_{\gamma;\alpha} + \|Y'\|_{\infty;H_{\alpha+2\gamma}})(1 + \|Y\|^\wedge_{\gamma;\alpha} + \|Y\|_{\infty;H_{\alpha+2\gamma}}).$$

余项 R^Z 的估计:

$$R^Z_{s,t} = \hat{\delta}Z_{s,t} - S_{t-s}Z'_s X_{s,t}$$
$$= \hat{\delta}Z_{s,t} - DF(Y_t)S_{t-s}Y'_s X_{s,t} + DF(Y_t)S_{t-s}Y'_s X_{s,t} - S_{t-s}DF(Y_s)Y'_s X_{s,t}$$
$$= (F(Y_t) - S_{t-s}F(Y_s) - DF(Y_t)(Y_t - S_{t-s}Y_s))$$
$$+ \left(DF(Y_t)R^Y_{s,t} + (\mathrm{II} + \mathrm{III} + \mathrm{IV})X_{s,t}\right) =: \mathrm{V} + \mathrm{VI}.$$

通过 II, III 和 IV 的估计式可以得到 VI 的估计:

$$\|\mathrm{VI}\|_{H_\alpha} \lesssim C_F \left(\|R^Y\|_{2\gamma;\alpha} + \|X\|_\gamma\|Y'\|_{\infty;H_{\alpha+2\gamma}}(1 + \|Y\|^\wedge_{\gamma;\alpha} + \|Y\|_{\infty;H_{\alpha+2\gamma}})\right)|t-s|^{2\gamma}.$$

对于 V 有

$$\mathrm{V} = (F(Y_t) - F(S_{t-s}Y_s) - DF(Y_t)(Y_t - S_{t-s}Y_s)) + (F(S_{t-s}Y_s) - S_{t-s}F(Y_s))$$
$$= \mathrm{VII} + \mathrm{VIII}.$$

根据泰勒定理有

$$\|\mathrm{VII}\|_{H_\alpha} \lesssim C_F(\|Y\|^\wedge_{\gamma;\alpha})^2|t-s|^{2\gamma},$$

另外 VIII 有如下控制

$$\|\text{VIII}\|_{H_\alpha} \lesssim \|F(S_{t-s}Y_s) - F(Y_s)\|_{H_\alpha} + \|F(Y_s) - S_{t-s}F(Y_s)\|_{H_\alpha}$$

$$\lesssim (C_F\|Y\|_{\infty;H_{\alpha+2\gamma}} + \|F(Y_s)\|_{H_{\alpha+2\gamma}})|t-s|^{2\gamma}$$

$$\leqslant C_F(1 + \|Y\|_{\infty;H_{\alpha+2\gamma}})|t-s|^{2\gamma},$$

因此结合 Z' 和 R^Z 的估计便得到想要的估计.

6.2.2.1.3　$\mathscr{D}^{2\gamma,\beta,\eta}_{S,X}$ 空间

定义 6.4

令 $\mathbf{X} = (X, \mathbb{X}) \in \mathscr{C}^\gamma([0,T], \mathbb{R}^d), \gamma \in \left(\dfrac{1}{3}, \dfrac{1}{2}\right)$. 那么对于 $\beta \in \mathbb{R}$ 和 $\eta \in [0,1]$ 定义空间

$$\mathscr{D}^{2\gamma,\beta,\eta}_{S,X}([0,T], H_\alpha) = \mathscr{D}^{2\gamma}_{S,X}([0,T], H_\alpha) \cap \left(\hat{\mathcal{C}}^\eta([0,T], H_{\alpha+\beta}) \times L^\infty([0,T], H^d_{\alpha+\beta})\right).$$

对于 $\eta = 0$ 时, 记 $\hat{\mathcal{C}}^0 = L^\infty$, 特别地, 当 $S = Id$ 时, 省去下标 S. 注意到, 对于所有的 $\eta \in [0,1]$, 引理 6.2 中的正则函数是从空间 $\mathscr{D}^{2\gamma,2\gamma,\eta}_{S,X}([0,T], H^m_\alpha)$ 到空间 $\mathscr{D}^{2\gamma,2\gamma,0}_{S,X}([0,T], H^n_\alpha)$ 的复合. 为了记号的简洁, 使用如下的符号

$$\mathscr{D}^{2\gamma}_X([0,T], H_\alpha) := \mathscr{D}^{2\gamma,2\gamma,\gamma}_{S,X}([0,T], H_{\alpha-2\gamma}).$$

基于上面所介绍的符号, 可以证明如下命题.

命题 6.3

对于 $\dfrac{1}{3} < \varepsilon \leqslant \gamma \leqslant \dfrac{1}{2}$, $\mathscr{D}^{2\varepsilon,2\gamma,0}_X([0,T], H_\alpha)$ 和 $\mathscr{D}^{2\varepsilon,2\gamma,0}_{S,X}([0,T], H_\alpha)$ 是同一空间.

证明　首先考虑 $(Y, Y') \in \mathscr{D}^{2\gamma,2\gamma,0}_{S,X}([0,T], H_\alpha)$, (6.26) 可以重写为

$$Y_t - Y_s = Y'_s X_{s,t} + R^Y_{s,t} + S_{t-s}Y_s - Y_s + (S_{t-s}Y'_s - Y'_s)X_{s,t}.$$

再结合下述估计

$$\|S_{t-s}Y_s - Y_s\|_{H_\alpha} \lesssim |t-s|^{2\gamma}\|Y\|_{\infty;H_{\alpha+2\gamma}},$$

$$\|(S_{t-s}Y'_s - Y'_s)X_{s,t}\|_{H_\alpha} \lesssim |t-s|^{3\gamma}\|Y'\|_{\infty;H_{\alpha+2\gamma}}\|X\|_\gamma,$$

因此, 余项 $R_{s,t}^Y + S_{t-s}Y_s - Y_s + (S_{t-s}Y_s' - Y_s')X_{s,t}$ 具有 $|t-s|^{2\varepsilon}$ 的正则性. 类似地, 可证明 $Y' \in \mathcal{C}^\varepsilon$, 那么可以得到 $\mathscr{D}_X^{2\gamma,2\gamma,0}([0,T], H_\alpha) \subseteq \mathscr{D}_{S,X}^{2\varepsilon,2\gamma,0}([0,T], H_\alpha)$. 另一方向的证明也是类似的, 这里不再叙述.

对于所有的 $\alpha \geqslant 0$, 下一个命题将 H 中内积的结论唯一地延拓到双线性映射 $\langle \cdot, \cdot \rangle : H_{-\alpha} \times H_\alpha \to \mathbb{R}$ 上.

命题 6.4

对于任意的 $(Y, Y') \in \mathscr{D}_{S,X}^{2\gamma,2\gamma,0}([0,T], H_{-2\gamma})$ 以及 $\psi \in H_{2\gamma}$, 那么有 $(\langle Y, \psi \rangle, \langle Y', \psi \rangle) \in \mathscr{D}_X^{2\gamma}([0,T], \mathbb{R})$. 另外对于任何固定的 $t \leqslant T$, 可以得到一个受控粗糙路径 $(\langle S_{t-\cdot}Y, \psi \rangle, \langle S_{t-\cdot}Y', \psi \rangle) \in \mathscr{D}_X^{2\gamma}([0,t], \mathbb{R})$. 此外, 对于任何固定的 $t > 0$ 和 $h \in H$, 令 $Z_v = \int_v^t \langle S_{s-v}Y_v, h \rangle ds$ 以及 $Z_v' = \int_v^t \langle S_{s-v}Y_v', h \rangle ds$, 那么便有 $(Z, Z') \in \mathscr{D}_X^{2\gamma}([0,t], \mathbb{R})$, 它并且满足如下估计

$$\|(Z, Z')\|_{X,2\gamma} \lesssim_T (1 + \|X\|_\gamma)\|(Y, Y')\|_{\mathscr{D}_{S,X}^{2\gamma,2\gamma,0}}\|h\|.$$

相似的估计对于该命题中的另外两条受控粗糙路径也成立, 仅仅是估计中的 $\|h\|$ 被 $\|\psi\|_{H_{2\gamma}}$ 所取代.

♠

证明 由命题 6.3, 可直接得到前两条路径为受控粗糙路径. 鉴于 h 并不是充分正则的, 不能直接使用 Cauchy-Schwarz 不等式. 而是使用 (6.26), 那么有

$$Z_v - Z_u = \int_v^t (\langle S_{s-v}Y_v, h \rangle - \langle S_{s-u}Y_u, h \rangle)ds - \int_u^v \langle S_{s-u}Y_u, h \rangle ds$$

$$= \int_v^t \langle S_{s-v}\hat{\delta}Y_{u,v}, h \rangle ds - \int_u^v \langle S_{s-u}Y_u, h \rangle ds$$

$$= \int_v^t \langle S_{s-v}S_{v-u}Y_u'X_{u,v} + S_{s-v}R_{u,v}^Y, h \rangle ds - \int_u^v \langle S_{s-u}Y_u, h \rangle ds$$

$$= \int_v^t \langle S_{s-u}Y_u', h \rangle ds \, X_{u,v} + \int_v^t \langle S_{s-v}R_{u,v}^Y, h \rangle ds - \int_u^v \langle S_{s-u}Y_u, h \rangle ds$$

$$= Z_u' X_{u,v} + R_{u,v}^Z,$$

上式中

$$R_{u,v}^Z = \int_v^t \langle S_{s-v}R_{u,v}^Y, h \rangle ds - \int_u^v \langle S_{s-u}Y_u, h \rangle ds - \int_u^v \langle S_{s-u}Y_u', h \rangle ds.$$

因为 $\|Y\|_{\infty;H}$ 和 $\|Y'\|_{\infty;H_0^d}$ 是有限的, 那么 R^Z 的最后两项可以被 $|v-u|(\|Y\|_{\infty;H}+\|Y'\|_{\infty;H_0^d})\|h\|$ 控制. 由于 $2\gamma<1$, 对于第一项有

$$
\left|\int_v^t \langle S_{s-v}R_{u,v}^Y, h\rangle ds\right| \leqslant \int_v^t \|S_{s-v}R_{u,v}^Y\|\,\|h\|ds \lesssim \int_v^t |s-v|^{-2\gamma}\|R_{u,v}^Y\|_{H_{-2\gamma}}\|h\|ds
$$
$$
\lesssim |t-v|^{1-2\gamma}\|R^Y\|_{2\gamma;-2\gamma}|v-u|^{2\gamma}\|h\|
$$
$$
\lesssim T^{1-2\gamma}\|R^Y\|_{2\gamma;-2\gamma}|v-u|^{2\gamma}\|h\|,
$$

相似地, 可以证明 $\|Z'\|_\gamma<\infty$.

最后将引理 6.2 对于函数空间正则性的假设拓展到更宽松的函数类上. 因为它的证明同引理 6.2 基本相同, 故而省去它的证明.

引理 6.3

设 $\sigma \geqslant 0$ 以及 $F \in \mathcal{C}_{\alpha,-\sigma}^2(H, H^d)$ 并且所有导数均是有界的. 设 $T>0$, 对于 $(X, \mathbb{X}) \in \mathscr{C}^\gamma([0,T], \mathbb{R}^d)$, $\gamma \in (1/3, 1/2)$, $(Y, Y') \in \mathscr{D}_{S,X}^{2\gamma,2\gamma,0}([0,T], H_\alpha)$. 那么有 $(Z_t, Z_t') = (F(Y_t), DF(Y_t)\circ Y_t') \in \mathscr{D}_{S,X}^{2\gamma,2\gamma,0}([0,T], H_{\alpha-\sigma}^d)$, 此外有如下估计成立

$$
\|(Z, Z')\|_{\hat{X},2\gamma;\alpha-\sigma}^{\wedge} \lesssim_F (1+\|X\|_\gamma)^2(1+\|Y,Y'\|_{\mathscr{D}_{S,X}^{2\gamma,2\gamma,0}})^2.
$$

♡

6.2.2.1.4　积分与复合的稳定性

首先给出两条不同的受控粗糙路径 (即它们对应不同粗糙路径) "度量" 的概念. 然后使用这一概念来说明两个映射的连续性: 积分与复合.

定义 6.5

对于 $(Y, Y') \in \mathscr{D}_{S,X}^{2\gamma}([0,T], H_\alpha^m)$ 和 $(V, V') \in \mathscr{D}_{S,\tilde{X}}^{2\gamma}([0,T], H_\alpha^m)$, 可定义以下度量:

$$
d_{X,\tilde{X},2\gamma,\alpha}(Y, V) = \|Y' - V'\|_{\gamma;\alpha}^{\wedge} + \|R^Y - R^V\|_{2\gamma;\alpha}. \tag{6.32}
$$

此外也可以对受控路径 $(Y, Y') \in \mathscr{D}_{S,X}^{2\gamma,\beta,\eta}([0,T], H_\alpha^m)$ 和 $(V, V') \in \mathscr{D}_{S,\tilde{X}}^{2\gamma,\beta,\eta}([0,T], H_\alpha^m)$ 定义如下的另一度量:

$$
d_{2\gamma,\beta,\eta}(Y, V) = \|Y' - V'\|_{\infty;H_{\alpha+\beta}} + \|Y - V\|_{\eta;\alpha+\beta}^{\wedge} + d_{X,\tilde{X},2\gamma,\alpha}(Y, V). \tag{6.33}
$$

♣

在接下来的两个引理中, 对于上述定义提及的 $X, \tilde{X}, Y, V$, 存在 $M>0$ 使得 $\|X\|_\gamma, \|\mathbb{X}\|_{2\gamma}, \|Y,Y'\|_{\mathscr{D}_{S,X}^{2\varepsilon,2\gamma,\eta}} < M$, 并且该假设对于 $\tilde{X}$ 和 V 也成立. 这里对于稳

定性的证明采用了与定理 3.3 和定理 3.11 类似的证明方法, 因此稳定性结果不再给出具体证明.

引理 6.4

设 $1/3 < \varepsilon \leqslant \gamma \leqslant 1/2$, $0 \leqslant \eta < 3\varepsilon - 2\gamma$ 以及 $\mathbf{X}, \tilde{\mathbf{X}} \in \mathscr{C}^\gamma([0,T], \mathbb{R}^d)$. 如果 $(Y, Y') \in \mathscr{D}_{S,X}^{2\varepsilon,2\gamma,0}([0,T], H_\alpha^d)$ 和 $(V, V') \in \mathscr{D}_{S,\tilde{X}}^{2\varepsilon,2\gamma,0}([0,T], H_\alpha^d)$ 都能够被 M 控制. 此外, 定义

$$(Z, Z') := \left(\int_0^\cdot S_{\cdot-u} Y_u dX_u, Y \right),$$

类似地定义 (W, W') 为 (V, V') 的粗糙积分. 那么便有如下的局部的 Lipschitz 估计成立:

$$d_{X,\tilde{X},2\varepsilon,\alpha}(Z, W) \lesssim_M \varrho_\gamma(\mathbf{X}, \tilde{\mathbf{X}}) + \|Y_0' - V_0'\|_{H_\alpha} + d_{X,\tilde{X},2\varepsilon,\alpha}(Y, V) T^{\gamma-\varepsilon}. \tag{6.34}$$

$$\|Z - W\|_{\eta;\alpha+2\gamma}^\wedge \lesssim_M \varrho_\gamma(\mathbf{X}, \tilde{\mathbf{X}}) + \|Y_0 - V_0\|_{H_{\alpha+2\gamma}}$$
$$+ \|Y_0' - V_0'\|_{H_{\alpha+2\gamma}} + d_{2\varepsilon,2\gamma,0}(Y, V) T^{\gamma-\varepsilon}, \tag{6.35}$$

上述不等式依赖于 T 的常数关于 $T \leqslant 1$ 是一致的. ♡

看起来并没获得与粗糙路径 X 有相同的 Hölder 正则性的稳定性结果, 但是 ε 可以任意地接近 γ, 这便允许 η 任意地接近 ε. 此外注意到不等式 (6.34) 不仅仅局限于空间 $\mathscr{D}_{S,X}^{2\varepsilon,2\gamma,\varepsilon}$, 并且在空间 $\mathscr{D}_{S,X}^{2\varepsilon}$ 中也是成立的.

引理 6.5

设 $1/3 < \varepsilon \leqslant \gamma \leqslant 1/2$, $\eta \in [0,1]$. 此外, 如果 $(Y, Y') \in \mathscr{D}_{S,X}^{2\varepsilon,2\gamma,\eta}([0,T], H_\alpha^d)$ 和 $(V, V') \in \mathscr{D}_{S,\tilde{X}}^{2\varepsilon,2\gamma,\eta}([0,T], H_\alpha^d)$ 都能够被 M 控制. 设 $\sigma \geqslant 0$, $F \in \mathcal{C}_{\alpha,-\sigma}^3(H, H^d)$. 此外, 定义

$$(Z, Z') := (F(Y), DF(Y) \circ Y'), \quad (W, W') := (F(V), DF(V) \circ V').$$

那么便有如下的局部的 Lipschitz 估计

$$d_{2\varepsilon,2\gamma,0}(Z, W) \lesssim_M \varrho_\gamma(\mathbf{X}, \tilde{\mathbf{X}}) + \|Y_0 - V_0\|_{H_{\alpha+2\gamma}} + d_{2\varepsilon,2\gamma,\eta}(Y, V). \tag{6.36}$$

上述度量 $d_{2\varepsilon,2\gamma,0}(Z, W)$ 包含了 $H_{\alpha-\sigma}$ 和 $H_{\alpha-\sigma+2\gamma}$ 的空间范数, 而 $d_{2\varepsilon,2\gamma,\eta}(Y, V)$ 包含了 H_α 和 $H_{\alpha+2\gamma}$ 的空间范数. ♡

6.2.2.2　粗糙偏微分方程

若 $(Y, Y') \in \mathcal{D}_X^{2\gamma}([0, T], H)$, 将要证明: 当 T 充分小时, 引理 6.2 和定理 6.4 能够保证映射

$$\mathcal{M}_T(Y, Y')_t := \left(S_t \xi + \int_0^t S_{t-u} F(Y_u) d\mathbf{X}_u, F(Y_t) \right) \tag{6.37}$$

在 $\mathcal{D}_X^{2\gamma}([0, T], H)$ 中有唯一不动点.

定理 6.5

考虑 $\xi \in H$, $F \in \mathcal{C}_{-2\gamma, 0}^3(H, H^d)$ 以及 $\mathbf{X} = (X, \mathbb{X}) \in \mathscr{C}^\gamma(\mathbb{R}^+, \mathbb{R}^d)$, 那么存在 $\tau > 0$, 以及空间 $\mathcal{D}_X^{2\gamma}([0, \tau), H)$ 中的唯一元素 (Y, Y') 使得 $Y' = F(Y)$ 并且满足如下等式:

$$Y_t = S_t \xi + \int_0^t S_{t-u} F(Y_u) d\mathbf{X}_u, \quad t < \tau. \tag{6.38}$$

♡

证明　首先, 注意到对任意的 $1/3 < \varepsilon < \gamma \leqslant 1/2$, $\mathbf{X} = (X, \mathbb{X}) \in \mathscr{C}^\gamma \subset \mathscr{C}^\varepsilon$. 对于 $T < 1$, 可以寻找一个解 $(Y, Y') \in \mathcal{D}_X^{2\varepsilon}([0, T], H_{2\varepsilon-2\gamma})$, 它由 (6.37) 中的映射 $\mathcal{M}_T$ 的不动点给出. 最后, 可以证明解有更好的正则性, 即 $(Y, Y') \in \mathcal{D}_X^{2\gamma}([0, T], H)$. 证明过程类似于定理 3.9, 唯一不同的是会出现两个不同的空间正则性. 由于证明包含了所有定理 3.9 中没有使用到的技术手段, 因此仅仅证明解映射 (6.37) 的不变性.

$\| \cdot \|_{X, 2\varepsilon}^\wedge$ 表示 $H_{-2\gamma}$ 上的半范数, 这里省去了空间正则性 $H_{-2\gamma}$, 在后面的过程中不再强调这一点. 注意到如果 (Y, Y') 为使得 $(Y_0, Y_0') = (\xi, F(\xi))$ 的受控粗糙路径, 那么映射 $\mathcal{M}_T(Y, Y')$ 也会满足这一事实. 因此可将 $\mathcal{M}_T$ 视为完备度量空间

$$\{(Y, Y') \in \mathcal{D}_X^{2\varepsilon} : Y_0 = \xi, \ Y_0' = F(\xi)\}$$

上的映射, 这对于以 $t \to (S_t \xi + S_t F(\xi) X_{0t}, S_t F(\xi)) \in \mathcal{D}_X^{2\varepsilon}([0, T], H_{2\varepsilon-2\gamma})$ 为圆心的单位球 B_T 也是成立的. 可以使用 $\|(S.\xi + S.F(\xi)X_{0,\cdot}, S.F(\xi))\|_{X, 2\varepsilon; -2\gamma}^\wedge = 0$ (因为 $\hat{\delta}(S.\xi)_{s,t} = 0$) 证明单位球 B_T 有如下表示:

$$B_T = \{(Y, Y') \in \mathcal{D}_X^{2\varepsilon}([0, T], H_{2\varepsilon-2\gamma}) : Y_0 = \xi, \ Y_0' = F(\xi),$$

$$\|Y - S.F(\xi)X_{0,\cdot}\|_{\varepsilon; 2\varepsilon-2\gamma}^\wedge + \|Y' - S.F(\xi)\|_{\infty; H_{2\varepsilon-2\gamma}} + \|(Y, Y')\|_{X; 2\varepsilon}^\wedge \leqslant 1\}.$$

对于 $(Y, Y') \in B_T$ 使用三角不等式有

$$\|Y, Y'\|_{\mathcal{D}_X^{2\varepsilon}} \lesssim (1 + \|\xi\| + \|F(\xi)\|)(1 + \|X\|_\gamma).$$

接下来证明当 T 充分小时映射 $\mathcal{M}_T$ 保持 B_T 不变性, 并且它是压缩的, 那么可利用 Banach 不动点定理得到最终结论. 下面的常数 C 会发生变化并且依赖于 $\gamma, \varepsilon, X, \mathbb{X}$ 以及 ξ. 尽管如此, 常数 C 关于 $T \in (0, 1]$ 是一致的. 不失一般性, 假设 F 是 $\mathcal{C}_b^3$ 的函数, 因为根据空间 $\mathcal{C}_{-2\gamma,0}^3(H, H^d)$ 的定义, 函数 F 把有界集映到有界集, 又因为 $(Y, Y') \in B_T$, 那么 $|Y|_{\infty; H_{2\varepsilon-2\gamma}}$ 和 $|Y'|_{\infty; H_{2\varepsilon-2\gamma}}$ 被一个依赖于初值 ξ 的一致常数所控制. 对于 $(Z_t, Z_t') = (F(Y_t), DF(Y_t) \circ Y_t')$, 由引理 6.2 有

$$\|Z, Z'\|_{X, 2\varepsilon}^{\wedge} \leqslant C_F (1 + \|Y, Y'\|_{\mathcal{D}_X^{2\varepsilon}})^2 \leqslant C_F (1 + \|\xi\| + \|F(\xi)\|)^2 \leqslant C_{F, \xi},$$

再使用定理 6.4 有

$$\begin{aligned}
\|\mathcal{M}_T(Y, Y')\|_{X, 2\varepsilon}^{\wedge} &= \left\| \left(\int_0^{\cdot} S_{\cdot-u} Z_u dX_u, Z \right) \right\|_{X, 2\varepsilon}^{\wedge} \\
&\lesssim \|Z\|_{\varepsilon; -2\gamma}^{\wedge} + (\|Z_0'\|_{H_{-2\gamma}} + \|Z, Z'\|_{X, 2\varepsilon}^{\wedge}) \varrho_{\varepsilon}(X) \\
&\lesssim \|Z\|_{\varepsilon; -2\gamma}^{\wedge} + (\|Z_0'\|_{H_{-2\gamma}} + \|Z, Z'\|_{X, 2\varepsilon}^{\wedge}) T^{\gamma-\varepsilon}.
\end{aligned}$$

因为 $(Y, Y') \in B_T$, 由 (6.26) 有 $\|Y\|_{\varepsilon; -2\gamma}^{\wedge} \leqslant (\|X\|_{\gamma} + 1) T^{\gamma-\varepsilon}$. 类似于引理 6.2 的证明, 有

$$\begin{aligned}
\|\hat{\delta} Z_{s,t}\|_{H_{-2\gamma}^d} &\leqslant \|F(Y_t) - F(S_{t-s} Y_s)\|_{H_{-2\gamma}} + \|F(S_{t-s} Y_s) - F(Y_s)\|_{H_{-2\gamma}} \\
&\quad + \|F(Y_s) - S(t-s) F(Y_s)\|_{H_{-2\gamma}} \\
&\lesssim C_F \|\hat{\delta} Y_{s,t}\|_{H_{-2\gamma}} + C_F \|S_{t-s} Y_s - Y_s\|_{H_{-2\gamma}} + |t-s|^{2\varepsilon} \|F(Y_s)\|_{H_{2\varepsilon-2\gamma}} \\
&\lesssim C_F \left(T^{\gamma-\varepsilon} |t-s|^{\varepsilon} + |t-s|^{2\varepsilon} \|Y_s\|_{H_{2\varepsilon-2\gamma}} + T^{\varepsilon} |t-s|^{\varepsilon} \right) \\
&\lesssim C_{F, \xi} \left(T^{\gamma-\varepsilon} + T^{\varepsilon} \right) |t-s|^{\varepsilon}.
\end{aligned}$$

因为 $T < 1$, 所以可以得到 $\|Z\|_{\varepsilon; -2\gamma}^{\wedge} \lesssim C_{F, \xi} T^{\gamma-\varepsilon}$, 常数 $C_{F, \xi}$ 也依赖于初值条件.

为了估计 $\|\mathcal{M}_T(Y) - S_{\cdot} F(\xi) X_{0, \cdot}\|_{\varepsilon; 2\varepsilon-2\gamma}^{\wedge}$, 使用 $\hat{\delta}(S_{\cdot} F(\xi) X_{0, \cdot})_{s,t} = S_t F(\xi) X_{s,t}$ 和 $2\varepsilon < 1$, 则可从 (6.28) 中导出:

$$\begin{aligned}
&\|\hat{\delta}(\mathcal{M}_T(Y) - S_{\cdot} F(\xi) X_{0, \cdot})_{s,t}\|_{H_{2\varepsilon-2\gamma}} \\
&= \left\| \int_s^t S_{t-u} F(Y_u) dX_u - S_t F(\xi) X_{s,t} \right\|_{H_{2\varepsilon-2\gamma}} \\
&\leqslant (\|F(\xi)\| + \|Z\|_{\infty; H_{-2\gamma}}) \|X\|_{\varepsilon} |t-s|^{\varepsilon} + \|Z'\|_{\infty; H_{-2\gamma}} \|\mathbb{X}\|_{2\varepsilon} |t-s|^{2\varepsilon} \\
&\quad + C(\|X\|_{\varepsilon} \|R^Z\|_{2\varepsilon} + \|\mathbb{X}\|_{2\varepsilon} \|Z'\|_{\varepsilon}^{\wedge}) |t-s|^{3\varepsilon-2\varepsilon} \\
&\lesssim (\|F(\xi)\| + |Z_0'|_{H_{-2\gamma}} + \|Z, Z'\|_{X, 2\varepsilon}^{\wedge}) \varrho_{\varepsilon}(X) |t-s|^{\varepsilon} \leqslant C_{F, \xi} T^{\gamma-\varepsilon} |t-s|^{\varepsilon}.
\end{aligned}$$

最后估计 $\|\mathcal{M}_T(Y)'_t - S_t F(\xi)\|_{H_{2\varepsilon-2\gamma}}$:

$$\|\mathcal{M}_T(Y)'_t - S_t F(\xi)\|_{H_{2\varepsilon-2\gamma}}$$

$$= \|F(Y_t) - F(S_t\xi) + F(S_t\xi) - F(\xi) + F(\xi) - S_t F(\xi)\|_{H_{2\varepsilon-2\gamma}}$$

$$\lesssim_F \|Y_t - S_t\xi\|_{H_{2\varepsilon-2\gamma}} + \|S_t\xi - \xi\|_{H_{2\varepsilon-2\gamma}} + \|F(\xi) - S_t F(\xi)\|_{H_{2\varepsilon-2\gamma}}$$

$$\lesssim_F \|Y_t - S_t\xi - S_t F(\xi)X_{0,t}\|_{H_{2\varepsilon-2\gamma}} + \|F(\xi)\|\|X\|_\gamma T^\gamma$$

$$+ t^{2\gamma-2\varepsilon}\|\xi\| + t^{2\gamma-2\varepsilon}\|F(\xi)\|$$

$$\lesssim_{F,\xi} (\|Y - S.F(\xi)X_{0,\cdot}\|^\wedge_{\varepsilon;2\varepsilon-2\gamma}T^\varepsilon + T^\gamma + T^{2\gamma-2\varepsilon}) \leqslant C_{F,\xi}T^{\gamma-\varepsilon}.$$

整合上面的计算可得

$$\|\mathcal{M}_T(Y) - S.F(\xi)X_{0,\cdot}\|^\wedge_{\varepsilon;2\varepsilon-2\gamma}$$

$$+ \|\mathcal{M}_T(Y)' - S.F(\xi)\|_{\infty;H_{2\varepsilon-2\gamma}} + \|\mathcal{M}_T(Y,Y')\|^\wedge_{X,2\varepsilon}$$

$$\lesssim C_{F,\xi}T^{\gamma-\varepsilon}. \tag{6.39}$$

若 T 充分小使得上式右端小于 1, 从而证明了 B_T 在映射 $\mathcal{M}_T$ 的作用下保持不变性. 为了获得映射 $\mathcal{M}_T$ 的压缩性, 可采取类似的步骤证明

$$\|\mathcal{M}_T(Y,Y') - \mathcal{M}_T(V,V')\|_{\mathcal{D}_X^{2\varepsilon}} \leqslant C_{F,\xi}\|Y - V, Y' - V'\|_{\mathcal{D}_X^{2\varepsilon}}T^{\gamma-\varepsilon}.$$

当 T 充分小时, 上式能保证压缩性, 故而完成不动点定理的论证并且获得 (6.38) 的唯一的极大解. 设 $(Y,Y') \in \mathcal{D}_X^{2\varepsilon}([0,T], H_{2\varepsilon-2\gamma})$ 是上述寻找到的解, 简单地论证一下它也属于 $\mathcal{D}_X^{2\gamma}([0,T], H)$. 因为

$$Y_t = S_t\xi + S_t F(\xi)X_{0,t} + S_t DF(\xi)F(\xi)\mathbb{X}_{0,t} + R_{0,t}, \tag{6.40}$$

$$Y_t - S_{t-s}Y_s = S_{t-s}F(Y_s)X_{s,t} + S_{t-s}DF(Y_s)F(Y_s)\mathbb{X}_{s,t} + R_{s,t}. \tag{6.41}$$

其中 $R_{s,t} = \displaystyle\int_s^t S_{t-r}F(Y_r)dX_r - S_{t-s}F(Y_s)X_{s,t} - S_{t-s}DF(Y_s)F(Y_s)\mathbb{X}_{s,t}$. 基于余项 $R_{0,t}$ 的估计(6.28) 和 $\xi \in H$, 那么 (6.40) 表明了 $Y \in L^\infty([0,T], H)$. 此外 (6.41) 暗示了 $Y \in \hat{\mathcal{C}}^\gamma([0,T], H_{-2\gamma})$, 利用 Y 的修正的 Hölder 正则性以及 $Y \in L^\infty([0,T], H)$, 那么 $F(Y) \in \hat{\mathcal{C}}^\gamma([0,T], H_{-2\gamma}^d) \cap L^\infty([0,T], H_{2\varepsilon-2\gamma}^d)$. 因此 $(Y, F(Y)) \in \mathscr{D}_{S,X}^{2\gamma}([0,T], H_{-2\gamma})$ (再次使用 (6.41)) 和 $(F(Y), DF(Y)F(Y)) \in \mathscr{D}_{S,X}^{2\gamma}([0,T], H_{-2\gamma})$, 那么这对任意的 $\beta < 3\gamma$ 有如下估计:

$$\|R_{s,t}\|_{H_{\alpha+\beta}} \lesssim_X \|F(Y), DF(Y)F(Y)\|_{X,2\gamma}|t-s|^{3\gamma-\beta}.$$

取 $\beta = 2\gamma$ 以及再次使用 (6.41) 可证得 $Y \in \hat{\mathcal{C}}^\gamma([0, T], H)$, 因此 $(Y, Y') \in \mathcal{D}_X^{2\gamma}([0, T], H)$.

6.2.3 非自治型粗糙半线性偏微分方程

本小节关心一类非自治型的半线性粗糙偏微分方程, 即方程中算子受到时间的影响, 且所选取的内容来自文献 [15]. 即本节主要研究如下的方程

$$
\begin{cases}
du_t = (L_t u_t + N(u_t))dt + \sum_{i=1}^{d} F_i(u_t)d\mathbf{X}_t^i, & t \in [0, T], \\
u_0 = x \in \mathcal{B},
\end{cases}
\tag{6.42}
$$

方程中的未知函数 u 是取值于 Banach 空间 $\mathcal{B}$ 的连续函数, $(L_t)_{t \in [0,T]}$ 为一关于时间连续的无界线性算子, 并且满足适当的扇形条件. $X: [0, T] \to \mathbb{R}^d$ 是具有 $1/3 < \gamma$-Hölder 正则性的路径, 函数 N 和 F 表示非线性项.

对于半线性抛物方程 (6.42), 在随机情形下, 即考虑 X 为布朗运动的情形. 在 20 世纪 70 年代末和 80 年代初, Pardoux, Krylov 和 Rozovskii[74,75] 在合适的泛函设置下, 使用 Itô 积分和单调性方法研究随机半线性方程. 此外, 对于自治情形, Da Parto 和他的学派发展了 "温和解" 方法, 并且在专著 [76] 中系统地阐述了该理论. 在粗糙路径的情形下, 温和解方法最开始由 Gubinelli, Lejay 和 Tindel[77] 等在 Young 积分情形下发展, 而后由 Gubinelli 和 Tindel[16] 推广到粗糙路径情形. 与此同时, 非线性偏微分方程中的经典的粘性解理论[78,79] 由 Caruana, Friz, Oberhauser[9,80] 在粗糙噪声情形下建立. 最后, 对于粗糙输运噪声, Gubinelli 等在 [81] 中建立了变分解框架. 值得强调的是温和解的研究框架引起了人们的更多的兴趣, 先前小节中的自治情形下的一个应用是半线性发展方程的 Hörmander 定理, 最近利用温和解框架研究吸引子[82]、中心流形[38,59] 等动力学行为很受欢迎.

在随机情形下, $X = W$ 为 d 维布朗运动, 并且 L_t 为一族确定性的算子, 可以利用 Duhamel 公式建立如下的温和解表示式:

$$
u_t - S_{t,0}x = \int_0^t S_{t,r}N(u_r)dr + \sum_{i=1}^{d} \int_0^t S_{t,r}F_i(u_r)dW_r^i, \quad t \in [0, T], \tag{6.43}
$$

上述随机积分应该在 Itô 积分的意义下理解. $S_{t,s} \in \mathcal{L}(\mathcal{B}, \mathcal{B}), 0 \leqslant s \leqslant t \leqslant T$ 是算子 (L_t) 生成的传播子, 即 $S_{s,t}x$ 表示如下线性方程的解 v(如果存在并且唯一) 在 $t \in (s, T]$ 时刻的取值:

$$
\partial_t v = L_t v_t, \quad v_s := x \in \mathcal{B}. \tag{6.44}
$$

注意到温和表示式 (6.43) 仅只在 L_t 是一族确定性的算子时才有意义. 即使假设 L_t 具有适应性, 也不能保证温和表示式 (6.43) 是有意义的, 因为在那种情形

下被积函数 $S_{t,r}F_i(u_r)$ 是 $\mathcal{F}_t$-可测的 (并不是 $\mathcal{F}_r$-可测, 标准 Itô 积分需要该种可测性). 这种可料性是在随机情形下的主要技术困难. 若 L_t 是随机算子, 通过 Skorohod 积分构造的解通常意义下并不是 (6.42) 的弱解 (见 [83]). 尽管如此, Leòn 和 Nualart 在 [84] 中提出了方程 (6.43) 的解, 它依赖于 Russo 和 Vallois 在 [85] 中提出的 "向前积分". 尽管在非自治的半线性情形下取得了很大的成功, 但他们的方法并不能轻易地拓展到更一般的拟线性情形. 但是在粗糙路径理论框架下, 上述提及的问题便有一个自然的解决方案, 本节的目的便是介绍粗糙路径下的解决方法.

6.2.3.1　预备知识

对于给定的 Banach 空间 X, Y. 用 $\mathcal{L}(X, Y)$ 表示从 Banach 空间 X 到 Banach 空间 Y 的连续线性算子空间, 该空间上所赋予的范数为算子范数, 且记 $\mathcal{L}(X) := \mathcal{L}(X, X)$. 此外, 记 $\mathcal{L}_s(X, Y)$ 为同一空间 $\mathcal{L}(X, Y)$, 但赋予强拓扑使得对于固定 $x \in X$ 映射 $S \mapsto Sx \in Y$ 关于 S 连续. 相同地, 记 $\mathcal{L}_s(X) := \mathcal{L}_s(X, X)$. 首先介绍单调族插值空间 $(\mathcal{B}_\alpha, |\cdot|_\alpha)$, 它包含了 (6.42) 所需要的 "空间正则性".

定义 6.6

称一族可分的 Banach 空间 $(\mathcal{B}_\alpha, |\cdot|_\alpha)_{\alpha \in \mathbb{R}}$ 为一 单调族插值空间, 若对于每一个 $\alpha \leqslant \beta$, $\mathcal{B}_\beta$ 是连续嵌入到 $\mathcal{B}_\alpha$, 并且 $\mathcal{B}_\beta$ 是 $\mathcal{B}_\alpha$ 的稠密子空间, 此外有如下的插值不等式成立: 对于任意的 $\alpha \leqslant \beta \leqslant \gamma$ 和 $x \in \mathcal{B}_\alpha \cap \mathcal{B}_\gamma$:

$$|x|_\beta^{\gamma - \alpha} \lesssim |x|_\alpha^{\gamma - \beta} |x|_\gamma^{\beta - \alpha}. \tag{6.45}$$ ♣

上面的一族插值空间有如下的性质. 记 $\Delta_2 = \{(s, t) : T \geqslant t \geqslant s \geqslant 0\}$. 若 $S : \Delta_2 \to \mathcal{L}(\mathcal{B}_\alpha) \cap \mathcal{L}(\mathcal{B}_{\alpha+1})$ 且对于 $x \in \mathcal{B}_{\alpha+1}$ 和任意的 $(s, t) \in \Delta_2$, 有 $|(S_{t,s} - Id)x|_\alpha \lesssim |t-s||x|_{\alpha+1}$ 和 $|S_{t,s}x|_{\alpha+1} \lesssim |t-s|^{-1}|x|_\alpha$ 成立, 那么对于 $\sigma \in [0, 1]$, $S_{t,s}$ 属于 $\mathcal{L}(\mathcal{B}_{\alpha+\sigma})$, 此外有如下估计式成立:

$$|(S_{t,s} - Id)x|_\alpha \lesssim |t-s|^\sigma |x|_{\alpha+\sigma}, \quad |S_{t,s}x|_{\alpha+\sigma} \lesssim |t-s|^{-\sigma}|x|_\alpha. \tag{6.46}$$

例 6.2 (Hilbert 空间设置)　设 $(H, |\cdot|)$ 是一可分的 Banach 空间, 在该空间上有一闭的稠定算子 $L : D(L) \subset H \to H$, 并且它的预解集包含扇形区域 $\Sigma_{\vartheta, \lambda} := \{\zeta \in \mathbb{C}, |\arg(\zeta - \lambda)| < \pi/2 + \vartheta\}$, 其中 $\vartheta > 0$, $\lambda \in \mathbb{R}$, 且对于每一个 $\zeta \in \Sigma_{\vartheta, \lambda}$, 有 $|(\zeta - L)^{-1}| \leqslant \Lambda(1 + |\zeta|)^{-1}$, 其中 $\Lambda > 0$ 与 ζ 无关. 满足这样性质的算子 L 被称为扇形算子.

对于 $\alpha > 0$, 可利用 [86] 中的 (6.3) 定义算子的分数幂 $(-L)^{-\alpha}$. 从而可引入如下空间

$$H_\alpha := \text{Im}(-L)^{-\alpha} \subseteq H, \tag{6.47}$$

并且赋予范数 $|x|_\alpha = |(-L)^\alpha x|$. 此外, 可以将 $H_{-\alpha}$ 定义为 H 中的元素对于范数 $|((-L)^\alpha)^{-1} \cdot|$ 的完备化. 最后, 插值不等式 (6.45) 能够使用谱分解和 Hölder 不等式来进行证明 (见 [87, Sec. 6]).

6.2.3.1.1　Hölder 空间和控制函数

对于 $n \geqslant 2$ 和一给定的 Banach 空间 V, 定义 $\mathcal{C}_n([0,T], V)$ 为从 $[0,T]$ 的 n 分点 $\Delta_n = \{T \geqslant t_n \geqslant t_{n-1} \geqslant \cdots \geqslant t_1 \geqslant 0\}$ 到 V 的 n 元连续函数组成的空间. 特别地, 对于 $n = 1$, 采用记号 $\Delta_1 := [0,T]$, 同时令 $\mathcal{C}([0,T], V) \equiv \mathcal{C}_1([0,T], V)$ 表示 V 中的一元连续函数. 后面仅关心 $n = 1, 2, 3$ 的情形. 若 V 是一 Banach 空间, 并且

$$S : \Delta_2 \to \mathcal{L}(V)$$

是一双参数族有界线性算子, 定义函数 $f : \Delta_1 \to V$ 和 $g : \Delta_2 \to V$ 的增量算子 δ^S 分别为

$$\delta^S f_{s,t} := f_t - S_{t,s} f_s, \quad \forall (s,t) \in \Delta_2 \tag{6.48}$$

和

$$\delta^S g_{s,u,t} := g_{s,t} - g_{u,t} - S_{u,t} g_{s,u}, \quad \forall (s,u,t) \in \Delta_3, \tag{6.49}$$

当 $S = Id$, δ^S 对应于控制粗糙路径理论的增量算子, 并且记 $\delta := \delta^{Id}$. 对于任意的 $f \in \mathcal{C}_1([0,T], \mathcal{B}_\alpha)$, 令

$$|f|_{0;\alpha} = \sup_{0 \leqslant t \leqslant T} |f_t|_\alpha.$$

令 $\gamma > 0$, 空间 $\mathcal{C}_1^\gamma([0,T], \mathcal{B}_\alpha)$ 的范数是普通的 Hölder 范数, 即

$$|f|_{\gamma;\alpha} := |f|_{0;\alpha} + [\delta f]_{\gamma;\alpha}. \tag{6.50}$$

对于 $g = (g_{s,t}) : \Delta_2 \to \mathcal{B}_\alpha$, 令 $[g]_{\gamma,\alpha}$ 为如下的半范数

$$[g]_{\gamma;\alpha} := \sup_{0 \leqslant s < t \leqslant T} \frac{|g_{s,t}|_\alpha}{|t - s|^\gamma}. \tag{6.51}$$

记空间 $\mathcal{C}_2^\gamma([0,T], \mathcal{B}_\alpha)$ 是所有的使上面半范数有限的二元函数构成的 Banach 空间. 若 $h = (h_{s,u,t}) : \Delta_3 \to \mathcal{B}_\alpha$, 令

$$[h]_{\gamma_1, \gamma_2; \alpha} := \sup_{(s,u,t) \in \Delta_3} \frac{|h_{s,u,t}|_\alpha}{|t - u|^{\gamma_1} |u - s|^{\gamma_2}}, \tag{6.52}$$

并且记 $C_3^{\gamma_1,\gamma_2}([0,T],\mathcal{B}_\alpha)$ 为三元函数组成的 Banach 空间, 并且满足 $[h]_{\gamma_1,\gamma_2;\alpha} < \infty$. 在本节中所介绍的空间 $\mathcal{B}_\alpha$ 在后面的部分被替换成为 $\mathcal{B}_\alpha^m, m \in \mathbb{N}$, 尽管本节乃至后面都是用范数符号 $|\cdot|_{\gamma;\alpha}, [\cdot]_{\gamma;\alpha}$ 等等. 对于路径在更一般的 Banach 空间 V, 符号 $|\cdot|_{\gamma;V}, [\cdot]_{\gamma;V}, [\cdot]_{\gamma_1,\gamma_2;V}$ 将会被使用.

紧接着介绍一个比 Hölder 函数空间更弱的概念.

设 $\omega : \Delta_2 \to \mathbb{R}^+$ 是一个连续的控制函数. 对所有的 $p \geqslant 1$ 和 Banach 空间 $(V, |\cdot|_V)$, 定义空间 $C_2^{p\text{-var}}([0,T],V)$ 为所有的 $g : \Delta_2 \to V$ 函数使得这里存在一个控制函数 ω 满足 $|g_{s,t}|_V \leqslant \omega^{1/p}(s,t)$.

根据控制函数的概念知函数空间 $C_2^{p\text{-var}}$ 中的函数也是连续的. 对于所有的 $C > 0$, $\omega(s,t) = C|t-s|$ 为一控制函数, 那么有 $C_2^\gamma \subset C_2^{1/\gamma\text{-var}}$. 另外一个经典的控制函数的经典例子是通过函数本身的 p-变差给出. 设 $g : \Delta_2 \to V$ 为连续函数并且有

$$\omega_g(s,t) = \sup_{\pi(s,t)} \sum_{t_i \in \pi(s,t)} |g_{t_i,t_{i+1}}|_V^p < \infty \,,$$

上式中的上确界是对区间 $[s,t]$ 的所有划分 $\pi(s,t)$ 来取的. 那么 $\omega_g(s,t)$ 定义了一个控制并且有 $|g_{s,t}|_V \leqslant \omega_g^{1/p}(s,t)$, 因此, 具有有限 p-变差的连续函数属于 $C_2^{p\text{-var}}$.

6.2.3.1.2 基本假设

首先陈述对于算子 $(L_t)_{t\in[0,T]}$ 的一些假设. 在后续过程中, 固定参数 $\vartheta > 0$, $\lambda \in \mathbb{R}$ 并且定义一个复平面上的扇形集合 $\Sigma_{\vartheta,\lambda}$:

$$\Sigma_{\vartheta,\lambda} := \{\zeta \in \mathbb{C}, \ |\arg(\zeta - \lambda)| < \pi/2 + \vartheta\}, \tag{6.53}$$

记 $\arg 0 = 0$, 那么 $[\lambda,\infty) \subset \Sigma_{\vartheta,\lambda}$.

在接下来论证中, 假设给定的两个 Banach 空间

$$(\mathcal{X}_1, |\cdot|_1) \subset (\mathcal{X}_0, |\cdot|_0),$$

这里的嵌入是连续的并且 $\mathcal{X}_1$ 是 $\mathcal{X}_0$ 的稠密子空间.

假设 6.1 假设 $(L_t)_{t\in[0,T]}$ 为 $\mathcal{X}_0$ 上的一族闭的稠定线性算子, 并且 $D(L_t) \supset \mathcal{X}_1, t \in [0,T]$, 此外存在常数 $\Lambda, M > 0$ (仅依赖 T) 使得以下陈述成立:

(L1) 对于每一个 $t \in [0,T]$, 预解集 $\rho(L_t)$ 包含 $\Sigma_{\vartheta,\lambda}$ 并且存在一常数 $\Lambda > 0$ 使得对于 $i = 0,1$ 有

$$|(\zeta - L_t)^{-1}|_{\mathcal{L}(\mathcal{X}_i)} \leqslant \Lambda(1 + |\zeta|)^{-1}, \quad \forall \zeta \in \Sigma_{\vartheta,\lambda}. \tag{6.54}$$

(L2) 对于任意的 $t \in [0,T]$ 有

$$|(\zeta - L_t)^{-1}|_{\mathcal{L}(\mathcal{X}_0,\mathcal{X}_1)} \leqslant M, \quad \forall \zeta \in \Sigma_{\vartheta,\lambda}.$$

(L3) 存在一控制函数 ω 和 $\varrho \in (0,1]$ 使得对于所有的 $(s,t) \in \Delta_2$ 有

$$|L_t - L_s|_{\mathcal{L}(\mathcal{X}_1, \mathcal{X}_0)} \leqslant \omega^\varrho(s,t).$$

(L4) 上述介绍的控制函数满足如下的可积性质: 对于所有的 $(s,t) \in \Delta_2$ 有

$$\int_s^t \frac{\omega^\varrho(r,s)dr}{r-s} < \infty.$$

设 $(L_t)_{t \in [0,T]}$ 满足上述假设 6.1. 利用 Tanabe 和 Sobolevskiĭ 的经典结论[88,89], 对所有的 $x \in \mathcal{X}_0$, 方程

$$\partial_t u = L_t u_t, \quad u_s := x \in \mathcal{X}_0 \tag{6.55}$$

有唯一的弱解 $S_{t,s}x$, 其线性依赖于 $x \in \mathcal{X}_0$. 双参数映射 $S \colon \Delta_2 \to \mathcal{L}(\mathcal{X}_0) \cap \mathcal{L}(\mathcal{X}_1)$ 通常被称为算子族 $(L_t)_{t \in [0,T]}$ 的传播子. 正如自治情形, 有半群表示, 那么 $(S_{t,s})_{(s,t) \in \Delta_2}$ 应该被理解为 " $\exp\left(\int_s^t L_r\, dr\right)$ ".

传播子的具体定义如下.

定义 6.7

假设 $(L_t)_{t \in [0,T]}$ 为无界稠定闭算子, 且它的定义域是包含 $\mathcal{X}_1$ 的稠密域, 称双参数映射 $S \colon \Delta_2 \to \mathcal{L}(\mathcal{X}_0)$ 为 $(L_t)_{t \in [0,T]}$ 的传播子当且仅当下面的条件成立:

(P1) $S \in \mathcal{C}_2([0,T], \mathcal{L}_s(\mathcal{X}_0))$ 且存在常数 $\lambda, \Lambda > 0$ 使得对于每一对 $(s,t) \in \Delta_2$ 都有

$$|S_{t,s}|_{\mathcal{L}(\mathcal{X}_0)}, |S_{t,s}|_{\mathcal{L}(\mathcal{X}_1)} \leqslant \Lambda e^{\lambda(t-s)}. \tag{6.56}$$

(P2) 对所有的 $(s,u,t) \in \Delta_3$ 有 $S_{t,t} = Id$ 和 $S_{t,s} = S_{t,u}S_{u,s}$.

(P3) 存在常数 $C_T > 0$ 使得对于每一对 $(s,t) \in \Delta_2$, $s \neq t$ 有

$$|S_{t,s} - Id|_{\mathcal{L}(\mathcal{X}_1, \mathcal{X}_0)} \leqslant C_T |t - s|.$$

(P4) 对所有的 $s,t \in [0,T]$ 和 $x \in \mathcal{X}_1$ 有

$$\frac{d}{dt} S_{t,s}x = L_t S_{t,s}x \quad \text{和} \quad \frac{d}{ds} S_{t,s}x = -S_{t,s}L_s x,$$

上述微分在 Banach 空间 $\mathcal{X}_0$ 中成立.

(P5) 对所有的 $(s,t) \in \Delta_2$, $s \neq t$ 有 $S_{t,s}\mathcal{X}_0 \subset \mathcal{X}_1$ 以及存在常数 $N_T > 0$ 使得

$$|L_t S_{t,s}|_{\mathcal{L}(\mathcal{X}_0)} \lesssim |S_{t,s}|_{\mathcal{L}(\mathcal{X}_0, \mathcal{X}_1)} \leqslant N_T |t - s|^{-1}. \tag{6.57}$$

注意到保证 (L1) 中参数 $\Lambda = 1$ 的条件是算子 L_t 对于每一个 $t \in [0, T]$ 都是耗散的. 在 Banach 空间 V 上的无界算子 A 是耗散的, 如果

$$\langle Au, u^* \rangle \leqslant 0, \quad \forall u \in D(A) \subset V, \quad u^* \in V^* \text{ s.t. } \langle u, u^* \rangle = |u|^2 = |u^*|^2, \quad (6.58)$$

上式中 $\langle u, u^* \rangle$ 表示 u^* 在 u 处的取值. 那么, 根据半群理论的经典结果 (见 [86, 90]), 如果算子 A 耗散算子并且对 $\zeta \in \rho(A)$ 时有 $\zeta - A$ 的像等于 V, 那么便会有 $|(\zeta - A)^{-1}|_{\mathcal{L}(V)} \leqslant (1 + |\zeta|)^{-1}$. 出于本节的研究目的, 传播子需要更强的性质, 他们不仅需要作用在 $\mathcal{X}_0$ 和 $\mathcal{X}_1$ 而且也需要作用在插值空间 $(\mathcal{B}_\alpha)_{\alpha \in I}$, 这里 $I \subset \mathbb{R}$ 是一区间. 出于这样的目的, 对算子 L_t 施加更强的假设是必要的. 因此介绍如下的定义.

定义 6.8

设 $(\mathcal{B}_\alpha)_{\alpha \in \mathbb{R}}$ 为一族单调插值空间, 并且考虑任意固定的区间 $I \subset \mathbb{R}$. 称 S 为全范围空间 $(\mathcal{B}_\alpha)_{\alpha \in I}$ 上的传播子, 若对每一 $\alpha \in I$, S 限制在 $\mathcal{B}_\alpha$ 仍然为传播子, 即在定义 6.7 的框架下, 考虑 $(\mathcal{X}_0, \mathcal{X}_1) = (\mathcal{B}_\alpha, \mathcal{B}_{\alpha+1})$ 的情形. ♣

例 6.3 设 $1 < p < \infty$ 并且定义

$$\mathcal{X}_0 := L^p(\mathbb{T}^n) \quad \text{和} \quad \mathcal{X}_1 := W^{2,p}(\mathbb{T}^n).$$

对于 $t \in [0, T]$, 定义如下的 L_t:

$$L_t u := \nabla \cdot (a_t(x)\nabla u), \quad u \in \mathcal{X}_1,$$

上式中的矩阵 $a_t(x) \in \mathbb{R}^{n \times n}$ 满足一致椭圆条件: 对于 $t \in [0, T]$, $x \in \mathbb{T}^n$ 和 $\xi \in \mathbb{R}^n$ 存在一个常数 $\varkappa > 0$ 使得

$$\sum_{j,k} a_t^{jk}(x)\xi^j \xi^k \geqslant \varkappa |\xi|^2, \quad (6.59)$$

此外, 假设对于 $t \in [0, T]$, 有

$$a_t(\cdot) \in \mathcal{C}^2(\mathbb{T}^n, \mathcal{L}(\mathbb{R}^n)). \quad (6.60)$$

Pazy[86,Sec.7.3] 的结果表明对所有的 $t \in [0, T]$ 算子 L_t 是扇形的, 并且由于 $\varkappa$ 与 t 无关, 那么对于任意的 $t \in [0, T]$, 扇形集 $\sum_{\vartheta, \lambda}$ 中的参数 ϑ 和 λ 选取可以是一致的. 此外, 根据经典的结果知 (参考 [91]) 对于每一 $t \in [0, T]$, 算子 L_t 是耗散的并且满足 (L1) 中的 $\Lambda = 1$, 尽管证明相对简单, 现在给出它对于 $p \geqslant 2$ 的简单

讨论 ($p \in (1,2)$ 的情形可以通过相似的方法来验证). 固定 $t \in [0,T]$. 对所有的 $\zeta \in \rho(L_t)$ 和空间 $\mathcal{C}^2$ 系数的条件, 由 L^p 理论知 $\mathrm{Im}(\zeta - L_t) = \mathcal{X}_0$ (见 [86, Sec. 7.3]). 现在的目标是去验证 L_t 在 (6.58) 意义下是耗散的.

设 $f \in \mathcal{C}^\infty(\mathbb{T}^n)$ 是一个非零函数并且定义

$$g(x) = \frac{|f(x)|^{p-2}}{|f|_{L^p}^{p-2}} f(x).$$

令 q, p 为共轭对, 即 $p^{-1} + q^{-1} = 1$, 那么有

$$|f|_{L^p}^2 = |g|_{L^q}^2 = \int_{\mathbb{T}^n} f(x) g(x) dx.$$

可利用上面的函数 g 和一致椭圆性条件 (6.59) 导出

$$\langle L_t f, g \rangle = -\int_{\mathbb{T}^n} a_t(x) \nabla f(x) \cdot \nabla g(x) dx$$

$$= -|f|_{L^p}^{2-p} \int_{\mathbb{T}^n} a_t(x) \nabla f(x) \cdot \nabla(|f|^{p-2}(x) f(x))$$

$$= -|f|_{L^p}^{2-p}(p-1) \int_{\mathbb{T}^n} |f(x)|^{p-2} a_t(x) \nabla f(x) \cdot \nabla f(x) dx$$

$$\leqslant -\varkappa |f|_{L^p}^{2-p}(p-1) \int_{\mathbb{T}^n} |f(x)|^{p-2} |\nabla f(x)|^2 \leqslant 0.$$

由于 $\mathcal{C}^\infty(\mathbb{T}^n)$ 在 $W^{2,p}(\mathbb{T}^n)$ 中是稠密的, 故而对于 $f \in W^{2,p}(\mathbb{T}^n)$ 上述不等式也是成立的. 因此 L_t 是耗散的, 那么 $\Lambda = 1$.

此外, 算子 $(L_t)_{t \in [0,T]}$ 也是满足 (L2) 但关于时间变量 t 并不是一致的. 如果此外存在 $p \geqslant 1$ 和一个控制 ω 使得对所有的 $(s,t) \in \Delta_2$ 有

$$\sup_{x \in \mathbb{T}^n} |a_t(x) - a_s(x)| \leqslant \omega^{1/p}(s,t),$$

那么 (L2) 中的常数是一致的并且 (L3) 也成立且 $\varrho = 1/p$. 控制取 $\omega(s,t) = C|t-s|$ 时性质 (L4) 也是成立的. 当条件 (6.60) 被替换为 $a_t(\cdot) \in \mathcal{C}^\infty(\mathbb{T}^n, \mathcal{L}(\mathbb{R}^n))$ 时, 那么本例中的 S 可以被延拓至全范围空间 $(\mathcal{B}_\alpha)_{\alpha \in \mathbb{R}}$, 其中 $\mathcal{B}_\alpha = H^{2\alpha,p}$ 为 Bessel 位势空间.

下面的定理作为 Tanabe/Sobolevskiĭ 定理[88,89] 的推广, 即在整数点上运用 Tanabe/Sobolevskiĭ 定理, 一般情形可以利用插值方法论证. 该理论是算子族 L_t 能否在全尺度上生成传播子的基础.

定理 6.6

设 $(\mathcal{B}_\alpha, |\cdot|_\alpha)_{\alpha \in \mathbb{R}}$ 是一族自反的单调插值空间. 假设存在指标集 $K :=$ $\{k_-, k_- + 1, \cdots, k_+\} \subset \mathbb{Z}$ 使得对于每一 $k \in K$, $(L_t)_{t \in [0,T]}$ 都满足假设 6.1, 其中 $(\mathcal{X}_0, \mathcal{X}_1)$ 被 $(\mathcal{B}_k, \mathcal{B}_{k+1})$ 所替换 (注意控制函数 ω 能会依赖于 $k \in \mathbb{Z}$). 那么 S 能够被唯一地延拓全尺度 $(\mathcal{B}_\alpha)_{\alpha \in [k_-, k_+]}$ 上. 更具体地, 有

(P1*) $S \in \mathcal{C}(\Delta_2, \mathcal{L}_s(\mathcal{B}_\alpha))$ 并且存在 λ_α 使得对每一 $\alpha \in [k_-, k_+ + 1]$ 都有 $\|S_{t,s}\|_{\mathcal{L}(\mathcal{B}_\alpha)} \leqslant e^{\lambda_\alpha(t-s)}$.

(P2*) 对所有的 $(s, u, t) \in \Delta_3$ 有 $S_{t,t} = Id$ 和 $S_{t,s} = S_{t,u} S_{u,s}$.

(P3*) 对于 $(s, t) \in \Delta_2$, $\alpha \in [k_-, k_+]$ 和 $x \in \mathcal{B}_{\alpha+1}$ 在 $\mathcal{B}_\alpha$ 中以下的微分方程成立:
$$\frac{d}{dt} S_{t,s} x = L_t S_{t,s} x, \qquad \frac{d}{ds} S_{t,s} x = -S_{t,s} L_s x.$$

(P4*) 对所有的 $(s, t) \in \Delta_2$, $\alpha, \beta \in [k_-, k_+ + 1]$ 和 $\beta \geqslant \alpha$, 传播子 $S_{t,s}$ 映 $\mathcal{B}_\alpha$ 到 $\mathcal{B}_\beta$, 此外, 对于 $\sigma \in [0, 1]$ 有如下的光滑性不等式:

$$|S_{t,s} x|_\beta \lesssim |t-s|^{-(\beta-\alpha)} |x|_\alpha, \qquad |(S_{t,s} - Id)x|_\alpha \lesssim |t-s|^\sigma |x|_{\alpha+\sigma}. \tag{6.61}$$

♡

为了与参考文献 [15] 的符号和定义保持一致, 需要回顾粗糙路径的度量. 对于 $\mathscr{C}^\gamma([0,T], \mathbb{R}^d)$ 中的任意两个元素 $\mathbf{X} = (X, \mathbb{X})$ 和 $\tilde{\mathbf{X}} = (\tilde{X}, \tilde{\mathbb{X}})$ 可定一如下的伪度量:

$$\varrho_\gamma(\mathbf{X}, \tilde{\mathbf{X}}) = [X - \tilde{X}]_\gamma + [\mathbb{X} - \tilde{\mathbb{X}}]_{2\gamma},$$

上述 $[X]_\gamma$ 和 $[\mathbb{X}]_{2\gamma}$ 为定义在 (6.51) 中的 Hölder 半范数.

最后还需要介绍出现在方程中非线性项涉及的函数空间

定义 6.9

设 $\mathcal{B} := (\mathcal{B}_\alpha)_{\alpha \in \mathbb{R}}$ 为一族单调插值空间. 对于 $\alpha, \beta \in \mathbb{R}$ 和 $k \in \mathbb{N}_0$ 定义空间 $\mathcal{C}_{\alpha,\beta}^k(\mathcal{B}^m, \mathcal{B}^n)$ 为 k-阶可微分函数 $G: \mathcal{B}_\theta^m \to \mathcal{B}_{\theta+\beta}^n$, $\theta \geqslant \alpha, n, m \in \mathbb{N}_0$ 并且对所有的 $i = 0, \cdots, k$, $D^i G$ 将 $\mathcal{B}_\theta^m$ 中的有界集映射到 $\mathcal{B}_{\theta+\beta}^n$ 中的有界集. 类似地, 对于所有的 $\theta \geqslant \alpha$ 定义 $\text{Lip}_{\alpha,\beta}(\mathcal{B}^m, \mathcal{B}^n)$ 为 $\mathcal{B}_\theta^m \to \mathcal{B}_{\theta+\beta}^n$ 的 Lipschitz 连续函数, 并且将有界集映射到有界集, 并且在有界集上的 Lipschitz 常数是一致的. 当 $m = n$ 时, 定义的空间简记为 $\mathcal{C}_{\alpha,\beta}^k(\mathcal{B}^m)$ 和 $\text{Lip}_{\alpha,\beta}(\mathcal{B}^m)$.

♣

6.2.3.2 乘性 Sewing 引理

Sewing 引理是粗糙路径理论中的一个核心理论, 它通常被用于构造粗糙积分. 因此, 本小节介绍乘性 Sewing 引理作为 [92] 中的结果的推广, 它可用于无穷维情形.

设 $(\mathcal{M}, \circ)$ 是一个幺半群 (出于简单考虑后面省去 $\circ$). 对于函数 $\mu: \Delta_2 \to \mathcal{M}$ 和区间 $[s,t]$ 任意的划分 $\pi = \{s = t_0 < t_1 < \cdots < t_k = t\}$, 定义:

$$\mu_{s,t}^{\pi} := \prod_{i=0}^{k-1} \mu_{t_i, t_{i+1}}.$$

> **定义 6.10**
>
> 设 $(\mathcal{M}, \circ)$ 是一个幺半群. 称三元组 $(\mathcal{M}, |\cdot|, d)$ 为次乘性幺半群, 如果 d 是 $\mathcal{M}$ 上的度量并且对所有 $a, b, c \in \mathcal{M}$, 函数 $|\cdot|: \mathcal{M} \to \mathbb{R}^+$ 满足
>
> $$d(ac, bc) \leqslant d(a,b)|c| \quad \text{和} \quad d(ca, cb) \leqslant |c|d(a,b). \tag{6.62}$$
>
> 此外, 假设对于所有的 $C \in \mathbb{R}^+$, 水平集 $B_C = \{a \in \mathcal{M} : |a| \leqslant C\}$ 关于度量 d 是完备的.

注 6.2 设 $\mathcal{M}$ 为一个次乘性幺半群. 由于 (6.62), 水平集 B_C 上的乘法运算关于度量 d 是连续的. 事实上, 如果 $|b_n| \leqslant C$ 并且当 $n \to \infty$ 时有 $d(a_n, a) \to 0$ 和 $d(b_n, b) \to 0$ 成立, 那么当 $n \to \infty$ 时,

$$d(a_n b_n, ab) \leqslant d(a_n, a)|b_n| + |a|d(b_n, b) \leqslant Cd(a_n, a) + |a|d(b_n, b) \to 0,$$

若 $|b_n| \leqslant C$ 被 $|a_n| \leqslant C$ 替换, 同样的事实也是成立的.

> **定义 6.11**
>
> 设 $\mathcal{M}$ 为一次乘性幺半群. 称函数 $\mu: \Delta_2 \to \mathcal{M}$ 是
>
> (i) 乘性的, 如果对于所有的 $(s, u, t) \in \Delta_3$ 有
>
> $$\mu_{s,t} = \mu_{u,t}\mu_{s,u}.$$
>
> (ii) 几乎乘性, 若存在一控制函数 $\omega: \Delta_2 \to \mathbb{R}^+$ 和 $z > 1$ 使得对于每一个 $(s, u, t) \in \Delta_3$ 有
>
> $$d(\mu_{s,t}, \mu_{u,t}\mu_{s,u}) \leqslant \omega^z(s,t). \tag{6.63}$$
>
> 另外, 设 $\epsilon: \Delta_2 \to \mathbb{R}^+$ 为使得 $\epsilon(s,t)$ 是一连续函数, 且对于变量 t 是单增的以及关于变量 s 是单减的.

(iii) 称 μ 是以速率为 ϵ 的适度增长, 若

$$|\mu_{s,t}^{\pi}| \leqslant \epsilon(s,t), \quad \forall (s,t) \in \Delta_2 , \tag{6.64}$$

且对于每一 $(s,t) \in \Delta_2$, ϵ 与区间 $[s,t]$ 的划分 π 选取无关.
记 $\mathrm{BG}_2([0,T], \mathcal{M})$ 为所有的具有适度增长速率为 ϵ 的函数 $\mu : \Delta_2 \to \mathcal{M}$ 的集合.

♣

定理 6.7 (乘性 Sewing 引理)

设 $(\mathcal{M}, |\cdot|, d)$ 为一具有单位元 $\mathbb{1}$ 的次乘性幺半群. 设 $\epsilon : \Delta_2 \to \mathbb{R}^+$ 为一关于第一个变量单减且关于第二个变量单增的二元函数, 并且设 $\mu \in \mathrm{BG}_2([0,T], \mathcal{M})$ 具有增长速率 ϵ. 此外, 假设存在一控制函数 ω 和一常数 $z > 1$ 使得 (6.63) 成立. 那么, 存在唯一的乘性函数 $\varphi \in \mathrm{BG}_2([0,T], \mathcal{M})$ 使得对于每个 $(s,t) \in \Delta_2$ 有

$$d(\varphi_{s,t}, \mu_{s,t}) \lesssim_{z,T} \omega^z(s,t). \tag{6.65}$$

函数 φ 也有相同的增长速率 ϵ, 对于所有的 $(s,t) \in \Delta_2$, 当 $n \to \infty$ 时, 划分序列 $\pi_n = \{s = t_0 < t_1 < \cdots < t_n = t\}$ 的划分尺度 $|\pi_n| = \max_i |t_{i+1}^n - t_i^n| \to 0$ 时, 有

$$\varphi_{s,t} = d - \lim_{n \to \infty} \prod_{i=0}^{k_n-1} \mu_{t_{i+1}^n, t_i^n} . \tag{6.66}$$

此外, 如果对于所有的 $t \in [0,T]$, $\mu_{t,t} = \mathbb{1}$, 那么 $\varphi_{t,t} = \mathbb{1}$, 并且如果 $\mu : \Delta_2 \to (\mathcal{M}, d)$ 是连续的, 那么 $\varphi : \Delta_2 \to (\mathcal{M}, d)$ 也是连续的.

♡

证明　这里的证明思想与 [40] 中加性 Sewing 引理类似.

存在性: 设 $(s,t) \in \Delta_2$ 以及 $\pi = \{s = t_0 < t_1 < \cdots < t_k = t\}$ 为区间 $[s,t]$ 一个划分. 因为 ω 是一个控制, 则存在 $0 < l < k$ 使得

$$\omega(t_{l-1}, t_{l+1}) \leqslant \frac{2\omega(s,t)}{k} .$$

如果上述事实不成立, 则与控制 ω 的超可加性矛盾. 记 $\hat{\pi}$ 为区间 $[s,t]$ 的划分 π 中移除 t_l 分点所得到的新的划分. 使用 (6.63) 和次乘性有

$$d(\mu_{s,t}^{\hat{\pi}}, \mu_{s,t}^{\pi}) \leqslant \left| \prod_{i=l+1}^{k} \mu_{t_i, t_{i+1}} \right| d(\mu_{t_{l-1}, t_{l+1}}, \mu_{t_l, t_{l+1}} \circ \mu_{t_l, t_{l-1}}) \left| \prod_{i=0}^{l-2} \mu_{t_i, t_{i+1}} \right|$$

$$\leqslant \epsilon(t_{l+1}, t)\omega^z(t_{l-1}, t_{l+1})\epsilon(s, t_{l-1}) \leqslant \epsilon^2(s, t)2^z\omega^z(s, t)k^{-z} \ .$$

重复上述过程直到划分点为 $\pi_0 = \{s, t\}$, 则可以得到一极大不等式

$$\sup_{\pi} d(\mu_{s,t}, \mu_{s,t}^{\pi}) \leqslant 2^z\zeta(z)\epsilon^2(s, t)\omega^z(s, t) \ , \qquad (6.67)$$

上述上确界是对于区间 $[s, t]$ 所有划分来取的并且 $\zeta(z) = \sum_{k=1}^{\infty} k^{-z}$ 为 Riemann-Zeta 函数. 注意到极限 (6.66) 的存在性以及它与划分的无关性只需要去证明 $\varepsilon \to 0$ 时, 有

$$\sup_{|\pi| \vee |\pi'| < \varepsilon} d(\mu_{s,t}^{\pi}, \mu_{s,t}^{\pi'}) \to 0. \qquad (6.68)$$

事实上, 上式意味着对于每一个序列 π_n, $|\pi_n| \to 0$, 那么 $\mu_{s,t}^{\pi_n}$ 是一个 Cauchy 列. 又因为 $|\mu_{s,t}^{\pi}| \leqslant \epsilon(s, t)$ 以及水平集 $\{a \in \mathcal{M} : |a| \leqslant C\}$ 对于度量 d 的完备性, 所以 μ^{π_n} 收敛到某个 $\varphi_{s,t}$ 使得 $|\varphi_{s,t}| \leqslant \epsilon(s, t)$. 极限与划分的无关性直接由 (6.68) 可得到.

为了证明 (6.68), 不失一般性, 假设 π' 是 π 的精细化划分 (因为总是可以利用三角不等式插入精细划分对应的 $\mu_{s,t}^{\pi \cup \pi'}$). 若 $\pi = \{s = t_0 < t_1 < \cdots < t_k = t\}$, 定义

$$M_{s,t}^l = \prod_{i=l}^{k-1} \mu_{t_i, t_{i+1}}^{\pi' \cap [t_i, t_{i+1}]} \prod_{i=0}^{l-1} \mu_{t_i, t_{i+1}} \ .$$

注意到 $M_{s,t}^k = \mu_{s,t}^{\pi}$ 并且 $M_{s,t}^0 = \mu_{s,t}^{\pi'}$. 使用三角不等式, 函数 μ 的次乘性和极大不等式 (6.67), 当 $|\pi| \to 0$ 时, 有

$$d(\mu_{s,t}^{\pi}, \mu_{s,t}^{\pi'}) \leqslant \sum_{i=0}^{k-1} d(M_{s,t}^i, M_{s,t}^{i+1}) \leqslant \epsilon^2(s, t) \sum_{i=0}^{k-1} d(\mu_{t_i, t_{i+1}}, \mu_{t_i, t_{i+1}}^{\pi' \cap [t_i, t_{i+1}]})$$

$$\leqslant 2^z\epsilon^4(s, t)\zeta(z) \sum_{i=0}^{k-1} \omega^z(t_i, t_{i+1})$$

$$\lesssim_{z,T} \omega(s, t) \max_i \{\omega^{z-1}(t_i, t_{i+1})\} \to 0 \ ,$$

因此 (6.68) 成立.

(6.65) 可以直接对 (6.67) 取 $|\pi| \to 0$ 的极限得到. 根据注 6.2, $\mu_{r,t}^{\pi_1}$ 和 $\mu_{s,r}^{\pi_2}$ 的乘法对于度量 d 是连续的, 再结合 (6.66) 中的极限与划分序列选取无关, 那么表明了 φ 具有乘性, 因此 $\varphi \in \mathrm{BG}_2([0, T], \mathcal{M})$.

若 $\mu_{t,t} = \mathbb{1}$, 由 (6.65) 知 $\varphi_{t,t} = \mathbb{1}$. 结合 (6.65) 和 $\varphi_{t,t} = \mathbb{1}$ 可证得函数 $\varphi : \Delta_2 \to (\mathcal{M}, d)$ 的连续性.

唯一性: 设 $\psi \in \mathrm{BG}_2([0,T],\mathcal{M})$ 是另一个满足不等式

$$d(\psi_{s,t},\mu_{s,t}) \lesssim_{z,T} \omega^z(s,t)$$

的乘性映射, 那么由三角不等式有

$$d(\varphi_{s,t},\psi_{s,t}) \lesssim_{z,T} \omega^z(s,t) \,.$$

设 $\tilde{\epsilon}$ 为 ψ 的增长速率并且记 $\epsilon_0 = 1 + \tilde{\epsilon} + \epsilon$. 设 $\pi = \{s = t_0 < t_1 < \cdots < t_k = t\}$ 为区间 $[s,t]$ 的任意划分, 并且对于 $1 \leqslant l \leqslant k-1$, 定义 $D_{s,t}^l = \varphi_{t,t_l}\psi_{t_l s}$. 则记 $D_{s,t}^0 = \varphi_{s,t}$, $D_{s,t}^k = \psi_{s,t}$. 因此

$$d(\varphi_{s,t},\psi_{s,t}) \leqslant \sum_{l=0}^{k-1} d(D_{s,t}^l, D_{s,t}^{l+1}) \leqslant \sum_{l=0}^{k-1} |\varphi_{t_{l+1},t}|d(\varphi_{t_l,t_{l+1}},\psi_{t_l,t_{l+1}})|\psi_{s,t_l}|$$

$$\lesssim \epsilon_0^2(s,t) \sum_{l=0}^{k-1} \omega^z(t_{l+1},t_l),$$

上式当 $|\pi| \to 0$ 时会收敛到 0. 故而有 $\varphi = \psi$.

6.2.3.3　单调族插值空间中的受控粗糙路径

本小节, 给出研究粗糙发展方程 (6.42) 的基本框架. 为此, 定义路径空间, 使它中的元素在局部上看起来像 X, 自然地, 该空间是 (6.42) 的解存在的空间. 但是为了研究 (6.42) 的温和解, 特别是其中出现的粗糙积分需要给出一个合理的解释. 粗糙积分的定义往往通过经典的 Sewing 引理来给出.

6.2.3.3.1　仿射 Sewing 引理

仿射 Sewing 引理允许构建 $z_t := \int_0^t S_{t,r}y_r \cdot d\mathbf{X}_r$. 在描述仿射 Sewing 引理之前先描述该积分的代数性质. 注意到积分的线性性不能与通常的增量算子 δ (不同于 (6.48)) 很好地匹配起来. 这是因为: $\delta z_{s,t} \equiv z_t - z_s = \int_s^t S_{t,r}y_r \cdot d\mathbf{X}_r + S_{t,s}z_s - z_s \neq \int_s^t S_{t,r}y_r \cdot d\mathbf{X}_r$. 取而代之的是, 有如下关系

$$\delta^S z_{s,t} \equiv z_t - S_{t,s}z_s = \int_s^t S_{t,r}y_r \cdot d\mathbf{X}_r \,.$$

事实上, 积分 $\int_s^t S_{t,r}y_r \cdot d\mathbf{X}_r$ 拥有乘性结构. 的确如此, 设 $\beta \in \mathbb{R}$ (将在后面被指定) 且定义

$$\mathcal{M}(\beta) := \mathcal{L}(\mathcal{B}_\beta) \ltimes \mathcal{B}_\beta, \tag{6.69}$$

其中的两个元素的乘积 $\mu_j \equiv (S_j, x_j) \in \mathcal{M}(\beta)$, $j = 1, 2$, 被定义为 $\mu_1 \circ \mu_2 := (S_1 S_2, x_1 + S_1 x_2)$. 加法按分量进行定义, 注意到 $\mathcal{M}(\beta)$ 构成一个近环, 即 $(\mathcal{M}(\beta), \circ)$ 形成一个幺半群且具有右分配律: $(\mu_1 + \mu_2) \circ \nu = \mu_1 \circ \nu + \mu_2 \circ \nu$ (可验证该结构不具有左分配律).

使用这一代数结构, 假设粗糙卷积 $\int_s^t S_{t,r} y_r \cdot d\mathbf{X}_r$ 有意义, 那么有

$$\left(S_{t,u}, \int_u^t S_{t,r} y_r \cdot d\mathbf{X}_r \right) \circ \left(S_{u,s}, \int_s^u S_{u,r} y_r \cdot d\mathbf{X}_r \right)$$

$$= \left(S_{t,u} S_{u,s}, \int_u^t S_{t,r} y_r dX_r + S_{t,u} \int_s^u S_{u,r} y_r \cdot d\mathbf{X}_r \right)$$

$$= \left(S_{t,s}, \int_s^t S_{t,r} y_r \cdot d\mathbf{X}_r \right),$$

意味着 $\varphi_{s,t} := (S_{t,s}, \int_s^t S_{t,r} y_r \cdot d\mathbf{X}_r)$ 在 $\mathcal{M}(\beta)$ 中是拥有乘性的结构. 这表明可以使用合适的近似来逼近 $\mathcal{M}$ 中的第二个分量, 因此使用定理 6.7 有可能来构造粗糙积分.

现在, 在定义积分映射之前先明确被积函数类. 设 $\gamma \in [0, 1]$ 和 $\alpha \in \mathbb{R}$, 介绍如下的 $\mathscr{Z}_\alpha^\gamma$ 空间: $\mathscr{Z}_\alpha^\gamma$ 中的元素由双指标元素 $\xi = (\xi_{s,t}) \in \mathcal{C}_2^\gamma(\mathcal{B}_\alpha) + \mathcal{C}_2^{2\gamma}(\mathcal{B}_{\alpha-\gamma})$ 组成, 并且它的增量满足 $\delta\xi \in \mathcal{C}_3^{2\gamma,\gamma}(\mathcal{B}_{\alpha-2\gamma}) + \mathcal{C}_3^{\gamma,2\gamma}(\mathcal{B}_{\alpha-2\gamma})$. 即, 存在 ξ^1, ξ^2 和 h^1, h^2 满足

$$\xi_{s,t} = \xi_{s,t}^1 + \xi_{s,t}^2, \quad (s,t) \in \Delta_2, \tag{6.70}$$

$$\delta\xi_{s,u,t} = h_{s,u,t}^1 + h_{s,u,t}^2, \quad (s,u,t) \in \Delta_3,$$

且使得 $[\xi^1]_{\gamma;\alpha} + [\xi^2]_{2\gamma;\alpha-\gamma} + [h^1]_{2\gamma,\gamma;\alpha-2\gamma} + [h^2]_{\gamma,2\gamma;\alpha-2\gamma} < \infty$(见 (6.52)). 空间 $\mathscr{Z}_\alpha^\gamma$ 可以被赋予一自然的范数

$$\|\xi\|_{\mathscr{Z}_\alpha^\gamma} := \inf_{\xi^1,\xi^2,h^1,h^2} \left([\xi^1]_{\gamma;\alpha} + [\xi^2]_{2\gamma;\alpha-\gamma} + [h^1]_{2\gamma,\gamma;\alpha-2\gamma} + [h^2]_{\gamma,2\gamma;\alpha-2\gamma} \right),$$

上述的下确界是对所有满足 (6.70) 的分解而取的. ([16] 中也介绍了类似的空间.)

另外积分映射的像空间为 $\mathcal{E}_\alpha^{0,\gamma} = \mathcal{C}(\mathcal{B}_\alpha) \cap \mathcal{C}^\gamma(\mathcal{B}_{\alpha-\gamma})$.

定理 6.8 (仿射 Sewing 引理)

考虑定理 6.6 中的传播子 $(S_{t,s})_{(s,t)\in\Delta_2}$, 设 $\alpha\in\mathbb{R}$ 以及 $\gamma\in(1/3,1/2]$. 那么存在唯一的连续映射 $\mathscr{I}:\mathcal{Z}_\alpha^\gamma\to\mathcal{E}_\alpha^{0,\gamma}$ 使得对任意的 $\xi\in\mathcal{Z}_\alpha^\gamma$ 有 $\mathscr{I}_0(\xi)=0$. 此外, 对于每一 $0\leqslant\beta<3\gamma$ 有

$$|\delta^S\mathscr{I}_{s,t}(\xi)-S_{t,s}\xi_{s,t}|_{\alpha-2\gamma+\beta}\lesssim\|\xi\|_{\mathcal{Z}_\alpha^\gamma}|t-s|^{3\gamma-\beta}. \tag{6.71}$$

此外, 有

$$\mathscr{I}_t(\xi)=\lim_{|\pi|\to0}\sum_{[u,v]\in\pi}S_{t,u}\xi_{u,v}, \tag{6.72}$$

当 $[0,t]$ 的划分 π 的细度 $|\pi|\equiv\max\{v-u,:[u,v]\in\pi\}$ 趋向于 0 时, 上述极限在 $\mathcal{B}_{\alpha-2\gamma}$ 中的拓扑取得. ♡

证明　定义一幺半群 $\mathcal{M}=\mathcal{M}(\alpha-2\gamma)$. 首先要去验证 $\mathcal{M}$ 在定义 6.10 的意义下可以被赋予一次乘性幺半群结构, 考虑 $\mu_j\equiv(S_j,x_j)\in\mathcal{M},j=1,2$, 可以定义一度量 (它也是一范数):

$$d(\mu_1,\mu_2):=|S_1-S_2|_{\mathcal{L}(\mathcal{B}_{\alpha-2\gamma})}+|x_1-x_2|_{\alpha-2\gamma},$$

同时设

$$|\mu|:=\max\left(1,d(\mu,0)\right).$$

根据上述定义容易验证 $d(\mu_1\circ\nu,\mu_2\circ\nu)\leqslant d(\mu_1,\mu_2)|\nu|$ 和 $d(\nu\circ\mu_1,\nu\circ\mu_2)\leqslant|\nu|d(\mu_1,\mu_2)$. 又由于 $|\cdot|$ 关于度量 d 是连续的, 可得到定义 6.10 中的水平集在度量 d 下是完备的, 最终得到 $(\mathcal{M},|\cdot|,d)$ 是次乘性幺半群.

接下来, 定义 $\mu:\Delta_2\to\mathcal{M}$ 为

$$\mu_{s,t}:=(S_{t,s},S_{t,s}\xi_{s,t}).$$

那么需要验证 μ 是几乎乘性的. 对于 $(s,u,t)\in\Delta_3$, 注意到

$$\mu_{s,t}-\mu_{u,t}\circ\mu_{s,u}\equiv(0,S_{t,s}\delta\xi_{s,u,t}+S_{t,u}(S_{u,s}-Id)\xi_{u,t}).$$

因此, 使用 (6.61) 有

$$d(\mu_{s,t},\mu_{u,t}\circ\mu_{s,u})\lesssim_S|\delta\xi_{s,u,t}|_{\alpha-2\gamma}+|(S_{u,s}-Id)\xi_{u,t}|_{\alpha-2\gamma}$$

$$\leqslant\|\xi\|_{\mathcal{Z}_\alpha^\gamma}\left[|t-u|^{2\gamma}|u-s|^\gamma+|t-u|^\gamma|u-s|^{2\gamma}\right],$$

这表明 μ 是几乎乘性的.

仍然需要去验证 $\mu \in \mathrm{BG}_2([0,T], \mathcal{M})$. 对于区间 $[s,t]$ 的每一个划分 π, 记 $\mu_{s,t}^{\pi} = (S_{t,s}, \mathscr{I}_{s,t}^{\pi}(\xi))$, 其中 $\mathscr{I}_{s,t}^{\pi}(\xi) := \sum_{(u,v) \in \pi} S_{t,u} \xi_{u,v}$ 是关于 π 的部分和. 与 (6.67) 的证明相同, 可以验证 $|\mu_{s,t}^{\pi}| \lesssim 1 + |t-s|^{\gamma} + |t-s|^{3\gamma}$ 关于区间 $[s,t]$ 的划分 π 是一致的, 因此证得 $\mu \in \mathrm{BG}_2([0,T], \mathcal{M})$. 那么使用定理 6.7 可证明存在唯一的乘性的 $\varphi_{s,t} = (S_{t,s}, I_{s,t})$ 使得 $|I_{s,t} - S_{t,s}\xi_{s,t}|_{\alpha-2\gamma} = d(\varphi_{s,t}, \mu_{s,t}) \lesssim |t-s|^{3\gamma}$. 设 $\mathscr{I}_t(\xi) := I_{0,t}$, 利用 φ 的乘性知 $\delta^S \mathscr{I}_{s,t}(\xi) = I_{s,t}$, 因此 (6.71) 对于 $\beta = 0$ 成立.

接下来需要验证 (6.71) 对于一般的 $\beta \in (0, 3\gamma)$ 也成立, 它表明 $\mathscr{I}$ 作为 $\mathcal{Z}_{\alpha}^{\gamma} \to \mathcal{E}_{\alpha}^{0,\gamma}$ 的映射是连续的. 为了证明这一估计, 取二进制划分, 即 $\pi_k := \{s = t_0 < t_1 < \cdots < t_{2^k} = t\}$, 其中 $t_i = s + 2^{-k} i(t-s)$. 记 $m = (u+v)/2$, 并且将 ξ 分解成为 (6.70) 的形式, 那么有

$$
\begin{aligned}
\mathscr{I}_{s,t}^{\pi_k} - \mathscr{I}_{s,t}^{\pi_{k+1}} &= \sum_{[u,v] \in \pi_k} S_{t,u} \delta \xi_{u,m,v} + S_{t,m}(S_{m,u} - Id)\xi_{m,v} \\
&= \sum_{[u,v] \in \pi_k} S_{t,u} h_{u,m,v}^1 + \sum_{[u,v] \in \pi_k} S_{t,u} h_{u,m,v}^2 \\
&\quad + \sum_{[u,v] \in \pi_k} S_{t,m}(S_{m,u} - Id)\xi_{m,v}^1 + \sum_{[u,v] \in \pi_k} S_{t,m}(S_{m,u} - Id)\xi_{m,v}^2 \\
&=: \mathrm{I} + \mathrm{II} + \mathrm{III} + \mathrm{IV}.
\end{aligned}
$$

记 $\beta' = \alpha - 2\gamma + \beta$. 利用 $\mathcal{Z}_{\alpha}^{\gamma}$ 空间的定义和 (6.61) 可以得到前两项的估计:

$$
|\mathrm{I} + \mathrm{II}|_{\beta'} \leqslant \|\xi\|_{\mathcal{Z}_{\alpha}^{\gamma}} \sum_{[u,v] \in \pi_k} |t-m|^{-\beta} \big[|v-m|^{2\gamma}|m-u|^{\gamma} + |v-m|^{\gamma}|m-u|^{2\gamma} \big].
$$

对于第三项有

$$
\begin{aligned}
|\mathrm{III}|_{\beta'} &\lesssim_S \sum_{[u,v] \in \pi_k} |t-m|^{-\beta} |(S_{m,u} - Id)\xi_{m,v}^1|_{\alpha-2\gamma} \\
&\leqslant [\xi^1]_{\gamma;\alpha} \sum_{[u,v] \in \pi_k} |t-m|^{-\beta}|v-m|^{\gamma}|m-u|^{2\gamma}.
\end{aligned}
$$

相似地可以获得第四项估计:

$$
|\mathrm{IV}|_{\beta'} \leqslant [\xi^2]_{2\gamma;\alpha-\gamma} \sum_{[u,v] \in \pi_k} |t-m|^{-\beta}|v-m|^{2\gamma}|m-u|^{\gamma}.
$$

现在取 $\delta \geqslant 0$ 使得 $3\gamma - 1 > \delta > \beta - 1$. 注意到 $v-m = m-u = \dfrac{|t-s|}{2^{k+1}} \leqslant t-m$,

那么加总所有的求和项有

$$
\begin{aligned}
|\mathscr{I}_{s,t}^{\pi_k} - \mathscr{I}_{s,t}^{\pi_{k+1}}|_{\beta'} &\lesssim \|\xi\|_{\mathscr{Z}_\alpha^\gamma} \sum_{[u,v]\in\pi_k} |t-m|^{-\beta}|v-m|^{3\gamma-1}|m-u| \\
&\lesssim \|\xi\|_{\mathscr{Z}_\alpha^\gamma} \sum_{[u,v]\in\pi_k} |t-m|^{\delta-\beta}|v-m|^{3\gamma-1-\delta}|m-u| \\
&\lesssim \|\xi\|_{\mathscr{Z}_\alpha^\gamma} 2^{-k(3\gamma-1-\delta)} |t-s|^{3\gamma-1-\delta} \sum_{[u,v]\in\pi_k} |t-m|^{\delta-\beta}|m-u| \\
&\lesssim \|\xi\|_{\mathscr{Z}_\alpha^\gamma} 2^{-k(3\gamma-1-\delta)} |t-s|^{3\gamma-1-\delta} \int_s^t |t-r|^{\delta-\beta}dr \\
&\lesssim \|\xi\|_{\mathscr{Z}_\alpha^\gamma} 2^{-k(3\gamma-1-\delta)} |t-s|^{3\gamma-\beta} ,
\end{aligned}
$$

因为 δ 使得 $3\gamma - 1 - \delta > 0$, 那么关于 $k \in \mathbb{N}_0$ 求和可以得到 (6.71).

6.2.3.3.2 受控粗糙路径

这一部分介绍插值空间 $\mathcal{B}_\alpha$ 中的受控粗糙路径. 这里的定义不同于 [6,14], 这里的受控粗糙路径不依赖于传播子, 即路径的刻画不依赖于增量的算子 δ^S. 在介绍受控粗糙路径之前, 除了定义空间 $\mathcal{E}_\alpha^{0,\gamma}$ 之外, 还需要定义空间 $\mathcal{E}_\alpha^{\gamma,2\gamma} = \mathcal{C}_2^\gamma(\mathcal{B}_{\alpha-\gamma})$ $\cap \mathcal{C}_2^{2\gamma}(\mathcal{B}_{\alpha-2\gamma})$.

定义 6.12 (单调族插值空间的受控粗糙路径)

设 $\mathcal{B} := (\mathcal{B}_\beta)_{\beta\in\mathbb{R}}$ 是一族单调插值空间. 假设 $\mathbf{X} \equiv (X, \mathbb{X}) \in \mathscr{C}^\gamma([0,T], \mathbb{R}^d)$, $\gamma > 1/3$, 并且设 $\alpha \in \mathbb{R}$. 称 (y, y') 是在 $\mathcal{B}_\alpha$ 中被 $\mathbf{X}$ 控制若下面的关系成立:

(i) 有 $(y, y') \in \mathcal{C}(\mathcal{B}_\alpha) \times (\mathcal{E}_{\alpha-\gamma}^{0,\gamma})^d$;

(ii) 余项 R^y 可定义为

$$
R_{s,t}^y := \delta y_{s,t} - y_s' \cdot \delta X_{s,t} \equiv \delta y_{s,t} - \sum_{i=1}^d y_s'^{,i}\delta X_{s,t}^i ,
$$

并且它属于 $\mathcal{E}_\alpha^{\gamma,2\gamma}$.

这里用 $\mathcal{D}_X^{2\gamma}([0,T], \mathcal{B}_\alpha)$ 或简写为 $\mathcal{D}_{X,\alpha}^{2\gamma}([0,T])$ 表示所有的受控粗糙路径的集合. 对于固定的 $T > 0$ 时, 进一步地将该空间简记为 $\mathcal{D}_{X,\alpha}^{2\gamma}$. 称 y' 为 Gubinelli 导数.

空间 $\mathcal{D}_{X,\alpha}^{2\gamma}$ 可赋予如下范数:

$$
\|y, y'\|_{\mathcal{D}_{X,\alpha}^{2\gamma}} = |y|_{0;\alpha} + |y'|_{\mathcal{E}_{\alpha-\gamma}^{0,\gamma}} + |R^y|_{\mathcal{E}_\alpha^{\gamma,2\gamma}}.
$$

注意到, 很容易验证 $\mathcal{D}_{X,\alpha}^{2\gamma}$ 是一个 Banach 空间.

根据上面的定义知 $y \in \mathcal{E}_\alpha^{0,\gamma}$ 并且有

$$[\delta y]_{\gamma;\alpha-\gamma} \leqslant |y'|_{0;\alpha-\gamma}[\delta X]_\gamma + [R^y]_{\gamma;\alpha-\gamma} . \tag{6.73}$$

出于这一原因, 受控粗糙路径的定义中不需要 y 的 Hölder 半范数.

现在陈述对于上述受控粗糙路径的基本结果, 即受控粗糙路径对于 $\mathbf{X}$ 的粗糙卷积是良好定义的.

定理 6.9 (积分)

设 $\mathbf{X} = (X, \mathbb{X}) \in \mathscr{C}^\gamma([0,T], \mathbb{R}^d), \gamma > 1/3$ 并且设 $\alpha \in \mathbb{R}$. 令 $(y^i, y^{i,\prime}) \in \mathcal{D}_{X,\alpha}^{2\gamma}, i = 1, \cdots, d.$ 那么积分

$$\int_0^t S_{t,s} y_s \cdot d\mathbf{X}_s := \lim_{|\pi| \to 0} \sum_{[u,v] \in \pi} S_{t,u}(y_u \cdot \delta X_{u,v} + y'_u : \mathbb{X}_{u,v}), \tag{6.74}$$

作为 $\mathcal{B}_{\alpha-2\gamma}$ 中的元素而存在, 这里记 $y'_u : \mathbb{X}_{u,v} := \sum_{1 \leqslant i,j \leqslant d} y'^{,ij} \mathbb{X}_{u,v}^{ij}$.

此外, 对于每一 $0 \leqslant \beta < 3\gamma$, 上述积分对所有的 $(s,t) \in \Delta_2$ 都满足如下估计

$$\left| \int_s^t S_{t,u} y_u \cdot d\mathbf{X}_u - S_{t,s}(y_s \cdot \delta X_{s,t} + y'_s : \mathbb{X}_{s,t}) \right|_{\alpha-2\gamma+\beta} \lesssim \varrho_\gamma(\mathbf{X}) \|y, y'\|_{\mathcal{D}_{X,\alpha}^{2\gamma}} |t-s|^{3\gamma-\beta} . \tag{6.75}$$

证明 仅需对如下的增量利用仿射 Sewing 引理 (定理 6.8)

$$\xi_{s,t} = y_s \cdot \delta X_{s,t} + y'_s : \mathbb{X}_{s,t}, \quad (s,t) \in \Delta_2,$$

因此需要验证 $\xi \in \mathcal{Z}_\alpha^\gamma$ 即可. 从而积分 (6.74) 直接由 (6.72)可得, 同时 (6.75) 为 (6.71) 的结果.

首先, 注意到 ξ 是 $\mathcal{C}_2^{\gamma,\alpha} + \mathcal{C}_2^{2\gamma,\alpha-\gamma}$ 中的元素, 此外, 根据 $\mathcal{D}_{X,\alpha}^{2\gamma}$ 定义, 有

$$\|\xi\|_{\mathcal{C}_2^{\gamma,\alpha} + \mathcal{C}_2^{2\gamma,\alpha-\gamma}} \leqslant |y \cdot \delta X|_{\gamma;\alpha} + |y' : \mathbb{X}|_{2\gamma;\alpha-\gamma} \leqslant \varrho_\gamma(\mathbf{X}) \|y, y'\|_{\mathcal{D}_{X,\alpha}^{2\gamma}} .$$

接下来, 利用 Chen 等式有如下代数关系

$$\delta \xi_{s,u,t} = \delta X_{u,t} \cdot R_{s,u}^y + \mathbb{X}_{u,t} : \delta y'_{s,u},$$

基于该代数关系有

$$|\delta \xi_{s,u,t}|_{\alpha-2\gamma} \leqslant [X]_\gamma |t-u|^\gamma |u-s|^{2\gamma} [R^y]_{2\gamma;\alpha-2\gamma} + [\mathbb{X}]_{2\gamma} |t-u|^{2\gamma} |u-s|^\gamma [\delta y']_{\gamma;\alpha-2\gamma} .$$

因此, 有 $\delta \xi \in \mathcal{C}_2^{2\gamma,\gamma}(\mathcal{B}_{\alpha-2\gamma}) + \mathcal{C}_2^{\gamma,2\gamma}(\mathcal{B}_{\alpha-2\gamma})$ 以及

$$\|\delta \xi\|_{\mathcal{C}_2^{2\gamma,\gamma}(\mathcal{B}_{\alpha-2\gamma}) + \mathcal{C}_2^{\gamma,2\gamma}(\mathcal{B}_{\alpha-2\gamma})} \leqslant \varrho_\gamma(\mathbf{X}) \|y, y'\|_{\mathcal{D}_{X,\alpha}^{2\gamma}} .$$

结合上面所有结论, 证得 $\xi \in \mathcal{Z}_\alpha^\gamma$, 那么由定理 6.8 可得到想要的结论.

下面的结果不仅阐述了积分的稳定性而且体现了粗糙卷积提升空间正则性的性质.

> **推论 6.1**
>
> 定义在定理 6.9 中的积分映射是 $\mathcal{D}_{X,\alpha}^{2\gamma}$ 上的连续映射. 此外, 对于 $T \leqslant 1$ 和每一 σ, γ' 使得 $0 < \sigma < \gamma' \leqslant \gamma$, 线性映射
>
> $$\mathcal{D}_{X,\alpha}^{2\gamma'}([0,T]) \to \mathcal{D}_{X,\alpha+\sigma}^{2\gamma'}([0,T]), \quad (y,y') \mapsto (z,z') := \left(\int_0^{\cdot} S_{\cdot,u} y_u \cdot d\mathbf{X}_u, y \right)$$
>
> 是良好定义且有界, 并且满足如下估计:
>
> $$\|z,z'\|_{\mathcal{D}_{X,\alpha+\sigma}^{2\gamma'}} \leqslant |y_0|_\alpha + C_{\gamma,\sigma} T^\varepsilon \big(1 + \varrho_\gamma(\mathbf{X}) \big) \|y,y'\|_{\mathcal{D}_{X,\alpha}^{2\gamma'}},$$
>
> 上式中 $\varepsilon := \min\{\gamma - \gamma', \gamma' - \sigma\}$.

证明　第一步是去证明当 $z' = y$ 时, z 的确是被 X 所控制的. 为此需要去验证余项 $R_{s,t}^z := \delta z_{s,t} - y_s \cdot \delta X_{s,t}$ 有相应的正则性. 记

$$\mathscr{R}_{s,t} = \int_s^t S_{t,u} y_u \cdot d\mathbf{X}_u - S_{t,s}(y_s \cdot \delta X_{s,t} + y_s' : \mathbb{X}_{s,t}), \quad (s,t) \in \Delta_2,$$

上述积分应该在定理 6.9 的意义下被理解. 基于 $T \leqslant 1$, 由 $\varrho_{\gamma'}(\mathbf{X}) \leqslant \varrho_\gamma(\mathbf{X})$ 的事实和估计式 (6.75), 且估计式中的 $\beta = \sigma + (2-i)\gamma', i \in \{1,2\}$, 那么

$$|\mathscr{R}_{s,t}|_{\alpha+\sigma-i\gamma'} = |\mathscr{R}_{s,t}|_{\alpha-2\gamma'+\sigma+(2-i)\gamma'} \lesssim \varrho_{\gamma'}(\mathbf{X}) \|y,y'\|_{\mathcal{D}_{X,\alpha}^{2\gamma'}} |t-s|^{\gamma'-\sigma+i\gamma'}$$

$$\leqslant \varrho_\gamma(\mathbf{X}) \|y,y'\|_{\mathcal{D}_{X,\alpha}^{2\gamma'}} |t-s|^{i\gamma'} T^{\gamma'-\sigma},$$

上述估计关于 $(s,t) \in \Delta_2$ 是一致的. 接下来注意到

$$R_{s,t}^z \equiv \int_s^t S_{t,u} y_u \cdot d\mathbf{X}_u - y_s \cdot \delta X_{s,t} + (S_{t,s} - Id) \int_0^s S_{s,u} y_u \cdot d\mathbf{X}_u$$

$$= \left(\int_s^t S_{t,u} y_u \cdot d\mathbf{X}_u - S_{t,s}(y_s \cdot \delta X_{s,t} + y_s' : \mathbb{X}_{s,t}) \right)$$

$$+ (S_{t,s} - Id) y_s \cdot \delta X_{s,t} + (S_{t,s} - Id) \int_0^s S_{s,u} y_u \cdot d\mathbf{X}_u + S_{t,s} y_s' : \mathbb{X}_{s,t},$$

$$=: \mathscr{R}_{s,t} + \mathrm{I}_{s,t} + \mathrm{II}_{s,t} + \mathrm{III}_{s,t}.$$

使用 S 的光滑性 (6.57), 对于 $i = 1, 2$ 有

$$|\mathrm{I}_{s,t}|_{\alpha+\sigma-i\gamma'} \leqslant [X]_\gamma |t-s|^\gamma |S_{t,s} - Id|_{\mathcal{L}(\mathcal{B}_\alpha, \mathcal{B}_{\alpha-(i\gamma'-\sigma)})} |y_s|_\alpha \lesssim |t-s|^{i\gamma'} T^{\gamma-\sigma} |y|_{0;\alpha}.$$

对于第二项由定理 6.9, 有

$$\begin{aligned}
|\mathrm{II}_{s,t}|_{\alpha+\sigma-i\gamma'} &\lesssim |S_{t,s} - Id|_{\mathcal{L}(\mathcal{B}_{\alpha+\sigma}, \mathcal{B}_{\alpha+\sigma-i\gamma'})} |S_{s,0} y_0|_{\alpha+\sigma} [X]_\gamma s^\gamma \\
&\quad + |S_{t,s} - Id|_{\mathcal{L}(\mathcal{B}_{\alpha+\sigma}, \mathcal{B}_{\alpha+\sigma-i\gamma'})} |S_{s,0} y_0'|_{\alpha+\sigma} [\mathbb{X}]_{2\gamma} s^{2\gamma} \\
&\quad + |S_{t,s} - Id|_{\mathcal{L}(\mathcal{B}_{\alpha+\sigma}, \mathcal{B}_{\alpha+\sigma-i\gamma'})} |\mathscr{R}_{s,0}|_{\alpha+\sigma} \\
&\lesssim \varrho_\gamma(\mathbf{X}) |t-s|^{i\gamma'} \left\{ s^{\gamma-\sigma} |y|_{0;\alpha} + |y'|_{0;\alpha-\gamma'} s^{2\gamma-\gamma'-\sigma} + s^{\gamma'-\sigma} \|y, y'\|_{\mathcal{D}_{X,\alpha}^{2\gamma'}} \right\} \\
&\lesssim \varrho_\gamma(\mathbf{X}) \|y, y'\|_{\mathcal{D}_{X,\alpha}^{2\gamma'}} |t-s|^{i\gamma'} T^{\gamma'-\sigma}.
\end{aligned}$$

相似地, 有

$$\begin{aligned}
|\mathrm{III}_{s,t}|_{\alpha+\sigma-\gamma'} &\leqslant [\mathbb{X}]_{2\gamma} |t-s|^{2\gamma} |S_{t,s}|_{\mathcal{L}(\mathcal{B}_{\alpha-\gamma'}, \mathcal{B}_{\alpha-\gamma'+\sigma})} |y_s'|_{\alpha-\gamma'} \\
&\lesssim \varrho_\gamma(\mathbf{X}) |t-s|^{\gamma'} |y'|_{0;\alpha-\gamma'} T^{2\gamma-\gamma'-\sigma}, \\
|\mathrm{III}_{s,t}|_{\alpha+\sigma-2\gamma'} &\leqslant [\mathbb{X}]_{2\gamma} |t-s|^{2\gamma} |S_{t,s} y_s'|_{\alpha-\gamma'} \\
&\lesssim \varrho_\gamma(\mathbf{X}) |t-s|^{2\gamma'} |y'|_{0;\alpha-\gamma'} T^{2\gamma-2\gamma'}.
\end{aligned}$$

结合上述所有的估计得到

$$\max_{i=1,2} [R^z]_{i\gamma'; \alpha+\sigma-i\gamma'} \lesssim \varrho_\gamma(\mathbf{X}) T^\varepsilon \|y, y'\|_{\mathcal{D}_{X,\alpha}^{2\gamma'}}.$$

因此, 表明了在取 $z' = y$ 时 z 在 $\mathcal{B}_\alpha$ 空间中的确是被 X 控制.

接下来, 要去估计 Gubinelli 导数的 Hölder 范数, 首先注意到

$$[R^y]_{\gamma'; \alpha+\sigma-2\gamma'} \leqslant C |R^y|_{\mathcal{E}_\alpha^{\gamma', 2\gamma'}} T^{\gamma'-\sigma},$$

它能够从插值不等式得到, 即对于任何 $\beta \in [\gamma', 2\gamma']$, 有

$$|R_{s,t}^y|_{\alpha-\beta} \leqslant |R^y|_{\mathcal{E}_\alpha^{\gamma', 2\gamma'}} |t-s|^\beta. \tag{6.76}$$

这里的情形是取 $\beta = 2\gamma' - \sigma$. 由于 $\gamma' > \sigma$, 则有

$$\begin{aligned}
|\delta z_{s,t}'|_{\alpha+\sigma-2\gamma'} = |\delta y_{s,t}|_{\alpha+\sigma-2\gamma'} &\leqslant |y_s'|_{\alpha+\sigma-2\gamma'} |\delta X_{s,t}| + |R_{s,t}^y|_{\alpha+\sigma-2\gamma'} \\
&\lesssim [X]_\gamma |y'|_{0;\alpha-\gamma'} |t-s|^{\gamma'} T^{\gamma-\gamma'} + |t-s|^{\gamma'} |R^y|_{\mathcal{E}_\alpha^{\gamma', 2\gamma'}} T^{\gamma'-\sigma},
\end{aligned}$$

因为 $z_t' = z_0' + \delta z_{0,t}'$, 便有

$$|z'|_{\mathcal{E}_{\alpha+\sigma-\gamma'}^{0,\gamma'}} \equiv |z'|_{0;\alpha+\sigma-\gamma'} + [\delta z']_{\gamma';\alpha+\sigma-2\gamma'} \lesssim |y_0|_\alpha + \varrho_\gamma(\mathbf{X})T^\varepsilon\|y,y'\|_{\mathcal{D}_{X,\alpha}^{2\gamma'}}.$$

为了得到 (z, z') 在 $\mathcal{B}_{\alpha+\sigma}$ 上被 X 控制的, 仍然需要估计 $|z|_{0;\alpha+\sigma}$, 注意到

$$z_t = \mathscr{R}_{0,t} + S_{t,0}y_0 \cdot \delta X_{0,t} + S_{t,0}y_0' : \mathbb{X}_{0,t}.$$

因此, 使用 (6.75), 传播子的光滑性和 $\varrho_{\gamma'}(\mathbf{X}) \leqslant \varrho_\gamma(\mathbf{X})$ 可得到

$$|z_t|_{\alpha+\sigma} \lesssim \varrho_\gamma(\mathbf{X})\|y,y'\|_{\mathcal{D}_{X,\alpha}^{2\gamma'}} t^{3\gamma'-2\gamma'-\sigma} + |y|_{0;\alpha}[X]_\gamma t^{\gamma-\sigma} + |y'|_{0;\alpha-\gamma'}[\mathbb{X}]_{2\gamma} t^{2\gamma-\gamma'-\sigma},$$

其表明 $|z|_{0;\alpha+\sigma} \lesssim \varrho_\gamma(\mathbf{X})\|y,y'\|_{\mathcal{D}_{X,\alpha}^{2\gamma'}} T^\varepsilon$, 因此完成证明.

现在要给出一个引理, 它表明受控粗糙路径与正则函数的复合仍然是一个受控粗糙路径.

引理 6.6

设 $\gamma \in (1/3, 1/2]$, $\alpha \in \mathbb{R}$, 并且固定 $\sigma \geqslant 0$. 设 $F \in \mathcal{C}_{\alpha-2\gamma,-\sigma}^2(\mathcal{B})$ 为所有直到二阶导数都是有界的非线性项. 对于 $(y, y') \in \mathcal{D}_{X,\alpha}^{2\gamma}$, 定义

$$(z_t, z_t') := (F(y_t), DF(y_t) \circ y_t'), \quad t \in [0, T].$$

那么以下的陈述是成立的.

(i) 首先有 $(z, z') \in \mathcal{D}_{X,\alpha-\sigma}^{2\gamma}$, 此外有

$$\|z, z'\|_{\mathcal{D}_{X,\alpha-\sigma}^{2\gamma}} \lesssim \|F\|_{\mathcal{C}^2}(1 + \varrho_\gamma(\mathbf{X}))^2\|y, y'\|_{\mathcal{D}_{X,\alpha}^{2\gamma}}(1 + \|y, y'\|_{\mathcal{D}_{X,\alpha}^{2\gamma}}).$$
$$\tag{6.77}$$

(ii) 如果进一步假设 $F \in \mathcal{C}_{\alpha-2\gamma,-\sigma}^3(\mathcal{B})$ 且其所有直到三阶导数都是有界的, 并且如果 $(\tilde{z}, \tilde{z}') := (F(\tilde{y}), DF(\tilde{y}) \circ \tilde{y}')$ 是对于另一个受控粗糙路径 $(\tilde{y}, \tilde{y}') \in \mathcal{D}_{X,\alpha}^{2\gamma'}$ 的复合, 那么如下估计成立

$$\|z - \tilde{z}, z' - \tilde{z}'\|_{\mathcal{D}_{X,\alpha-\sigma}^{2\gamma}} \lesssim \|F\|_{\mathcal{C}^3}(1 + \varrho_\gamma(\mathbf{X}))^2\|y - \tilde{y}, y' - \tilde{y}'\|_{\mathcal{D}_{X,\alpha}^{2\gamma}}$$
$$\times (1 + \|y, y'\|_{\mathcal{D}_{X,\alpha}^{2\gamma}} + \|\tilde{y}, \tilde{y}'\|_{\mathcal{D}_{X,\alpha}^{2\gamma}})^2,$$

其中, (i) 和 (ii) 中的 $\|F\|_{\mathcal{C}^k} = \max\{\|F\|_{\mathcal{C}^k(\mathcal{B}_{\alpha-\gamma}, \mathcal{B}_{\alpha-\gamma-\sigma})}, \|F\|_{\mathcal{C}^k(\mathcal{B}_{\alpha-2\gamma}, \mathcal{B}_{\alpha-2\gamma-\sigma})}\}$.

♡

证明　首先, 根据 F 的连续性和 $\mathcal{B}_\alpha \subset \mathcal{B}_{\alpha-\gamma}$, 有 $(z, z') \in \mathcal{C}([0, T], \mathcal{B}_{\alpha-\sigma}) \times \mathcal{C}([0, T], \mathcal{B}_{\alpha-\sigma-\gamma}^d)$. 对于 $k = 1, 2, 3$ 和 $i = 1, 2$, 则 $D^k F(y_t)$ 可以被视为 $\mathcal{L}(\mathcal{B}_{\alpha-i\gamma}^{\otimes k},$

$\mathcal{B}_{\alpha-i\gamma-\sigma}$) 中的元素. 此外 $\delta z'_{s,t} = DF(y_s) \circ \delta y'_{s,t} + (DF(y_t) - DF(y_s)) \circ y'_t$, 又由于 $|\cdot|_{\alpha-2\gamma} \leqslant |\cdot|_{\alpha-\gamma}$, 那么有

$$\begin{aligned}[\delta z']_{\gamma;\alpha-\sigma-2\gamma} &\lesssim |DF|_{\mathcal{L}(\mathcal{B}_{\alpha-2\gamma}, \mathcal{B}_{\alpha-2\gamma-\sigma})}[\delta y']_{\gamma;\alpha-2\gamma} \\ &\quad + |D^2F|_{\mathcal{L}(\mathcal{B}_{\alpha-2\gamma}^{\otimes 2}, \mathcal{B}_{\alpha-2\gamma-\sigma})}[\delta y]_{\gamma;\alpha-2\gamma}|y'|_{0;\alpha-\gamma} \\ &\lesssim \|F\|_{\mathcal{C}^2}\big(1+\varrho_\gamma(\mathbf{X})\big)\|y,y'\|_{\mathcal{D}_{X,\alpha}^{2\gamma}}\big(1+\|y,y'\|_{\mathcal{D}_{X,\alpha}^{2\gamma}}\big),\end{aligned}$$

上述使用了 (6.73) 去估计 $[\delta y]_{\gamma,\alpha-2\gamma}$. 接下来, 需要去估计余项:

$$R_{s,t}^z := F(y_t) - F(y_s) - DF(y_s) \circ y'_s \cdot \delta X_{s,t},$$

并且证明它属于 $\mathcal{C}_2^{2\gamma}([0,T], \mathcal{B}_{\alpha-\sigma-2\gamma}) \cap \mathcal{C}_2^\gamma([0,T], \mathcal{B}_{\alpha-\sigma-\gamma})$. 将 R^z 重写为

$$\begin{aligned}R_{s,t}^z &= F(y_t) - F(y_s) - DF(y_s) \circ \delta y_{s,t} + DF(y_s) \circ R_{s,t}^y \\ &= T_{s,t} + DF(y_s) \circ R_{s,t}^y,\end{aligned}$$

其中

$$T_{s,t} := \left(\int_0^1 \int_0^1 D^2F(y_s + \theta\theta'\delta y_{s,t})d\theta'd\theta\right) \circ (\delta y_{s,t} \otimes \delta y_{s,t}).$$

根据空间 $\mathcal{C}_{\alpha-2\gamma,-\sigma}^2$ 的定义, 对于 $i=1,2$ 有

$$\begin{aligned}|R^z|_{i\gamma,\alpha-\sigma-i\gamma} &\leqslant |D^2F|_{\mathcal{L}(\mathcal{B}_{\alpha-i\gamma}^{\otimes 2}, \mathcal{B}_{\alpha-i\gamma-\sigma})}[\delta y]_{\gamma;\alpha-i\gamma}^2 \\ &\quad + |DF|_{\mathcal{L}(\mathcal{B}_{\alpha-i\gamma}, \mathcal{B}_{\alpha-i\gamma-\sigma})}[R^y]_{i\gamma;\alpha-i\gamma} \\ &\lesssim \|F\|_{\mathcal{C}^2}\big(1+\varrho_\gamma(\mathbf{X})\big)^2\|y,y'\|_{\mathcal{D}_{X,\alpha}^{2\gamma}}\big(1+\|y,y'\|_{\mathcal{D}_{X,\alpha}^{2\gamma}}\big),\end{aligned}$$

便证得 (i).

对于 (ii), 有

$$R_{s,t}^z - R_{s,t}^{\tilde{z}} = T_{s,t} - \tilde{T}_{s,t} + (DF(y_s) - DF(\tilde{y}_s)) \circ R_{s,t}^y + DF(\tilde{y}_s) \circ (R_{s,t}^y - R_{s,t}^{\tilde{y}}).$$

对于 $i=1,2$ 有估计

$$\begin{aligned}|T_{s,t} - \tilde{T}_{s,t}|_{\alpha-\sigma-i\gamma} &\leqslant |D^3F|_{\mathcal{L}(\mathcal{B}_{\alpha-i\gamma}^{\otimes 3}, \mathcal{B}_{\alpha-i\gamma-\sigma})}|y-\tilde{y}|_{0;\alpha-i\gamma}|\delta y_{s,t}|_{\alpha-i\gamma}^2 \\ &\quad + |D^2F|_{\mathcal{L}(\mathcal{B}_{\alpha-i\gamma}^{\otimes 2}, \mathcal{B}_{\alpha-i\gamma-\sigma})}|\delta y_{s,t} - \delta\tilde{y}_{s,t}|_{\alpha-i\gamma}|\delta\tilde{y}_{s,t}|_{\alpha-i\gamma} \\ &\lesssim \|F\|_{\mathcal{C}^3}|y-\tilde{y}|_{\mathcal{E}_\alpha^{0,\gamma}}(1 + [y]_{\gamma;\alpha-\gamma} + [\tilde{y}]_{\gamma;\alpha-\gamma})^2|t-s|^{2\gamma}.\end{aligned}$$

相似地有

$$|(DF(y_s) - DF(\tilde{y}_s)) \circ R^y_{s,t}|_{\alpha - i\gamma} \leqslant |D^2 F|_{\mathcal{L}(\mathcal{B}^{\otimes 2}_{\alpha - i\gamma}, \mathcal{B}_{\alpha - i\gamma - \sigma})} |y - \tilde{y}|_{0;\alpha} |R^y|_{\mathcal{E}^{\gamma, 2\gamma}_\alpha} |t - s|^{i\gamma},$$

同时有

$$|DF(\tilde{y}_s) \circ (R^y_{s,t} - R^{\tilde{y}}_{s,t})|_{\alpha - i\gamma - \sigma} \leqslant |DF|_{\mathcal{L}(\mathcal{B}_{\alpha - i\gamma}, \mathcal{B}_{\alpha - i\gamma - \sigma})} |R^y - R^{\tilde{y}}|_{\mathcal{E}^{\gamma, 2\gamma}_\alpha}.$$

加总上面的三项估计便得到 $|R^z - R^{\tilde{z}}|_{\mathcal{E}^{\gamma, 2\gamma}_{\alpha - \sigma}}$ 的估计.

对于 Gubinelli 导数, 有

$$\delta(DF(y)y' - DF(\tilde{y})\tilde{y}')_{s,t}$$
$$= \int_0^1 \left(D^2 F(y_s + \theta \delta y_{s,t}) - D^2 F(\tilde{y}_s + \theta \delta \tilde{y}_{s,t})\right) d\theta \circ (\delta y_{s,t} \otimes y'_t)$$
$$+ \int_0^1 D^2 F(\tilde{y}_s + \theta \delta \tilde{y}_{s,t}) d\theta \circ \left((\delta y_{s,t} - \delta \tilde{y}_{s,t}) \otimes y'_t\right)$$
$$+ \int_0^1 D^2 F(\tilde{y}_s + \theta \delta \tilde{y}_{s,t}) d\theta \circ \left(\delta \tilde{y}_{s,t} \otimes (y'_t - \tilde{y}'_t)\right)$$
$$+ (DF(y_s) - DF(\tilde{y}_s)) \circ \delta y'_{s,t} + DF(\tilde{y}_s) \circ (\delta y_{s,t} - \delta \tilde{y}'_{s,t}).$$

这表明

$$|\delta z'_{s,t} - \delta \tilde{z}'_{s,t}|_{\alpha - 2\gamma} \lesssim \|F\|_{\mathcal{C}^3} \|y - \tilde{y}, y' - \tilde{y}'\|_{\mathcal{D}^{2\gamma}_{X,\alpha}} \left(1 + \|y, y'\|_{\mathcal{D}^{2\gamma}_{X,\alpha}} + \|\tilde{y}, \tilde{y}'\|_{\mathcal{D}^{2\gamma}_{X,\alpha}}\right)^2.$$

因此, 引理 6.6 得证.

6.2.3.4　次临界粗糙偏微分方程

本小节固定 $\gamma \in (1/3, 1/2]$, $\alpha \in \mathbb{R}$, 粗糙路径 $\mathbf{X} = (X, \mathbb{X}) \in \mathscr{C}^\gamma([0,T], \mathbb{R}^d)$, 并且设 $\sigma \in [0, \gamma)$. 将介绍如下的粗糙微分方程

$$du_t = L_t u_t dt + N(u_t) dt + \sum_{i=1}^d F_i(u_t) d\mathbf{X}^i_t, \quad u_0 = x \in \mathcal{B}_\alpha \tag{6.78}$$

的局部解的存在唯一性. 对于 $\sigma \in [0, \gamma)$, 假设函数 F 将 $\mathcal{B}_\alpha$ 映射到 $\mathcal{B}_{\alpha - \sigma}$. 形如 (6.78) 的形式的方程被称为次临界方程.

次临界粗糙偏微分方程的解

对于 $i = 1, \cdots d$, $F_i \in \mathcal{C}^2_{\alpha - 2\gamma, -\sigma}$ 和每一个 $(y, y') \in \mathcal{D}^{2\gamma}_{X,\alpha}$, 设

$$(z_t, z_t') := \left(\int_0^t S_{t,s} F(y_s) \cdot d\mathbf{X}_s, F(y_t) \right), \quad \forall t \in [0, T].$$

那么引理 6.6 和推论 6.1 表明 (z, z') 也是受控粗糙路径空间 $\mathcal{D}_{X,\alpha}^{2\gamma}$ 中的一个元素. 这是由于非线性项 F 降低空间正则性, 而损失的正则性又可以利用 S 的光滑性得到恢复. 这表明可以运用 Banach 不动点定理去求解 (6.78) 的局部解.

定理 6.10 (次临界粗糙偏微分方程的局部解)

固定 $\alpha \in \mathbb{R}$, $\gamma \in (1/3, 1/2]$ 以及 $\sigma \in [0, \gamma)$. 对于 $i = 1, \cdots, d, n \geqslant 1$ 和 $1 > \delta \geqslant 0$, 假设非线性项 $F = (F_1, \cdots, F_d)$ 使得 $F_i \in \mathcal{C}_{\alpha-2\gamma,-\sigma}^3(\mathcal{B})$ 并且 $N \in \mathrm{Lip}_{\alpha,-\delta}(\mathcal{B})$. 对于每一个初值 $x \in \mathcal{B}_\alpha$, 则存在 $0 < \tau \leqslant T$ 和唯一的 $(u, u') \in \mathcal{D}_{X,\alpha}^{2\gamma}([0, \tau))$ 使得 $u' = F(u)$ 并且

$$u_t = S_{t,0} x + \int_0^t S_{t,r} N(u_r) dr + \int_0^t S_{t,r} F(u_r) \cdot d\mathbf{X}_r, \quad t < \tau. \tag{6.79}$$

证明 首先假设 $T \leqslant 1$ 并且定义映射

$$\mathcal{M}_T(y, y')_t := \left(S_{t,0} x + \int_0^t S_{t,s} N(y_s) ds + \int_0^t S_{t,s} F(y_s) \cdot d\mathbf{X}_s, F(y_t) \right). \tag{6.80}$$

与直接在 $\mathcal{D}_{X,\alpha}^{2\gamma}$ 空间中求解方程不同, 这里证明映射 $\mathcal{M}_T$ 在一个更大空间中的小球内是不变压缩的. 现在固定参数 $\gamma' \in (\sigma, \gamma)$ 并且令 $\varepsilon = \min\{\gamma - \gamma', \gamma' - \sigma\}$. 这里进一步地定义两个连续路径 $\xi : [0, T] \to \mathcal{B}_\alpha$ 和 $\xi' : [0, T] \to \mathcal{B}_{\alpha-\gamma'}$ 为

$$\xi_t := S_{t,0} x + \int_0^t S_{t,r} F(x) \cdot d\mathbf{X}_r, \quad \xi_t' := F(x), \quad t \in [0, T],$$

并且注意到 $(\xi, \xi') \in \mathcal{D}_{X,\alpha}^{2\gamma'}$. 它的确为推论 6.1 运用到常数路径 $(F(x), 0) \in \mathcal{D}_{X,\alpha-\sigma}^{2\gamma'}$, 以及结合 $(S_{t,0} x, 0)$ 属于 $\mathcal{D}_{X,\alpha}^{2\gamma'}$ 的事实的结果.

第一步是证明存在一个正数 $T_*(\varepsilon, \gamma, |x|_\alpha, \varrho_\gamma(\mathbf{X})) \leqslant 1$ 使得对于每一个 $T \in [0, T_*]$ 映射 $\mathcal{M}_T$ 保持球 $B_T(x)$ 不变, 其中

$$B_T(x) = \left\{ (y, y') \in \mathcal{D}_{X,\alpha}^{2\gamma'}([0, T]) : (y_0, y_0') = (x, F(x)) \text{ 并且 } \|y - \xi, y' - \xi'\|_{\mathcal{D}_{X,\alpha}^{2\gamma'}} \leqslant 1 \right\}.$$

因为对任意的 $\beta \geqslant \alpha - 2\gamma$, $\mathcal{C}_{\alpha-2\gamma,-\sigma}^3$ 空间中函数 F 的分量 F_i 及其导数都将 $\mathcal{B}_\beta$ 中的有界集映到 $\mathcal{B}_{\beta-\sigma}$ 中的有界集. 因此, 不失一般性, 设 F_i 和它的导数是有界的, 这是由于这里的讨论限制在有界集 $B_T(x)$ 上. 相似地, 可以假设 N 是全局 Lipschitz 的.

第一步: 映射 $\mathcal{M}_T$ 在 $B_T(x)$ 上的稳定性. 设 $(y, y') \in B_T(x)$ 并且令 $(z, z') = \mathcal{M}_T(y, y')$. 简单地记漂移项部分为 $\mathcal{N}_t := \int_0^t S_{t,r} N(y_r) dr$ 并且记

$$(\zeta, \zeta') := (z - \xi - \mathcal{N}, z' - \xi').$$

注意到 $\zeta_0 = \zeta_0' = 0$ 并且 $\zeta_t = \int_0^t S_{t,r}(F(y_r) - F(x)) \cdot d\mathbf{X}_r$. 此外, 由范数 $\|\cdot\|_{\mathcal{D}_{X,\alpha}^{2\gamma'}}$ 的定义和三角不等式有

$$\|z - \xi, z' - \xi'\|_{\mathcal{D}_{X,\alpha}^{2\gamma'}} \leqslant \|\mathcal{N}, 0\|_{\mathcal{D}_{X,\alpha}^{2\gamma'}} + \|\zeta, \zeta'\|_{\mathcal{D}_{X,\alpha}^{2\gamma'}}$$

$$= |\mathcal{N}|_{0;\alpha} + |\mathcal{N}|_{\mathcal{E}_\alpha^{\gamma',2\gamma'}} + \|\zeta, \zeta'\|_{\mathcal{D}_{X,\alpha}^{2\gamma'}} . \tag{6.81}$$

首先估计漂移项, 注意到

$$\delta \mathcal{N}_{s,t} = (S_{t,s} - Id) \int_0^s S_{s,r} N(y_r) dr + \int_s^t S_{t,r} N(y_r) dr .$$

第一项的估计可运用 (6.57) 来进行估计. 对于 $i = 0, 1, 2$ 的确可以通过使用 $N \in \mathrm{Lip}_{\alpha,-\delta}(\mathcal{B})$ 并且记 $\|N\|_1$ 是关于函数 $N : \mathcal{B}_\alpha \to \mathcal{B}_{\alpha-\delta}$ 的 Lipschitz 常数, 那么得到

$$\left| (S_{t,s} - Id) \int_0^s S_{s,r} N(y_r) dr \right|_{\alpha - i\gamma'} \lesssim \|N\|_1 |t - s|^{i\gamma'} \int_0^s (s-r)^{-\delta} (N(0) + |y_r|_\alpha) dr$$

$$\lesssim_N |t - s|^{i\gamma'} T^{1-\delta} (1 + |y|_{0;\alpha}) .$$

类似地, 对于第二项有

$$\left| \int_s^t S_{t,r} N(y_r) dr \right|_{\alpha - i\gamma'} \lesssim \int_s^t |t - r|^{-\max\{0, \delta - i\gamma'\}} |N(y_r)|_{\alpha-\delta} dr$$

$$\lesssim_N |t - s|^{\min\{1, 1 + i\gamma' - \delta\}} (1 + |y|_{0;\alpha}) .$$

注意到, 这里的假设可以保证 $1 - \delta > 0$ 和 $\gamma' < 1/2$, 因此 $\kappa := \min\{1 - 2\gamma', 1 - \delta\}$ 是正数并且

$$\max_{i=0,1,2} |\mathcal{N}|_{i\gamma';\alpha - i\gamma'} \lesssim_N T^\kappa (1 + |y|_{0;\alpha}) \leqslant T^\kappa (2 + \|\xi, \xi'\|_{\mathcal{D}_{X,\alpha}^{2\gamma'}}) . \tag{6.82}$$

接下来, 推论 6.1 和引理 6.6(i) 表明

$$\|\zeta, \zeta'\|_{\mathcal{D}_{X,\alpha}^{2\gamma'}} \lesssim \varrho_\gamma(\mathbf{X}) T^\varepsilon \|F(y_\cdot) - F(x), DF(y_\cdot) \circ y_\cdot'\|_{\mathcal{D}_{X,\alpha-\sigma}^{2\gamma'}}$$

$$\lesssim \|F\|_{\mathcal{C}^2}\big(1 + \varrho_\gamma(\mathbf{X})\big)^3 T^\varepsilon (\|y_\cdot - x, y'\| + 1)^2$$

$$\leqslant \|F\|_{\mathcal{C}^2}\big(1 + \varrho_\gamma(\mathbf{X})\big)^3 T^\varepsilon \left(1 + \|\xi - x, \xi'\|\right)^2. \tag{6.83}$$

结合 (6.83), (6.81) 和 (6.82), 并且注意到 $\|\xi, \xi'\|_{\mathcal{D}_{X,\alpha}^{2\gamma'}}$ 的估计仅仅依赖于 $F, x, \varrho_\gamma(\mathbf{X})$, 那么表明存在一常数 $C > 0$, 它仅依赖 $N, F, x, \varrho_\gamma(\mathbf{X})$ 以及 $\gamma, \gamma', \sigma, \delta$ 使得

$$\|z - \xi, z' - \xi'\|_{\mathcal{D}_{X,\alpha}^{2\gamma'}} \leqslant C T^{\varepsilon \wedge \kappa}.$$

取 T 充分小, 则有 $\mathcal{M}_T(B_T(x)) \subset B_T(x)$, 这便证明了稳定性的结果.

第二步: 压缩性. 现在考虑 $(y^j, y^{j'}) \in B_T(x)$ 并且令 $(z^j, z^{j'}) := \mathcal{M}_T(y^j, y^{j'})$, $j = 1, 2$. 对于所有的 $(s, t) \in \Delta_2$ 有

$$z_t^1 - z_t^2 = \int_0^t S_{t,r}[N(y_r^1) - N(y_r^2)]dr + \int_0^t S_{t,r}[F(y_r^1) - F(y_r^2)] \cdot d\mathbf{X}_r$$

$$= \bar{\mathcal{N}}_t + \bar{\zeta}_t.$$

和不变性的计算类似, 使用 N 的 Lipschitz 性质, 对于漂移项有

$$|\delta\bar{\mathcal{N}}_{t,s}|_{\alpha - i\gamma'}$$

$$\lesssim \left|(S_{t,s} - Id)\int_0^s S_{s,r}[N(y_r^1) - N(y_r^2)]dr + \int_s^t S_{t,r}[N(y_r^1) - N(y_r^2)]dr\right|_{\alpha - i\gamma'}$$

$$\lesssim \|N\|_1 \left(|t - s|^{i\gamma'}\int_0^s (s - r)^{-\delta}dr + \int_s^t |t - r|^{-\max\{0, \delta - i\gamma'\}}dr\right) |y^1 - y^2|_{0;\alpha}$$

$$\lesssim_{N,\alpha,|x|_\alpha,\mathbf{X}} T^\kappa \|y^1 - y^2, y^{1'} - y^{2'}\|_{\mathcal{D}_{X,\alpha}^{2\gamma'}}.$$

接下来, 再次运用推论 6.1 和引理 6.6(ii), 可得到

$$\|\bar{\zeta}, \bar{\zeta}'\|_{\mathcal{D}_{X,\alpha}^{2\gamma'}} \lesssim \varrho_\gamma(\mathbf{X})T^\varepsilon\|y^1 - y^2, DF(y^1)\circ y'^1 - DF(y^2)\circ y'^2\|_{\mathcal{D}_{X,\alpha-\sigma}^{2\gamma'}}$$

$$\lesssim \|F\|_{\mathcal{C}^3}\big(1 + \varrho_\gamma(\mathbf{X})\big)^3 T^\varepsilon\|y^1 - y^1, y'^1 - y'^2\|_{\mathcal{D}_{X,\alpha}^{2\gamma'}}.$$

对于 T_* 充分小时, 当 $T \leqslant T_*$ 时, 映射 $\mathcal{M}_T$ 具有压缩性.

由 Banach 不动点定理, 对于映射 $\mathcal{M}_T$, 这里存在一个唯一的不动点 $(u, u') \in \mathcal{D}_{X,\alpha}^{2\gamma'}$ 并且它显然是 (6.79) 的解并且 $u' = F(u)$. 用 $(T^1, x^1) := (T_*, u_{T_*})$ 替换 $(0, x)$ 来重复上述过程, 我们可以得到一个序列对 (T^n, x^n) 并且有 $\tau :=$

$\sup_{n\in\mathbb{N}} T^n < T$, 这表明了 $\limsup_{n\to\infty} |x^n|_\alpha = \infty$. 那么可以在 $[0,\tau)$ 构建一个解. 为了证明这个解在 $\mathcal{D}^{2\gamma}_{X,\alpha}$ 空间中存在, 只需要使用方程以及估计式 (6.75) 和 (6.77) 即可.

6.2.4　半线性粗糙发展方程的全局解

先前的两个章节, 介绍了自治与非自治的半线性粗糙偏微分方程的局部解. 为了后面研究非线性系统的动力学, 需要全局解的存在唯一性. 本小节为前一小节非自治情形应用到自治情形推广. 即本节关心如下的问题, 对于任何固定的 $T > 0$, 以及可分的 Banach 空间 $(\mathcal{B}, |\cdot|)$ 上粗糙发展方程

$$\begin{cases} dy_t = [Ay_t + F(y_t)]\, dt + G(y_t)\, d\mathbf{X}_t, & t \in [0,T], \\ y(0) = y_0 \in \mathcal{B}. \end{cases} \tag{6.84}$$

这里假设线性算子 A 在 $\mathcal{B}$ 上生成一个 C_0-解析半群 $(S(t))_{t\geqslant 0}$ 并且 $\mathbf{X} = (X, \mathbb{X})$ 是一个有限维的 α-Hölder 粗糙路径, 其中 $\alpha \in \left(\dfrac{1}{3}, \dfrac{1}{2}\right)$. 漂移项系数 F 和扩散项系数 G 满足合适的光滑性条件.

本节中的 C 表示一个一般的常数, 它可能会发生变化. 若存在常数 $C > 0$ 使得 $a \leqslant Cb$, 那么记 $a \lesssim b$. 常数 C 可能会依赖参数 $\alpha, \gamma, \rho_\alpha(\mathbf{X})$ 和系数 F, G 以及 G 的导数, 但是不会依赖于初值 y_0. 此外, 它可能会依赖于时间但对于固定的紧区间都是一致的.

6.2.4.1　预备知识

在先前的章节介绍了单调族插值空间 (见定义 6.6), 并且讨论对象是传播子 $\{S_{t,s}\}_{(s,t)\in\Delta_2}$, 而本节的对象是单调族插值空间上的半群 $\{S_t\}_{t\in[0,T]}$. 在半群情形下也会有类似于传播子的光滑性质: 如果 $S : [0,T] \to \mathcal{L}(\mathcal{B}_\gamma, \mathcal{B}_{\gamma+1})$ 对于每一个 $x \in \mathcal{B}_{\gamma+1}$ 和 $t \in (0,T]$ 有 $|(S(t) - Id)x|_\gamma \lesssim t|x|_{\gamma+1}$ 和 $|S(t)x|_{\gamma+1} \lesssim t^{-1}|x|_\gamma$ 成立, 那么对于 $\sigma \in [0,1]$ 有, $S(t) \in \mathcal{L}(\mathcal{B}_{\gamma+\sigma})$ 并且满足如下不等式

$$|(S(t) - Id)x|_\gamma \lesssim t^\sigma |x|_{\gamma+\sigma}, \tag{6.85}$$

$$|S(t)x|_{\gamma+\sigma} \lesssim t^{-\sigma} |x|_\gamma. \tag{6.86}$$

这里要强调 $\alpha \in \left(\dfrac{1}{3}, \dfrac{1}{2}\right)$ 为随机输入的时间正则性, 同时, γ 表示在 $\mathcal{B}_\gamma$ 空间中的空间正则性. 本节的处理对象是 (6.84), 由常数变易法公式可给出它的温和解表示式

$$y_t = S(t)y_0 + \int_0^t S(t-s)F(y_s)\, ds + \int_0^t S(t-s)G(y_s)\, d\mathbf{X}_s. \tag{6.87}$$

为了给出粗糙积分 $\int_0^t S(t-s)G(y_s)\,d\mathbf{X}_s$ 的合理定义和温和解 (6.87) 的合理解释, 回顾如下的受控粗糙路径的定义. 它包含了合适的时空正则性, 本质上反映了所考虑的问题的抛物性, 且定义方式类似于 [15].

定义 6.13

称 (y,y') 为一受控粗糙路径, 如果

- $(y,y') \in \mathcal{C}([0,T],\mathcal{B}_\gamma) \times (\mathcal{C}[0,T],\mathcal{B}_{\gamma-\alpha}) \cap \mathcal{C}^\alpha([0,T],\mathcal{B}_{\gamma-2\alpha})$. 分量 y' 被称为 y 的 Gubinelli 导数.

- 余项

$$R_{s,t}^y = y_{s,t} - y_s' X_{s,t} \tag{6.88}$$

属于 $\mathcal{C}^\alpha([0,T],\mathcal{B}_{\gamma-\alpha}) \cap \mathcal{C}^{2\alpha}([0,T],\mathcal{B}_{\gamma-2\alpha})$.

受 X 控制的粗糙路径的集合记为 $\mathcal{D}_{X,\gamma}^{2\alpha}$ 并且给它赋予如下范数

$$\|y,y'\|_{X,2\alpha;\gamma} = \|y\|_{\infty;\mathcal{B}_\gamma} + \|y'\|_{\infty;\mathcal{B}_{\gamma-\alpha}} + \|y'\|_{\alpha;\mathcal{B}_{\gamma-2\alpha}} + \|R^y\|_{\alpha;\mathcal{B}_{\gamma-\alpha}} + \|R^y\|_{2\alpha;\mathcal{B}_{\gamma-2\alpha}}. \tag{6.89}$$

注 6.3 (1) 注意到并不需要 y 的 Hölder 半范数出现在受控粗糙路径的范数中, 因为 (6.88) 表明对于所有的 $\theta \in \{\alpha, 2\alpha\}$, 有

$$\|y\|_{\alpha;\mathcal{B}_{\gamma-\theta}} \leqslant \|y'\|_{\infty;\mathcal{B}_{\gamma-\theta}}\|X\|_\alpha + \|R^y\|_{\alpha;\mathcal{B}_{\gamma-\theta}}. \tag{6.90}$$

(2) 当要强调所考虑的时间 T 时, 用 $\mathcal{D}_{X,\gamma}^{2\alpha}([0,T])$ 替换 $\mathcal{D}_{X,\gamma}^{2\alpha}$.

现在陈述方程 (6.84) 中各项系数的假设, 它们能够确保全局解的存在唯一性.

假设 6.2 (y_0) 初值 $y_0 \in \mathcal{B}_\gamma$.

(F) 对于任何 $\delta \in [0,1)$, 非线性项 $F : \mathcal{B}_\gamma \to \mathcal{B}_{\gamma-\delta}$ 是局部 Lipschitz 连续的并且满足线性增长条件.

(G) 设 $\theta \in \{0,\alpha,2\alpha\}$ 和 $0 \leqslant \sigma < \alpha$. 非线性扩散项 $G : \mathcal{B}_{\gamma-\theta} \to \mathcal{B}_{\gamma-\theta-\sigma}$ 是三次连续可微的并且所有导数都是有界的, i.e. 对于 $k \in \{1,2,3\}, \|D^k G\|_{\mathcal{L}(\mathcal{B}_{\gamma-\theta}^{\otimes k}, \mathcal{B}_{\gamma-\theta-\sigma})} < \infty$, 并且线性算子

$$DG(\cdot)G(\cdot) : \mathcal{B}_{\gamma-\alpha} \to \mathcal{B}_{\gamma-2\alpha-\sigma} \tag{6.91}$$

的导数是有界的.

注 6.4 (1) 注意到函数 G 本身是有界或线性的时, 这些条件仍然是有效的.

(2) 此外, 假设 (G) 暗含了如下的 Lipschitz 性质

$$|(DG(y^1) - DG(y^2))G(y^1)|_{\mathcal{B}_{\gamma-2\alpha-\sigma}} \lesssim |y^1 - y^2|_{\mathcal{B}_{\gamma-\alpha}}, \quad y^1, y^2 \in \mathcal{B}_{\gamma-\alpha}, \quad (6.92)$$

这是由于

$$
\begin{aligned}
|(DG(y^1) - DG(y^2))G(y^1)|_{\mathcal{B}_{\gamma-2\alpha-\sigma}} &\leqslant |DG(y^1)G(y^1) - DG(y^2)G(y^2)|_{\mathcal{B}_{\gamma-2\alpha-\sigma}} \\
&\quad + |DG(y^2)(G(y^1) - G(y^2))|_{\mathcal{B}_{\gamma-2\alpha-\sigma}}.
\end{aligned}
$$

6.2.4.2 全局解

由前面的定理 6.10, 方程 (6.84) 有唯一的局部解. 出于完整性的考虑, 这里给出先前传播子的结果在半群下的结论, 其证明方法与其一样.

引理 6.7

设 $\mathbf{X}$ 是一个 α-Hölder 粗糙路径并且令 $(y, y') \in \mathcal{D}_{X,\gamma}^{2\alpha}$. 那么粗糙积分

$$\int_0^t S(t-r)y_r d\mathbf{X}_r := \lim_{|\pi| \to 0} \sum_{[u,v] \in \pi} S(t-u)\left[y_u X_{u,v} + y_u' \mathbb{X}_{u,v}\right]$$

在 $\mathcal{B}_{\gamma-2\alpha}$ 中存在, 上述极限与区间 $[0, t]$ 的具体划分 π 的选取无关. 此外, 对于所有的 $0 \leqslant \beta < 3\alpha$ 有如下估计成立: 对于所有的 $0 \leqslant s < t \leqslant T$, 有

$$\left| \int_s^t S(t-r)y_r \, d\mathbf{X}_r - S(t-s)y_s X_{s,t} - S(t-s)y_s' \mathbb{X}_{s,t} \right|_{\mathcal{B}_{\gamma-2\alpha+\beta}}$$

$$\lesssim \|y, y'\|_{X,2\alpha;\gamma}(t-s)^{3\alpha-\beta}. \quad (6.93)$$

下面的定理陈述了解关于时间的局部存在性.

定理 6.11

设 $T > 0$, 函数 F 和 G 满足假设 (F) 和 (G), $\mathbf{X} = (X, \mathbb{X})$ 为一个 α-Hölder 粗糙路径并且 $y_0 \in \mathcal{B}_\gamma$ 有控制 $|y_0|_{\mathcal{B}_\gamma} \leqslant \rho$. 那么存在 $T^* = T^*(\alpha, \gamma, \rho, X, F, G) \in (0, T]$ 使得直到 T^* 都有唯一的局部解 $(y, y') \in \mathcal{D}_{X,\gamma}^{2\alpha}([0, T^*])$ 满足

$$(y_t, y_t') = \left(S(t)y_0 + \int_0^t S(t-s)F(y_s) \, ds + \int_0^t S(t-s)G(y_s) \, dx_s, G(y_t) \right) \in \mathcal{D}_{X,\gamma}^{2\alpha}.$$

$$(6.94)$$

接下来在先前的假设下, 导出解的先验估计.

> **引理 6.8**
>
> 设 $y_0 \in \mathcal{B}_\gamma$. 那么 $(S(\cdot)y_0, 0) \in \mathcal{D}_{X,\gamma}^{2\alpha}$ 并且有
>
> $$\|S(\cdot)y_0, 0\|_{X,2\alpha;\gamma} \lesssim |y_0|_{\mathcal{B}_\gamma}.$$

证明 根据 (6.89) 有

$$\|S(\cdot)y_0, 0\|_{X,2\alpha;\gamma} = \|S(\cdot)y_0\|_{\infty;\mathcal{B}_\gamma} + \|S(\cdot)y_0\|_{\alpha;\mathcal{B}_{\gamma-\alpha}} + \|S(\cdot)y_0\|_{2\alpha;\mathcal{B}_{\gamma-2\alpha}}.$$

显然地,

$$\|S(\cdot)y_0\|_{\infty;\gamma} \lesssim |y_0|_{\mathcal{B}_\gamma}.$$

更进一步, 对于 $\theta \in \{\alpha, 2\alpha\}$ 有

$$\|S(\cdot)y_0\|_{\theta;\gamma-\theta} \lesssim \|S(\cdot)\|_{\theta;\mathcal{L}(\mathcal{B}_\gamma, \mathcal{B}_{\gamma-\theta})} |y_0|_{\mathcal{B}_\gamma} \lesssim |y_0|_{\mathcal{B}_\gamma}.$$

> **引理 6.9**
>
> 设 $(y, y') \in D_{X,\gamma}^{2\alpha}$. 那么 $\left(\int_0^t S(t-s)F(y_s)\,ds, 0\right)_{t \in [0,T]} \in D_{X,\gamma}^{2\alpha}$ 并且满足如下估计
>
> $$\left\|\int_0^{\cdot} S(\cdot - s)F(y_s)\,ds, 0\right\|_{X,2\alpha;\gamma} \lesssim (1 + \|y\|_{\infty;\mathcal{B}_\gamma})T^{(1-\delta)\wedge(1-2\alpha)}. \tag{6.95}$$

证明 由于确定性积分的 Gubinelli 导数为 0, 那么有

$$\left\|\int_0^{\cdot} S(\cdot - s)F(y_s)\,ds, 0\right\|_{X,2\alpha;\gamma}$$

$$= \left\|\int_0^{\cdot} S(\cdot - s)F(y_s)\,ds\right\|_{\infty;\mathcal{B}_\gamma} + \left\|\int_0^{\cdot} S(\cdot - s)F(y_s)\,ds\right\|_{\alpha;\mathcal{B}_{\gamma-\alpha}}$$

$$+ \left\|\int_0^{\cdot} S(\cdot - s)F(y_s)\,ds\right\|_{2\alpha;\mathcal{B}_{\gamma-2\alpha}}.$$

首先估计上述等式中的第一项, 因为 $F : \mathcal{B}_\gamma \to \mathcal{B}_{\gamma-\delta}$, 那么有估计

$$\left|\int_0^t S(t-s)F(y_s)\,ds\right|_{\mathcal{B}_\gamma} \lesssim \int_0^t (t-s)^{-\delta} |F(y_s)|_{\mathcal{B}_{\gamma-\delta}}\,ds \lesssim T^{1-\delta}(1 + \|y\|_{\infty;\mathcal{B}_\gamma}).$$

对于 Hölder 范数利用如下等式

$$\int_0^t S(t-r)F(y_r)\,dr - \int_0^s S(s-r)F(y_r)\,dr$$

$$= (S(t-s)-Id)\int_0^s S(s-r)F(y_r)\,dr + \int_s^t S(t-r)F(y_r)\,dr,$$

对于 $\theta \in \{\alpha, 2\alpha\}$ 有

$$\left|\int_s^t S(t-r)F(y_r)\,dr\right|_{\mathcal{B}_{\gamma-\theta}} \lesssim \int_s^t (t-r)^{(\theta-\delta)\wedge 0}|F(y_r)|_{\mathcal{B}_{\gamma-\delta}}\,dr$$

$$\lesssim (t-s)^{1+(\theta-\delta)\wedge 0}(1+\|y\|_{\infty;\mathcal{B}_\gamma})$$

和

$$\left|(S(t-s)-Id)\int_0^s S(s-r)F(y_r)\,dr\right|_{\mathcal{B}_{\gamma-\theta}} \lesssim (t-s)^\theta \left|\int_0^s S(s-r)F(y_r)\,dr\right|_{\mathcal{B}_\gamma}$$

$$\lesssim (t-s)^\theta T^{1-\delta}(1+\|y\|_{\infty;\mathcal{B}_\gamma}).$$

因此

$$\left\|\int_0^\cdot S(\cdot-s)F(y_s)\,ds\right\|_{\theta;\mathcal{B}_{\gamma-\theta}} \lesssim T^\varepsilon(1+\|y\|_{\infty,\mathcal{B}_\gamma}),$$

上式中 $\varepsilon = (1-\delta)\wedge(1-2\alpha)$. 把这些估计加总可得 (6.95).

下面聚焦于粗糙积分的估计, 相似的结果可以在先前的两个小节中发现, 也可以参考 [5, 40]. 这里将会证明粗糙积分能够提升空间 σ-阶正则性, 通过使用不等式 (6.90) 来获得粗糙积分的范数 (6.89) 的估计可发现这一点.

引理 6.10

设 $(y,y') \in D_{X,\gamma}^{2\alpha}$. 则对于所有的 $0 \leqslant \sigma < \alpha$,

$$(z,z') = \left(\int_0^\cdot S(\cdot-s)y_s\,d\mathbf{X}_s, y\right) \in D_{X,\gamma+\sigma}^{2\alpha} \tag{6.96}$$

并且如下的估计是成立的

$$\|z,z'\|_{X,2\alpha;\gamma+\sigma} \lesssim |y_0|_{\mathcal{B}_\gamma} + |y_0'|_{\mathcal{B}_{\gamma-\alpha}} + T^{\alpha-\sigma}\|y,y'\|_{X,2\alpha;\gamma}. \tag{6.97}$$

♡

证明 由范数的定义 (6.89) 和 $z' = y$ 有

$$\|z, z'\|_{X,2\alpha;\gamma+\sigma} = \|z\|_{\infty;\mathcal{B}_{\gamma+\sigma}} + \|y\|_{\infty;\mathcal{B}_{\gamma+\sigma-\alpha}} + \|y\|_{\alpha;\mathcal{B}_{\gamma+\sigma-2\alpha}}$$
$$+ \|R^z\|_{\alpha;\mathcal{B}_{\gamma+\sigma-\alpha}} + \|R^z\|_{2\alpha;\mathcal{B}_{\gamma+\sigma-2\alpha}}. \tag{6.98}$$

(6.90) 表明 $y \in \mathcal{C}^\alpha([0,T], \mathcal{B}_{\gamma-\alpha})$. 对一族 Banach 空间 $\mathcal{B}_\gamma$ 使用插值不等式 (6.45) 可导出

$$|y_t - y_s|_{\mathcal{B}_{\gamma+\sigma-\alpha}} \lesssim |y_t - y_s|_{\mathcal{B}_\gamma}^{\frac{\sigma}{\alpha}} |y_t - y_s|_{\mathcal{B}_{\gamma-\alpha}}^{\frac{\alpha-\sigma}{\alpha}}.$$

因此, 由上式可导出

$$\|y\|_{\alpha-\sigma;\mathcal{B}_{\gamma+\sigma-\alpha}} \lesssim \|y\|_{\infty;\mathcal{B}_\gamma}^{\frac{\sigma}{\alpha}} \|y\|_{\alpha;\mathcal{B}_{\gamma-\alpha}}^{\frac{\alpha-\sigma}{\alpha}}.$$

那么, 对于 (6.98) 的第二项有

$$\|y\|_{\infty;\mathcal{B}_{\gamma+\sigma-\alpha}} \leqslant |y_0|_{\mathcal{B}_{\gamma+\sigma-\alpha}} + T^{\alpha-\sigma} \|y\|_{\alpha-\sigma;\mathcal{B}_{\gamma+\sigma-\alpha}} \lesssim |y_0|_{\mathcal{B}_\gamma} + T^{\alpha-\sigma}\|y,y'\|_{X,2\alpha;\gamma}. \tag{6.99}$$

类似地, 对于 (6.98) 的第三项运用 (6.90) 可得

$$\|y\|_{\alpha;\mathcal{B}_{\gamma+\sigma-2\alpha}} \leqslant \|y'\|_{\infty;\mathcal{B}_{\gamma+\sigma-2\alpha}} \|X\|_\alpha + \|R^y\|_{\alpha;\mathcal{B}_{\gamma+\sigma-2\alpha}},$$

上式中

$$\|y'\|_{\infty;\mathcal{B}_{\gamma+\sigma-2\alpha}} \leqslant |y_0'|_{\mathcal{B}_{\gamma+\sigma-2\alpha}} + T^{\alpha-\sigma} \|y'\|_{\alpha-\sigma;\mathcal{B}_{\gamma+\sigma-2\alpha}}$$
$$\lesssim |y_0'|_{\mathcal{B}_{\gamma-\alpha}} + T^{\alpha-\sigma} \|y'\|_{\infty;\mathcal{B}_{\gamma-\alpha}}^{\frac{\sigma}{\alpha}} \|y'\|_{\alpha;\mathcal{B}_{\gamma-2\alpha}}^{\frac{\alpha-\sigma}{\alpha}}, \tag{6.100}$$

并且

$$\|R^y\|_{\alpha;\mathcal{B}_{\gamma+\sigma-2\alpha}} \leqslant \|R^y\|_{\alpha;\mathcal{B}_{\gamma-\alpha}}^{\frac{\sigma}{\alpha}} \|R^y\|_{2\alpha;\mathcal{B}_{\gamma-2\alpha}}^{\frac{\alpha-\sigma}{\alpha}} T^{\alpha-\sigma},$$

因此

$$\|y\|_{\alpha;\mathcal{B}_{\gamma+\sigma-2\alpha}} \lesssim |y_0'|_{\mathcal{B}_{\gamma-\alpha}} + T^\alpha \|y,y'\|_{X,2\alpha;\gamma}.$$

对于 (6.98) 的第一项有

$$z_t = \int_0^t S(t-r)y_r \, d\mathbf{X}_r$$
$$= \int_0^t S(t-r)y_r \, d\mathbf{X}_r - S(t)y_0 X_{0,t} - S(t)y_0' \mathbb{X}_{0,t}$$

$$+ S(t)y_0 X_{0,t} + S(t)y_0' \mathbb{X}_{0,t}.$$

对 z_t 的第一项直接由 (6.93) 可得

$$\left| \int_0^t S(t-r)y_r \, d\mathbf{X}_r - S(t)y_0 X_{0,t} - S(t)y_0' d\mathbb{X}_{0,t} \right|_{\mathcal{B}_{\gamma+\sigma}} \lesssim \|y,y'\|_{X,2\alpha;\gamma} t^{\alpha-\sigma}.$$

对于第二项有

$$|S(t)y_0 X_{0,t}|_{\mathcal{B}_{\gamma+\sigma}} \lesssim t^{\alpha} |S(t)|_{\mathcal{L}(\mathcal{B}_\gamma,\mathcal{B}_{\gamma+\sigma})} |y_0|_{\mathcal{B}_\gamma} \lesssim t^{\alpha-\sigma} |y_0|_{\mathcal{B}_\gamma},$$

类似地, 有

$$|S(t)y_0' \mathbb{X}_{0,t}|_{\mathcal{B}_{\gamma+\sigma}} \lesssim t^{2\alpha} |S(t)|_{\mathcal{L}(\mathcal{B}_{\gamma-\alpha},\mathcal{B}_{\gamma+\sigma})} \|\mathbb{X}\|_{2\alpha} |y_0'|_{\mathcal{B}_{\gamma-\alpha}} \lesssim t^{\alpha-\sigma} |y_0'|_{\mathcal{B}_{\gamma-\alpha}}.$$

那么得到 $\|z\|_{\infty;\mathcal{B}_{\gamma+\sigma}}$ 的估计如下

$$\|z\|_{\infty;\mathcal{B}_{\gamma+\sigma}} \lesssim T^{\alpha-\sigma} \|y,y'\|_{X,2\alpha;\gamma}. \tag{6.101}$$

对于余项有

$$\begin{aligned}
R_{s,t}^z &= \int_0^t S(t-r)y_r \, d\mathbf{X}_r - \int_0^s S(s-r)y_r \, d\mathbf{X}_r - y_s X_{s,t} \\
&= \int_s^t S(t-r)y_r \, d\mathbf{X}_r - S(t-s)y_s X_{s,t} - S(t-s)y_s' \mathbb{X}_{s,t} \\
&\quad + (S(t-s) - Id)y_s X_{s,t} + (S(t-s) - Id) \int_0^s S(s-r)y_r \, d\mathbf{X}_r \\
&\quad + S(t-s)y_s' \mathbb{X}_{s,t}.
\end{aligned}$$

在下面的计算中令 $\theta \in \{\alpha, 2\alpha\}$. 对于上述等式中的第一项估计同样的使用 (6.93) 可得到

$$\left| \int_s^t S(t-r)y_r \, d\mathbf{X}_r - S(t-s)y_s X_{s,t} - S(t-s)y_s' d\mathbb{X}_{s,t} \right|_{\mathcal{B}_{\gamma+\sigma-\theta}}$$
$$\lesssim \|y,y'\|_{X,2\alpha;\gamma} (t-s)^{\alpha-\sigma+\theta}.$$

此外, 对于第二项估计有

$$|(S(t-s) - Id)y_s X_{s,t}|_{\mathcal{B}_{\gamma+\sigma-\theta}}$$
$$\lesssim (t-s)^{\alpha} \|X\|_{\alpha} |S(t-s) - Id|_{\mathcal{L}(\mathcal{B}_{\gamma+\sigma-\alpha},\mathcal{B}_{\gamma+\sigma-\theta})} |y_s|_{\mathcal{B}_{\gamma+\sigma-\alpha}}$$

$$\lesssim (t-s)^\theta |y_s|_{\mathcal{B}_{\gamma+\sigma-\alpha}}$$

$$\lesssim (t-s)^\theta \|y\|_{\infty;\mathcal{B}_{\gamma+\sigma-\alpha}},$$

上式中 $\|y\|_{\infty;\mathcal{B}_{\gamma+\sigma-\alpha}}$ 在 (6.99) 中被估计.

对于第三项有

$$\left| (S(t-s) - Id) \int_0^s S(s-r) y_r \, d\mathbf{X}_r \right|_{\mathcal{B}_{\gamma+\sigma-\theta}}$$

$$\lesssim |S(t-s) - Id|_{\mathcal{L}(\mathcal{B}_{\gamma+\sigma}, \mathcal{B}_{\gamma+\sigma-\theta})} \left| \int_0^s S(s-r) y_r \, d\mathbf{X}_r \right|_{\mathcal{B}_{\gamma+\sigma}}$$

$$\lesssim (t-s)^\theta |z_s|_{\mathcal{B}_{\gamma+\sigma}} \lesssim (t-s)^\theta \|z\|_{\infty;\gamma+\sigma},$$

上式中的 $\|z\|_{\infty;\gamma+\sigma}$ 在 (6.101) 中被估计.

对于最后一项, 有如下的估计

$$|S(t-s) y_s' \mathbb{X}_{s,t}|_{\mathcal{B}_{\gamma+\sigma-\theta}} \lesssim (t-s)^{2\alpha} \|\mathbb{X}\|_{2\alpha} |S(t-s)|_{\mathcal{L}(\mathcal{B}_{\gamma+\sigma-2\alpha}, \mathcal{B}_{\gamma+\sigma-\theta})} |y_s'|_{\mathcal{B}_{\gamma+\sigma-2\alpha}}$$

$$\lesssim (t-s)^\theta |y_s'|_{\mathcal{B}_{\gamma+\sigma-2\alpha}}$$

$$\lesssim (t-s)^\theta \|y'\|_{\infty;\mathcal{B}_{\gamma+\sigma-2\alpha}},$$

在 (6.100) 中可发现 $\|y'\|_{\infty;\mathcal{B}_{\gamma+\sigma-2\alpha}}$ 的估计.

综合上述所有的余项估计便得

$$\|R^z\|_{\theta;\mathcal{B}_{\gamma+\sigma-\theta}} \lesssim |y_0|_{\mathcal{B}_\gamma} + |y_0'|_{\mathcal{B}_{\gamma-\alpha}} + T^{\alpha-\sigma} \|y, y'\|_{X, 2\alpha; \gamma}.$$

最后把 (6.98) 中的所有估计加总便完成了引理的论证.

接下来的一个结果提供了在光滑函数 G 满足假设 (G) 条件下与受控粗糙路径复合之后的估计. 与引理 6.6 不同的是这里直接使用解的结构 (6.94) 来避免估计产生平方项.

引理 6.11

假设 G 满足假设 (G) 并且 $(y, G(y)) \in D_{X,\gamma}^{2\alpha}$. 那么 $(G(y), DG(y)G(y)) \in D_{X,\gamma-\sigma}^{2\alpha}$ 且有如下的估计成立

$$\|G(y), DG(y)G(y)\|_{X, 2\alpha; \gamma-\sigma} \lesssim 1 + \|y, y'\|_{X, 2\alpha; \gamma}.$$

♡

证明 根据 (6.89) 有

$$\|G(y), DG(y)G(y)\|_{X, 2\alpha; \gamma-\sigma}$$

$$= \|G(y)\|_{\infty;\mathcal{B}_{\gamma-\sigma}} + \|DG(y)G(y)\|_{\infty;\mathcal{B}_{\gamma-\alpha-\sigma}} + \|DG(y)G(y)\|_{\alpha;\mathcal{B}_{\gamma-2\alpha-\sigma}}$$
$$+ \|R^{G(y)}\|_{\alpha;\mathcal{B}_{\gamma-\alpha-\sigma}} + \|R^{G(y)}\|_{2\alpha;\mathcal{B}_{\gamma-2\alpha-\sigma}}.$$

由于 DG 的有界性, 那么上式第一项有如下的估计

$$\|G(y)\|_{\gamma;\mathcal{B}_{\gamma-\sigma}} \lesssim 1 + \|y\|_{\infty;\mathcal{B}_\gamma} \leqslant 1 + \|y, G(y)\|_{X,2\alpha;\gamma}.$$

对于第二项有

$$\|DG(y)G(y)\|_{\infty;\mathcal{B}_{\gamma-\alpha-\sigma}} \leqslant \|DG(y)\|_{\infty;\mathcal{L}(\mathcal{B}_{\gamma-\alpha},\mathcal{B}_{\gamma-\alpha-\sigma})} \|G(y)\|_{\infty;\mathcal{B}_{\gamma-\alpha}}$$
$$\lesssim \|y, G(y)\|_{X,2\alpha;\gamma}.$$

第三项由假设 (G) 有如下的控制

$$\|DG(y)G(y)\|_{\alpha;\mathcal{B}_{\gamma-2\alpha-\sigma}} \lesssim \|y\|_{\alpha;\mathcal{B}_{\gamma-\alpha}}.$$

再次使用 (6.90) 可导出

$$\|DG(y)G(y)\|_{\alpha;\mathcal{B}_{\gamma-2\alpha-\sigma}} \lesssim \|G(y)\|_{\infty;\mathcal{B}_{\gamma-\alpha}} + \|R^y\|_{\alpha;\mathcal{B}_{\gamma-\alpha}} \lesssim \|y, G(y)\|_{X,2\alpha;\gamma}.$$

对于余项使用 (6.88) 有

$$R_{s,t}^{G(y)} = G(y_t) - G(y_s) - DG(y_s)G(y_s)X_{s,t}$$
$$= \int_0^1 DG(y_s + r(y_t - y_s)) \, dr \, (y_t - y_s) - DG(y_s)G(y_s)X_{s,t}$$
$$= \int_0^1 \left(DG(y_s + r(y_t - y_s)) - DG(y_s)\right) dr \, G(y_s)X_{s,t}$$
$$+ \int_0^1 DG(y_s + r(y_t - y_s)) \, dr \, R_{s,t}^y.$$

对于第一个余项使用 DG 的有界性可得

$$\|R^{G(y)}\|_{\alpha;\mathcal{B}_{\gamma-\alpha-\sigma}} \lesssim \|DG(y)\|_{\infty;\mathcal{L}(\mathcal{B}_{\gamma-\alpha},\mathcal{B}_{\gamma-\alpha-\sigma})} \|G(y)\|_{\infty;\mathcal{B}_{\gamma-\alpha}}$$
$$+ \|DG(y)\|_{\infty;\mathcal{L}(\mathcal{B}_{\gamma-\alpha},\mathcal{B}_{\gamma-\alpha-\sigma})} \|R^y\|_{\alpha;\mathcal{B}_{\gamma-\alpha}}$$
$$\lesssim \|y, G(y)\|_{X,2\alpha;\gamma}.$$

对于第二个余项, 由 (6.92) 和 DG 的有界性, 有

$$\|R^{G(y)}\|_{2\alpha;\mathcal{B}_{\gamma-2\alpha-\sigma}} \lesssim \|y\|_{\alpha;\mathcal{B}_{\gamma-\alpha}} + \|DG(y)\|_{\infty;\mathcal{L}(\mathcal{B}_{\gamma-2\alpha},\mathcal{B}_{\gamma-2\alpha-\sigma})} \|R^y\|_{2\alpha;\mathcal{B}_{\gamma-2\alpha}}.$$

最后, 再次使用 (6.90) 可得如下估计

$$\|R^{G(y)}\|_{2\alpha;\mathcal{B}_{\gamma-2\alpha-\sigma}} \lesssim \|y, G(y)\|_{X,2\alpha;\gamma}.$$

结合引理 6.8—引理 6.11 可得如下的推论.

推论 6.2

设 F 和 G 满足假设 (F) 和 (G) 并且设 $(y, G(y)) \in D^{2\alpha}_{X,\gamma}$ 是方程 (6.84) 在时间区间 $[0, T]$ 伴有初值 $y_0 \in \mathcal{B}_\gamma$ 的解. 那么有如下估计成立

$$\|y, G(y)\|_{X,2\alpha;\gamma} \lesssim 1 + |y_0|_{\mathcal{B}_\gamma} + T^\eta \|y, G(y)\|_{X,2\alpha;\gamma}, \tag{6.102}$$

其中 $\eta := (\alpha - \sigma) \wedge (1 - \delta) \wedge (1 - 2\alpha)$.

证明 因为 $(y, G(y))$ 是方程 (6.84) 的解, 那么有

$$\|y, G(y)\|_{X,2\alpha;\gamma} \leqslant \|S(\cdot), 0\|_{X,2\alpha;\gamma} + \left\|\int_0^\cdot S(\cdot - r)F(y_r)\,dr, 0\right\|_{X,2\alpha;\gamma}$$

$$+ \left\|\int_0^\cdot S(\cdot - r)G(y_r)d\mathbf{X}_r, G(y)\right\|_{X,2\alpha;\gamma}.$$

因此有

$$\|y, G(y)\|_{X,2\alpha;\gamma} \lesssim |y_0|_{\mathcal{B}_\gamma} + T^{(1-\delta)\wedge(1-2\alpha)}(1 + \|y\|_{\infty;\mathcal{B}_\gamma})$$

$$+ |G(y_0)|_{\mathcal{B}_{\gamma-\sigma}} + |DG(y_0)G(y_0)|_{\gamma-\alpha-\sigma}$$

$$+ T^{\alpha-\sigma}\|G(y), DG(y)G(y)\|_{X,2\alpha;\gamma-\sigma}.$$

最后使用引理 6.11 和 DG 的有界性, 有

$$\|y, G(y)\|_{X,2\alpha;\gamma} \lesssim 1 + |y_0|_{\mathcal{B}_\gamma} + T^{(1-\delta)\wedge(1-2\alpha)}\|y, G(y)\|_{X,2\alpha;\gamma} + T^{\alpha-\sigma}\|y, G(y)\|_{X,2\alpha;\gamma}$$

$$\lesssim 1 + |y_0|_{\mathcal{B}_\gamma} + T^{(1-\delta)\wedge(1-2\alpha)\wedge(\alpha-\sigma)}\|y, G(y)\|_{X,2\alpha;\gamma}.$$

在完成解的先验估计之后, 为了能够保证解是全局存在的, 需要使用解在区间上的拼接论证来获得解在任何有限时间上不会爆破.

引理 6.12

设 F 和 G 满足假设 (F) 和 (G) 并且令 $(y, G(y)) \in D^{2\alpha}_{X,\gamma}$ 是方程 (6.84) 在时间区间 $[0, T], T > 0$ 上的解, 并且伴有初值 $y_0 \in \mathcal{B}_\gamma$. 设 $r = 1 \vee |y_0|_{\mathcal{B}_\gamma}$.

则存在常数 $M_1, M_2 > 0$ 使得

$$\|y\|_{\infty;\gamma;[0,T]} \leqslant M_1 r e^{M_2 T}.$$

证明　对于所有的 $\bar{T} \in (0,T]$, $(y, G(y))$ 限制在 $[0,\bar{T}]$ 是方程 (6.84) 在 $[0,\bar{T}]$ 上的解. 因此, 由推论 6.2 知存在一个常数 $C \geqslant 1$ 使得

$$\|y, G(y)\|_{X,2\alpha;\gamma;[0,\bar{T}]} \leqslant C(r + 1 + \bar{T}^\eta \|y, G(y)\|_{X,2\alpha;\gamma;[0,\bar{T}]}),$$

上式中 $\eta = (\alpha - \sigma) \wedge (1 - \delta) \wedge (1 - 2\alpha)$.

因此, 对于 $\bar{T}$ 充分小使得 $C\bar{T}^\eta \leqslant \dfrac{1}{2}$, 那么便有估计

$$\|y\|_{\infty;\gamma;[0,\bar{T}]} \leqslant \|y, G(y)\|_{X,2\alpha;\gamma;[0,\bar{T}]} \leqslant 4Cr.$$

若 $CT^\eta \leqslant \dfrac{1}{2}$, 那么定理中所陈述的估计对于 $M_1 \geqslant 4C$ 和任意的 $M_2 > 0$ 是成立的. 反之, 总是可以选择一个 $N \in \mathbb{N}$ (不必唯一) 使得 $\dfrac{1}{4} < C\left(\dfrac{T}{N}\right)^\eta \leqslant \dfrac{1}{2}$. 那么有

$$\|y\|_{\infty;\gamma;[0,\frac{T}{N}]} \leqslant 4Cr.$$

此外, 对所有的 $k \in \{0, \cdots, N-1\}$ 使用拼接论证有

$$\|y\|_{\infty;\gamma;[\frac{k}{N}T, \frac{k+1}{N}T]} \leqslant (4C)^{k+1} r.$$

因此

$$\|y\|_{\infty;\gamma;[0,T]} = \max_{k \in \{0,\cdots,N-1\}} \|y\|_{\infty;\gamma;[\frac{k}{N}T, \frac{k+1}{N}T]} \leqslant (2C)^N r.$$

最后, 利用 $\dfrac{1}{4} < C\left(\dfrac{T}{N}\right)^\eta$, 知 $N < (4C)^{\frac{1}{\eta}}T$, 从而得到 $M_1 \geqslant (4C)^{(4C)^{\frac{1}{\eta}}}$ 以及 $M_2 \geqslant \log(4C)$.

定理 6.12

设 $T > 0$, F 和 G 满足假设 (F) 和 (G), $\mathbf{X} = (X, \mathbb{X})$ 为一 α-Hölder 粗糙路径并且令 $y_0 \in \mathcal{B}_\gamma$. 则方程 (6.84) 存在唯一的全局解 $(y, G(y)) \in D_{X,\gamma}^{2\alpha}([0,T])$.

证明 设 $r = 1 \vee |y_0|_{\mathcal{B}_\gamma}$. 由引理 6.12, 方程 (6.84) 的解有如下的控制

$$\|y\|_{\infty;\gamma} \leqslant M_1 r e^{M_2 T} =: \tilde{r}.$$

对于初值 $|y_0|_{\mathcal{B}_\gamma} \leqslant \tilde{r}$, 应用定理 6.11 知存在一个 $N = N(\alpha, \gamma, \tilde{r}, \rho_\alpha(\mathbf{X}), F, G)$, 使得方程 (6.84) 在时间区间 $\left[0, \dfrac{T}{N}\right]$ 以 y_0 为初值有唯一的局部解.

又由于 $\left|y_{\frac{T}{N}}\right|_{\mathcal{B}_\gamma} \leqslant \tilde{r}$, 又可以得到方程 (6.84) 在时间区间 $\left[\dfrac{T}{N}, 2\dfrac{T}{N}\right]$ 以 $y_{\frac{T}{N}}$ 为初值的解. 将方程 (6.84) 在两个不同时间区间的解拼接起来便得到区间 $\left[0, 2\dfrac{T}{N}\right]$ 以 y_0 为初值的解. 重复上面的这一论证过程便可得 $[0, T]$ 上的解.

6.3 一类线性粗糙偏微分方程的能量方法

本小节的内容节选自文献 [73], 主要关心几何粗糙路径驱动的非退化线性抛物方程解的适定性与稳定性. 针对这一类方程, 发展了负指数 Sobolev 空间上内在弱解的概念. 与先前小节介绍的半群方法和流变换方法相比, 本小节介绍了在粗糙路径框架下的能量方法 (也称为变分方法). 本小节所介绍的这种能量方法主要运用于处理粗糙输运噪声驱动的方程. 方程内在的解结构包含了无界粗糙驱动项, 可以视为粗糙路径的推广, 即粗糙路径和导算子的组合. 无界驱动项的概念最初源自于文献 [93]. 此外, 针对粗糙输运偏微分方程, 有一项重要的工作 [81], 介绍了粗糙 Grönwall 不等式, 为粗糙偏微分方程的能量方法的应用奠定了基础.

本小节主要关心如下的粗糙偏微分方程

$$\begin{cases} du - A(t,x)u\,dt = \left(\sigma^{ki}(x)\partial_i u + \nu^k(x)u\right) d\mathbf{Z}^k, & (t,x) \in \mathbb{R}^+ \times \mathbb{R}^d, \\ u(0) = u_0 \end{cases} \tag{6.103}$$

的适定性和稳定性, 上式中 $\mathbf{Z} \equiv ((Z^k)_{0 \leqslant k \leqslant K}, (\mathbb{Z}^{\ell,k})_{1 \leqslant \ell,k \leqslant K})$ 是一个具有有限 $1/\alpha$-变差, $\alpha \in (1/3, 1/2]$, 的几何粗糙路径. 这里以及下面用重复指标表示求和约定. 对于粗糙偏微分方程 (6.103) 的确定性部分, 假设 A 为一个具有散度形式的椭圆算子, 即

$$A(t,x)u = \partial_i\left(a^{ij}(t,x)\partial_j u\right) + b^i(t,x)\partial_i u + c(t,x)u. \tag{6.104}$$

系数 $a = (a^{ij})_{1 \leqslant i,j \leqslant d}$, $b = (b^i)_{1 \leqslant i \leqslant d}$, c 可能是不连续的. 更具体地, 假设 a 是对称的且满足一致椭圆条件 (见下面假设 6.3). 此外, 对于系数 b, c, 施加依赖于维数 d 的可积性假设 (见下面假设 6.4). 噪声前面的系数 $\sigma = (\sigma^{ki})_{1 \leqslant k \leqslant K, 1 \leqslant i \leqslant d}$ 和 $\nu = (\nu^k)_{1 \leqslant k \leqslant K}$ 分别拥有 $W^{3,\infty}$ 和 $W^{2,\infty}$ 的正则性. 初始条件 u_0 属于 L^2.

　　解的内在概念　接下来描述使用的方法和结果. 在启发性的角度上, 几何粗糙路径的分量 $\mathbf{Z} \equiv (Z, \mathbb{Z})$ 形式上可视为如下的一重和二重积分

$$\int_s^t dZ_r \quad \text{以及} \quad \int_s^t \int_s^r dZ_{r'} \otimes dZ_r.$$

这些量会自然地出现在解 u 的展开中. 即假设 u 是粗糙偏微分方程 (6.103) 的解, 那么形式上有

$$u_t - u_s = \int_s^t A(r)u_r dr + Z_{st}^k (\sigma^{ki}\partial_i + \nu^k) u_s$$
$$+ \mathbb{Z}_{st}^{k\ell} (\sigma^{ki}\partial_i + \nu^k)(\sigma^{\ell j}\partial_j + \nu^\ell) u_s + \mathbf{o}(t-s), \quad 0 \leqslant s \leqslant t \leqslant T. \quad (6.105)$$

与 Davie [4] 对粗糙微分方程的解释一样, 可以将 (6.105) 视为方程 (6.103) 的解的定义, 其中余项应该被视为负的 Sobolev 空间中的元素. 大致说来, 若 (6.105) 在空间 $W^{-3,2}$ 中成立, 那么函数 $u \in \mathcal{C}([0,T], L^2) \cap L^2([0,T], W^{1,2})$ 将被称为方程 (6.103) 的弱解. 注意到这里泛函设置类似于经典的理论, 即弱解存在于通常的能量空间 $\mathscr{B} := \mathcal{C}([0,T], L^2) \cap L^2([0,T], W^{1,2})$. 然而, 试验函数要求更高的正则性 $W^{3,2}$ (相比于经典情形的 $W^{1,2}$ 正则性), 这主要是由于受到驱动噪声的低正则性影响所导致的.

　　该适定性问题的第一个挑战是导出存在性所需的能量估计. 鉴于公式 (6.105), 其中主要的困难是估计余项. 事实上, 除去余项之外, 其他的项都有具体表示. 然而, 余项的信息仅仅能从 (6.105) 中获得. 事实上, 弱解的定义应该有如下的理解: 称 u 是方程 (6.103) 的弱解, 若 2-指标映射

$$u_{st}^\natural := u_t - u_s - \int_s^t A(r)u_r dr - Z_{st}^k (\sigma^{ki}\partial_i + \nu^k) u_s - \mathbb{Z}_{st}^{k\ell}(\sigma^{ki}\partial_i + \nu^k)(\sigma^{\ell j}\partial_j + \nu^\ell) u_s$$

作为 $W^{-3,2}$ 中的泛函且有有限的 $(1+\kappa)$-变差, $\kappa \in (0,1)$. 注意到, 在文献 [81,93] 中, 利用时间和空间正则性的交互效应以及合适的插值讨论来获得余项在时间方向上正则性的要求. 这正是粗糙 Grönwall 引理的核心, 它为能量估计而服务.

　　基于 (6.105) 的试验函数的正则性, 可以建立弱解的唯一性. 事实上, 要求方程的弱解作用弱解本身, 显然远远不能满足 $W^{3,2}$-正则性. 然而, 正如 [81,93], 为了实现它, 可以采用张量化论证, 这对应于守恒律中的双变量技巧: 可以考虑 $u_t(x)u_t(y)$ 乘积所满足的方程作用上一个磨光序列 $\epsilon^{-d}\psi\left(\dfrac{x-y}{\epsilon}\right)$. 为了能够取到 $x = y$, 证明的核心是导出 ϵ 的一致估计. 一旦完成, 可以得到 u^2 满足的方程, 进而类似于存在性部分导出相应的能量估计, 从而根据方程的线性性导出解的唯一性.

6.3.1 预备知识

6.3.1.1 符号

记 $\mathbb{N}_0$ 是所有非负整数的集合, 即 $\mathbb{N}_0 := \{0,1,2,\cdots\}$. 接下来回顾增量算子 δ 的定义. 若 g 是定义在 $[0,T]$ 上的路径且 $s,t \in [0,T]$, 那么 $\delta g_{st} := g_t - g_s$, 若 g 是一个定义在 $[0,T]^2$ 上的 2-指标映射, 那么 $\delta g_{s\theta t} := g_{st} - g_{s\theta} - g_{\theta t}$. 对于紧区间 $I \subset \mathbb{R}^+$, 记 Δ, Δ^2 分别为

$$\Delta = \Delta_I := \{(s,t) \in I^2,\, s \leqslant t\}, \quad \Delta^2 = \Delta_I^2 := \{(s,\theta,t) \in I^3,\, s \leqslant \theta \leqslant t\}. \tag{6.106}$$

称 I 上任意的超可加映射 $\omega : \Delta \to \mathbb{R}^+$ 为一个控制, 即对于所有的 $(s,\theta,t) \in \Delta^2$ 有

$$\omega(s,\theta) + \omega(\theta,t) \leqslant \omega(s,t). \tag{6.107}$$

(注意到性质 (6.107) 表明对任意的 $t \in [0,T]$ 有 $\omega(t,t) = 0$.) 若 ω 是连续的, 则称 ω 是正则的.

给定一 Banach 空间 E 且赋予一范数 $|\cdot|_E$, 以及 $\alpha > 0$, 记 $\mathcal{V}_1^\alpha(I,E)$ 为 $g : I \to E$ 路径的集合且对于每一个变量拥有左右极限, 并且存在一个正则控制 $\omega : \Delta \to \mathbb{R}^+$ 满足

$$|\delta g_{st}|_E \leqslant \omega(s,t)^\alpha, \quad (s,t) \in \Delta. \tag{6.108}$$

类似地, 记 $\mathcal{V}_2^\alpha(I,E)$ 为 2-指标集映射 $g : \Delta \to E$ 使得 $g_{tt} = 0, t \in I$ 且对于所有的 $(s,t) \in \Delta$ 存在一个正则控制 ω 满足

$$|g_{st}|_E \leqslant \omega(s,t)^\alpha. \tag{6.109}$$

注意到 $g \in \mathcal{V}_1^\alpha(I,E)$ 当且仅当 $\delta g \in \mathcal{V}_2^\alpha(I,E)$. 若 $I = [0,T]$, 空间 $\mathcal{V}_2^\alpha(I,E)$ 对应的半范数 $|\cdot|_{\mathcal{V}_2^\alpha}$ 可由所有满足 (6.109) 的控制 ω 对 $\omega(0,T)^\alpha$ 取下确界. 另外, 可以等价地定义 g 的 $1/\alpha$-变差

$$|g|_{1/\alpha\text{-var};I;E} := \left(\sup_{\mathfrak{p} \equiv (t_i) \in \mathcal{P}(I)} \sum_{(\mathfrak{p})} |g_{t_i t_{i+1}}|_E^{1/\alpha} \right)^\alpha, \tag{6.110}$$

上式中

$$\mathcal{P}(I) := \left\{ \mathfrak{p} \subset I : \exists l \geqslant 2, \mathfrak{p} = \{t_1 = \inf I < t_1 < \cdots < t_l = \sup I\} \right\}$$

是区间 I 的划分. 对于任意的 2-指标映射 h, 将要使用简便的记号:

$$\sum_{(\mathfrak{p})} h_{t_i t_{i+1}} := \sum_{i=1}^{\#\mathfrak{p}-1} h_{t_i t_{i+1}}. \tag{6.111}$$

半范数 $|\cdot|_{\mathcal{V}^\alpha}$ 和 $|\cdot|_{1/\alpha\text{-var}}$ 的等价性将在下面注 6.6 中给出.

记 $\mathcal{V}^\alpha_{2,\mathrm{loc}}(I,E)$ 为 $g : \Delta \to E$ 的映射且使得存在区间 I 的可列覆盖 $\{I_k\}_k$ 满足对于任意的 k 有 $g \in \mathcal{V}^\alpha_2(I_k,E)$. 定义 $\mathcal{V}^{1+}_2(I,E)$ 为 "可忽略余项" 的集合

$$\mathcal{V}^{1+}_2(I,E) := \bigcup_{\alpha>1} \mathcal{V}^\alpha_2(I,E),$$

类似地可给出 $\mathcal{V}^{1+}_{2,\mathrm{loc}}(I,E)$.

此外, 记 $\mathcal{AC}(I,E) \subset \mathcal{V}^1_1(I,E)$ 为绝对连续函数的集合, 即 $f \in \mathcal{AC}(I,E)$ 当且仅当对于任意的 $\epsilon > 0$, 存在 $\delta > 0$ 使得对于任意的不交族 $(s_1,t_1),\cdots,(s_n,t_n) \subset I$ 且 $\sum(t_i - s_i) < \delta$, 有

$$\sum_{1 \leqslant i \leqslant n} |\delta f_{s_i t_i}|_E < \epsilon.$$

接下来, 回顾在上述控制下所介绍的空间中的粗糙路径, 给定 $\alpha \in (1/3,1/2]$ 以及 $K \in \mathbb{N}_0$, 连续的 (K 维) $1/\alpha$-粗糙路径为

$$\mathbf{Z} \equiv (Z^k, \mathbb{Z}^{k\ell})_{1 \leqslant k,\ell \leqslant K} \quad 属于 \quad \mathcal{V}^\alpha_2(I,\mathbb{R}^K) \times \mathcal{V}^{2\alpha}_2(I,\mathbb{R}^{K\times K}), \tag{6.112}$$

且满足 Chen 等式, 即

$$\delta Z^k_{s\theta t} = 0, \quad \delta \mathbb{Z}^{k\ell}_{s\theta t} = Z^k_{s\theta} Z^\ell_{\theta t}, \quad (s,\theta,t) \in \Delta^2, \quad 1 \leqslant k,\ell \leqslant K. \tag{6.113}$$

记 $\mathscr{C}^\alpha(I,\mathbb{R}^K)$ 为上述所有的连续粗糙路径的集合. 在该空间上赋予一个度量 $d_{\mathscr{C}^\alpha}$,

$$d_{\mathscr{C}^\alpha}(\mathbf{Z}^1, \mathbf{Z}^2) := |Z^1_{0\cdot} - Z^2_{0\cdot}|_{L^\infty(I)} + |Z^1 - Z^2|_{1/\alpha\text{-var}} + |\mathbb{Z}^1 - \mathbb{Z}^2|_{1/(2\alpha)\text{-var}}, \tag{6.114}$$

并且在该度量下该空间是完备的. 对于任意的 $z \in \mathcal{V}^1(I,\mathbb{R}^K)$, 在 $\mathscr{C}^\alpha(I,\mathbb{R}^K)$ 中存在一个典则提升 $S_2(z) \equiv (Z,\mathbb{Z})$, 其中

$$Z := \delta z, \quad 且对于 \ k,\ell \in \{1,\cdots,K\}: \quad \mathbb{Z}^{k\ell}_{st} := \iint_{\Delta_{[s,t]}} dz^\ell_{r_2} dz^k_{r_1}, \quad (s,t) \in \Delta_I.$$

记子集 $\mathscr{C}^\alpha_g(I,\mathbb{R}^K) \subset \mathscr{C}^\alpha(I,\mathbb{R}^K)$ 是几何粗糙路径的集合. $\mathscr{C}^\alpha_g(I,\mathbb{R})$ 对应于典则提升 $S_2(z)$ 在粗糙路径度量 (6.114) 下的闭包, 其中 $z \in \mathcal{V}^1(I,\mathbb{R}^K)$. 对于几何粗糙路径 $\mathbf{Z} \equiv (Z,\mathbb{Z})$, 2-阶张量 $(\mathbb{Z}^{k\ell})_{1 \leqslant k,\ell \leqslant K}$ 的对称部分完全可以由第一个分量给出:

$$\mathrm{sym}\mathbb{Z}^{k\ell}_{st} := \frac{\mathbb{Z}^{k\ell} + \mathbb{Z}^{\ell k}}{2} = \frac{1}{2} Z^k Z^\ell, \quad 1 \leqslant k,\ell \leqslant K. \tag{6.115}$$

考虑 Lebesgue 空间和 Sobolev 空间: $L^p \equiv L^p(\mathbb{R}^d)$, $W^{k,p} \equiv W^{k,p}(\mathbb{R}^d)$, $k \in \mathbb{N}_0, p \in [1,\infty]$, 对应的范数分别为 $|\cdot|_{L^p}, |\cdot|_{W^{k,p}}$. 符号 $\|\cdot\|_{r,q}$ 表示空间 $L^r(I, L^q(\mathbb{R}^d))$ 的范数, 即

$$\|f\|_{r,q} := \left(\int_I \left(\int_{\mathbb{R}^d} |f(t,x)|^q dx \right)^{r/q} dt \right)^{1/r},$$

为了强调具体时间区域上的可积性, 上述范数有时也记为 $\|\cdot\|_{r,q;I}$. $W^{k,p}_{\text{loc}}(\mathbb{R}^d)$ 中的函数 f 使得对于每一个紧集 $K \subset \mathbb{R}^d$ 有 $f|_K \in W^{k,p}(K)$.

记 $\mathcal{C}(I,E)$ 为取值于 Banach 空间 E 的连续函数, 赋予其范数 $\|f\|_{\mathcal{C}(I,E)} := \sup_{r \in I} |f_r|_E$. 在本节中将要频繁地使用到能量空间, 即如下的 Banach 空间

$$\mathscr{B} = \mathscr{B}_I := \mathcal{C}(I, L^2(\mathbb{R}^d)) \cap L^2(I, W^{1,2}(\mathbb{R}^d)), \tag{6.116}$$

有时记 $\mathscr{B}_{s,t}$ 为能量空间 $\mathscr{B}_{[s,t]}$, $s < t$ 的缩写.

给定 Banach 空间 X, Y, 记 $\mathcal{L}(X,Y)$ 为从 X 到 Y 的连续线性映射且赋予算子范数. 对于 $X^* := \mathcal{L}(X,\mathbb{R})$ 中的 f, 记对偶对为

$$_{X^*}\langle f, g \rangle_X$$

(i.e. f 在 $g \in X$ 处的取值). 在前后文清楚的情况下, 将省略潜在的空间, 即用 $\langle f, g \rangle$ 替代对偶对.

6.3.1.2 无界粗糙驱动项

后面, 称任意 Banach 空间序列 $(\mathcal{G}_k, |\cdot|_k)_{k \in \mathbb{N}_0}$ 为一尺度, 若对于所有的 $k \in \mathbb{N}_0$, 有 $\mathcal{G}_{k+1}$ 连续嵌入到 $\mathcal{G}_k$.

对于 $k \in \mathbb{N}_0$, 记 $\mathcal{G}_{-k}$ 为 $\mathcal{G}_k$ 的对偶拓扑, i.e.

$$\mathcal{G}_{-k} := (\mathcal{G}_k)^*. \tag{6.117}$$

除非考虑 $\mathcal{G}_k := W^{k,2}$, $\mathcal{G}_0$ 与其对偶拓扑不相等, 因此通常

$$\mathcal{G}_0 \neq \mathcal{G}_{-0}.$$

定义 6.14

对于给定的 $\alpha \in (1/3, 1/2]$, 2-指标映射对 $\mathbf{B} \equiv (B, \mathbb{B})$ 被称为尺度 $(\mathcal{G}_k)_{k \in \mathbb{N}_0}$ 的连续无界 $1/\alpha$-粗糙驱动项, 若

(RD1) $B_{st} \in \mathcal{L}(\mathcal{G}_{-k}, \mathcal{G}_{-k-1}), k \in \{0,1,2\}$, $\mathbb{B}_{st} \in \mathcal{L}(\mathcal{G}_{-k}, \mathcal{G}_{-k-2}), k \in$

$\{0,1\}$, 并且存在一个正则控制 $\omega_B : \Delta \to \mathbb{R}^+$ 使得对于所有的 $(s,t) \in \Delta$ 有

$$\begin{cases} |B_{st}|_{\mathcal{L}(\mathcal{G}_{-0}, \mathcal{G}_{-1})}, & |B_{st}|_{\mathcal{L}(\mathcal{G}_{-2}, \mathcal{G}_{-3})} \leqslant \omega_B(s,t)^\alpha, \\ |\mathbb{B}_{st}|_{\mathcal{L}(\mathcal{G}_{-0}, \mathcal{G}_{-2})}, & |\mathbb{B}_{st}|_{\mathcal{L}(\mathcal{G}_{-1}, \mathcal{G}_{-3})} \leqslant \omega_B(s,t)^{2\alpha}. \end{cases} \tag{6.118}$$

(RD2) Chen 等式成立, 即对于所有的 $(s, \theta, t) \in \Delta^2$:

$$\delta B_{s\theta t} = 0, \quad \delta \mathbb{B}_{s\theta t} = B_{\theta t} B_{s\theta}, \tag{6.119}$$

作为 $\mathcal{G}_{-k}$ 上的线性算子, 对应两个算子分别对应 $k = 0, 1, 2$ 和 $k = 0, 1$ 的情形.

驱动项 $\mathbf{B}$ 通常在分布意义下来理解, 即对于每一个 $k \in \mathbb{N}_0$, 总是假设 $\mathcal{G}_k$ 是典则嵌入到 $\mathscr{D}'(\mathbb{R}^d)$, 并且对于 $u \in \mathcal{G}_{-0}, (s,t) \in \Delta$, 元素 $B_{st}u$ ($\mathbb{B}_{st}u$) 被定义为 $\mathcal{G}_1$ ($\mathcal{G}_2$) 上的线性泛函

$$\langle B_{st}u, \phi \rangle = \langle u, B^*_{st}\phi \rangle, \quad \forall \phi \in \mathcal{G}_1,$$

$$\langle \mathbb{B}_{st}u, \psi \rangle = \langle u, \mathbb{B}^*_{st}\phi \rangle, \quad \forall \phi \in \mathcal{G}_2.$$

当考虑方程 (6.103) 时, 对几乎所有的 $x \in \mathbb{R}^d$ 以及 $\phi \in W^{2,\infty}$, 可令

$$\begin{cases} B^*_{st}\phi := Z^k_{st} \left(-\partial_i(\sigma^{ki}\phi) + \nu^k \phi \right), \\ \mathbb{B}^*_{st}\phi := \mathbb{Z}^{k\ell}_{st} \left(\partial_j(\sigma^{\ell j}\partial_i(\sigma^{ki}\phi)) - \partial_j(\sigma^{\ell j}\nu^k\phi) - \nu^\ell \partial_i(\sigma^{ki}\phi) + \nu^\ell \nu^k \phi \right). \end{cases} \tag{6.120}$$

上式中系数 σ, ν 是充分正则的 (见下面的假设 (6.128)).

6.3.1.3　系数的假设和主要的结果

假设椭圆算子 A 有 (6.104) 的表示形式, 它在方程中所对应的部分可以在弱意义下理解, 即对于 $u \in \mathscr{B}, \phi \in W^{1,2}(\mathbb{R}^d)$, 以及 $(s,t) \in \Delta_I$, 令

$$\left\langle \int_s^t Au_r \, dr, \phi \right\rangle := \iint_{[s,t] \times \mathbb{R}^d} \Big[-a^{ij}(r,x)\partial_j u_r(x)\partial_i\phi(x) + b^i(r,x)\partial_i u_r(x)\phi(x)$$
$$+ c(r,x)u_r(x)\phi(x) \Big] dx \, dr, \tag{6.121}$$

下面给出椭圆算子 A 的一些假设使得上式有意义.

假设 6.3 (一致椭圆条件) 矩阵 $(a^{ij}(t,x))_{1 \leqslant i,j \leqslant d}$ 是对称且对于每一个变量是可测的, 那么存在常数 $M, m > 0$ 使得对于几乎所有的 (t,x), 有

$$m \sum_{i=1}^{d} \xi_i^2 \leqslant \sum_{1 \leqslant i,j \leqslant d} a^{ij}(t,x) \xi_i \xi_j \leqslant M \sum_{i=1}^{d} \xi_i^2, \quad \xi \in \mathbb{R}^d. \tag{6.122}$$

此外, 还需系数 b 和 c 的可积性假设, 其依赖于空间维数 $d \in \mathbb{N}$.

假设 6.4 假设

$$b \in L^{2r}\left(I, L^{2q}(\mathbb{R}^d, \mathbb{R}^d)\right) \quad \text{以及} \quad c \in L^r\left(I, L^q(\mathbb{R}^d, \mathbb{R})\right), \tag{6.123}$$

其中 $r \in [1, \infty)$ 以及 $q \in \left(\max\left(1, \dfrac{d}{2}\right), \infty\right)$ 且满足

$$\frac{1}{r} + \frac{d}{2q} \leqslant 1. \tag{6.124}$$

给出上述假设的原因是上述的假设会出现在下面的插值不等式中, 且该插值不等式作为经典的插值不等式和 Sobolev 不等式的应用结果, 因此直接给出如下结论, 从而略去证明.

命题 6.5

若 f 属于 $L^\infty(I, L^2) \cap L^2(I, W^{1,2})$, 那么 $f \in L^\rho(I, L^\kappa)$, 且系数 ρ, κ 满足

$$\frac{1}{\rho} + \frac{d}{2\kappa} \geqslant \frac{d}{4} \quad \text{以及} \quad \begin{cases} \rho \in [2, \infty], \quad \kappa \in \left[2, \dfrac{2d}{d-2}\right], \quad d > 2, \\ \rho \in (2, \infty], \quad \kappa \in [2, \infty), \quad d = 2, \\ \rho \in [4, \infty], \quad \kappa \in [2, \infty], \quad d = 1. \end{cases} \tag{6.125}$$

此外, 存在一个常数 $\beta > 0$ 使得

$$\|f\|_{L^\rho(I,L^\kappa)} \leqslant \beta \|f\|_{L^\infty(I,L^2) \cap L^2(I,W^{1,2})} \equiv \beta \left(\|\nabla f\|_{L^2(I,L^2)} + \operatorname*{ess\,sup}_{s \in I} |f_r|_{L^2} \right). \tag{6.126}$$

作为命题 6.5 的应用, 有如下结果. 设 r 和 q 为 (6.124) 中实数以及 $u \in \mathscr{B}$. 则 (6.124) 表明 (6.125) 对于指数 $\rho := \dfrac{2r}{r-1}$ 和 $\kappa := \dfrac{2q}{q-1}$ 成立. 因此, 存在常数 $\beta \equiv \beta(r,q)$ 使得

$$\|u\|_{\frac{2r}{r-1}, \frac{2q}{q-1}} \leqslant \beta \|u\|_{\mathscr{B}}. \tag{6.127}$$

关于驱动项系数, 给出如下假设.

假设 6.5　　系数 σ, ν 满足如下假设

$$\sigma \in W^{3,\infty}(\mathbb{R}^d, \mathbb{R}^{d \times K}) \quad \text{以及} \quad \nu \in W^{2,\infty}(\mathbb{R}^d, \mathbb{R}^K). \tag{6.128}$$

接下来, 将要频繁地使用到如下尺度

$$\begin{cases} W^{k,2}(\mathbb{R}^d), & |\cdot|_{k,(2)} := |\cdot|_{W^{k,2}}, \\ W^{k,\infty}(\mathbb{R}^d), & |\cdot|_{k,(\infty)} := |\cdot|_{W^{k,\infty}}, \end{cases} \tag{6.129}$$

其中 $k \in \mathbb{N}_0$, 并且这两个尺度所对应的负指数部分的定义如 (6.117) 所示. 注意到, 除了 $p \in \{1, \infty\}$, 负指标 Sobolev 空间 $W^{-k,(p)} = \left(W^{k, p/(p-1)}\right)^*$, 因此 $|\cdot|_{-1,(p)} = |\cdot|_{W^{-1, \frac{p}{p-1}}}$. 由 Leibniz 链式法则, 那么对于几乎所有的 $x \in \mathbb{R}^d$ 和任意的 $(s, t) \in \Delta$ 有

$$|\nabla^k B_{st}^* \phi| \leqslant \omega_Z(s,t)^\alpha \left(|\sigma|_{W^{k+1,\infty}} + |\nu|_{W^{k,\infty}}\right) \sum_{0 \leqslant \ell \leqslant k+1} |\nabla^\ell \phi|, \quad k = 0, 1, 2,$$

此外,

$$|\nabla^k \mathbb{B}_{st}^* \phi| \leqslant \omega_Z(s,t)^{2\alpha} \left(|\sigma|_{W^{k+2,\infty}} + |\nu|_{W^{k+1,\infty}}\right) \sum_{0 \leqslant \ell \leqslant k+2} |\nabla^\ell \phi|, \quad k = 0, 1.$$

定义在 (6.120) 中的驱动 $\mathbf{B} = (B, \mathbb{B})$ 满足定义 6.14 的性质, 即

$$\begin{cases} \mathbf{B} \text{ 对于尺度 } (W^{k,2})_{k \geqslant 0} \text{ 和 } (W^{k,\infty})_{k \geqslant 0} \\ \text{都为 } 1/\alpha\text{-无界驱动项.} \end{cases} \tag{6.130}$$

此外, 可以令

$$\omega_B(s,t) := C\left(|\sigma|_{W^{3,\infty}}, |\nu|_{W^{2,\infty}}\right) \omega_Z(s,t), \tag{6.131}$$

上面的常数仅仅依赖于所显示的量.

　　现在需要对问题 (6.103) 的解给出一个合适的概念. 下面的定义可参考 [93].

定义 6.15

对于固定的 $T > 0$, $I := [0, T]$ 和 $\alpha \in (1/3, 1/2)$. 设 $\mathbf{B} = (B, \mathbb{B})$ 是一个在尺度 $(\mathcal{G}_k)_{k \in \mathbb{N}_0}$ 上连续的 $1/\alpha$-无界粗糙驱动项, 并且设 $\mu \equiv \mu_t$ 是 $\mathcal{G}_{-1}$ 中的有限变差的路径. 连续路径 $g : I \to \mathcal{G}_{-0}$ 被称为粗糙偏微分方程

$$dg = d\mu + d\mathbf{B} g \tag{6.132}$$

在 $I \times \mathbb{R}^d$ 上对于尺度 $(\mathcal{G}_k)_{k \in \mathbb{N}_0}$ 的弱解, 若对于任意的 $\phi \in \mathcal{G}_3$ 和 $(s,t) \in \Delta$, 有

$$\langle \delta g_{st}, \phi \rangle = \langle \delta \mu_{st}, \phi \rangle + \langle g_s, B_{st}^* \phi \rangle + \langle g_s, \mathbb{B}_{st}^* \phi \rangle + \langle g_{st}^\natural, \phi \rangle, \quad (6.133)$$

上式中的 $g^\natural \in \mathcal{V}_{2,\mathrm{loc}}^{1+}(I, \mathcal{G}_{-3})$.

特别地, 对于 $u \in \mathscr{B}$, 驱动项 $\mu_t := \int_0^t Au_r dr$, 这里 Au 出现在 (6.121) 中, 作为 $\mathcal{V}_1^1(I, W^{-1,2})$ 中的元素而存在 (事实上 $\mu \in \mathcal{AC}(I, W^{-1,2})$). 故而问题 (6.103) 的解是在空间 $\mathscr{B}$ 中寻找 u 使得

$$\begin{cases} du = (Au)dt + d\mathbf{B}u, & I \times \mathbb{R}^d, \\ u_0 \in L^2(\mathbb{R}^d). \end{cases} \quad (6.134)$$

上述方程应在定义 6.15 的意义下理解. 现在陈述本节主要的结果.

定理 6.13

对于固定的 $T > 0$, $I := [0,T]$, 假设 $u_0 \in L^2$, 并且考虑系数 a, b, c, σ, ν 使得假设 6.3—假设 6.5 成立. 那么方程 (6.134) 存在唯一的弱解 u 使得

$$u \in \mathscr{B}_{0,T} := \mathcal{C}(I, L^2) \cap L^2(I, W^{1,2}). \quad (6.135)$$

此外, 对 u^2 有如下的 Itô 公式成立:

$$\langle \delta u_{st}^2, \phi \rangle = 2 \int_s^t \langle Au, u\phi \rangle dr + \langle u_s^2, \hat{B}_{st}^* \phi \rangle + \langle u_s^2, \hat{\mathbb{B}}_{st}^* \phi \rangle + \langle u_{st}^{2,\natural}, \phi \rangle, \quad (6.136)$$

上式中 $\phi \in W^{3,\infty}$ 以及 $(s,t) \in \Delta$, $\hat{\mathbf{B}}$ 是一个 (6.120) 中的参数 ν 被 $\hat{\nu} := 2\nu$ 取代的无界粗糙驱动项, 此外余项 $u^{2,\natural} \in \mathcal{V}_{2,\mathrm{loc}}^{1+}(I, (W^{3,\infty})^*)$.

最后, u 的 $\mathscr{B}$-范数有如下估计

$$\|u\|_{\mathscr{B}_{0,T}} \leqslant C\left(\alpha, T, m, M, \|b\|_{2r,2q}, \|c\|_{r,q}, \omega_Z, |\sigma|_{W^{3,\infty}}, |\nu|_{W^{2,\infty}}\right) |u_0|_{L^2}, \quad (6.137)$$

上述常数仅仅依赖于显示的量, 但不依赖于 $u_0 \in L^2$.

存在唯一性将分别证明. 存在性通过逼近论证获得, 它将会在如下的连续性结果中获得 (具体见 6.3.5节).

定理 6.14

在定理 6.13 的条件下, 设 $\mathcal{P}_{m,M}$ 为系数 $a^{ij} \in L^\infty(I \times \mathbb{R}^d)$ 的集合且满足假设 6.3, 令 $\mathscr{C}_g^\alpha$ 是连续的 $1/\alpha$-变差粗糙路径的集合. 解映射

$$\begin{cases} \mathfrak{S} : L^2 \times \mathcal{P}_{m,M} \times L^{2r}L^{2q} \times L^r L^q \times W^{3,\infty} \times W^{2,\infty} \\ \qquad \times \mathscr{C}_g^\alpha \longrightarrow \mathcal{C}(I, W_{\mathrm{loc}}^{-1,2}) \cap L^2(I, L_{\mathrm{loc}}^2), \\ (u_0, a, b, c, \sigma, \nu, \mathbf{Z}) \longmapsto \mathfrak{S}(u_0, a, b, c, \sigma, \nu, \mathbf{Z}) := \begin{cases} \text{由定理 6.13} \\ \text{给出的解是连续的.} \end{cases} \end{cases}$$
$$\tag{6.138}$$

6.3.2　粗糙偏微分方程的分析

本小节, 介绍分析粗糙偏微分方程 (6.132) 的基本工具, 即粗糙 Grönwall 引理和 (6.133) 的余项估计. 这些工具是分析的核心, 并且将被用于推导弱解存在唯一性所需的先验估计.

6.3.2.1　粗糙 Grönwall 引理

导出 (6.134) 的弱解的关键性工具是如下推广的类 Grönwall 估计.

引理 6.13 (粗糙 Grönwall 引理)

设 $G : I \equiv [0,T] \to \mathbb{R}^+$. 假设对于给定的正则控制 ω, 以及常数 $L > 0$ 使得当 $\omega(s,t) \leqslant L$ 时, 对于超可加映射 $\varphi : \Delta_I \to \mathbb{R}$, 有

$$\delta G_{st} \leqslant \left(\sup_{s \leqslant r \leqslant t} G_r \right) \omega(s,t)^{1/\kappa} + \varphi(s,t), \tag{6.139}$$

上式中的常数 $\kappa > 0$.
那么, 存在一个常数 $\tau_{\kappa,L} > 0$, 它仅依赖于 κ 和 L, 使得

$$\sup_{0 \leqslant t \leqslant T} G_t \leqslant 2 \exp\left(\frac{\omega(0,T)}{\tau_{\kappa,L}} \right) \left[G_0 + \sup_{0 \leqslant t \leqslant T} |\varphi(0,t)| \exp\left(\frac{-\omega(0,t)}{\tau_{\kappa,L}} \right) \right]. \tag{6.140}$$

证明　设 $\tau := L \wedge (2e^2)^{-\kappa}$, 因为控制 ω 是正则的, 那么存在一个 $K \geqslant 2$ 和序列 $t_0 \equiv 0 < t_1 < \cdots < t_{K-1} < t_K \equiv T$ 使得对于每一个 $k \in \{1, \cdots, K-1\}$, 有

$$\omega(0, t_k) = k\tau, \tag{6.141}$$

然而当 $k = K$ 时, $\omega(0, t_K) \equiv \omega(0, T) \leqslant K\tau$. 对于 $k \in \{0, \cdots, K-1\}$, 使用超可加性可得

$$\omega(t_k, t_{k+1}) \leqslant \tau. \tag{6.142}$$

接下来, 对于 $t \in [0, T]$, 令

$$G_{\leqslant t} := \sup_{0 \leqslant r \leqslant t} G_r, \quad H_t := G_{\leqslant t} \exp\left(-\frac{\omega(0, t)}{\tau}\right), \quad H_{\leqslant t} := \sup_{0 \leqslant r \leqslant t} H_r.$$

取 $t \in [t_{k-1}, t_k], k \in \{1, \cdots, K\}$. 注意到因为 $\tau \leqslant L$, 将估计式 (6.139) 应用到每一个子区间 $[t_i, t_{i+1}]$. 因此, 使用 (6.139), (6.142) 以及 φ 的超可加性, 则有

$$G_t = G_0 + \sum_{i=0}^{k-2} \delta G_{t_i t_{i+1}} + \delta G_{t_{k-1} t}$$

$$\leqslant G_0 + \tau^{1/\kappa} \left(\sum_{i=0}^{k-2} G_{\leqslant t_{i+1}} + G_{\leqslant t}\right) + \sum_{i=0}^{k-2} \varphi(t_i, t_{i+1}) + \varphi(t_{k-1}, t)$$

$$\leqslant G_0 + \tau^{1/\kappa} \sum_{i=0}^{k-1} H_{t_{i+1}} \exp\left(\frac{\omega(0, t_{i+1})}{\tau}\right) + \varphi(0, t).$$

根据 (6.141) 和指数映射的性质, 上式右端有上界

$$G_0 + \tau^{1/\kappa} H_{\leqslant T} \exp(k+1) + \varphi(0, t).$$

基于事实 $\omega(0, t) \geqslant \omega(0, t_{k-1})$, 可以导出 H 的估计:

$$H_t \leqslant \left\{G_0 + |\varphi(0, t)| + \tau^{1/\kappa} \exp(k+1) H_{\leqslant t}\right\} \exp\left(\frac{-\omega(0, t)}{\tau}\right)$$

$$\leqslant G_0 + \sup_{t \leqslant T}\left\{|\varphi(0, t)| \exp\left(\frac{-\omega(0, t)}{\tau}\right)\right\} + \tau^{1/\kappa} e^2 H_{\leqslant T},$$

根据 τ 的定义, 便有如下估计:

$$H_{\leqslant T} \leqslant \frac{1}{1 - e^2 \tau^{1/\kappa}} \left(G_0 + \sup_{t \leqslant T}\left\{|\varphi(0, t)| \exp\left(\frac{-\omega(0, t)}{\tau}\right)\right\}\right),$$

那么 (6.140) 直接由上式得到.

6.3.2.2　余项估计

与经典的理论类似, 对于粗糙偏微分方程 (6.132), 可以通过使用粗糙 Gön-wall 引理获得它的先验估计. 然而, 值得强调的是先验估计的最精妙的部分是在于使用引理 6.13 估计余项. 这一步的处理方式绝对不平凡, 特别地, 由于算子的无界性 (方程中的确定性部分以及噪声部分) 和相应导数的损失, 一个重要的观察是可以使用插值技术来平衡时空变量之间的正则性. 为此, 介绍在给定尺度空间 $(\mathcal{G}_k)$ 上的光滑算子的概念.

定义 6.16

假设给定的尺度 $(\mathcal{G}_k)_{k \in \mathbb{N}_0}$ 满足拓扑嵌入

$$\bigcup_{k \in \mathbb{N}_0} \mathcal{G}_k \hookrightarrow \mathscr{D}',$$

并且令 $J_\eta : \mathscr{D}' \to \mathscr{D}', \eta \in (0,1)$, 为一族线性映射. 对于 $m \geqslant 1$, 称 $(J_\eta)_{\eta \in (0,1)}$ 是一个在 $(\mathcal{G}_k)$ 上的 m-步光滑算子族, 若对于 $k \in \mathbb{N}_0$ 有

(J1) J_η 映 $\mathcal{G}_k$ 到 $\mathcal{G}_{k+m}, \eta \in (0,1)$.

并且存在常数 $C_J > 0$ 使得对于任何的 $\ell \in \mathbb{N}_0$ 以及 $|k - \ell| \leqslant m$ 有:

(J2) 若 $0 \leqslant k \leqslant \ell \leqslant m+1$, 那么对于 $\forall \eta \in (0,1)$, 有

$$|J_\eta|_{\mathcal{L}(\mathcal{G}_k, \mathcal{G}_\ell)} \leqslant \frac{C_J}{\eta^{\ell-k}}. \tag{6.143}$$

(J3) 若 $0 \leqslant \ell \leqslant k \leqslant m+1$, 那么对于 $\forall \eta \in (0,1)$, 有

$$|Id - J_\eta|_{\mathcal{L}(\mathcal{G}_k, \mathcal{G}_\ell)} \leqslant C_J \eta^{k-\ell}. \tag{6.144}$$

♣

注 6.5　当空间 $\mathcal{G}_k$ 是 Sobolev 类空间且可积性指标不等于 $1, \infty$, 1-步光滑算子族的例子如下:

$$J_\eta := (Id - \eta^2 \Delta)^{-1} \quad \text{或} \quad J_\eta := e^{\eta^2 \Delta}. \tag{6.145}$$

在 $W^{k,2}(\mathbb{R}^d)$ 空间中使用傅里叶变换很容易发现这一事实: 例如, 对于上述第一个算子族, 可以利用如下不等式

$$\frac{1}{1 + (\eta|\xi|)^2} - 1 \leqslant C_\alpha (\eta|\xi|)^{2\alpha},$$

该不等式对于所有的 $\alpha \in [0,1]$ 都成立, 并且运用 Parseval 等式很容易获得想要的性质 (比如, 当 $\alpha = \dfrac{1}{2}$, 1 时, 则 (J3) 成立). 上述第二个光滑算子族在文献 [94]

被频繁使用.

若 $\mathcal{G}_k$ 是由支撑在全空间 $\mathbb{R}^d$ 上的函数 ϕ 组成, 可以简单地令 $J_\eta \phi := \varrho_\eta * \phi$, 这里 ϱ_η 是一个单位函数的近似. 更多关于光滑算子族的性质在后续辅助性结论中的 6.3.6.3 节中可以找到.

本小节主要结果如下.

命题 6.6 (余项估计)

设 $\alpha \in (1/3, 1/2]$, 固定区间 $I \subset [0, T]$. 设 $\mathbf{B} = (B, \mathbb{B})$ 为尺度 $\mathcal{G}_k, |\cdot|_k$, $k \in \mathbb{N}_0$ 上的连续的无界 $1/\alpha$-粗糙驱动项, 并且该尺度上有一 2-步光滑算子族 $(J_\eta)_{\eta \in (0,1)}$. 考虑漂移项 $\mu \in \mathcal{V}_1^1(I, \mathcal{G}_{-1})$, 并且设 ω_μ 是一个正则控制, 使得对于所有的 $(s, t) \in \Delta_I$ 有

$$|\delta \mu_{st}|_{-1} \leqslant \omega_\mu(s, t). \tag{6.146}$$

设 g 为粗糙偏微分方程 (6.132) 在定义 6.15 的意义下的弱解, 使得 g 在整个区间 I 上都被控制, 这意味着: $g^\flat \in \mathcal{V}_2^{1+}(I, \mathcal{G}_{-3})$.

则存在常数 $C, L > 0$, 使得, 如果控制在区间 I 上满足小条件 $\omega_B(I) \leqslant L$, 那么对所有的 $(s, t) \in \Delta_I$ 有

$$|g_{st}^\flat|_{-3} \leqslant C \left(\sup_{s \leqslant r \leqslant t} |g_r|_{-0} \omega_B(s, t)^{3\alpha} + \omega_\mu(s, t) \omega_B(s, t)^\alpha \right). \tag{6.147}$$

此外, 对于所有的 $(s, t) \in \Delta_I$, 定义一阶余项

$$g_{st}^\sharp := \delta g_{st} - B_{st} g_s. \tag{6.148}$$

那么, 在满足小性条件 $(\omega_\mu + \omega_B)(I) \leqslant L$ 的前提下, 对于每一个 $(s, t) \in \Delta_I$ 有

$$|g_{st}^\sharp|_{-1} \leqslant C \left(\omega_\mu(s, t) + \sup_{s \leqslant r \leqslant t} |g|_{-0} (\omega_\mu(s, t)^\alpha + \omega_B(s, t)^\alpha) \right), \tag{6.149}$$

$$|g_{st}^\sharp|_{-2} \leqslant C \left(\omega_\mu(s, t) + \sup_{s \leqslant r \leqslant t} |g|_{-0} \omega_B(s, t)^{2\alpha} \right), \tag{6.150}$$

$$|\delta g_{st}|_{-1} \leqslant C \left(\omega_\mu(s, t) + \sup_{s \leqslant r \leqslant t} |g|_{-0} (\omega_\mu(s, t)^\alpha + \omega_B(s, t)^\alpha) \right). \tag{6.151}$$

在给出命题 6.6 的证明之前, 需要给出控制函数和 $1/\alpha$-变差函数空间的一些性质. 这里考虑 $\mathcal{V}^\alpha$ 空间而不是 $\mathcal{C}^\alpha$ 空间是必要的, 这是为了处理低正则性的假设 (6.122)—(6.123) 而选取的空间. $1/\alpha$-变差设置在应用中也是非常方便的, 由于

控制函数具有一些 "好的性质". 例如, 当 ω_1, ω_2 为两控制, 那么当 $a + b \geqslant 1$ 时, 乘积

$$\omega_1(s,t)^a \omega_2(s,t)^b \tag{6.152}$$

也是一控制, 并且若 ω_1, ω_2 是正则的, 那么它们的乘积也是正则的 (参考 [5]). 另外一个有趣的控制如下. 在命题 6.6 中, 感兴趣能否取到一个 "最佳控制" 来控制 $(s,t) \mapsto |g_{st}^\natural|_{\mathcal{G}_{-3}}$. 注意到对于控制的上确界通常不是控制, 然而, 对于任意的 $(s,t) \in \Delta_I$ 可以定义

$$\omega_\natural(s,t) := \inf\{\omega(s,t) : \omega \in \mathfrak{C}_{s,t}\}, \tag{6.153}$$

$$\mathfrak{C}_{s,t} := \Big\{ \omega : \Delta_{[s,t]} \to \mathbb{R}^+ \text{ 为控制 } \mid \forall (\theta, \tau) \in \Delta_{[s,t]},\ \omega(\theta, \tau) \geqslant |g_{\theta\tau}^\natural|_{-3} \Big\}, \tag{6.154}$$

那么有如下的事实成立.

引理 6.14

定义在 (6.153) 中的映射 $\omega_\natural : \Delta_I \to \mathbb{R}^+$ 是一个正则控制. 此外, 它等于 $(s,t) \in \Delta_I \mapsto |g^\natural|_{1\text{-var};\mathcal{G}_{-3};[s,t]}$. ♡

证明 对于任何 $(s, \theta, t) \in \Delta^2$, 因为 $\mathfrak{C}_{s,\theta}, \mathfrak{C}_{\theta,t}$ 被包含在 $\mathfrak{C}_{s,t}$, 对于每一个 $\omega \in \mathfrak{C}_{s,t}$, 由定义有

$$\omega_\natural(s,\theta) + \omega_\natural(\theta,t) \leqslant \omega(s,\theta) + \omega(\theta,t) \leqslant \omega(s,t), \tag{6.155}$$

在 (6.155) 中取下确界, 则 (6.107) 成立, 因此 $\omega_\natural$ 确实是一控制.

现在, 映射 $\omega : (s,t) \in \Delta_I \mapsto |g^\natural|_{1\text{-var};\mathcal{G}_{-3};[s,t]}$ 是一个正则控制 (参考 [5, 命题 5.8]). 因此, 设 $(s,t) \in \Delta_I$, 仅仅需要证明

$$\omega(s,t) \leqslant \omega_\natural(s,t), \quad (s,t) \in \Delta_I. \tag{6.156}$$

但是对任意的划分 $\pi \in \mathcal{P}([s,t])$, 取 $\mathfrak{C}_{s,t}$ 中的任意控制 $\bar\omega$, 那么有

$$\sum_{(\pi)} |g_{t_i t_{i+1}}^\natural|_{-3} \leqslant \sum_{(\pi)} \bar\omega(t_i, t_{i+1}) \leqslant \bar\omega(s,t),$$

上式左端对于 $\pi \in \mathscr{P}([s,t])$ 取上确界, 并且右端关于 $\bar\omega \in \mathfrak{C}_{s,t}$ 取下确界, 可知 (6.156) 式成立. 这便完成引理的证明.

作为 (6.152) 和引理 6.14 的结论, 命题 6.6 中的 (6.147) 能够变成如下不等式:

$$\omega_\natural(s,t) \leqslant C\left(\sup_{s \leqslant r \leqslant t} |g_r|_{-0} \omega_B(s,t)^{3\alpha} + \omega_\mu(s,t) \omega_B(s,t)^\alpha \right), \tag{6.157}$$

其证明将在后面给出.

注 6.6 事实上, 引理 6.14 的证明很容易修正以产生更一般的性质. 记 E 是任意的一 Banach 空间. 对于任意的 $\alpha > 0$, 若 $g \in \mathcal{V}^{\alpha}_{2,\text{loc}}(I, E)$, 那么 $(s,t) \in \Delta_I \mapsto |g|^{1/\alpha}_{1/\alpha\text{-var}}$ 是一正则控制并且对于任何的 $(s,t) \in \Delta_I$, 有

$$|g|^{1/\alpha}_{1/\alpha\text{-var};E;[s,t]} = \inf\{\omega(s,t) : \omega \in \mathfrak{C}^{\alpha}_{s,t}\},$$

这里 $\mathfrak{C}^{\alpha}_{s,t} := \{\omega : \Delta_{[s,t]} \to \mathbb{R}^+ \text{ 控制 s.t. } \omega(\theta,\tau)^{\alpha} \geqslant |g_{\theta\tau}|_E \ \forall (\theta,\tau) \in \Delta_{[s,t]}\}$.

设 A 和 $\mathbf{B}$ 如上面介绍的那样, 现给出命题 6.6 的证明.

证明 (6.147) 的证明. 为了估计余项 $g^{\flat}_{st}$, 将 δ 应用到 (6.133) 并且使用 Chen 等式 (6.119), 对于每一个 $(s,\theta,t) \in \Delta^2_I$ 有

$$\begin{aligned}
\delta g^{\flat}_{s\theta t} &= B_{\theta t}\delta g_{s\theta} - B_{\theta t}B_{s\theta}g_s + \mathbb{B}_{\theta t}\delta g_{s\theta} \\
&= B_{\theta t}g^{\sharp}_{s\theta} + \mathbb{B}_{\theta t}\delta g_{s\theta} \\
&=: \mathcal{T}_{\sharp} + \mathcal{T}_{\delta}.
\end{aligned} \tag{6.158}$$

利用 $g^{\sharp}$ 在 (6.148) 中的定义和方程 (6.133), 有

$$g^{\sharp}_{s\theta} \equiv \delta g_{s\theta} - B_{s\theta}g_s = \delta\mu_{s\theta} + \mathbb{B}_{s\theta}g_s + g^{\flat}_{s\theta}. \tag{6.159}$$

因此它是 $\mathcal{G}_{-1}$ 和 $\mathcal{G}_{-2}$ 中的元素. 注意, 这一基本事实将作为后续的辅助性命题 6.12 应用的前提.

对 (6.158) 作用试验函数 $\phi \in \mathcal{G}_3$ 且 $|\phi|_3 \leqslant 1$. 将 (6.159) 代入到 (6.158) 中, 并且使用 $J_{\eta}, \eta \in (0,1)$ (η 的取值在后面将会确定), 由此有

$$\langle \mathcal{T}_{\sharp}, \phi \rangle \equiv \langle \delta\mu_{s\theta} + \mathbb{B}_{s\theta}g_s + g^{\flat}_{s\theta}, B^*_{\theta t}J_{\eta}\phi \rangle + \langle \delta g_{s\theta} - B_{s\theta}g_s, B^*_{\theta t}(Id - J_{\eta})\phi \rangle.$$

简单地记

$$G := \sup_{r \in I} |g_r|_{-0}, \tag{6.160}$$

利用 $\mathbf{B}$ 和 ω_{μ} 的估计以及估计式 (6.143)-(6.144), 对于每一个 $(s,\theta,t) \in \Delta_I$ 有

$$\begin{aligned}
|\langle \mathcal{T}_{\sharp}, \phi \rangle| &\leqslant \omega_{\mu}(s,\theta)|B^*_{\theta t}J_{\eta}\phi|_1 + \langle g_s, \mathbb{B}^*_{s\theta}B^*_{\theta t}J_{\eta}\phi \rangle + \langle g^{\flat}_{s\theta}, B^*_{\theta t}J_{\eta}\phi \rangle \\
&\quad + \langle \delta g_{s\theta}, B^*_{\theta t}(Id - J_{\eta})\phi \rangle + \langle g_s, B^*_{s\theta}B^*_{\theta t}(Id - J_{\eta})\phi \rangle \\
&\leqslant C_J\Bigg(\omega_{\mu}(s,t)\omega_B(s,t)^{\alpha} + G\omega_B(s,t)^{3\alpha} + \frac{\omega_{\flat}(s,t)\omega_B(s,t)^{\alpha}}{\eta} \\
&\quad + 2G\omega_B(s,t)^{\alpha}\eta^2 + G\omega_B(s,t)^{2\alpha}\eta\Bigg).
\end{aligned} \tag{6.161}$$

上式对于任意的 $\eta \in (0,1)$ 都成立, 可以选取一个合适的 η 来平衡上面的每一项. 即可令

$$\eta := 4C_J |\Lambda| \omega_B(s,t)^\alpha, \tag{6.162}$$

这里的 $|\Lambda|$ 是 Sewing 引理中的常数, 见后面的辅助性命题 6.12. 现在, 小条件

$$\omega_B(I) < L := \left(\frac{1}{4C_J|\Lambda|}\right)^{1/\alpha} \tag{6.163}$$

保证了 η 属于 $(0,1)$, 以至于 (6.162) 的确是一个有效的选取. 在这种情形下, 可以得到不等式

$$|\mathcal{T}_\sharp|_{-3} \leqslant C\left(\omega_\mu(s,t)\omega_B(s,t)^\alpha + G\omega_B(s,t)^{3\alpha}\right) + \frac{\omega_\natural(s,t)}{4|\Lambda|}, \tag{6.164}$$

这里常数 $C > 0$ 且仅依赖于 $|\Lambda|$ 和 C_J, 并且 $(s,\theta,t) \in \Delta_I^2$ 是任意的. 先前的计算表明对任意的 $\phi \in \mathcal{G}_1$ 且 $|\phi|_1 \leqslant 1$ 有

$$\begin{aligned}
|\langle g_{s\theta}^\sharp, \phi \rangle| &\leqslant \omega_\mu(s,\theta)|J_\eta\phi|_1 + G\omega_B(s,\theta)^{2\alpha}|J_\eta\phi|_2 + \omega_\natural(s,\theta)|J_\eta\phi|_3 \\
&\quad + |\delta g_{s\theta}|_{-0}|(Id - J_\eta)\phi|_0 + G|B_{s\theta}^*(Id - J_\eta)\phi|_0 \\
&\leqslant C_J\left(\omega_\mu(s,\theta) + G\frac{\omega_B(s,\theta)^{2\alpha}}{\eta} + \frac{\omega_\natural(s,\theta)}{\eta^2} + 2G\eta + G\omega_B(s,\theta)^\alpha\right),
\end{aligned} \tag{6.165}$$

这里再次使用了 (6.143). 与 (6.162) 中 η 的选取类似, 这里也可以找到一个合适的 η 使得 $g^\sharp$ 属于 $\mathcal{V}_2^\alpha(I, \mathcal{G}_{-1})$, 并且有估计:

$$|g_{s\theta}^\sharp|_{-1} \leqslant C\left(\omega_\mu(s,\theta) + G\omega_B(s,\theta)^\alpha\right) + \frac{\omega_\natural(s,\theta)}{4|\Lambda|\omega_B(s,\theta)^{2\alpha}}, \quad \forall(s,\theta) \in \Delta_I. \tag{6.166}$$

现在, 对于 (6.158) 的第二项, 取 $\phi \in \mathcal{G}_3$ 且满足 $|\phi|_3 \leqslant 1$, 那么由估计式 (6.166), 便导出:

$$\begin{aligned}
|\langle \mathcal{T}_\delta, \phi \rangle| &\equiv |\langle g_{s\theta}^\sharp + B_{s\theta}g_s, \mathbb{B}_{\theta t}^*\phi \rangle| \\
&\leqslant |g_{s\theta}^\sharp|_{-1}|\mathbb{B}_{\theta t}^*\phi|_1 + |g_s|_{-0}|B_{s\theta}^*\mathbb{B}_{\theta t}^*\phi|_0 \\
&\leqslant C\left(\omega_\mu(s,t)\omega_B(s,t)^{2\alpha} + G\omega_B(s,t)^{3\alpha}\right) + \frac{\omega_\natural(s,t)}{4|\Lambda|} + G\omega_B(s,t)^{3\alpha}.
\end{aligned} \tag{6.167}$$

那么由估计 (6.167) 和 (6.164), 可得

$$|\delta g_{s\theta t}^\natural|_{-3} \leqslant C\left(\omega_\mu(s,t)\omega_B(s,t)^\alpha + G\omega_B(s,t)^{3\alpha}\right) + \frac{\omega_\natural(s,t)}{2|\Lambda|},$$

该式中的常数 $C > 0$ 与 $(s,\theta,t) \in \Delta_I^2$ 无关. 现在可以应用 Sewing 引理 (后面的辅助性命题 6.12), 使得 $g^\natural = \Lambda\delta g^\natural$ 并且对于所有的 $(s,t) \in \Delta_I$, 有

$$|g_{st}^\natural|_{-3} \leqslant \omega_\natural' \equiv C\left(\omega_\mu(s,t)\omega_B(s,t)^\alpha + G\omega_B(s,t)^{3\alpha}\right) + \frac{1}{2}\omega_\natural(s,t).$$

注意 $\omega_\natural$ 是使得上述不等式成立的最小的控制 $\omega_\natural'$ (见引理 6.14), 最终得到

$$|g_{st}^\natural|_{-3} \leqslant 2C\left(\omega_\mu(s,t)\omega_B(s,t)^\alpha + G\omega_B^{3\alpha}(s,t)\right),$$

便证得 (6.147).

(6.149) 的证明. 由 (6.165) 和 (6.147) 以及 $\omega_\natural$ 的定义, 那么有 (这里省略了时间指标):

$$|\langle g^\sharp, \phi\rangle| \leqslant C\left(\omega_\mu + G\left(\frac{\omega_B^{2\alpha}}{\eta} + \omega_B^\alpha + \eta\right) + \frac{1}{\eta^2}\left(\omega_\mu\omega_B^\alpha + G\omega_B^{3\alpha}\right)\right)|\phi|_1.$$

假设 $(\omega_\mu + \omega_B)(I) < L$ (因此保证了 $\eta := (\omega_\mu + \omega_B)^\alpha$ 属于 $(0,1)$), 那么有如下的先验估计:

$$|g_{st}^\sharp|_{-1} \leqslant C\left(\omega_\mu(s,t) + G\left(\omega_\mu(s,t)^\alpha + \omega_B(s,t)^\alpha\right)\right), \quad \forall(s,t) \in \Delta_I,$$

这里使用到常用的估计 $\omega_B \leqslant \omega_\mu + \omega_B$, $1 - \alpha > \alpha$, 以及 $(\omega_\mu + \omega_B)^\alpha \leqslant C_\alpha(\omega_\mu^\alpha + \omega_B^\alpha)$.

(6.151) 的证明. 鉴于 $\delta g = g^\sharp + Bg$, 用 δg 代替 $g^\sharp$ 后, 也有相同的估计, 即对于所有的 $(s,t) \in \Delta_I$:

$$|\delta g_{st}|_{-1} \leqslant C\left(\omega_\mu(s,t) + G\left(\omega_\mu(s,t)^\alpha + \omega_B(s,t)^\alpha\right)\right)$$

(这里常数 C 会发生变化).

(6.150) 的证明. 同上述的计算类似, 有

$$\langle g^\sharp, \phi\rangle \leqslant C\left(\omega_\mu + G\left(\omega_B^{2\alpha} + \eta^2 + \omega_B^\alpha\eta\right) + \frac{1}{\eta}\left(\omega_\mu\omega_B^\alpha + G\omega_B^{3\alpha}\right)\right)|\phi|_2,$$

上述中的每一项都省略了指标 $(s,t) \in \Delta_I$. 因此, 取 $\eta := \omega_B(s,t)^\alpha$, 便有

$$|g_{st}^\sharp|_{-2} \leqslant C\left(\omega_\mu(s,t) + G\omega_B(s,t)^{2\alpha}\right), \quad \forall(s,t) \in \Delta_I,$$

该式中的常数 $C > 0$.

注 6.7 (弱解与受控粗糙路径之间的联系)　遵循 Gubinelli 的粗糙路径的方法[6], 定义一个受控粗糙路径空间 $\mathscr{D}_B$, 它中的元素 g, g' 属于 $\mathcal{V}_1^\alpha(I, \mathcal{G}_{-1})$, 且使得一阶余项

$$(s, t) \in \Delta \mapsto g_{st}^\sharp := \delta g_{st} - B_{st} g_s' \tag{6.168}$$

属于 $\mathcal{V}_{2,\mathrm{loc}}^{2\alpha}(I, \mathcal{G}_{-2})$.

若 g 为方程 (6.132) 的弱解, 即在定义 6.15 意义下, 那么有 $(g, g') \in \mathscr{D}_B$ 且 $g' = g$. 因此, 鉴于命题 6.6 中给定的 $(\mathcal{G}_k), (J_\eta), \mu$ 和 $\mathbf{B}$, 那么可以将方程 (6.132) 的弱解定义为 $\mathscr{D}_B$ 中的元素 (g, g) 使得 (6.133) 成立, i.e. 一条连续的路径 $g : [0, T] \to \mathcal{G}_{-0}$ 使得

$$\begin{cases} \delta g \in \mathcal{V}_{2,\mathrm{loc}}^\alpha(I, \mathcal{G}_{-1}), \\ g^\sharp \equiv \delta g - Bg \in \mathcal{V}_{2,\mathrm{loc}}^{2\alpha}(I, \mathcal{G}_{-2}), \\ g^\natural \equiv \delta g - Bg - \mathbb{B}g - \delta\mu \in \mathcal{V}_{2,\mathrm{loc}}^{3\alpha}(I, \mathcal{G}_{-3}). \end{cases}$$

6.3.2.3　能量不等式

本小节假设驱动路径 z 是光滑的, 并且建立方程 (6.134) 的弱解的 $\mathscr{B}$-范数估计, 这个范数估计仅仅依赖于 z 的典则提升 $\mathbf{Z}$. 然而需要注意的是, 只要 u^2 满足方程 (6.136), 那么下面命题 6.7 的结论对于粗糙情形也是成立的, 见 6.3.4 节.

6.3.2.3.1　主要的结果陈述

根据非退化抛物方程的标准理论 (参考 [95, Chap. III]) 可知存在唯一的 u 属于 $\mathscr{B}$ (这一空间在参考文献中被记为 $V_2^{1,0}$), 它作为如下发展方程的解

$$\frac{\partial u}{\partial t} - Au = \left(\sigma^{ki}\partial_i u + \nu^k u\right) \dot{z}^k, \quad u_0 \in L^2, \tag{6.169}$$

即解满足以下等式

$$-\iint_{I \times \mathbb{R}^d} u \partial_t \eta \, dt dx + \iint_{I \times \mathbb{R}^d} \left(a^{ij}\partial_j u \partial_i \eta - b^i \partial_i u \eta - cu\eta\right) dt dx$$

$$= \iint_{I \times \mathbb{R}^d} \left(\sigma^{ki}\partial_i \eta + \nu^k u\eta\right) \dot{z}^k dt dx, \tag{6.170}$$

这里试验函数 η 属于 Sobolev 空间

$$\mathscr{W}_2^{1,1}(I \times \mathbb{R}^d) := \{\eta \in L^2(I \times \mathbb{R}^d) : \nabla\eta, \partial_t\eta \in L^2(I \times \mathbb{R}^d)\},$$

并且 η 在时间边界 $t = T$ 和 $t = 0$ 上等于 0.

下面的目标是给出如下结果的证明.

命题 **6.7** (能量不等式)

考虑一个光滑路径 z, 以及它的典则几何提升 $\mathbf{Z} \equiv (Z, \mathbb{Z})$, 并且令 ω_Z 为一控制函数 $(s, t) \mapsto |Z|^{1/\alpha}_{1/\alpha\text{-var};[s,t]} + |\mathbb{Z}|^{1/(2\alpha)}_{1/(2\alpha)\text{-var};[s,t]}$. 那么方程 (6.134) 的弱解满足

$$\sup_{0 \leqslant t \leqslant T} |u_t|^2_{L^2} + \int_0^T |\nabla u_r|^2_{L^2} dr \leqslant C |u_0|^2_{L^2}, \qquad (6.171)$$

上述常数 $C > 0$ 仅仅依赖于量 $\omega_Z, |\sigma|_{W^{3,\infty}}, |\nu|_{W^{2,\infty}}, m, M$ 以及 $\|b\|_{2r,2q}$, $\|c\|_{r,q}$, 但不依赖于 $\mathscr{B}$ 中的元素 u.

♠

尽管 u 先验上并不属于 $\mathscr{W}^{1,1}_2$, 通过考虑如下的平均形式

$$u_h(t, x) := \frac{1}{h} \int_t^{t+h} u(\tau, x) d\tau,$$

(若 $t \notin [0, T-h]$, 则进行 0 延拓.) 并且取 $h \to 0$ 的极限, 那么在 (6.170) 中就可作用试验函数

$$\eta(r, x) := \mathbf{1}_{[s,t]}(r) \phi(x) u(r, x),$$

其中 $\phi \in W^{1,\infty}$ (在 [95, Chap. III.2] 中的等式 (2.13) 给出了 $\eta := \mathbf{1}_{[s,t]} u$ 的情形, 它的证明和上面的 η 是一致的). 因此, 对于每一个 $(s, t) \in \Delta$ 和 $\phi \in W^{1,\infty}$ 有

$$\int_{\mathbb{R}^d} ((u_t)^2 - (u_s)^2) \phi dx = 2 \iint_{[s,t] \times \mathbb{R}^d} \left(-a^{ij} \partial_j u \partial_i (u\phi) + b^i \partial_i u u \phi + c u^2 \phi \right) dr dx$$

$$+ \iint_{[s,t] \times \mathbb{R}^d} \left(\sigma^{ki} \partial_i (u^2) \phi + 2\nu^k u^2 \phi \right) \dot{z}^k dr dx. \qquad (6.172)$$

6.3.2.3.2 命题 6.7 的证明

这里将要使用到 6.3.2.1 节和 6.3.2.2 节中的陈述的工具. 更具体地, 将要证明

- 对于 (6.172) 中的漂移项在尺度 $(W^{k,\infty})_{k \in \mathbb{N}_0}$ 上有合适的估计成立, 即这里考虑的漂移项为

$$\int_0^\cdot u A u dr,$$

且它可以被视为 $W^{1,\infty}$ 上的线性泛函;

- 在定义 6.15 的意义下, 方程 (6.172) 表明 $d(u^2) = 2d \left(\int u A u dr \right) + d\hat{\mathbf{B}}(u^2)$ 成立.

注 6.8　取 a, b, c 使得它们满足假设 6.3 和假设 6.4, 并且 $u \in \mathscr{B}$, 那么下面的量是正则控制

$$
\begin{cases}
\mathbf{a}(s,t) := (1+M^2)\left(\|\nabla u\|_{2,2;[s,t]}^2 + \|u\nabla u\|_{1,1;[s,t]}\right), & \mathbf{b}(s,t) := \left(\|b\|_{2r,2q;[s,t]}\right)^{2r}, \\
\mathbf{c}(s,t) := \left(\|c\|_{r,q;[s,t]}\right)^r, & \mathbf{u}(s,t) := \left(\|u\|_{\frac{2r}{r-1},\frac{2q}{q-1};[s,t]}\right)^{\frac{2r}{r-1}}.
\end{cases}
\tag{6.173}
$$

上面的控制在如下的意义下是绝对连续的: 若 ω 是上述任意的控制, 那么对于每一个 $\epsilon > 0$, 存在一个常数 $\delta_\epsilon > 0$, 对于任意的非交区间族 $(s_1, t_1), \cdots, (s_n, t_n) \subset I$, 若满足 $\sum(t_i - s_i) \leqslant \delta_\epsilon$, 则有 $\sum_{i=1}^n \omega(t_i, t_{i+1}) \leqslant \epsilon$.

注意到, 若不再对系数施加任何额外的假设, 这些项通常不能被常数乘以 $(t-s)$ 控制. 这表明需要在 $\mathcal{V}^\alpha$ 空间考虑问题而不是 Hölder 空间 $\mathcal{C}^\alpha$.

下面的引理将会被用来证明定理 6.14, 并且给出 (6.170) 中 u 的漂移项估计.

引理 6.15

给定 $\mathscr{B}$ 中的元素 u, 定义漂移项

$$
\langle \lambda_t, \phi \rangle := \int_0^t \langle A_r u_r, \phi \rangle dr \equiv \iint_{[0,t] \times \mathbb{R}^d} (-a_r^{ij} \partial_i u_r \partial_j \phi + b_r^i \partial_i u_r \phi + c_r u_r \phi) dr dx,
\tag{6.174}
$$

其中 $\phi \in W^{1,2}$, 以及

$$
\begin{aligned}
\langle \mu_t, \phi \rangle := 2\int_0^t \langle u_r A_r u_r, \phi \rangle dr \equiv 2 \iint_{[0,t] \times \mathbb{R}^d} \bigg(& -a_r^{ij} \partial_i u_r \partial_j u_r \phi \\
& -u_r a_r^{ij} \partial_i u_r \partial_j \phi + b_r^i \partial_i u_r u_r \phi + c_r (u_r)^2 \phi \bigg) dr dx,
\end{aligned}
\tag{6.175}
$$

其中 $\phi \in W^{1,\infty}$. 那么, 存在一个仅依赖于 T, r, q, M 但不依赖于在空间 $\mathscr{B}, L^\infty, L^{2r}(L^{2q}), L^r(L^q)$ 中函数 u, a, b, c 的常数 $C > 0$, 使得漂移项的估计的上界可由注 6.8 中的控制 $\mathbf{a}, \mathbf{b}, \mathbf{c}, \mathbf{u}$ 给出. 即对于 $(s,t) \in \Delta_I$, 有如下估计:

$$
\begin{aligned}
|\delta \lambda_{st}|_{-1,(2)} \leqslant & (t-s)^{1/2} \mathbf{a}(s,t)^{1/2} + \mathbf{b}(s,t)^{1/(2r)} \mathbf{a}(s,t)^{1/2} (t-s)^{\frac{r-1}{2r}} \\
& + \mathbf{c}(s,t)^{1/r} \mathbf{u}(s,t)^{\frac{r-1}{2r}} (t-s)^{\frac{r-1}{2r}} \leqslant C \left(1 + \|u\|_{\mathscr{B}_{s,t}}^2\right),
\end{aligned}
\tag{6.176}
$$

类似地, 有

$$
\begin{aligned}
|\delta \mu_{st}|_{-1,(\infty)} \leqslant & \mathbf{a}(s,t) + \mathbf{b}(s,t)^{1/(2r)} \mathbf{a}(s,t)^{1/2} \mathbf{u}(s,t)^{\frac{r-1}{2r}} + \mathbf{c}(s,t)^{1/r} \mathbf{u}(s,t)^{\frac{r-1}{r}} \\
& \leqslant C \|u\|_{\mathscr{B}_{s,t}}^2.
\end{aligned}
\tag{6.177}
$$

证明 (6.176) 的证明. 对于任意的 $\phi \in W^{1,2}$ 以及 $u \in \mathscr{B}$, 有

$$-\iint_{[s,t]\times\mathbb{R}^d} a^{ij}\partial_j u\partial_i\phi drdx \leqslant M\|\nabla u\|_{1,2;[s,t]}|\phi|_{1,(2)}$$

$$\leqslant M(t-s)^{1/2}\|\nabla u\|_{2,2;[s,t]}|\phi|_{1,(2)}.$$

由于

$$\frac{1}{2r} + \frac{1}{2} + \frac{r-1}{2r} = 1 \tag{6.178}$$

(对于 q 也有类似的等式), 由 Hölder 不等式, 有

$$\iint_{[s,t]\times\mathbb{R}^d} b^i\partial_i u\phi drdx \leqslant \|b\|_{2r,2q;[s,t]}\|\nabla u\|_{2,2;[s,t]}(t-s)^{\frac{r-1}{2r}}|\phi|_{L^{\frac{2q}{q-1}}}. \tag{6.179}$$

当空间维数为 1 或 2 时, $W^{1,2}$ 可以嵌入到 $L^p, p \in [1,\infty)$, 因此 $|\phi|_{L^{\frac{2q}{q-1}}}$ 可以被一常数乘以 $|\phi|_{1,(2)}$ 控制. 若 $d > 2$, 由假设

$$q > \max\left(1, \frac{d}{2}\right) = \frac{d}{2},$$

容易发现

$$\frac{2q}{q-1} < \frac{2d}{d-2} =: p^*.$$

根据 Sobolev 嵌入定理, 知

$$W^{1,2} \hookrightarrow L^{p^*} \subset L^{\frac{2q}{q-1}}.$$

故而对于这两种情形, 由 (6.179) 可推出

$$\iint_{[s,t]\times\mathbb{R}^d} b^i\partial_i u\phi \leqslant \|b\|_{2r,2q;[s,t]}\|\nabla u\|_{2,2;[s,t]}(t-s)^{\frac{r-1}{2r}}|\phi|_{1,(2)}.$$

类似地, 对于最后一项也有估计

$$\iint_{[s,t]\times\mathbb{R}^d} cu\phi drdx \leqslant \|c\|_{r,q;[s,t]}\|u\|_{\frac{2r}{r-1},\frac{2q}{q-1};[s,t]}|\phi|_{L^{\frac{2q}{q-1}}}(t-s)^{\frac{r-1}{2r}}$$

$$\leqslant \|c\|_{r,q;[s,t]}\|u\|_{\frac{2r}{r-1},\frac{2q}{q-1};[s,t]}(t-s)^{\frac{r-1}{2r}}|\phi|_{1,(2)}.$$

将上述结果加总便得 (6.176) 中的第一部分不等式.

接下来, 由 $\|u\nabla u\|_{1,1} \leqslant (t-s)^{1/2}\|u\|_{\infty,2}\|\nabla u\|_{2,2}$ 知

$$\mathbf{a}(s,t)^{1/2} \leqslant C(M,T)\|u\|_{\mathscr{B}_{s,t}}, \tag{6.180}$$

对于这里其他项, 使用 (6.127), 那么 $\mathbf{u}(s,t)^{\frac{r-1}{2r}} \leqslant \beta\|u\|_{\mathscr{B}_{s,t}}$. 因此可以得到 (6.176) 估计的第二部分.

(6.177) 的证明. 对于任意的 $\phi \in W^{1,\infty}$. 使用 Hölder 不等式, 有

$$\iint_{[s,t]\times\mathbb{R}^d} -a^{ij}\partial_j u \partial_i(u\phi) \leqslant M\left(\|\nabla u\|_{2,2;[s,t]}^2 + \|u\nabla u\|_{1,1;[s,t]}\right)|\phi|_{1,(\infty)}. \tag{6.181}$$

现在, 由 (6.178), 那么有

$$\iint_{[s,t]\times\mathbb{R}^d} |u||b^i||\partial_i u||\phi| dr dx \leqslant \|b\|_{2r,2q;[s,t]}\|\nabla u\|_{2,2;[s,t]}\|u\|_{\frac{2r}{r-1},\frac{2q}{q-1};[s,t]}|\phi|_{0,(\infty)} \tag{6.182}$$

和

$$\iint_{[s,t]\times\mathbb{R}^d} |c||u|^2|\phi| dr dx \leqslant \|c\|_{r,q;[s,t]}\|u\|_{\frac{2r}{r-1},\frac{2q}{q-1};[s,t]}^2|\phi|_{0,(\infty)}. \tag{6.183}$$

那么便得到估计式 (6.177) 的第一个部分, 再次使用 (6.180) 和 (6.127) 可以得到估计式 (6.177) 中的第二部分.

推论 6.3

给定一条光滑路径 z 以及它的典则几何提升 $\mathbf{Z} \equiv (Z,\mathbb{Z})$, 设 u 是方程 (6.169) 在 (6.170) 的意义下的弱解. 定义路径 $u^2 : I \to L^1(\mathbb{R}^d)$, $u_t^2(x) := u_t(x)^2$, a.e. $(t,x) \in I \times \mathbb{R}^d$. 那么, u^2 是如下方程

$$\delta u_{st}^2 = 2\int_s^t uAu\,dr + \hat{B}_{st}\left(u_s^2\right) + \hat{\mathbb{B}}_{st}\left(u_s^2\right) + u_{st}^{2,\natural} \tag{6.184}$$

在尺度 $(W^{k,\infty})_{k\in\mathbb{N}_0}$ 上的弱解 (在定义 6.15 意义下的), 这里记 $\hat{\mathbf{B}} \equiv (\hat{B}, \hat{\mathbb{B}})$ 为 $1/\alpha$-无界粗糙驱动项, 即它可由 (6.120) 给出, 但其中的 ν 被 $\hat{\nu} := 2\nu$ 所取代.   ♡

证明 出于简单考虑, 对于 $k \in \{1, \cdots, K\}$, 记 $\boldsymbol{\sigma}^k := \sum_i \sigma^{k,i}(x)\partial_i$. 定义 2-指标分布值映射

$$u_{st}^{2,\natural} := \delta u_{st}^2 - 2\int_s^t (Au)u\,dr - \hat{B}_{st}(u_s^2) - \hat{\mathbb{B}}_{st}(u_s^2).$$

对于任意的 $\phi \in C_c^\infty(\mathbb{R}^d)$, 使用方程 (6.172) 两次可得

$$
\begin{aligned}
\langle u_{st}^{2,\natural}, \phi \rangle &= \int_s^t \langle u_r^2 - u_s^2, (\boldsymbol{\sigma}^{k,*} + \hat{\nu}^k)\phi \rangle dz_r^k - \langle u_s^2, \hat{\mathbb{B}}_{st}^* \phi \rangle \\
&= \iint_{\Delta_{[s,t]}^2} \left\langle u_\tau^2, (\boldsymbol{\sigma}^{\ell,*} + \hat{\nu}^\ell)(\boldsymbol{\sigma}^{k,*} + \hat{\nu}^k)\phi \right\rangle dz_\tau^\ell dz_r^k - \langle u_s^2, \hat{\mathbb{B}}_{st}^* \phi \rangle \\
&\quad + 2 \iint_{\Delta_{[s,t]}^2} \langle u_\tau A_\tau u_\tau, (\boldsymbol{\sigma}^{k,*} + \hat{\nu}^k)\phi \rangle d\tau dz_r^k \\
&= \iint_{\Delta_{[s,t]}^2} \left\langle \delta u_{s\tau}^2, (\boldsymbol{\sigma}^{\ell,*} + \hat{\nu}^\ell)(\boldsymbol{\sigma}^{k,*} + \hat{\nu}^k)\phi \right\rangle dz_\tau^\ell dz_r^k \\
&\quad + 2 \iint_{\Delta_{[s,t]}^2} \langle u_\tau A_\tau u_\tau, (\boldsymbol{\sigma}^{k,*} + \hat{\nu})\phi \rangle d\tau dz_r^k =: \mathcal{T}_{\delta u^2} + \mathcal{T}_A .
\end{aligned}
\tag{6.185}
$$

基于系数 σ, ν 的假设 6.5 以及对于 (6.170) 的经典理论, u 属于空间 $\mathscr{B}$, 那么上述每一项都是有意义的. 还需要说明上述中的每一项都属于 $\mathcal{V}_{2,\text{loc}}^{1+}(I, \mathbb{R})$, 其上界线性依赖于 $|\phi|_{3,(\infty)}$.

对于第一项, 注意到

$$
\begin{aligned}
\sup_{|\phi|_{W^{1,\infty}} \leqslant 1} \langle \phi, \delta u_{st}^2 \rangle &\leqslant |\mu_{st}|_{-1,(\infty)} + \sup_{|\phi|_{W^{1,\infty}} \leqslant 1} \int_s^t \langle \sigma^{ki} \partial_i(u^2), \phi \rangle dz^k \\
&\quad + \sup_{|\phi|_{W^{1,\infty}} \leqslant 1} \int_s^t \langle \hat{\nu}^k u^2, \phi \rangle dz^k \quad \leqslant \varepsilon(s,t) .
\end{aligned}
$$

这里 $\varepsilon(s,t)$ 是一依赖于 $|z|_{1\text{-var}}, |\nu|_{L^\infty}, |\sigma|_{W^{1,\infty}}, \sup_{r \in [s,t]} |u_r|_{L^2}^2$ 以及控制 ω_μ 的控制, 并且 ω_μ 在引理 6.15 中给出. 因此, 有如下估计

$$
\begin{aligned}
\mathcal{T}_{\delta u^2} &\leqslant \left(\sum_{k,\ell} \iint_{\Delta_{[s,t]}^2} d|z^\ell| d|z^k| \right) \varepsilon(s,t) |(\boldsymbol{\sigma}^* + \nu)(\boldsymbol{\sigma}^* + \nu)\phi|_{1,(\infty)} \\
&\leqslant C(|\sigma|_{W^{3,\infty}}, |\nu|_{W^{2,\infty}}) \left(|z|_{1\text{-var};[s,t]} \right)^2 \varepsilon(s,t) |\phi|_{3,(\infty)} .
\end{aligned}
\tag{6.186}
$$

类似地, 有

$$
\begin{aligned}
\mathcal{T}_A &\leqslant \left(\sum_k \int_s^t \omega_\mu(s,r) d|z_r^k| \right) |(\boldsymbol{\sigma}^* + \hat{\nu})\phi|_{1,(\infty)} \\
&\leqslant C(|\nu|_{W^{1,\infty}}, |\sigma|_{W^{2,\infty}}) |z|_{1\text{-var};[s,t]} \omega_\mu(s,t) |\phi|_{2,(\infty)} .
\end{aligned}
\tag{6.187}
$$

由 (6.186), (6.187), 以及注 6.6, 可知

$$u^{2,\natural} \in \mathcal{V}_{2,\text{loc}}^{1+}(I, (W^{3,\infty})^*),$$

因此完成推论的证明.

接下来给出命题 6.7 的证明.

证明　对 (6.184) 作用试验函数 $\phi = 1 \in W^{3,\infty}$, 使用 (6.122) 和不等式 $|\sum b^i \partial_i u| \leqslant m/2 \sum (b^i)^2 + 1/(2m) \sum (\partial_i u)^2$ 知

$$\delta\left(|u|_{L^2}^2\right)_{st} + 2m \int_s^t |\nabla u_r|_{L^2}^2 dr$$

$$\leqslant \iint_{[s,t] \times \mathbb{R}^d} \left(m|\nabla u_r|^2 + \left(\frac{1}{m}\sum_{i \leqslant d}(b^i)^2 + 2|c|\right)u^2\right) drdx$$

$$+ \left(\omega_B(s,t)^\alpha + \omega_B(s,t)^{2\alpha}\right)|u_s|_{L^2}^2 + \langle u_{st}^{2,\natural}, 1\rangle.$$

由 (6.126) 有

$$\iint_{[s,t] \times \mathbb{R}^d} \frac{1}{m}\left(\sum(b^i)^2 + 2|c|\right)u^2 drdx$$

$$\leqslant \left\|\frac{1}{m}\sum(b^i)^2 + 2|c|\right\|_{r,q} \|u\|_{\frac{2r}{r-1}, \frac{2q}{q-1}}^2$$

$$\leqslant \left(1 + \frac{1}{m}\right)\beta^2 \left(\|b\|_{2r,2q;[s,t]}^2 + 2\|c\|_{r,q;[s,t]}\right)\|u\|_{\mathscr{B}_{s,t}}^2$$

$$\leqslant C\left(\mathbf{b}(s,t)^{1/r} + \mathbf{c}(s,t)^{1/r}\right)\|u\|_{\mathscr{B}_{s,t}}^2,$$

这里使用到 (6.173) 中的记号和 (6.127) 中的常数 $\beta > 0$. 故而, 定义 $G_t := |u_t|_{L^2}^2 + \min(1,m)\int_0^t |\nabla u_r|_{L^2}^2 dr$, 则有

$$\delta G_{st} \leqslant C\left(\mathbf{b}(s,t)^{1/r} + \mathbf{c}(s,t)^{1/r} + \omega_B(s,t)^\alpha + \omega_B(s,t)^{2\alpha}\right)\|u\|_{\mathscr{B}_{s,t}}^2 + \langle u_{st}^{2,\natural}, 1\rangle, \tag{6.188}$$

其中常数 $C > 0$ 仅仅依赖于 m, r, q. 现在, 由引理 6.15 和命题 6.6, 余项有如下的估计

$$|u_{st}^{2,\natural}|_{-3,(\infty)} \leqslant C\left(\omega_B(s,t)^{3\alpha} + \omega_B(s,t)^\alpha\right)\|u\|_{\mathscr{B}_{s,t}}^2, \tag{6.189}$$

上述常数不仅依赖于 $\|b\|_{2r,2q}, \|c\|_{r,q}$, 而且也依赖于 $|\sigma|_{W^{3,\infty}}, |\nu|_{W^{2,\infty}}$. 因此, 使用

(6.188), (6.189), 可知

$$\delta G_{st} \leqslant \omega(s,t)^{1/\kappa} \left(\sup_{r \in [s,t]} G_r \right),$$ (6.190)

这里假设 $\omega(s,t) \leqslant L$ 充分小, 并且令 $\kappa := \max(1/\alpha, r)$, 以及

$$\omega := C \left(\mathbf{b}^{\kappa/r} + \mathbf{c}^{\kappa/r} + (\omega_Z)^{\kappa\alpha} + (\omega_Z)^{2\kappa\alpha} + (\omega_Z)^{3\kappa\alpha} \right),$$

其中常数 $C = C(\kappa, M, |\sigma|_{W^{2,\infty}}, |\nu|_{W^{1,\infty}})$,

最后将引理 6.13 应用到 $\varphi := 0$ 的情形, 故而得到能量不等式 (6.171), 且由 (6.131) 和命题 6.6 知能量不等式中的常数仅仅依赖于如下的量:

$$\omega_Z, m, M, T, \|b\|_{2r,2q}, \|c\|_{r,q}, |\sigma|_{W^{3,\infty}} \text{ 和 } |\nu|_{W^{2,\infty}}.$$

6.3.3 张量化

本小节主要陈述一些基本的工具, 它们可用于在 6.3.4 节中唯一性的证明. 在 6.3.2.3 节中, 在所考虑的路径 Z 是光滑的情形下导出了能量范数仅依赖于几何提升粗糙路径 $\mathbf{Z}$ 的范数. 值得注意的是 Z 的光滑性仅在推论 6.3 中被用来验证 u^2 满足方程 (6.184). 因此, 命题 6.7 中的结果对于粗糙路径 Z 的情形也是成立的, 只要能验证 u^2 也满足相同的方程 (6.184). 这是证明唯一性的主要困难. 事实上, 因为方程 (6.134) 是线性的, 一旦证明: 在定义 6.15 的意义下的弱解满足能量不等式 $\|u\|_{\mathcal{C}(I,L^2)} \leqslant C|u_0|_{L^2}$, 那么便获得唯一性. 然而, 定义 6.15 所要求的试验函数的正则性超出了一般的弱解框架. 因此, 不可能通过作用解本身作为一试验函数来得到 u^2 的方程. 本节主要介绍的方法是张量化技巧, 其类似于经典偏微分方程中的双变量方法.

6.3.3.1 基本工具和主要结果

对于 $j = 1, 2$, 设 $\mathbf{B}^j \equiv (B^j, \mathbb{B}^j)$ 是尺度 $(W^{k,2})_{k \in \mathbb{N}_0}$ 上的一族无界粗糙驱动项, 漂移项 $\lambda^j \in \mathcal{V}_1^1(I, W^{-1,2})$, 并且假设 $u^j \in \mathcal{C}(I, L^2)$ 是方程

$$du^j = d\lambda^j + d\mathbf{B}^j u^j$$ (6.191)

在尺度 $(W^{k,2})_{k \in \mathbb{N}_0}$ 上的弱解 (在定义 6.15 的意义下). 对于 $R > 0$, 定义 $B_R := \{x \in \mathbb{R}^d : \sum_{i \leqslant d} |x_i|^2 \leqslant R^2\}$ 以及令

$$\Omega := \left\{ (x,y) \in \mathbb{R}^d \times \mathbb{R}^d : \frac{x-y}{2} \in B_1 \right\}.$$ (6.192)

下面第一步是证明未知泛函

$$\mathfrak{u}(x,y) := (u^1 \otimes u^2)(x,y) = u^1(x)u^2(y), \quad (x,y) \in \Omega \tag{6.193}$$

是某个粗糙偏微分方程在定义 6.15 的意义下的弱解. 它作为证明唯一性的第一步并且作为乘积 $u(x)u(x)$ 线性化的方法. 第二步将在 6.3.4 节中实现变量对角化. 即证明 $\mathfrak{u}(x,x) = u(x)u(x)$ 满足方程 (6.136).

对于 $k \in \mathbb{N}_0$, 定义

$$\mathcal{F}_k := \left\{ \Phi \in W^{k,\infty}(\mathbb{R}^d),\, \text{Supp}\, \Phi \subset \Omega \right\}, \quad (\!|\cdot|\!)_k := |\cdot|_{W^{k,\infty}}, \tag{6.194}$$

此外, 设 $\mathcal{F}_{-k} := (\mathcal{F}_k)^*$.

定义 $\mathbf{X} \equiv (X, \mathbb{X})$ 如下的无界粗糙驱动项, 即对于任意的 $(s,t) \in \Delta$,

$$\begin{cases} X_{st} := B^1_{st} \otimes Id + Id \otimes B^2_{st}, \\ \mathbb{X}_{st} := \mathbb{B}^1_{st} \otimes Id + Id \otimes \mathbb{B}^2_{st} + B^1_{st} \otimes B^2_{st}, \end{cases} \tag{6.195}$$

(很容易验证性质 (RD1)—(RD2)). 此外, 对于每一个 $\Phi \in \mathcal{F}_1$ 以及 $(s,t) \in \Delta$, 定义如下的近似漂移项

$$\pi_{st} := u^1_s \otimes \delta\lambda^2_{st} + \delta\lambda^1_{st} \otimes u^2_s, \tag{6.196}$$

注意它是一个广义函数.

注 6.9   设 $k \in \mathbb{N}_0$, 并且定义

$$N_k := \#\{\gamma \in \mathbb{N}_0^d,\, |\gamma| := \gamma_1 + \cdots + \gamma_d \leqslant k\}.$$

在下面的证明中, 将要使用 $W^{-k,2} \equiv (W^{k,2})^*$ 的经典刻画 (见 e.g. [96, 命题 9.20]). 对于每一个 $v \in W^{-k,2}$, 存在一个 $f \in (L^2)^{N_k}$ (非唯一的) 使得

$$\text{对于每一个 } \phi \in W^{k,2}, \quad {}_{W^{-k,2}}\langle v, \phi \rangle_{W^{k,2}} = \sum_{|\gamma| \leqslant k} (f_\gamma, D^\gamma \phi)_{L^2}, \tag{6.197}$$

其中 $(\cdot, \cdot)_{L^2}$ 表示 L^2 内积, 并且 $D^\gamma \phi := \partial_{\gamma_1} \cdots \partial_{\gamma_d} \phi$. 此外, 有如下关系成立

$$|v|_{W^{-k,2}} \leqslant |f|_{L^2} \quad \text{和} \quad \inf_{f \in (L^2)^{N_k},\, \text{s.t. (6.197) 成立}} \left(\sum_{|\gamma| \leqslant k} |f_\gamma|_{L^2}^2 \right)^{1/2} \leqslant |v|_{W^{-k,2}}. \tag{6.198}$$

首先, 对于漂移项需要如下结果.

在 (6.196) 中定义的分布值二指标映射 π 在 $\mathcal{F}_{-1}$ 中具有有界变差，并且有如下估计

$$\left(\!\left|\pi_{st}\right|\!\right)_{-1} \leqslant C\left(\left|\delta\lambda_{st}^1\right|_{-1,(2)}\left|u_s^2\right|_{0,(2)} + \left|u_s^1\right|_{0,(2)}\left|\delta\lambda_{st}^2\right|_{-1,(2)}\right), \quad \forall (s,t) \in \Delta,$$

$$(6.199)$$

上式中常数 $C > 0$.

此外，假设 $\lambda^1, \lambda^2 \in \mathcal{AC}(I, W^{-1,2})$，那么存在唯一的 $\Xi \in \mathcal{V}_1^1(I, \mathcal{F}_{-1})$，使得对于任意的 $t \in I$ 以及当区间 $[0,t]$ 的每个划分 $|\mathfrak{p}_n| \to 0$ 时，在 $\mathcal{F}_{-1}$ 中有

$$\lim_{n\to\infty}\sum_{(\mathfrak{p}_n)}\pi_{t_i t_{i+1}} \to \Xi_t.$$

$$(6.200)$$

符号 6.1　对于 $a \in \mathbb{R}^d$，记 $\boldsymbol{\tau}_a$ 为转移算子，即对于 $\psi \in L^2(\mathbb{R}^d)$:

$$\boldsymbol{\tau}_a\psi(x) := \psi(x-a), \quad x \in \mathbb{R}^d.$$

$$(6.201)$$

显然 $\boldsymbol{\tau}_a$ 在 $L^p, p \in [1,\infty]$ 空间中是等距的. 此外，有如下性质：对于每一个 $p \in [1,\infty)$，以及 $f \in L^p$，当 $a \to 0$ 时有

$$\|\boldsymbol{\tau}_a f - f\|_{L^p} \to 0.$$

$$(6.202)$$

引理 6.16 的证明　对于固定的 $(s,t) \in \Delta$. 由注 6.9，对于 $j = 1,2$ 存在 $(f_\gamma^j)_{|\gamma|\leqslant 1} \in (L^2)^{N_1}$ 使得对于每一个 $\phi \in W^{1,2}(\mathbb{R}^d)$，有

$$_{W^{-1,2}(\mathbb{R}^d)}\!\left\langle \delta\lambda_{st}^j, \phi \right\rangle_{W^{1,2}(\mathbb{R}^d)} = \sum_{|\gamma|\leqslant 1}\left(\Lambda_\gamma^j, \mathrm{D}^\gamma\phi\right)_{L^2(\mathbb{R}^d)}.$$

$$(6.203)$$

那么，对于 $\Phi \in \mathcal{F}_1$，由 π 的定义有

$$\langle \pi_{st}, \Phi \rangle = \int_{\mathbb{R}^d} u^1(x)\, _{W^{-1,2}}\!\left\langle \delta\lambda^2, \Phi(x,\cdot) \right\rangle_{W^{1,2}} dx$$

$$+ \int_{\mathbb{R}^d} u^2(y)\, _{W^{-1,2}}\!\left\langle \delta\lambda^1, \Phi(\cdot,y) \right\rangle_{W^{1,2}} dy$$

$$= \sum_{|\gamma|\leqslant 1}\int_{\mathbb{R}^d} u^1(x)\left(\Lambda_\gamma^2, \mathrm{D}_y^\gamma\Phi(x,\cdot)\right)_{L_y^2(\mathbb{R}^d)} dx$$

$$+ \sum_{|\gamma|\leqslant 1}\int_{\mathbb{R}^d}\left(\Lambda_\gamma^1, \mathrm{D}_x^\gamma\Phi(\cdot,y)\right)_{L_x^2(\mathbb{R}^d)} u^2(y)\, dy$$

$$\leqslant C \iint_{\Omega} \left(|u^1(x)||\Lambda^2(y)| + |\Lambda^1(x)||u^2(y)| \right) \left(|\Phi| + |\nabla_{x,y}\Phi| \right)(x,y) dx dy$$

$$= C \iint_{\mathbb{R}^d \times B_1} \left(|u^1(x_+ + x_-)||\Lambda^2(x_+ - x_-)| + |\Lambda^1(x_+ + x_-)||u^2(x_+ - x_-)| \right)$$

$$\times \left(|\Phi| + |\nabla_{x,y}\Phi| \right)(x_+ + x_-, x_+ - x_-) dx_- dx_+$$

$$\leqslant C \int_{B_1} \left(|\boldsymbol{\tau}_{-x_-} u^1|_{L^2_{x_+}} |\boldsymbol{\tau}_{x_-} \Lambda^2|_{L^2_{x_+}} + |\boldsymbol{\tau}_{-x_-} \Lambda^1|_{L^2_{x_+}} |\boldsymbol{\tau}_{x_-} u^2|_{L^2_{x_+}} \right) dx_- (\! | \Phi | \!)_1$$

$$= C|B_1| \left(|u^1|_{L^2} |\Lambda^2|_{L^2} + |\Lambda^1|_{L^2} |u^2|_{L^2} \right) (\! | \Phi | \!)_1, \qquad (6.204)$$

上述第三个等号处应用了变量变换 $(x_+, x_-) = \left(\dfrac{x+y}{2}, \dfrac{x-y}{2} \right)$. 上述的常数不依赖于 (6.203) 中的 Λ^1, Λ^2 的选取, 因此对选取的 Λ^1, Λ^2 取下确界, 由于关系 (6.198), 便获得了引理第一部分的证明.

需要验证存在唯一的 Ξ, 使得 (6.200) 成立. 因为 $\lambda^j \in \mathcal{AC}(I, W^{-1,2})$ 以及 $W^{-1,2}$ 是自反的, 那么 $\dot{\lambda}_r \equiv \lim_{\epsilon \to 0} (\lambda^j_{r+\epsilon} - \lambda^j_r)/\epsilon \in W^{-1,2}$ 在 I 中几乎处处存在, 并且有

$$\delta \lambda^j_{st} = \int_s^t \dot{\lambda}^j_r dr$$

(Bochner 意义下的). 另一方面, 从类似于 (6.204) 中的计算可知 $\int_I (\! | u^1_r \otimes \dot{\lambda}^2_r + \dot{\lambda}^1_r \otimes u^2_r | \!)_{-1} dr < \infty$. 注意到对于每一个 $r \in I$, 线性映射 $f_r := (h \in W^{-1,2} \mapsto u^1_r \otimes h + h \otimes u^2_r \in \mathcal{F}_{-1})$ 对于范数是连续的且其不超过 $|u^1_r|_{L^2} + |u^2_r|_{L^2}$, 那么可以利用后面辅助性结论中的 (6.284), 使得对于每一个 $\mathfrak{p}_n \in \mathcal{P}([0,t])$, 当 $|\mathfrak{p}_n| \to 0$ 时, 在 $\mathcal{F}_{-1}$ 中有如下强收敛:

$$\sum_{(\mathfrak{p}_n)} \pi_{t_i t_{i+1}} \to \Xi_t \equiv \int_0^t (-u^1_r \otimes \dot{\lambda}^2_r - \dot{\lambda}^1_r \otimes u^2_r) dr \,.$$

本小节主要的结果如下.

命题 6.8

(a) 存在 $\Pi \in \mathcal{V}^1_1(I, \mathcal{F}_{-1})$ 使得对于 $(s,t) \in \Delta$ 和某些控制 ω 以及 $a > 1$, 有

$$(\! | \delta \Pi_{st} - \pi_{st} | \!)_{-2} \leqslant \omega(s,t)^a. \qquad (6.205)$$

如果此外 λ^1, λ^2 属于 $\mathcal{AC}(I, W^{-1,2})$, 那么 Π 是唯一的并且有 $\Pi = \Xi$,

其中 Ξ 在 (6.200) 中给出.

(b) 张量积 $\mathbf{u} \equiv u^1 \otimes u^2$ 是如下粗糙偏微分方程

$$d\mathbf{u} = d\Pi + d\mathbf{X}\mathbf{u} \tag{6.206}$$

在尺度 $(\mathcal{F}_k)_{k \in \mathbb{N}_0}$ 上的弱解, 即在定义 6.15 的意义下.

6.3.3.2 命题 6.8 的证明

(a) 的证明. 首先, 注意到对于任意的 $(s, \theta, t) \in \Delta$ 有

$$\delta(\pi)_{s\theta t} = -\delta u^1_{s\theta} \otimes \delta \lambda^2_{\theta t} - \delta \lambda^1_{\theta t} \otimes \delta u^2_{s\theta}.$$

现在, 对于 $j = 1, 2$, 设 $\Lambda^j \in (L^2)^{N_1}$ 使得 (6.203) 成立 (这里用 θ, t 替换 s, t), 类似地, 设 $(f^j_\beta)_{|\beta| \leqslant 1} \in (L^2)^{N_1}$ 且满足对于每一个 $\phi \in W^{1,2}$ 有

$$\langle \delta u^j_{s\theta}, \phi \rangle = \sum_{|\beta| \leqslant 1} \left(f^j_\beta, \mathrm{D}^\beta \phi \right)_{L^2}. \tag{6.207}$$

设 $\Phi \in \mathcal{F}_2$, 那么有

$$\langle \delta \pi_{s\theta t}, \Phi \rangle = -\sum_{|\gamma|, |\beta| \leqslant 1} \left(f^1_\beta, \left(\Lambda^2_\gamma, \mathrm{D}^\beta_x \mathrm{D}^\gamma_y \Phi \right)_{L^2_y} \right)_{L^2_x} - \sum_{|\gamma|, |\beta| \leqslant 1} \left(\Lambda^1_\gamma, \left(f^2_\beta, \mathrm{D}^\gamma_x \mathrm{D}^\beta_y \Phi \right)_{L^2_y} \right)_{L^2_x}$$

$$\leqslant C \iint_\Omega \left(|f^1(x)||\Lambda^2(y)| + |\Lambda^1(x)||f^2(y)| \right)$$

$$\times \left(|\Phi| + |\nabla_{x,y}\Phi| + |\nabla^2_{x,y}\Phi| \right)(x, y) dx dy.$$

继续使用先前的变量变换 $(x_+, x_-) = \left(\frac{x+y}{2}, \frac{x-y}{2} \right)$, 然后对使得 (6.203), (6.207) 成立的 $\Lambda^1, \Lambda^2, f^1, f^2$ 取下确界, 然后使用 (6.198), 可以得到

$$\langle\!\langle \delta \pi_{s\theta t} \rangle\!\rangle_{-2} \leqslant C \big(\langle\!\langle \delta u^1_{s\theta} \rangle\!\rangle_{-1,(2)} \langle\!\langle \delta \lambda^2_{st} \rangle\!\rangle_{-1,(2)}$$

$$+ \langle\!\langle \delta \lambda^1_{\theta t} \rangle\!\rangle_{-2,(2)} \langle\!\langle \delta u^2_{s\theta} \rangle\!\rangle_{-1,(2)} \big), \quad \forall (s, \theta, t) \in \Delta^2.$$

上式中的常数 $C > 0$. 因此, 对于每一个 $(s, \theta, t) \in \Delta^2$ 有

$$\langle\!\langle \delta \pi_{s\theta t} \rangle\!\rangle_{-2} \leqslant C \left(\omega_{\lambda^1}(s, t) \omega_{\delta u^2}(s, t)^\alpha + \omega_{\delta u^1}(s, t)^\alpha \omega_{\lambda^2}(s, t) \right), \tag{6.208}$$

对于 $j = 1, 2$ 和 $(s, t) \in \Delta$, 上式中令 $\omega_{\delta u^j}(s, t) := |\delta u^j|^{1/\alpha}_{1/\alpha\text{-var}; W^{-1,2}; [s,t]}$ (见注 6.6). 因此, (6.208) 的右端满足 Sewing 引理的假设 (见辅助性结论部分), i.e.

$\delta\pi \in \mathcal{Z}_3^{1+}(I, \mathcal{F}_{-2})$. 因此由后面辅助性结论中的推论 6.4, 存在一个唯一的 $\Pi^\dagger \in \mathcal{V}_1^1(I, \mathcal{F}_{-2})$ 使得 $(\pi - \delta\Pi^\dagger) \in \mathcal{V}_2^{1+}(I, \mathcal{F}_{-2})$. 它可由如下粗糙积分给出

$$\Pi_t^\dagger = \mathcal{I}_{0t}(\pi) \equiv (\mathcal{F}_{-2}) - \lim_{\substack{|\mathfrak{p}| \to 0 \\ \mathfrak{p} \in \mathcal{P}([0,t])}} \sum_{(\mathfrak{p})} \pi_{t_i t_{i+1}}. \tag{6.209}$$

这里需要验证 $\Pi^\dagger$ 可以被唯一地延拓到 $\Pi \in \mathcal{V}_1^1(I, \mathcal{F}_{-1})$, 因为 $\mathcal{F}_2$ 在 $\mathcal{F}_1$ 中并不是稠密的, 所以并不是简单的推广. 然而, 可令 $|\mathfrak{p}_n| \to 0$ 以及 $\mathcal{I}_n\pi$ 是在划分 $\mathfrak{p}_n$ 上 (6.209) 右端的部分和, 那么有 $\limsup_n (\![\mathcal{I}_n\pi]\!)_{-1} \leqslant \omega_\pi(s,t) < \infty$, 这里 ω_π 是任何一个控制且满足 $\omega_\pi \geqslant (\![\pi]\!)_{-1}$. 故而可由 Hahn-Banach 定理, 存在唯一的延拓 Π. 最后, 由引理 6.16, 可知在 $\mathcal{F}_{-1}$ 中有 $\mathcal{I}_n\pi \to \Xi$, 则有 $\Pi = \Xi$. 因此便完成 (a) 的证明.

(b) 的证明. 定义 $\Pi := \mathcal{I}_{0\cdot}(\pi)$ 为上述构建的粗糙积分. 接下来需要验证 2-值分布映射 $\mathfrak{u}^\natural$,

$$\mathfrak{u}_{st}^\natural := \delta\mathfrak{u}_{st} - \delta\Pi_{st} - X_{st}\mathfrak{u}_s - \mathbb{X}_{st}\mathfrak{u}_s, \tag{6.210}$$

对任何的 $(s,t) \in \Delta$ 有 $\mathcal{V}_{2,\text{loc}}^{1+}(I, \mathcal{F}_{-3})$.

为此, 需要如下的结论.

命题 6.9

对于 $(s,t) \in \Delta$ 以及 $j = 1, 2$, 定义一阶余项

$$u_{st}^{j,\sharp} := \delta u_{st}^j - B_{st}^j u_s^j. \tag{6.211}$$

那么有等式

$$\mathfrak{u}_{st}^\natural = u_{st}^{1,\natural} \otimes u_s^2 + u_s^1 \otimes u_{st}^{2,\natural} + \pi_{st} - \delta\Pi_{st} + u_{st}^{1,\sharp} \otimes \delta u_{st}^2 + B_{st}^1 u_s^1 \otimes u_{st}^{2,\sharp}. \tag{6.212}$$

♠

证明 首先, 通过加项减项操作有

$$\delta\mathfrak{u}_{st} = \delta u_{st}^1 \otimes u_s^2 + u_s^1 \otimes \delta u_{st}^2 + \delta u_{st}^1 \otimes \delta u_{st}^2,$$

这里省略了时间指标, 那么上式右端等于:

$$(\delta u^1 - B^1 u^1 - \mathbb{B}^1 u^1) \otimes u^2 + u^1 \otimes (\delta u^2 - B^2 u^2 - \mathbb{B}^2 u^2)$$

$$+ X\mathfrak{u} + \mathbb{X}\mathfrak{u} - B^1 u^1 \otimes B^2 u^2 + \delta u^1 \otimes \delta u^2$$

$$\equiv (\delta u^1 - B^1 u^1 - \mathbb{B}^1 u^1) \otimes u^2 + u^1 \otimes (\delta u^2 - B^2 u^2 - \mathbb{B}^2 u^2) + X\mathfrak{u} + \mathbb{X}\mathfrak{u}$$

$$+ (\delta u^1 - B^1 u^1) \otimes \delta u^2 + B^1 u^1 \otimes (\delta u^2 - B^2 u^2).$$

最后, 通过加减漂移项, 然后使用 (6.210), 可以得到

$$\mathfrak{u}_{st}^{\natural} = (\delta u_{st}^1 - B_{st}^1 u_s^1 - \mathbb{B}_{st}^1 u_s^1 - \lambda_{st}^1) \otimes u_s^2 + u_s^1 \otimes (\delta u_{st}^2 - B_{st}^2 u_s^2 - \mathbb{B}_{st}^2 u_s^2 - \lambda_{st}^2)$$

$$+ \pi_{st} - \delta\Pi_{st} + (\delta u_{st}^1 - B_{st}^1 u_s^1) \otimes \delta u_{st}^2 + B_{st}^1 u_s^1 \otimes (\delta u_{st}^2 - B_{st}^2 u_s^2).$$

因此便完成了证明.

命题 6.8 的证明续. 取任意的 $\Phi \in \mathcal{F}_3$. 由等式 (6.212), 那么 $\langle \mathfrak{u}^{\natural}, \Phi \rangle$ 可以分解为

$$\langle \mathfrak{u}_{st}^{\natural}, \Phi \rangle = \left\langle u_{st}^{1;\natural} \otimes u_s^2 + u_s^1 \otimes u_{st}^{2,\natural}, \Phi \right\rangle + \langle \pi_{st} - \delta\Pi_{st}, \Phi \rangle$$

$$+ \left\langle u_{st}^{1,\sharp} \otimes \delta u_{st}^2, \Phi \right\rangle + \left\langle B_{st}^1 u_s^1 \otimes u_{st}^{2,\sharp}, \Phi \right\rangle$$

$$=: \mathcal{T}_{\natural} + \mathcal{T}_{\lambda} + \mathcal{T}_{\sharp}^1 + \mathcal{T}_{\sharp}^2.$$

对于固定的 $(s,t) \in \Delta$ 以及 $j = 1, 2$, 设 $g^j \in (L^2)^{N_2}$ 以及 $h^j \in (L^2)^{N_3}$ 为使得下面的关系成立的合适选取:

$$对于每一 \quad \phi \in W^{2,2}, \quad \langle u_{st}^{j,\sharp}, \phi \rangle = \sum_{|\gamma| \leqslant 2} (g_\gamma^j, D^\gamma \phi)_{L^2}, \tag{6.213}$$

$$对于每一 \quad \phi \in W^{3,2}, \quad \langle u_{st}^{j,\natural}, \phi \rangle = \sum_{|\beta| \leqslant 3} (h_\beta^j, D^\beta \phi)_{L^2}, \tag{6.214}$$

并且设 f^j 满足 (6.207).

对于第一项, 由定义有

$$\mathcal{T}_{\natural} = \left\langle u^2, \langle u^{1,\natural}, \Phi \rangle_x \right\rangle_y + \left\langle u^1, \langle u^{2,\natural}, \Phi \rangle_y \right\rangle_x$$

$$= \sum_{|\beta| \leqslant 3} \left(u^2, (h_\beta^1, D_x^\beta \Phi)_{L_x^2} \right)_{L_y^2} + \sum_{|\beta| \leqslant 3} \left(u^1, (h_\beta^2, D_y^\beta \Phi)_{L_y^2} \right)_{L_x^2}.$$

使用先前的变量变换, 便有

$$\mathcal{T}_{\natural} \leqslant C \iint_{B_1 \times \mathbb{R}^d} (|u^2(x_+ - x_-)||h^1(x_+ + x_-)| + |u^1(x_+ + x_-)||h^2(x_+ - x_-)|)$$

$$\times (|\Phi| + |\nabla\Phi| + |\nabla^2\Phi| + |\nabla^3\Phi|)(x_+ + x_-, x_+ - x_-) dx_+ dx_-$$

$$\leqslant C \left(|u_s^2|_{L^2} |h^1|_{L^2} + |u_s^1|_{L^2} |h^2|_{L^2} \right) (\!|\Phi|\!)_3,$$

这里再一次使用了 Fubini 定理以及转移算子 τ_{x_-}, τ_{-x_-} 在 L^2 范数下的等距性. 因此, 对 (6.214) 中的 h^1, h^2 取下确界, 那么对于所有的 $(s,t) \in \Delta$, 便有

$$\mathcal{T}_{\natural} \leqslant C \left(|u_s^2|_{0,(2)} |u_{st}^{2;\natural}|_{-3,(2)} + |u_s^1|_{0,(2)} |u_{st}^{2;\natural}|_{-3,(2)} \right) (\!|\Phi|\!)_3, \tag{6.215}$$

上述常数 $C > 0$ 与 $(s, t) \in \Delta$ 和 $\Phi \in \mathcal{F}_3$ 的选取无关.

对于第三项, 有

$$
\begin{aligned}
\mathcal{T}_{\sharp}^1 &= \left\langle u^{1,\sharp}, \langle \delta u^2, \Phi \rangle_y \right\rangle_x \\
&= \sum_{|\gamma| \leqslant 2, |\beta| \leqslant 1} \left(g_\gamma^1, (f_\beta^2, \mathrm{D}_x^\gamma \mathrm{D}_y^\beta \Phi)_{L_y^2} \right)_{L_x^2} \leqslant \ C |g^1|_{L^2} |f^2|_{L^2} (\!|\Phi|\!)_3.
\end{aligned}
$$

因此, 对于 g^1, f^2 取下确界便有

$$
\langle \mathcal{T}_\sharp^1, \Phi \rangle \leqslant C |\delta u_{st}^2|_{-1,(2)} |u_{st}^{1,\sharp}|_{-2,(2)} (\!|\Phi|\!)_3, \tag{6.216}
$$

这里的常数同样既不依赖 $(s, t) \in \Delta$, 也不依赖 $\Phi \in \mathcal{F}_3$.

对于第四项继续先前的计算, 从而获得

$$
\mathcal{T}_\sharp^2 = \left\langle B^1 u^1, \langle u^{2,\sharp}, \Phi \rangle_y \right\rangle_x = \sum_{|\gamma| \leqslant 2} \left(u^1, (g_\gamma^2, B_x^{1,*} \mathrm{D}_y^\gamma \Phi)_{L_y^2} \right)_{L_x^2},
$$

因此, 有

$$
\mathcal{T}_\sharp^2 \leqslant C \omega_{B^1}(s, t)^\alpha |u_s^1|_{0,(2)} |u_{st}^{2,\sharp}|_{-2,(2)} (\!|\Phi|\!)_3, \tag{6.217}
$$

其中 $C > 0$ 是一常数.

最后, 漂移项可以用引理 6.16 来进行处理, 即有

$$
\begin{aligned}
\mathcal{T}_\lambda &= \langle (\Lambda \delta \pi)_{st}, \Phi \rangle \\
&\leqslant C \left(\omega_{\lambda^1}(s, t) \omega_{\delta u^2}(s, t)^\alpha + \omega_{\delta u^1}(s, t)^\alpha \omega_{\lambda^2}(s, t) \right) (\!|\Phi|\!)_2. \tag{6.218}
\end{aligned}
$$

因此结论直接由 (6.215)—(6.218) 可得. 事实上, 对于 $j = 1, 2$, 像先前一样定义 $\omega_{\delta u^j}(s, t) := |\delta u^j|_{1/\alpha\text{-var}; W^{-1,2}; [s,t]}^{1/\alpha}$, $\omega_{j,\sharp}(s, t) := |u^{j,\sharp}|_{1/(2\alpha)\text{-var}; W^{-2,2}; [s,t]}^{1/(2\alpha)}$ 和 $\omega_{j,\flat}(s, t) := |u^{j,\flat}|_{1/(3\alpha)\text{-var}; W^{-3,2}; [s,t]}$ (参考注 6.6). 则有

$$
\begin{aligned}
(\!|\mathbf{u}_{st}^\flat|\!)_{-3} \leqslant\ &C \left(\alpha, \|u^1\|_{\infty,2}, \|u^2\|_{\infty,2} \right) \left((\omega_{1,\flat})^{3\alpha} + (\omega_{2,\flat})^{3\alpha} + (\omega_{\delta u^2})^\alpha (\omega_{1,\sharp})^{2\alpha} \right. \\
&\left. + (\omega_{B^1})^\alpha (\omega_{2,\sharp})^{2\alpha} + \omega_{\lambda^1} (\omega_{\delta u^2})^\alpha + (\omega_{\delta u^1})^\alpha \omega_{\lambda^2} \right),
\end{aligned}
$$

这里所有的控制都是在 (s, t) 上的. 因为估计式右侧每一项的齐次度至少都是 3α, 那么便有

$$
\mathbf{u}^\flat \in \mathcal{V}_{2,\mathrm{loc}}^{3\alpha}(I, \mathcal{F}_{-3}) \subset \mathcal{V}_{2,\mathrm{loc}}^{1+}(I, \mathcal{F}_{-3}),
$$

从而完成命题 6.8 的证明.

注 6.10 假设对于 $j = 1, 2$ 和 $t \in I$:

$$\lambda_t^j := \int_0^t A^j u^j dr,$$

这里 $u^j \in \mathscr{B}$ 以及

$$A^j(t, x) := \partial_\alpha(a^{j, \alpha\beta}(t, x)\partial_\beta \cdot) + b^{j, \alpha}(t, x)\partial_\alpha + c^j(t, x),$$

系数 a^j, b^j, c^j 满足假设 6.3 和假设 6.4. 使用 (6.176), 可知 λ^j 属于 $\mathcal{AC}(I, \mathcal{F}_{-1})$. 此外, 使用命题 6.8 中的记号, 对于每一个 $t \in I$ 有

$$\Pi_t := \int_0^t (u_r^1 \otimes A_r^2 u_r^2 + A_r^1 u_r^1 \otimes u_r^2) dr,$$

上述积分属于 $\mathcal{F}_{-1}$ 且应在 Bochner 意义下被理解.

6.3.4 唯一性

在 6.3.3 节中完成了张量化步骤, 本小节继续证明唯一性. 最终的目标是给出 $u(x)u(y)$ 作用试验函数 $\delta_{x=y}$ 后 u^2 所满足的方程.

设 $u \in \mathscr{B}$ 是方程 (6.134) 在定义 6.15 意义下的弱解, 对于每一个 $(x, y) \in \mathbb{R}^d \otimes \mathbb{R}^d$, 定义

$$\mathfrak{u}(x, y) := u(x)u(y). \tag{6.219}$$

记 $\mathbf{S} \equiv (S, \mathbb{S})$ 为对称驱动项, 即对于每一个 $(s, t) \in \Delta$, 有

$$\begin{cases} S_{st} := B_{st} \otimes Id + Id \otimes B_{st}, \\ \mathbb{S}_{st} := \mathbb{B}_{st} \otimes Id + Id \otimes \mathbb{B}_{st} + B_{st} \otimes B_{st}, \end{cases} \tag{6.220}$$

并且记

$$\Pi_t := \int_0^t (A_r u_r \otimes u_r + u_r \otimes A_r u_r) dr.$$

对于给定的 $\epsilon > 0$, 在 6.3.3 节中的 Ω 可以被替换为

$$\Omega_\epsilon := \left\{ (x, y) \in \mathbb{R}^d \times \mathbb{R}^d : \frac{|x - y|}{2} \leqslant \epsilon \right\}, \tag{6.221}$$

由命题 6.8 和注 6.10 知方程

$$d\mathfrak{u} = d\Pi + d\mathbf{S}\mathfrak{u}, \tag{6.222}$$

在尺度 $(\mathcal{F}_k(\Omega_\epsilon))_{k\in\mathbb{N}_0}$ 上成立 (定义 6.15 意义下的弱解).

现在定义爆破变换 $T_\epsilon : \mathcal{F}_0(\Omega) \to \mathcal{F}_0(\Omega_\epsilon)$: 对于给定的 $\Phi \in \mathcal{F}_0(\Omega)$ 和任意的 $(x,y) \in \Omega_\epsilon$, 令

$$T_\epsilon\Phi(x,y) := (2\epsilon)^{-d}\Phi\left(\frac{x+y}{2} + \frac{x-y}{2\epsilon}, \frac{x+y}{2} - \frac{x-y}{2\epsilon}\right). \tag{6.223}$$

这个算子是可逆的并且对于任何 $(x,y) \in \Omega$ 有

$$T_\epsilon^{-1}\Phi(x,y) = (2\epsilon)^{d}\Phi\left(\frac{x+y}{2} + \epsilon\frac{x-y}{2}, \frac{x+y}{2} - \epsilon\frac{x-y}{2}\right). \tag{6.224}$$

给定 $k \in \{0,1,2,3\}$ 以及 $v \in \mathcal{F}_{-k}(\Omega_\epsilon)$, 可以由对偶性定义 $T_\epsilon^* v \in \mathcal{F}_{-k}(\Omega)$, 相似地定义 $\mathcal{F}_{-k}(\Omega_\epsilon)$ 中的元素 $T_\epsilon^{-1,*}v$.

对于任意的 $\Psi \in \mathcal{F}_3(\Omega)$, 在 (6.222) 两端作用试验函数

$$\Phi := T_\epsilon\Psi \in \mathcal{F}_3(\Omega_\epsilon).$$

对于所有的 $\Psi \in \mathcal{F}_3(\Omega)$ 以及 $(s,t) \in \Delta$, 可导出

$$\langle T_\epsilon^*\delta\mathfrak{u}_{st}, \Psi\rangle = \langle T_\epsilon^*\delta\Pi_{st}, \Psi\rangle + \langle T_\epsilon^*(S_{st} + \mathbb{S}_{st})\mathfrak{u}_s^\epsilon, \Psi\rangle + \langle T_\epsilon^*\mathfrak{u}_{st}^\natural, \Psi\rangle,$$

当令 $\mathfrak{u}^\epsilon := T_\epsilon^*\mathfrak{u}$, $\mathbf{S}^\epsilon := T_\epsilon^*\mathbf{S}T_\epsilon^{-1,*}$, $\Pi^\epsilon := T_\epsilon^*\Pi$, 以及 $\mathfrak{u}^{\natural,\epsilon} := T_\epsilon^*\mathfrak{u}^\natural$ 时, 因此 $\mathfrak{u}^\epsilon$ 是方程

$$d\mathfrak{u}^\epsilon = d\Pi^\epsilon + d\mathbf{S}^\epsilon\mathfrak{u}^\epsilon \tag{6.225}$$

在尺度 $(\mathcal{F}_k(\Omega))_{k\in\mathbb{N}_0}$ 上的弱解 (定义 6.15 意义下的).

接下来, 将要导出正则化驱动项 $\mathbf{S}^\epsilon$ 和漂移项 Π^ϵ 的一致估计, 这也表明了 $u^{\natural,\epsilon}$ 有一致估计. 唯一性的证明在 6.3.4.3 节中被导出.

6.3.4.1　对称驱动项的正则化

接下来首先给出对称驱动项 $\mathbf{S}^\epsilon$ 一致估计.

> **定义 6.17 (正则化驱动项)**
>
> 称 $\mathbf{S}^\epsilon \equiv (S^\epsilon, \mathbb{S}^\epsilon)$, $\epsilon \in (0,1)$ 为 $1/\alpha$-无界粗糙驱动项在尺度 $(\mathcal{G}_k)$ 上是正则化的, 若存在一个控制 ω_S 使得估计式 (6.118) 关于 $\epsilon \in (0,1)$ 是一致的, 即对于所有的 $(s,t) \in \Delta$,
>
> $$对于\ k = 0,1,2, \quad |S_{st}^\epsilon|_{\mathcal{L}(\mathcal{G}_{-k},\mathcal{G}_{-k-1})} \leqslant \omega_S(s,t)^\alpha, \tag{6.226}$$
>
> $$对于\ k = 0,1, \quad |\mathbb{S}_{st}^\epsilon|_{\mathcal{L}(\mathcal{G}_{-k},\mathcal{G}_{-k-2})} \leqslant \omega_S(s,t)^{2\alpha}. \tag{6.227}$$

对于每一个 k, 下面省略 Ω, 简单地用 $\mathcal{F}_k$ 表示 $\mathcal{F}_k(\Omega)$. 那么有如下事实.

命题 6.10

考虑 (6.220) 中的对称驱动项 $\mathbf{S}$, 对于每一个 $\epsilon \in (0,1)$, 定义

$$\mathbf{S}^\epsilon \equiv (S^\epsilon, \mathbb{S}^\epsilon) := (T_\epsilon^* S_{st} T_\epsilon^{-1,*}, T_\epsilon^* \mathbb{S}_{st} T_\epsilon^{-1,*}).$$

那么, 算子族 $(\mathbf{S}^\epsilon)_{\epsilon \in (0,1)}$ 在尺度 $(\mathcal{F}_k)$ 上是正则化的.

此外, 估计式 (6.226)-(6.227) 对于如下的控制

$$\omega_S(s,t) := C\left(|\sigma|_{W^{3,\infty}}, |\nu|_{W^{2,\infty}}\right) \omega_Z(s,t) \tag{6.228}$$

是成立的, 上式中的常数仅依赖于所暗示的量.

在证明该命题之前, 先介绍一些有用的符号.

符号 6.2　回顾 (6.201). 对于给定的 $a \in \mathbb{R}^d$ 以及 $\epsilon > 0$, 介绍如下的 "局部平均" 线性映射:

$$m_\epsilon^a := \frac{1}{2}\left(\tau_{-\epsilon a} + \tau_{\epsilon a}\right). \tag{6.229}$$

符号 6.3　对于 $a \in \mathbb{R}^d$, 定义如下的有限差分算子

$$\Delta_\epsilon^a := \frac{\tau_{-\epsilon a} - \tau_{\epsilon a}}{2\epsilon}. \tag{6.230}$$

对于 Δ_ϵ^{x-} 的一些基本性质在后续辅助性结论的 6.3.6.1 节中被给出.

符号 6.4　类似于 6.3.3 节, 介绍如下的坐标变换 $\chi : \Omega \to \mathbb{R}^d \times B_1$ 为

对于任意的 $(x,y) \in \Omega$, $(x_+, x_-) = \chi(x,y) := \left(\frac{x+y}{2}, \frac{x-y}{2}\right).$ (6.231)

注意到 $|\det D\chi| = 2^{-d}$ 并且 $\sqrt{2}\chi$ 是一个旋转变换.

符号 6.5　对于给定的 $\Phi : \mathbb{R}^d \otimes \mathbb{R}^d \to \mathbb{R}$, 记 $\check{\Phi} := \Phi \circ \chi^{-1}$, 即映射 $\check{\Phi} : \mathbb{R}^d \otimes \mathbb{R}^d \to \mathbb{R}$ 为: 对于任何的 $(x_+, x_-) \in \mathbb{R}^d \otimes \mathbb{R}^d$,

$$\check{\Phi}(x_+, x_-) := \Phi(x_+ + x_-, x_+ - x_-). \tag{6.232}$$

假设 $\Phi \in \mathcal{F}_1$, 则有如下的等式

$$\begin{cases} [(\nabla_x + \nabla_y)\Phi] \circ \chi^{-1} = \nabla_+ \check{\Phi}, \\ [(\nabla_x - \nabla_y)\Phi] \circ \chi^{-1} = \nabla_- \check{\Phi}, \end{cases} \tag{6.233}$$

这里 ∇_+, ∇_- 表示对于新变量 x_+, x_- 的导数. 鉴于上述介绍的关系, 有如下的表示:

$$\nabla_\pm[\Phi(x,y)] = \nabla_x \Phi(x,y) \pm \nabla_y \Phi(x,y).$$

命题 6.10 的证明　由定义有

$$S_{st}^{\epsilon,*} =: Z_{st}^k T_\epsilon^{-1}(\Gamma_x^k + \Gamma_y^k) T_\epsilon .$$

在上式中, 对于 $k \leqslant K$, $\Gamma^k : W^{1,\infty}(\mathbb{R}^d) \to L^\infty(\mathbb{R}^d)$ 为一阶微分算子

$$\Gamma^k = -\sigma^k \cdot \nabla - \operatorname{div} \sigma^k + \nu^k . \tag{6.234}$$

直观上, 难以处理的项是包含导数的部分. 事实上, 当对 $T_\epsilon \Phi$ 进行微分时, 可以得到它关于 ϵ 爆破的行为. 下面利用 σ 的高正则性来弥补 ϵ 的爆破.

S_{st}^ϵ 在 $\mathcal{L}(\mathcal{F}_{-0}, \mathcal{F}_{-1})$ 中的估计. 对于任意的 $\Phi \in \mathcal{F}_1$, 有

$$(\sigma^k(x) \cdot \nabla_x + \sigma^k(y) \cdot \nabla_y)(T_\epsilon \Phi)(x,y)$$

$$= \sigma^k(x) \cdot T_\epsilon \left(\frac{1}{2} \nabla_+ \Phi + \frac{1}{2\epsilon} \nabla_- \Phi \right) + \sigma^k(y) \cdot T_\epsilon \left(\frac{1}{2} \nabla_+ \Phi - \frac{1}{2\epsilon} \nabla_- \Phi \right)$$

$$= \left(\frac{\sigma^k(x) + \sigma^k(y)}{2} \right) \cdot T_\epsilon \nabla_+ \Phi + \left(\frac{\sigma^k(x) - \sigma^k(y)}{2\epsilon} \right) \cdot T_\epsilon \nabla_- \Phi . \tag{6.235}$$

现在, 利用符号 (6.229) 和 (6.230) 可以得到对于几乎所有的 $x, y \in \mathbb{R}^d \otimes \mathbb{R}^d$,

$$T_\epsilon^{-1}(\Gamma_x^k + \Gamma_y^k) T_\epsilon \equiv -\left(m_\epsilon^{x-} \sigma^k \right)(x_+) \cdot \nabla_+ - \left(\Delta_\epsilon^{x-} \sigma^k \right)(x_+) \cdot \nabla_- + 2 m_\epsilon^{x-}(-\operatorname{div} \sigma^k + \nu^k), \tag{6.236}$$

并且简记

$$x_+ := \frac{x+y}{2}, \quad x_- := \frac{x-y}{2} . \tag{6.237}$$

对于 (6.236) 的第一项, 有

$$\left(\! \left(m_\epsilon^{x-} \sigma^k \right) \cdot \nabla_+ \Phi \right) \! \right)_0 \equiv \operatorname*{ess\,sup}_{x_+, x_-} \left| \left(\frac{\boldsymbol{\tau}_{-\epsilon x_-} + \boldsymbol{\tau}_{\epsilon x_-}}{2} \right) \sigma^k(x_+) \cdot \nabla_+ \check{\Phi}(x_+, x_-) \right|$$

$$\leqslant |\sigma|_{L^\infty} \left(\! \Phi \right) \! \right)_1 .$$

对于第二项, 使用后面辅助性结论中的引理 6.18 和事实 $\operatorname{Supp} \check{\Phi}(x_+, \cdot) \subset B_1$, 那么有

$$\left(\! \left(\Delta_\epsilon^{x-} \sigma^k \right) \cdot \nabla_- \Phi \right) \! \right)_0 \leqslant |\nabla \sigma|_{L^\infty} \left(\! \Phi \right) \! \right)_1 . \tag{6.238}$$

对于 (6.236) 的第三项, 有

$$\left(\! \left(2 m_\epsilon^{x-}(-\operatorname{div} \sigma^k + \nu^k) \Phi \right) \! \right)_0 \leqslant \operatorname*{ess\,sup}_{x_+, x_-} \left| \left(\boldsymbol{\tau}_{-\epsilon x_-} + \boldsymbol{\tau}_{\epsilon x_-} \right)(\nu^k - \operatorname{div} \sigma^k)(x_+) \check{\Phi}(x_+, x_-) \right|$$

$$\leqslant 2 (|\nu|_{L^\infty} + |\operatorname{div} \sigma|_{L^\infty}) \left(\! \Phi \right) \! \right)_0 .$$

加总上述三项, 便得到如下估计:

$$|S_{st}^{\epsilon,*}|_{\mathcal{L}(\mathcal{F}_1,\mathcal{F}_0)} \leqslant C(|\sigma|_{W^{1,\infty}}, |\nu|_{L^\infty})\omega_Z(s,t)^\alpha. \qquad (6.239)$$

S_{st}^ϵ 在 $\mathcal{L}(\mathcal{F}_{-2}, \mathcal{F}_{-3})$ 中的估计. 设 $\Phi \in \mathcal{F}_3$. 注意到变量变换 $\sqrt{2}\chi$ 是一个旋转, 为了估计 $(\!(S_{st}^{\epsilon,*}\Phi)\!)_2$, 只需要估计 $(\!((\nabla_\pm)^2 S_{st}^{\epsilon,*}\Phi)\!)_0$. 注意到 (6.236) 中关键的项是包含 ϵ^{-1} 的部分. 在这种情形下有

$$\nabla_-[(\mathbf{\Delta}_\epsilon^{x-}\sigma^k)(x_+) \cdot \nabla_-\Phi] = \mathbf{m}_\epsilon^{x-}(\nabla\sigma^k)(x_+) \cdot \nabla_-\Phi + (\mathbf{\Delta}_\epsilon^{x-}\sigma^k)(x_+) \cdot \nabla_-^2\Phi,$$

$$\nabla_+[(\mathbf{\Delta}_\epsilon^{x-}\sigma^k)(x_+) \cdot \nabla_-\Phi] = \mathbf{\Delta}_\epsilon^{x-}(\nabla\sigma^k)(x_+) \cdot \nabla_-\Phi + (\mathbf{\Delta}_\epsilon^{x-}\sigma^k)(x_+) \cdot \nabla_+\nabla_-\Phi,$$

$$(6.240)$$

同先前的计算类似, 由后面辅助性结论中的引理 6.18, 在 Ω 上有

$$|\mathbf{\Delta}_\epsilon^{x-}(\nabla\sigma^k)| \leqslant |\sigma|_{W^{2,\infty}}, \quad |\mathbf{\Delta}_\epsilon^{x-}\sigma^k| \leqslant |\sigma|_{W^{1,\infty}}.$$

同先前的讨论类似, 将 $\nabla_\pm$ 作用在 (6.240) 上. 可以得到

$$|S_{st}^{\epsilon,*}|_{\mathcal{L}(\mathcal{F}_3,\mathcal{F}_2)} \leqslant C(|\sigma|_{W^{3,\infty}}, |\nu|_{W^{2,\infty}})\omega_Z(s,t)^\alpha.$$

$\mathbb{S}^\epsilon$ 在尺度 $\mathcal{L}(\mathcal{F}_{-0}, \mathcal{F}_{-2})$ 和 $\mathcal{L}(\mathcal{F}_{-1}, \mathcal{F}_{-3})$ 上的估计. 首先, 定义

$$\mathbb{S}_{st}^* := \mathbb{Z}_{st}^{k\ell}(\Gamma_x^\ell\Gamma_x^k + \Gamma_y^\ell\Gamma_y^k) + Z_{st}^k Z_{st}^\ell\Gamma_y^\ell\Gamma_x^k = \mathbb{Z}_{st}^{k\ell}(\Gamma_x^\ell + \Gamma_y^\ell)(\Gamma_x^k + \Gamma_y^k), \quad (s,t) \in \Delta, \qquad (6.241)$$

这里 Γ^k 在 (6.234) 中给出.

事实上, 记 $\mathrm{sym}\mathbb{Z}_{st}^{k\ell} := \frac{1}{2}(\mathbb{Z}_{st}^{k\ell} + \mathbb{Z}_{st}^{\ell k}) \equiv \frac{1}{2}Z_{st}^k Z_{st}^\ell$ 以及 $\mathrm{anti}\mathbb{Z}_{st}^{k\ell} := \frac{1}{2}(\mathbb{Z}_{st}^{k\ell} - \mathbb{Z}_{st}^{\ell k})$, 并且将求和项 $\sum_{k,\ell} Z_{st}^k Z_{st}^\ell\Gamma_y^\ell\Gamma_x^k$ 分解为两个部分, 则由 (6.220) 可得到

$$\mathbb{S}^* = \sum_{k,\ell}(\mathrm{sym}\mathbb{Z}_{st}^{k\ell} + \mathrm{anti}\mathbb{Z}_{st}^{k\ell})(\Gamma_x^\ell\Gamma_x^k + \Gamma_y^\ell\Gamma_y^k) + \sum_{k,\ell}\frac{Z_{st}^k Z_{st}^\ell}{2}\Gamma_y^\ell\Gamma_x^k + \sum_{k',\ell'}\frac{Z_{st}^{\ell'} Z_{st}^{k'}}{2}\Gamma_x^{\ell'}\Gamma_y^{k'}$$

$$= \sum_{k,\ell}\mathrm{sym}\mathbb{Z}_{st}^{k\ell}(\Gamma_x^\ell + \Gamma_y^\ell)(\Gamma_x^k + \Gamma_y^k) + \sum_{k,\ell}\mathrm{anti}\mathbb{Z}_{st}^{k\ell}(\Gamma_x^\ell\Gamma_x^k + \Gamma_y^\ell\Gamma_y^k). \qquad (6.242)$$

那么, 使用反对称性, 第二项便可以写成 $\sum_{k,\ell}\mathrm{anti}\mathbb{Z}_{st}^{k\ell}(\Gamma_x^\ell + \Gamma_y^\ell)(\Gamma_x^k + \Gamma_y^k)$. 然后对 (6.242) 求和, 可以验证 (6.241) 成立.

设 $\Phi \in \mathcal{F}_2$, 那么有估计

$$(\!(\mathbb{S}_{st}^{\epsilon,*}\Phi)\!)_0 \leqslant |\mathbb{Z}_{st}^{k\ell}|(\!(T_\epsilon^{-1}(\Gamma_x^\ell + \Gamma_y^\ell)T_\epsilon T_\epsilon^{-1}(\Gamma_x^k + \Gamma_y^k)T_\epsilon\Phi)\!)_0$$

$$\leqslant C(|\sigma|_{W^{1,\infty}}, |\nu|_{L^\infty})\omega_Z(s,t)^{2\alpha}(\!(T_\epsilon^{-1}(\Gamma_x^k + \Gamma_y^k)T_\epsilon\Phi)\!)_1$$

$$\leqslant C(|\sigma|_{W^{2,\infty}}, |\nu|_{W^{1,\infty}})\omega_Z(s,t)^{2\alpha}(\!(\Phi)\!)_2,$$

这里利用了第一部分的估计. 便获得第一个估计.

第二个估计便退化为如下的估计, 即对于 $\Phi \in \mathcal{F}_3$ 有

$$
\begin{aligned}
(\!(\mathbb{S}_{st}^{\epsilon,*}\Phi)\!)_1 &\leqslant |\mathbb{Z}_{st}^{k\ell}|(\!(T_\epsilon^{-1}(\Gamma_x^\ell + \Gamma_y^\ell)T_\epsilon T_\epsilon^{-1}(\Gamma_x^k + \Gamma_y^k)T_\epsilon\Phi)\!)_1 \\
&\leqslant C(|\sigma|_{W^{2,\infty}}, |\nu|_{W^{1,\infty}})\omega_Z(s,t)^{2\alpha}(\!(T_\epsilon^{-1}(\Gamma_x^k + \Gamma_y^k)T_\epsilon\Phi)\!)_2 \\
&\leqslant C(|\sigma|_{W^{3,\infty}}, |\nu|_{W^{2,\infty}})\omega_Z(s,t)^{2\alpha}(\!(\Phi)\!)_3,
\end{aligned}
$$

综上, 便完成了命题的证明.

6.3.4.2　漂移项的一致估计

继续给出 (6.225) 中的漂移项的一致估计.

命题 6.11

存在一个依赖于 u 在 $\mathscr{B}$ 中的范数, b 在 $L^{2r}L^{2q}$ 中的范数, c 在 $L^r L^q$ 中的范数, 以及依赖于 M, r, q 的控制 ω_Π, 使得下面的估计关于 $\epsilon \in (0,1)$ 和 $(s,t) \in \Delta$ 是一致的:

$$
(\!(\delta\Pi_{st}^\epsilon)\!)_{-1} \leqslant \omega_\Pi(s,t). \tag{6.243}
$$

此外, 有如下估计

$$
\begin{aligned}
\omega_\Pi(s,t) \leqslant C(M,r,q)\Big(&\|u\|_{\infty,2;[s,t]}\|\nabla u\|_{1,2;[s,t]} \\
&+ \|\nabla u\|_{2,2;[s,t]}^2 + \|b\|_{2r,2q;[s,t]}\|u\|_{\mathscr{B}_{s,t}}^2 + \|c\|_{r,q;[s,t]}\|u\|_{\mathscr{B}_{s,t}}^2 \Big),
\end{aligned} \tag{6.244}
$$

它对于 $(s,t) \in \Delta$ 是一致的, 其中 $C > 0$ 仅仅依赖于所暗示的量. ♠

设 $k \geqslant 0$, 并且假设可测泛函 $v(x,y) \in \mathcal{F}_{-k}(\Omega_\epsilon)$, 使得它的迹 $\gamma_\Gamma v$ 定义在对角线 $\Gamma := \{x, y \in \mathbb{R}^{2d} : x = y\}$ 上是 $(W^{k,\infty}(\Gamma))^*$ 中的元素 (具体的例子是 $v(x,y) = f^1(x)f^2(y)$, 这里 $f^1 \in W^{-k,2}(\mathbb{R}^d)$ 和 $f^2 \in W^{k,2}(\mathbb{R}^d)$). T_ϵ 的自伴算子可由如下公式给出:

$$
T_\epsilon^* v(x,y) = 2^{-d}\left(\boldsymbol{\tau}_{-\epsilon\frac{x-y}{2}} \otimes \boldsymbol{\tau}_{\epsilon\frac{x-y}{2}}\right) v\left(\frac{x+y}{2}, \frac{x+y}{2}\right), \quad (x,y) \in \Omega, \tag{6.245}
$$

用 $\Phi \in \mathcal{F}_k$ 作用在上式两端, 并且令 $(x_+, x_-) := \chi(x,y)$, 那么便有如下的表示

$$
\langle T_\epsilon^* v, \Phi \rangle = \iint_{\mathbb{R}^d \times B_1} \left(\boldsymbol{\tau}_{-\epsilon x_-} \otimes \boldsymbol{\tau}_{\epsilon x_-}\right) v(x_+, x_+)\Phi(x_+ + x_-, x_+ - x_-)dx_+ dx_-
$$

$$= \int_{B_1} {}_{W^{k,\infty}(\mathbb{R}^d)^*}\Big\langle \boldsymbol{\gamma}_\Gamma \left(\boldsymbol{\tau}_{-\epsilon x_-} \otimes \boldsymbol{\tau}_{\epsilon x_-} \right) v, \check{\Phi}(\cdot, x_-) \Big\rangle_{W^{k,\infty}(\mathbb{R}^d)} dx_-. \quad (6.246)$$

证明 由定义有 $\delta\Pi_{st}^\epsilon = \int_s^t \langle Au \otimes u + u \otimes Au, T_\epsilon\Phi \rangle dr$. 出于记号的简洁性, 对于固定的 $r \in [s,t]$, 记 $u := u_r$, $a^{ij} := a_r^{ij}$ 等. 对于 $\Phi \in \mathcal{F}_1$ 有

$$\langle Au \otimes u + u \otimes Au, T_\epsilon\Phi \rangle$$

$$= {}_{\mathcal{F}_{-1}(\Omega_\epsilon)}\big\langle \mathrm{div}_x(a_x \nabla_x u_x) u_y, T_\epsilon\Phi \big\rangle_{\mathcal{F}_1(\Omega_\epsilon)} + {}_{\mathcal{F}_{-1}(\Omega_\epsilon)}\big\langle \mathrm{div}_y(a_y \nabla_y u_y) u_x, T_\epsilon\Phi \big\rangle_{\mathcal{F}_1(\Omega_\epsilon)}$$

$$+ \iint_{\Omega_\epsilon} b^i(x) \partial_i u(x) u(y) T_\epsilon\Phi dx dy + \iint_{\Omega_\epsilon} b^i(y) \partial_i u(y) u(x) T_\epsilon\Phi dx dy$$

$$+ \iint_{\Omega_\epsilon} c(x) u(x) u(y) T_\epsilon\Phi dx dy + \iint_{\Omega_\epsilon} c(y) u(x) u(y) T_\epsilon\Phi dx dy,$$

$$=: \mathcal{T}_a^1 + \mathcal{T}_a^2 + \mathcal{T}_b^1 + \mathcal{T}_b^2 + \mathcal{T}_c^1 + \mathcal{T}_c^2. \quad (6.247)$$

$\mathcal{T}_a$ 的估计. 使用 (6.246), 第一项可以被重写为

$$\mathcal{T}_a^1 = \int_{B_1} {}_{(W^{1,\infty}(\mathbb{R}^d))^*}\Big\langle \boldsymbol{\gamma}_\Gamma \big[\boldsymbol{\tau}_{-\epsilon x_-} \mathrm{div}(a\nabla u) \boldsymbol{\tau}_{\epsilon x_-} u \big], \check{\Phi}(\cdot, x_-) \Big\rangle_{W^{1,\infty}(\mathbb{R}^d)} dx_-$$

$$= \int_{B_1} {}_{(W^{1,\infty}(\mathbb{R}^d))^*}\Big\langle \boldsymbol{\gamma}_\Gamma \big[\mathrm{div}_{x_+} \left(\boldsymbol{\tau}_{-\epsilon x_-}(a\nabla u) \right) \boldsymbol{\tau}_{\epsilon x_-} u \big], \check{\Phi}(\cdot, x_-) \Big\rangle_{W^{1,\infty}(\mathbb{R}^d)} dx_-$$

$$= \int_{B_1} {}_{W_+^{-1,2}}\Big\langle \mathrm{div}_{x_+} \left(\boldsymbol{\tau}_{-\epsilon x_-}(a\nabla u) \right), \boldsymbol{\tau}_{\epsilon x_-} u \check{\Phi}(\cdot, x_-) \Big\rangle_{W_+^{1,2}} dx_-$$

$$= -\int_{B_1} \left(\boldsymbol{\tau}_{-\epsilon x_-}[a\nabla u], \nabla_+ \left(\boldsymbol{\tau}_{\epsilon x_-} u(x_+) \right) \check{\Phi}(\cdot, x_-) + \boldsymbol{\tau}_{\epsilon x_-} u \nabla_+ \check{\Phi}(\cdot, x_-) \right)_{L_+^2} dx_-$$

$$= -\int_{B_1} \left(\boldsymbol{\tau}_{-\epsilon x_-}[a\nabla u], \boldsymbol{\tau}_{\epsilon x_-} \nabla u \check{\Phi}(\cdot, x_-) \right)_{L_+^2} dx_-$$

$$\quad - \int_{B_1} \left(\boldsymbol{\tau}_{-\epsilon x_-}[a\nabla u], \boldsymbol{\tau}_{\epsilon x_-} u \nabla_+ \check{\Phi}(\cdot, x_-) \right)_{L_+^2} dx_-. \quad (6.248)$$

对于任意的 $x_- \in \mathbb{R}^d$, 使用 $\boldsymbol{\tau}_{\epsilon x_-}$ 的 L^2 范数不变性, 可以得到

$$\mathcal{T}_a^1 \leqslant \int_{B_1} |\boldsymbol{\tau}_{-\epsilon x_-}[a\nabla u]|_{L_+^2} |\boldsymbol{\tau}_{\epsilon x_-} \nabla u|_{L_+^2} |\check{\Phi}(\cdot, x_-)|_{L_+^\infty} dx_-$$

$$\quad + \int_{B_1} |\boldsymbol{\tau}_{-\epsilon x_-}[a\nabla u]|_{L_+^2} |\boldsymbol{\tau}_{\epsilon x_-} u|_{L_+^2} |\nabla_+ \check{\Phi}(\cdot, x_-)|_{L_+^\infty} dx_-$$

$$= \int_{B_1} |a\nabla u|_{L_+^2} |\nabla u|_{L_+^2} |\check{\Phi}(\cdot, x_-)|_{L_+^\infty} dx_- + \int_{B_1} |a\nabla u|_{L_+^2} |u|_{L_+^2} |\nabla_+ \check{\Phi}(\cdot, x_-)|_{L_+^\infty} dx_-,$$

因此, 对 $\mathcal{T}_a^2$ 使用相似的计算, 那么有

$$\int_s^t \mathcal{T}_a dr \leqslant 2M \left(\|\nabla u\|_{2,2}^2 (\!(\Phi)\!)_0 + \|\nabla u\|_{2,2} \|u\|_{\infty,2} (\!(\Phi)\!)_1 \right). \tag{6.249}$$

$\mathcal{T}_b$ 的估计. 由 (6.245), 有

$$\mathcal{T}_b^1 = \iint_{B_1 \times \mathbb{R}^d} \boldsymbol{\tau}_{-\epsilon x_-} (b^i \partial_i u)(x_+) \boldsymbol{\tau}_{\epsilon x_-} u(x_+) \check{\Phi}(x_+, x_-) dx_+ dx_-$$

$$\leqslant \int_{B_1} |\boldsymbol{\tau}_{-\epsilon x_-} b|_{L_+^{2q}} |\boldsymbol{\tau}_{-\epsilon x_-} \nabla u|_{L_+^2} |\boldsymbol{\tau}_{\epsilon x_-} u|_{L_+^{\frac{2q}{q-1}}} dx_- (\!(\Phi)\!)_0. \tag{6.250}$$

使用 Hölder 不等式, (6.127), 对 $\mathcal{T}_b^2$ 进行相似的计算, 可以得到

$$\int_s^t (\mathcal{T}_b^1 + \mathcal{T}_b^2) dr \leqslant 2\|b\|_{2r,2q;[s,t]} \|\nabla u\|_{2,2;[s,t]} \|u\|_{\frac{2r}{r-1}, \frac{2q}{q-1};[s,t]} (\!(\Phi)\!)_0$$

$$\leqslant 2\beta \|b\|_{2r,2q;[s,t]} \|\nabla u\|_{2,2;[s,t]} \|u\|_{\mathscr{B}_{s,t}} (\!(\Phi)\!)_0. \tag{6.251}$$

$\mathcal{T}_c$ 的估计. 相似地, 只要证明 $\mathcal{T}_c^1$ 的估计即可. 再次使用 (6.245), 便有

$$\mathcal{T}_c^1 = \iint_{B_1 \times \mathbb{R}^d} \boldsymbol{\tau}_{-\epsilon x_-} [cu](x_+) \boldsymbol{\tau}_{\epsilon x_-} u(x_+) \check{\Phi} dx_+ dx_-. \tag{6.252}$$

因此, 由 Hölder 不等式和 (6.127) 可以得到

$$\int_s^t (\mathcal{T}_c^1 + \mathcal{T}_c^2) dr \leqslant 2\|c\|_{r,q;[s,t]} \|u\|_{\frac{2r}{r-1}, \frac{2q}{q-1};[s,t]}^2 \leqslant 2\beta^2 \|c\|_{r,q;[s,t]} \|u\|_{\mathscr{B}_{s,t}}^2 (\!(\Phi)\!)_0. \tag{6.253}$$

加总 (6.249), (6.251) 以及 (6.253), 便完成命题的证明.

6.3.4.3　唯一性的证明

最后, 已经具备完成唯一性的证明的所有工具. 设 $\omega_\Pi(s,t)$ 是命题 6.11 中的控制, 根据命题 6.6, 有下面余项的一致估计:

$$(\!(\mathbf{u}_{st}^{\natural,\epsilon})\!)_{-3} \leqslant C \left(\sup_{r \in [s,t]} (\!(\mathbf{u}_r^\epsilon)\!)_{-0} \omega_B(s,t)^{3\alpha} + \omega_\Pi(s,t) \omega_B(s,t)^\alpha \right), \tag{6.254}$$

其中 $(s,t) \in \Delta$, 并且对于某些 $L > 0$, $\omega_B(s,t) \leqslant L$ 要满足. 注意到对于每一个 $u^1, u^2 \in L^2$ 有

$$\iint_{B_1 \times \mathbb{R}^d} |T_\epsilon^*(u^1 \otimes u^2)(x,y)| dx dy$$

$$= \iint_{B_1 \times \mathbb{R}^d} |\boldsymbol{\tau}_{-\epsilon x_-} u^1(x_+) \boldsymbol{\tau}_{\epsilon x_-} u^2(x_+)| dx_+ dx_- \leqslant C|u^1|_{L^2} |u^2|_{L^2}. \tag{6.255}$$

因为有嵌入 $L^1(\Omega) \subset L^\infty(\Omega)^*$, 对 $u^1 = u^2 = u$ 使用 (6.255), 便有 $\epsilon > 0$ 的一致估计

$$\sup_{r \in [s,t]} (\!|\mathfrak{u}_r^\epsilon|\!)_{-0} \leqslant C \sup_{r \in [s,t]} |u_r|_{L^2}^2. \tag{6.256}$$

结合 (6.254) 与 (6.256) 可得到余项 $\mathfrak{u}^{\natural,\epsilon}$ 的一致估计.

取 $\phi \in W^{3,\infty}(\mathbb{R}^d)$ 和 $\psi \in \mathcal{C}_c^\infty(B_1)$ 且满足 $\displaystyle\int_{B_1} \psi dx = 1$, 并且定义

$$\Phi(x,y) := \phi\left(\frac{x+y}{2}\right) \psi\left(\frac{x-y}{2}\right). \tag{6.257}$$

注意到 $(\!|\Phi|\!)_3 \leqslant C|\phi|_{W^{3,\infty}} \equiv C|\phi|_{3,(\infty)}$, 这里常数仅依赖于 ψ.

引理 6.17

设 $u_t^2(x) := u_t(x)^2$ 是如下空间的元素

$$\mathcal{C}(I, L^1(\mathbb{R}^d)) \subset \mathcal{C}(I, (L^\infty(\mathbb{R}^d))^*).$$

那么对于每一个 $\phi \in W^{3,\infty}$ 有

$$\langle \delta u_{st}^2, \phi \rangle = \int_s^t \big(-2\langle a^{ij} \partial_j u, \partial_i(u\phi) \rangle + \langle b^i \partial_i(u^2) + 2cu^2, \phi \rangle \big) dr$$

$$+ \langle u_s^2, \hat{B}_{st}^* \phi \rangle + \langle u_s^2, \hat{\mathbb{B}}_{st}^* \phi \rangle + \langle u_{st}^{2,\natural}, \phi \rangle, \tag{6.258}$$

这里 $\hat{\mathbf{B}} \equiv (\hat{B}, \hat{\mathbb{B}})$ 是 $\mathbf{B}$ 的定义中 ν 被 2ν 所替换得到的, 并且 $u^{2,\natural}$ 属于 $\mathcal{V}_{2,\mathrm{loc}}^{1+}(I, (W^{3,\infty})^*)$. 此外余项能够被 (6.254) 的右端控制.

♡

证明 由 $\mathfrak{u}^{\natural,\epsilon}$ 的定义有

$$\langle \delta \mathfrak{u}_{st}, T_\epsilon \Phi \rangle = \langle \delta \Pi_{st}, T_\epsilon \Phi \rangle + \langle S_{st} \mathfrak{u}_s, T_\epsilon \Phi \rangle + \langle \mathbb{S}_{st} \mathfrak{u}_s, T_\epsilon \Phi \rangle + \langle \mathfrak{u}_{st}^{\natural,\epsilon}, \Phi \rangle,$$

这里结合 (6.249), (6.251), (6.252) 中出现的项, 便有

$$\langle \delta \Pi_{st}, T_\epsilon \Phi \rangle = \iiint_{[s,t] \times B_1 \times \mathbb{R}^d} \Big[-\boldsymbol{\tau}_{-\epsilon x_-}(a^{ij} \partial_j u)(\boldsymbol{\tau}_{\epsilon x_-} \partial_i u)(x_+) \phi(x_+) \psi(x_-)$$

$$- \boldsymbol{\tau}_{-\epsilon x_-}(a^{ij} \partial_j u)(\boldsymbol{\tau}_{\epsilon x_-} u)(x_+) \partial_i \phi(x_+) \psi(x_-)$$

$$- \boldsymbol{\tau}_{\epsilon x_-} (a^{ij} \partial_j u)(\boldsymbol{\tau}_{-\epsilon x_-} \partial_i u)(x_+)\phi(x_+)\psi(x_-)$$

$$- \boldsymbol{\tau}_{\epsilon x_-} (a^{ij} \partial_j u)(\boldsymbol{\tau}_{-\epsilon x_-} u)(x_+)\partial_i\phi(x_+)\psi(x_-)$$

$$+ \boldsymbol{\tau}_{-\epsilon x_-} (b^i \partial_i u)(x_+)\boldsymbol{\tau}_{\epsilon x_-} u(x_+)\phi(x_+)\psi(x_-)$$

$$+ \boldsymbol{\tau}_{-\epsilon x_-} (b^i \partial_i u)(x_+)\boldsymbol{\tau}_{-\epsilon x_-} u(x_+)\phi(x_+)\psi(x_-)$$

$$+ \boldsymbol{\tau}_{-\epsilon x_-} (cu)(x_+)\boldsymbol{\tau}_{\epsilon x_-} u(x_+)\phi(x_+)\psi(x_-)$$

$$+ \boldsymbol{\tau}_{\epsilon x_-} (cu)(x_+)\boldsymbol{\tau}_{-\epsilon x_-} u(x_+)\phi(x_+)\psi(x_-) \Big] dx_+ dx_- dr$$

$$=: \sum_{i=1}^{8} \mathcal{T}^i.$$

第一步: 漂移项的收敛性. 性质 (6.202), 假设 6.3 以及控制收敛定理表明

$$\mathcal{T}^1 + \mathcal{T}^3 \to -2 \int_{B_1} \psi(x_-) \left(\iint_{[s,t]\times\mathbb{R}^d} a^{ij}(x_+)\partial_j u(x_+)\partial_i u(x_+)\phi(x_+) dx_+ dr \right) dx_-$$

$$\equiv -2 \int_s^t \langle a^{ij}\partial_j u, \partial_i u\phi \rangle \, dr,$$

这里使用到了 $\int_{B_1} \psi dx_- = 1$. 那么, 类似地有 $\mathcal{T}^2 + \mathcal{T}^4 \to -2 \int_s^t \langle a^{ij}\partial_j u, u\partial_i\phi \rangle \, dr$.

同样地由 (6.202), 有

$$\mathcal{T}^5 + \mathcal{T}^6 \to 2 \int_s^t \langle b^i \partial_i u, u\phi \rangle dr, \quad \text{以及} \quad \mathcal{T}^7 + \mathcal{T}^8 \to 2 \int_s^t \langle cu^2, \phi \rangle dr.$$

加总上面的所有的项, 得到所陈述的收敛性.

第二步: 等式左端的收敛性. 首先注意到

$$\langle \delta \mathbf{u}_{st}, T_\epsilon \Phi \rangle = \iint_{\Omega_\epsilon} \delta u_{st}(x) \left(\frac{u_s(y) + u_t(y)}{2} \right) T_\epsilon \Phi dx dy$$

$$+ \iint_{\Omega_\epsilon} \delta u_{st}(y) \left(\frac{u_s(x) + u_t(x)}{2} \right) T_\epsilon \Phi dx dy$$

$$= \iint_{B_1 \times \mathbb{R}^d} \boldsymbol{\tau}_{-\epsilon x_-} \delta u_{st}(x_+) \boldsymbol{\tau}_{\epsilon x_-} \left(\frac{u_s + u_t}{2} \right)(x_+)\phi(x_+)\psi(x_-) dx_+ dx_-$$

$$+ \iint_{B_1 \times \mathbb{R}^d} \boldsymbol{\tau}_{\epsilon x_-} \delta u_{st}(x_+) \boldsymbol{\tau}_{-\epsilon x_-} \left(\frac{u_s + u_t}{2} \right)(x_+)\phi(x_+)\psi(x_-) dx_+ dx_-.$$

再次使用平移算子 $(\tau_a)_{a\in\mathbb{R}^d}$ 在 L^2 意义下的强连续性, 则有

$$\langle \delta u_{st}, T_\epsilon \Phi \rangle \to \iint_{B_1 \times \mathbb{R}^d} \psi(x_-) \delta u_{st}(x_+) \left(\frac{u_s + u_t}{2} \right)(x_+) \phi(x_+) dx_+ dx_-$$

$$+ \iint_{B_1 \times \mathbb{R}^d} \psi(x_-) \delta u_{st}(x_+) \left(\frac{u_s + u_t}{2} \right)(x_+) \phi(x_+) dx_+ dx_-$$

$$\equiv \langle \delta(u^2)_{st}, \phi \rangle. \tag{6.259}$$

第三步: 驱动项的收敛性. 设 $1 > \delta > 0$. 因为 $\mathcal{C}^\infty(\mathbb{R}^d)$ 在 $L^2(\mathbb{R}^d)$ 中稠密, 那么有分解 $u = v + w$, 这里 $v \in \mathcal{C}^\infty$ 是使得 $|v|_{L^2} \leqslant 2|u|_{L^2}$ 并且 $|w|_{L^2} \leqslant \delta$. 因此对于每一 $\delta > 0$, 有 $\mathfrak{u} = \mathfrak{v} + \mathfrak{w}$, 其中 $\mathfrak{v} \equiv v \otimes v \in \mathcal{C}^\infty(\mathbb{R}^d \otimes \mathbb{R}^d)$, 并且

$$|\mathfrak{w}|_{L^1(\mathbb{R}^d \otimes \mathbb{R}^d)} \equiv |v \otimes w + w \otimes v + w \otimes w|_{L^1} \leqslant 4|u|_{L^2}\delta + \delta^2 \leqslant C\delta. \tag{6.260}$$

由于 $\epsilon^{-d}\psi\left(\dfrac{x_-}{\epsilon}\right)$ 作为狄拉克函数的近似, 由控制收敛定理, 可知

$$\langle S\mathfrak{v}, T_\epsilon \Phi \rangle \equiv \iint_{\mathbb{R}^d \otimes \mathbb{R}^d} (Bv(x)v(y) + v(x)Bv(y))$$

$$\cdot \phi\left(\frac{x+y}{2}\right)(2\epsilon)^{-d}\psi\left(\frac{x-y}{2\epsilon}\right) dx dy \to \langle \hat{B}(v^2), \phi \rangle,$$

另外, 同样地有

$$\langle \mathbb{S}\mathfrak{v}, T_\epsilon \Phi \rangle \equiv \iint_{\mathbb{R}^d \otimes \mathbb{R}^d} (\mathbb{B}v(x)v(y) + Bv(x)Bv(y) + v(x)\mathbb{B}v(y))$$

$$\cdot \phi\left(\frac{x+y}{2}\right)(2\epsilon)^{-d}\psi\left(\frac{x-y}{2\epsilon}\right) dx dy \to \langle \hat{\mathbb{B}}(v^2), \phi \rangle.$$

使用命题 6.10, 有

$$\limsup_{\epsilon \to 0} \langle S\mathfrak{w}, T_\epsilon \Phi \rangle \equiv \limsup_{\epsilon \to 0} \langle T_\epsilon^* \mathfrak{w}, T_\epsilon^{-1} S^* T_\epsilon \Phi \rangle$$

$$\leqslant C(|v|_{L^2}|w|_{L^2} + |w|_{L^2}^2)|\phi|_{W^{1,\infty}}\delta \leqslant C'|\phi|_{W^{1,\infty}}\delta.$$

相似地

$$\limsup_{\epsilon \to 0} \langle \mathbb{S}\mathfrak{w}, T_\epsilon \Phi \rangle \equiv \limsup_{\epsilon \to 0} \langle T_\epsilon^* \mathfrak{w}, T_\epsilon^{-1} \mathbb{S}^* T_\epsilon \Phi \rangle \leqslant C|\phi|_{W^{2,\infty}}\delta.$$

由于 $\delta > 0$ 是任意的, 从而得到

$$\lim_{\epsilon \to 0} \langle S\mathfrak{u}, T_\epsilon \Phi \rangle = \langle \hat{B}(u^2), \phi \rangle \tag{6.261}$$

和

$$\lim_{\epsilon \to 0} \langle \mathbb{S}u, T_\epsilon \Phi \rangle = \langle \hat{\mathbb{B}}(u^2), \phi \rangle . \tag{6.262}$$

结论. 对于 $(s,t) \in \Delta$, 由 (6.254)—(6.256) 有如下的估计:

$$\langle \mathrm{u}_{st}^{\natural,\epsilon}, \Phi \rangle \leqslant C \left(\|u\|_{\infty,2}^2 \omega_Z(s,t)^{3\alpha} + \omega_\mu(s,t)\omega_Z(s,t)^\alpha \right) |\phi|_{W^{3,\infty}} .$$

由 Banach-Alaoglu 定理, 以及方程中的其他项都收敛知, 对于 $(s,t) \in \Delta$, 存在一个线性泛函 $u_{st}^{2,\natural} \in (W^{3,\infty})^*$, 使得对于每一个 $\phi \in W^{3,\infty}$ 有

$$\langle \mathrm{u}_{st}^{\natural,\epsilon}, \Phi \rangle \to \langle u_{st}^{2,\natural}, \phi \rangle .$$

最后基于 (6.254) 知 $u^{2,\natural}$ 属于 $\mathcal{V}_{2,\mathrm{loc}}^{1+}(I,(W^{3,\infty})^*)$, 因此 (6.258) 便是满足的.

证明　[定理 6.13 唯一性的证明] 在 (6.258) 中试验函数取 $\phi := 1 \in W^{3,\infty}$, 粗糙 Gronwall 引理表明弱解满足

$$\|u\|_{C([0,T];L^2)}^2 + \min(1,m) \int_0^T |\nabla u_r|_{L^2}^2 dr$$

$$\leqslant C \left(\omega_Z, |\sigma|_{W^{3,\infty}}, |\nu|_{W^{2,\infty}}, M, \|b\|_{2r,2q}, \|c\|_{r,q}, \alpha, T \right) |u_0|_{L^2}^2 .$$

这便给出 (6.137). 由于方程 (6.134) 的线性性, 便可导出唯一性.

6.3.5　存在性和稳定性

最后, 给出方程 (6.134) 的弱解存在性和稳定性. 这里的主要策略是用光滑噪声逼近粗糙噪声, 然后利用先前章节的能量估计获得一致估计, 最后结合紧性方法获得存在性.

设 $z^n : I \to \mathbb{R}^K, n \in \mathbb{N}_0$ 是一个光滑路径序列. 定义它们的典则提升: $Z^n = \delta z^n$ 以及 $\mathbb{Z}_{st}^n := \int_s^t \delta z_{sr}^n \otimes dz_r^n$, 并且假设 $\mathbf{Z}^n \equiv (Z^n, \mathbb{Z}^n)$ 逼近粗糙路径 $\mathbf{Z} \equiv (Z, \mathbb{Z})$, 即

$$d_{\mathscr{C}^\alpha}(\mathbf{Z}^n, \mathbf{Z}) \xrightarrow[n \to \infty]{} 0, \quad 见 (6.114). \tag{6.263}$$

设

$$\begin{aligned} &在 L^2 \text{ 中 } u_0^n \to u_0, \\ &在 L^\infty \text{ 中 } a^n \to a, \qquad 且 \quad a^n \in \mathcal{P}_{m,M}, \\ &在 L^{2r}(I,L^{2q}) \text{ 中 } b^n \to b, \quad 在 L^r(I,L^q) \text{ 中 } c^n \to c, \\ &在 W^{3,\infty} \text{ 中 } \sigma^n \to \sigma, \qquad 在 W^{2,\infty} \text{ 中 } \nu^n \to \nu, \end{aligned} \tag{6.264}$$

这里 $\mathcal{P}_{m,M}$ 表示系数 $a^{ij} \in L^\infty(I \times \mathbb{R}^d)$ 满足假设 6.3 的集合, 并且令

$$A^n := \partial_i \left(a^{n;ij} \partial_j \cdot \right) + b^{n;i} \partial_i + c^n,$$

$$B^n := Z^{n;k}(\sigma^{n;ki} \partial_i + \nu^{n;k}), \quad \mathbb{B}^n := \mathbb{Z}^{n;k\ell}(\sigma^{n;ki} \partial_i + \nu^{n;k})(\sigma^{n;\ell j} \partial_j + \nu^{n;\ell}).$$

不失一般性, 下面给出系数关于 n 的一致性的假设:

$$|u_0^n|_{L^2} + \|a^n\|_{\infty,\infty} + \|b^n\|_{2r,2q} + \|c^n\|_{r,q} + |\sigma^n|_{W^{3,\infty}} + |\nu^n|_{W^{2,\infty}}$$

$$\leqslant 1 + |u_0|_{L^2} + \|a\|_{\infty,\infty} + \|b\|_{2r,2q} + \|c\|_{r,q} + |\sigma|_{W^{3,\infty}} + |\nu|_{W^{2,\infty}}, \qquad (6.265)$$

并且令

$$\begin{cases} |B_{st}^n|_{\mathcal{L}(W^{-k,2}, W^{-k-1,2})} \leqslant \omega_B(s,t)^\alpha, \quad k \in \{0,1,2\} \\ |\mathbb{B}_{st}^n|_{\mathcal{L}(W^{-k,2}, W^{-k-2,2})} \leqslant \omega_B(s,t)^{2\alpha}, \quad k \in \{0,1\}, \quad (s,t) \in \Delta, \end{cases} \qquad (6.266)$$

这里 ω_B 在 (6.131) 中给出.

因为 z^n 是光滑的, $u^n \in \mathscr{B}_{0,T}$ 是如下方程

$$\partial_t u^n = A^n u^n + \dot{B}^n u^n, \quad u^n|_{t=0} = u_0^n$$

的弱解 (见 6.3.2.3 节). 因此, 由命题 6.7, (6.265) 和 (6.266), 得 u^n 在 $\mathscr{B}_{0,T}$ 空间中一致估计, 即

$$\|u^n\|_{\mathscr{B}_{0,T}}^2 = \sup_{0 \leqslant t \leqslant T} |u_t^n|_{L^2}^2 + \int_0^T |\nabla u_r^n|_{L^2}^2 dr \leqslant C(1 + |u_0|_{L^2}^2). \qquad (6.267)$$

因此 Banach-Alaoglu 定理保证了 (存在一个子列, 仍然记为 u^n)

$$u^n \to u \quad \text{以及} \quad \nabla u^n \to \nabla u \quad \text{在 } L^2([0,T] \times \mathbb{R}^d) \text{ 中弱收敛}, \qquad (6.268)$$

并且由范数的弱下半连续可得

$$\|u\|_{\mathscr{B}_{0,T}}^2 < \infty. \qquad (6.269)$$

由 (6.268) 和强收敛 $\|a^n - a\|_{\infty,\infty} \to 0$ 可知: 对于 $\phi \in W^{1,2}$ 有

$$\int_s^t \langle -a_r^{n;ij} \partial_j u^n, \partial_i \phi \rangle dr \to \int_s^t \langle -a_r^{ij} \partial_j u, \partial_i \phi \rangle dr.$$

此外, 使用 (6.264) 有

$$\|(b^n - b)\phi\|_{2,2} \leqslant \|b^n - b\|_{2r,2q} \|\phi\|_{\frac{2r}{r-2}, \frac{2q}{q-2}} \leqslant \beta \|b^n - b\|_{2r,2q} |\phi|_{W^{1,2}} T^{\frac{r-2}{2r}} \to 0,$$

类似地, 有

$$\|(c^n - c)\phi\|_{2,2} \leqslant \beta \|c^n - c\|_{r,q} |\phi|_{W^{1,2}} T^{\frac{r-2}{2r}} \to 0.$$

因此, 由强弱收敛原理有

$$\int_s^t \langle b^{n;i}\partial_i u^n + c^n u^n, \phi\rangle dr \to \int_s^t \langle b^i \partial_i u + cu, \phi\rangle dr.$$

上述得到的弱收敛性不足以在时间方向上取逐点的极限, 这是为了保证极限能够在方程的左侧和粗糙积分中取到. 出于这一目的, 将要证明 (u^n) 在 $W^{-1,2}$ 中满足等度连续性.

等度连续性的证明　使用引理 6.15, (6.176), (6.266) 以及 (6.267), 有如下估计

$$
\left| \int_s^t A^n u^n dr \right|_{-1,(2)} \leqslant \omega_n(s,t) \equiv (t-s)^{1/2} \mathbf{u}_n(s,t)^{1/2}
$$
$$
+ \mathbf{b}_n(s,t)^{1/(2r)} \mathbf{a}_n(s,t)^{1/2} (t-s)^{\frac{r-1}{2r}}
$$
$$
+ \mathbf{c}_n(s,t)^{1/r} \mathbf{u}_n(s,t)^{\frac{r-1}{2r}} (t-s)^{\frac{r-1}{2r}}, \tag{6.270}
$$

这里采用 (6.173) 中的表示方式.

此外, 类似于推论 6.3 的计算, 知 u^n 是如下方程

$$du^n = A^n u^n dt + d\mathbf{B}^n u^n$$

在尺度 $(W^{k,2})_{k \in \mathbb{N}_0}$ 上的弱解 (在定义 6.15 的意义下), 即对于 $\phi \in W^{3,2}$, 以及 $(s,t) \in \Delta$,

$$\langle \delta u_{st}^n, \phi\rangle = \int_s^t \langle A^n u^n, \phi\rangle dr + \langle B_{st}^n u_s^n, \phi\rangle + \langle \mathbb{B}_{st}^n u_s^n, \phi\rangle + \langle u_{st}^{\natural,n}, \phi\rangle. \tag{6.271}$$

使用命题 6.6, 有估计

$$|\delta u_{st}^n|_{-1,(2)} \leqslant C \left(\omega_n(s,t) + \omega_n(s,t)^\alpha + \omega_B(s,t)^\alpha \right). \tag{6.272}$$

现在, 注意到 $\mathbf{a}_n(s,t) \leqslant C(1 + 2M\|u\|_{\mathscr{B}_{0,T}}) \leqslant C_1$, 并且由 (6.127) 知 $\mathbf{u}_n(s,t) \leqslant C\|u\|_{\mathscr{B}_{0,T}} \leqslant C_2$. 此外使用 (6.264), 控制 $\mathbf{b}_n$ 和 $\mathbf{c}_n$ 是等度连续的, 即对于 $\epsilon > 0$ 存在 $\delta > 0$ 使得

$$|s - t| \leqslant \delta(\epsilon) \implies \mathbf{b}_n(s,t) + \mathbf{c}_n(s,t) \leqslant \frac{\epsilon^2}{\max(C_1, C_2)^2}.$$

设 $\delta' \leqslant \min(\delta(\epsilon), \epsilon^2)$, 并且将上述关系代入到 (6.270) 中有

若 $|t - s| \leqslant \delta'$, 那么对于所有的 $n \in \mathbb{N}_0$, 有 $\omega_n(s,t) \leqslant \epsilon$.

这便完成了 $\omega_n, n \geqslant 0$ 的一致等度连续性的证明. 由 (6.272), 同样的性质对于 $|\delta u_{st}^n|_{-1,(2)}$ 也成立, 因此得到 $W^{-1,2}$ 中的一致等度连续性.

由于紧嵌入

$$L^2(\mathbb{R}^d) \hookrightarrow W_{\text{loc}}^{-1,2}(\mathbb{R}^d),$$

估计式 (6.267) 表明 $(u_s^n)_{n \in \mathbb{N}_0}$ 对于每一个 $s \in I$ 有紧的闭包. 使用等度连续性, 无穷维版本的 Ascoli 定理 (参考 [97]) 保证了存在一个子序列:

$$\text{在 } W_{\text{loc}}^{-1,2}(\mathbb{R}^d) \text{ 中 } u_s^n \to u_s \text{ 关于 } s \in I \text{ 是一致的}. \tag{6.273}$$

由 (6.268), (6.273), 对于 $W^{1,2}(\mathbb{R}^d)$ 中具有紧支撑的函数 ϕ 和每一个 $(s,t) \in \Delta$ 有

$$\langle u_t^n - u_s^n, \phi \rangle \to \langle u_t - u_s, \phi \rangle.$$

此外, 由 (6.128), 对于每一个具有紧支撑的函数 $\phi \in W^{3,2}$ 和 $k, \ell \in \{1, \cdots, K\}$ 有

$$|(\sigma^k \cdot \nabla)^* \phi|_{1,(2)}, \quad |(\sigma^k \cdot \nabla)^* (\sigma^\ell \cdot \nabla)^* \phi|_{1,(2)},$$

$$|\nu(\sigma^k \cdot \nabla)^* \phi|_{1,(2)}, \quad |(\sigma^k \cdot \nabla)^* (\nu \phi)|_{1,(2)} \quad < \infty. \tag{6.274}$$

因此, 使用 (6.273), (6.263) 和 (6.274) 有

$$\langle u_s^n, B_{st}^{n,*} \phi \rangle \to \langle u_s, B_{st}^* \phi \rangle, \qquad \langle u_s^n, \mathbb{B}_{st}^{n,*} \phi \rangle \to \langle u_s, \mathbb{B}_{st}^* \phi \rangle.$$

使用额外的估计式 (6.147), 可以在 (6.271) 中取极限, 使得 u 是方程 (6.134) 在 $W^{3,2}$ 中的试验函数作用下的弱解. 由于能量估计 (6.269), 可以放松对试验函数 ϕ 的假设, 导出 u 的确是方程 (6.134) 在尺度 $(W^{k,2})_{k \in \mathbb{N}_0}$ 上的弱解.

此外, $(u_n)_{n \in \mathbb{N}_0}$ 的每个子序列都包含一个收敛的子序列, 它收敛于相同的极限 $u = \mathfrak{S}(u_0, a, b, c, \sigma, \nu, Z)$. 因此, 我们推断原始序列 $(u_n)_{n \in \mathbb{N}_0}$ 收敛. 另外, 由 (6.268), (6.273), $\mathfrak{S}$ 的连续性对于每一个变量都是成立的. 这便完成了定理 6.13 以及定理 6.14 的证明.

注 6.11 除了本节所介绍的线性情形, 本节中的框架可应用于某些非线性模型, 可以得到其全局解. 比如, 文献 [22,24]. 尽管不能单纯地使用本节所介绍的方法, 但是基本的框架基本是一致的, 都是基于方程的结构, 利用非线性方程中的非线性结构可以建立解的能量估计, 借助紧性方法建立解的存在性. 唯一性也是基于双变量技巧考虑两个解之间的差, 建立它的能量以获得解的唯一性.

6.3.6 辅助性结论

6.3.6.1 有限差分逼近格式的收敛性

对于 (6.230). 有如下结果.

引理 6.18

设 $1 \leqslant p < \infty$, 以及 $a \in \mathbb{R}^d$. 那么对于每一个 $\varphi \in W^{1,\infty}(\mathbb{R}^d)$ 有

$$|\boldsymbol{\Delta}_\epsilon^a \varphi|_{L^\infty} \leqslant |a||\nabla\varphi|_{L^\infty}.$$

此外, 若满足下面的任一个条件

- $p < \infty$ 且 $\varphi \in W^{1,p}$;
- $p = \infty$ 且 $\varphi \in W^{2,\infty}$.

当 ϵ 趋向于 0 时, 有 $\boldsymbol{\Delta}_\epsilon^a \varphi$ 在 $L^p(\mathbb{R}^d)$ 中强收敛到 $a \cdot \nabla\varphi$.

证明　上述第一个估计式可以由泰勒公式得到, 因为对于任意的 $a \in \mathbb{R}^d$ 有

$$\boldsymbol{\Delta}_\epsilon^a \varphi(x) = a \cdot \int_0^1 \nabla\varphi\left(x + \epsilon(2\theta - 1)a\right) d\theta. \tag{6.275}$$

首先考虑 $p \in [1, \infty)$ 的情形. 由泰勒公式, 那么对于几乎所有的 $x \in \mathbb{R}^d$ 有

$$\boldsymbol{\Delta}_\epsilon^a \varphi - a \cdot \nabla\varphi(x) = a \cdot \int_0^1 \left(\nabla\varphi\left(x + \epsilon(2\theta - 1)a\right) - \nabla\varphi(x)\right) d\theta.$$

因此, 当 $\epsilon \to 0$ 时有

$$\int_{\mathbb{R}^d} |\boldsymbol{\Delta}_\epsilon^a \varphi - a \cdot \nabla\varphi(x)|^p dx \leqslant |a|^p \int_{\mathbb{R}^d} \int_0^1 |\nabla\varphi\left(x + \epsilon(2\theta - 1)a\right) - \nabla\varphi(x)|^p d\theta dx$$

$$= |a|^p \int_0^1 \left(\int_{\mathbb{R}^d} |\nabla\varphi\left(x + \epsilon(2\theta - 1)a\right) - \nabla\varphi(x)|^p dx\right) d\theta$$

$$= |a|^p \int_0^1 |(\boldsymbol{\tau}_{-\epsilon(2\theta-1)a} - Id)\nabla\varphi(x)|_{L^p}^p d\theta$$

$$\to 0,$$

上述估计使用到位移算子 $(\boldsymbol{\tau}_a)_{a \in \mathbb{R}^d}$ 在 $L^p, p \in [1, \infty)$ 范数下的强连续以及控制收敛定理.

当 $p = \infty$ 时. 相似地, 当 $\epsilon \to 0$ 时有

$$|\boldsymbol{\Delta}_\epsilon^a \varphi - a \cdot \nabla\varphi|_{L^\infty} \leqslant \int_0^1 \sup_{x \in \mathbb{R}^d} |(\boldsymbol{\tau}_{-\epsilon(2\theta-1)a} - Id)\nabla\varphi(x)| d\theta$$

$$\leqslant \int_0^1 \epsilon |2\theta - 1| \sup_{x \in \mathbb{R}^d} \int_0^1 |\nabla^2 \varphi \left(x + \theta' \epsilon (2\theta - 1)a\right)| d\theta' d\theta$$

$$\leqslant C\epsilon |\varphi|_{W^{2,\infty}} \to 0,$$

从而完成引理的证明.

6.3.6.2 Sewing 引理

下面结论的有限维版本, 即所考虑的空间 E 是一个 (有限维) 赋范向量空间, 可以参考文献 [6,16], 另外文献 [40] 考虑空间 E 为一 Banach 空间. 这些结果似乎可以直接推广到完备的局部凸的拓扑向量空间 E (l.c.v.s.), 在经典的偏微分方程 (PDE) 理论中经常会碰到这种类型的空间 (见下面的注 6.4).

与先前小节一样, 令 $I := [0,T]$, 其中 $T > 0$, 并且 $\Delta \equiv \Delta_I$, $\Delta^2 \equiv \Delta_I^2$ 分别对应于区间 I 上的二元和三元有序对的集合. 给定一个 l.c.v.s. E 并且它被赋予一族半范数 $(p_\gamma)_{\gamma \in \Gamma}$ 和一个常数 $a > 0$. 定义 $\mathcal{V}_1^a(I,E)$ 为 $h : I \to E$ 路径的集合, 使得对于任意的 $\gamma \in \Gamma$ 以及 $(s,t) \in \Delta$, 有估计式 $p_\gamma(\delta h_{st}) \leqslant \omega_{h,\gamma}(s,t)^a$ 成立, 其中控制 $\omega_{h,\gamma}$ 为依赖于 h 和 γ 的控制. 注意到局部凸拓扑向量空间 $\mathcal{V}_1^a(I;E)$ 也可以由如下的半范数

$$h \mapsto \sup_{\mathfrak{p} \in \mathcal{P}(I)} \left(\sum_{(\mathfrak{p})} p_\gamma (\delta h_{t_i t_{i+1}})^{1/a} \right)^a, \qquad \gamma \in \Gamma$$

给出 (具体见 (6.111)). 空间 $\mathcal{V}_2^a(I,E)$ 也可类似地定义. 此外, $\mathcal{V}_2^{1+}(I,E)$ 对应于 2-指标映射 $g \equiv g_{st}$ 的集合, 且使得对于上述的每一个 p_γ, 存在一个控制 $\omega_{g,\gamma}$ 和 $a_\gamma > 1$ 满足 $p_\gamma(g_{st}) \leqslant \omega_{g,\gamma}(s,t)^{a_\gamma}, (s,t) \in \Delta$.

> **命题 6.12 (Sewing 引理)**
>
> 设 E 是一个完备的局部凸的拓扑向量空间. 设 $(p_\gamma)_{\gamma \in \Gamma}$ 为一族半范数. 定义 $\mathcal{Z}^{1+}(I,E)$ 为 3-指标映射 $h : \Delta^2 \to E$ 的集合使得
>
> - 存在一连续映射 $B : \Delta \to E$ 满足 $h = \delta B$;
> - 对于每一 $\gamma \in \Gamma$, 存在一控制 $\omega_{h,\gamma} : \Delta \to \mathbb{R}^+$ 和 $a_\gamma > 1$, 使得不等式
>
> $$p_\gamma (h_{s\theta t}) \leqslant \omega_{h,\gamma}(s,t)^{a_\gamma} \tag{6.276}$$
>
> 对于所有 $(s, \theta, t) \in \Delta^2$ 都成立.
>
> 那么, 存在一个连续线性映射 $\Lambda : \mathcal{Z}^{1+}(I,E) \to \mathcal{V}_2^{1+}(I,E)$, 这里的连续性在如下意义下理解: 对于每一个 $\gamma \in \Gamma$ 和 $h \in \mathcal{Z}^{1+}(I,E)$ 有如下估计式成立
>
> $$p_\gamma (\Lambda h_{st}) \leqslant C_{a_\gamma} \omega_{h,\gamma}(s,t)^{a_\gamma}, \quad (s,t) \in \Delta, \tag{6.277}$$

上述估计式中的常数仅依赖于 $a_\gamma > 1$. 此外, Λ 的右逆为 δ, 即

$$\delta\Lambda = Id|_{\mathcal{Z}^{1+}}, \tag{6.278}$$

并且它在满足性质 (6.277)–(6.278) 的线性映射类中是唯一的.

最后, 对于任意的 $(s,t) \in \Delta$, 有如下的显式表达:

$$\Lambda_{st}h = \lim_{|\mathfrak{p}| \to 0} \left(B_{st} - \sum_{(\mathfrak{p})} B_{t_i t_{i+1}} \right), \tag{6.279}$$

这里使用到求和约定(6.111).

例 6.4　上述无穷维的 Sewing 引理可以运用到 $\mathscr{D}'(\mathcal{O})$, 即欧氏空间中的开集 $\mathcal{O}$ 上的广义函数空间, 它的半范数如下: 对于 $v \in \mathscr{D}'(\mathcal{O})$, 令

$$p_\phi(v) := |\langle v, \phi \rangle|, \quad \phi \in C_c^\infty(\mathcal{O}),$$

注意到可以用 Schwarz 广义函数空间 $\mathscr{S}'$, 或者是任何线性泛函的 Banach 空间且被赋予一弱 * 拓扑取代这里的 $\mathscr{D}'$.

证明　证明与 [40] 或先前小节中 Sewing 引理的证明类似. 固定 $(s,t) \in \Delta$, 并且考虑区间 $[s,t]$ 的划分 $\mathfrak{p} := \{s \equiv t_1 < t_2 < \cdots < t_k \equiv t\}$, 满足 $\#\mathfrak{p} = k \geqslant 2$. 定义

$$\Lambda^{\mathfrak{p}}h := B_{st} - \sum_{1 \leqslant i \leqslant k-1} B_{t_i t_{i+1}},$$

其中 B 满足 $\delta B = h$.

设 $\gamma \in \Gamma$. 由 $\omega_{h,\gamma}$ 的超可加性, 存在 $i_1 \in \{1, \cdots, k-1\}$ 使得

$$\omega_{h,\gamma}(t_{i_1-1}, t_{i_1+1}) \leqslant \frac{2}{k-1} \omega_{h,\gamma}(s,t).$$

此外, 有如下关系成立

$$p_\gamma\left(\Lambda^{\mathfrak{p}\setminus\{t_{i_1}\}}h - \Lambda^{\mathfrak{p}}h\right) = p_\gamma(\delta B_{t_{i-1}, t_i, t_{i+1}}) \leqslant \left(\frac{2}{k-1} \omega_{h,\gamma}(s,t) \right)^{a_\gamma}. \tag{6.280}$$

接着用 $\mathfrak{p} \setminus \{t_{i_1}\}$ 替换 $\mathfrak{p}$, 然后重复上述过程直到区间变成 $\mathfrak{p} \setminus \{t_{i_1}, \cdots, t_{i_{k-2}}\} \equiv \{s,t\}$. 显然此时有 $\Lambda^{\{s,t\}}h = 0$. 那么, 便有如下分解

$$\Lambda^{\mathfrak{p}}h = \left(\Lambda^{\mathfrak{p}} - \Lambda^{\mathfrak{p}\setminus\{t_{i_1}\}}\right)h + \cdots + \left(\Lambda^{\mathfrak{p}\setminus\{t_{i_1}, \cdots, t_{i_{k-3}}\}} - \Lambda^{\{s,t\}}\right)h,$$

并且重复使用 (6.280) 式 $k-2$ 次, 得到极大不等式

$$p_\gamma(\Lambda^{\mathfrak{p}} h) \leqslant 2^{a_\gamma} \omega_{h,\gamma}(s,t)^{a_\gamma} \sum_{i=1}^{k-2} i^{-a_\gamma} \leqslant 2^{a_\gamma} \omega_{h,\gamma}(s,t)^{a_\gamma} \sum_{i=1}^{\infty} i^{-a_\gamma} \leqslant C_{a_\gamma} \omega_{h,\gamma}(s,t)^{a_\gamma},$$

(6.281)

该式对于所有的 $\gamma \in \Gamma$ 都成立.

现在, 考虑 $\mathfrak{p}' \subset \mathfrak{p}$ 作为 $\mathfrak{p}$ 的精细化. 那么有

$$\Lambda^{\mathfrak{p}} h - \Lambda^{\mathfrak{p}'} h = -\sum_{t_i \in \mathfrak{p}, \, i < k} \Bigg(\underbrace{B_{t_i t_{i+1}} - \sum_{\{\tau,\tilde\tau\} \subset \mathfrak{p}' \cap [t_i, t_{i+1}], \, \tau < \tilde\tau} B_{\tau\tilde\tau}}_{\Lambda^{\mathfrak{p}' \cap [t_i, t_{i+1}]} h} \Bigg),$$

因此, 在每一个区间 $[t_i, t_{i+1}]$ 上使用极大不等式, 那么由 (6.281) 便导出

$$p_\gamma \left(\Lambda^{\mathfrak{p}} h - \Lambda^{\mathfrak{p}'} h \right) \leqslant \sum_{t_i \in \mathfrak{p}, \, i < k} C_a \omega_{h,\gamma}(t_i, t_{i+1})^{a_\gamma}.$$

因为 $a_\gamma > 1$, 当 $\mathfrak{p}$ 趋向于 0 时, 上式右端也趋向于 0. 再由空间 E 的完备性可知: 对于任意的 $(s,t) \in \Delta$, 都有 $\Lambda^{\mathfrak{p}} h$ 收敛到 $\Lambda_{st} h$.

最后, 设 $\mathfrak{p}_1^n$ 为区间 $[s,u]$ 的划分, $\mathfrak{p}_2^n$ 为区间 $[u,t]$ 的划分, 并且满足假设: 当 $n \to \infty$ 时, 有 $|\mathfrak{p}_1^n| \vee |\mathfrak{p}_2^n| \to 0$. 此外, 记 $\mathfrak{p}^n = \mathfrak{p}_1^n \cup \mathfrak{p}_2^n$, 那么它可以视为区间 $[s,t]$ 的划分. 对于这些划分有如下关系成立:

$$\Lambda^{\mathfrak{p}^n} h - \Lambda^{\mathfrak{p}_1^n} h - \Lambda^{\mathfrak{p}_2^n} h = (\delta B)_{sut} = h_{sut}.$$

对上式右端关于 n 取极限便得到 (6.278).

推论 6.4

考虑给定的 $\alpha \in (0,1]$, 设 $B \in \mathcal{V}_2^\alpha(I,E)$, 并且假设 $\delta B \in \mathcal{Z}^{1+}$. 定义

$$\mathcal{I}(B) := B - \Lambda \delta B \in \mathcal{V}_2^\alpha(I,E).$$

(6.282)

那么, 线性映射 $\mathcal{I} : \mathcal{V}_2^\alpha(I,E) \to \mathcal{V}_2^\alpha(I,E), \, B \mapsto \mathcal{I}(B)$ 满足如下的一些性质:

- $\delta \mathcal{I} = 0$;
- 若 $h \in \mathcal{V}_2^\alpha(I,E)$ 是另外一个满足 $\delta h = 0$ 和 $h - B \in \mathcal{V}^{1+}(I,E)$ 的 2-指标映射, 那么 $h = \mathcal{I}(B)$;
- 对于上述任意的 B, $\mathcal{I}(B)$ 为

$$\mathcal{I}_{st} B = \lim_{|\mathfrak{p}| \to 0} \sum_{(\mathfrak{p})} B_{t_i t_{i+1}};$$

(6.283)

- 设 E 是一个自反的 Banach 空间, 并且假设 $f : I \to \mathcal{L}(E, F)$, $g : I \to E$ 是可测的, f 是连续的, 并且 g 属于 $\mathcal{AC}(I, E)$. 设 $\dot{g} \in L^1(I, E)$ 为路径 g 的弱导数. 此外假设 $\delta(f\delta g) \in \mathcal{Z}^{1+}(I, F)$. 那么, 便有 $\int_I |f_r \dot{g}_r|_F dr < \infty$ 以及

$$\mathcal{I}(f\delta g)_{st} = \int_s^t f_r \dot{g}_r dr \quad (F \text{ 中的 Bochner 积分}), \tag{6.284}$$

上式中的 $f\delta g$ 具体含义是作为 $(s,t) \in \Delta \mapsto f_s \delta g_{st}$ 的映射.
对于上述的 B, 2-指标映射 $(s,t) \in \Delta \mapsto \mathcal{I}(B)_{st}$ 被称为 B 的粗糙积分.

证明 上述所陈述的头三条结论是命题 6.12 的直接应用. 因此这里仅仅验证最后一条性质. 首先, 任意的自反空间都满足 Radon-Nikodym 性质 (参考 [98, 定义 3, p. 61 和推论 13, p. 76]), 因此 g 的弱导数存在. 由公式 (6.283), 知 $\mathcal{I}(f\delta g)$ 作为如下部分和的极限, 部分和为

$$I_n := \sum_{(\mathfrak{p}_n)} f_{t_i^n} \delta g_{t_i^n t_{i+1}^n} \equiv \sum_{(\mathfrak{p}_n)} f_{t_i^n} \int_{t_i^n}^{t_{i+1}^n} \dot{g}_r dr = \int_I f_r \dot{g}_r dr - \sum_{(\mathfrak{p}_n)} \int_{t_i^n}^{t_{i+1}^n} (f_r - f_{t_i^n}) \dot{g}_r dr,$$

这里 $\mathfrak{p}_n \equiv (t_i^n)$ 是使得 $|\mathfrak{p}_n| \to 0$ 的划分. 注意到 $f : I \equiv [0,T] \to \mathcal{L}(E, F)$ 是连续的, 因此它是一致连续的, 由此当 $n \to \infty$ 时, 上述第二项收敛到 0. 所以, $\mathcal{I}(f\delta g) \equiv \lim I_n = \int_I f_r \dot{g}_r dr$, 这便证明了 (6.284).

6.3.6.3 光滑算子族

设 R_η 为定义在 $\varphi \in W^{k,\infty} \equiv W^{k,\infty}(\mathbb{R}^d), k \in \mathbb{N}_0$ 上的光滑算子族, 即

$$R_\eta \varphi(x) := [\varphi * \varrho_\eta](x) = \left[\varphi * \varrho \left(\frac{\cdot}{\eta} \right) \eta^{-d} \right](x) \equiv \int_{\mathbb{R}^d} \varphi(\xi) \varrho \left(\frac{x - \xi}{\eta} \right) \frac{d\xi}{\eta^d}, \quad x \in \mathbb{R}^d, \tag{6.285}$$

上式中 $\varrho \in \mathcal{C}^\infty(\mathbb{R}^d, \mathbb{R})$ 是一个非负, 径向对称函数且积分为 1, 并且它的支撑集 $\mathrm{Supp}\, \varrho \subset B_1$. 因此, 假设 φ 属于 $W^{2,\infty}$, 那么 $|(R_\eta - Id)\varphi|_{L^\infty}$ 有可能产生 η^2-阶误差 (对被积函数直接使用 Taylor 展开可以发现这一事实). 更具体地, 有如下事实.

引理 6.19

算子族 $(R_\eta)_{\eta \in (0,1)}$ 在尺度 $W^{k,\infty}(\mathbb{R}^d)$ 上是一个 2-光滑算子族.

由于 R_η 增加了具有支撑的试验函数, 它不能用来定义在 (6.194) 中的尺度 $(\mathcal{F}_k)_{k\in\mathbb{N}_0}$ 上的光滑算子族. 为了解决这一问题, 需要引入合适的截断函数. 设 $\theta_\eta \in C_c^\infty(\mathbb{R})$ 满足

$$0 \leqslant \theta_\eta \leqslant 1, \quad \mathrm{Supp}\,\theta_\eta \subset B_{1-2\eta} \subset \mathbb{R}, \quad \theta \equiv 1 \quad \text{在} \quad B_{1-3\eta} \subset \mathbb{R}, \qquad (6.286)$$

并且使得对于 $k = 1, 2$ 有

$$|\nabla^k \theta_\eta| \leqslant \frac{C}{\eta^k}.$$

接下来, 定义

$$\Theta_\eta(x) := \theta_\eta(|x|^2), \quad \forall x \in \mathbb{R}^d. \qquad (6.287)$$

下面的结果可参考 [81].

引理 6.20

存在一个常数 $C_\theta > 0$ 使得对于 $k = 0, 1, 2$, 和 $W^{k,\infty}(\mathbb{R}^d)$ 中每一个支撑在 B_1 中的函数有

$$|\Theta_\eta\psi|_{W^{k,\infty}} \leqslant C_\theta|\psi|_{W^{k,\infty}}. \qquad (6.288)$$

此外, 如果假设 $\psi \in W^{k,\infty}(\mathbb{R}^d)$, 并且 $0 \leqslant \ell \leqslant k \leqslant 3$, 那么

$$|(1 - \Theta_\eta)\psi|_{W^{\ell,\infty}} \leqslant C_\theta\eta^{k-\ell}|\psi|_{W^{k,\infty}}. \qquad (6.289)$$

推论 6.5

线性映射 $J_\eta : \mathcal{F}_0(\Omega) \to \mathcal{F}_0(\Omega), \eta \in (0, 1)$, 定义为

$$J_\eta\phi := \chi \circ \big(R_\eta \otimes (R_\eta\Theta_\eta)(\phi \circ \chi^{-1})\big),$$

这里保留了引理 6.19, (6.231) 和 (6.287) 中的符号, 它是尺度 $(\mathcal{F}_k(\Omega))_{k\in\mathbb{N}_0}$ 上的是一个 2-步光滑算子族.

证明　由于 $\sqrt{2}\chi$ 是一个旋转, 因此只需要在如下尺度上证明该推论即可:

$$F_k := \big\{\phi \in W^{k,\infty}(\mathbb{R}^d \otimes \mathbb{R}^d), \mathrm{Supp}\,\phi \subset \mathbb{R}^d \times B_1\big\}, \qquad (6.290)$$

它被赋予一个范数 $(\!|\cdot|\!)_k := |\cdot|_{W^{k,\infty}}$, 并且 $J_\eta := R_\eta \otimes (R_\eta\Theta_\eta)$.

首先, 注意到, 对于任意的 $x \in \mathbb{R}^d$ 和 $\phi \in F_k$ 有

$$\mathrm{Supp}\,(Id \otimes (R_\eta\Theta_\eta)\phi(x, \cdot)) \subset \mathrm{Supp}(\Theta_\eta\phi(x, \cdot)) + \mathrm{Supp}(\varrho_\eta) \subset B_1, \qquad (6.291)$$

因为 $J_\eta\phi = (R_\eta \otimes Id)(Id \otimes R_\eta\Theta_\eta)\phi$, 那么有

$$\mathrm{Supp}\, J_\eta\phi \subset B_1\,,$$

并且由 $J_\eta\phi$ 是光滑的, 直接得到性质 (J1).

关于 (J2), 对于固定的 $k = 0$, 以及 $\phi \in F_0$, 记 $\psi^y := (Id \otimes R_\eta\Theta_\eta)\phi(\cdot, y)$, 对于任意的 $1 \leqslant i \leqslant d$ 和 $x, y \in \mathbb{R}^d$, 使用引理 6.19 有

$$|\partial_{x_i} J_\eta\phi(x,y)| \equiv |\partial_{x_i}(R_\eta \otimes Id)[\psi^y](x)| \leqslant \frac{C}{\eta}|\psi^y|_{L_x^\infty}$$

$$\leqslant \frac{C}{\eta}\int_{\mathbb{R}}^d \Theta_\eta(y')|\phi(\cdot, y')|_{L_x^\infty}\varrho_\eta(y - y')dy' \leqslant \frac{C}{\eta}(\!|\phi|\!)_0\,.$$

类似地, 记 $\tilde{\psi}^x := (R_\eta \otimes Id)(1 - \Theta_\eta)\phi(x, \cdot)$, 那么

$$|\partial_{y_i}J_\eta\phi(x,y)| \leqslant |\partial_{y_i}(R_\eta \otimes R_\eta)\phi| + |\partial_{y_i}(Id \otimes R_\eta)\tilde{\psi}^x(y)| \leqslant \frac{C}{\eta}(\!|\phi|\!)_0 + \frac{C}{\eta}|\tilde{\psi}^x|_{L_y^\infty}$$

$$\leqslant \frac{C}{\eta}(\!|\phi|\!)_0 + \frac{C}{\eta}\int_{\mathbb{R}}^d |(1 - \Theta_\eta(y))\phi(x', \cdot)|_{L_y^\infty}\varrho_\eta(x - x')dx' \leqslant \frac{C'}{\eta}(\!|\phi|\!)_0\,.$$

使用 (6.288)–(6.289), 对于 $k = 1, 2$ 的不等式也可用相同的方法来证明. 对于 (J3) 的估计的证明也是类似的.

6.4　半线性粗糙偏微分方程的能量方法

先前小节中介绍了输运型的粗糙噪声驱动的一阶微分方程和二阶线性微分方程的解理论 (流变换方法), 同时在 6.3 节中介绍了输运型粗糙噪声驱动的二阶线性微分方程的变分框架. 本小节可以看成先前小节的运用推广. 本节的内容选自 [21], 主要关心 $\mathbb{R}^d$ 上的半线性粗糙偏微分方程,

$$du_t = [Lu_t + F(u_t)]\, dt + \Gamma u_t d\mathbf{W}_t\,, \quad u_0 \in L^p(\mathbb{R}^d)\,, \tag{6.292}$$

其中 L 和 Γ 分别为下面 (6.297), (6.298) 中的 (线性) 二阶和一阶微分算子, $\mathbf{W}$ 为 (几何) 粗糙路径, 并且重点关注 L^2-尺度中的 Lipschitz 非线性项

$$F : H^1(\mathbb{R}^d) \to L^2(\mathbb{R}^d)\,,$$

它有可能非线性依赖于 ∇u.

方程 (6.292) 的适定性的研究策略如下: 首先考虑线性方程, 即

$$du_t = Lu_t dt + \Gamma u_t d\mathbf{W}_t, \quad u_0 \in L^p(\mathbb{R}^d). \tag{6.293}$$

它包含了模型 $du_t = \Delta u_t dt + V \cdot \nabla u(t) d\mathbf{W}_t$, 其中 $u_0 = u_0(x) \in L^2(\mathbb{R}^d)$, $V = V(x)$ 是一向量场, 该模型在 6.3 节或文献 [73] 中给出了具体研究方法. 但这里用到的 方法主要是基于先前小节粗糙路径框架下的 Feynman-Kac 表示 (也可参考 [8]).

为了说明线性方程的解的唯一性, 同一阶情形类似, 引入与之对应的向后方程

$$-dv_t = L^* v_t dt + \Gamma^* v_t d\mathbf{W}_t, \qquad v_T \in L^q(\mathbb{R}^d), \tag{6.294}$$

显然它也有粗糙路径框架下的 Feynman-Kac 表示. 使用对偶论证,

$$\int_{\mathbb{R}^d} u_T(x) v_T(x) dx = \int_{\mathbb{R}^d} u_0(x) v_0(x) dx, \tag{6.295}$$

那么便可利用向后方程 (6.294) 的存在性导出 (6.293) 的唯一性, 反之亦然. 因此, 证明过程中会不停地在两个方程 (6.293), (6.294) 之间切换.

对于线性情形, 在 L^2-尺度中可以建立其能量估计, 类似于 [73] 中的工作, 但 是所用的方法不同. 由于偏微分方程的 Feynman-Kac 的使用, 相比于纯粹的变分 框架[73], 这里要求方程中的系数具有更高的正则性假设. 但反过来, 这里的构造 提供了关于混合粗糙-Itô 扩散过程的精细的随机特征, 这使得可以解决上述工作 中关于解所在的自然函数空间中粗糙路径的稳定性. 即通过 Feynman-Kac 公式 和相应的 Lyapunov 函数的直接分析, 可以证明解映射作为从几何粗糙路径空间 $\mathscr{C}_g^{0,\alpha}([0,T])$, $\alpha \in (1/3, 1/2]$ 到

$$\mathcal{C}([0,T], L^2(\mathbb{R}^d)) \cap L^2([0,T], W^{1,2}(\mathbb{R}^d))$$

的映射是连续的. ([73] 中的定理 2 或 6.3 节中的定理 6.14 是通过紧性论证得到 在次最优函数空间中的连续性.)

基于上述线性方程的解理论, 可以引入一个新颖的 (双参数) 半群, 它包含了 粗糙驱动项. 这使得可以在半群框架下考虑受粗糙噪声扰动的半线性发展的温和 解, 与前面的小节不同, 这里的温和解的分析过程中不会再涉及粗糙路径的分析. 更具体地, 对于半线性粗糙发展方程 (6.292), 通过介绍如下的温和解

$$u_t = P_{0t}^{\mathbf{W}} u_0 + \int_0^t P_{st}^{\mathbf{W}} F(u_s) ds, \tag{6.296}$$

来研究 (6.292) 的唯一性, 其中, $P_{st}^{\mathbf{W}} g$ 表示线性微分方程 (6.293) 在 s 时刻以 $g \in L^2(\mathbb{R}^d)$ 为初值在 t 时刻的解. 注意到 (6.296) 的适定性由标准的不动点讨论 直接得到. 此外, 可以证明方程 (6.292) 的解有表示式 (6.296). 那么 (6.292) 的唯 一性直接从 (6.296) 的适定性得到, 因此使用粗糙路径的连续性可以证明 (6.292) 的存在性.

6.4.1　符号和定义

接下来将在通常的 Sobolev 空间 $W^{n,p}(\mathbb{R}^d)$ 中工作, 且记该空间上的范数为 $\|\cdot\|_{n,p}$, 出于简单, 记 $H^n := W^{n,2}(\mathbb{R}^d)$ 且范数为 $\|\cdot\|_n := \|\cdot\|_{n,2}$. 对于 $\mathbb{R}^d$ 上的光滑紧支撑函数 f 和 g, 记 $(f,g) = \displaystyle\int_{\mathbb{R}^d} f(x)g(x)dx$ 并且使用同样的括号表示如下延拓的双线性映射

$$(\cdot,\cdot) : (W^{n,p}(\mathbb{R}^d))^* \times W^{n,p}(\mathbb{R}^d) \to \mathbb{R}.$$

此外, 当 q 使得 $q^{-1} + p^{-1} = 1$, 那么记 $W^{-n,q}(\mathbb{R}^d) := (W^{n,p}(\mathbb{R}^d))^*$.

本节考虑如下的二阶微分算子

$$L\phi(x) = \frac{1}{2}\sigma_{i,k}(x)\sigma_{j,k}(x)\partial_i\partial_j\phi(x) + b_j(x)\partial_j\phi(x) + c(x)\phi(x) \tag{6.297}$$

和一阶微分算子

$$\Gamma^j\phi(x) = \beta_j^n(x)\partial_n\phi(x) + \gamma_j(x)\phi(x). \tag{6.298}$$

本节遵循重复求和指标的约定.

上面介绍的算子的自伴算子分别为

$$L^*\phi(x) = \frac{1}{2}\sigma_{i,k}(x)\sigma_{j,k}(x)\partial_i\partial_j\phi(x) + \tilde{b}_j(x)\partial_j\phi(x) + \tilde{c}(x)\phi(x)$$

和

$$\Gamma^{j,*}\phi(x) = -\beta_j^n(x)\partial_n\phi(x) + \tilde{\gamma}_j(x)\phi(x),$$

其中

$$\begin{aligned}
\tilde{b}_j(x) &= \partial_i(\sigma_{i,k}(x)\sigma_{j,k}(x)) - b_j(x), \\
\tilde{c}(x) &= \frac{1}{2}\partial_i\partial_j(\sigma_{i,k}(x)\sigma_{j,k}(x)) - \partial_j b_j(x) + c(x). \\
\tilde{\gamma}_j(x) &= \gamma_k(x) - \partial_n\beta_j^n(x).
\end{aligned} \tag{6.299}$$

另外, 这里考虑几何粗糙路径 $\mathbf{W} = (W,\mathbb{W}) \in \mathcal{C}^\alpha([0,T],\mathbb{R}^e)\times\mathcal{C}_2^{2\alpha}([0,T],\mathbb{R}^{e\times e})$, 以及它的齐次范数 $\|\mathbf{W}\|_\alpha := \|W\|_\alpha + \sqrt{\|\mathbb{W}\|_{2\alpha}}$. 记 $\displaystyle\int_0^\cdot (Y,Y')_r d\mathbf{W}_r$ 表示 Y 对路径 W 的粗糙积分.

下面引理是本节中的一个关键工具, 它可以代替先前小节或 [73] 中的张量化讨论.

引理 6.21

假设 $u : [0, T] \to E^*$ 满足

$$u_t = u_0 + \int_0^t A_r dr + \int_0^t (B_r, B_r') d\mathbf{W}_r,$$

其中 $A \in L^2([0, T], E^*)$ 并且 $(B, B') = (B^j, (B')^j)$ 在 E^* 中被 W 控制, 此外令

$$\int_0^t (B_r, B_r') d\mathbf{W}_r := \int_0^t ((B_r)^j, (B_r')^j) d\mathbf{W}_r^j.$$

同时, 假设 $f : [0, T] \to E$ 满足

$$f_t = f_0 + \int_0^t K_r dr + \int_0^t (N_r, N_r') d\mathbf{W}_r,$$

其中 $K \in L^2([0, T], E)$ 并且 $(N, N') = (N^j, (N')^j)$ 在 E 中被 W 控制. 此外, 假设 u 和 f 分别在 E^* 和 E 中被 W 控制.

那么, 若 $\mathbf{W}$ 是一个几何粗糙路径, 便有

$$u_t(f_t) = u_s(f_s) + \int_s^t A_r(f_r) + u_r(K_r) dr + \int_s^t (M_r, M_r') d\mathbf{W}_r,$$

其中

$$M_t^j = (B_t^j, f_t) + (u_t, N_t^j), \quad (M_t')^{j,i} = ((B_t')^{j,i}, f_t) + 2(B_t^j, N_t^i) + (u_t, (N_t')^{j,i}). \heartsuit$$

它的证明比较简单, 仅仅是利用受控粗糙路径定义和 u, f 的表示式, 验证 Sewing 引理 (引理 3.2) 的条件是否满足即可完成证明.

接下来给出一些解的概念.

定义 6.18 (向后粗糙偏微分方程 (RPDE) 的解)

给定一 α-Hölder 粗糙路径 $\mathbf{W} = (W, \mathbb{W})$, $\alpha \in (1/3, 1/2]$, 称 $u \in \mathcal{C}([0, T], W^{3,p}(\mathbb{R}^d))$ 为方程

$$\begin{cases} -du_t = Lu_t dt + \Gamma^i u_t d\mathbf{W}_t^i, \\ u_T \in W^{3,p}(\mathbb{R}^d) \end{cases}$$

的正则向后解, 若 $(\Gamma^i u, -\Gamma^i \Gamma^j u)$ 在 $L^p(\mathbb{R}^d)$ 中被 W 控制, 并且如下等式

$$u_t = u_T + \int_t^T Lu_s ds + \int_t^T \Gamma^i u_s d\mathbf{W}_s^i$$

在 $L^p(\mathbb{R}^d)$ 中成立. 称 $u \in \mathcal{C}([0,T], L^p(\mathbb{R}^d))$ 为一解析弱解, 若 $(\Gamma^i u, -\Gamma^i \Gamma^j u)$ 在 $W^{-3,p}(\mathbb{R}^d)$ 中被 W 控制, 并且如下等式

$$u_t = u_T + \int_t^T L u_s ds + \int_t^T \Gamma^i u_s d\mathbf{W}_s^i$$

在 $W^{-3,p}(\mathbb{R}^d)$ 中成立. 等价地, 对于所有的 $\phi \in W^{3,q}(\mathbb{R}^d)$, 有

$$(u_t, \phi) = (u_T, \phi) + \int_t^T (u_s, L^* \phi) ds + \int_t^T (u_s, \Gamma^{i,*} \phi) d\mathbf{W}_s^i.$$

定义 6.19 (向前 RPDE 的解)

给定一 α-Hölder 粗糙路径 $\mathbf{W} = (W, \mathbb{W})$, $\alpha \in (1/3, 1/2]$, 称 $v \in \mathcal{C}([0,T], W^{3,p}(\mathbb{R}^d))$ 是如下方程

$$\begin{cases} dv_t = L^* v_t dt + \Gamma^{i,*} v_t d\mathbf{W}_t^i, \\ v_0 \in W^{3,p}(\mathbb{R}^d) \end{cases}$$

的正则向前解, 若 $(\Gamma^i v, \Gamma^i \Gamma^j v)$ 在 $L^p(\mathbb{R}^d)$ 中被 W 控制, 并且如下等式

$$v_t = v_0 + \int_0^t L^* v_s ds + \int_0^t \Gamma^{i,*} v_s d\mathbf{W}_s^i$$

在 $L^p(\mathbb{R}^d)$ 中成立, 等价地, 对于所有的 $\varphi \in L^q(\mathbb{R}^d)$, 有

$$(v_t, \varphi) = (v_0, \varphi) + \int_0^t (L^* v_s, \varphi) ds + \int_0^t (\Gamma^{i,*} v_s, \varphi) d\mathbf{W}_s^i.$$

称 $v \in \mathcal{C}([0,T], L^p(\mathbb{R}^d))$ 是一个解析弱解, 若 $(\Gamma^i v, \Gamma^i \Gamma^j v)$ 在 $W^{-3,p}(\mathbb{R}^d)$ 中被 W 控制, 并且如下等式

$$v_t = v_0 + \int_0^t L^* v_s ds + \int_0^t \Gamma^{i,*} v_s d\mathbf{W}_s^i$$

在 $W^{-3,p}(\mathbb{R}^d)$ 中成立. 等价地, 对于所有的 $\phi \in W^{3,q}(\mathbb{R}^d)$, 有

$$(v_t, \phi) = (v_0, \phi) + \int_0^t (v_s, L\phi) ds + \int_0^t (v_s, \Gamma^i \phi) d\mathbf{W}_s^i.$$

6.4.2 线性微分方程的适定性

设 X 为如下方程

$$dX_t = \sigma(X_t)dB_t + b(X_t)dt + \beta(X_t)d\mathbf{W}_t \tag{6.300}$$

的解, 接下来说明

$$u(t,x) = E^{(t,x)}\left[g(X_T)\exp\left\{\int_t^T c(X_r)dr + \int_t^T \gamma(X_s)d\mathbf{W}_s\right\}\right] \tag{6.301}$$

是向后方程

$$-du_t = Lu_t dt + \Gamma^i u_t d\mathbf{W}_t^i, \quad u_T = g$$

的解.

将证明 $g \in L^p(\mathbb{R}^d)$ (或 $g \in W^{3,p}(\mathbb{R}^d)$), 上述公式为向后方程的弱解 (或正则解). 尽管先前小节已经讨论过 Feynman-Kac 表示, 但是那里的终值具有更强的空间正则性. 类似地, 首先考虑如下扩散过程

$$dX_t = b(X_t)dt + V_j(X_t)d\mathbf{Z}_t^j, \tag{6.302}$$

其中 $\mathbf{Z} = (Z, \mathbb{Z})$ 为 $d_B + e$ 维粗糙路径, 并且

$$Z_t = \begin{pmatrix} B_t \\ W_t \end{pmatrix}, \quad \mathbb{Z}_{st} = \begin{pmatrix} \mathbb{B}_t & \int_s^t B_{sr}dW_r \\ \int_s^t W_{sr}dB_r & \mathbb{W}_{st}, \end{pmatrix},$$

其中, 对于 $i = 1, \cdots, d_B$, $V_i = \sigma_i$, 同时对于 $i = d_B + 1, \cdots, d + e$, $V_i = \beta_i$. 记 Φ 为 (6.302) 所生成的解流.

6.4.2.1 弱解

定理 6.15

假设 $\sigma_{i,k}, \beta_j \in \mathcal{C}_b^3(\mathbb{R}^d)$, $b_j, \gamma_j, c \in \mathcal{C}_b^1(\mathbb{R}^d)$. 若 $g \in L^p(\mathbb{R}^d)$, 那么 Feynman-Kac 公式 (6.301) 是向后方程的解析弱解. ♡

证明 为了简单起见, 这里仅仅考虑 $b = c = \gamma = 0$.

首先说明 u 是 $L^p(\mathbb{R}^d)$ 中的一个元素. 定义随机变量 $J := \sup_x |\det(\nabla \Phi_{t,T}^{-1}(x))|$, 其中 $\Phi_{t,T}^{-1}(x)$ 作为 Φ_t 的逆向解流. 利用文献 [21] 的引理 37 和命题 35 或本书的定理 3.8, 那么有 $E[J] < \infty$. 进一步地有

$$\int |u_t(x)|^p dx = \int |E[g(\Phi_{t,T}(x))]|^p dx$$

$$= \int \left| E\left[\frac{g(\Phi_{t,T}(x))J^{1/p}}{J^{1/p}} \right] \right|^p dx \leqslant E[J] \int E\left[\frac{|g(\Phi_{t,T}(x))|^p}{J} \right] dx$$

$$= E[J]E\left[\int \frac{|g(\Phi_{t,T}(x))|^p}{J} dx \right]$$

$$= E[J]E\left[\int \frac{|g(y)|^p}{J} |det(\nabla\Phi_{t,T}^{-1}(y))| dy \right] \leqslant E[J] \int |g(y)|^p dy.$$

那么映射 $g \mapsto u$ 是 $L^p(\mathbb{R}^d)$ 上的连续线性映射, 且满足

$$\sup_{t\in[0,T]} \|u_t\|_{p,0} \leqslant C\|g\|_{0,p}. \tag{6.303}$$

现在说明 $(\Gamma^j u, -\Gamma^j \Gamma^i u)$ 在 $W^{-3,p}(\mathbb{R}^d)$ 中被 W 控制. 固定 $\phi \in W^{3,q}(\mathbb{R}^d)$, 那么 $\Gamma^{j,*}\phi \in W^{2,q}(\mathbb{R}^d)$. 根据 [21] 中的引理 39 可知

$$\int g(\Phi_{\cdot,T}(x))\Gamma^{j,*}\phi(x)dx = \int g(y)\Gamma^{j,*}\phi(\Phi_{\cdot,T}^{-1}(y))\det(\nabla\Phi_{\cdot,T}^{-1}(y))dy$$

和

$$\int g(y)(\Gamma^{i,*}\Gamma^{j,*}\phi)(\Phi_{\cdot,T}^{-1}(y))\det(\nabla\Phi_{\cdot,T}^{-1}(y))dy$$

是在 $\mathbb{R}$ 中几乎处处被路径 $Z = (B, W)$ 控制, 另外有如下的估计

$$\left\| \left(\int g(y)\Gamma^{j,*}\phi(\Phi_{\cdot,T}^{-1}(y))\det(\nabla\Phi_{\cdot,T}^{-1}(y))dy, \right. \right.$$
$$\left. \left. \int g(y)(\mathrm{div}(V_i\Gamma^{j,*}\phi)(\Phi_{\cdot,T}^{-1}(y))\det(\nabla\Phi_{\cdot,T}^{-1}(y)))dy \right) \right\|_{\alpha,Z;\mathbb{R}}$$
$$\leqslant C\|g\|_{0,p}\|\phi\|_{3,q}\exp\{CN_{[0,T]}(\mathbf{Z})\}(1 + \|\mathbf{Z}\|_{\alpha})^k.$$

因此, 有

$$\left| \delta\left(\int g(y)\Gamma^{j,*}\phi(\Phi_{\cdot,T}^{-1}(y))\det(\nabla\Phi_{\cdot,T}^{-1}(y))dy \right)_{st} \right.$$

$$- \int g(y)(\mathrm{div}(\sigma_i\Gamma^{j,*}\phi)(\Phi_{t,T}^{-1}(y))\det(\nabla\Phi_{t,T}^{-1}(y)))dyB_{st}^i$$

$$\left. - \int g(y)(\mathrm{div}(\beta_i\Gamma^{j,*}\phi)(\Phi_{t,T}^{-1}(y)))\det(\nabla\Phi_{t,T}^{-1}(y))dyW_{st}^i \right|$$

$$\leqslant C\|g\|_{0,p}\|\phi\|_{3,q}\exp\{CN_{[0,T]}(\mathbf{Z})\}(1 + \|\mathbf{Z}\|_{\alpha})^k|t - s|^{2\alpha}.$$

使用上述不等式、布朗运动的独立增量性以及事实 $\Gamma^{i,*}\psi = -\text{div}(\beta_i\psi)$ 可得到

$$\left| \delta\left(E\left[\int g(y)\Gamma^{j,*}\phi(\Phi_{\cdot,T}^{-1}(y))\det(\nabla\Phi_{\cdot,T}^{-1}(y))dy \right] \right)_{st} \right.$$
$$\left. + \int g(y)E\left[(\Gamma^{i,*}\Gamma^{j,*}\phi)(\Phi_{t,T}^{-1}(y))\det(\nabla\Phi_{\cdot,T}^{-1}(y)) \right] dy W_{st}^i \right|$$
$$\leqslant C\|g\|_{0,p}\|\phi\|_{3,q}E\left[\exp\{CN_{[0,T]}(\mathbf{Z})\}(1+\|\mathbf{Z}\|_\alpha)^k \right]|t-s|^{2\alpha},$$

由此可得: $(\Gamma^i u, -\Gamma^j\Gamma^i u)$ 在 $W^{-3,p}(\mathbb{R}^d)$ 中被 W 控制.

要看到 u 是解析弱解, 需要通过对粗糙路径的连续性进行论证. 事实上, 对于 $\mathbf{W}$ 是光滑的情形, 则 u 是方程

$$-\partial_t u = Lu_t + \Gamma^j u_t \dot{W}_t$$

的解析弱解. 映射 $\mathbf{W} \mapsto u$ 从 $\mathscr{C}_g^{0,\alpha}$ 到 $W^{-3,p}(\mathbb{R}^d)$ 在弱 * 拓扑下的连续性是显然的; 由稠密性, 只需要取 $\phi \in C_c^\infty(\mathbb{R}^d)$ 并且证明映射 $\mathbf{W} \mapsto (u_t, \phi)$ 是连续的. 后者等于

$$\int E[g(\Phi_{t,T}(x))]\phi(x)dx = E\left[\int g(\Phi_{t,T}(x))\phi(x)dx \right]$$
$$= \int g(y)E\left[\phi(\Phi_{t,T}^{-1}(y))\det(\nabla\Phi_{t,T}^{-1}(y)) \right] dy,$$

它关于 $\mathbf{W}$ 是连续的. 那么可以在光滑情形下取极限, 结合解映射关于粗糙路径的稳定性知 u 的确满足向后的粗糙微分方程.

6.4.2.2 正则解

定理 6.16

假设 $\sigma_{i,k}, \beta_j, \gamma_j \in \mathcal{C}_b^6(\mathbb{R}^d)$, $b_j, c \in \mathcal{C}_b^4(\mathbb{R}^d)$. 给定 $g \in W^{3,p}(\mathbb{R}^d)$, 那么 Feynman-Kac 公式 (6.301) 是正则向后粗糙偏微分方程的解. ♡

证明 简单起见, 假设 $\gamma_j = b_j = c = 0$. 首先证明 u 是 $W^{3,p}(\mathbb{R}^d)$ 中的元素. 为了证明 $u \in W^{1,p}(\mathbb{R}^d)$, 记 $\nabla u_t(x) = E[\nabla g(\Phi_{t,T}(x))\nabla\Phi_{t,T}(x)]$. 和定理 6.15 的证明一样, 使用相同的记号有

$$\int_{\mathbb{R}^d} |\nabla u_t(x)|^p dx = \int_{\mathbb{R}^d} \left| E\left[\frac{\nabla g(\Phi_{t,T}(x))\nabla\Phi_{t,T}(x)J^{1/p}}{J^{1/p}} \right] \right|^p dx$$

$$\leqslant \sup_{x \in \mathbb{R}^d} E[|\nabla \Phi_{t,T}(x)|^p J] E\left[\int_{\mathbb{R}^d} \frac{|\nabla g(\Phi_{t,T}(x))|^p}{J} dx\right].$$

第二个期望有界性与定理 6.15 的证明完全一样. 由文献 [21] 中的命题 36 和引理 37 知第一个期望也是有界的.

基于系数 $\sigma_{i,k}, \beta_j, \gamma_j, b_j, c$ 的假设知流映射 $x \mapsto \Phi_{t,T}(x)$ 属于 $\mathcal{C}_b^3(\mathbb{R}^d)$, 重复上述估计可得 $u_t \in W^{3,p}(\mathbb{R}^d)$.

为了说明 u 在 $L^p(\mathbb{R}^d)$ 中被 W 所控制, 首先注意到

$$(\Phi_{\cdot,T}, -\nabla \Phi_{\cdot,T} V) \in \mathscr{D}_Z^{2\alpha}([0,T], L^\infty(\mathbb{R}^d))$$

以及

$$(\nabla \Phi_{\cdot,T}, -\nabla^2 \Phi_{\cdot,T} V - \nabla \Phi_{\cdot,T} \nabla V) \in \mathscr{D}_Z^{2\alpha}([0,T], L^\infty(\mathbb{R}^d)),$$

见 [8, 引理 32]. 此外,

$$\nabla u_t(x) = E[\nabla g(\Phi_{t,T}(x)) \nabla \Phi_{t,T}(x)],$$

那么利用文献 [21] 中的引理 33 得

$$(\nabla g(\Phi_{\cdot,T}) \nabla \Phi_{\cdot,T}, -\nabla[\nabla g(\Phi_{\cdot,T}) \nabla \Phi_{\cdot,T} V]) \in \mathscr{D}_Z^{2\alpha}([0,T], L^p(\mathbb{R}^d)).$$

即

$$\big\| \delta \left(\nabla g(\Phi_{\cdot,T}) \nabla \Phi_{\cdot,T}\right)_{st}$$
$$+ \nabla \left[\nabla g(\Phi_{s,T}) \nabla \Phi_{s,T} V_j\right] Z_{st}^j \big\|_{L^p}$$
$$\leqslant C \exp\{C N_{[0,T]}(\mathbf{Z})\}(1 + \|\mathbf{Z}\|_\alpha)^k \|g\|_{3,p} |t-s|^{2\alpha}.$$

那么作用 $\beta_i \phi \in L^q(\mathbb{R}^d)$ 可得

$$\left| \int \beta_i(x) \delta \left(\nabla g(\Phi_{\cdot,T})(x) \nabla \Phi_{\cdot,T}(x)\right)_{st} \phi(x) dx \right.$$
$$+ \int \beta_i(x) \nabla \left[\nabla g(\Phi_{s,T}(x)) \nabla \Phi_{s,T}(x) \sigma_j(x)\right] B_{st}^j$$
$$\left. + \int \beta_i(x) \nabla \left[\nabla g(\Phi_{s,T}(x)) \nabla \Phi_{s,T}(x) \beta_j(x)\right] W_{st}^j \right|$$
$$\leqslant C \exp\{C N_{[0,T]}(\mathbf{Z})\}(1 + \|\mathbf{Z}\|_\alpha)^k \|g\|_{p,3} \|\phi\|_{0,q} |t-s|^{2\alpha}.$$

利用上式、布朗运动独立增量性和事实 $\Gamma^i \psi = \beta_i \nabla \psi$ 可以导出

$$\left| \int \delta(\Gamma^i u)_{st}(x)\phi(x)dx + \int \Gamma^j(\Gamma^i u_s)(x)\phi(x)dxW_{st}^j \right|$$

$$\leqslant CE\left[\exp\{CN_{[0,T]}(\mathbf{Z})\}(1+\|\mathbf{Z}\|_\alpha)^k \right] \|g\|_{3,p}\|\phi\|_{0,q}|t-s|^{2\alpha}.$$

最后, u 所满足的方程的证明与定理 6.15 中的对应的证明类似.

下面的命题的证明类似于定理 6.16. 此外, 只还需要结合 [21] 中的引理 31 来说明粗糙积分和解受 W 控制. 因此不再给出证明.

命题 6.13

假设 $\sigma_{i,k}, \beta_j, \gamma_j \in \mathcal{C}_b^6(\mathbb{R}^d)$, $b_j, c \in \mathcal{C}_b^4(\mathbb{R}^d)$. 给定 $g \in W^{6,p}(\mathbb{R}^d)$, 那么 Feynman-Kac 公式 (6.301) 作为一个正则向后粗糙偏微分方程在 $W^{3,p}(\mathbb{R}^d)$ 中的解, 粗糙积分也是 $W^{3,p}(\mathbb{R}^d)$ 中的元素并且解也是在 $W^{3,p}(\mathbb{R}^d)$ 中被 W 控制. ♠

6.4.2.3 唯一性

本节唯一性的证明的思想是利用对偶技巧. 考虑 $g = u_T \in L^p(\mathbb{R}^d)$, 证明向后粗糙偏微分方程

$$(u_t, \phi) = (g, \phi) + \int_t^T (u_r, L^*\phi)dr + \int_t^T (u_r, \Gamma^{j,*}\phi)d\mathbf{W}_r^j, \qquad 0 \leqslant t \leqslant T$$

弱解的唯一性, 其中 $\phi \in W^{3,q}(\mathbb{R}^d)$.

定理 6.17

假设 $\sigma_{i,k}, \beta_j, \gamma_j \in \mathcal{C}_b^6(\mathbb{R}^d)$, $b_j, c \in \mathcal{C}_b^4(\mathbb{R}^d)$. 对于给定的 $u_T \in L^p(\mathbb{R}^d)$, 向后粗糙偏微分方程存在唯一解析弱解 u. 相似的结果对于向前情形也是成立的. ♡

证明 由于方程是线性的, 仅仅需要证明方程

$$-du_t = Lu_t dt + \Gamma^j u_t d\mathbf{W}_t^j, \qquad u_T = 0$$

只有平凡解 $u = 0$. 为了简单仅证 $u_0 = 0$.

对于 $\varphi \in W^{6,q}(\mathbb{R}^d)$, 类似命题 6.13 中所构造的解, 记 v 是正则向前方程

$$dv_t = L^*v_t dt + \Gamma^{j,*}v_t d\mathbf{W}_t^j, \qquad v_0 = \varphi$$

的解. 因为 u 在 $W^{-3,p}(\mathbb{R}^d)$ 中被 W 所控制, 由引理 6.21 可以得到

$$u_T(v_T) = u_0(\varphi) + \int_0^T (u_t, L^*v_t) - (Lu_t, v_t)dt + \int_0^T (M_r, M_r')d\mathbf{W}_r,$$

其中

$$M_t^j = -(\Gamma^j u_t, v_t) + (u_t, \Gamma^{j,*} v_t) = 0,$$

$$(M_t')^{j,i} = (\Gamma^j \Gamma^i u_t, v_t) - 2(\Gamma^i u_t, \Gamma^{j,*} v_t) + (u_t, \Gamma^{i,*} \Gamma^{j,*} v_t) = 0.$$

因此, 对于所有的 $\varphi \in W^{6,q}(\mathbb{R}^d)$, 均有

$$0 = u_0(\varphi),$$

所以在 $L^p(\mathbb{R}^d)$ 中 $u_0 = 0$.

6.4.3 能量估计

本节中的能量估计需要介绍合适的时空试验函数来平衡系统中噪声的能量. 假设 u 是向前方程

$$du_t = Lu_t + \Gamma^i u_t d\mathbf{W}^i, \quad u_0 = g \in L^2(\mathbb{R}^d)$$

的弱解. 本节主要结果如下.

定理 6.18

假设 $\sigma_{i,k}, \gamma_j, \beta_j^n \in \mathcal{C}_b^6(\mathbb{R}^d)$ 以及 $b_j, c \in \mathcal{C}_b^4(\mathbb{R}^d)$. 此外, 假设系数满足如下的非退化条件

$$\lambda |\xi|^2 \leqslant \sigma_{i,k} \sigma_{j,k} \xi_j \xi_i, \tag{6.304}$$

上式中 λ 是一大于 0 的常数.

那么 $u \in \mathcal{C}([0,T], L^2(\mathbb{R}^d)) \cap L^2([0,T], H^1)$, 并且有如下的能量不等式成立

$$\sup_{t \in [0,T]} \|u_t\|_0^2 + \int_0^T \|\nabla u_r\|_0^2 dr \leqslant C \|g\|_0^2, \tag{6.305}$$

其中 C 关于 $\mathbf{W}$ 的有界集可以一致地被选取, 并且依赖于 λ 和 $\sigma_{i,k}, \gamma_j, \beta_j^n \in \mathcal{C}_b^6(\mathbb{R}^d)$ 以及 $b_j, c \in \mathcal{C}_b^4(\mathbb{R}^d)$.

♡

为了证明这一定理, 首先考虑 g 是光滑的, 然后由光滑近似获得 L^2 情形的结果.

引理 6.22

假设 $g \in \mathcal{C}^\infty(\mathbb{R}^d) \cap L^2(\mathbb{R}^d)$, 并且 $\sigma_{i,k}, \gamma_j, \beta_j^n \in \mathcal{C}_b^6(\mathbb{R}^d)$ 以及 $b_j, c \in \mathcal{C}_b^4(\mathbb{R}^d)$. 那么 u^2 在 $(W^{3,\infty}(\mathbb{R}^d))^*$ 上满足方程

$$du_t^2 = 2u_t Lu_t dt + 2u_t \Gamma^i u_t d\mathbf{W}_t^i,$$

即任意的 $\phi \in W^{3,\infty}(\mathbb{R}^d)$ 有

$$(u_t^2, \phi) = (u_0^2, \phi) + 2\int_0^t (Lu_r, \phi u_r)dr + 2\int_0^t (M_r, M_r')(\phi)d\mathbf{W}_r,$$

其中

$$M_t^j(\phi) = (\Gamma^j u_t, \phi u_t), \quad (M_t')^{j,i}(\phi) = (\Gamma^i \Gamma^j u_t, \phi u_t) + (\Gamma^i u_t, \phi \Gamma^j u_t).$$

证明　由于 g 是光滑的, 则

$$u_t = g + \int_0^t Lu_r dr + \int_0^t \Gamma^j u_r d\mathbf{W}_r^j$$

在 H^3 中成立, 且由于 $W^{3,\infty}(\mathbb{R}^d)$ 是 H^3 中的乘子 (这里可以被理解为有界线性算子), 因此在 H^3 中对于所有的 $\phi \in W^{3,\infty}(\mathbb{R}^d)$ 有

$$\phi u_t = \phi g + \int_0^t \phi Lu_r dr + \int_0^t \phi \Gamma^j u_r d\mathbf{W}_r^j.$$

使用引理 6.21 可知

$$(u_t, \phi u_t) = (g, \phi g) + 2\int_0^t (Lu_r, \phi u_r)dr + 2\int_0^t (M_r, M_r')d\mathbf{W}_r,$$

其中

$$M_t^j(\phi) = (\Gamma^j u_t, \phi u_t), \quad (M_t')^{j,i}(\phi) = (\Gamma^i \Gamma^j u_t, \phi u_t) + (\Gamma^i u_t, \phi \Gamma^j u_t).$$

上述引理中关于 u^2 所满足的方程可以被显式地表示为

$$(u_t^2, \phi) = (u_0^2, \phi) + \int_0^t -(\partial_j u_r \partial_i u_r, \sigma_{i,k}\sigma_{j,k}\phi) + (u_r^2, \partial_j \partial_i (\sigma_{i,k}\sigma_{j,k}\phi))$$

$$- (u_r^2, \partial_j (b_j\phi)) + 2(cu_r^2, \phi)dr$$

$$+ \int_0^t (u_r^2, -\partial_n(\beta_j^n\phi) + 2\gamma_j\phi)d\mathbf{W}_r^j. \tag{6.306}$$

引理 6.23

假设 $\sigma_{i,k}, \gamma_j, \beta_j^n \in \mathcal{C}_b^6(\mathbb{R}^d)$ 和 $b_j, c \in \mathcal{C}_b^4(\mathbb{R}^d)$. 那么向后方程

$$df_r = [-\partial_j\partial_i(\sigma_{i,k}\sigma_{j,k}f_r) - \partial_j(b_jf_r) + 2cf_r]\,dr + [-\partial_n(\beta_j^nf_r) + 2\gamma_jf_r]\,d\mathbf{W}_r^j \tag{6.307}$$

在 $W^{3,\infty}(\mathbb{R}^d)$ 中以 $f_t = 1$ 为终值解存在. 此外, 存在一常数 $m > 0$ 使得

$$m^{-1} \leqslant f_r(x) \leqslant m$$

对于几乎所有的 r, x 都成立.

　　证明　为了考虑的方便, 假设 $b_j = c = 0$. 方程 (6.307) 的存在性在 [8] 中已经给出. 事实上, 解在 $\mathcal{C}_b^4(\mathbb{R}^d)$ 中并且有如下的表示

$$f_r(x) = E^{(r,x)}\left[\exp\left\{\int_r^t 2\tilde{c}(X_s)ds + \int_r^t 2\gamma_j(X_s) - \mathrm{div}\beta_j(X_s)d\mathbf{W}_s^j\right\}\right],$$

其中

$$dX_s = \tilde{b}(X_s)ds + \sqrt{2}\sigma(X_s)dB_s + \beta(X_s)d\mathbf{W}_s,$$

这里使用到在 (6.299) 中给出的符号.

　　$f_r(x) \leqslant m$ 已经在 [8] 中给出. 下界估计讨论如下: 对于任意的随机变量 F, Jensen 不等式表明

$$(E[\exp\{-F\}])^{-1} \leqslant E[\exp\{F\}],$$

因此, 一旦可以证明

$$\tilde{f}_r(x) := E^{(r,x)}\left[\exp\left\{-\int_r^t 2\tilde{c}(X_s)ds - \int_r^t 2\gamma_j(X_s) - div\beta(X_s)d\mathbf{W}_s^j\right\}\right]$$

是有上界的, 那么便获得下界估计. 而该上界估计同 f 类似.

命题 6.14

假设 g 是光滑的. 那么定理 6.18 中的能量估计是成立的.

　　证明　对取值于 $(W^{3,\infty}(\mathbb{R}^d))^*$ 和 $W^{3,\infty}(\mathbb{R}^d)$ 的 u^2 和 f 使用引理 6.21, 可得

$$(u_t^2, 1) = (u_0^2, f_0) - \int_0^t (\sigma_{i,k}\sigma_{j,k}\partial_ju_r, \partial_iu_rf_r).$$

使用 f 的上下界估计知

$$\|u_t\|_{L^2}^2 + \lambda m^{-1} \int_0^t \|\nabla u_r\|_{L^2}^2 dr \leqslant u_t^2(1) + \int_0^t (\sigma_{i,k}\sigma_{j,k}\partial_j u_r, \partial_i u_r f_r) dr$$
$$= (u_0^2, f_0) \leqslant m\|u_0\|_{L^2}^2,$$

这里使用到了 $\lambda|\xi|^2 \leqslant \sigma_{i,k}\sigma_{j,k}\xi_j\xi_i$.

定理 6.18 的证明 设 $g \in L^2(\mathbb{R}^d)$, 取 $g_n \in \mathcal{C}_c^\infty(\mathbb{R}^d)$ 使得在 $L^2(\mathbb{R}^d)$ 中有 $g_n \to g$ 并且记 u^n 是初值为 g_n 的解. 由于方程是线性的, $u^n - u^m$ 是方程以 $g_n - g_m$ 为初值的解. 基于命题 6.14 知 u^n 是 Banach 空间 $\mathcal{C}([0,T], L^2(\mathbb{R}^d)) \cap L^2([0,T], H^1)$ 中的 Cauchy 列. 记 u 是序列在该空间中的极限, 由定理 6.15 中解的稳定性, 解 u 满足 (6.305).

6.4.4 粗糙路径的稳定性

本小节证明向后方程

$$-du_t = Lu_t + \Gamma^i u_t d\mathbf{W}^i, \quad u_T = g \in L^2(\mathbb{R}^d)$$

关于粗糙路径的稳定性. 为此, 首先声明可以控制马尔可夫半群的质量扩散, 正如如下定理所述. 它的证明是粗糙微分方程的解流和粗糙噪声的高斯可积性的运用. 故而略去证明.

引理 6.24

记函数 $V(x) = e^{-|x|}$. 那么有

$$\int_{\mathbb{R}^d} \sup_{\|\mathbf{W}\|_\alpha \leqslant M, t \in [0,T]} E[V(\Phi_{t,T}(x))] dx < \infty.$$

事实上, 存在一常数 C 使得

$$\sup_{\|\mathbf{W}\|_\alpha \leqslant M, t \in [0,T]} E[V(\Phi_{t,T}(x))] \leqslant Ce^{-|x|}.$$

$\heartsuit$

接下来证明在状态空间 $L^2(\mathbb{R}^d)$ 中的连续性.

定理 6.19

假设 $\sigma_{i,k}, \beta_j \in \mathcal{C}_b^3(\mathbb{R}^d)$, $b_j, \gamma_j, c \in \mathcal{C}_b^1(\mathbb{R}^d)$. 那么解映射

$$L^2(\mathbb{R}^d) \times \mathscr{C}_g^{0,\alpha} \to \mathcal{C}([0,T], L^2(\mathbb{R}^d)),$$
$$(g, \mathbf{W}) \mapsto u$$

是连续的.

$\heartsuit$

证明　第一步: 首先固定 $g \in \mathcal{C}_c(\mathbb{R}^d)$, 并且证明粗糙路径 $\mathbf{W} \mapsto u$ 的稳定性. 由于映射 $\mathbf{W} \mapsto \Phi_{t,T}(x)$ 关于粗糙路径的稳定性, 知

$$\lim_{\mathbf{W} \to \tilde{\mathbf{W}}} \sup_{t \in [0,T]} (E[g(\Phi_{t,T}(x))] - E[g(\tilde{\Phi}_{t,T}(x))])^2 = 0.$$

因此, 要证明

$$\lim_{\mathbf{W} \to \tilde{\mathbf{W}}} \int_{\mathbb{R}^d} \sup_{t \in [0,T]} (E[g(\Phi_{t,T}(x))] - E[g(\tilde{\Phi}_{t,T}(x))])^2 dx = 0,$$

只需要保证控制收敛定理可以运用. 由于 g 有紧支撑, 显然 $e^{|x|}g(x)$ 关于 x 是一致有界的. 利用前面的引理 6.24 知

$$
\begin{aligned}
E[g(\Phi_{t,T}(x))] &= E[g(\Phi_{t,T}(x)) \exp\{|\Phi_{t,T}(x)|\} \exp\{-|\Phi_{t,T}(x)|\}] \\
&\leqslant \|e^{|\cdot|}g(\cdot)\|_\infty E[\exp\{-|\Phi_{t,T}(x)|\}] \\
&\leqslant \|e^{|\cdot|}g(\cdot)\|_\infty C \exp\{-|x|\}.
\end{aligned}
$$

第二步: 设 $g, \tilde{g} \in L^2(\mathbb{R}^d)$ 以及 $\epsilon > 0$. 选取 $g_\epsilon, \tilde{g}_\epsilon \in \mathcal{C}_c(\mathbb{R}^d)$ 使得

$$\|g - g_\epsilon\|_0 \leqslant \epsilon, \quad \|\tilde{g} - \tilde{g}_\epsilon\|_0 \leqslant \epsilon \quad 并且 \quad \|g_\epsilon - \tilde{g}_\epsilon\|_0 \leqslant \|g - \tilde{g}\|_0.$$

由于映射 $g \mapsto u$ 是线性的, 那么根据 (6.303) 知

$$\sup_{t \in [0,T]} \int_{\mathbb{R}^d} (E[g(\Phi_{t,T}(x))] - E[g_\epsilon(\Phi_{t,T}(x))])^2 dx \leqslant C\epsilon^2,$$

$$\sup_{t \in [0,T]} \int_{\mathbb{R}^d} \left(E[g_\epsilon(\tilde{\Phi}_{t,T}(x))] - E[\tilde{g}_\epsilon(\tilde{\Phi}_{t,T}(x))] \right)^2 dx \leqslant C\|g - \tilde{g}\|_0^2.$$

那么便有

$$\lim_{\mathbf{W} \to \tilde{\mathbf{W}}} \sup_{t \in [0,T]} \int_{\mathbb{R}^d} (E[g(\Phi_{t,T}(x))] - E[\tilde{g}(\tilde{\Phi}_{t,T}(x))])^2 dx$$

$$\lesssim \lim_{\mathbf{W} \to \tilde{\mathbf{W}}} \sup_{t \in [0,T]} \int_{\mathbb{R}^d} (E[g(\Phi_{t,T}(x))] - E[g_\epsilon(\Phi_{t,T}(x))])^2 dx$$

$$+ \lim_{\mathbf{W} \to \tilde{\mathbf{W}}} \sup_{t \in [0,T]} \int_{\mathbb{R}^d} (E[g_\epsilon(\Phi_{t,T}(x))] - E[g_\epsilon(\tilde{\Phi}_{t,T}(x))])^2 dx$$

$$+ \lim_{\mathbf{W} \to \tilde{\mathbf{W}}} \int_{\mathbb{R}^d} \sup_{t \in [0,T]} (E[g_\epsilon(\tilde{\Phi}_{t,T}(x))] - E[\tilde{g}_\epsilon(\tilde{\Phi}_{t,T}(x))])^2 dx$$

$$+ \lim_{\mathbf{W} \to \tilde{\mathbf{W}}} \sup_{t \in [0,T]} \int_{\mathbb{R}^d} (E[\tilde{g}_\epsilon(\tilde{\Phi}_{t,T}(x))] - E[\tilde{g}(\tilde{\Phi}_{t,T}(x))])^2 dx$$

$$\leqslant 2C\epsilon^2 + C\|g - \tilde{g}\|_0^2.$$

由 ϵ 任意性, 结论得证.

类似地, 在 $L^2([0,T], H^1)$ 也可建立稳定性.

定理 6.20

假设 $\sigma_{i,k}, \gamma_j, \beta_j^n \in \mathcal{C}_b^6(\mathbb{R}^d)$, $b_j, c \in \mathcal{C}_b^4(\mathbb{R}^d)$ 以及非退化条件 (6.304) 成立. 那么解映射

$$L^2(\mathbb{R}^d) \times \mathscr{C}_g^\alpha \to L^2([0,T], H^1),$$

$$(g, \mathbf{W}) \mapsto u$$

是连续的.

6.4.5　半线性扰动

本小节介绍如下的半线性方程

$$du_t = (Lu_t + F(u_t)) \, dt + \Gamma^i u_t d\mathbf{W}_t^i, \quad u_0 = g \in L^2(\mathbb{R}^d), \tag{6.308}$$

非线性项 $F : H^1 \to L^2(\mathbb{R}^d)$. 对于 (6.308) 解也是按照定义 6.19 中介绍的解析弱解类似地给出, 但为使 $F(u)$ 有意义, 对解需要更强的正则性.

定义 6.20

称 $u \in \mathcal{C}([0,T], L^2(\mathbb{R}^d)) \cap L^2([0,T], H^1)$ 为 (6.308) 的解析弱解, 若 $(\Gamma^i u, \Gamma^i \Gamma^j u)$ 在 H^{-3} 中被 W 控制, 并且对于所有的 $\phi \in H^3$ 有

$$(u_t, \phi) = (u_0, \phi) + \int_0^t (u_s, L^* \phi) + (F(u_s), \phi) ds + \int_0^t (u_s, \Gamma^{i,*} \phi) d\mathbf{W}_s^i.$$

本小节的主要结果如下.

定理 6.21

假设 $\sigma_{i,k}, \gamma_j, \beta_j^n \in \mathcal{C}_b^6(\mathbb{R}^d)$, $b_j, c \in \mathcal{C}_b^4(\mathbb{R}^d)$ 和非退化条件

$$\lambda|\xi|^2 \leqslant \sigma_{i,k} \sigma_{j,k} \xi_j \xi_i$$

是成立的. 非线性项是从 H^1 到 $L^2(\mathbb{R}^d)$ 的 Lipschitz 映射, 即

$$\|F(u) - F(v)\|_0 \lesssim \|u - v\|_1, \quad \forall u, v \in H^1. \tag{6.309}$$

那么 (6.308) 存在唯一解.

记 $P_s^{\mathbf{W}}$ 为一算子, 即

$$L^2(\mathbb{R}^d) \to \mathcal{C}([s, T], L^2(\mathbb{R}^d)) \cap L^2([s, T], H^1),$$

$$g \mapsto v,$$

其中 v 表示 (6.308) 当 $F = 0$ 时在 s 时刻以 g 为初值的解. 常数变易法表明 (6.308) 的解可以写成如下形式

$$u_t = P_{0t}^{\mathbf{W}} g + \int_0^t P_{st}^{\mathbf{W}} F(u_s) ds, \tag{6.310}$$

该式在 $L^2(\mathbb{R}^d)$ 成立.

> **定义 6.21**
>
> 称映射 $u \in \mathcal{C}([0, T], L^2(\mathbb{R}^d))$ 是方程 (6.310) 的解, 若 $u \in L^2([0, T], H^1)$ 并且等式 (6.310) 在 $\mathcal{C}([0, T], L^2(\mathbb{R}^d))$ 中成立.

下面的命题的证明是标准的 Banach 不动点定理的应用.

> **命题 6.15**
>
> 在定理 6.21 中的假设下, 方程 (6.310) 存在唯一的温和解.

现在说明, (6.308) 的变分解是 (6.310) 的解. 而它结合命题 6.15 可说明定理 6.21 的唯一性.

> **命题 6.16**
>
> 假设 $\sigma_{i,k}, \gamma_j, \beta_j^n \in \mathcal{C}_b^6(\mathbb{R}^d)$, $b_j, c \in \mathcal{C}_b^4(\mathbb{R}^d)$. 那么 (6.308) 的解也是 (6.310) 的解. 特别地, 由命题 6.15, 方程 (6.308) 的解是唯一的.

证明　假设 u 是方程 (6.308) 的解. 设 $\phi \in \mathcal{C}_c^\infty(\mathbb{R}^d)$ 并且记 v 为向后方程

$$-dv_s = L^* v_s ds + \Gamma^{j,*} v_s d\mathbf{W}_s^j, \quad v_t = \phi$$

的解. 由引理 6.21, 类似于定理 6.17 的证明, 可以得到

$$(u_t, v_t) = (u_0, v_0) + \int_0^t (F(\nabla u_s), v_s) ds.$$

通过观察知 $v_s = P_{st}^{\mathbf{W},*}\phi$, 这里 $P_{st}^{\mathbf{W},*}$ 是 $P_{st}^{\mathbf{W}}$ 的伴随算子, 因此

$$(u_t, \phi) = (u_0, P_{0,t}^{\mathbf{W},*}\phi) + \int_0^t (F(u_s), P_{st}^{\mathbf{W},*}\phi) ds$$

$$= (P_{0,t}^{\mathbf{W}} u_0, \phi) + \int_0^t (P_{st}^{\mathbf{W}} F(u_s), \phi) ds.$$

由 ϕ 在 $\mathcal{C}_c^\infty(\mathbb{R}^d)$ 中的任意性知结论成立.

最后, 基于几何粗糙路径的连续性和紧性论证有

命题 6.17

在定理 6.21 的假设下, 方程 (6.308) 的解是存在的. ♠

第 7 章 粗糙随机偏微分方程的动力学

本章的主要目的是介绍粗糙发展方程随机动力学方面的进展, 所选取的内容来源于文献 [39, 99, 100], 其内容主要聚焦于稳定性、流形和一类流体方程生成随机动力系统的结果.

7.1 粗糙发展方程的局部稳定性

本节主要关心粗糙发展方程 (6.84)

$$\begin{cases} dy_t = [Ay_t + F(y_t)] \, dt + G(y_t) \, d\mathbf{X}_t, \quad t \in [0, T], \\ y(0) = y_0 \in \mathcal{B} \end{cases}$$

的局部稳定性. 在 6.2.4 节中, 介绍了上述方程在一定的条件下全局解的存在性. 现在, 在 $F(0) = 0, G(0) = 0$ 和初值 $y_0 = 0$ 的条件下, 方程 (6.84) 有一平凡解 $y \equiv 0$. 现在的问题是, 在什么情况下这个平稳点 (平凡解 $y = 0$) 是收缩的. 本节将介绍的是在 S, F 和 G 满足一定的假设条件下, 如果初值位于一个半径依赖于噪声的小球中, 那么方程 (6.84) 的解将以指数快的速度收敛到 0, 即局部稳定性. 本节中所考虑粗糙噪声往往不是一个马尔可夫的噪声, 因此 [101] 中的技巧无法被运用. 对于逐轨道分析方面, 在 [102, 103] 中, 使用分数阶积分的方法研究了驱动噪声为分数布朗运动驱动的随机微分方程的稳定性结果, 其中的 Hurst 指标分别为 $H > \frac{1}{2}$ 和 $\frac{1}{2} \geqslant H > \frac{1}{3}$. 在 [104, 105] 中应用粗糙路径的技巧考虑高斯粗糙路径驱动的随机微分方程的局部稳定性. 对于无穷维情形下的设置, 由于半群在零点处并不连续, 导致有限维方法的直接应用存在困难. 因此, 本节基于先前章节的半群方法考虑系统 (6.84) 的局部稳定性.

7.1.1 随机动力系统

首先, 确定噪声的演化模型——度量动力系统.

设 $\omega = (\omega_t)_{t \in \mathbb{R}}$ 是一个定义在概率空间 $(\mathcal{C}(\mathbb{R}, \mathbb{R}^d), \mathcal{B}(\mathcal{C}(\mathbb{R}, \mathbb{R}^d)), \bar{P}_H)$ 上具有 Hurst 指标 $H \in \left(\frac{1}{3}, \frac{1}{2} \right)$ 的典则 d 维分数布朗运动, 并且定义如下的 Wiener 移位子

$$\bar{\theta} : \mathbb{R} \times \mathcal{C}(\mathbb{R}, \mathbb{R}^d) \to \mathcal{C}(\mathbb{R}, \mathbb{R}^d), \quad \bar{\theta}_t \omega_. := \omega_{.+t} - \omega_t.$$

那么由 [50, 106] 中的结论知 $(\mathcal{C}(\mathbb{R}, \mathbb{R}^d), \mathcal{B}(\mathcal{C}(\mathbb{R}, \mathbb{R}^d)), \bar{P}_H, \bar{\theta})$ 是一个遍历的度量动力系统.

另外, 根据 [40, 第十章] 的结果知分数布朗运动在任意的紧区间上能够在 $\bar{P}_H$-几乎处处下被提升为一个 α-Hölder 几何粗糙路径 $\mathbf{X}(\omega), \alpha < H$. 因此, 设 $\Omega \subset \mathcal{C}(\mathbb{R}, \mathbb{R}^d)$ 是由 $\mathcal{C}(\mathbb{R}, \mathbb{R}^d)$ 中在任意有限区间上都能够提升成为一个 α-Hölder 几何粗糙路径的路径构成的集合. 显然, Ω 是 $\bar{\theta}$ 不变的全测度集合. 那么令

$$\mathcal{F} = \mathcal{B}(\mathcal{C}(\mathbb{R}, \mathbb{R}^d)) \cap \Omega,$$

$$P_H : \mathcal{F} \to [0, 1], \quad P_H(A \cap \Omega) := \bar{P}_H(A),$$

$$\theta : \mathbb{R} \times \Omega \to \Omega, \quad \theta_t := \bar{\theta}_t \big|_{\Omega}.$$

从而得到遍历的度量动力系统 $(\Omega, \mathcal{F}, P_H, \theta)$.

那么可以介绍如下的解算子

$$\varphi : \mathbb{R}^+ \times \Omega \times \mathcal{B}_\gamma \to \mathcal{B}_\gamma,$$

其中, $\varphi(t, \omega, y_0)$ 表示方程 (6.84) 的路径分量以 y_0 为初值, $\mathbf{X}(\omega)$ 为驱动路径在 t 时刻的值. 由于这里是在逐轨道的意义下构造的解, 很容易验证方程 (6.84) 的解生成一个随机动力系统.

> **定理 7.1**
>
> 在定理 6.12 的假设条件下, 在 $\mathcal{B}_\gamma$ 中方程 (6.84) 的解算子 φ 在度量动力系统 $(\Omega, \mathcal{F}, P_H, \theta)$ 上生成一个连续随机动力系统. ♡

7.1.2 局部零稳定性

本小节的主要目的是给出系统 (6.84) 在一般性条件下的局部指数稳定性, 即假设 $\mathbf{X}(\omega)$ 是由一个分数布朗运动提升的几何粗糙路径, 并且额外假设半群 S, 系数 F 和 G 满足以下条件:

假设 7.1 (S) 存在常数 $\lambda > 0$, 使得算子 $A + \lambda Id$ 是严格负算子. 因此, 算子 A 可以生成解析指数稳定的半群 S, 这意味着对于所有的 $t > 0$, 有

$$\|S(t)\| \leqslant e^{-\lambda t}.$$

(F2) $F(0) = 0, DF(0) = 0$.

(G2) $G(0) = 0, DG(0) = 0$.

因为算子 A 具有指数稳定性, 那么半群 S 有如下性质 (请参考文献 [86] 中 2.6 节).

引理 7.1

对于 $\gamma_1 \leqslant \gamma_2$ 以及 $t \geqslant 0$, 假设条件 (S) 中的半群 S 有如下估计

$$\|S(t)\|_{\mathcal{L}(\mathcal{B}_{\gamma_1}, \mathcal{B}_{\gamma_2})} \lesssim t^{\gamma_1 - \gamma_2} e^{-\lambda t}. \tag{7.1}$$

注意到在满足 (F2) 和 (G2) 的条件下, 若初值为零, 则 (6.84) 的解是一个平凡解. 那么接下来便给出针对该平凡解的指数稳定性的定义.

定义 7.1 (局部指数稳定性)

称 (6.84) 的平凡解为以 $\lambda' > 0$ 的速率局部指数稳定的, 如果存在 0 的随机邻域 $U_0(\omega)$ 和一个随机变量 $M(\omega)$ 使得对于几乎所有的 $\omega \in \Omega$, 解轨道满足

$$\sup_{y_0 \in U_0(\omega)} |y_t| \leqslant M(\omega) e^{-\lambda' t}, \quad \forall t \geqslant 0. \tag{7.2}$$

下面的引理是分析系统 (6.84) 解的长时间行为的基础工具, $\mathbb{R}^+$ 上的解可分解成如下级数和形式.

引理 7.2

设 $(y, G(y))$ 为 (6.84) 在 $\mathbb{R}^+$ 上的解. 对于每一个 $n \in \mathbb{N}_0$, 定义函数:

$$y_t^n := y_{t+n}, \quad \forall t \in [0, 1].$$

那么对于所有的 $n \in \mathbb{N}_0$ 和 $t \in [n, n+1]$ 有

$$y_{t-n}^n = S(t) y_0 + \int_0^{t-n} S(t - n - r) F(y_r^n) dr$$

$$+ \int_0^{t-n} S(t - n - r) G(y_r^n) d\mathbf{X}(\theta_n \omega)_r + \sum_{j=0}^{n-1} S(t - (j+1) \cdot n)$$

$$\cdot \left(\int_0^1 S(1 - r) F(y_r^j) dr + \int_0^1 S(1 - r) G(y_r^j) d\mathbf{X}(\theta_j \omega)_r \right). \tag{7.3}$$

证明　根据定义在 $[0, 1]$ 上有 $y^0 = \varphi(\cdot, \omega, y_0)$, 再由余圈性质知, 对于所有的整数 $n \geqslant 1$, 在 $[0, 1]$ 上有 $y_t^n = \varphi(t, \theta_n \omega, y_1^{n-1})$. 因此, 对于所有的 $t \in [n, n+1]$ 有

$$y_t = y_{t-n}^n = S(t - n) y_1^{n-1} + \int_0^{t-n} S(t - n - r) F(y_r^n) dr$$

$$+ \int_0^{t-n} S(t - n - r) G(y_r^n) d\mathbf{X}(\theta_n \omega)_r,$$

再次对 y_1^{n-1} 进行上面的操作有

$$y_t = S(t-n+1)y_1^{n-2} + S(t-n)$$
$$\cdot \left(\int_0^1 S(1-r)F(y_r^{n-1})dr + \int_0^1 S(1-r)G(y_r^{n-1})d\mathbf{X}(\theta_{n-1}\omega)_r \right)$$
$$+ \int_0^{t-n} S(t-n-r)F(y_r^n)dr + \int_0^{t-n} S(t-n-r)G(y_r^n)d\mathbf{X}(\theta_n\omega)_r,$$

一直重复这一计算可得引理结论.

现在, 可以如同引理 7.2 一样来定义 y^n 来考虑 $\mathbb{R}^+$ 上的解. 为了证明局部稳定性, 首先介绍如下的截断函数的概念.

对于给定的 Banach 空间 W, 考虑如下的截断函数

$$\chi : W \to \bar{B}_W(0,1), \quad 并且$$
$$\chi(u) = \begin{cases} u, & |u| \leqslant \dfrac{1}{2}, \\ 0, & |u| \geqslant 1, \end{cases} \tag{7.4}$$

上式中 χ 可以被 1 控制, 并且它也是二阶连续可微函数, 导数也都是有界的.

对任意的 $\varrho > 0$, 定义

$$\chi_\varrho : W \to \bar{B}_W(0,\varrho),$$
$$\chi_\varrho(u) := \varrho\chi\left(\frac{u}{\varrho}\right).$$

设 W' 为另外一个 Banach 空间, 对于函数 $\mathcal{I} : W \to W'$, 令

$$\mathcal{I}_\varrho : W \to W',$$
$$\mathcal{I}_\varrho := \mathcal{I}(\chi_\varrho(u)).$$

接下来的引理给出了截断函数的性质, 有限维情形可参考 [102], 但在无穷维情形下不得不施加一阶导数有界的条件, 由有界区域的紧性, 这一点在有限维情形显然是满足的.

引理 7.3

设 W 以及 W' 为 Banach 空间, 并且 $\mathcal{I} : B_W(0,1) \to W'$ 为具有一阶有界导数的连续可微函数, 此外, $\mathcal{I}(0) = 0$. 那么存在一个可测函数 $[0,1] \ni \bar{\varrho} \to$

$\varrho \in [0,1]$ 使得对于所有的 $x \in B_W(0,1)$, 有

$$|\mathcal{I}(x)| \leqslant \bar{\varrho},$$

并且存在一个 $\eta > 0$ 使得对于所有的 $\bar{\varrho} \in [0,1]$, 有

$$\frac{\varrho(\bar{\varrho})}{\bar{\varrho}} \geqslant \eta.$$

证明 因为 $\mathcal{I}(0) = 0$ 和它的一阶导数有界, 利用中值定理有

$$|\mathcal{I}(x)| \leqslant \|D\mathcal{I}\|_\infty |x|.$$

因此, 可以选择 $\varrho = \varrho(\bar{\varrho}) = \dfrac{\bar{\varrho}}{\|D\mathcal{I}\|_\infty}$, 那么对于任意的 $x \in B_W(0, \varrho)$ 便有

$$|\mathcal{I}(x)| \leqslant \bar{\varrho},$$

此外, 选取 $\eta \leqslant \dfrac{1}{\|D\mathcal{I}\|_\infty}$ 即可.

现在, 接下来的引理是对于截断系数 F_ϱ 和 G_ϱ 的一些估计.

引理 7.4

设 F 满足第 6 章中假设 (F) 以及本节的 (F2), G 也满足第 6 章中假设 (G) 以及本节的 (G2). 那么对于任意的 $\bar{\varrho} > 0$, 这里存在一个正 $\varrho \leqslant 1$ 使得对于所有的 $y^1, y^2 \in \mathcal{B}_\gamma$, 有

$$|F_\varrho(y^1)|_{\mathcal{B}_{\gamma-\delta}} \lesssim \bar{\varrho}|y^1|_{\mathcal{B}_\gamma}, \tag{7.5}$$

$$|G_\varrho(y^1)|_{\mathcal{B}_{\gamma-\sigma}} \lesssim \bar{\varrho}|y^1|_{\mathcal{B}_\gamma}, \tag{7.6}$$

$$|G_\varrho(x^1)|_{\mathcal{B}_{\gamma-\alpha-\sigma}} \lesssim \bar{\varrho}, \tag{7.7}$$

$$|G_\varrho(y^1) - G_\varrho(y^2)|_{\mathcal{B}_{\gamma-\alpha-\sigma}} \lesssim \bar{\varrho}|y^1 - y^2|_{\mathcal{B}_{\gamma-\alpha}}, \tag{7.8}$$

$$|DG_\varrho(y^1)|_{\mathcal{L}(\mathcal{B}_{\gamma-\alpha}, \mathcal{B}_{\gamma-\alpha-\sigma})} \lesssim \bar{\varrho}, \tag{7.9}$$

$$|DG_\varrho(y^1)|_{\mathcal{L}(\mathcal{B}_{\gamma-2\alpha}, \mathcal{B}_{\gamma-2\alpha-\sigma})} \lesssim \bar{\varrho}, \tag{7.10}$$

$$|DG_\varrho(y^1) - DG_\varrho(y^2)|_{\mathcal{L}(\mathcal{B}_{\gamma-2\alpha}, \mathcal{B}_{\gamma-2\alpha-\sigma})} \lesssim \bar{\varrho}|y^1 - y^2|_{\mathcal{B}_{\gamma-2\alpha}}. \tag{7.11}$$

证明 先处理 (7.5). 首先, 注意到 $|\chi_\varrho(y^1)|_{\mathcal{B}_\gamma} \leqslant \varrho$. 因为 $F(0) = 0$, 有

$$|F_\varrho(y^1)|_{\mathcal{B}_{\gamma-\delta}} \leqslant \sup_{|v|_{\mathcal{B}_\gamma} \leqslant \varrho} \|DF(v)\|_{\mathcal{L}(\mathcal{B}_\gamma, \mathcal{B}_{\gamma-\delta})} |\chi_\varrho(y^1)|_{\mathcal{B}_\gamma},$$

由于 $F \in \mathcal{C}^1$ 且 $DF(0) = 0$, 那么对于任意的 $\bar{\varrho} > 0$, 总是存在 $\varrho \leqslant 1$ 使得 $\|DF(v)\|_{\mathcal{L}(\mathcal{B}_\gamma, \mathcal{B}_{\gamma-\delta})} \leqslant \bar{\varrho}$. 因此有

$$\left|F_\varrho(y^1)\right|_{\mathcal{B}_{\gamma-\delta}} \leqslant \bar{\varrho} \sup \|D\chi\|_{\mathcal{L}(\mathcal{B}_\gamma)} |y^1|_{\mathcal{B}_\gamma} \lesssim \bar{\varrho}|y^1|_{\mathcal{B}_\gamma}.$$

同理, 可证得 (7.6). 紧接着处理 (7.7), 由 $G(0) = 0$ 有

$$|G_\varrho(x^1)|_{\mathcal{B}_{\gamma-\alpha-\sigma}} \leqslant \sup_{|v|_{\mathcal{B}_{\gamma-\alpha}} \leqslant \varrho} \|DG(v)\|_{\mathcal{L}(\mathcal{B}_{\gamma-\alpha}, \mathcal{B}_{\gamma-\alpha-\sigma})} |\chi_\varrho(x^1)|_{\mathcal{B}_{\gamma-\alpha}}$$

$$\lesssim \sup_{|v|_{\mathcal{B}_{\gamma-\alpha}} \leqslant \varrho} \|DG(v)\|_{\mathcal{L}(\mathcal{B}_{\gamma-\alpha}, \mathcal{B}_{\gamma-\alpha-\sigma})} |\chi_\varrho(x^1)|_{\mathcal{B}_\gamma}.$$

由于 $G \in \mathcal{C}^1$ 且 $DG(0) = 0$, 那么对于任意的 $\bar{\varrho} > 0$, 总是存在 $\varrho \leqslant 1$, 使得 $\|DG(v)\|_{\mathcal{L}(\mathcal{B}_{\gamma-\alpha}, \mathcal{B}_{\gamma-\alpha-\sigma})} \leqslant \bar{\varrho}$, 因此, $|G_\varrho(x^1)|_{\mathcal{B}_{\gamma-\alpha-\sigma}} \lesssim \bar{\varrho}$. 接下来论证 Lipschitz 连续性 (7.8), 由于 $G \in \mathcal{C}^3, DG(0) = 0$, 那么对任意的 $\bar{\varrho} > 0$, 存在 $\varrho < 1$ 使得

$$\left|G_\varrho(y^1) - G_\varrho(y^2)\right|_{\mathcal{B}_{\gamma-\alpha-\sigma}}$$

$$\leqslant \sup_{|v|_{\mathcal{B}_{\gamma-\alpha}} \leqslant \varrho} \|DG(v)\|_{\mathcal{L}(\mathcal{B}_{\gamma-\alpha}, \mathcal{B}_{\gamma-\alpha-\sigma})} |\chi_\varrho(y^1) - \chi_\varrho(y^2)|_{\mathcal{B}_{\gamma-\alpha}}$$

$$\leqslant \sup_{|v|_{\mathcal{B}_{\gamma-\alpha}} \leqslant \varrho} \|DG(v)\|_{\mathcal{L}(\mathcal{B}_{\gamma-\alpha}, \mathcal{B}_{\gamma-\alpha-\sigma})} \sup \|D\chi\|_{\mathcal{L}(\mathcal{B}_{\gamma-\alpha})} |y^1 - y^2|_{\mathcal{B}_{\gamma-\alpha}}$$

$$\lesssim \bar{\varrho}|y^1 - y^2|_{\mathcal{B}_{\gamma-\alpha}}.$$

最后注意到 (7.9)—(7.11) 同 (7.7) 和 (7.8) 的证明方法一致, 这里不再论述.

对于给定的截断常数 $\varrho > 0$, 考虑如下的截断方程

$$\begin{cases} dy_t = (Ay_t + F_\varrho(y_t)) \, dt + G_\varrho(y_t) \, d\mathbf{X}_t, & t \geqslant 0, \\ y(0) = y_0. \end{cases} \tag{7.12}$$

显然地, 截断方程 (7.12) 也满足系数 F 和 G 的假设条件. 因此存在唯一的全局温和解

$$y_t = S(t)y_0 + \int_0^t S(t-r)F_\varrho(y_r) \, dr + \int_0^t S(t-r)G_\varrho(y_r) \, d\mathbf{X}_r. \tag{7.13}$$

接下来的任务是导出一些有用的估计, 接下来的引理是受控粗糙路径同截断光滑函数的复合的估计.

引理 7.5

假设 G 满足第 6 章中的假设 (G) 以及本节中的 (G2), 并且 $(y, G(y)) \in \mathcal{D}_{X,\gamma}^{2\alpha}$, 那么对于所有的 $\bar{\varrho} \in (0, 1]$, 存在一个 $0 < \varrho < 1$ 使得 $(G_\varrho(y), DG_\varrho(y)G_\varrho(y)) \in \mathcal{D}_{X,\gamma-\sigma}^{2\alpha}$, 此外有如下的估计成立

$$\|G_\varrho(y), DG_\varrho(y)G_\varrho(y)\|_{X,2\alpha;\gamma-\sigma} \lesssim \bar{\varrho}\|y, y'\|_{X,2\alpha;\gamma}.$$

    ♥

证明　　与引理 6.11 的计算类似, 这里需要运用引理 7.4 中估计的结果. 首先, 由引理 7.4, 对于任何给定的 $\bar{\varrho} \in (0, 1]$, 可以选取一个 $\varrho \in (0, 1]$, 由受控粗糙路径范数的定义有

$$\begin{aligned}
\|G_\varrho(y), DG_\varrho(y)G_\varrho(y)\|_{X,2\alpha;\gamma-\sigma} =& \|G_\varrho(y)\|_{\infty;\mathcal{B}_{\gamma-\sigma}} + \|DG_\varrho(y)G_\varrho(y)\|_{\infty;\mathcal{B}_{\gamma-\alpha-\sigma}} \\
& + \|DG_\varrho(y)G_\varrho(y)\|_{\alpha;\mathcal{B}_{\gamma-\sigma-2\alpha}} \\
& + \|R^{G_\varrho(y)}\|_{\alpha;\mathcal{B}_{\gamma-\alpha-\sigma}} + \|R^{G_\varrho(y)}\|_{2\alpha;\mathcal{B}_{\gamma-2\alpha-\sigma}}.
\end{aligned}$$

对于上述第一项, 直接由 (7.6) 可得到

$$\|G_\varrho(y)\|_{\infty;\mathcal{B}_{\gamma-\sigma}} \leqslant \bar{\varrho}\sup\|D\chi\|_{\mathcal{L}(\mathcal{B}_\gamma)}\|y\|_{\infty;\mathcal{B}_\gamma}.$$

对于第二项有

$$\begin{aligned}
\|DG_\varrho(y)G_\varrho(y)\|_{\infty;\mathcal{B}_{\gamma-\alpha-\sigma}} &\leqslant \|DG_\varrho(y)\|_{\infty;\mathcal{L}(\mathcal{B}_{\gamma-\alpha},\mathcal{B}_{\gamma-\alpha-\sigma})}\|G_\varrho(y)\|_{\infty;\mathcal{B}_{\gamma-\alpha}} \\
&\lesssim \|DG_\varrho(y)\|_{\infty;\mathcal{L}(\mathcal{B}_{\gamma-\alpha},\mathcal{B}_{\gamma-\alpha-\sigma})}\|G_\varrho(y)\|_{\infty;\mathcal{B}_{\gamma-\sigma}}.
\end{aligned}$$

那么, 利用 (7.6) 和 (7.9), 有

$$\|DG_\varrho(y)G_\varrho(y)\|_{\infty;\mathcal{B}_{\gamma-\alpha-\sigma}} \lesssim \bar{\varrho}^2\|y\|_{\infty;\mathcal{B}_\gamma} \lesssim \bar{\varrho}\|y\|_{\infty;\mathcal{B}_\gamma}.$$

对于第三项, 首先有如下的控制

$$\begin{aligned}
\|DG_\varrho(y)G_\varrho(y)\|_{\alpha;\mathcal{B}_{\gamma-\sigma-2\alpha}} \lesssim& \|DG_\varrho(y)\|_{\alpha;\mathcal{L}(\mathcal{B}_{\gamma-2\alpha},\mathcal{B}_{\gamma-2\alpha-\sigma})}\|G_\varrho(y)\|_{\infty;\mathcal{B}_{\gamma-\sigma-\alpha}} \\
& + \|DG_\varrho(y)\|_{\infty;\mathcal{L}(\mathcal{B}_{\gamma-2\alpha},\mathcal{B}_{\gamma-2\alpha-\sigma})}\|G_\varrho(y)\|_{\alpha;\mathcal{B}_{\gamma-\sigma-\alpha}}.
\end{aligned}$$

对上述求和项的第一项应用 (7.7) 和 (7.11), 对第二项应用 (7.8) 和 (7.10), 有

$$\|DG_\varrho(y)G_\varrho(y)\|_{\alpha;\mathcal{B}_{\gamma-\sigma-2\alpha}} \lesssim \bar{\varrho}\|y\|_{\alpha;\mathcal{B}_{\gamma-2\alpha}} + \bar{\varrho}^2\|y\|_{\alpha;\mathcal{B}_{\gamma-\alpha}}.$$

因此, (6.90) 表明

$$\|DG_\varrho(y)G_\varrho(y)\|_{\alpha;\mathcal{B}_{\gamma-\sigma-2\alpha}} \lesssim \bar{\varrho}\|y, G(y)\|_{X,2\alpha;\gamma}.$$

对于余项有下面的等式成立

$$R_{s,t}^{G_\varrho(y)} = \int_0^1 (DG_\varrho(y_s + r(y_t - y_s)) - DG_\varrho(y_s))dr G_\varrho(y_s)(X_t - X_s)$$
$$+ \int_0^1 DG_\varrho(y_s + r(y_t - y_s))dr R_{s,t}^y.$$

因此, 应用 (7.6) 和 (7.9) 有

$$\|R^{G_\varrho(y)}\|_{\alpha;\mathcal{B}_{\gamma-\alpha-\sigma}} \leqslant \|DG_\varrho(y)\|_{\infty;\mathcal{L}(\mathcal{B}_{\gamma-\alpha},\mathcal{B}_{\gamma-\alpha-\sigma})} \|G_\varrho(y)\|_{\infty;\mathcal{B}_{\gamma-\alpha}}$$
$$+ \|DG_\varrho(y)\|_{\infty;\mathcal{L}(\mathcal{B}_{\gamma-\alpha},\mathcal{B}_{\gamma-\alpha-\sigma})} \|R^y\|_{\alpha;\mathcal{B}_{\gamma-\alpha}}$$
$$\lesssim \bar{\varrho}(\|y\|_{\infty;\mathcal{B}_\gamma} + \|R^y\|_{\alpha;\mathcal{B}_{\gamma-\alpha}}).$$

对于第二个余项应用 (7.11) 有

$$\|R^{G_\varrho(y)}\|_{\alpha;\mathcal{B}_{\gamma-2\alpha-\sigma}} \lesssim \|y\|_{\alpha;\mathcal{B}_{\gamma-\alpha}} \|G_\varrho(y)\|_{\infty;\mathcal{B}_{\gamma-\alpha-\sigma}}$$
$$+ \|DG_\varrho(y)\|_{\infty;\mathcal{L}(\mathcal{B}_{\gamma-2\alpha},\mathcal{B}_{\gamma-2\alpha-\sigma})} \|R^y\|_{2\alpha;\mathcal{B}_{\gamma-2\alpha}}.$$

再次使用 (6.90), (7.7) 和 (7.9) 有

$$\|R^{G_\varrho(y)}\|_{2\alpha;\mathcal{B}_{\gamma-\sigma}} \lesssim \bar{\varrho}\|y, G_\varrho(y)\|_{X,2\alpha;\gamma}.$$

综合上述估计可得到引理的估计.

接下来的引理收集了温和解 (7.13) 分量的估计.

引理 7.6

设 $0 < T \leqslant 1$.

(i) 设 $y_0 \in \mathcal{B}_\gamma$, 那么便有

$$\|S(\cdot)y_0, 0\|_{X,2\alpha;\gamma} \lesssim |y_0|_{\mathcal{B}_\gamma}. \tag{7.14}$$

(ii) 设 F 满足第 6 章的假设 (F) 以及本节假设 (F2), 那么确定性积分满足

$$\left\|\int_0^\cdot S(\cdot - r)F_\varrho(y_r)dr, 0\right\|_{X,2\alpha;\gamma} \lesssim \bar{\varrho}\|y\|_{\infty;\gamma}. \tag{7.15}$$

(iii) 设 G 满足第 6 章的假设 (G) 以及本节假设 (G2), 同时 $(y, G_\varrho(y)) \in \mathcal{D}_{X,\gamma}^{2\alpha}$, 那么粗糙积分满足如下估计

$$\left\|\int_0^\cdot S(\cdot - r)G_\varrho(y_r)d\mathbf{X}_r, G_\varrho(y)\right\|_{X,2\alpha;\gamma} \lesssim \bar{\varrho}\|y, G(y)\|_{X,2\alpha;\gamma}. \tag{7.16}$$

♡

证明　第一个估计是标准的, 具体证明参考引理 6.8. 确定性积分的处理也并不困难, 它的计算同引理 6.9 一致, 这里仅仅需要结合 (7.5), 便可得到

$$\left\| \int_0^\cdot S(\cdot - r) F_\varrho(y_r) dr, 0 \right\|_{X,2\alpha;\gamma} \lesssim \bar\varrho \|y\|_{\infty;\mathcal{B}_\gamma}.$$

对于粗糙积分部分, 由引理 6.10 有

$$\left\| \int_0^\cdot S(\cdot - r) G_\varrho(y_r) \, d\mathbf{X}_r, G_\varrho(y) \right\|_{X,2\alpha;\gamma} \lesssim |G_\varrho(y_0)|_{\mathcal{B}_{\gamma-\sigma}} + |DG_\rho(y_0) G_\varrho(y_0)|_{\mathcal{B}_{\gamma-\alpha-\sigma}}$$

$$+ \|G_\varrho(y), DG_\varrho(y)G_\varrho(y)\|_{X,2\alpha;\gamma-\sigma}.$$

然后将 (7.6) 运用到上式中的第一项, (7.6) 和 (7.9) 运用到上式中的第二项, 最后, 对上式第三项使用引理 7.5 即可完成证明.

为了证明局部指数稳定性, 考虑一个截断方程的解序列, 并证明它们的范数收敛到零, 同时在对初值施加合适的假设条件下, 截断方程的解序列会与原始方程的解是重合的.

为了上述目的, 令 $\varrho : \Omega \to (0,1)$ 是一个随机变量, 它在之后将会被确定. 接下来仍然用 φ 表示 (7.13) 的解算子, 但会额外强调 (7.13) 中的截断系数. 因此, 接下来定义截断方程 (7.13) 的局部路径分量: 对于每一个 $n \in \mathbb{N}_0$,

$$y^{n,\varrho} : [0,1] \to \mathcal{B}_\gamma,$$

$$y^{0,\varrho} = \varphi(\cdot, \omega, y_0, F_{\varrho(\omega)}, G_{\varrho(\omega)}),$$

$$y^{n,\varrho} = \varphi(\cdot, \theta_n\omega, y_1^{n-1,\varrho}, F_{\varrho(\theta_n\omega)}, G_{\varrho(\theta_n\omega)}), \quad n \geqslant 1.$$

出于符号的简便, 记 $\kappa_n := \|y^{n,\varrho}, G_{\varrho(\theta_n\omega)}(y^{n,\varrho})\|_{X,2\alpha;\gamma}$. 为了估计 κ_n, 需要介绍一个离散版本的 Grönwall 引理, 它的证明参考 [102, 引理 7].

> **引理 7.7 (离散 Grönwall 引理)**
>
> 设 $\{a_n\}_{n\in\mathbb{N}_0}$ 和 $\{b_n\}_{n\in\mathbb{N}_0}$ 为非负序列, 并且存在常数 $c > 0$ 使得
>
> $$a_n \leqslant c + \sum_{j=0}^{n-1} b_j a_j, \quad n = 0, 1, \cdots,$$
>
> 那么
>
> $$a_n \leqslant c \prod_{j=0}^{n-1} (1 + b_j), \quad n = 0, 1, \cdots.$$

接下来的引理给出了一个可以利用离散 Grönwall 引理的先验估计. 并且在下面的陈述中, 将要强调依赖的常数 $C_S = C(S, \alpha, \gamma, F, G, \chi) > 0$ 和 $C(\omega) = C(\mathbf{X}(\omega))$, 它们分别是确定性和随机常数.

引理 7.8

设假设 6.2 和假设 7.1 都成立, 并且令 $\bar{\varrho} : \Omega \to (0, 1]$ 是可测的. 那么存在一个可测函数 $\varrho : \Omega \to (0, 1)$ 使得对于所有的 $n \in \mathbb{N}_0$, 有

$$\kappa_n \leqslant C_S \left[e^{-\lambda n} |y_0|_{\mathcal{B}_\gamma} + \sum_{j=0}^{n-1} e^{-\lambda(n-j-1)} C(\theta_j \omega) \bar{\varrho}(\theta_j \omega) \kappa_j + C(\theta_n \omega) \bar{\varrho}(\theta_n \omega) \kappa_n \right],$$

上述表示式中 $C(\omega)$ 是 $\rho_\alpha(\mathbf{X}(\omega))$ 的多项式. ♡

证明 引理 7.6 表明对于每一个 $\bar{\varrho}(\omega)$ 都存在一 $\varrho(\omega)$. 使用引理 7.2 和三角不等式推得

$$\kappa_n = \| y^{n,\varrho}, G_{\varrho(\theta_n\omega)})(y^{n,\varrho}) \|_{X, 2\alpha; \gamma}$$

$$\leqslant \| S(\cdot + n) y_0, 0 \|_{X, 2\alpha; \gamma}$$

$$+ \sum_{j=0}^{n-1} \left\| S(\cdot + n - j - 1) \int_0^1 S(1-r) F_{\varrho(\theta_j\omega)}(y_r^{j,\varrho}) dr, 0 \right\|_{X, 2\alpha; \gamma}$$

$$+ \sum_{j=0}^{n-1} \left\| S(\cdot + n - j - 1) \int_0^1 S(1-r) G_{\varrho(\theta_j\omega)}(y_r^{j,\varrho}) d\mathbf{X}(\omega)_r, 0 \right\|_{X, 2\alpha; \gamma}$$

$$+ \left\| \int_0^\cdot S(\cdot - r) F_{\varrho(\theta_j\omega)}(y_r^{j,\varrho}) dr, 0 \right\|_{X, 2\alpha; \gamma}$$

$$+ \left\| \int_0^\cdot S(\cdot - r) G_{\varrho(\theta_j\omega)}(y_r^{j,\varrho}) d\mathbf{X}(\omega)_r, G_{\varrho(\theta_n\omega)}(y^{n,\varrho}) \right\|_{X, 2\alpha; \gamma}.$$

将 (7.1) 和 (7.14) 应用到上述不等式的前三项, 将 (7.15) 应用到上述第四项并且将 (7.16) 应用到最后一项便有

$$\kappa_n \leqslant C_S e^{-\lambda n} |y_0|_{\mathcal{B}_\gamma}$$

$$+ C_S \sum_{j=0}^{n-1} e^{-\lambda(n-j-1)} \left| \int_0^1 S(1-r) F_{\varrho(\theta_j\omega)}(y_r^{j,\varrho}) dr \right|_{\mathcal{B}_\gamma}$$

$$+ C_S \sum_{j=0}^{n-1} \left| \int_0^\cdot S(\cdot - r) G_{\varrho(\theta_j\omega)}(y_r^{j,\varrho}) d\mathbf{X}(\theta_j\omega)_r \right|$$

$$+ C_S C(\theta_n \omega) \bar{\varrho}(\theta_n \omega) \kappa_n.$$

最后, 再次分别对确定性和粗糙积分使用 (7.15) 和 (7.16) 便得到想要估计, 从而完成证明.

> **推论 7.1**
>
> 对于任意的 $\varepsilon \in (0,1)$, 存在 $\bar{\varrho} = \bar{\varrho}_\varepsilon : \Omega \to (0,1)$ 使得对于所有的 $n \in \mathbb{N}_0$, 有
>
> $$\kappa_n \leqslant 2C_S |y_0|_{\mathcal{B}_\gamma} (e^{-\lambda} + \varepsilon)^n.$$

证明　选取 $\bar{\varrho}(\omega) := \dfrac{\varepsilon}{2C_S C(\omega)} \wedge 1$. 引理 7.8 保证了存在 $\varrho : \Omega \to (0,1)$ 使得

$$e^{\lambda n} \kappa_n \leqslant 2C_S |y_0|_{\mathcal{B}_\gamma} + \varepsilon \sum_{j=0}^{n-1} e^{\lambda} e^{\lambda j} k_j.$$

因此, 利用离散的 Grönwall 引理 (引理 7.7), 取 $a_n := e^{\lambda n} \kappa_n$, $b_n := \varepsilon e^{\lambda}$ 以及 $c := 2C_S |y_0|_{\mathcal{B}_\gamma}$, 那么便有

$$e^{\lambda n} \kappa_n \leqslant 2C_S |y_0|_{\mathcal{B}_\gamma} (1 + \varepsilon e^{\lambda})^n.$$

故而, 证毕.

那么, 便可选取充分小的 ε 使得截断方程的解算子有速率为 $\log(e^{-\lambda} + \varepsilon)$ 的指数衰减. 接下来仅仅需要去完成截断方程的解与原始未截断方程的解是重合的论证便可, 即 $y^n = y^{n,\varrho}$.

> **引理 7.9**
>
> 随机变量 $C(\omega)$ 是从上方缓增的, 并且 $\bar{\varrho}(\omega)$ 是从下方缓增的.

证明　根据 [103, 引理 20] 知 $\rho_\alpha(\mathbf{X}(\omega))$ 是从上方缓增的, 因为 $C(\omega)$ 为 $\rho_\alpha(\mathbf{X}(\omega))$ 的多项式, 那么根据定义知 $C(\omega)$ 也是从上方缓增的. 由于 $\bar{\varrho}(\omega) = \dfrac{\varepsilon}{2C_S C(\omega)} \wedge 1$, 那么它便是从下方缓增的.

现在可令 $\Omega' \subset \Omega$ 是使得 $C(\omega)$ 在该集合上是从上方缓增的, 根据引理 7.9 知 $P_H(\Omega') = 1$.

接下来, 将要证明原始方程 (6.84) 在定义 7.1 意义下具有局部指数稳定性. 因此, 将要选择一个合适的初值, 它将会接近于零, 并且结合推论 7.1 可知截断方程 (7.12) 在一个小球内会与原始方程 (6.84) 相同.

定理 7.2

设 $\omega \in \Omega'$, 那么对于所有的 $0 < \lambda' < \lambda$, 存在一个 $K_{\lambda'}(\omega) > 0$ 使得当 $|y_0|_{\mathcal{B}_\gamma} \leqslant K_{\lambda'}(\omega)$ 时, 那么方程 (6.84) 的路径分量满足

$$|y_t|_{\mathcal{B}_\gamma} \leqslant e^{-\lambda' t}, \quad t \geqslant 0.$$

证明 令 $\varepsilon > 0$ 是使得 $\log(e^{-\lambda} + \varepsilon) = -\lambda'$. 那么推论 7.1 表明

$$\|y^{n,\varrho}\|_{\infty;\mathcal{B}_\gamma} \leqslant \kappa_n \leqslant 2C_S K_{\lambda'}(\omega) e^{-\lambda' n}.$$

鉴于 $\bar{\varrho}$ 是从下方缓增的, 则存在 $M_{\lambda'}(\omega) > 0$ 使得 $\bar{\varrho}(\theta_n \omega)^{-1} \leqslant M_{\lambda'}(\omega) e^{\lambda' n}, \forall n \in \mathbb{N}_0$.

因此, 根据引理 7.3, 有

$$\varrho(\theta_n \omega) \geqslant \eta \bar{\varrho}(\theta_n \omega) \leqslant \frac{\eta}{M_{\lambda'}(\omega)} e^{-\lambda' n} =: \bar{M}_{\lambda'}(\omega) e^{-\lambda' n}.$$

因此, 若

$$K_{\lambda'}(\omega) \leqslant \frac{\bar{M}_{\lambda'}(\omega)}{4C_S},$$

那么对于所有的 $n \in \mathbb{N}_0$, 有

$$\|y^{n,\varrho}\|_{\infty;\mathcal{B}_\gamma} \leqslant \frac{\varrho(\theta_n \omega)}{2}.$$

注意到初值在这一区域上时, 截断方程的系数等于原始方程的系数. 故而对于所有的 $n \in \mathbb{N}_0$, 有 $y^{n,\varrho} = y^n$. 最后, 若 $K_{\lambda'}(\omega) \leqslant \dfrac{e^{-\lambda'}}{2C_S}$, 那么对于所有 $n \in \mathbb{N}_0$ 和 $t \in [n, n+1]$, 有

$$|y_t|_{\mathcal{B}_\gamma} = |y_{t-n}^n|_{\mathcal{B}_\gamma} \leqslant \|y^n\|_{\infty;\mathcal{B}_\gamma} = \|y^{n,\varrho}\|_{\infty;\mathcal{B}_\gamma} \leqslant e^{-\lambda'(n+1)} \leqslant e^{-\lambda' t}.$$

7.2 粗糙偏微分方程的不稳定流形

不变流形是动力系统理论[50] 的核心理论, 为研究有限维和无穷维空间中的非线性系统的动力学提供了一个至关重要的工具. 它的主要思想是将动力系统的动力学分解为指数吸引、指数排斥和靠近稳定状态的中间方向. 它们对应系统线性部分的动力学分解. 若线性算子在虚轴上没有谱, 则称稳态是双曲的. 在双曲情形下, 许多发展方程[107-109] 存在着经典的稳定和不稳定流形理论, 并且所对应的线

性化系统和非线性化系统之间存在拓扑等价性. 在非双曲情形下, 尤其是当线性算子的谱出现在虚轴上时, 那么中心流形的理论[110] 至关重要. 尽管这种情形的出现看起来不太常见, 但在具有参数的微分方程的研究中却是自然的. 并且中心流形理论对于分岔问题[108,111] 的研究显得至关重要. 此外, 若系统的线性部分只有中心和吸引两个方向, 中心流形可以在稳态附近产生有效的降维, 这是一个可以拓展到整个稳态流形的概念, 例如, 多尺度背景下的慢流形研究. 综上所述, 研究随机系统的不变流形具有重要意义.

对于随机微分方程, 存在一些对随机常微分方程不变流形理论研究的结果[50,112–116], 而对于随机偏微分方程的研究参见 [60, 64, 117–122]. 与确定性情形下的常微分方程和偏微分方程相比, 随机情形下的不变流形理论仍然不够成熟. 本节的目的是介绍一类半线性粗糙发展方程的不稳定流形, 它可以看作是前面有限维情形[38] 或无穷维情形[123] 的推广. 最后, 这一抽象框架也有可能被推广到随机偏微分方程的不变流形[28,64,122,124,125].

在建立不变流形的过程中, 存在两个技术性的困难. 一方面是关于随机方程能否生成一个随机动力系统的问题. 对于随机常微分方程, 在一定的假设条件下, 可以通过 "完备化" 的手段将粗糙余圈完备化[50,126], 从而得到随机动力系统. 但是对于随机偏微分方程, 特别是 Itô 型的随机偏微分方程, 如何生成一个随机动力系统一直是一个开放性的问题. 通过粗糙路径或分数阶积分等手段可以在逐轨道的意义下考虑随机积分 (参考 [18, 23, 28, 99, 102, 103, 127]), 从而避免例外集的产生, 进而方程的解便可生成一个随机动力系统. 此外, 借助这些手段可将加性噪声或线性乘性噪声驱动的无穷系统中的结论推广到非乘性噪声驱动的无穷维系统中. 基于粗糙噪声驱动的有限维系统的流形方面结果 (不变流形[35,36], 中心流形[38]), 本节在粗糙路径框架下介绍非线性乘性噪声驱动的无穷维系统的不变流形方面的结果.

另外一方面, 随机偏微分方程的线性算子所生成的半群在零点处并不是 Hölder 连续的, 在定义粗糙卷积以及解的 Hölder 连续性时又会面临该问题. 这里有一些经典的处理方法. 例如, 通过引入修正的 Hölder 连续函数空间来弥补在零点处时间的奇性[17], 或者像在 [14] 中一样, 通过考虑更强的空间正则性来补偿时间方向的奇性, 甚至可以采用前面介绍的单调族插值空间上受控粗糙路径的方法. 最后本小节内容节选自 [100], 考虑用温和受控粗糙路径来建立温和解. 那么在此基础上便可以考虑不稳定流形.

7.2.1 粗糙发展方程

本小节关心粗糙发展方程的全局解, 它对于随机动力系统和其不变流形的研究至关重要.

7.2.1.1 预备知识

在这里, 先给出一些要用到的符号和定义. 设 $T > 0$, $\mathcal{H}$, $\mathcal{X}$ 表示可分的 Hilbert 空间, 算子 A 是 C_0-解析半群 $\{S_t = e^{At} : t \geqslant 0\}$ 的生成子. 对于 $\alpha \geqslant 0$, 插值空间 $\mathcal{H}_\alpha$ 在赋予范数 $\|\cdot\|_{\mathcal{H}_\alpha} := \|(-A)^\alpha \cdot\|_{\mathcal{H}}$ 下是一个 Hilbert 空间. 类似地, $\mathcal{H}_{-\alpha}$ 可以被定义为 $\mathcal{H}$ 中的元素关于范数 $\mathcal{H}_{-\alpha} := \|(-A)^{-\alpha} \cdot\|_{\mathcal{H}}$ 的完备化. 同样地, 本节也会频繁地使用到半群 S 的两个估计, 即对于所有的 $\alpha \geqslant \beta$, $\gamma \in [0,1]$ 和 $u \in \mathcal{H}_\beta$, 有

$$\|S_t u\|_{\mathcal{H}_\alpha} \leqslant C_\beta t^{\beta-\alpha}\|u\|_{\mathcal{H}_\beta}, \quad \|S_t u - u\|_{\mathcal{H}_{\beta-\gamma}} \leqslant C_\gamma t^\gamma \|u\|_{\mathcal{H}_\beta}, \tag{7.17}$$

上述估计式中的常数关于 $t \in [0, T]$ 是一致的. 此外, 当 $\alpha > \beta$ 时, $\mathcal{H}_\alpha$ 是 $\mathcal{H}_\beta$ 的稠密子集.

记号 对于某些固定的 $\alpha, \beta \in \mathbb{R}$ 和 $k \in \mathbb{N}$. 记 $\mathcal{L}(\mathcal{X}, \mathcal{H}_\alpha)$ 为从 $\mathcal{X}$ 到 $\mathcal{H}_\alpha$ 的连续线性算子空间, $\mathcal{L}_2(\mathcal{X}, \mathcal{H}_\alpha)$ 为从 $\mathcal{X}$ 到 $\mathcal{H}_\alpha$ 的 Hilbert-Schmidt 算子空间. 此外, 对于每一个 $\theta \geqslant \alpha$, 记 $\mathcal{C}_{\alpha,\beta}(\mathcal{H}, \mathcal{H})$ 为连续函数 $f : \mathcal{H}_\theta \to \mathcal{H}_{\theta+\beta}$ 组成的空间, 并且记 $\mathcal{C}_{\alpha,\beta}^k(\mathcal{H}, \mathcal{L}_2(\mathcal{X}, \mathcal{H}))$ 为 k-阶 Fréchet 可微函数空间, 其中对于每一个 $\theta \geqslant \alpha$ 和所有的 $i = 1, \cdots, k$, 函数 $g : \mathcal{H}_\theta \to \mathcal{L}_2(\mathcal{X}, \mathcal{H}_{\theta+\beta})$ 都具有有界的导数 $D^i g$. C 是一普适常数, 且该常数 $C = C_{\cdot,\cdot,\cdots}$ 表示依赖于某些参数, 其明确依赖关系将会显示在 C 的下标处.

众所周知的是 C_0-半群 S_t 在零点处并不是 Hölder 连续的. 因此, 需要介绍一些 Hölder 型空间来发展解理论. 首先, 对于 $n \geqslant 1$ 和一个给定的 Banach 空间 V 以及其上的范数 $\|\cdot\|_V$, 记 $\mathcal{C}_n([0,T], V)$ 为连续函数 $h : \Delta_n \to V$ 组成的空间, 其中 $\Delta_n := \{(t_1, \cdots, t_n) : T \geqslant t_1 \geqslant \cdots \geqslant t_n \geqslant 0\}$, 并且满足: 对于某些 $i < n-1$, 若 $t_i = t_{i+1}$, 那么 $h_{t_1,\cdots,t_n} = 0$. 特别地, 令 $\mathcal{C}([0,T], V) = \mathcal{C}_1([0,T], V)$.

此外, 对于 $h \in \mathcal{C}_n([0,T], V)$, $(t_1, \cdots, t_{n+1}) \in \Delta_{n+1}$, 定义增量算子

$$\delta h_{t_1,\cdots,t_{n+1}} = \sum_{i=1}^{n+1} (-1)^i h_{t_1,\cdots,\hat{t}_i,\cdots,t_{n+1}}$$

和

$$\hat{\delta} h_{t_1,\cdots,t_{n+1}} = \delta h_{t_1,\cdots,t_{n+1}} - (S_{t_1 t_2} - Id) h_{t_2,\cdots,t_{n+1}},$$

上式中 $\hat{t}_i$ 意味着 t_i 这一分量被省略, Id 表示 V 中的单位算子, 出于记号的简洁性, 对于所有的 $0 \leqslant s \leqslant t \leqslant T$, 令 $S_{ts} := S_{t-s}$. 可以证明 $\hat{\delta}\hat{\delta} = 0$ 作为函数空间 $\mathcal{C}_{n-1}([0,T], V) \to \mathcal{C}_{n+1}([0,T], V)$ 上的零算子, 此外对于每一个 $h \in \mathcal{C}_n([0,T], V)$ 并且满足 $\hat{\delta} h = 0$, 那么总是存在一个 $p \in \mathcal{C}_{n-1}([0,T], V)$ 使得 $h = \hat{\delta} p$, 更多关于增量算子的性质参考 [16] 中的第三章.

对于 $\gamma, \rho, \mu > 0$, $h \in \mathcal{C}([0,T], V)$, $p \in \mathcal{C}_2([0,T], V)$ 和 $q \in \mathcal{C}_3([0,T], V)$, 令

$$|h|_{\gamma;V} = \sup_{s,t\in[0,T]} \frac{\|\delta h_{t,s}\|_V}{|t-s|^\gamma}, \quad \|h\|_{\gamma;V} = \sup_{s,t\in[0,T]} \frac{\|\hat{\delta} h_{t,s}\|_V}{|t-s|^\gamma},$$

$$|p|_{\gamma;V} = \sup_{s,t\in[0,T]} \frac{\|p_{t,s}\|_V}{|t-s|^\gamma}, \quad |q|_{\rho,\mu;V} = \sup_{s,u,t\in[0,T]} \frac{\|q_{t,u,s}\|_V}{|t-u|^\rho|u-s|^\mu},$$

$$|q|_{\gamma;V} \equiv \inf\left\{\sum_i |q_i|_{\rho_i,\gamma-\rho_i;V}; q = \sum_i q_i, q_i \in \mathcal{C}_3([0,T],V), 0 < \rho_i < \gamma\right\},$$

上述的下确界是对于所有满足 $q = \sum_i q_i$ 的序列 $\{q_i\}$ 和所有数 $\rho_i \in (0,\gamma)$ 来确定的. 因此, 可以定义以下的函数空间:

$$\mathcal{C}^\gamma([0,T],V) = \{h \in \mathcal{C}([0,T],V) : |h|_{\gamma;V} < \infty\},$$

$$\mathcal{C}_2^\gamma([0,T],V) = \{p \in \mathcal{C}_2([0,T],V) : |p|_{\gamma;V} < \infty\},$$

$$\mathcal{C}_3^\gamma([0,T],V) = \{q \in \mathcal{C}_3([0,T],V) : |q|_{\gamma;V} < \infty\},$$

$$\hat{\mathcal{C}}^\gamma([0,T],V) = \{h \in \mathcal{C}([0,T],V) : \|h\|_{\gamma;V} < \infty\},$$

$$\hat{\mathcal{C}}_2^{\gamma,\mu}([0,T],V) = \{p \in \mathcal{C}_2^\gamma([0,T],V) : \hat{\delta}p \in \mathcal{C}_3^\mu([0,T],V)\}.$$

与此同时, 赋予函数空间 $\mathcal{C}([0,T],V)$ 一个一致范数 $\|h\|_{\infty;V} = \sup_{0\leqslant t\leqslant T} \|h_t\|_V$. 出于符号的简洁性, 当 $V = \mathcal{H}_\alpha$, $\mathcal{L}(\mathcal{X},\mathcal{H}_\alpha)$, $\mathcal{L}_2(\mathcal{X},\mathcal{H}_\alpha)$, $\mathcal{L}_2(\mathcal{H}_\alpha \otimes \mathcal{X},\mathcal{H}_\alpha)$, $\mathcal{L}(\mathcal{X} \otimes \mathcal{X},\mathcal{H}_\alpha)$ 和 $\mathcal{L}_2(\mathcal{X} \otimes \mathcal{X},\mathcal{H}_\alpha)$ 时, 记: $|h|_{\gamma;V} = |h|_{\gamma;\alpha}$, $\|h\|_{\gamma;V} = \|h\|_{\gamma;\alpha}$, $\|h\|_{\infty;V} = \|h\|_{\infty;\alpha}$.

定义 7.2

对于 $\gamma \in \left(\dfrac{1}{3},\dfrac{1}{2}\right]$, 定义 $\mathcal{X}$ 上的 γ-Hölder 粗糙路径 $\mathbf{w} = (w,w^2) \in \mathcal{C}^\gamma([0,T],\mathcal{X}) \times \mathcal{C}_2^{2\gamma}([0,T],\mathcal{X} \otimes \mathcal{X})$ 使得 Chen 等式成立, 即对于 $s \leqslant u \leqslant t \in [0,T]$ 有

$$w_{t,s}^2 - w_{t,u}^2 - w_{u,s}^2 = \delta w_{u,s} \otimes \delta w_{t,u}.$$

$\mathcal{X}$ 上的所有粗糙路径构成的空间记为 $\mathscr{C}^\gamma([0,T],\mathcal{X})$. 对于两个不同的粗糙路径 $\mathbf{w} = (w,w^2), \tilde{\mathbf{w}} = (\tilde{w},\tilde{w}^2) \in \mathscr{C}^\gamma([0,T],\mathcal{X})$, 可定义如下的粗糙度量 $\varrho_{\gamma;T}$:

$$\varrho_{\gamma;T}(\mathbf{w},\tilde{\mathbf{w}}) = |w - \tilde{w}|_\gamma + |w^2 - \tilde{w}^2|_{2\gamma},$$

出于记号的简洁性, 上式中 $|w|_\gamma := |w|_{\gamma;\mathcal{X}}$ 以及 $|w^2|_{2\gamma;\mathcal{X}\otimes\mathcal{X}} =: |w^2|_{2\gamma}$. ♣

> **定义 7.3**
>
> 设 $\mathbf{w} \in \mathscr{C}^\gamma([0,T], \mathcal{X})$, $\gamma \in \left(\frac{1}{3}, \frac{1}{2}\right]$, 称 $(y, y') \in \hat{\mathcal{C}}^\gamma([0,T], \mathcal{H}_\alpha) \times \hat{C}^\gamma([0,T], \mathcal{L}(\mathcal{X}, \mathcal{H}_\alpha))$ 为一温和受控粗糙路径, 若余项 R^y 满足如下等式
>
> $$\text{对于} \quad s \leqslant t \in [0,T], \quad R^y_{t,s} = \hat{\delta} y_{t,s} - S_{ts} y'_s \delta w_{t,s}, \tag{7.18}$$
>
> 并且它属于 $\mathcal{C}_2^{2\gamma}([0,T], \mathcal{H}_\alpha)$, 那么便称 y' 为 y 的温和的 Gubinelli 导数, 所有的 (y, y') 组成的空间记为 $\mathscr{D}_{S,w}^{2\gamma}([0,T], \mathcal{H}_\alpha)$. 类似地, 当 $\mathcal{H}_\alpha$ 被 $\mathcal{L}(\mathcal{X}, \mathcal{H}_\alpha)$ 替代时, 即考虑算子值的路径, 也可按照上述方式定义其温和受控粗糙路径. ♣

注意, 温和受控粗糙路径空间上的半范数与范数分别定义为

$$\|y, y'\|_{w,2\gamma;\alpha} = \|y'\|_{\gamma;\alpha} + |R^y|_{2\gamma;\alpha}$$

和

$$\|y, y'\|_{\mathscr{D}_{S,w}^{2\gamma}} = \|y_0\|_{\mathcal{H}_\alpha} + \|y'_0\|_{\mathcal{L}(\mathcal{X}, \mathcal{H}_\alpha)} + \|y, y'\|_{w,2\gamma;\alpha}.$$

此外, 基于等式 (7.18), 可以得到如下估计

$$\|y\|_{\gamma;\alpha} \leqslant (1 + |w|_\gamma)(\|y'_0\|_{\mathcal{L}(\mathcal{X}, \mathcal{H}_\alpha)} + \|y, y'\|_{w,2\gamma;\alpha} T^\gamma). \tag{7.19}$$

7.2.1.2 粗糙发展方程的全局解

接下来考虑如下的粗糙发展方程

$$\begin{cases} dy_u = (Ay_u + f(y_u))du + g(y_u)d\mathbf{w}_u, \quad u \in [0,T], \\ y_0 = \xi \in \mathcal{H}, \end{cases} \tag{7.20}$$

这里对方程的系数做出如下假设:

- $\mathbf{w}$ 是一个无穷维的 γ-Hölder 粗糙路径, 且 $\frac{1}{3} < \gamma \leqslant \frac{1}{2}$;
- 函数 $f \in \mathcal{C}_{-2\gamma,0}(\mathcal{H}, \mathcal{H})$ 是 Lipschitz 连续的;
- 算子 $g \in \mathcal{C}_{-2\gamma,0}^3(\mathcal{H}, \mathcal{L}_2(\mathcal{X}, \mathcal{H}))$ 并且对于 $\theta \geqslant -2\gamma$ 它满足 $\|g(0)\|_{\mathcal{L}_2(\mathcal{X}, \mathcal{H}_\theta)} = C_0$.

注 7.1 (i) 相比于 [14, 128] 和前面介绍的一些解的适定性工作, 这里考虑的噪声是无穷维的, 便需要确保 Lévy 面积 w^2 的存在性. 事实上, 无穷维情形下的 Q-Wiener 过程以及迹类分数布朗运动都能提升为 γ-Hölder 粗糙路径, 具体参考 [17] 和 [129].

(ii) 在上述 g 的假设中, 对于 $\theta \geqslant -2\gamma$, 有 $D^k g(y) \in \mathcal{L}_2(\mathcal{H}_\theta^{\otimes k} \otimes \mathcal{X}, \mathcal{H}_\theta)$, $k = 1, 2, 3$. 鉴于 $\mathcal{L}_2(\mathcal{H}_\theta \otimes \mathcal{X}, \mathcal{H}_\theta) \circ \mathcal{L}_2(\mathcal{X}, \mathcal{H}_\theta) = \mathcal{L}_2(\mathcal{X} \otimes \mathcal{X}, \mathcal{H}_\theta)$, 则 $Dg(y)g(y) \in \mathcal{L}_2(\mathcal{X} \otimes \mathcal{X}, \mathcal{H}_\theta)$. 与此同时, 因为 $\|g(0)\|_{\mathcal{L}_2(\mathcal{X}, \mathcal{H}_\theta)} = C_0$, 那么中值定理表明 $\|g(y)\|_{\mathcal{L}_2(\mathcal{X}, \mathcal{H}_\theta)} \leqslant C_g(1 + \|y\|_{\mathcal{H}_\theta})$.

接下来给出方程 (7.20) 的温和解, 即

$$y_t = S_t \xi + \int_0^t S_{tu} f(y_u) du + \int_0^t S_{tu} g(y_u) d\mathbf{w}_u,$$

上述表达式中最后一个积分为粗糙卷积, 稍后将会给出其定义.

为了定义粗糙积分, 类似于 [16] 中的定理 3.5 和推论 3.6 以及 [14] 中的 Sewing 引理 (或本书引理 6.1), 通过利用函数空间 $\hat{\mathcal{C}}_2^{\gamma,\mu}([0,T], \mathcal{H}_\alpha)$ 中元素 Ξ 的性质, 可以得到 Sewing 引理 [14] 的修正版本. 证明几乎同 [14] 中的定理 2.4(本书引理 6.1) 一致, 故而略去其证明.

定理 7.3

设 $\alpha \in \mathbb{R}$ 以及 $0 < \gamma < 1 < \mu$. 对于 $\Xi \in \hat{\mathcal{C}}_2^{\gamma,\mu}([0,T], \mathcal{H}_\alpha)$, 如果存在 $M > 0$ 和 $\tilde{\Xi} \in \mathcal{C}_3^\gamma([0,T], \mathcal{H}_\alpha)$ 满足 $\delta\Xi_{v,m,u} = S_{vm}\tilde{\Xi}_{v,m,u}$ 使得

$$\|\tilde{\Xi}_{v,m,u}\|_{\mathcal{H}_\alpha} \leqslant M \min \left\{ |v-m|^\gamma |m-u|^{\mu-\gamma}, |v-m|^{\mu-\gamma}|m-u|^\gamma \right\}.$$

那么便存在唯一的连续线性映射

$$\mathcal{I} : \hat{\mathcal{C}}_2^{\gamma,\mu}([0,T], \mathcal{H}_\alpha) \to \mathcal{C}_2^\gamma([0,T], \mathcal{H}_\alpha)$$

满足 $\delta\mathcal{I}\Xi = 0$, 并且对于 $\beta \in [0, \mu)$ 有不等式

$$\|\mathcal{I}\Xi_{t,s} - \Xi_{t,s}\|_{\mathcal{H}_{\alpha+\beta}} \lesssim M|t-s|^{\mu-\beta}$$

成立. 此外, 有如下的极限

$$\mathcal{I}\Xi_{t,s} = \lim_{|\mathcal{P}| \to 0} \sum_{[u,v] \in \mathcal{P}} S_{t-v}\Xi_{v,u},$$

在上述表示中, $|\mathcal{P}|$ 表示区间 $[s,t]$ 的划分 $\mathcal{P}$ 中的最大划分区间大小. ♡

注 7.2　回顾引理 6.1, 引理中的 $\tilde{\Xi}$ 满足如下的估计

$$\|\tilde{\Xi}_{v,m,u}\|_{\mathcal{H}_\alpha} \leqslant M|v-m|^{\mu-1}|v-u|.$$

根据定理 7.3, 给出一个温和受控粗糙路径, 可以推广前面章节的粗糙积分.

定理 7.4

设 $T > 0$ 以及 $\mathbf{w} \in \mathscr{C}^{\gamma}([0,T], \mathcal{X})$, $\gamma \in \left(\frac{1}{3}, \frac{1}{2}\right]$. 对于 $(y, y') \in \mathscr{D}^{2\gamma}_{S,w}([0,T],$ $\mathcal{L}(\mathcal{X}, \mathcal{H}_\alpha))$, 且 $\mathcal{P}$ 表示区间 $[s,t]$ 的划分. 那么粗糙积分可定义为如下极限

$$\int_s^t S_{tu} y_u d\mathbf{w}_u := \lim_{|\mathcal{P}| \to 0} \sum_{[u,v] \in \mathcal{P}} S_{tu}(y_u \delta w_{v,u} + y'_u w^2_{v,u}), \tag{7.21}$$

该极限作为空间 $\hat{\mathcal{C}}^{\gamma}([0,T], \mathcal{H}_\alpha)$ 的元素而存在, 对于 $0 \leqslant \beta < 3\gamma$, 粗糙积分有如下的估计

$$\left\| \int_s^t S_{tu} y_u d\mathbf{w}_u - S_{ts} y_s \delta w_{t,s} - S_{ts} y'_s w^2_{t,s} \right\|_{\mathcal{H}_{\alpha+\beta}}$$

$$\lesssim (|R^y|_{2\gamma;\alpha} |w|_\gamma + \|y'\|_{\gamma;\alpha} |w^2|_{2\gamma}) |t-s|^{3\gamma-\beta}. \tag{7.22}$$

此外, 映射

$$(y, y') \to (z, z') := \left(\int_0^\cdot S_{\cdot u} y_u d\mathbf{w}_u, y \right)$$

从 $\mathscr{D}^{2\gamma}_{S,w}([0,T], \mathcal{L}(\mathcal{X}, \mathcal{H}_\alpha))$ 到 $\mathscr{D}^{2\gamma}_{S,w}([0,T], \mathcal{H}_\alpha)$ 是连续的. 上述不等式中的常数依赖于 γ, T 且常数关于 $T \in (0,1]$ 是一致的. ♡

证明 令 $\Xi_{v,u} := S_{vu}(y_u w_{v,u} + y'_u w^2_{v,u})$, 应用温和受控粗糙路径定义和 Chen 等式, 可以得到

$$\hat{\delta}\Xi_{v,m,u} = -S_{vm}(R^y_{m,u} w_{v,m} + \hat{\delta} y'_{m,u} w^2_{v,m}).$$

类似于 [14] 中定理 3.5 或本书定理 6.4, 可以验证 Ξ 满足定理 7.3, 那么便可完成论证.

注 7.3 在 [14] 中, 粗糙积分中的粗糙路径是有限维的, 而本节中却是考虑无穷维的粗糙路径.

下面考虑温和受控粗糙路径同光滑函数的复合仍然为一温和受控粗糙路径. 它的证明与 [14] 中的引理 3.7 或本书的引理 6.2 类似, 故略去其证明.

引理 7.10

设 $g \in \mathcal{C}^2_{\alpha,0}(\mathcal{H}, \mathcal{L}_2(\mathcal{X}, \mathcal{H}))$, $T > 0$ 以及 $(y, y') \in \mathscr{D}^{2\gamma}_{S,w}([0,T], \mathcal{H}_\alpha)$, 且 $\mathbf{w} \in \mathscr{C}^{\gamma}([0,T], \mathcal{X})$, $\gamma \in (1/3, 1/2)$. 此外, 假设 $y \in \hat{\mathcal{C}}^{\eta}([0,T], \mathcal{H}_{\alpha+2\gamma})$, $\eta \in [0,1]$

并且 $y' \in L^\infty([0,T], \mathcal{L}(\mathcal{X}, \mathcal{H}_{\alpha+2\gamma}))$. 定义 $(z_t, z_t') = (g(y_t), Dg(y_t)y_t')$, 那么 $(z, z') \in \mathscr{D}_{S,w}^{2\gamma}([0,T], \mathcal{L}_2(\mathcal{X}, \mathcal{H}_\alpha))$ 且满足如下估计

$$\|z, z'\|_{w, 2\gamma; \alpha}$$
$$\leqslant C_{g,T}(1 + |w|_\gamma)^2(1 + \|y_0'\|_{\mathcal{L}(\mathcal{X}, \mathcal{H}_\alpha)} + \|y, y'\|_{y, 2\gamma; \alpha})$$
$$\cdot (1 + \|y_0\|_{\mathcal{H}_{\alpha+2\gamma}} + \|y_0'\|_{\mathcal{L}(\mathcal{X}, \mathcal{H}_\alpha)} + \|y\|_{\eta; \alpha+2\gamma} + \|y'\|_{\infty; \alpha+2\gamma} + \|y, y'\|_{w, 2\gamma; \alpha}),$$
$$\tag{7.23}$$

常数 $C_{g,T}$ 依赖于 g 及其导数, 也依赖于时间 T, 并且关于 $T \in (0,1]$ 是一致的.

注 7.4　上述引理中温和受控粗糙路径同正则函数的复合需要解具有更高的空间正则性, 因此需要引入合适的解空间. 特别地, g 的假设对于出现在 (7.20) 中的粗糙积分定义是至关重要的.

类似于定义 6.4, 基于上面介绍的结果, 介绍如下空间.

定义 7.4

设 $\mathbf{w} \in \mathscr{C}^\gamma([0,T], \mathcal{H})$, $\gamma \in \left(\dfrac{1}{3}, \dfrac{1}{2}\right]$, 对于任意的 $\alpha, \beta \in \mathbb{R}$ 以及 $\eta \in [0,1]$, 定义一个如下的空间

$$\mathscr{D}_{S,w}^{2\gamma, \beta, \eta}([0,T], \mathcal{H}_\alpha)$$
$$= \mathscr{D}_{S,w}^{2\gamma}([0,T], \mathcal{H}_\alpha) \cap \left(\hat{\mathcal{C}}^\eta([0,T], \mathcal{H}_{\alpha+\beta}) \times L^\infty([0,T], \mathcal{L}(\mathcal{X}, \mathcal{H}_{\alpha+\beta}))\right).$$

此外, 对于 $(y, y') \in \mathscr{D}_{S,w}^{2\gamma, \beta, \eta}([0,T], \mathcal{H}_\alpha)$, 它的半范数以及范数分别定义如下:

$$\|y, y'\|_{w, 2\gamma; \beta; \eta} = \|y\|_{\eta; \alpha+\beta} + \|y'\|_{\infty; \alpha+\beta} + \|y, y'\|_{w, 2\gamma; \alpha},$$

$$\|y, y'\|_{\mathscr{D}_{S,w}^{2\gamma, \beta, \eta}} = \|y_0\|_{\mathcal{H}_{\alpha+\beta}} + \|y_0'\|_{\mathcal{L}(\mathcal{H}, \mathcal{H}_\alpha)} + \|y\|_{\eta; \alpha+\beta} + \|y'\|_{\infty; \alpha+\beta} + \|y, y'\|_{w, 2\gamma; \alpha}.$$

特别地, 当 $\eta = 0$ 时, 记 $\hat{\mathcal{C}}^0 = \mathcal{C}$.

注意到, 引理 7.10 表明复合映射可以视为从 $\mathscr{D}_{S,w}^{2\gamma, 2\gamma, \eta}([0,T], \mathcal{H}_\alpha)$ 到 $\mathscr{D}_{S,w}^{2\gamma, 2\gamma, 0}([0,T], \mathcal{L}_2(\mathcal{X}, \mathcal{H}_\alpha))$ 的映射, 其中 $\eta \in [0,1]$. 出于记号的简洁性, 记

$$\mathcal{D}_w^{2\gamma, \eta}([0,T], \mathcal{H}_\alpha) := \mathscr{D}_{S,w}^{2\gamma, 2\gamma, \eta}([0,T], \mathcal{H}_{\alpha-2\gamma}), \quad 0 \leqslant \eta < \gamma,$$

同时, 空间 $\mathcal{D}_w^{2\gamma, \eta}([0,T], \mathcal{H}_\alpha)$ 的半范数与范数分别记为 $\|\cdot, \cdot\|_{w, 2\gamma; 2\gamma; \eta}$ 和 $\|\cdot, \cdot\|_{\mathcal{D}_w^{2\gamma, \eta}}$.

接下来考虑方程 (7.20) 在空间 $\mathcal{D}_w^{2\gamma,\eta}([0,T],\mathcal{H})$ 中的解.

在此之前, 首先提供一些能够保证不动点定理得以运用的一些重要估计.

引理 7.11

设 $T > 0$, $g \in \mathcal{C}_{-2\gamma,0}^3(\mathcal{H},\mathcal{L}_2(\mathcal{X},\mathcal{H}))$, $(y,y') \in \mathcal{D}_w^{2\gamma,\eta}([0,T],\mathcal{H})$, $\mathbf{w} \in \mathscr{C}^\gamma([0,T],\mathcal{H})$, $\gamma \in \left(\frac{1}{3},\frac{1}{2}\right)$. 那么有如下的估计

$$\left\|\int_0^{\cdot} S_{\cdot u} g(y_u) d\mathbf{w}_u, g(y)\right\|_{\mathcal{D}_w^{2\gamma,\eta}} \leqslant C_{\gamma,T}(1+|w|_\gamma+|w^2|_{2\gamma})\|g(y),(g(y))'\|_{\mathcal{D}_{S,w}^{2\gamma,2\gamma,0}}, \tag{7.24}$$

上述常数 $C_{\gamma,T}$ 关于 $T \in (0,1]$ 是一致的. ♡

证明   首先, 根据 (7.17) 和 (7.22) 可以得到

$$\left\|R_{t,s}^{\int_0^{\cdot} S_{\cdot u} g(y_u) d\mathbf{w}_u}\right\|_{\mathcal{H}_{-2\gamma}} \lesssim \left(|R^{g(y)}|_{2\gamma;-2\gamma}|w|_\gamma + \|(g(y))'\|_{\gamma;\mathcal{L}_2(\mathcal{X}\otimes\mathcal{X},\mathcal{H}_{-2\gamma})}|w^2|_{2\gamma}\right)|t-s|^{3\gamma}$$
$$+ \|(g(y_s))'\|_{\mathcal{L}_2(\mathcal{X}\otimes\mathcal{X},\mathcal{H}_{-2\gamma})}|w^2|_{2\gamma}|t-s|^{2\gamma},$$

那么便得到

$$\left\|R^{\int_0^{\cdot} S_{\cdot u} g(y_u) d\mathbf{w}_u}\right\|_{2\gamma;-2\gamma} \lesssim T^\gamma(|w|_\gamma + |w^2|_{2\gamma})\|g(y),(g(y))'\|_{w,2\gamma;-2\gamma}$$
$$+ |w^2|_{2\gamma}\|(g(y))'\|_{\infty;-2\gamma}.$$

类似地, 可得

$$\left\|\int_0^{\cdot} S_{\cdot u} g(y_u) d\mathbf{w}_u\right\|_{\eta;0} \leqslant T^{\gamma-\eta}(|w|_\gamma + |w^2|_{2\gamma})\|g(y),(g(y))'\|_{w,2\gamma;-2\gamma}$$
$$+ T^{\gamma-\eta}\|g(y)\|_{\infty;0}|w|_\gamma + T^{2\gamma-\eta}\|(g(y))'\|_{\infty;0}|w^2|_{2\gamma}.$$

基于估计 (7.19) 可得

$$\|g(y)\|_{\gamma;-2\gamma} \leqslant (1+|w|_\gamma)(\|(g(y_0))'\|_{\mathcal{L}_2(\mathcal{X}\otimes\mathcal{X},\mathcal{H}_{-2\gamma})} + T^\gamma\|g(y),(g(y))'\|_{w,2\gamma;-2\gamma}).$$

因此便有

$$\left\|\int_0^{\cdot} S_{\cdot u} g(y_u) d\mathbf{w}_u, g(y)\right\|_{\mathcal{D}_w^{2\gamma,\eta}}$$

$$\lesssim (1 + |w|_\gamma + |w^2|_{2\gamma}) \|(g(y_0))'\|_{\mathcal{L}_2(\mathcal{X} \otimes \mathcal{X}, \mathcal{H}_{-2\gamma})} + T^\gamma |w^2|_{2\gamma} \|(g(y))'\|_{\gamma; -2\gamma}$$

$$+ \|g(y)\|_{\infty; 0} + T^{\gamma - \eta} |w|_\gamma \|g(y)\|_{\infty; 0} + T^{2\gamma - \eta} |w^2|_{2\gamma} \|(g(y))'\|_{\infty; 0}$$

$$+ \|g(y_0)\|_{\mathcal{L}_2(\mathcal{X}, \mathcal{H}_{-2\gamma})} + (1 + |w|_\gamma + |w^2|_{2\gamma}) T^\gamma \|g(y), (g(y))'\|_{w, 2\gamma; -2\gamma}$$

$$+ (|w|_\gamma + |w^2|_{2\gamma}) T^{\gamma - \eta} \|g(y), (g(y))'\|_{w, 2\gamma; -2\gamma}. \tag{7.25}$$

整理 (7.25) 式便完成证明.

引理 7.12

设 $T > 0$, $g \in \mathcal{C}^3_{-2\gamma, 0}(\mathcal{H}, \mathcal{L}_2(\mathcal{X}, \mathcal{H}))$, (y, y') 和 $(v, v') \in \mathcal{D}^{2\gamma, \eta}_w([0, T], \mathcal{H})$, $\mathbf{w} \in \mathscr{C}^\gamma([0, T], \mathcal{H})$, $\gamma \in \left(\dfrac{1}{3}, \dfrac{1}{2}\right)$. 若 $|w|_\gamma$, $|w^2|_{2\gamma}$, $\|y, y'\|_{\mathcal{D}^{2\gamma, \eta}_w}$ 和 $\|v, v'\|_{\mathcal{D}^{2\gamma, \eta}_w} \leqslant M$, 那么有局部 Lipschitz 估计

$$\|g(y) - g(v), (g(y) - g(v))'\|_{\mathcal{D}^{2\gamma, 2\gamma, 0}_{S, w}} \leqslant C_{M, g, T}(1 + |w|_\gamma)^2 \|y - v, (y - v)'\|_{\mathcal{D}^{2\gamma, \eta}_w}. \tag{7.26}$$

上式中的常数 $C_{M, g, T}$ 依赖于 M, g 和其导数, 它也会依赖于时间 T, 但是对于 $T \in (0, 1]$ 是一致的.   ♡

证明　　首先给出一个重要的不等式: 对于任意的 $g \in \mathcal{C}^3_{-2\gamma, 0}(\mathcal{H}, \mathcal{L}_2(\mathcal{X}, \mathcal{H}))$, $y_1, y_2, y_3, y_4 \in \mathcal{H}_\theta, \theta \geqslant -2\gamma$, 如下的估计成立

$$\|g(y_1) - g(y_2) - g(y_3) + g(y_4)\|_{\mathcal{L}_2(\mathcal{X}, \mathcal{H}_\theta)}$$

$$\leqslant C_g \left(\|y_1 - y_2 - y_3 + y_4\|_{\mathcal{H}_\theta} + (\|y_1 - y_3\|_{\mathcal{H}_\theta} + \|y_2 - y_4\|_{\mathcal{H}_\theta}) \|y_3 - y_4\|_{\mathcal{H}_\theta}\right). \tag{7.27}$$

由于

$$\|g(y_t) - g(v_t) - S_{ts}(g(y_s) - g(v_s))\|_{\mathcal{L}_2(\mathcal{X}, \mathcal{H}_{-2\gamma})}$$

$$\leqslant \|g(y_t) - g(v_t) - (g(y_s) - g(v_s))\|_{\mathcal{L}_2(\mathcal{X}, \mathcal{H}_{-2\gamma})} + \|(S_{ts} - I)(g(y_s) - g(v_s))\|_{\mathcal{L}_2(\mathcal{X}, \mathcal{H}_{-2\gamma})}$$

$$\leqslant \|g(y_t) - g(v_t) - (g(y_s) - g(v_s))\|_{\mathcal{L}_2(\mathcal{X}, \mathcal{H}_{-2\gamma})} + \|(g(y_s) - g(v_s))\|_{\mathcal{L}_2(\mathcal{X}, \mathcal{H})} |t - s|^{2\gamma},$$

因此, 便有

$$\|g(y) - g(v)\|_{\gamma; -2\gamma} \leqslant |g(y) - g(v)|_{\gamma; -2\gamma} + T^\gamma \|g(y) - g(v)\|_{\infty; 0}.$$

相似地, 有

$$|g(y) - g(v)|_{\gamma; -2\gamma} \leqslant \|g(y) - g(v)\|_{\gamma; -2\gamma} + T^\gamma \|g(y) - g(v)\|_{\infty; 0}.$$

使用 (7.19) 和 (7.27), 可得

$$|g(y) - g(v)|_{\gamma;-2\gamma} \leqslant C_g \left(|y - v|_{\gamma;-2\gamma} + (|y|_{\gamma;-2\gamma} + |v|_{\gamma;-2\gamma}) \|y - v\|_{\infty;-2\gamma} \right)$$

$$\leqslant C_g (\|y - v\|_{\gamma;-2\gamma} + T^\gamma \|y - v\|_{\infty;0})$$

$$+ C_g (\|y\|_{\gamma;-2\gamma} + T^\gamma \|y\|_{\infty;0} + \|v\|_{\gamma;-2\gamma} + T^\gamma \|v\|_{\infty;0}) \|y - v\|_{\infty;-2\gamma}$$

$$\leqslant C_g (\|y - v\|_{\gamma;-2\gamma} + T^\gamma \|y - v\|_{\infty;0}) + C_g (1 + |w|_\gamma)(\|y_0'\|_{\mathcal{L}(\mathcal{X},\mathcal{H}_{-2\gamma})} + T^\gamma \|y_0\|_{\mathcal{H}}$$

$$+ T^{\gamma+\eta} \|y\|_{\eta;0} + T^\gamma \|y, y'\|_{w,2\gamma;-2\gamma} + \|v_0'\|_{\mathcal{L}(\mathcal{X},\mathcal{H}_{-2\gamma})} + T^\gamma \|v_0\|_{\mathcal{H}} + T^{\gamma+\eta} \|v\|_{\eta;0}$$

$$+ T^\gamma \|v, v'\|_{w,2\gamma;-2\gamma}) \|y - v\|_{\infty;-2\gamma}$$

$$\leqslant C_{g,T,M} (\|y - v\|_{\gamma;-2\gamma} + \|y - v\|_{\infty;-2\gamma} + T^\gamma \|y - v\|_{\infty;0}),$$

因此, 便有

$$\|g(y) - g(v)\|_{\gamma;-2\gamma} \leqslant C_{g,T,M} (\|y - v\|_{\gamma;-2\gamma} + \|y - v\|_{\infty;-2\gamma} + T^\gamma \|y - v\|_{\infty;0}).$$

相似地, 有

$$\|Dg(y)y' - Dy(v)v'\|_{\gamma;-2\gamma} \leqslant |Dg(y)y' - Dg(v)v'|_{\gamma;-2\gamma}$$

$$+ \|Dg(y)y' - Dg(v)v'\|_{\infty;0} T^\gamma,$$

$$|Dg(y)y' - Dg(v)v'|_{\gamma;-2\gamma} \leqslant |Dg(y)(y' - v')|_{\gamma;-2\gamma}$$

$$+ |(Dg(y) - Dg(v))v'|_{\gamma;-2\gamma}$$

$$:= \mathrm{I} + \mathrm{II}.$$

对于 I 有

$$\mathrm{I} \leqslant \|Dg(y)\|_{\infty;\mathcal{L}_2(\mathcal{H}_{-2\gamma} \otimes \mathcal{X}, \mathcal{H}_{-2\gamma})} |y' - v'|_{\gamma;-2\gamma}$$

$$+ |Dg(y)|_{\gamma;\mathcal{L}_2(\mathcal{H}_{-2\gamma} \otimes \mathcal{X}, \mathcal{H}_{-2\gamma})} \|y' - v'\|_{\infty;-2\gamma}$$

$$\leqslant C_g (|y' - v'|_{\gamma;-2\gamma} + |y|_{\gamma;-2\gamma} \|y' - v'\|_{\infty;-2\gamma})$$

$$\leqslant C_{g,M} (1 + |w|_\gamma)(\|y' - v'\|_{\gamma;-2\gamma} + \|y' - v'\|_{\infty;-2\gamma} + T^\gamma \|y' - v'\|_{\infty;0}),$$

与此同时, 有

$$\mathrm{II} \leqslant C_{g,M,T} (1 + |w|_\gamma)(\|y - v\|_{\gamma;-2\gamma} + \|y - v\|_{\infty;-2\gamma} + T^\gamma \|y - v\|_{\infty;0}),$$

$$\|Dg(y)y' - Dg(v)v'\|_{\infty;0} \leqslant \|Dg(y)(y' - v')\|_{\infty;0} + \|(Dg(y) - Dg(v))v'\|_{\infty;0}$$
$$\leqslant C_g(\|y' - v'\|_{\infty;0} + \|y - v\|_{\infty;0}\|v'\|_{\infty;0})$$
$$\leqslant C_{g,M}(\|y' - v'\|_{\infty;0} + \|y - v\|_{\infty;0}),$$

且

$$\|y - v\|_{\infty;0} \lesssim T^\eta \|y - v\|_{\eta;0} + \|y_0 - v_0\|_{\mathcal{H}}.$$

结合上述估计可知

$$\|Dg(y)y' - Dg(v)v'\|_{\gamma;-2\gamma} \leqslant C_{g,M,T}(1 + |w|_\gamma)\|y - v, (y - v)'\|_{\mathcal{D}_w^{2\gamma,\eta}}.$$

对于余项有如下的恒等式

$$R_{t,s}^{g(y)} = g(y_t) - g(y_s) - Dg(y_s)S_{ts}y_s'\delta w_{t,s} + Dg(y_s)S_{ts}y_s'\delta w_{t,s} - Dg(y_s)y_s'\delta w_{t,s}$$
$$+ Dg(y_s)y_s'\delta w_{t,s} - S_{ts}Dg(y_s)y_s'\delta w_{t,s} + g(y_s) - S_{ts}g(y_s)$$
$$= g(y_t) - g(y_s) - Dg(y_s)\hat{\delta}y_{t,s} + Dg(y_s)R_{t,s}^y + Dg(y_s)(S_{ts} - Id)y_s'\delta w_{t,s}$$
$$- (S_{ts} - Id)Dg(y_s)y_s'\delta w_{t,s} - (S_{ts} - Id)g(y_s)$$
$$= g(y_t) - g(y_s) - Dg(y_s)\delta y_{t,s} + Dg(y_s)R_{t,s}^y + Dg(y_s)(S_{ts} - Id)y_s'\delta w_{t,s}$$
$$- (S_{ts} - Id)Dg(y_s)y_s'\delta w_{t,s} - (S_{ts} - Id)g(y_s) + Dg(y_s)(S_{ts} - Id)y_s,$$

那么有

$$R_{t,s}^{g(y)} - R_{t,s}^{g(v)}$$
$$= g(y_t) - g(y_s) - Dg(y_s)\delta y_{t,s} - (g(v_t) - g(v_s) - Dg(v_s)\delta v_{t,s})$$
$$+ Dg(y_s)R_{t,s}^y - Dg(v_s)R_{t,s}^v$$
$$- (S_{ts} - Id)(g(y_s) - g(v_s))$$
$$+ Dg(y_s)(S_{ts} - Id)y_s'\delta w_{t,s} - Dg(v_s)(S_{ts} - Id)v_s'\delta w_{t,s}$$
$$- (S_{ts} - Id)(Dg(y_s)y_s'\delta w_{t,s} - Dg(v_s)v_s'\delta w_{t,s})$$
$$+ Dg(y_s)(S_{ts} - Id)y_s - Dg(v_s)(S_{ts} - Id)v_s$$
$$= \text{i} + \text{ii} + \text{iii} + \text{iv} + \text{v} + \text{vi}. \tag{7.28}$$

对于 i, 使用 [38] 中的 (44) 或者使用两次 Newton-Leibniz 公式, 便有

$$\|\mathrm{i}\|_{\mathcal{L}_2(\mathcal{X},\mathcal{H}_{-2\gamma})}$$

$$\leqslant C_g \left\| \int_0^1 \int_0^1 [\tau r^2 (y_t - v_t) + (r - \tau r^2)(y_s - v_s)] d\tau dr (\delta y_{t,s} \otimes \delta y_{t,s}) \right\|_{\mathcal{H}_{-2\gamma}}$$

$$+ \left\| \int_0^1 r \int_0^1 D^2 g(\tau r v_t + (1 - \tau r) v_s) d\tau dr \left((\delta y_{t,s} \otimes \delta y_{t,s}) - (\delta v_{t,s} \otimes \delta v_{t,s}) \right) \right\|_{\mathcal{H}_{-2\gamma}}$$

$$= C_g \left\| \int_0^1 \int_0^1 [\tau r^2 (y_t - v_t) + (r - \tau r^2)(y_s - v_s)] d\tau dr (\delta y_{t,s} \otimes \delta y_{t,s}) \right\|_{\mathcal{H}_{-2\gamma}}$$

$$+ \left\| \int_0^1 r \int_0^1 D^2 g(\tau r v_t + (1 - \tau r) v_s) d\tau dr \left(\delta y_{t,s} \otimes (\delta y_{t,s} - \delta v_{t,s}) \right. \right.$$

$$\left. \left. + (\delta y_{t,s} - \delta v_{t,s}) \otimes \delta v_{t,s} \right) \right\|_{\mathcal{H}_{-2\gamma}}$$

$$\leqslant C_g \|y - v\|_{\infty;-2\gamma} \|(\hat{\delta} y_{t,s} + (S_{ts} - Id) y_s) \otimes (\hat{\delta} y_{t,s} + (S_{ts} - Id) y_s)\|_{\mathcal{H}_{-2\gamma}}$$

$$+ C_g (\|\hat{\delta} y_{t,s} + (S_{ts} - Id) y_s\| + \|\hat{\delta} v_{t,s} + (S_{ts} - Id) v_s\|_{\mathcal{H}_{-2\gamma}}) \cdot \|\hat{\delta}(y - v)_{t,s}$$

$$+ (S_{ts} - Id)(y - v)_s\|_{\mathcal{H}_{-2\gamma}}$$

$$\leqslant C_g \|y - v\|_{\infty;-2\gamma} (\|y\|_{\gamma;-2\gamma} |t - s|^\gamma + \|y\|_{\infty;0} |t - s|^{2\gamma})^2$$

$$+ C_g (\|y\|_{\gamma;-2\gamma} |t - s|^\gamma + \|y\|_{\infty;0} |t - s|^{2\gamma} + \|v\|_{\gamma;-2\gamma} |t - s|^\gamma$$

$$+ \|v\|_{\infty;0} |t - s|^{2\gamma}) \cdot (\|y - v\|_{\gamma;-2\gamma} |t - s|^\gamma + \|y - v\|_{\infty;0} |t - s|^{2\gamma}).$$

对于 ii, 有

$$\|\mathrm{ii}\|_{\mathcal{L}_2(\mathcal{X},\mathcal{H}_{-2\gamma})}$$

$$= \|Dg(y_s) R_{t,s}^y - Dg(y_s) R_{t,s}^v + Dg(y_s) R_{t,s}^v - Dg(v_s) R_{t,s}^v\|_{\mathcal{L}_2(\mathcal{X},\mathcal{H}_{-2\gamma})}$$

$$\leqslant \|Dg(y_s)(R_{t,s}^y - R_{t,s}^v)\|_{\mathcal{L}_2(\mathcal{X},\mathcal{H}_{-2\gamma})} + \|(Dg(y_s) - Dg(v_s)) R_{t,s}^v\|_{\mathcal{L}_2(\mathcal{X},\mathcal{H}_{-2\gamma})}$$

$$\leqslant C_g |R^y - R^v|_{2\gamma;-2\gamma} |t - s|^{2\gamma} + C_g \|y - v\|_{\infty;-2\gamma} |R^v|_{2\gamma;-2\gamma} |t - s|^{2\gamma}.$$

对于 iii, 很容易得到

$$\|\mathrm{iii}\|_{\mathcal{L}_2(\mathcal{X},\mathcal{H}_{-2\gamma})} \leqslant C_g \|y - v\|_{\infty;0} |t - s|^{2\gamma}.$$

对于 iv, 有

$$\|\mathrm{iv}\|_{\mathcal{L}_2(\mathcal{X},\mathcal{H}_{-2\gamma})} \leqslant \|(Dg(y_s) - Dg(v_s))(S_{ts} - Id) y_s' \delta w_{t,s}\|_{\mathcal{L}_2(\mathcal{X},\mathcal{H}_{-2\gamma})}$$

$$+ \|Dg(v_s)(S_{ts} - Id)(y_s' - v_s') \delta w_{t,s}\|_{\mathcal{L}_2(\mathcal{X},\mathcal{H}_{-2\gamma})}$$

$$\leqslant C_g \|y - v\|_{\infty;-2\gamma} \|y'\|_{\infty;0} |w|_\gamma |t - s|^{3\gamma} + C_g \|y' - v'\|_{\infty;0} |w|_\gamma |t - s|^{3\gamma}.$$

对于 v 和 vi, 与 iv 类似, 可以得到

$$\|v\|_{\mathcal{L}_2(\mathcal{X},\mathcal{H}_{-2\gamma})} \leqslant C_{g,M}|w|_\gamma(\|y-v\|_{\infty;0} + \|y'-v'\|_{\infty;0})|t-s|^{3\gamma},$$

$$\|vi\|_{\mathcal{L}_2(\mathcal{X},\mathcal{H}_{-2\gamma})} \leqslant C_{g,M}(\|y-v\|_{\infty;0} + \|y-v\|_{\infty;-2\gamma})|t-s|^{2\gamma}.$$

结合先前的估计, 得到

$$|R^{g(y)} - R^{g(v)}|_{2\gamma;-2\gamma} \leqslant C_{g,M,T}(1+|w|_\gamma)^2\|y-v,(y-v)'\|_{\mathcal{D}_w^{2\gamma,\eta}}.$$

最后, 根据上述估计和空间 $\mathcal{D}_{S,W}^{2\gamma,2\gamma,0}([0,T],\mathcal{H})$ 范数的定义, 便可获得想要的估计.

此外, 由 (7.26) 和引理 7.11, 可以导出下面的结果:

> **引理 7.13**
>
> 设 $T > 0$, $g \in \mathcal{C}_{-2\gamma,0}^3(\mathcal{H}, \mathcal{L}_2(\mathcal{X},\mathcal{H}))$, (y,y') 和 $(v,v') \in \mathcal{D}_w^{2\gamma,\eta}([0,T],\mathcal{H})$, $\mathbf{w} \in \mathscr{C}^\gamma([0,T],\mathcal{X})$, $\gamma \in \left(\dfrac{1}{3},\dfrac{1}{2}\right]$. 若 $|w|_\gamma, |w^2|_{2\gamma}, \|y,y'\|_{\mathcal{D}_w^{2\gamma,\eta}}$ 和 $\|v,v'\|_{\mathcal{D}_w^{2\gamma,\eta}} \leqslant M$, 那么便有
>
> $$\left\|\int_0^\cdot S_{\cdot u}(g(y_u)-g(y_u))d\mathbf{w}_u, g(y_u)-g(y_u)\right\|_{\mathcal{D}_w^{2\gamma,\eta}}$$
> $$\leqslant C_{g,M,T}(1+|w|_\gamma+|w^2|_{2\gamma})(1+|w|_\gamma)^2\|y-v,(y-v)'\|_{\mathcal{D}_w^{2\gamma,\eta}}. \qquad (7.29)$$
>
> 常数 $C_{g,M,T}$ 依赖于 M, g 及其导数, 它也依赖于时间 T, 但是对于 $T \in (0,1]$ 是一致的.　　　　　　　　　　　　　　　　　　　　　　　　　　　　　　　　♡

此外, 仍然需要估计方程 (7.20) 的温和解中包含初值以及漂移项的部分在空间 $\mathcal{D}_w^{2\gamma,\eta}([0,T],\mathcal{H})$ 中的范数估计.

> **引理 7.14**
>
> 设 $T > 0$, $\xi \in \mathcal{H}$, $f \in \mathcal{C}_{-2\gamma,0}(\mathcal{H},\mathcal{H})$ 为全局 Lipschitz 连续函数, 并且 $(y,y') \in \mathcal{D}_w^{2\gamma,\eta}([0,T],\mathcal{H})$, 那么温和的 Gubinelli 导数
>
> $$\left(S_\cdot\xi + \int_0^\cdot S_{\cdot u}f(y_u)du\right)' = 0, \qquad (7.30)$$
>
> 此外有如下估计成立
>
> $$\left\|S_\cdot\xi + \int_0^\cdot S_{\cdot u}f(y_u)du, 0\right\|_{\mathcal{D}_w^{2\gamma,\eta}} \leqslant C_{\gamma,T}(\|\xi\| + \|f(y)\|_{\infty;-2\gamma} + \|f(y)\|_{\infty;0}).$$
> $$\qquad (7.31)$$

最后, 对于以 $y_0 = \xi$ 和 $v_0 = \tilde{\xi}$ 为初值的两个温和受控粗糙路径 (y, y') 和 (v, v'), 有

$$\left\| S_{\cdot}(\xi - \tilde{\xi}) + \int_0^{\cdot} S_{\cdot u}(f(y_u) - f(v_u))du, 0 \right\|_{\mathcal{D}_w^{2\gamma,\eta}}$$

$$\leqslant C_{\gamma,T}(\|\xi - \tilde{\xi}\| + \|f(y) - f(v)\|_{\infty;-2\gamma} + \|f(y) - f(v)\|_{\infty;0}). \quad (7.32)$$

证明 与之前类似, 不妨假设 $0 < T \leqslant 1$. 由于

$$\|S_t\xi - S_{ts}S_s\xi\|_{\mathcal{H}_{-2\gamma}} = 0,$$

$$\|S_t\xi - S_{ts}S_s\xi\|_{\mathcal{H}} = 0,$$

$$\|S_0\xi\|_{\mathcal{H}} \lesssim \|\xi\|_{\mathcal{H}},$$

因此便有

$$(S_{\cdot}\xi)' = 0,$$

$$|R^{S_{\cdot}\xi}|_{2\gamma;-2\gamma} = 0,$$

$$\|S_{\cdot}\xi, 0\|_{\mathcal{D}_w^{2\gamma,\eta}} \leqslant C\|\xi\|. \quad (7.33)$$

与此同时, 鉴于

$$\left\| \int_0^t S_{tu}f(y_u)du - S_{ts}\int_0^s S_{su}f(y_u)du \right\|_{\mathcal{H}_{-2\gamma}}$$

$$= \left\| \int_s^t S_{tu}f(y_u)du \right\|_{\mathcal{H}_{-2\gamma}}$$

$$\leqslant C\int_s^t \|f(y_u)\|_{\mathcal{H}_{-2\gamma}}du$$

$$= C\|f(y)\|_{\infty;-2\gamma}(t-s),$$

$$\left\| \int_0^0 S_{0u}f(y_u)du \right\|_{\mathcal{H}} = 0,$$

$$\left\| \int_s^t S_{tu}f(y_u)du \right\|_{\mathcal{H}} \leqslant C\int_s^t \|f(y_u)\|_{\mathcal{H}}du \leqslant C(t-s)\|f(y)\|_{\infty;0},$$

那么可以得到

$$\left(\int_0^t S_{tu}f(y_u)du \right)' = 0,$$

$$\left\|\int_0^\cdot S_{\cdot u}f(y_u)du\right\|_{\eta;0} \leqslant C\|f(y)\|_{\infty;0}|t-s|^{1-\eta},$$

$$|R^{\int_0^\cdot S_{\cdot u}f(y_u)du}|_{2\gamma;-2\gamma} \leqslant \|f(y)\|_{\infty;-2\gamma}(t-s)^{1-2\gamma},$$

$$\left\|\int_0^\cdot S_{\cdot u}f(y_u)du,0\right\|_{\mathcal{D}_w^{2\gamma,\eta}} \leqslant C_\gamma(T^{1-2\gamma}\|f(y)\|_{\infty;-2\gamma}+T^{1-\eta}\|f(y)\|_{\infty;0}). \quad (7.34)$$

那么便证得 (7.31), 基于 f 的全局 Lipschitz 性, 很容易证得 (7.32).

在 $\mathcal{D}_w^{2\gamma,\eta}([0,T],\mathcal{H})$ 中, 基于先前的一些基本结果, 类似于第 6 章中的定理 6.5, 可以通过不动点方法建立方程 (7.20) 的局部解, 那么便略去其证明.

定理 7.5

设 $T>0$, 给定 $\xi\in\mathcal{H}$ 以及 $\mathbf{w}=(w,w^2)\in\mathscr{C}^\gamma([0,T],\mathcal{X})$, $\gamma\in\left(\dfrac{1}{3},\dfrac{1}{2}\right]$. 那么便存在 $0<T_0\leqslant T$ 使得粗糙发展方程 (7.20) 有唯一局部解 $(y,y')\in\mathcal{D}_w^{2\gamma,\eta}([0,T_0],\mathcal{H})$, 且对于 $0\leqslant t\leqslant T_0$, $y'=g(y)$,

$$y_t=S_t\xi+\int_0^t S_{tu}f(y_u)du+\int_0^t S_{tu}g(y_u)d\mathbf{w}_u. \quad (7.35)$$

方程 (7.20) 的全局解对于能否生成随机动力系统是至关重要的. 接下来, 聚焦于其全局解.

推论 7.2

设 $(y,g(y))\in\mathcal{D}_w^{2\gamma,\eta}([0,T],\mathcal{H})$, $0<T\leqslant 1$ 为方程 (7.20) 以 $y_0=\xi\in\mathcal{H}$ 为初值的解. 那么有如下估计

$$\|y,g(y)\|_{\mathcal{D}_w^{2\gamma,\eta}}\lesssim 1+\|\xi\|+T^{\gamma-\eta}\|y,g(y)\|_{\mathcal{D}_w^{2\gamma,\eta}}. \quad (7.36)$$

证明　由于 $(y,g(y))$ 是方程 (7.20) 的温和解, 那么便有

$$\|y,g(y)\|_{\mathcal{D}_w^{2\gamma,\eta}}\leqslant \|S.\xi,0\|_{\mathcal{D}_w^{2\gamma,\eta}}+\left\|\int_0^\cdot S_{\cdot u}f(y_u)du,0\right\|_{\mathcal{D}_w^{2\gamma,\eta}}$$
$$+\left\|\int_0^\cdot S_{\cdot u}g(y_u)d\mathbf{w}_u,g(y)\right\|_{\mathcal{D}_w^{2\gamma,\eta}}.$$

鉴于 (7.23), (7.25), (7.33) 和 (7.34) 以及当 $\theta\geqslant-2\gamma$ 时函数 g 具有有界导数, 并

令 $\|g(0)\|_{\mathcal{L}_2(\mathcal{X},\mathcal{H}_\theta)} =: C_0$, 那么有

$$
\begin{aligned}
\|y, g(y)\|_{\mathcal{D}_w^{2\gamma,\eta}} &\lesssim 1 + \|\xi\| + T^{1-2\gamma}(1 + \|y\|_{\infty;-2\gamma} + \|y\|_{\infty;0}) \\
&\quad + T^{2\gamma-\eta}\|(g(y))'\|_{\infty;0} + T^{\gamma-\eta}\|g(y), (g(y))'\|_{w,2\gamma;-2\gamma} \\
&\lesssim 1 + \|\xi\| + T^{2\gamma-\eta}(1 + \|y\|_{\infty;-2\gamma} + \|y\|_{\infty;0} + \|g(y)\|_{\infty;0}) \\
&\quad + T^{\gamma-\eta}(1 + \|y, g(y)\|_{\mathcal{D}_w^{2\gamma,\eta}}) \\
&\lesssim 1 + \|\xi\| + T^{\gamma-\eta}\|y, g(y)\|_{\mathcal{D}_w^{2\gamma,\eta}}.
\end{aligned}
$$

因此, 完成推论证明.

类似于 [18] 中的引理 5.8 的讨论, 使用 (7.36), 可以获得解的先验估计, 其对于全局解的建立至关重要.

> **引理 7.15**
>
> 设 $T > 0$, $(y, g(y)) \in \mathcal{D}_w^{2\gamma,\eta}([0,T], \mathcal{H})$ 是方程(7.20)的解, 其中初值 $y_0 = \xi \in \mathcal{H}$ 且满足 $\|\xi\| \leqslant \rho$. 另外设 $\tilde{r} = 1 \vee \rho$, 那么便存在常数 M 使得
>
> $$\|y\|_{\infty;0;[0,T]} \leqslant M\tilde{r}e^{MT}.$$
> ♡

证明 对于任意的 $\bar{T} \in (0, T]$, $(y, g(y))$ 限制在 $[0, \bar{T}]$ 上也是方程 (7.20) 的解. 那么由 (7.36) 知, 对于 $0 < \bar{T} \leqslant 1$, 存在常数 $C \geqslant 1$ 使得

$$
\|y, g(y)\|_{\mathcal{D}_{w,[0,\bar{T}]}^{2\gamma,\eta}} \leqslant C(2\tilde{r} + \bar{T}^{\gamma-\eta}\|y, g(y)\|_{\mathcal{D}_{w,[0,\bar{T}]}^{2\gamma,\eta}}).
$$

因此可以选择 $0 < \tilde{T} \leqslant \bar{T}$ 充分小且满足 $C\tilde{T}^{\gamma-\eta} \leqslant \frac{1}{2}$, 那么便有估计

$$
\|y\|_{\infty;0;[0,\tilde{T}]} \leqslant \|y, g(y)\|_{\mathcal{D}_{w,[0,\tilde{T}]}^{2\gamma,\eta}} \leqslant 4C\tilde{r}.
$$

值得注意的是 $\tilde{T}$ 选取与 $\tilde{r}$ 和 T 无关.

若 $CT^{\gamma-\eta} \leqslant \frac{1}{2}$, 可以选取 $M \geqslant 4C$ 使得引理成立. 若不然, 选择 $N \in \mathbb{N}$ 使得 $\frac{1}{4} \leqslant C\left(\frac{T}{N}\right)^{\gamma-\eta} \leqslant \frac{1}{2}$. 那么

$$
\|y\|_{\infty;0;[0,\frac{T}{N}]} \leqslant 4C\tilde{r}.
$$

再次重复上述讨论过程, 对于 $k \in \{0, \cdots, N-1\}$,

$$
\|y\|_{\infty;0;[\frac{k}{N}T, \frac{k+1}{N}T]} \leqslant (4C)^{k+1}\tilde{r}.
$$

因此,

$$\|y\|_{\infty;0;[0,T]} \leqslant \max_{k\in\{0,\cdots,N-1\}} \|y\|_{\infty;0;[\frac{k}{N}T,\frac{k+1}{N}T]} \leqslant (4C)^N \tilde{r}.$$

最后, 鉴于 $\frac{1}{4} \leqslant C\left(\dfrac{T}{N}\right)^{\gamma-\eta}$, 知 $N \leqslant (4C)^{\frac{1}{\gamma-\eta}}T$, 因此可以选择合适的 M, 从而完成证明.

引理 7.15 保证了方程 (7.20) 在任何有限时间内都不会爆破. 因此, 在 $\mathcal{D}_w^{2\gamma,\eta}([0,T],\mathcal{H})$ 空间中, 基于先前的结果, 局部解可以通过拼接手段延拓成为全局解, 读者在 [18] 中的定理 5.10 和 [19] 中的定理 3.9 能发现其证明, 为了读者方便给出其证明.

定理 7.6

粗糙发展方程 (7.20) 有唯一的全局解 $(y,y') \in \mathcal{D}_w^{2\gamma,\eta}([0,T],\mathcal{H})$, 且

$$(y,y') = \left(S.\xi + \int_0 S._u f(y_u)du + \int_0 S._u g(y_u)d\mathbf{w}_u, g(y) \right). \tag{7.37}$$

$\heartsuit$

证明　对于初值 $y_0 = \xi \in \mathcal{H}$ 且 $\|\xi\| \leqslant \rho$, 记 $\tilde{r} = 1 \vee \rho$. 那么由引理 7.15 知

$$\|y\|_{\infty;0;[0,T]} \leqslant M\tilde{r}e^{MT} =: \hat{r}.$$

那么这意味着对于所有的 $t \leqslant T$, 有 $\|y_t\|_{\mathcal{H}} \leqslant \hat{r}$. 对于 $\|\xi\| \leqslant \hat{r}$, 使用定理 7.5, 那么存在 T_0, 在 $[0,T_0]$ 上有唯一局部解, 其中 $T_0 = T_0(\hat{r})$. 选择 T_0 充分小, 并且令 $N := \dfrac{T}{T_0} \in \mathbb{N}, N \geqslant 2$.

由于 $\|y_{\frac{T}{N}}\| \leqslant \hat{r}$, 在时间区间 $\left[0,\dfrac{T}{N}\right]$ 上方程 (7.20) 有唯一局部解. 接下来, 以 $y_{\frac{T}{N}}$ 为初值, 在时间区间 $\left[\dfrac{T}{N},\dfrac{2T}{N}\right]$ 上方程 (7.20) 有唯一局部解. 拼接这两个区间上的局部解, 便获得时间区间 $\left[0,2\dfrac{T}{N}\right]$ 以 y_0 为初值的解. 重复这一过程, 便可建立 $[0,T]$ 上的全局解.

7.2.2　随机动力系统

对于本节的研究的随机系统来说, 度量动力系统的构建依赖于移位子映射 Θ. 也就是说对于 γ-Hölder 粗糙路径 $\mathbf{w} = (w,w^2)$ 和 $t,\tau \in \mathbb{R}$, 时间移位子 $\Theta_\tau \mathbf{w} = (\theta_\tau w, \tilde{\theta}_\tau w^2)$ 可表示为

$$\theta_\tau w_t := w_{t+\tau} - w_\tau,$$

$$\tilde{\theta}_\tau w_{t,s}^2 := w_{t+\tau,s+\tau}^2.$$

注意到 $\delta(\theta_\tau w)_{t,s} = w_{t+\tau} - w_{s+\tau}$. 此外, 当所考虑的粗糙路径为一个粗糙路径余圈时, (7.20) 的全局解能够生成一个随机动力系统.

引理 7.16

设 $\mathbf{w}$ 是一个粗糙路径余圈, 那么解算子

$$t \mapsto \varphi(t, w, \xi) = y_t = S_t\xi + \int_0^t S_{tu}f(y_u)du + \int_0^t S_{tu}g(y_u)d\mathbf{w}_u, \quad \forall t \in [0, \infty)$$

是粗糙发展方程 (7.20) 的解在度量动力系统 $(\Omega_w, \mathcal{F}_w, \mathbb{P}, (\theta_t)_{t\in\mathbb{R}})$ 上生成的一个随机动力系统, 其中 $(\Omega_w, \mathcal{F}_w, \mathbb{P}, (\theta_t)_{t\in\mathbb{R}})$ 是粗糙路径 $\mathbf{w}$ 所对应的度量动力系统. ♡

证明 其证明类似于 [59] 或引理 5.12. 证明的困难在于验证解算子的余圈性质. 因此, 仅验证其余圈性质. 首先, 很容易验证事实: 若 $(y, y') \in \mathcal{D}_w^{2\gamma,\eta}([T_1 + \tau, T_2 + \tau], \mathcal{H})$, 那么 $(y_{\cdot+\tau}, y'_{\cdot+\tau}) \in \mathcal{D}_{\theta_\tau w}^{2\gamma,\eta}([T_1, T_2], \mathcal{H})$, 其中 $T_1, T_2 \in \mathbb{R}$ 且 $T_1 < T_2$. $y_{\cdot+\tau}$ 和 $y'_{\cdot+\tau}$ 的 γ-Hölder 连续性是显然的. 对于余项有

$$\|R_{t,s}^{y_{\cdot+\tau}}\|_{\mathcal{H}_{-2\gamma}} = \|\hat{\delta}y_{t+\tau,s+\tau} - S_{ts}y'_{s+\tau}\delta w_{t+\tau,s+\tau}\|_{\mathcal{H}_{-2\gamma}}$$

$$= \|\hat{\delta}y_{t+\tau,s+\tau} - S_{(t+\tau)-(s+\tau)}y'_{s+\tau}\delta w_{t+\tau,s+\tau}\|_{\mathcal{H}_{-2\gamma}}$$

$$= \|R_{t+\tau,s+\tau}^y\|_{\mathcal{H}_{-2\gamma}} \leqslant |R^y|_{2\gamma;-2\gamma}|t-s|^{2\gamma}.$$

接下来, 将要说明粗糙积分的移位性. 设 $\mathcal{P}$ 是区间 $[\tau, t+\tau]$ 的划分, 那么有

$$\int_\tau^{t+\tau} S_{t+\tau-u}g(y_u)d\mathbf{w}_u$$

$$= \lim_{|\mathcal{P}|\to 0} \sum_{[u,v]\in\mathcal{P}} \left(S_{t+\tau-u}g(y_u)\delta w_{v,u} + S_{t+\tau-u}Dg(y_u)y_u'w_{v,u}^2\right)$$

$$= \lim_{|\mathcal{P}'|\to 0} \sum_{[u',v']\in\mathcal{P}'} \left(S_{t-u'}g(y_{u'+\tau})\delta w_{v'+\tau,u'+\tau} + S_{t-u'}Dg(y_{u'+\tau})y_{u'+\tau}'w_{v'+\tau,u'+\tau}^2\right)$$

$$= \lim_{|\mathcal{P}'|\to 0} \sum_{[u',v']\in\mathcal{P}'} \left(S_{t-u'}g(y_{u'+\tau})\delta(\theta_\tau w)_{v',u'} + S_{t-u'}Dg(y_{u'+\tau})y_{u'+\tau}'\tilde{\theta}_\tau w_{v',u'}^2\right)$$

$$= \int_0^t S_{t-u'}g(y_{u'+\tau})d\Theta_\tau\mathbf{w}_{u'}, \tag{7.38}$$

上式中 $\mathcal{P}'$ 为区间 $[0, t]$ 的划分, 它的具体定义为 $\mathcal{P}' := \{[s - \tau, t - \tau] : [s, t] \in \mathcal{P}\}$. 那么便有

$$
\begin{aligned}
y_{t+\tau} &= S_{t+\tau}\xi + \int_0^{t+\tau} S_{t+\tau-u}f(y_u)du + \int_0^{t+\tau} S_{t+\tau-u}g(y_u)d\mathbf{w}_u \\
&= S_t S_\tau \xi + \int_0^\tau S_{t+\tau-u}f(y_u)du + \int_\tau^{t+\tau} S_{t+\tau-u}f(y_u)du \\
&\quad + \int_0^\tau S_{t+\tau-u}g(y_u)d\mathbf{w}_u + \int_\tau^{t+\tau} S_{t+\tau-u}g(y_u)d\mathbf{w}_u \\
&= S_t\left(S_\tau \xi + \int_0^\tau S_{\tau-u}f(y_u)du + \int_0^\tau S_{\tau-u}g(y_u)d\mathbf{w}_u\right) \\
&\quad + \int_0^t S_{t-u}f(y_{u+\tau})du + \int_0^t S_{t-u}g(y_{u+\tau})d\Theta_\tau \mathbf{w}_u \\
&= S_t y_\tau + \int_0^t S_{t-u}f(y_{u+\tau})du + \int_0^t S_{t-u}g(y_{u+\tau})d\Theta_\tau \mathbf{w}_u,
\end{aligned}
$$

由解的唯一性, 故而完成证明.

7.2.3   粗糙发展方程的局部不稳定流形

本小节的目的是 7.2.2 小节的结果上建立方程 (7.20) 的局部不稳定流形. 和 [28] 中的假设一样, 假设线性算子 A 的谱 $\sigma(A)$ 仅由可列个特征值组成且 $\lambda_1 > \lambda_2 > \cdots > \lambda_n > \lambda_{n+1} > \cdots$, $\lim_{n \to \infty} \lambda_n = -\infty$, 特别地, 所有的特征值都是实的且 A 是双曲的, 即 0 不是特征值. 其谱有如下分解:

$$
\sigma(A) = \{\lambda_k, k \in \mathbb{N}\} = \sigma_u \cup \sigma_s, \tag{7.39}
$$

其中 σ_u 是由大于零的特征值组成的集合, σ_s 是由小于零特征值组成的集合, 即存在 $N > 0$ 使得 $\sigma_u = \{\lambda_k, \cdots, \lambda_N\}$, $\sigma_s = \sigma(A) \backslash \sigma_u$. 进一步地, 记 $\{\lambda_k, k \in \mathbb{N}\}$ 对应的特征向量为 $\{e_1, \cdots, e_N, e_{N+1}, \cdots\}$. 此外, 假设特征向量组成空间 $\mathcal{H}$ 的一组正交基. 因此存在空间 $\mathcal{H}$ 的不变正交分解 $\mathcal{H} = \mathcal{H}_u \oplus \mathcal{H}_s$ 且 $\dim \mathcal{H}_u = N$, 使得算子 A 有限制 $A_u = A|_{\mathcal{H}_u}$, $A_s = A|_{\mathcal{H}_s}$, 并且 $\sigma_u = \{z \in \sigma(A_u)\}$ 和 $\sigma_s = \{z \in \sigma(A_s)\}$. 此外, $e^{A_u t}$ 是线性算子在 $\mathcal{H}_u$ 上的群, 并且存在投影算子 π^u 和 π^s, 使得 $\pi^u + \pi^s = Id_{\mathcal{H}}$, $A_u = \pi^u A$ 以及 $A_s = \pi^s A$. 最后, 假设投影算子 π^u 和 π^s 与算子 A 可以交换顺序, 并且, 假设存在常数 $0 \leqslant \beta < \alpha$ 使得

$$
\|e^{tA_u}x\| \leqslant e^{\alpha t}\|x\|, \quad t \leqslant 0, \tag{7.40}
$$

$$
\|e^{tA_s}x\| \leqslant e^{-\beta t}\|x\|, \quad t \geqslant 0. \tag{7.41}
$$

定义 7.5

称随机集 $\mathcal{M}^u(w)$ 是关于 φ 的不稳定流形, 若它是关于 φ 不变的 (即对于 $t \in \mathbb{R}$ 以及 $w \in \Omega_w$, $\varphi(t, w, \mathcal{M}^u(w)) \subset \mathcal{M}^u(\theta_t w)$). 并且能被表示为

$$\mathcal{M}^u(w) = \{\xi + h^u(\xi, w) : \xi \in \mathcal{H}^u\}, \tag{7.42}$$

其中 $h^u(\xi, w) : \mathcal{H}^u \to \mathcal{H}^s$, 并且当 h^u 关于变量 ξ 是 Lipschitz 连续的 $(\mathcal{C}^k)$, 称 $\mathcal{M}(w)$ 为 Lipschitz$(\mathcal{C}^k)$ 不稳定流形.

♣

接下来将要证明粗糙发展方程 (7.20) 的局部的 Lipschitz 不稳定流形 $\mathcal{M}^u_{\mathrm{loc}}(w)$ 的存在性, 即 (7.42) 式只有当初值 ξ 属于 $\mathcal{H}^u$ 中具有缓增半径的随机球才成立. 此外, 映射 h^u 关于初值 ξ 是 Lipschitz 连续的.

7.2.3.1　截断技巧

接下来, 将导出方程 (7.20) 的截断版本的全局不稳定流形, 为了能够使用 Lyapunov-Perron 方法来建立局部不变流形, 本小节将会对 f 和 g 使用合适的截断使得它们的 Lipschitz 常数充分小. 类似于 [38] 和 [59] 中的做法, 截断温和受控粗糙路径 (y, y') 的范数. 同时, 出于 Lyapunov-Perron 方法和粗糙积分的技巧的限制, 本小节将时间区间固定为 $[0, 1]$.

此外, 对漂移项与扩散项系数施加一定的假设条件:

- $f \in \mathcal{C}^1_{-2\gamma,0}(\mathcal{H}, \mathcal{H})$ 是 Lipschitz 连续的且 $f(0) = Df(0) = 0$;
- $g \in \mathcal{C}^3_{-2\gamma,0}(\mathcal{H}, \mathcal{L}_2(\mathcal{X}, \mathcal{H}))$ 且 $g(0) = Dg(0) = D^2g(0) = 0$,

上述假设条件可以保证 $(0, 0)$ 是方程 (7.20) 的平稳解.

设 $\chi : \mathcal{D}^{2\gamma,\eta}_w([0, 1], \mathcal{H}) \to \mathcal{D}^{2\gamma,\eta}_w([0, 1], \mathcal{H})$ 是一个 Lipschitz 连续的截断函数:

$$\chi(y) := \begin{cases} y, & \|y, y'\|_{\mathcal{D}^{2\gamma,\eta}_w} \leqslant \dfrac{1}{2}, \\[2mm] 0, & \|y, y'\|_{\mathcal{D}^{2\gamma,\eta}_w} \geqslant 1. \end{cases}$$

取 $\varphi : \mathbb{R}^+ \to [0, 1]$ 是 $\mathcal{C}^3_b$ Lipschitz 截断函数, 那么 $\chi(y)$ 可以有如下的表示式

$$\chi(y) = y\varphi(\|y, y'\|_{\mathcal{D}^{2\gamma,\eta}_w}).$$

现在开始, 假设 χ 是通过函数 φ 来构建的. 根据定义 7.3, 那么有

$$(\chi(y))' = y'\varphi(\|y, y'\|_{\mathcal{D}^{2\gamma,\eta}_w}),$$

这种截断方式表明

$$
(\chi(y),(\chi(y))') := \begin{cases} (y,y'), & \|y,y'\|_{\mathcal{D}_w^{2\gamma,\eta}} \leqslant \dfrac{1}{2}, \\ 0, & \|y,y'\|_{\mathcal{D}_w^{2\gamma,\eta}} \geqslant 1. \end{cases}
$$

对于一个给定的正实数 R, 定义

$$
\chi_R(y) = R\chi(y/R),
$$

这意味着

$$
\chi_R(y) := \begin{cases} y, & \|y,y'\|_{\mathcal{D}_w^{2\gamma,\eta}} \leqslant \dfrac{R}{2}, \\ 0, & \|y,y'\|_{\mathcal{D}_w^{2\gamma,\eta}} \geqslant R, \end{cases}
$$

那么

$$
(\chi_R(y),\chi_R'(y)) := \begin{cases} (y,y'), & \|y,y'\|_{\mathcal{D}_w^{2\gamma,\eta}} \leqslant \dfrac{R}{2}, \\ 0, & \|y,y'\|_{\mathcal{D}_w^{2\gamma,\eta}} \geqslant R. \end{cases}
$$

对于给定的温和受控粗糙路径 $(y,y') \in \mathcal{D}_w^{2\gamma,\eta}([0,1],\mathcal{H})$, 对漂移项和扩散项系数进行截断, 即

$$
f_R(y_t) := f \circ \chi_R(y_t), \quad g_R(y_t) := g \circ \chi_R(y_t).
$$

基于引理 7.10, 那么 $g_R(y)$ 的 Gubinelli 导数为

$$
(g_R(y))' = Dg(\chi_R(y))\chi_R'(y) = Dg(y\varphi(\|y,y'\|_{\mathcal{D}_w^{2\gamma,\eta}}/R))y'\varphi(\|y,y'\|_{\mathcal{D}_w^{2\gamma,\eta}}/R).
$$

显然地, 若 $\|y,y'\|_{\mathcal{D}_w^{2\gamma,\eta}} \leqslant R/2$, 那么 $f_R(y) = f(y)$, $g_R(y) = g(y)$.

　　下面, 将讨论 f_R 和 g_R 的 Lipschitz 连续性, 且它们的 Lipschitz 常数关于 R 是严格递增的.

引理 7.17

设 (y,y') 和 $(v,v') \in \mathcal{D}_w^{2\gamma,\eta}([0,1],\mathcal{H})$, 那么便存在常数 $C = C_{f,\chi,|w|_\gamma}$ 使得

$$
\|f_R(y)-f_R(v)\|_{\infty,0}+\|f_R(y)-f_R(v)\|_{\infty,-2\gamma} \leqslant CR\|y-v,y'-v'\|_{\mathcal{D}_w^{2\gamma,\eta}}. \tag{7.43}
$$

证明　首先, 有

$$
\sup_{t\in[0,1]} \|f_R(y_t)-f_R(v_t)\|_{\mathcal{H}_{-2\gamma}} = \sup_{t\in[0,1]} \|f(\chi_R(y_t))-f(\chi_R(v_t))\|_{\mathcal{H}_{-2\gamma}}.
$$

因为 $f \in \mathcal{C}^1_{-2\gamma,0}(\mathcal{H},\mathcal{H})$ 是全局 Lipschitz 连续且 $Df(0) = 0$, 那么

$$\|f(\chi_R(y_t)) - f(\chi_R(v_t))\|_{\mathcal{H}_{-2\gamma}}$$

$$\leqslant \int_0^1 \|Df(r\chi_R(y_t) + (1-r)\chi_R(v_t))\|_{\mathcal{L}(\mathcal{H}_{-2\gamma},\mathcal{H}_{-2\gamma})} dr \|\chi_R(y_t) - \chi_R(v_t)\|_{\mathcal{H}_{-2\gamma}}$$

$$\leqslant C_f \max\{\|\chi_R(y_t)\|_{\mathcal{H}_{-2\gamma}}, \|\chi_R(v_t)\|_{\mathcal{H}_{-2\gamma}}\} \|\chi_R(y_t) - \chi_R(v_t)\|_{\mathcal{H}_{-2\gamma}}.$$

其次, 由于

$$\|y\|_{\infty;-2\gamma} \leqslant \|y_0\|_{\mathcal{H}_{-2\gamma}} + \|y\|_{\gamma;-2\gamma} \leqslant C(\|y_0\|_{\mathcal{H}} + \|y\|_{\gamma;-2\gamma})$$

以及

$$\|y\|_{\gamma;-2\gamma} \leqslant (1 + |w|_\gamma)(\|y_0'\|_{\mathcal{L}(\mathcal{X},\mathcal{H}_{-2\gamma})} + \|y,y'\|_{w,2\gamma;-2\gamma})$$

$$\leqslant (1 + |w|_\gamma)\|y,y'\|_{\mathcal{D}_w^{2\gamma,\eta}},$$

因此, 便得到

$$\|y\|_{\infty;-2\gamma} \leqslant \|y_0\|_{\mathcal{H}} + C(1 + |w|_\gamma)(\|y_0'\|_{\mathcal{L}(\mathcal{X},\mathcal{H}_{-2\gamma})} + \|y,y'\|_{w,2\gamma;-2\gamma})$$

$$\leqslant C(1 + |w|_\gamma)(\|y_0\|_{\mathcal{H}} + \|y_0'\|_{\mathcal{L}(\mathcal{X},\mathcal{H}_{-2\gamma})} + \|y,y'\|_{w,2\gamma;-2\gamma})$$

$$\leqslant C(1 + |w|_\gamma)\|y,y'\|_{\mathcal{D}_w^{2\gamma,\eta}}.$$

此外,

$$\|\chi_R(y)\|_{\infty;-2\gamma} = \|y\varphi(\|y,y'\|_{\mathcal{D}_w^{2\gamma,\eta}}/R)\|_{\infty;-2\gamma} = \|y\|_{\infty;-2\gamma}\varphi(\|y,y'\|_{\mathcal{D}_w^{2\gamma,\eta}}/R)$$

$$\leqslant C(1 + |w|_\gamma)\|y,y'\|_{\mathcal{D}_w^{2\gamma,\eta}} \leqslant C_{|w|_\gamma}R, \tag{7.44}$$

鉴于 $\varphi : \mathbb{R}^+ \to [0,1]$ 是 $\mathcal{C}_b^3$ 的, 那么有

$$\|\chi_R(y_t) - \chi_R(v_t)\|_{\mathcal{H}_{-2\gamma}} = \|y_t\varphi(\|y,y'\|_{\mathcal{D}_w^{2\gamma,\eta}}/R) - v_t\varphi(\|v,v'\|_{\mathcal{D}_w^{2\gamma,\eta}}/R)\|_{\mathcal{H}_{-2\gamma}}$$

$$\leqslant \|(y_t - v_t)\varphi(\|y,y'\|_{\mathcal{D}_w^{2\gamma,\eta}}/R)\|_{\mathcal{H}_{-2\gamma}}$$

$$+ \|v_t(\varphi(\|y,y'\|_{\mathcal{D}_w^{2\gamma,\eta}}/R) - \varphi(\|v,v'\|_{\mathcal{D}_w^{2\gamma,\eta}}/R))\|_{\mathcal{H}_{-2\gamma}}$$

$$\leqslant \|y - v\|_{\infty;-2\gamma}$$

$$+ \|v\|_{\infty;-2\gamma}\|D\varphi\|_\infty(\|y,y'\|_{\mathcal{D}_w^{2\gamma,\eta}}/R - \|v,v'\|_{\mathcal{D}_w^{2\gamma,\eta}}/R)$$

$$\leqslant C_{\chi,|w|_\gamma}\|y - v, (y-v)'\|_{\mathcal{D}_w^{2\gamma,\eta}}.$$

故而, 有

$$\|f(\chi_R(y)) - f(\chi_R(v))\|_{\infty;-2\gamma} \leqslant C_{\chi,|w|_\gamma,f} R\|y-v,(y-v)'\|_{\mathcal{D}_w^{2\gamma,\eta}}.$$

类似地, 有

$$\|f(\chi_R(y)) - f(\chi_R(v))\|_{\infty;0} \leqslant C_{\chi,f} R\|y-v,(y-v)'\|_{\mathcal{D}_w^{2\gamma,\eta}}.$$

那么综合上述估计, 便完成论证.

引理 7.18

设 (y,y') 和 $(v,v') \in \mathcal{D}_w^{2\gamma,\eta}([0,1],\mathcal{H})$, 那么存在常数 $C = C[g,\chi,|w|_\gamma]$ 使得

$$\|g_R(y)-g_R(v),(g_R(y)-g_R(v))'\|_{\mathcal{D}_{S,w}^{2\gamma,2\gamma,0}} \leqslant C(R)\|y-v,(y-v)'\|_{\mathcal{D}_w^{2\gamma,\eta}}. \tag{7.45}$$

证明　首先, 给出一个在先前章节用到的不等式. 设 $g \in \mathcal{C}_{-2\gamma,0}^3(\mathcal{H},\mathcal{L}_2(\mathcal{X},\mathcal{H}))$, $x_1, x_2, x_3, x_4 \in \mathcal{H}_\theta, \theta \geqslant -2\gamma$, 那么下面的估计是成立的:

$$\|g(x_1) - g(x_2) - g(x_3) + g(x_4)\|_{\mathcal{L}_2(\mathcal{X},\mathcal{H}_\theta)}$$

$$\leqslant C_g \max\{\|x_1\|_{\mathcal{H}_\theta}, \|x_2\|_{\mathcal{H}_\theta}\}\|x_1 - x_2 - x_3 + x_4\|_{\mathcal{H}_\theta}$$

$$+ C_g(\|x_1 - x_3\|_{\mathcal{H}_\theta} + \|x_2 - x_4\|_{\mathcal{H}_\theta})\|x_3 - x_4\|_{\mathcal{H}_\theta}. \tag{7.46}$$

该引理的关键是估计 $\|g(\chi_R(y)) - g(\chi_R(v))\|_{\gamma;-2\gamma}$, $\|(g(\chi_R(y)) - g(\chi_R(v)))'\|_{\gamma;-2\gamma}$ 和 $|R^{g(\chi_R(y))} - R^{g(\chi_R(v))}|_{2\gamma;-2\gamma}$ 的范数. 由于 $\varphi \in \mathcal{C}_b^3$, 因此有如下估计:

$$R_{t,s}^{\chi_R(y)} = \hat{\delta}\chi_R(y)_{t,s} - S_{ts}\chi_R'(y)_s\delta w_{t,s}$$

$$= \hat{\delta}y_{t,s}\varphi(\|y,y'\|_{\mathcal{D}_w^{2\gamma,\eta}}/R) - S_{ts}y_s'\varphi(\|y,y'\|_{\mathcal{D}_w^{2\gamma,\eta}}/R)\delta w_{t,s}$$

$$= R_{t,s}^y\varphi(\|y,y'\|_{\mathcal{D}_w^{2\gamma,\eta}}/R),$$

$$\|\chi_R(y)\|_{\gamma;-2\gamma} \leqslant \|y\varphi(\|y,y'\|_{\mathcal{D}_w^{2\gamma,\eta}}/R)\|_{\gamma,-2\gamma} \leqslant \varphi(\|y,y'\|_{\mathcal{D}_w^{2\gamma,\eta}}/R)\|y\|_{\gamma;-2\gamma}$$

$$\leqslant \varphi(\|y,y'\|_{\mathcal{D}_w^{\gamma,\eta}}/R)(1 + |w|_\gamma)\|y,y'\|_{\mathcal{D}_w^{2\gamma,\eta}} \leqslant C_{|w|_\gamma}R,$$

$$\|\chi_R(y)\|_{\infty;0} = \|y\varphi(\|y,y'\|_{\mathcal{D}_w^{2\gamma,\eta}}/R)\|_{\infty;0} = \varphi(\|y,y'\|_{\mathcal{D}_w^{2\gamma,\eta}}/R)\|y\|_{\infty;0}$$

$$\leqslant C\varphi(\|y,y'\|_{\mathcal{D}_w^{\gamma,\eta}}/R)\|y,y'\|_{\mathcal{D}_w^{2\gamma,\eta}} \leqslant CR,$$

$$|\chi_R(y) - \chi_R(v)|_{\gamma;-2\gamma} \leqslant \varphi(\|y,y'\|_{\mathcal{D}_w^{2\gamma,\eta}}/R)|y-v|_{\gamma;-2\gamma}$$

$$+ \|v\|_{\gamma;-2\gamma}\|D\varphi\|_\infty(\|y,y'\|_{\mathcal{D}_w^{2\gamma,\eta}}/R - \|v,v'\|_{\mathcal{D}_w^{2\gamma,\eta}}/R)$$

$$\leqslant C_{|w|_\gamma,\chi}\|y-v,(y-v)'\|_{\mathcal{D}_w^{2\gamma,\eta}},$$

$$|\chi'_R(y) - \chi'_R(v)|_{\gamma,-2\gamma} = |y'\varphi(\|y,y'\|_{\mathcal{D}_w^{2\gamma,\eta}}/R) - v'\varphi(\|v,v'\|_{\mathcal{D}_w^{2\gamma,\eta}}/R)|_{\gamma;-2\gamma}$$

$$\leqslant \varphi(\|y,y'\|_{\mathcal{D}_w^{2\gamma,\eta}}/R)|y' - v'|_{\gamma;-2\gamma}$$

$$+ \|v'\|_{\gamma;-2\gamma}\|D\varphi\|_\infty(\|y,y'\|_{\mathcal{D}_w^{2\gamma,\eta}}/R - \|v,v'\|_{\mathcal{D}_w^{2\gamma,\eta}}/R)$$

$$\leqslant C_{|w|_\gamma,\chi}\|y - v, (y-v)'\|_{\mathcal{D}_w^{2\gamma,\eta}}.$$

$$|R^{\chi_R(y)} - R^{\chi_R(v)}|_{2\gamma,-2\gamma} = |R^y\varphi(\|y,y'\|_{\mathcal{D}_w^{2\gamma,\eta}}/R) - R^y\varphi(\|v,v'\|_{\mathcal{D}_w^{2\gamma,\eta}}/R)|_{2\gamma;-2\gamma}$$

$$\leqslant \varphi(\|y,y'\|_{\mathcal{D}_w^{2\gamma,\eta}}/R)|R^y - R^v|_{2\gamma;-2\gamma}$$

$$+ |R^v|_{2\gamma;-2\gamma}\|D\varphi\|_\infty(\|y,y'\|_{\mathcal{D}_w^{2\gamma,\eta}}/R - \|v,v'\|_{\mathcal{D}_w^{2\gamma,\eta}}/R)$$

$$\leqslant C_{|w|_\gamma,\chi}\|y - v, (y-v)'\|_{\mathcal{D}_w^{2\gamma,\eta}}.$$

首先, 考虑初值的估计

$$\|g(\chi_R(y_0)) - g(\chi_R(v_0))\|_{\mathcal{L}_2(\mathcal{X},\mathcal{H})}$$

$$\leqslant C_g(\|\chi_R(y_0)\|_{\mathcal{H}} + \|\chi_R(v_0)\|_{\mathcal{H}})\left\|y_0\varphi\left(\frac{\|y,y'\|}{R}\right) - v_0\varphi\left(\frac{\|v,v'\|}{R}\right)\right\|_{\mathcal{H}}$$

$$\leqslant C_{g,\chi}R\left(\|y_0 - v_0\|_{\mathcal{H}} + \|v_0\|_{\mathcal{H}}\left|\varphi\left(\frac{\|y,y'\|}{R}\right) - \varphi\left(\frac{\|v,v'\|}{R}\right)\right|\right)$$

$$\leqslant C_{g,\chi}R\|y - v, (y-v)'\|_{\mathcal{D}_w^{2\gamma,\eta}}.$$

其次, 对 Gubinelli 导数初值进行估计

$$\|Dg(\chi_R(y_0))\chi'_R(y_0) - Dg(\chi_R(v_0))\chi'_R(v_0)\|_{-2\gamma}$$

$$\leqslant \|Dg(\chi_R(y_0))(\chi'_R(y_0) - \chi'_R(v_0))\|_{-2\gamma}$$

$$+ \|(Dg(\chi_R(y_0)) - Dg(\chi_R(v_0)))\chi'_R(v_0)\|_{-2\gamma}$$

$$\leqslant C_g(\|\chi_R(y_0)\|_{\mathcal{H}}\|\chi'_R(y_0) - \chi'_R(v_0)\|_{-2\gamma}$$

$$+ \|\chi_R(y_0) - \chi_R(v_0)\|_{\mathcal{H}}\|\chi'_R(v_0)\|_{-2\gamma})$$

$$\leqslant C_{g,\chi}R(\|\chi'_R(y_0) - \chi'_R(v_0)\|_{-2\gamma}$$

$$+ \|\chi_R(y_0) - \chi_R(v_0)\|_{\mathcal{H}})$$

$$\leqslant C_{g,\chi}R\|y - v, (y-v)'\|_{\mathcal{D}_w^{2\gamma,\eta}}.$$

另外, 对 Gubinelli 导数的范数 (最大模) 行估计

$$\|Dg(\chi_R(y))\chi_R'(y) - Dg(\chi_R(v))\chi_R'(v)\|_{\infty;0}$$

$$\leqslant \|Dg(\chi_R(y))(\chi_R'(y) - \chi_R'(v))\|_{\infty;0}$$

$$+ \|Dg(\chi_R(y)) - Dg(\chi_R(v))\chi_R'(v)\|_{\infty;0}$$

$$\leqslant C_g(\|\chi_R(y)\|_{\infty;0}\|\chi_R'(y) - \chi_R'(v)\|_{\infty;0}$$

$$+ \|\chi_R(y) - \chi_R(v)\|_{\infty;0}\|\chi_R'(v)\|_{\infty;0})$$

$$\leqslant C_g R(\|\chi_R'(y) - \chi_R'(v)\|_{\infty;0}$$

$$+ \|\chi_R(y) - \chi_R(v)\|_{\infty;0})$$

$$\leqslant C_{g,|w|_\gamma,\chi} R\|y - v,(y - v)'\|_{\mathcal{D}_w^{2\gamma,\eta}}.$$

此外, 对于 $g(\chi_R(y)) - g(\chi_R(v))$ 的最大模进行估计

$$\|g(\chi_R(y)) - g(\chi_R(v))\|_{\infty;0}$$

$$\leqslant C_g \max\{\|\chi_R(y)\|_{\infty;0}, \|\chi_R(v)\|_{\infty;0}\}\|\chi_R(y) - \chi_R(v)\|_{\infty;0}$$

$$\leqslant C_{g,\chi} R\|\chi_R(y) - \chi_R(v)\|_{\infty;0}$$

$$\leqslant C_{g,\chi} R\|y - v,(y - v)'\|_{\mathcal{D}_w^{2\gamma,\eta}}.$$

最后, 需要计算温和受控粗糙路径的半范数. 由于

$$\|Dg(\chi_R(y))\chi_R'(y) - Dg(\chi_R(v))\chi_R'(v)\|_{\gamma;-2\gamma}$$

$$\leqslant |Dg(\chi_R(y))\chi_R'(y) - Dg(\chi_R(v))\chi_R'(v)|_{\gamma;-2\gamma}$$

$$+ \|Dg(\chi_R(y))\chi_R'(y) - Dg(\chi_R(v))\chi_R'(v)\|_{\infty;0}$$

和

$$|Dg(\chi_R(y))\chi_R'(y) - Dg(\chi_R(v))\chi_R'(v)|_{\gamma;-2\gamma}$$

$$\leqslant |Dg(\chi_R(y))(\chi_R'(y) - \chi_R'(v))|_{\gamma;-2\gamma} + |(Dg(\chi_R(y)) - Dg(\chi_R(v)))\chi_R'(v)|_{\gamma;-2\gamma}$$

$$\leqslant \|Dg(\chi_R(y))\|_{\infty;\mathcal{L}_2(\mathcal{H}_{-2\gamma}\otimes\mathcal{X},\mathcal{H}_{-2\gamma})}|(\chi_R'(y) - \chi_R'(v))|_{\gamma;-2\gamma}$$

$$+ \|Dg(\chi_R(y))\|_{\gamma;\mathcal{L}_2(\mathcal{H}_{-2\gamma}\otimes\mathcal{X},\mathcal{H}_{-2\gamma})}\|(\chi_R'(y) - \chi_R'(v))\|_{\infty;-2\gamma}$$

$$+ |Dg(\chi_R(y)) - Dg(\chi_R(v))|_{\gamma;\mathcal{L}_2(\mathcal{H}_{-2\gamma} \otimes \mathcal{X}, \mathcal{H}_{-2\gamma})} \|\chi_R'(v)\|_{\infty;-2\gamma}$$

$$+ |Dg(\chi_R(y)) - Dg(\chi_R(v))|_{\infty;\mathcal{L}_2(\mathcal{H}_{-2\gamma} \otimes \mathcal{X}, \mathcal{H}_{-2\gamma})} \|\chi_R'(v)\|_{\gamma;-2\gamma}$$

$$\leqslant C_g(\|\chi_R(y)\|_{\infty;-2\gamma} |\chi_R'(y) - \chi_R'(v)|_{\gamma;-2\gamma} + |\chi_R(y)|_{\gamma;-2\gamma} \|\chi_R'(y) - \chi_R'(v)\|_{\infty;-2\gamma})$$

$$+ C_g(\|\chi_R'(v)\|_{\infty;-2\gamma}(|\chi_R(y) - \chi_R(v)|_{\gamma;-2\gamma}$$

$$+ (|\chi_R(y)|_{\gamma;-2\gamma} + |\chi_R(v)|_{\gamma;-2\gamma})\|\chi_R(y) - \chi_R(v)\|_{\infty;-2\gamma})$$

$$+ |\chi_R'(v)|_{\gamma;-2\gamma}\|\chi_R(y) - \chi_R(v)\|_{\infty;-2\gamma})$$

$$\leqslant C_{g,|w|_\gamma,\chi} R(|\chi_R'(y) - \chi_R'(v)|_{\gamma;-2\gamma} + \|\chi_R'(y) - \chi_R'(v)\|_{\infty;-2\gamma})$$

$$+ C_{g,|w|_\gamma,\chi} R(|\chi_R(y) - \chi_R(v)|_{\gamma;-2\gamma} + \|\chi_R(y) - \chi_R(v)\|_{\infty;-2\gamma}),$$

另外, 有

$$\|Dg(\chi_R(y))\chi_R'(y) - Dg(\chi_R(v))\chi_R'(v)\|_{\infty;0}$$

$$\leqslant C_{g,|w|_\gamma,\chi} R(\|\chi_R'(y) - \chi_R'(v)\|_{\infty;0} + \|\chi_R(y) - \chi_R(v)\|_{\infty;0}).$$

基于先前的估计容易得到

$$\|Dg(\chi_R(y))\chi_R'(y) - Dg(\chi_R(v))\chi_R'(v)\|_{\gamma;-2\gamma} \leqslant C_{g,|w|_\gamma,\chi} R\|y - v, (y - v)'\|_{\mathcal{D}_w^{2\gamma,\eta}}.$$

对于 $g(\chi_R(y))$ 和 $g(\chi_R(v))$ 的余项, 使用 (7.28) 有

$$R_{t,s}^{g(\chi_R(y))} - R_{t,s}^{g(\chi_R(v))}$$

$$= g(\chi_R(y_t)) - g(\chi_R(y_s)) - Dg(\chi_R(y_s))\delta\chi_R(y)_{t,s} - (g(\chi_R(v_t)) - g(\chi_R(v_s))$$

$$- Dg(\chi_R(v_s))\delta\chi_R(v)_{t,s} + Dg(\chi_R(y_s))R_{t,s}^{\chi_R(y)} - Dg(\chi_R(v_s))R_{t,s}^{\chi_R(v)}$$

$$- (S_{ts} - Id)(g(\chi_R(y_s)) - g(\chi_R(v_s)))$$

$$+ Dg(\chi_R(y_s))(S_{ts} - Id)\chi_R'(y_s)\delta w_{t,s} - (Dg(\chi_R(v_s))(S_{ts} - Id)\chi_R'(v_s)\delta w_{t,s}$$

$$- (S_{ts} - Id)(Dg(\chi_R(y_s))\chi_R'(y_s)\delta w_{t,s} - Dg(\chi_R(v)_s)\chi_R'(v_s)\delta w_{t,s}$$

$$+ Dg(\chi_R(y_s))(S_{ts} - Id)\chi_R(y_s) - Dg(\chi_R(v_s))(S_{ts} - Id)\chi_R(v_s)$$

$$= \text{i} + \text{ii} + \text{iii} + \text{iv} + \text{v} + \text{vi}.$$

对于 i, 使用 [38] 中 (44) 式两次或者使用两次 Newton-Leibniz 公式, 有

$$\|\text{i}\|_{\mathcal{L}_2(\mathcal{X}, \mathcal{H}_{-2\gamma})}$$

$$\leqslant C_g\left\|\int_0^1 \int_0^1 [\tau r^2(\chi_R(y_t) - \chi_R(v_t)) + (r - \tau r^2)(\chi_R(y_s) - \chi_R(v_s))]d\tau dr\right.$$

$$\cdot (\delta\chi_R(y)_{t,s} \otimes \delta\chi_R(y)_{t,s})\Big\|_{\mathcal{H}_{-2\gamma}} + \Big\| \int_0^1 r \int_0^1 D^2 g(\tau r \chi_R(v_t) + (1-\tau r)\chi_R(v_s)) d\tau dr$$

$$\cdot (\delta\chi_R(y)_{t,s} \otimes \delta\chi_R(y)_{t,s} - \delta\chi_R(v)_{t,s} \otimes \delta\chi_R(v)_{t,s})\Big\|_{\mathcal{H}_{-2\gamma}}$$

$$\leqslant C_g \Big\| \int_0^1 \int_0^1 [\tau r^2 (\chi_R(y_t) - \chi_R(v_t)) + (r - \tau r^2)(\chi_R(y_s) - \chi_R(v_s))] d\tau dr$$

$$\cdot (\delta\chi_R(y)_{t,s} \otimes \delta\chi_R(y)_{t,s})\Big\|_{\mathcal{H}_{-2\gamma}} + \Big\| \int_0^1 r \int_0^1 D^2 g(\tau r \chi_R(v_t) + (1-\tau r)\chi_R(v_s)) d\tau dr$$

$$\cdot (\delta\chi_R(y)_{t,s} \otimes (\delta\chi_R(y)_{t,s} - \delta\chi_R(v)_{t,s}) + (\delta\chi_R(y)_{t,s} - \delta\chi_R(v)_{t,s}) \otimes \delta\chi_R(v)_{t,s})\Big\|_{\mathcal{H}_{-2\gamma}}$$

$$\leqslant C_g \|\chi_R(y) - \chi_R(v)\|_{\infty;-2\gamma} \|(\hat{\delta}\chi_R(y)_{t,s} + (S_{ts} - Id)\chi_R(y_s)) \otimes (\hat{\delta}\chi_R(y)_{t,s}$$

$$+ (S_{ts} - Id)\chi_R(y_s))\|_{\mathcal{H}_{-2\gamma}}$$

$$+ C_g (\|\hat{\delta}\chi_R(y)_{t,s} + (S_{ts} - Id)\chi_R(y_s)\|_{\mathcal{H}_{-2\gamma}} + \|\hat{\delta}\chi_R(v)_{t,s} + (S_{ts} - Id)\chi_R(v_s)\|_{\mathcal{H}_{-2\gamma}})$$

$$\cdot \|\hat{\delta}(\chi_R(y) - \chi_R(v))_{t,s} + (S_{ts} - Id)(\chi_R(y) - \chi_R(v))_s\|_{\mathcal{H}_{-2\gamma}}$$

$$\leqslant C_g \|\chi_R(y) - \chi_R(v)\|_{\infty;-2\gamma} (\|\chi_R(y)\|_{\gamma;-2\gamma} |t - s|^\gamma + \|\chi_R(y)\|_{\infty;0} |t - s|^{2\gamma})^2$$

$$+ C_g (\|\chi_R(y)\|_{\gamma;-2\gamma} |t - s|^\gamma + \|\chi_R(y)\|_{\infty;0} |t - s|^{2\gamma} + \|\chi_R(v)\|_{\gamma;-2\gamma} |t - s|^\gamma$$

$$+ \|\chi_R(v)\|_{\infty;0} |t - s|^{2\gamma}) \cdot (\|\chi_R(y) - \chi_R(v)\|_{\gamma;-2\gamma} |t - s|^\gamma + \|\chi_R(y)$$

$$- \chi_R(v)\|_{\infty;0} |t - s|^{2\gamma}).$$

故而得

$$\|\mathrm{i}\|_{2\gamma;-2\gamma} \leqslant C_{g,|w|_\gamma,\chi}(R) \|y - v, (y - v)'\|_{\mathcal{D}_w^{2\gamma,\eta}}.$$

对于 ii,

$$\|\mathrm{ii}\|_{\mathcal{L}_2(\mathcal{X},\mathcal{H}_{-2\gamma})} = \|Dg(\chi_R(y_s)) R_{t,s}^{\chi_R(y)} - Dg(\chi_R(y_s)) R_{t,s}^{\chi_R(v)} + Dg(\chi_R(y_s)) R_{t,s}^{\chi_R(v)}$$

$$- Dg(\chi_R(v_s)) R_{t,s}^{\chi_R(v)}\|_{\mathcal{L}_2(\mathcal{X},\mathcal{H}_{-2\gamma})}$$

$$\leqslant \|Dg(\chi_R(y_s))(R_{t,s}^{\chi_R(y)} - R_{t,s}^{\chi_R(v)})\|_{\mathcal{L}_2(\mathcal{X},\mathcal{H}_{-2\gamma})}$$

$$+ \|(Dg(\chi_R(y_s)) - Dg(\chi_R(v_s))) R_{t,s}^{\chi_R(v)}\|_{\mathcal{L}_2(\mathcal{X},\mathcal{H}_{-2\gamma})}$$

$$\leqslant C_g \|\chi_R(y)\|_{\infty;-2\gamma} |R^{\chi_R(y)} - R^{\chi_R(v)}|_{2\gamma;-2\gamma} |t - s|^{2\gamma}$$

$$+ C_g \|\chi_R(y) - \chi_R(v)\|_{\infty;-2\gamma} |R^{\chi_R(v)}|_{2\gamma;-2\gamma} |t - s|^{2\gamma},$$

因此有

$$\|ii\|_{2\gamma;-2\gamma} \leqslant C_{g,|w|_\gamma,\chi} R\|y-v,(y-v)'\|_{\mathcal{D}_w^{2\gamma,\eta}}.$$

对于 iii, 很容易得到估计

$$\|iii\|_{\mathcal{L}_2(\mathcal{X},\mathcal{H}_{-2\gamma})} \leqslant \|Dg(\chi_R(y_s))(\chi_R(y_s)-\chi_R(v_s))\|_{\mathcal{H}}|t-s|^{2\gamma}$$

$$\leqslant C_g\|\chi_R(y)\|_{\infty;0}\|\chi_R(y)-\chi_R(v)\|_{\infty;0}|t-s|^{2\gamma}$$

$$\leqslant C_{g,|w|_\gamma,\chi} R\|\chi_R(y)-\chi_R(v)\|_{\infty;0}|t-s|^{2\gamma},$$

那么

$$\|iii\|_{2\gamma;-2\gamma} \leqslant C_{g,|w|_\gamma,\chi} R\|y-v,(y-v)'\|_{\mathcal{D}_w^{2\gamma,\eta}}.$$

对于 iv, 有

$$\|iv\|_{\mathcal{L}_2(\mathcal{X},\mathcal{H}_{-2\gamma})} \leqslant \|(Dg(\chi_R(y_s))-Dg(\chi_R(v_s)))(S_{ts}-Id)\chi_R'(y)_s\delta w_{t,s}\|_{\mathcal{L}_2(\mathcal{X},\mathcal{H}_{-2\gamma})}$$

$$+ \|Dg(\chi_R(v_s))(S_{ts}-Id)(\chi_R'(y)_s-\chi_R'(v)_s)\delta w_{t,s}\|_{\mathcal{L}_2(\mathcal{X},\mathcal{H}_{-2\gamma})}$$

$$\leqslant C_g\|\chi_R(y)-\chi_R(v)\|_{\infty;-2\gamma}\|\chi_R'(y)\|_{\infty;0}|w|_\gamma|t-s|^{3\gamma}$$

$$+ C_g\|\chi_R(y)\|_{\infty;-2\gamma}\|\chi_R'(y)-\chi_R'(v)\|_{\infty;0}|w|_\gamma|t-s|^{3\gamma}$$

$$\leqslant C_{g,|w|_\gamma,\chi} R\|\chi_R(y)-\chi_R(v)\|_{\infty;-2\gamma}|t-s|^{3\gamma}$$

$$+ C_{g,|w|_\gamma,\chi} R\|\chi_R'(y)-\chi_R'(v)\|_{\infty;0}|t-s|^{3\gamma},$$

因此

$$\|iv\|_{2\gamma;-2\gamma} \leqslant C_{g,|w|_\gamma,\chi} R\|y-v,(y-v)'\|_{\mathcal{D}_w^{2\gamma,\eta}}.$$

对于 v, 有

$$\|v\|_{\mathcal{L}_2(\mathcal{X},\mathcal{H}_{-2\gamma})} \leqslant \|(S_{ts}-Id)(Dg(\chi_R(y_s))-Dg(\chi_R(v_s)))\chi_R'(y)_s\delta w_{t,s}\|_{\mathcal{L}_2(\mathcal{X},\mathcal{H}_{-2\gamma})}$$

$$+ \|(S_{ts}-Id)Dg(\chi_R(v_s))(\chi_R'(y)_s-\chi_R'(v)_s)\delta w_{t,s}\|_{\mathcal{L}_2(\mathcal{X},\mathcal{H}_{-2\gamma})}$$

$$\leqslant C_g\|\chi_R(y)-\chi_R(v)\|_{\infty;0}\|\chi_R'(y)\|_{\infty;0}|w|_\gamma|t-s|^{3\gamma}$$

$$+ C_g\|\chi_R(y)\|_{\infty;0}\|\chi_R'(y)-\chi_R'(v)\|_{\infty;0}|w|_\gamma|t-s|^{3\gamma}$$

$$\leqslant C_{g,\chi} R\|\chi_R(y)-\chi_R(v)\|_{\infty;0}|w|_\gamma|t-s|^{3\gamma}$$

$$+ C_{g,\chi} R\|\chi_R'(y)-\chi_R'(v)\|_{\infty;0}|w|_\gamma|t-s|^{3\gamma},$$

因此

$$\|\mathbf{v}\|_{2\gamma;-2\gamma} \leqslant C_{g,|w|_\gamma,\chi} R \|y - v, (y - v)'\|_{\mathcal{D}_w^{2\gamma,\eta}}.$$

对于 vi, 有估计

$$\begin{aligned}
\|\mathbf{vi}\|_{\mathcal{L}_2(\mathcal{X},\mathcal{H}_{-2\gamma})} &\leqslant \|(Dg(\chi_R(y_s)) - Dg(\chi_R(v_s)))(S_{ts} - Id)\chi_R(y)_s\|_{\mathcal{L}_2(\mathcal{X},\mathcal{H}_{-2\gamma})} \\
&\quad + \|Dg(\chi_R(v_s))(S_{ts} - Id)(\chi_R(y)_s - \chi_R(v)_s)\|_{\mathcal{L}_2(\mathcal{X},\mathcal{H}_{-2\gamma})} \\
&\leqslant C_g \|\chi_R(y) - \chi_R(v)\|_{\infty;-2\gamma} \|\chi_R(y)\|_{\infty;0} |t - s|^{2\gamma} \\
&\quad + C_g \|\chi_R(y)\|_{\infty;-2\gamma} \|\chi_R(y) - \chi_R(v)\|_{\infty;0} |t - s|^{2\gamma} \\
&\leqslant C_{g,\chi} R \|\chi_R(y) - \chi_R(v)\|_{\infty,-2\gamma} |t - s|^{2\gamma} \\
&\quad + C_{g,|w|_\gamma,\chi} R \|\chi_R(y) - \chi_R(v)\|_{\infty,0} |t - s|^{2\gamma},
\end{aligned}$$

因此有

$$\|\mathbf{vi}\|_{2\gamma,-2\gamma} \leqslant C_{g,|w|_\gamma,\chi} R \|y - v, (y - v)'\|_{\mathcal{D}_w^{2\gamma,\eta}}.$$

那么由先前的估计, 便得到

$$|R^{g(\chi_R(y))} - R^{g(\chi_R(v))}|_{2\gamma,-2\gamma} \leqslant C_{g,|w|_\gamma,\chi}(R) \|y - v, (y - v)'\|_{\mathcal{D}_w^{2\gamma,\eta}}.$$

所以, 综合所有计算便得到估计式 (7.45).

基于先前的分析, 接下来将要证明方程 (7.20) 的截断版本, 即用 f_R 和 g_R 分别替代 f 和 g, 有唯一解. 出于这一目的, 对于 $(y, y') \in \mathcal{D}_w^{2\gamma,\eta}([0,1], \mathcal{H})$ 和 $t \in [0,1]$, 引入

$$\mathcal{T}_R(w, y, y')[t] := \int_0^t S_{tu} f_R(y_u) du + \int_0^t S_{tu} g_R(y_u) d\mathbf{w}_u, \tag{7.47}$$

它有温和的 Gubinelli 导数 $\mathcal{T}_R(w, y, y')' = g_R(y)$. 由引理 7.17 和引理 7.18, 可以导出下面的结果.

定理 7.7

映射 $\mathcal{T}_R : \mathcal{D}_w^{2\gamma,\eta}([0,1], \mathcal{H}) \to \mathcal{D}_w^{2\gamma,\eta}([0,1], \mathcal{H})$,

$$\mathcal{T}_R(w, y, y')[\cdot] := \left(\int_0^\cdot S_{\cdot u} f_R(y_u) du + \int_0^\cdot S_{\cdot u} g_R(y_u) d\mathbf{w}_u, g_R(y_\cdot) \right)$$

有一个不动点. ♡

证明 证明的思想是利用 Banach 不动点定理. 设 (y, y') 和 $(v, v') \in \mathcal{D}_w^{2\gamma, \eta}([0, 1], \mathcal{H})$ 且 $y_0 = v_0$. 鉴于 (7.32) 和 (7.43), 有

$$\left\| \int_0^{\cdot} S_{\cdot u}(f_R(y_u) - f_R(v_u))du, 0 \right\|_{\mathcal{D}_w^{2\gamma, \eta}}$$

$$\leqslant C \left(\|f_R(y) - f_R(v)\|_{\infty; 0} + \|f_R(y) - f_R(v)\|_{\infty; -2\gamma} \right) \leqslant CR \|y - v, y' - v'\|_{\mathcal{D}_w^{2\gamma, \eta}}.$$

使用引理 7.13 和 (7.45), 可得

$$\left\| \int_0^{\cdot} S_{\cdot u}(g_R(y_u) - g_R(v_u))d\mathbf{w}_u, g_R(y) - g_R(v) \right\|_{\mathcal{D}_w^{2\gamma, \eta}}$$

$$\leqslant C(1 + |w|_\gamma + |w^2|_{2\gamma})(1 + |w|_\gamma)^2 \|g_R(y) - g_R(v), (g_R(y) - g_R(v))'\|_{\mathscr{D}_{S,w}^{2\gamma, 2\gamma, 0}}$$

$$\leqslant C(1 + |w|_\gamma + |w^2|_{2\gamma})(1 + |w|_\gamma)^2 C(R) \|y - v, (y - v)'\|_{\mathcal{D}_w^{2\gamma, \eta}}.$$

由上述估计, 导出

$$\left\| \int_0^{\cdot} S_{\cdot u}(f_R(y_u) - f_R(v_u))du + \int_0^{\cdot} S_{\cdot u}(g_R(y_u) - g_R(v_u))d\mathbf{w}_u, g_R(y) - g_R(v) \right\|_{\mathcal{D}_w^{2\gamma, \eta}}$$

$$\leqslant \left(C_{f,\chi,|w|_\gamma} R + C_{g,\chi,|w|_\gamma}(R)(1 + |w|_\gamma + |w^2|_{2\gamma})(1 + |w|_\gamma)^2 \right) \|y - v, (y - v)'\|_{\mathcal{D}_w^{2\gamma, \eta}}. \tag{7.48}$$

因此, 根据 Banach 不动点定理, 选取充分小的 R 可使得映射 $\mathcal{T}_R$ 有唯一不动点, 即存在唯一的 $(y, y') \in \mathcal{D}_w^{2\gamma, \eta}([0, 1], \mathcal{H})$ 使得 $\mathcal{T}_R(\cdot, y, y') = (y, y')$.

注意到, 本节中通过使用 χ_R 来截断 f 和 g, 那么在随机情形下便需要刻画 R 的变化. 正如上面所见, 要求 R 尽可能小. 那么, 总是要求 $R \leqslant 1$ 以及 $C(R)$ 关于 R 是严格递增的.

固定的 $K > 0$, 令 $\tilde{R}(w)$ 为如下等式的唯一解

$$C_{f,\chi,|w|_\gamma}\tilde{R}(w) + C_{g,\chi,|w|_\gamma}(\tilde{R}(w))(1 + |w|_\gamma + |w^2|_{2\gamma})(1 + |w|_\gamma)^2 = K, \tag{7.49}$$

并且令

$$R(w) := \min\{\tilde{R}(w), 1\}. \tag{7.50}$$

如果 $R(w) = 1$, 则可运用截断技巧到 $\|y, y'\|_{\mathcal{D}_w^{2\gamma, \eta}} \leqslant 1/2$ 的范围; 若 $R(w) < 1$, 则截断技巧可被运用到 $\|y, y'\|_{\mathcal{D}_w^{2\gamma, \eta}} \leqslant R(w)/2$ 的范围.

本小节, 处理方程 (7.20) 的截断版本. 出于符号的简洁性, 在不引起困惑时, 略去 R 对于 w 的依赖性.

由 (7.49), 有下面的结果.

> **引理 7.19**
>
> 设 (y, y') 和 $(v, v') \in \mathcal{D}_w^{2\gamma,\eta}([0,1], \mathcal{H})$，那么有
>
> $$\|\mathcal{T}_R(w, y, y') - \mathcal{T}_R(w, v, v'), (\mathcal{T}_R(w, y, y') - \mathcal{T}_R(w, v, v'))'\|_{\mathcal{D}_w^{2\gamma,\eta}}$$
> $$\leqslant K \|y - v, (y - v)'\|_{\mathcal{D}_w^{2\gamma,\eta}}. \tag{7.51}$$

在随机情形下，假设 $|w|_\gamma$ 以及 $|w^2|_{2\gamma}$ 都是从上方缓增的，常见的例子是分数布朗运动，那么易得

> **引理 7.20**
>
> (7.50) 中的随机变量 R 是从下方缓增的.

7.2.3.2　局部不稳定流形

Lyapunov-Perron 方法是证明确定性与随机性微分方程有不稳定流形的主要工具. 本小节中运用的方法与 5.2 节类似. 方程 (7.20) 的连续时间 Lyapunov-Perron 映射如下：

$$J(w, y)[\tau] := S_\tau^u \xi^u + \int_0^\tau S_{\tau u}^u \pi^u f(y_u) du + \int_0^\tau S_{\tau u}^u \pi^u g(y_u) d\mathbf{w}_u$$
$$+ \int_{-\infty}^\tau S_{\tau u}^s \pi^s f(y_u) du + \int_{-\infty}^\tau S_{\tau u}^s \pi^s g(y_u) d\mathbf{w}_u, \quad \tau \leqslant 0. \tag{7.52}$$

前面所介绍的粗糙积分无法直接应用到 (7.52)，这是因为 (7.22) 中的 $|w|_\gamma$ 和 $|w^2|_{2\gamma}$ 仅仅是在任意有限区域上有定义. 类似于 [59] 和 5.2 节，转而导出一个离散版本的 Lyapunov-Perron 映射，并且证明这一映射在合适的函数空间中有唯一的不动点.

因为此处的讨论与 5.2 节类似，这里处理不同的是粗糙积分项. 对任意的 $w \in \Omega_w$，一定存在 $t \in [0,1]$ 以及 $i \in \mathbb{Z}^-$，使得 (7.52) 中的 τ 可以被 $t + i - 1$ 替代，那么有

$$J(w, y)[t + i - 1]$$

$$= S_{t+i-1}^u \xi^u - \sum_{k=0}^{i+1} S_{t+i-1-k}^u \left(\int_0^1 S_{1-u}^u \pi^u f(y_{u+k-1}) du \right.$$
$$\left. + \int_0^1 S_{1-u}^u \pi^u g(y_{u+k-1}) d\Theta_{k-1} \mathbf{w}_u \right)$$
$$- \int_t^1 S_{t-u}^u \pi^u f(y_{u+i-1}) du - \int_t^1 S_{t-u}^u \pi^u g(y_{u+i-1}) d\Theta_{i-1} \mathbf{w}_u$$

$$+ \sum_{k=-\infty}^{i-1} S_{t+i-1-k}^s \left(\int_0^1 S_{1-u}^s \pi^s f(y_{u+k-1}) du + \int_0^1 S_{1-u}^s \pi^s g(y_{u+k-1}) d\Theta_{k-1} \mathbf{w}_u \right)$$

$$+ \int_0^t S_{t-u}^s \pi^s f(y_{u+i-1}) du + \int_0^t S_{t-u}^s \pi^s g(y_{u+i-1}) d\Theta_{i-1} \mathbf{w}_u, \tag{7.53}$$

类似于 5.2 节, 需要在合适的空间中进行不动点的论证. 出于该目的, 引入下面的函数空间.

设 $\delta = \dfrac{\alpha - \beta}{2} > 0$, 且令 $BC_\delta(\mathcal{D}_w^{2\gamma,\eta})$ 为温和控制粗糙路径序列 $\mathbf{y} := (y^{i-1}, (y^{i-1})')_{i \in \mathbb{Z}^-}$ 构成的函数空间, 且 $y_0^{i-1} = y_1^{i-2}$, $(y^{i-1}, (y^{i-1})') \in \mathcal{D}_w^{2\gamma,\eta}([0,1], \mathcal{H})$, 并且赋予它如下范数:

$$\|\mathbf{y}\|_{BC_\delta(\mathcal{D}_w^{2\gamma,\eta})} := \sup_{i \in \mathbb{Z}^-} e^{-\delta(i-1)} \|y^{i-1}, (y^{i-1})'\|_{\mathcal{D}_w^{2\gamma,\eta}([0,1], \mathcal{H})} < \infty. \tag{7.54}$$

出于符号的简洁性, 对于 $t \in [0,1]$, 记 $\tilde{y}[i-1,t] = \tilde{y}_t^{i-1}$, 那么对于 $\tau = t + i - 1$, $\tilde{y}[\tau] = \tilde{y}[i-1,t]$. 为了获得局部不稳定流形, 首先, 讨论截断方程的不稳定流形, 即考虑原方程的系数 f 和 g 分别用 f_R 和 g_R 替换的情形.

基于 (7.53), 对于温和受控粗糙路径序列引入离散的 Lyapunov-Perron 变换 $J_{R,d}(w, \mathbf{y}, \xi)$ 为 $J_{R,d}(w, \mathbf{y}, \xi) := (J_{R,d}^1(w, \mathbf{y}, \xi), J_{R,d}^2(w, \mathbf{y}, \xi))$, 其中 $\mathbf{y} \in BC_\delta(\mathcal{D}_w^{2\gamma,\eta})$ 以及 $\xi \in \mathcal{H}$, 具体结构将在下面给出. $J_{R,d}$ 中的下标 R 表示依赖于截断参数 R. 对于 $t \in [0,1]$, $w \in \Omega_w$ 以及 $i \in \mathbb{Z}^-$, 定义

$$J_{R,d}^1(w, \mathbf{y}, \xi)[i-1, t]$$

$$= S_{t+i-1}^u \xi^u - \sum_{k=0}^{i+1} S_{t+i-1-k}^u \left(\int_0^1 S_{1-u}^u \pi^u f_R(y_u^{k-1}) du \right.$$

$$\left. + \int_0^1 S_{1-u}^u \pi^u g_R(y_u^{k-1}) d\Theta_{k-1} \mathbf{w}_u \right)$$

$$- \int_t^1 S_{t-u}^u \pi^u f_R(y_u^{i-1}) du - \int_t^1 S_{t-u}^u \pi^u g_R(y_u^{i-1}) d\Theta_{i-1} \mathbf{w}_u$$

$$+ \sum_{k=-\infty}^{i-1} S_{t+i-1-k}^s \left(\int_0^1 S_{1-u}^s \pi^s f_R(y_u^{k-1}) du + \int_0^1 S_{1-u}^s \pi^s g_R(y_u^{k-1}) d\Theta_{k-1} \mathbf{w}_u \right)$$

$$+ \int_0^t S_{t-u}^s \pi^s f_R(y_u^{i-1}) du + \int_0^t S_{t-u}^s \pi^s g_R(y_u^{i-1}) d\Theta_{i-1} \mathbf{w}_u, \tag{7.55}$$

同时, $J_{R,d}^2(w, \mathbf{y}, \xi)$ 为 $J_{R,d}^1(w, \mathbf{y}, \xi)$ 的温和的 Gubinelli 导数, 即 $J_{R,d}^2(w, \mathbf{y}, \xi)[i-$

$1, t] := (J_{R,d}^1(w, \mathbf{y}, \xi)[i-1, t])'$. 注意到 ξ^u 可以利用 $J_{R,d}^1$ 在不稳定子空间上的投影表示, 即令 $i = 0$ 和 $t = 1$, 则有 $\pi^u J_{R,d}^1(w, \mathbf{y}, \xi)[-1, 1] = \xi^u$.

接下来, 当 (7.49) 中的常数 K 充分小时, 说明(7.55) 是 $BC_\delta(\mathcal{D}_w^{2\gamma,\eta})$ 上的映射并且它是压缩的.

定理 7.8

若常数 K 满足间隙条件

$$K\left(\frac{e^{\beta+\delta}(Ce^{-\delta}+1)}{1-e^{-(\beta+\delta)}} + \frac{(e^{-(\alpha-\delta)}-1)(Ce^{-\delta}+e^{\alpha-\delta})}{1-e^{\alpha-\delta}} \right) \leqslant \frac{1}{2}, \qquad (7.56)$$

那么映射 $J_{R,d} : \Omega \times BC_\delta(\mathcal{D}_w^{2\gamma,\eta}) \to BC_\delta(\mathcal{D}_w^{2\gamma,\eta})$ 有唯一不动点 $\Gamma \in BC_\delta(\mathcal{D}_w^{2\gamma,\eta})$, 且映射 $\xi^u \to \Gamma(\xi^u, w) \in BC_\delta(\mathcal{D}_w^{2\gamma,\eta})$ 是 Lipschitz 连续的. ♡

证明　设 $\mathbf{y} := (y^{i-1}, (y^{i-1})')_{i \in \mathbb{Z}^-}$ 以及 $\mathbf{v} := (v^{i-1}, (v^{i-1})')_{i \in \mathbb{Z}^-} \in BC_\delta(\mathcal{D}_w^{2\gamma,\eta})$ 且 $\pi^u y_1^{-1} = \pi^u v_1^{-1} = \xi^u$. 首先, 给出证明需要用到的估计. 类似于引理 7.14 的证明, 可导出

$$\|S_{\cdot+i-1}^u \xi^u, 0\|_{BC_\delta(\mathcal{D}_w^{2\gamma,\eta})} \leqslant Ce^{(\alpha-\delta)(i-1)}\|\xi^u, 0\|_{\mathcal{D}_w^{2\gamma,\eta}} \leqslant Ce^{(\alpha-\delta)(i-1)}\|\xi^u\|, \quad (7.57)$$

注意上述估计对于所有的 $i \in \mathbb{Z}^-$ 都成立. 记

$$\Lambda = \mathcal{T}_R^s(\theta_{k-1}w, y^{k-1}, (y^{k-1})')[1] - \mathcal{T}_R^s(\theta_{k-1}w, v^{k-1}, (v^{k-1})')[1],$$

使用引理 7.19, 便有

$$\|\Lambda\|_{\mathcal{H}} \leqslant K\|y^{k-1} - v^{k-1}, (y^{k-1} - v^{k-1})'\|_{\mathcal{D}_w^{2\gamma,\eta}}.$$

类似于 (7.57), 则有

$$\begin{aligned}
\|S_{\cdot+i-1-k}^s \Lambda, (S_{\cdot+i-1-k}^s \Lambda)'\|_{\mathcal{D}_w^{2\gamma,\eta}} &= \|S_{\cdot+i-1-k}^s \Lambda, 0\|_{\mathcal{D}_w^{2\gamma,\eta}} \\
&\leqslant Ce^{-\beta(i-1-k)}\|\Lambda\|_{\mathcal{H}} \\
&\leqslant CKe^{-\beta(i-1-k)}\|y^{k-1} - v^{k-1}, (y^{k-1} - v^{k-1})'\|_{\mathcal{D}_w^{2\gamma,\eta}}.
\end{aligned}$$
$$(7.58)$$

类似地, 可记

$$\tilde{\Lambda} = \mathcal{T}_R^u(\theta_{k-1}w, y^{k-1}, (y^{k-1})')[1] - \mathcal{T}_R^u(\theta_{k-1}w, v^{k-1}, (v^{k-1})')[1],$$

那么同样有

$$\|S_{\cdot+i-1-k}^u \tilde{\Lambda}, (S_{\cdot+i-1-k}^u \tilde{\Lambda})'\|_{\mathcal{D}_w^{2\gamma,\eta}} \leqslant CKe^{\alpha(i-1-k)}\|y^{k-1} - v^{k-1}, (y^{k-1} - v^{k-1})'\|_{\mathcal{D}_w^{2\gamma,\eta}}.$$
$$(7.59)$$

现在, 对于 (7.55) 的稳定性部分, 由引理 7.19 和 (7.58), 以及空间 $BC_\delta(\mathcal{D}_w^{2\gamma,\eta})$ 范数定义, 有

$$\sum_{k=-\infty}^{i-1} e^{-\delta(i-1)} \| S_{\cdot+i-1-k}^s (\mathcal{T}_R^s(\theta_{k-1}w, y^{k-1}, (y^{k-1})')[1]$$

$$- \mathcal{T}_R^s(\theta_{k-1}w, v^{k-1}, (v^{k-1})')[1]),$$

$$\left(S_{\cdot+i-1-k}^s (\mathcal{T}_R^s(\theta_{k-1}w, y^{k-1}, (y^{k-1})')[1] - \mathcal{T}_R^s(\theta_{k-1}w, v^{k-1}, (v^{k-1})')[1]) \right)' \|_{\mathcal{D}_w^{2\gamma,\eta}}$$

$$+ e^{-\delta(i-1)} \| \mathcal{T}_R^s(\theta_{i-1}w, y^{i-1}, (y^{i-1})')[\cdot] - \mathcal{T}_R^s(\theta_{i-1}w, v^{i-1}, (v^{i-1})')[\cdot],$$

$$\left(\mathcal{T}_R^s(\theta_{i-1}w, y^{i-1}, (y^{i-1})')[\cdot] - \mathcal{T}_R^s(\theta_{i-1}w, v^{i-1}, (v^{i-1})')[\cdot] \right)' \|_{\mathcal{D}_w^{2\gamma,\eta}}$$

$$\leqslant \sum_{k=-\infty}^{i-1} e^{-\delta(i-1)} C e^{-\beta(i-1-k)} K \| y^{k-1} - v^{k-1}, (y^{k-1} - v^{k-1})' \|_{\mathcal{D}_w^{2\gamma,\eta}}$$

$$+ e^{-\delta(i-1)} K \| y^{i-1} - v^{i-1}, (y^{i-1} - v^{i-1})' \|_{\mathcal{D}_w^{2\gamma,\eta}}$$

$$= \sum_{k=-\infty}^{i-1} e^{-\delta(i-1)} C e^{-\beta(i-1-k)} e^{\delta(k-1)} K e^{-\delta(k-1)} \| y^{k-1} - v^{k-1}, (y^{k-1} - v^{k-1})' \|_{\mathcal{D}_w^{2\gamma,\eta}}$$

$$+ e^{-\delta(i-1)} K \| y^{i-1} - v^{i-1}, (y^{i-1} - v^{i-1})' \|_{\mathcal{D}_w^{2\gamma,\eta}}$$

$$\leqslant \sum_{k=-\infty}^{i-1} e^{-(\beta+\delta)(i-1-k)} C e^{-\delta} K e^{-\delta(k-1)} \| y^{k-1} - v^{k-1}, (y^{k-1} - v^{k-1})' \|_{\mathcal{D}_w^{2\gamma,\eta}}$$

$$+ e^{-(\beta+\delta)(i-1-i)} e^{-\delta(i-1)} K \| y^{i-1} - v^{i-1}, (y^{i-1} - v^{i-1})' \|_{\mathcal{D}_w^{2\gamma,\eta}}$$

$$\leqslant \sum_{k=-\infty}^{i} e^{-(\beta+\delta)(i-1-k)} K (C e^{-\delta} + 1) e^{-\delta(k-1)} \| y^{k-1} - v^{k-1}, (y^{k-1} - v^{k-1})' \|_{\mathcal{D}_w^{2\gamma,\eta}}$$

$$\leqslant \frac{K e^{\beta+\delta} (C e^{-\delta} + 1)}{1 - e^{-(\beta+\delta)}} \| \mathbf{y} - \mathbf{v} \|_{BC_\delta(\mathcal{D}_w^{2\gamma,\eta})}.$$

类似地, 对于不稳定部分, 也是由引理 7.19 和 (7.59), 以及空间 $BC_\delta(\mathcal{D}_w^{2\gamma,\eta})$ 范数定义可导出

$$\sum_{k=0}^{i+1} e^{-\delta(i-1)} \| S_{\cdot+i-1-k}^u (\mathcal{T}_R^u(\theta_{k-1}w, y^{k-1}, (y^{k-1})')[1] - \mathcal{T}_R^u(\theta_{k-1}w, v^{k-1}, (v^{k-1})')[1]),$$

$$\left(S_{\cdot+i-1-k}^u (\mathcal{T}_R^u(\theta_{k-1}w, y^{k-1}, (y^{k-1})')[1] - \mathcal{T}_R^u(\theta_{k-1}w, v^{k-1}, (v^{k-1})')[1]) \right)' \|_{\mathcal{D}_w^{2\gamma,\eta}}$$

$$+ e^{-\delta(i-1)} \| \tilde{\mathcal{T}}_R^u(\theta_{i-1}w, y^{i-1}, (y^{i-1})')[\cdot] - \tilde{\mathcal{T}}_R^u(\theta_{i-1}w, v^{i-1}, (v^{i-1})')[\cdot],$$

$$\left(\tilde{\mathcal{T}}_R^u(\theta_{i-1}w, y^{i-1}, (y^{i-1})')[\cdot] - \tilde{\mathcal{T}}_R^u(\theta_{i-1}w, v^{i-1}, (v^{i-1})')[\cdot]\right)'\|_{\mathcal{D}_w^{2\gamma,\eta}}$$

$$\leqslant \sum_{k=0}^{i+1} e^{-\delta(i-1)} C e^{\alpha(i-1-k)} K \|y^{k-1} - v^{k-1}, (y^{k-1} - v^{k-1})'\|_{\mathcal{D}_w^{2\gamma,\eta}}$$

$$+ e^{-\delta(i-1)} K \|y^{i-1} - v^{i-1}, (y^{i-1} - v^{i-1})'\|_{\mathcal{D}_w^{2\gamma,\eta}}$$

$$\leqslant \sum_{k=0}^{i+1} e^{-\delta(i-1)} C e^{\alpha(i-1-k)} e^{\delta(k-1)} K e^{-\delta(k-1)} \|y^{k-1} - v^{k-1}, (y^{k-1} - v^{k-1})'\|_{\mathcal{D}_w^{2\gamma,\eta}}$$

$$+ e^{-\delta(i-1)} K \|y^{i-1} - v^{i-1}, (y^{i-1} - v^{i-1})'\|_{\mathcal{D}_w^{2\gamma,\eta}}$$

$$\leqslant \sum_{k=0}^{i+1} e^{(\alpha-\delta)(i-1-k)} C e^{-\delta} K e^{-\delta(k-1)} \|y^{k-1} - v^{k-1}, (y^{k-1} - v^{k-1})'\|_{\mathcal{D}_w^{2\gamma,\eta}}$$

$$+ e^{(\alpha-\delta)(i-1-i)} e^{\alpha-\delta} e^{-\delta(i-1)} K \|y^{i-1} - v^{i-1}, (y^{i-1} - v^{i-1})'\|_{\mathcal{D}_w^{2\gamma,\eta}}$$

$$\leqslant \sum_{k=0}^{i} e^{(\alpha-\delta)(i-1-k)} K(Ce^{-\delta} + e^{\alpha-\delta}) e^{-\delta(k-1)} \|y^{k-1} - v^{k-1}, (y^{k-1} - v^{k-1})'\|_{\mathcal{D}_w^{2\gamma,\eta}}$$

$$\leqslant \frac{K(e^{-(\alpha-\delta)} - 1)(Ce^{-\delta} + e^{\alpha-\delta})}{1 - e^{\alpha-\delta}} \|\mathbf{y} - \mathbf{v}\|_{BC_\delta(\mathcal{D}_w^{2\gamma,\eta})}.$$

结合先前的估计, 可得

$$\|J_{R,d}(w,\mathbf{y},\xi) - J_{R,d}(w,\mathbf{v},\xi)\|_{BC_\delta(\mathcal{D}_w^{2\gamma,\eta})} \leqslant \frac{1}{2}\|\mathbf{y} - \mathbf{v}\|_{BC_\delta(\mathcal{D}_w^{2\gamma,\eta})}.$$

特别地, 当 $\mathbf{v} \equiv 0$ 时, 可知映射 $J_{R,d}$ 是从空间 $BC_\delta(\mathcal{D}_w^{2\gamma,\eta})$ 到它自身的映射. 那么, 对于每一个 $\xi^u \in \mathcal{H}_u$, 可以运用不动点定理导出 $J_{R,d}(w,\mathbf{y},\xi^u)$ 有唯一的不动点 $\Gamma(\xi^u, w) \in BC_\delta(\mathcal{D}_w^{2\gamma,\eta})$. 同时, 对于 $\xi_1^u, \xi_2^u \in \mathcal{H}_u$, 有

$$\|\Gamma(\xi_1^u, w) - \Gamma(\xi_2^u, w)\|_{BC_\delta(\mathcal{D}_w^{2\gamma,\eta})}$$

$$= \|J_{R,d}(w,\Gamma(\xi_1^u, w),\xi_1^u) - J_{R,d}(w,\Gamma(\xi_2^u, w),\xi_2^u)\|_{BC_\delta(\mathcal{D}_w^{2\gamma,\eta})}$$

$$\leqslant \|J_{R,d}(w,\Gamma(\xi_1^u, w),\xi_1^u) - J_{R,d}(w,\Gamma(\xi_1^u, w),\xi_2^u)\|_{BC_\delta(\mathcal{D}_w^{2\gamma,\eta})}$$

$$+ \|J_{R,d}(w,\Gamma(\xi_1^u, w),\xi_2^u) - J_{R,d}(w,\Gamma(\xi_2^u, w),\xi_2^u)\|_{BC_\delta(\mathcal{D}_w^{2\gamma,\eta})}$$

$$\leqslant \|S_{\cdot+i-1}^u(\xi_1^u - \xi_2^u), 0\|_{BC_\delta(\mathcal{D}_w^{2\gamma,\eta})} + \frac{1}{2}\|\Gamma(\xi_1^u, w) - \Gamma(\xi_2^u, w)\|_{BC_\delta(\mathcal{D}_w^{2\gamma,\eta})}$$

$$\leqslant Ce^{(\alpha-\delta)}\|\xi_1^u - \xi_2^u\| + \frac{1}{2}\|\Gamma(\xi_1^u, w) - \Gamma(\xi_2^u, w)\|_{BC_\delta(\mathcal{D}_w^{2\gamma,\eta})},$$

这意味着 $\Gamma(\xi^u, w)$ 是一个 Lipschitz 连续函数.

正如在 5.2 节中研究不变流形使用的技巧, 可以导出粗糙方程 (7.20) 的不稳定流形, 证明的方法同 [28] 和 [59] 类似, 便略去其证明. 在接下来的讨论中, 记 $B_{\mathcal{H}_u}(0, \rho(w))$ 为空间 $\mathcal{H}_u$ 中的小球, 它以 0 为圆心 $\rho(w)$ 为随机半径.

引理 7.21

粗糙发展方程 (7.20) 的局部不稳定流形由 Lipschitz 连续函数的图像组成, 即

$$\mathcal{M}^u_{\text{loc}}(w) = \{\xi + h^u(\xi, w) : \xi \in B_{\mathcal{H}_u}(0, \rho(w))\}, \tag{7.60}$$

上式中的 $\rho(w)$ 是一个从下方缓增的随机变量

$$h^u(\xi, w) := \pi^s \Gamma(\xi, w)[-1, 1]|_{B_{\mathcal{H}_u}(0, \rho(w))},$$

即

$$h^u(\xi, w) = \sum_{k=-\infty}^{0} S^s_{-k} \int_0^1 S^s_{1-u} \pi^s f(\Gamma(\xi, w)[k-1, u]) du$$
$$+ \sum_{k=-\infty}^{0} S^s_{-k} \int_0^1 S^s_{1-u} \pi^s g(\Gamma(\xi, w)[k-1, u]) d\Theta_{k-1} \mathbf{w}_u.$$

最后, 基于先前分析, 有如下的结果:

定理 7.9

方程 (7.20) 的局部流形由如下的 Lipschitz 映射图像给出, 即

$$\mathcal{M}^u_{\text{loc}}(w) = \{\xi + h^u(\xi, w) : \xi \in B_{\mathcal{H}_u}(0, \hat{\rho}(w))\},$$

这里, $\hat{\rho}(w)$ 从下方缓增的随机变量并且

$$h^u(\xi, w) := \int_{-\infty}^{0} S^s_{-u} \pi^s f(y_u) du + \int_{-\infty}^{0} S^s_{-u} \pi^s g(y_u) d\mathbf{w}_u.$$

7.3 粗糙输运噪声驱动的 Navier-Stokes 方程的随机动力系统

本节的内容节选自 [99], 考虑不可压粘性流体 N-S(Navier-Stokes) 系统, 它由速度 $u : \mathbb{R}_+ \times \mathbf{T}^3 \to \mathbb{R}^3$ 和压强 $p : \mathbb{R}_+ \times \mathbf{T}^3 \to \mathbb{R}$ 两个量组成, $\mathbf{T}^3 = \mathbb{R}^3/(2\pi\mathbb{Z})^3$ 为 3-维环面, 并且这两个量满足如下方程:

$$\partial_t u + (u - \dot a) \cdot \nabla u + \nabla p = \Delta u,$$
$$\nabla \cdot u = 0, \tag{7.61}$$
$$u(0) = u_0 \in L^2(\mathbf{T}^3, \mathbb{R}^3).$$

其中 $\dot a$ 是函数 $a = a_t(x) : \mathbb{R}_+ \times \mathbf{T}^3 \to \mathbb{R}^3$ 关于时间的导数, a 有如下的分解:

$$a_t(x) = \sigma_k(x) z_t^k = \sum_{k=1}^{K} \sigma_k(x) z_t^k, \tag{7.62}$$

上式中 $\sigma_k : \mathbf{T}^3 \to \mathbb{R}^3$ 是有界、散度自由的向量场, 并且它二次可微且所有的导数有一致的界. 驱动信号 z 是 $\mathbb{R}^K$-值的 α-Hölder 连续路径, $\alpha \in \left(\dfrac{1}{3}, \dfrac{1}{2}\right]$. z 能够被提升为一个几何粗糙路径 $\mathbf{Z} = (Z, \mathbb{Z})$, 更进一步的假设见 7.3.2 小节.

7.3.1　符号和定义

设 $\mathbb{T} := [0, \infty)$, $\mathbb{N}$ 为自然数集. 给定可分的 Banach 空间 V, 它的范数为 $|\cdot|_V$, 令 $p \in [1, \infty]$, $L^p(X, V)$ 为一强可测的 Bochner 空间并且它中的元素 $f : X \to V$ 是 L^p-可积的. 对于给定的 Hilbert 空间 H 和 $T > 0$, 令 $L_T^2 H = L^2([0, T], H)$ 和 $L_T^\infty H = L^\infty([0, T], H)$. 此外, 令 $\mathbf{L}^2 = L^2(\mathbf{T}^3, \mathbb{R}^3)$. 函数空间表示中下标 "loc" 表示它中的元素限制在任意的有界集上属于对应的函数空间, 比如, $L_{\text{loc}}^\infty(\mathbb{T}, \mathbb{R})$, 它中的元素限制在 $\mathbb{T}$ 中的有界集 J 上属于 $L^\infty(J, \mathbb{R})$. $\mathcal{C}_T H = \mathcal{C}([0, T], H)$ 表示从 $[0, T]$ 到 H 的连续函数空间, 并且在时间方向上赋予最大模范数, 此外, 若 H 上的拓扑为弱拓扑, 那么记该空间 $\mathcal{C}([0, T], H_w)$. 为设 $\mathbf{S}$ 为无穷次可微的周期复值函数构成的 Fréchet 空间, $\mathbf{S}'$ 为 $\mathbf{S}$ 的对偶空间, 它被赋予弱 * 拓扑. 设 $\beta \in \mathbb{R}$, Hilbert 空间 $\mathbf{W}^{\beta,2}$ 定义为

$$\mathbf{W}^{\beta,2} := (I - \Delta)^{-\frac{\beta}{2}} \mathbf{L}^2 = \{f \in \mathbf{S}' : (I - \Delta)^{\frac{\beta}{2}} f \in \mathbf{L}^2\},$$

它的内积为

$$(f, g)_\beta := ((I - \Delta)^{\frac{\beta}{2}} f, (I - \Delta)^{\frac{\beta}{2}} g)_{\mathbf{L}^2}, \quad f, g \in \mathbf{W}^{\beta,2},$$

并且用 $|\cdot|_\beta$ 表示内积诱导的范数. 特别地, 当 $\beta = 0$ 时, 令 $(\cdot, \cdot) := (\cdot, \cdot)_0$. 设

$$\mathbf{H}^0 := \left\{f \in \mathbf{W}^{0,2} : \nabla \cdot f = 0\right\}.$$

7.3.1.1　Holmholtz-Leray 投影

记 $P : \mathbf{S}' \to \mathbf{S}'$ 为 Helmholtz–Leray 投影, 更多的性质可参考 [130], 并且令 $Q = I - P$, 其中 $P, Q \in \mathcal{L}(\mathbf{W}^{\beta,2}, \mathbf{W}^{\beta,2})$. 此外, 对于所有的 $\beta \in \mathbb{R}$, P 和 Q 的算子范数都可以被 1 控制.

令

$$\mathbf{H}^\beta := P\mathbf{W}^{\beta,2} \quad \text{和} \quad \mathbf{H}_\perp^\beta := Q\mathbf{W}^{\beta,2},$$

那么对于所有的 $\beta \in \mathbb{R}$, 有如下结论 [131,引理 3.7]:

$$\mathbf{W}^{\beta,2} = \mathbf{H}^\beta \oplus \mathbf{H}_\perp^\beta,$$

其中

$$\mathbf{H}^\beta = \left\{ f \in \mathbf{W}^{\beta,2} : \nabla \cdot f = 0 \right\},$$

$$\mathbf{H}_\perp^\beta = \left\{ g \in \mathbf{W}^{\beta,2} : \langle f,g \rangle_{-\beta,\beta} = 0, \ \forall f \in \mathbf{H}^{-\beta} \right\}.$$

设 $\sigma : \mathbf{T}^3 \to \mathbb{R}^3$ 是两阶连续可微函数并且散度自由. 此外, 假设 σ 直到二阶的导数都可以被常数 M_0 控制. 设 $\mathcal{A}^1 := \sigma \cdot \nabla$ 以及 $\mathcal{A}^2 := (\sigma \cdot \nabla)(\sigma \cdot \nabla)$. 那么存在常数 M (依赖于 M_0, β) 使得

$$|\mathcal{A}^1|_{\mathcal{L}(\mathbf{W}^{\beta+1,2},\mathbf{W}^{\beta,2})} \leqslant M, \ \forall \beta \in [0,2], \quad |\mathcal{A}^2|_{\mathcal{L}(\mathbf{W}^{\beta+2,2},\mathbf{W}^{\beta,2})} \leqslant M, \ \forall \beta \in [0,1].$$

因为对于所有的 $\beta \in \mathbb{R}$, 有 $P \in \mathcal{L}(\mathbf{W}^{\beta,2}, \mathbf{H}^\beta)$ 以及 $Q \in \mathcal{L}(\mathbf{W}^{\beta,2}, \mathbf{H}_\perp^\beta)$, 并且它们的算子范数小于 1, 那么有

$$|P\mathcal{A}^1|_{\mathcal{L}(\mathbf{H}^{\beta+1},\mathbf{H}^\beta)} \leqslant M, \ \forall \beta \in [0,2], \quad |P\mathcal{A}^2|_{\mathcal{L}(\mathbf{H}^{\beta+2},\mathbf{H}^\beta)} \leqslant M, \ \forall \beta \in [0,1], \quad (7.63)$$

所以 $(P\mathcal{A}^1)^* \in \mathcal{L}((\mathbf{H}^\beta)^*, (\mathbf{H}^{\beta+1})^*)$, $\beta \in [0,2]$ 以及 $(P\mathcal{A}^2)^* \in \mathcal{L}((\mathbf{H}^\beta)^*, (\mathbf{H}^{\beta+2})^*)$, $\beta \in [0,1]$.

为了分析 N-S 方程中的对流项, 考虑经典的三线性表示式

$$b(u,v,w) := \int_{\mathbf{T}^3} ((u \cdot \nabla)v) \cdot w \, dx = \sum_{i,j=1}^3 \int_{\mathbf{T}^3} u^i D_i v^j w^j \, dx.$$

对于每一个 $\beta_1, \beta_2, \beta_3 \in \mathbb{R}_+$, 如果满足下述两种情形之一

若对于所有的 $i \in \{1,2,3\}$ 使得 $\beta_i \neq \dfrac{3}{2}$, $\beta_1 + \beta_2 + \beta_3 \geqslant \dfrac{3}{2}$,

若存在 $i \in \{1,2,3\}$ 使得 $\beta_i = \dfrac{3}{2}$, $\beta_1 + \beta_2 + \beta_3 > \dfrac{3}{2}$,

那么三线性表示有如下估计

$$b(u,v,w) \lesssim_{\beta_1,\beta_2,\beta_3} |u|_{\beta_1} |v|_{\beta_2+1} |w|_{\beta_3}. \quad (7.64)$$

此外, 对于所有的 $u \in \mathbf{H}^{\beta_1}$ 和 $(v,w) \in \mathbf{W}^{\beta_2+1,2} \times \mathbf{W}^{\beta_3,2}$ 使得 $\beta_1, \beta_2, \beta_3$ 满足 (7.64), 那么有

$$b(u,v,w) = -b(u,w,v) \quad \text{以及} \quad b(u,v,v) = 0. \tag{7.65}$$

对于任何满足 (7.64) 的 β_1, β_2 和 β_3 以及任何给定的 $(u,v) \in \mathbf{W}^{\beta_1,2} \times \mathbf{W}^{\beta_2+1,2}$, $B(u,v) \in \mathbf{W}^{-\beta_3,2}$ 可被定义为

$$\langle B(u,v), w \rangle_{-\beta_3,\beta_3} = b(u,v,w), \quad \forall w \in \mathbf{W}^{\beta_3,2}.$$

最后, 定义 $B_P = PB$, 那么对所有满足 (7.64) 的 $\beta_1, \beta_2,$ 和 β_3 有

$$B_P := PB : \mathbf{W}^{\beta_1,2} \times \mathbf{W}^{\beta_2+1,2} \to \mathbf{H}^{-\beta_3}.$$

最后令

$$B(u) = B(u,u), \quad \text{以及} \quad B_P(u) := B_P(u,u).$$

7.3.1.2　光滑算子

类似于 6.3.2.2 小节中所介绍的 m-步光滑算子族, 介绍自伴的光滑算子族 $(J^\eta)_{\eta \in (0,1]}$ 使得对于所有的 $\beta \in \mathbb{R}$ 和 $\gamma \in \mathbb{R}_+$ 有

$$|(I - J^\eta)f|_\beta \lesssim \eta^\gamma |f|_{\beta+\gamma} \quad \text{和} \quad |J^\eta f|_{\beta+\gamma} \lesssim \eta^{-\gamma} |f|_\beta. \tag{7.66}$$

7.3.1.3　粗糙路径理论

虽然在前面的章节部分, 已经很系统地介绍了粗糙路径理论的相关知识, 为了与参考文献 [99] 中的符号保持一致, 这里选择性地介绍相关概念.

对于给定的 $I \subset \mathbb{R}$, 令

$$\Delta_I := \{(s,t) \in I^2 : s \leqslant t\}, \qquad \Delta_I^{(2)} := \{(s,\theta,t) \in I^3 : s \leqslant \theta \leqslant t\}.$$

对于路径 $f : I \to \mathbb{R}^K$, 它的增量记为 $\delta f_{st} := f_t - f_s, \forall s,t \in I$, 对于二指标映射 $g : \Delta_I \to \mathbb{R}$, 定义它的二阶增量算子为

$$\delta g_{s\theta t} := g_{st} - g_{\theta t} - g_{s\theta}, \quad \forall (s,\theta,t) \in \Delta_I^{(2)}.$$

设 $\alpha > 0$ 以及 J 为 $\mathbb{R}$ 中的有界区间. 记 $C_2^\alpha(J, \mathbb{R}^K)$ 为光滑二指标映射 $g : \Delta_J \to \mathbb{R}^K$ 关于 Hölder 半范数

$$[g]_{\alpha;J} := \sup_{s,t \in \Delta_J, s \neq t} \frac{|g_{st}|}{|t-s|^\alpha} < \infty$$

的闭包. 本章节中所考虑的粗糙路径为 $(Z, \mathbb{Z}) \in \mathcal{C}_2^\alpha(J, \mathbb{R}^K) \times \mathcal{C}_2^{2\alpha}(J, \mathbb{R}^{K \times K}), J \subset \mathbb{R}$, 进一步地令

$$\|Z\|_{\alpha;J} := \sup_{s,t \in \Delta_J, s \neq t} \frac{|Z_{st}|}{|t-s|^\alpha}, \qquad \|\mathbb{Z}\|_{2\alpha;J} := \sup_{s,t \in \Delta_J, s \neq t} \frac{|\mathbb{Z}_{st}|}{|t-s|^{2\alpha}},$$

以及

$$\|\|\mathbf{Z}\|\|_{\alpha;J} := \|Z\|_{\alpha;J} + \|\mathbb{Z}\|_{2\alpha;J}.$$

注意到 $\|\| \cdot \|\|_{\alpha;J}$ 是空间 $\mathcal{C}_2^\alpha(J, \mathbb{R}^K) \times \mathcal{C}_2^{2\alpha}(J, \mathbb{R}^{K \times K})$ 上的一个范数. 除了介绍的 Hölder 函数空间之外, 需要有限 p-变差函数空间. 设 $\mathcal{P}(J)$ 为有界区间 J 的有限划分以及 V 为具有范数 $|\cdot|_V$ 的可分 Banach 空间. 对于某些 $p > 0$, 函数 $g : \Delta_J \to V$ 被称为在 J 上具有有限 p-变差若满足

$$|g|_{p\text{-var};J;V} := \sup_{(t_i) \in \mathcal{P}(J)} \left(\sum_i |g_{t_i t_{i+1}}|_V^p \right)^{\frac{1}{p}} < \infty,$$

并且记所有的这些函数的集合为 $\mathcal{C}_2^{p\text{-var}}(J, V)$, 它的半范数为 $|\cdot|_{p\text{-var};J;V}$. 记 $\mathcal{C}^{p\text{-var}}(J, V)$ 为所有的路径 $z : J \to V$ 使得 $\delta z \in \mathcal{C}_2^{p\text{-var}}(J, V)$ 的集合.

若对于给定的 $p > 0, g \in \mathcal{C}_2^{p\text{-var}}(J, V)$, 那么二指标映射 $\omega_g : \Delta_J \to [0, \infty)$,

$$\omega_g(s,t) := |g|_{p\text{-var};[s,t]}^p$$

是一控制, 显然地 $|g_{st}|_V \leqslant \omega_g(s,t)^{\frac{1}{p}}$, $(s,t) \in \Delta_J$. 先前章节给出了 $\mathcal{C}_2^{p\text{-var}}(J, V)$ 的等价半范 (见注 6.6)

$$|g|_{p\text{-var};[s,t]} = \inf\{\omega(s,t)^{\frac{1}{p}} : \text{对于任意的} (u,v) \in \Delta_{[s,t]}, |g_{uv}|_V \leqslant \omega(u,v)^{\frac{1}{p}}\}. \quad (7.67)$$

除了(7.67), 需要定义如下的局部版本 p-变差空间.

定义 7.6

对于给定的区间 $J = [a, b], a, b \in \mathbb{T}$ 和 Δ_J 上的控制 ϖ 以及正常数 L, 记 $\mathcal{C}_{2,\varpi,L}^{p\text{-var}}(J, V)$ 为双指标连续映射 $g : \Delta_J \to V$ 组成的空间且对于其中的元素 g 至少存在一个控制 ω, 使得对于每一个 $(s, t) \in \Delta_J$ 满足 $\varpi(s, t) \leqslant L$ 时有 $|g_{st}|_V \leqslant \omega(s, t)^{\frac{1}{p}}$.

该空间中的半范数可以定义为

$$|g|_{p\text{-var},\varpi,L;J} := \inf\left\{ \omega(a,b)^{\frac{1}{p}} : \omega \text{ 是一控制 s.t. } |g_{st}|_V \leqslant \omega(s,t)^{\frac{1}{p}}, \right.$$

$$\forall (s,t) \in \Delta_J \text{ 且满足 } \varpi(s,t) \leqslant L\Big\}.$$

记 $\mathcal{C}_{2,\varpi,L,\mathrm{loc}}^{p\text{-var}}(\mathbb{T},V)$ 为双指标连续映射 $g: \Delta_{\mathbb{T}} \to V$ 使得对于所有的有界区间 $J \subset \mathbb{T}$, 它的限制函数 $g|_{\Delta_J}$ 属于 $\mathcal{C}_{2,\varpi,L}^{p\text{-var}}(J,V)$.

最后考虑尺度空间 $(E^\beta, |\cdot|_\beta)_{\beta \in \mathbb{R}_+}$, 它是一族 Banach 空间, 对于 $\gamma \in \mathbb{R}_+$, $E^{\gamma+\beta}$ 连续嵌入到 E^β 中. 另外, $E^{-\beta}$ 为 E^β 的对偶空间.

定义 7.7

设 $\alpha \in \left(\dfrac{1}{3}, \dfrac{1}{2}\right]$ 和有界区间 $J \subset \mathbb{T}$. 尺度空间 $(E^\beta, |\cdot|_\beta)_{\beta \in \mathbb{R}_+}$ 上的一个连续无界 α-粗糙驱动项 $\mathbf{A} = (A^1, A^2)$ 是一对二指标映射, 它在 J 上存在一个控制 ω_A, 对于 $(s,t) \in \Delta_J$ 有

$$
\begin{aligned}
|A_{st}^1|_{\mathcal{L}(E^{-\beta}, E^{-(\beta+1)})} &\leqslant (\omega_A(s,t))^\alpha, \quad \beta \in [0,2], \\
|A_{st}^2|_{\mathcal{L}(E^{-\beta}, E^{-(\beta+2)})} &\leqslant (\omega_A(s,t))^{2\alpha}, \quad \beta \in [0,1],
\end{aligned}
\tag{7.68}
$$

并且 Chen 等式成立, 即

$$\delta A_{s\theta t}^1 = 0, \quad \delta A_{s\theta t}^2 = A_{\theta t}^1 A_{s\theta}^1, \quad \forall (s,\theta,t) \in \Delta_J^{(2)}. \tag{7.69}$$

7.3.2　弱解

将在 7.3.1.1 小节中的 Holmholtz-Leray 投影 $P: \mathbf{W}^{\alpha,2} \to \mathbf{H}^\alpha$ 和梯度投影 $Q: \mathbf{W}^{\alpha,2} \to \mathbf{H}_\perp^\alpha$ 作用到 (7.61) 上, 那么有

$$\partial_t u + P[(u \cdot \nabla)u] = \Delta u + P[(\sigma_k \cdot \nabla)u]\dot{z}_t^k, \tag{7.70}$$

$$\nabla p + Q[(u \cdot \nabla)u] = Q[(\sigma_k \cdot \nabla)u]\dot{z}_t^k. \tag{7.71}$$

令

$$\pi := \int_0^\cdot \nabla p_r \, dr,$$

接着对系统 (7.70)—(7.71) 在 $[s,t]$ 上进行积分, 然后将它代入到它自身的方程中便有

$$\delta u_{st} + \int_s^t P[(u_r \cdot \nabla)u_r]\, dr = \int_s^t \Delta u_r \, dr + [A_{st}^{P,1} + A_{st}^{P,2}]u_s + u_{st}^{P,\natural}, \tag{7.72}$$

$$\delta\pi_{st} + \int_s^t Q[(u_r \cdot \nabla)u_r]\,dr = [A_{st}^{Q,1} + A_{st}^{Q,2}]u_s + u_{st}^{Q,\natural}, \tag{7.73}$$

其中

$$A_{st}^{P,1}\varphi := P[(\sigma_k \cdot \nabla)\varphi]\,Z_{st}^k, \quad A_{st}^{P,2}\varphi := P[(\sigma_k \cdot \nabla)P[(\sigma_i \cdot \nabla)\varphi]]\mathbb{Z}_{st}^{i,k},$$

$$A_{st}^{Q,1}\varphi := Q[(\sigma_k \cdot \nabla)\varphi]\,Z_{st}^k, \quad A_{st}^{Q,2}\varphi := Q[(\sigma_k \cdot \nabla)P[(\sigma_i \cdot \nabla)\varphi]]\mathbb{Z}_{st}^{i,k}.$$

为了定义适合选取半流的弱解, 首先给出可容许初值的集合 $\mathbf{D}$:

$$\mathbf{D} := \left\{[x,e] \in \mathbf{H}^0 \times \mathbb{R}_+ : \frac{1}{2}|x|_0^2 \leqslant e\right\}.$$

定义 7.8 (弱解)

考虑 $[u_0, E_0] \in \mathbf{D}$ 以及一个几何 α-Hölder 粗糙路径

$$\mathbf{Z} = (Z, \mathbb{Z}) \in \mathcal{C}_{2,\mathrm{loc}}^\alpha(\mathbb{T}, \mathbb{R}^K) \times \mathcal{C}_{2,\mathrm{loc}}^{2\alpha}(\mathbb{T}, \mathbb{R}^{K\times K}), \quad \alpha \in \left(\frac{1}{3}, \frac{1}{2}\right], \tag{7.74}$$

称 $[u, E]$ 是 (7.70) 的弱解, 若

(1) $u : \mathbb{T} \to \mathbf{H}^0$ 是弱连续函数并且 $u \in L^2_{\mathrm{loc}}(\mathbb{T}, \mathbf{H}^1) \cap L^\infty_{\mathrm{loc}}(\mathbb{T}, \mathbf{H}^0)$;

(2) $E : \mathbb{T} \to \mathbb{R}_+$ 满足 $E(t) = \frac{1}{2}|u_t|_0^2$ a.e. $t \in \mathbb{T}$;

(3) $E(t)$ 是一个关于 t 的非降函数. 在变分表示中将其写成 $E(0-) = E(0)$ 和

$$[E\psi]_{t=\tau_1-}^{t=\tau_2+} - \int_{\tau_1}^{\tau_2} E\partial_t\psi\,dt + \int_{\tau_1}^{\tau_2} \psi \int_{\mathbf{T}^3} |\nabla u_t|^2\,dx\,dt \leqslant 0, \tag{7.75}$$

其中 $0 \leqslant \tau_1 \leqslant \tau_2$ 并且 $\psi \in C_c^1(\mathbb{T})$, $\psi \geqslant 0$.

(4) 余项 $u^{P,\natural} : \Delta_{\mathbb{T}} \to \mathbf{H}^{-3}$ 可被定义为: 对于所有的 $\phi \in \mathbf{H}^3$ 以及 $(s,t) \in \Delta_{\mathbb{T}}$,

$$u_{st}^{P,\natural}(\phi) := \delta u_{st}(\phi) + \int_s^t \left[(\nabla u_r, \nabla\phi) + B_P(u_r)(\phi)\right]dr - u_s([A_{st}^{P,1,*} + A_{st}^{P,2,*}]\phi), \tag{7.76}$$

且存在 ϖ 和 $L > 0$ 使得

$$u^{P,\natural} \in \mathcal{C}_{2,\varpi,L,\mathrm{loc}}^{\frac{p}{3}\text{-var}}(\mathbb{T}, \mathbf{H}^{-3}). \tag{7.77}$$

♣

> **定理 7.10 ([24, 定理 2.13])**
>
> 对于给定的初值 $[u_0, E_0] \in \mathbf{D}$ 和一个几何 α-Hölder 粗糙路径 $\mathbf{Z}$, $\alpha \in \left(\dfrac{1}{3}, \dfrac{1}{2}\right)$, 方程 (7.70) 存在着在定义 7.8 意义下的弱解, 它满足能量不等式
>
> $$\frac{1}{2}|u_t|_0^2 + \int_0^t |\nabla u_r|_0^2 \, dr \leqslant \frac{1}{2}|u_0|_0^2 \leqslant E_0, \quad \forall t \in \mathbb{T}. \tag{7.78}$$
>
> ♡

7.3.3　选取半流

考虑如下的可分空间作为轨迹空间

$$\mathbf{X} := C_{\mathrm{loc}}(\mathbb{T}, \mathbf{H}^{-1}) \times L_{\mathrm{loc}}^1(\mathbb{T}, \mathbb{R}). \tag{7.79}$$

对于 $[x, e] \in \mathbf{D}$, 引入解集合

$$\mathcal{U}[s, x, e, \mathbf{Z}] := \left\{ [u, E] \in \mathbf{X} \;\middle|\; \begin{array}{l} [u, E] \text{ 是 (7.70) 被 } \mathbf{Z} \text{ 扰动的弱解} \\ \text{且在初始时刻 } s \text{ 的初值为} [x, e] \end{array} \right\}.$$

若 $s = 0$, 那么用 $\mathcal{U}[x, e, \mathbf{Z}]$ 替换 $\mathcal{U}[0, x, e, \mathbf{Z}]$.

　　对于一个固定的初值和粗糙路径, 为了实现极大能量耗散, 这里关注总能量最小的弱解组成的子类. 为定义子类, 引入偏序关系 $\prec$: 若 $[u^i, E^i]$, $i = 1, 2$ 是方程 (7.70) 具有相同的扰动噪声 $\mathbf{Z}$ 和相同初值 $[u_0, E_0]$ 的两个弱解, 称 $[u^1, E^1] \prec [u^2, E^2]$ 当且仅当

$$E^1(t\pm) \leqslant E^2(t\pm), \quad t \in \mathbb{T} \setminus \{0\}.$$

> **定义 7.9 (可容许弱解)**
>
> 称方程 (7.70) 被 $\mathbf{Z}$ 扰动且以 $[u_0, E_0]$ 为初值的弱解 $[u, E]$ 是可容许的, 若对于关系 $\prec$ 而言, 它是最小的. 具体地, 若 $[\tilde{u}, \tilde{E}]$ 是 (7.70) 在相同初值和噪声的条件下的另外一个弱解, 且满足
>
> $$[\tilde{u}, \tilde{E}] \prec [u, E],$$
>
> 那么在 $\mathbb{T}$ 上有
>
> $$E = \tilde{E}.$$
>
> ♣

定义 7.10 (选取半流)

对于问题 (7.70) 在弱解中的一个选取半流是一个 Borel 可测映射

$$U : \mathbf{D} \times \mathscr{C}^{0,\alpha}_{g,\mathrm{loc}}(\mathbb{T}, \mathbb{R}^K) \to \mathbf{X},$$

$$U\{u_0, E_0, \mathbf{Z}\} \in \mathcal{U}[u_0, E_0, \mathbf{Z}], \quad \forall\, [u_0, E_0, \mathbf{Z}] \in \mathbf{D} \times \mathscr{C}^{0,\alpha}_{g,\mathrm{loc}}(\mathbb{T}, \mathbb{R}^K),$$

并且它满足半群性质: 对于任意的 $[u_0, E_0] \in \mathbf{D}$ 和任何 $t_1, t_2 \in \mathbb{T}$, 有

$$U\{u_0, E_0, \mathbf{Z}\}(t_1 + t_2) = U\left\{U\{u_0, E_0, \mathbf{Z}\}(t_1), \tilde{\mathbf{Z}}_{t_1}\right\}(t_2),$$

其中 $\tilde{\mathbf{Z}}_{t_1}(\cdot) := \mathbf{Z}(t_1 + \cdot) = (Z, \mathbb{Z})_{t_1 + \cdot, t_1 + \cdot}$.

7.3.3.1 序贯稳定性

序贯稳定性是建立集合 $\mathcal{U}[u_0, E_0, \mathbf{Z}]$ 的紧性、选取半流和随机动力系统可测性的必要结果. 设 $T > 0$, 并且记 $\Delta_T := \Delta_{[0,T]}$ 以及 $\Delta_T^{(2)} = \Delta_{[0,T]}^{(2)}$.

定理 7.11

设 $\{\mathbf{Z}^N = (Z^N, \mathbb{Z}^N)\}_{N \in \mathbb{N}}$ 是一个几何的 α-Hölder 粗糙路径序列使得 $\mathbf{Z}^N$ 在乘积拓扑 $\mathcal{C}^{\alpha}_{2,\mathrm{loc}}(\mathbb{T}, \mathbb{R}^K) \times \mathcal{C}^{2\alpha}_{2,\mathrm{loc}}(\mathbb{T}, \mathbb{R}^{K \times K})$ 中收敛到某一 α-Hölder 粗糙路径 $\mathbf{Z} = (Z, \mathbb{Z})$. 假设 $\{[u_0^N, E_0^N]\}_{N \in \mathbb{N}} \subset \mathbf{D}$ 是一个初值序列并且存在一正实数 $\mathcal{E}$ 使得

$$E_0^N \leqslant \mathcal{E}, \quad \forall N \in \mathbb{N}. \tag{7.80}$$

设 $[u^N, E^N] \in \mathcal{U}[u_0^N, E_0^N, \mathbf{Z}^N]$, $N \in \mathbb{N}$ 为一族弱解. 那么

(1) 存在 $[u_0, E_0] \in \mathbf{D}$ 和一子序列, 仍以 N 为指标集, 使得

$$u_0^N \text{ 在 } \mathbf{H}^0 \text{ 弱收敛到 } u_0, \quad E_0^N \to E_0. \tag{7.81}$$

(2) 对于与上述结论 (1) 中初始信息 $\{[u_0^N, E_0^N], \mathbf{Z}^N\}_{N \in \mathbb{N}}$ 相对应的解子序列 $\{[u^N, E^N]\}_{N \in \mathbb{N}}$, 存在一个弱解 $[u, E]$ 使得如下关系成立:

$$u^N \text{ 在空间 } C_{\mathrm{loc}}(\mathbb{T}, \mathbf{H}^{-1}) \text{ 收敛到 } u,$$

对于任意的 $t \in \mathbb{T}, E^N(t)$ 在 $L^1_{\mathrm{loc}}(\mathbb{T}, \mathbb{R})$ 中收敛到 $E(t)$.

它的证明相当冗长, 这里仅给出大体的证明框架, 具体证明参考 [99, 定理 3.3].

证明 第一部分的证明相当简单, 因为 $E_0^N \leqslant \mathcal{E}, \forall N \in \mathbb{N}$, 那么便存在子序列使得 (1) 中的陈述成立. 对于第二部分的结果是关于时间是局部的, 所以这里的

讨论仅需要在 $[0, T], \forall T \geqslant 0$ 上即可.

第二部分的证明: 一, 准备工作. 鉴于后面 7.3.5 节中的结果 (辅助性结果), 首先需要明确出现的控制函数和基本的无界粗糙驱动项的估计. 因为 $\mathbf{Z}^N \to \mathbf{Z}$, 那么对于 $\varepsilon > 0$, 总是存在一个 $N_0 := N_0(\varepsilon) \in \mathbb{N}$ 使得

$$|||\mathbf{Z}^N - \mathbf{Z}|||_{\alpha, [0, T]} < \varepsilon, \quad \forall N \geqslant N_0.$$

那么对于所有的 $N \geqslant N_0$ 有

$$|||\mathbf{Z}^N|||_{\alpha, [0, T]} < \varepsilon + |||\mathbf{Z}|||_\alpha.$$

若令 $\varepsilon = 1$ 便可得到

$$|||\mathbf{Z}^N|||_{\alpha, [0, T]} \leqslant \max\{|||\mathbf{Z}|||_{\alpha, [0, T]} + 1, |||\mathbf{Z}^1|||_{\alpha, [0, T]}, \cdots, |||\mathbf{Z}^{N_0}|||_{\alpha, [0, T]}\} =: R.$$

因此, 取

$$\omega_Z(s, t) := (t - s) R^{1/\alpha}, \quad (s, t) \in \Delta_T. \tag{7.82}$$

那么 ω_Z 是一控制并且有

$$|Z_{st}^N| \leqslant (\omega_Z(s, t))^\alpha, \quad |\mathbb{Z}_{st}^N| \leqslant (\omega_Z(s, t))^{2\alpha}, \quad \forall (s, t) \in \Delta_T. \tag{7.83}$$

更进一步定义

$$A_{st}^{N,1} \phi := P\left[(\sigma_k \cdot \nabla)\phi\right] Z_{st}^{N,k},$$
$$A_{st}^{N,2} \phi := P\left[(\sigma_k \cdot \nabla)P[(\sigma_j \cdot \nabla)\phi]\right] \mathbb{Z}_{st}^{N,j,k}. \tag{7.84}$$

它们有如下估计

$$对于 \beta \in [0, 2], \quad |A_{st}^{N,1}|_{\mathcal{L}(\mathbf{H}^{\beta+1}, \mathbf{H}^\beta)} \leqslant M(\omega_Z(s, t))^\alpha, \tag{7.85}$$

$$对于 \beta \in [0, 1], \quad |A_{st}^{N,2}|_{\mathcal{L}(\mathbf{H}^{\beta+2}, \mathbf{H}^\beta)} \leqslant M(\omega_Z(s, t))^{2\alpha}, \tag{7.86}$$

其中 M 在 7.3.1.1 节中被引入. 这里仅给出 (7.85) 的证明, (7.86) 同理可证. 对于 $\beta \in [0, 2]$, 估计式 (7.83) 和 (7.63) 表明

$$|A_{st}^{N,1}|_{\mathcal{L}(\mathbf{H}^{\beta+1}, \mathbf{H}^\beta)} \leqslant |P\mathcal{A}^1|_{\mathcal{L}(\mathbf{H}^{\beta+1}, \mathbf{H}^\beta)} |Z_{st}^N| \leqslant M(\omega_Z(s, t))^\alpha.$$

那么由定义 7.7 知 $\{(A_{st}^{N,1}, A_{st}^{N,2})\}_N$ 是一族在尺度 $(\mathbf{H}^\beta)_{\beta \in \mathbb{R}_+}$ 上的无界粗糙驱动项, 并且

$$\omega_{A^N}(s, t) := M^{1/\alpha} \omega_Z(s, t),$$

且它关于 N 有一致的界.

二, (2) 的证明: 不失一般性, 对于定义 7.8 的意义下的解序列 $\{u^N\}_{N\geqslant1}$, 可以假设 ϖ 和常数 $L>0$ 对于 N 是一致的. 由于 $\frac{1}{2}|u_0^N|_0^2 \leqslant \mathcal{E}$, $\forall N \in \mathbb{N}$ 和 (7.78), 那么 Banach-Alaoglu 定理表明存在子序列, 仍然用 $\{u^N\}_{N\geqslant1}$ 表示, 它在 $L_T^2\mathbf{H}^1$ 中弱收敛并且在 $L_T^\infty\mathbf{H}^0$ 中弱 * 收敛. 为了说明序列在 $L_T^2\mathbf{H}^0 \cap C_T\mathbf{H}^{-1}$ 中的强收敛, 只需要验证后面 (辅助性) 引理 7.29 的条件.

设 $\phi \in \mathbf{H}^1$. 将 δu_{st}^N 分解成光滑和非光滑部分

$$|\delta u_{st}^N(\phi)| \leqslant |\delta u_{st}^N(J^\eta\phi)| + |\delta u_{st}^N((I-J^\eta)\phi)|, \quad \eta \in (0,1). \tag{7.87}$$

使用 (7.66) 和 (7.78), 上式中第二项估计为

$$|\delta u_{st}^N((I-J^\eta)\phi)| \lesssim |u^N|_{L_T^\infty\mathbf{H}^0}|(I-J^\eta)\phi|_0 \lesssim \eta|u_0^N|_0|\phi|_1 \leqslant \eta\sqrt{\mathcal{E}}|\phi|_1. \tag{7.88}$$

对于 (7.87) 右侧第一项, 先令

$$\mu_t^N(\phi) := -\int_0^t \left[(\nabla u_r^N, \nabla\phi) + B_P(u_r^N)(\phi) \right] dr, \quad \phi \in \mathbf{H}^1,$$

(7.76) 表明对于所有的 $(s,t) \in \Delta_T$, 有

$$\delta u_{st}^N = \delta\mu_{st}^N + A_{st}^{N,1}u_s + A_{st}^{N,2}u_s + u_{st}^{P,\natural,N}, \tag{7.89}$$

该等式在 $\mathbf{H}^{-3}$ 中成立. 那么便得到

$$|\delta u_{st}^N(J^\eta\phi)| \leqslant |u_{st}^{P,\natural,N}(J^\eta\phi)| + |\delta\mu_{st}^N(J^\eta\phi)| + |u_s^N(A_{st}^{N,1,*}J^\eta\phi)| + |u_s^N(A_{st}^{N,2,*}J^\eta\phi)|. \tag{7.90}$$

接下来分别处理 (7.90) 中的每一项即可, 这里仅给出第一项的处理和上述估计的结果, (7.90) 的其余项处理相对简单, 故而略去.

根据后面 (辅助性) 引理 7.26, 存在正常数 $\tilde{L}$, 它仅依赖 p (即与 N 无关), 使得对于所有 $(s,t) \in \Delta_T$ 且满足 $\varpi(s,t) \leqslant L$ 和 $M^{1/\alpha}\omega_Z(s,t) = \omega_{A^N}(s,t) \leqslant \tilde{L}$, 有

$$\omega_{P,\natural,N}(s,t) \lesssim_p |u^N|_{L_T^\infty\mathbf{H}^0}^{\frac{p}{3}}\omega_{A^N}(s,t) + (1+|u^N|_{L_T^\infty\mathbf{H}^0})^{\frac{2p}{3}}(t-s)^{\frac{p}{3}}\omega_{A^N}(s,t)^{\frac{1}{12}}$$

$$\lesssim_p M^{1/\alpha}|u^N|_{L_T^\infty\mathbf{H}^0}^{\frac{p}{3}}\omega_Z(s,t) + M^{1/\alpha}(1+|u^N|_{L_T^\infty\mathbf{H}^0})^{\frac{2p}{3}}(t-s)^{\frac{p}{3}}\omega_Z(s,t)^{\frac{1}{12}}, \tag{7.91}$$

其中 $\omega_{P,\natural,N}(s,t) := |u^{P,\natural,N}|_{\frac{p}{3}\text{-var};[s,t];\mathbf{H}^{-3}}^{\frac{p}{3}}$. 因为 $u^{P,\natural,N}$ 是余项, 那么 (7.77) 由 (7.66) 和 (7.91) 可验证并且有

$$|u_{st}^{P,\natural,N}(J^\eta\phi)| \leqslant \omega_{P,\natural,N}(s,t)^{\frac{3}{p}}|J^\eta\phi|_3$$

$$\lesssim_p \eta^{-2} M^{\frac{3}{p\alpha}} \left[|u^N|_{L_T^\infty \mathbf{H}^0}^{\frac{p}{3}} \omega_Z(s,t) \right.$$

$$\left. + (1 + |u^N|_{L_T^\infty \mathbf{H}^0})^{\frac{2p}{3}} (t-s)^{\frac{p}{3}} \omega_Z(s,t)^{\frac{1}{12}} \right]^{\frac{3}{p}} |\phi|_1$$

$$\lesssim \eta^{-2} \left[\sqrt{\mathcal{E}}(\omega_Z(s,t))^{\frac{3}{p}} + (1+\mathcal{E})(t-s)(\omega_Z(s,t))^{\frac{1}{4p}} \right] |\phi|_1. \quad (7.92)$$

因此, 对于每一个 $\phi \in \mathbf{H}^1$, (7.90) 有如下估计

$$|\delta u_{st}^N(\phi)| \lesssim \eta^{-2} \left[\sqrt{\mathcal{E}}(\omega_Z(s,t))^{\frac{3}{p}} + (1+\mathcal{E})(t-s)(\omega_Z(s,t))^{\frac{1}{4p}} \right] |\phi|_1$$

$$+ \eta^{-1}(t-s)(1+\mathcal{E})|\phi|_1$$

$$+ \sqrt{\mathcal{E}}(\omega_Z(s,t))^{\frac{1}{p}}|\phi|_1 + \eta^{-1}\sqrt{\mathcal{E}}(\omega_Z(s,t))^{\frac{2}{p}}|\phi|_1 + \eta\sqrt{\mathcal{E}}|\phi|_1.$$

设 $\eta := (\omega_Z(s,t))^{\frac{1}{p}} + (t-s)^{\frac{1}{p}}$. 由于 $\mathbf{Z}$ 和 $\tilde{L}$ 是固定的, 选择 M 充分大既能保证 (7.63) 成立, 又能保证 $\omega_Z(s,t) \leqslant \dfrac{\tilde{L}}{M^{1/\alpha}} < \dfrac{1}{2}$ 和 $(t-s)^{\frac{1}{p}} < \dfrac{1}{2}$, 这表明 $(s,t) \in \Delta_T, \varpi(s,t) \leqslant \bar{L}$ 使得 $\omega_Z(s,t) < \dfrac{1}{2}$ 时有, $\eta \in [0,1)$.

最终可以得到

$$|\delta u_{st}^N|_{-1} \lesssim_{M,\mathcal{E}} (1+|u_0|_0)^2 (\omega_Z(s,t)^{\frac{1}{p}} + (t-s)^{1-\frac{2}{p}}). \quad (7.93)$$

因为 $p \geqslant 2, \kappa > 0$, 那么

$$\omega_Z(s,t)^{\frac{1}{p}} + (t-s)^{1-\frac{2}{p}} \lesssim_{p,\kappa} \left(\omega_Z(s,t)^{\frac{\kappa}{p}} + (t-s)^{\kappa\left(1-\frac{2}{p}\right)} \right)^{\frac{1}{\kappa}},$$

选择一个 κ, 使其满足

$$\kappa \geqslant p \quad 和 \quad \kappa \geqslant \frac{p}{p-2},$$

从而保证

$$\tilde{\omega}(s,t) := \omega_Z(s,t)^{\frac{\kappa}{p}} + (t-s)^{\kappa\left(1-\frac{2}{p}\right)}$$

是一控制.

因此, 引理 7.29 保证存在 $\{u^N\}_{N\in\mathbb{N}}$ 的一个子序列, 仍记为 $\{u^N\}_{N\in\mathbb{N}}$, 它在 $C_T \mathbf{H}^{-1} \cap L_T^2 \mathbf{H}^0$ 中收敛到 u. 最后需要说明 u 是 (7.70) 的弱解即可完成证明, 验证过程是对方程

$$\delta u_{st}^N + \int_s^t B_p(u_r^N)\, dr = \int_s^t \Delta u_r^N dr + [A_{st}^{N,1} + A_{st}^{N,2}] u_s^N + u_{st}^{P,\natural,N} \quad (7.94)$$

关于 N 在弱形式下取极限, 其中 $A_{st}^{N,1}$ 和 $A_{st}^{N,2}$ 在 (7.84) 中已经被定义, 随后验证定义 7.8 所要求的性质即可, 这里不再叙述证明过程.

7.3.3.2　平移不变性和延续性

对于 $w \in \mathbf{X}$, 定义正向平移算子 $S_T \circ w$ 为

$$S_T \circ w(t) := w(T + t), \quad t \geqslant 0.$$

引理 7.22 (平移不变性)

设 $[u_0, E_0] \in \mathbf{D}$, $\mathbf{Z}$ 是一个定义在 $\mathbb{T}$ 上的 α-Hölder 几何粗糙路径, 并且 $[u, E] \in \mathcal{U}[u_0, E_0, \mathbf{Z}]$. 那么对于任意的 $T > 0$ 和 $\mathcal{E} \geqslant E(T+)$ 有

$$S_T \circ [u, E] \in \mathcal{U}[u(T), \mathcal{E}, \tilde{\mathbf{Z}}_T],$$

上式中 $\tilde{\mathbf{Z}}_T(t) := \mathbf{Z}(t + T)$, $\forall t \geqslant 0$. ♡

证明　对于任何固定的 $T > 0$. 基于 S_T 的定义, 需要证明:

$$(S_T \circ [u, E])(t) = \{[u_{t+T}, E(t + T)]; t \geqslant 0\} =: \{[\tilde{u}_t, \tilde{E}(t)]; t \geqslant 0\} \in \mathcal{U}[u(T), \mathcal{E}, \tilde{\mathbf{Z}}].$$

按弱解定义验证即可.　首先, 因为 $u \in \mathcal{U}[u_0, E_0, \mathbf{Z}]$, 那么 $\tilde{u} \in L^2_{\text{loc}}(\mathbb{T}, \mathbf{H}^1) \cap L^\infty_{\text{loc}}(\mathbb{T}, \mathbf{H}^0)$.　接下来, 因为 $E(t)$ 关于时间 t 是非增的并且满足 (7.75), 那么对于每一个 $\psi \in C^1_c(\mathbb{T})$, $\psi \geqslant 0$ 有

$$\left[\tilde{E}(t)\psi(t) \right]_{t=\tau_1-}^{t=\tau_2+} - \int_{\tau_1}^{\tau_2} \tilde{E}(t)\partial_t \psi(t)\, dt + \int_{\tau_1}^{\tau_2} \psi \int_{\mathbf{T}^3} |\nabla \tilde{u}_t|^2\, dx\, dt \leqslant 0, \quad 0 \leqslant \tau_1 \leqslant \tau_2,$$

注意到, 因为 $\mathcal{E} \geqslant E(T+)$, 由 (7.78), 有 $[u(T), \mathcal{E}] \in \mathbf{D}$. 此外, (7.76) 表明

$$u_{(s+T)(t+T)}^{P,\natural}(\phi) = u_{t+T}(\phi) - u_{s+T}(\phi) + \int_{s+T}^{t+T} [(\nabla u_r, \nabla \phi) + B_P(u_r)(\phi)]\, dr$$

$$- u_{s+T}([A_{(s+T)(t+T)}^{P,1,*} + A_{(s+T)(t+T)}^{P,2,*}]\phi)$$

$$= \tilde{u}_t(\phi) - \tilde{u}_s(\phi) + \int_s^t [(\nabla \tilde{u}_{\tilde{r}}, \nabla \phi) + B_P(\tilde{u}_{\tilde{r}})(\phi)]\, d\tilde{r}$$

$$- \tilde{u}_s([A_{(s+T)(t+T)}^{P,1,*} + A_{(s+T)(t+T)}^{P,2,*}]\phi). \tag{7.95}$$

由于有符号 $\tilde{Z}_{st} = Z_{(s+T)(t+T)}$ 和 $\tilde{\mathbb{Z}}_{st} = \mathbb{Z}_{(s+T)(t+T)}$, 则有

$$A_{(s+T)(t+T)}^{P,1} = P[(\sigma_k \cdot \nabla)\varphi]\tilde{Z}_{st}^k = \tilde{A}_{st}^{P,1}$$

和

$$A^{P,2}_{(s+T)(t+T)} = P[(\sigma_k \cdot \nabla)P[(\sigma_l \cdot \nabla)\varphi]]\tilde{\mathbb{Z}}^{l,k}_{st} = \tilde{A}^{P,2}_{st}.$$

因此, 对于 $(s,t) \in \Delta_T$ 有

$$\begin{aligned} u^{P,\natural}_{(s+T)(t+T)}(\phi) &= \tilde{u}_t(\phi) - \tilde{u}_s(\phi) + \int_s^t [(\nabla\tilde{u}_{\tilde{r}}, \nabla\phi) + B_P(\tilde{u}_{\tilde{r}})(\phi)] \, d\tilde{r} \\ &\quad - \tilde{u}_s([\tilde{A}^{P,1,*}_{st} + \tilde{A}^{P,2,*}_{st}]\phi) =: \tilde{u}^{P,\natural}_{st}(\phi). \end{aligned} \tag{7.96}$$

最后仅需要说明: 对于每一个 $\tau > 0$, $\tilde{u}^{P,\natural} \in \mathcal{C}^{\frac{p}{3}\text{-var}}_{2,\varpi,L}([0,\tau], \mathbf{H}^{-3})$. 因为 $u^{P,\natural} \in \mathcal{C}^{\frac{p}{3}\text{-var}}_{2,\varpi,L}([0,\tau], \mathbf{H}^{-3})$, 则存在一个控制 $w_\natural$ 使得对于每一个 $\phi \in \mathbf{H}^3$, 有

$$|\tilde{u}^{P,\natural}_{st}(\phi)| = |u^{P,\natural}_{(s+T)(t+T)}(\phi)| \leqslant c\|\phi\|_{\mathbf{H}^3}(w_\natural(s+T, t+T))^{\frac{3}{p}}.$$

因此, 可以令 $\tilde{w}_\natural(s,t) := w_\natural(s+T, t+T)$, 从而有 $\|\tilde{u}^{P,\natural}_{st}\|_{-3} \leqslant c(\tilde{w}_\natural(s,t))^{\frac{3}{p}}, \forall(s,t) \in \Delta_\tau$. 从而完成引理 7.22 的证明.

对于 $w_1, w_2 \in \mathbf{X}$ 和 $T > 0$, 定义延拓算子 $\omega_1 \cup_T \omega_2$ 为

$$w_1 \cup_T w_2(\tau) := \begin{cases} w_1(\tau), & 0 \leqslant \tau \leqslant T, \\ w_2(\tau - T), & \tau > T. \end{cases}$$

> **引理 7.23 (延续性)**
>
> 设 $[u_0, E_0] \in \mathbf{D}$, $\mathbf{Z}$ 是一个 α-Hölder 粗糙路径, 并且
>
> $$[u, E] \in \mathcal{U}[u_0, E_0, \mathbf{Z}], \quad [\tilde{u}, \tilde{E}] \in \mathcal{U}[u(T), \mathcal{E}, \tilde{\mathbf{Z}}], \quad 其中 \quad \mathcal{E} \leqslant E(T-).$$
>
> 那么
>
> $$[u, E] \cup_T [\tilde{u}, \tilde{E}] \in \mathcal{U}[u_0, E_0, \mathbf{Z}]. \quad \heartsuit$$

它的证明非常简单, 仅需要说明 $[u, E] \cup_T [\tilde{u}, \tilde{E}]$ 的能量可以被 E_0 控制以及它的余项满足定义 7.8 中局部版本的 Hölder 连续性估计即可. 故而略去证明.

对于一个固定的粗糙路径 $\mathbf{Z}$. 已经证明了集值映射

$$\mathbf{D} \times \mathscr{C}^{0,\alpha}_{g,\text{loc}}(\mathbb{T}; \mathbb{R}^K) \to 2^{\mathbf{X}}, \quad [u_0, E_0, \mathbf{Z}] \mapsto \mathcal{U}[u_0, E_0, \mathbf{Z}] \tag{7.97}$$

的存在性, 它有如下性质:

(A1) **紧性** 对于任意的 $[u_0, E_0, \mathbf{Z}] \in \mathbf{D} \times \mathscr{C}^{0,\alpha}_{g,\mathrm{loc}}(\mathbb{T}, \mathbb{R}^K)$, 集合 $\mathcal{U}[u_0, E_0, \mathbf{Z}]$ 为 $\mathbf{X}$ 中的非空紧集. 定理 7.11 和定理 7.10 分别保证了紧性和非空性.

(A2) **可测性** 映射 (7.97) 是 Borel 可测的, 其中 $\mathcal{U}$ 被赋予一个 Hausdorff 度量. 事实上, 因为 $\mathcal{U}[u_0, E_0, \mathbf{Z}]$ 是可分度量空间 $\mathbf{X}$ 中的紧子集, $\mathcal{U}$ 的 Borel 可测性等价于在 $2^{\mathbf{X}}$ 中的紧子集关于 Hausdorff 度量的可测性. 因此, 运用下面的 Stroock 和 Varadhan 的引理可得可测性, 即取 $Y = \mathbf{D}$ 以及 $X = \mathbf{X}$.

> **引理 7.24 ([132, 引理 12.1.8])**
>
> 设 Y 是一个度量空间并且 $\mathcal{B}$ 是它的 Borel σ-代数. 设映射 $y \mapsto K_y$ 是从 Y 到 $\mathrm{Comp}(X)$ 的映射, 其中 X 为可分的 Banach 空间并且 $\mathrm{Comp}(X)$ 为 X 的所有紧子集组成的集合. 假设对于任意的序列 $y_n \mapsto y$ 和 $x_n \in K_{y_n}$, 若 x_n 在 K_y 中有一个极限点 x, 那么映射 $y \mapsto K_y$ 是 Y 到 $\mathrm{Comp}(X)$ 的 Borel 映射. ♡

(A3) **Shift 不变性** 对于任意的 $[u, E] \in \mathcal{U}[u_0, E_0, \mathbf{Z}]$, 有

$$S_T \circ [u, E] \in \mathcal{U}[u(T), E(T-), \tilde{\mathbf{Z}}_T], \quad \forall T > 0,$$

其中 $\tilde{\mathbf{Z}}_T(t) := S_T \circ \mathbf{Z}(t), \forall t \geqslant 0$.

(A4) **延续性** 若 $T > 0$, 并且 $[u, E] \in \mathcal{U}[u_0, E_0, \mathbf{Z}]$, $[\tilde{u}, \tilde{E}] \in \mathcal{U}[u(T), E(T-), \tilde{\mathbf{Z}}_T]$, 那么

$$[u, E] \cup_T [\tilde{u}, \tilde{E}] \in \mathcal{U}[u_0, E_0, \mathbf{Z}].$$

7.3.3.3 选择序列

构造选择序列的基本思想是选取一个合适的能量泛函使得集合 $\mathcal{U}[u_0, E_0, \mathbf{Z}]$ 越来越小, 具体地, 本小节考虑如下的 Krylov 泛函 (参考 [133]):

$$I_{\lambda, F}[u, E] = \int_0^\infty e^{-\lambda t} F(u(t), E(t)) dt, \quad \lambda > 0,$$

其中 $F : \mathbf{H}^{-1} \times \mathbb{R} \to \mathbb{R}$ 为有界连续泛函. 对于给定的泛函 $I_{\lambda, F}$ 和集值映射 $\mathcal{U}$, 定义选择映射 $I_{\lambda, F} \circ \mathcal{U}$ 为

$$I_{\lambda, F} \circ \mathcal{U}[u_0, E_0, \mathbf{Z}]$$

$$= \{[u, E] \in \mathcal{U}[u_0, E_0, \mathbf{Z}] \mid I_{\lambda, F}[u, E] \leqslant I_{\lambda, F}[\tilde{u}, \tilde{E}], \forall [\tilde{u}, \tilde{E}] \in \mathcal{U}[u_0, E_0, \mathbf{Z}]\}. \quad (7.98)$$

$\mathcal{U}[u_0, E_0, \mathbf{Z}]$ 满足性质 (A1)—(A4), 下面的命题给出集值映射 $\mathcal{U}$ 与泛函 $I_{\lambda, F}$ 作用后仍然保持相同的性质. 它的证明同 [134, 命题 5.1] 相似.

命题 7.1

设 $\lambda > 0$, F 是 $\mathbf{H}^{-1} \times \mathbb{R}$ 上的有界连续线性泛函. 设集值映射 (7.97) 有性质 (A1)—(A4). 则映射 $I_{\lambda,F} \circ \mathcal{U}$ 也满足 (A1)—(A4).

♠

引理 7.25([134, 引理 5.2])

对于任意的 $[\tilde{u}, \tilde{E}] \in \mathcal{U}[u_0, E_0, \mathbf{Z}]$, 若 $[u, E] \in \mathcal{U}[u_0, E_0, \mathbf{Z}]$ 满足

$$\int_0^\infty \exp(-t)\beta(E(t))\,dt \leqslant \int_0^\infty \exp(-t)\beta(\tilde{E}(t))\,dt,$$

那么 $[u, E]$ 是对于关系 $\prec$ 是极小的, 意味着 $[u, E]$ 是可容许的.

♡

最后, 给出本节中的主要的结果.

定理 7.12

N-S 方程 (7.70) 在定义 7.10 意义下的弱解函数类有一个选择半流 U. 此外, 对于任意的 $[u_0, E_0, \mathbf{Z}] \in \mathbf{D} \times \mathscr{C}_{g,\text{loc}}^{0,\alpha}(\mathbb{T}, \mathbb{R}^K)$, 那么 $U\{u_0, E_0, \mathbf{Z}\}$ 在定义 7.9 意义下是可容许的.

♡

　　证明　首先注意到: 由 (7.98) 知, 新的选择 $I_{1,\beta} \circ \mathcal{U}$ 对于任意的 $[u_0, E_0, \mathbf{Z}] \in \mathbf{D} \times \mathscr{C}_{g,\text{loc}}^{0,\alpha}(\mathbb{T}, \mathbb{R}^K)$ 只能输出可容许解.

　　接下来, 选择一组 $\mathbf{L}^2$ 上的基 $\{\mathbf{e}_n\}_{n \in \mathbb{N}}$, 以及一个可列集 $\{\lambda_k\}_{k \in \mathbb{N}}$, 它在 $(0, \infty)$ 中是稠密的. 考虑一族可列泛函

$$I_{k,0}[u, E] = \int_0^\infty e^{-\lambda_k t}\beta(E(t))dt,$$

$$I_{k,n}[u, E] = \int_0^\infty e^{-\lambda_k t}\beta\left(\int_{\mathbf{T}^3} u(t, \cdot) \cdot \mathbf{e}_n dx\right) dt.$$

因为对于所有的 t, $u(t, \cdot) \in \mathbf{H}^{-1}(\mathbf{T}^3, \mathbb{R}^3)$, 所以上面的泛函都是良好定义的. 设 $\{(k(j), n(j))\}_{j=1}^\infty$ 为集合

$$(\mathbb{N} \times \{0\}) \cup (\mathbb{N} \times \mathbb{N})$$

的一个枚举. 定义

$$\mathcal{U}^j := I_{k(j),n(j)} \circ \cdots \circ I_{k(1),n(1)} \circ I_{1,\beta} \circ \mathcal{U}, \quad j = 1, 2, \cdots,$$

并且

$$\mathcal{U}^\infty := \bigcap_{j=1}^\infty \mathcal{U}^j.$$

由命题 7.1, 知集值映射

$$\mathbf{D} \times \mathscr{C}^{0,\alpha}_{g,\mathrm{loc}}(\mathbb{T}, \mathbb{R}^K) \to 2^{\mathbf{X}}, \quad [u_0, E_0, \mathbf{Z}] \mapsto \mathcal{U}^\infty[u_0, E_0, \mathbf{Z}] \tag{7.99}$$

也满足性质 (A1)—(A4).

接下来, 说明对于每一个 $[u_0, E_0, \mathbf{Z}] \in \mathbf{D} \times \mathscr{C}^{0,\alpha}_{g,\mathrm{loc}}(\mathbb{T}, \mathbb{R}^K)$, 集合 $\mathcal{U}^\infty$ 是一个单点集, 即存在 $U\{u_0, E_0, \mathbf{Z}\} \in \mathbf{X}$ 使得

$$\mathcal{U}^\infty[u_0, E_0, \mathbf{Z}] = \{U\{u_0, E_0, \mathbf{Z}\}\}. \tag{7.100}$$

为了证明这一事实, 首先注意到, 对于任意的 $[u^1, E^1], [u^2, E^2] \in \mathcal{U}^\infty[u_0, E_0, \mathbf{Z}]$,

$$I_{k(j),n(j)}[u^1, E^1] = I_{k(j),n(j)}[u^2, E^2], \quad j \in \mathbb{N}.$$

因为积分 $I_{k(j),n(j)}$ 可以被视为函数

$$f \in \left\{ \beta(E), \ \beta\left(\int_{\mathbf{T}^3} u \cdot \mathbf{e}_n dx \right) \right\}$$

的 Laplace 变换,

$$F(\lambda_k) = \int_0^\infty e^{-\lambda_k t} f(t) dt,$$

Lerch 定理 [135, 定理 2.1] 表明对于所有的 $n \in \mathbb{N}$ 和 a.e. $t \in (0, \infty)$,

$$\beta(E^1(t)) = \beta(E^2(t)),$$

$$\beta\left(\int_{\mathbf{T}^3} u^1(t, \cdot) \cdot \mathbf{e}_n dx \right) = \beta\left(\int_{\mathbf{T}^3} u^2(t, \cdot) \cdot \mathbf{e}_n dx \right),$$

由于 β 是严格增加的, 对于所有的 $n \in \mathbb{N}$ 和 a.e. $t \in (0, \infty)$, 必然有

$$E^1(t-) = E^2(t-), \quad \langle u^1(t, \cdot), \mathbf{e}_n \rangle_{\mathbf{L}^2} = \langle u^2(t, \cdot), \mathbf{e}_n \rangle_{\mathbf{L}^2}.$$

因为 $\{\mathbf{e}_n\}_{n \in \mathbb{N}}$ 是 $\mathbf{L}^2$ 中的一组集, 便得到

$$u^1 = u^2 \quad \text{和} \quad E^1 = E^2 \quad \text{a.e.} \ (0, \infty).$$

由 (7.100), U 的可测性由 $\mathcal{U}^\infty$ 的 (A2) 可得. 然而半群性质由 (A3) 可得. 事实上, 对于 $t_1, t_2 \geqslant 0$ 有

$$U\{u_0, E_0, \mathbf{Z}\}(t_1 + t_2) = S_{t_1} \circ U\{u_0, E_0, \mathbf{Z}\}(t_2) = U\{U\{u_0, E_0, \mathbf{Z}\}(t_1), \tilde{\mathbf{Z}}_{t_1}\}(t_2),$$

其中 $\tilde{\mathbf{Z}}_{t_1}(t_2) := \mathbf{Z}(t_1 + t_2)$. 因此, 便完成定理 7.12 的证明.

7.3.4　随机动力系统

> **定理 7.13**
>
> 假设对于给定的可测动力系统 $(\Omega, \mathcal{F}, \mathbb{P}, \theta)$, 驱动粗糙路径 $\mathbf{Z} = (Z, \mathbb{Z})$ 是一个几何 α-Hölder 粗糙余圈, $\alpha \in \left(\dfrac{1}{3}, \dfrac{1}{2}\right)$. 那么 Navier-Stokes 系统 (7.70) 在 $\mathbf{D}$ 上生成一个随机动力系统.

证明　对于给定的随机粗糙路径 $\mathbf{Z}$ 和 7.3.3 小节中定义的 U, 定义

$$\varphi : \Omega \times \mathbf{D} \to \mathcal{C}_{\mathrm{loc}} \mathbf{H}_w^0 \times L_{\mathrm{loc}}^1(\mathbb{T}), \quad (\omega, [u_0, E_0]) \mapsto U\{u_0, E_0, \mathbf{Z}(\omega)\}.$$

由粗糙余圈的定义, 这一映射可以分解为

$$(\omega, [u_0, E_0]) \mapsto (u_0, E_0, \mathbf{Z}(\omega)) \mapsto U\{u_0, E_0, \mathbf{Z}(\omega)\},$$

由于定理 7.12, 它因此是可测的.

现在说明

$$\Phi : \mathbb{T} \times \Omega \times \mathbf{D} \to \mathbf{D}, \quad (t, \omega, [u_0, E_0]) \mapsto \varphi(\omega, [u_0, E_0])(t) \tag{7.101}$$

是一可测随机动力系统. 首先 Φ 是良好定义的. 接下来, 若证明对于每一个 $\omega \in \Omega$ 和 $[u_0, E_0] \in \mathbf{D}$, 都有

$$\mathbb{T} \to \mathbf{D}, \quad t \mapsto \varphi(\omega, [u_0, E_0])(t) \quad \text{是可测的},$$

则 Φ 的可测性可以得到. 因为 $[u, E] = \varphi(\omega, [u_0, E_0])$, 那么 $\mathbb{T} \to \mathbf{H}^0$, $t \mapsto u_t$ 是弱连续的并且 $\mathbb{T} \to \mathbb{R}_+$, $t \mapsto E(t-)$ 的可测性是 Lebesgue 微分定理的应用的结果, 这是由于

$$E(t-) = \lim_{h \to 0} \frac{1}{h} \int_h^{t+h} E(s)\, ds.$$

因此, 完成可测性的说明. 最后检查 Φ 的余圈性质. 根据 Φ 的定义, U 的半流性质和粗糙余圈的性质, 对于所有的 $t, s \in \mathbb{T}$, $\omega \in \Omega$ 有

$$\begin{aligned}
\Phi(t + s, \omega)\left([u_0, E_0]\right) &= \varphi_{t+s}(\omega)\left([u_0, E_0]\right) = U\{u_0, E_0, \mathbf{Z}(\omega)\}(t + s) \\
&= U\left\{U\{u_0, E_0, \mathbf{Z}(\omega)\}(s), \tilde{\mathbf{Z}}_s(\omega)\right\}(t) \\
&= U\left\{U\{u_0, E_0, \mathbf{Z}(\omega)\}(s), \mathbf{Z}(\theta_s \omega)\right\}(t) \\
&= \varphi_t(\theta_s \omega) \circ \varphi_s(\omega)\left([u_0, E_0]\right) = \Phi(t, \theta_s \omega) \circ \Phi(s, \omega)\left([u_0, E_0]\right),
\end{aligned}$$

这便完成了证明.

7.3.5 先验估计和紧性

这里给出一些来自于 [24] 中的结果作为证明前面结论的辅助性引理. 对于任何固定的 $T > 0$ 并且假设 u 是方程 (7.70) 在定义 7.8 意义下的弱解.

引理 7.26 ([24, 引理 3.1])

对于 $(s, t) \in \Delta_T$, 满足 $\varpi(s, t) \leqslant L$, 令 $\omega_{P, \natural}(s, t) := |u^{P, \natural}|^{\frac{p}{3}}_{\frac{p}{3}\text{-var};[s,t];\mathbf{H}^{-3}}$. 那么便存在一个常数 $\tilde{L} > 0$, 它仅依赖于 p 和维数 d, 使得对于所有的 $(s, t) \in \Delta_T$, 当满足 $\varpi(s, t) \leqslant L$ 和 $\omega_A(s, t) \leqslant \tilde{L}$ 时, 有

$$\omega_{P, \natural}(s, t) \lesssim_p |u|^{\frac{p}{3}}_{L_T^\infty \mathbf{H}^0} \omega_A(s, t) + \omega_\mu(s, t)^{\frac{p}{3}} (\omega_A(s, t)^{\frac{1}{3}} + \omega_A(s, t)^{\frac{2}{3}}) \quad (7.102)$$

和

$$\omega_{P, \natural}(s, t) \lesssim_p |u|^{\frac{p}{3}}_{L_T^\infty \mathbf{H}^0} \omega_A(s, t) + (1 + |u|_{L_T^\infty \mathbf{H}^0})^{\frac{2p}{3}} (t - s)^{\frac{p}{3}} \omega_A(s, t)^{\frac{1}{12}}. \quad (7.103)$$

引理 7.27 ([24, 引理 3.3])

解 $u \in \mathcal{C}^{p\text{-var}}([0, T], \mathbf{H}^{-1})$, 并且存在仅依赖于 p 和空间维数 d 的常数 $\tilde{L} > 0$, 使得对于所有的 $(s, t) \in \Delta_T$, 当满足 $\varpi(s, t) \leqslant L$, $\omega_A(s, t) \leqslant \tilde{L}$, 以及 $\omega_{P, \natural}(s, t) \leqslant \tilde{L}$ 时, 有如下估计

$$\omega_u(s, t) \lesssim_p (1 + |u|_{L_T^\infty \mathbf{H}^0})^p (\omega_{P, \natural}(s, t) + \omega_\mu(s, t)^p + \omega_A(s, t)),$$

其中 $\omega_u(s, t) := |u|^p_{p\text{-var};[s,t];\mathbf{H}^{-1}}$.

引理 7.28 ([24, 引理 3.4])

余项 $u^\sharp \in \mathcal{C}_2^{\frac{p}{2}\text{-var}}([0, T], \mathbf{H}^{-2})$, 并且存在常数 $\tilde{L} > 0$, 它仅仅依赖于 p 和 d, 使得对于所有的 $(s, t) \in \Delta_T$, 当满足 $\varpi(s, t) \leqslant L$, $\omega_A(s, t) \leqslant \tilde{L}$, $\omega_{P, \natural}(s, t) \leqslant \tilde{L}$ 时, 如下估计成立

$$\omega_\sharp(s, t) \lesssim_p (1 + |u|_{L_T^\infty \mathbf{H}^0})^{\frac{p}{2}} (\omega_{P, \natural}(s, t) + \omega_\mu(s, t)^{\frac{p}{2}} + \omega_A(s, t)),$$

其中 $\omega_\sharp(s, t) := |u^\sharp|^{\frac{p}{2}}_{\frac{p}{2}\text{-var};[s,t];\mathbf{H}^{-2}}$.

下面的紧嵌入对于序贯稳定性定理 7.11 的建立非常有用.

引理 7.29 ([24, 引理 A.2])

设 ω 和 ϖ 为 $[0,T]$ 上的两个控制以及 $L,\kappa > 0$. 令

$$X = L_T^2 \mathbf{H}^1 \cap \left\{ g \in \mathcal{C}_T \mathbf{H}^{-1} : |\delta g_{st}|_{-1} \leqslant \omega(s,t)^\kappa,\ \forall (s,t) \in \Delta_T\ \text{且}\ \varpi(s,t) \leqslant L \right\},$$

它被赋予如下范数

$$|g|_X = |g|_{L_T^2 \mathbf{H}^1} + \sup_{t \in [0,T]} |g_t|_{-1} + \sup \left\{ \frac{|\delta g_{st}|_{-1}}{\omega(s,t)^\kappa} : (s,t) \in \Delta_T\ \text{s.t.}\ \varpi(s,t) \leqslant L \right\}.$$

那么 X 紧嵌入到 $\mathcal{C}_T \mathbf{H}^{-1}$ 和 $L_T^2 \mathbf{H}^0$ 中.　　　　　　　　　　　♡

参 考 文 献

[1] Young L C. An inequality of the Hölder type, connected with Stieltjes integration. Acta Math., 1936, 67(1): 251–282. ISSN: 0001-5962. DOI: 10.1007/BF02401743. URL: https://doi.org/10.1007/BF02401743.

[2] Zähle M. Integration with respect to fractal functions and stochastic calculus. I. Probab. Theory Related Fields, 1998, 111(3): 333–374. ISSN: 0178-8051. DOI: 10.1007/s004400050171. URL: https://doi.org/10.1007/s004400050171.

[3] Lyons T J. Differential equations driven by rough signals. Rev. Mat. Iberoamericana, 1998, 14(2): 215–310. ISSN: 0213-2230. DOI: 10.4171/RMI/240. URL: https://doi.org/10.4171/RMI/240.

[4] Davie A M. Differential equations driven by rough paths: An approach via discrete approximation. Appl. Math. Res. Express. AMRX, 2008. [Issue information previously given as no. 2 (2007)], Art. ID abm009, 40. ISSN: 1687-1200.

[5] Friz P K, Victoir N B. Multidimensional Stochastic Processes as Rough Paths. Vol. 120. Theory and Applications. Cambridge Studies in Advanced Mathematics. Cambridge: Cambridge University Press, 2010: xiv+656. ISBN: 978-0-521-87607-0. DOI: 10.1017/CBO9780511845079. URL: https://doi.org/10.1017/CBO9780511845079.

[6] Gubinelli M. Controlling rough paths. J. Funct. Anal., 2004, 216(1): 86–140. ISSN: 0022-1236. DOI: 10.1016/j.jfa.2004.01.002. URL: https://doi.org/10.1016/j.jfa.2004.01.002.

[7] Bellingeri C, Djurdjevac A, Friz P K, et al. Transport and continuity equations with (very) rough noise. Partial Differ. Equ. Appl., 2021, 2(4), Paper No. 49, 26. ISSN: 2662-2963. DOI: 10.1007/s42985-021-00101-y. URL: https://doi.org/10.1007/s42985-021-00101-y.

[8] Diehl J, Friz P K, Stannat W. Stochastic partial differential equations: A rough paths view on weak solutions via Feynman-Kac. Ann. Fac. Sci. Toulouse Math. (6), 2017, 26(4): 911–947. ISSN: 0240-2963. DOI: 10.5802/afst.1556. URL: https://doi.org/10.5802/afst.1556.

[9] Caruana M, Friz P K, Oberhauser H. A (rough) pathwise approach to a class of nonlinear stochastic partial differential equations. Ann. Inst. H. Poincaré C Anal. Non Linéaire, 2011, 28(1): 27–46. ISSN: 0294-1449. DOI: 10.1016/j.anihpc.2010.11.002. URL: https://doi.org/10.1016/j.anihpc.2010.11.002.

[10] Diehl J, Friz P K, Oberhauser H. Regularity theory for rough partial differential equations and parabolic comparison revisited. Stochastic Analysis and Applications

2014. Vol. 100. Springer Proc. Math. Stat. Cham: Springer, 2014: 203‑238. DOI: 10.1007/978-3-319-11292-3_8. URL: https://doi.org/10.1007/978-3-319-11292-3_8.

[11] Seeger B. Perron's method for pathwise viscosity solutions. Comm. Partial Differential Equations, 2018, 43(6): 998‑1018. ISSN: 0360-5302. DOI: 10.1080/03605302.2018. 1488262. URL: https://doi.org/10.1080/03605302.2018.1488262.

[12] Seeger B. Approximation schemes for viscosity solutions of fully nonlinear stochastic partial differential equations. Ann. Appl. Probab., 2020, 30(4): 1784‑1823. ISSN: 1050-5164. DOI: 10.1214/19-AAP1543. URL: https://doi.org/10.1214/19-AAP1543.

[13] Friz P K, Gassiat P, Lions P L, et al. Eikonal equations and pathwise solutions to fully non-linear SPDEs. Stoch. Partial Differ. Equ. Anal. Comput., 2017, 5(2): 256‑277. ISSN: 2194-0401. DOI: 10. 1007/s40072-016-0087-9. URL: https://doi.org/10.1007/s40072-016-0087-9.

[14] Gerasimovičs A, Hairer M. Hörmander's theorem for semilinear SPDEs. Electron. J. Probab., 2019, 24, Paper No. 132, 56. DOI: 10.1214/19-ejp387. URL: https://doi. org/10.1214/19-ejp387.

[15] Gerasimovičs A, Hocquet A, Nilssen T. Non-autonomous rough semilinear PDEs and the multiplicative sewing lemma. J. Funct. Anal., 2021, 281(10), Paper No. 109200, 65. ISSN: 0022-1236. DOI: 10.1016/j.jfa.2021.109200. URL: https://doi.org/10.1016/ j.jfa.2021.109200.

[16] Gubinelli M, Tindel S. Rough evolution equations. Ann. Probab., 2010, 38(1): 1‑75. ISSN: 0091-1798. DOI: 10.1214/08-AOP437. URL: https://doi.org/10.1214/08-AOP437.

[17] Hesse R, Neamţu A. Local mild solutions for rough stochastic partial differential equations. J. Differential Equations, 2019, 267(11): 6480‑6538. ISSN: 0022-0396. DOI: 10.1016/j.jde.2019.06.026. URL: https://doi.org/10.1016/j.jde.2019.06.026.

[18] Hesse R, Neamţu A. Global solutions and random dynamical systems for rough evolution equations. Discrete Contin. Dyn. Syst. Ser. B, 2020, 25(7): 2723‑2748. ISSN: 1531- 3492. DOI: 10.3934/dcdsb.2020029. URL: https://doi.org/10.3934/ dcdsb.2020029.

[19] Hesse R, Neamţu A. Global solutions for semilinear rough partial differential equations. Stoch. Dyn., 2022, 22(2), Paper No. 2240011, 18. ISSN: 0219-4937. DOI: 10.1142/ S0219493722400111. URL: https://doi.org/10.1142/S0219493722400111.

[20] Hocquet A, Nilssen T, Stannat W. Generalized Burgers equation with rough transport noise. Stochastic Process. Appl., 2020, 130(4): 2159‑2184. ISSN: 0304-4149. DOI: 10. 1016/j.spa.2019.06.014. URL: https://doi.org/10.1016/j.spa.2019.06.014.

[21] Friz P K, Nilssen T, Stannat W. Existence, uniqueness and stability of semi-linear rough partial differential equations. J. Differential Equations, 2020, 268(4): 1686‑1721. ISSN: 0022-0396. DOI: 10.1016/j.jde.2019.09.033. URL: https://doi.org/10.1016/j. jde.2019.09.033.

[22] Crisan D, Holm D D, Leahy J M, et al. Solution properties of the incompressible Euler system with rough path advection. J. Funct. Anal., 2022, 283(9), Paper No. 109632, 51. ISSN: 0022-1236. DOI: 10.1016/j.jfa.2022.109632. URL: https://doi.org/10.1016/j.jfa.2022.109632.

[23] Hofmanová M, Leahy J M, Nilssen T. On a rough perturbation of the Navier-Stokes system and its vorticity formulation. Ann. Appl. Probab., 2021, 31(2): 736–777. ISSN: 1050-5164. DOI: 10.1214/20-aap1603. URL: https://doi.org/10.1214/20-aap1603.

[24] Hofmanová M, Leahy J M, Nilssen T. On the Navier-Stokes equation perturbed by rough transport noise. J. Evol. Equ., 2019, 19(1): 203–247. ISSN: 1424-3199. DOI: 10.1007/s00028-018-0473-z. URL: https://doi.org/10.1007/s00028-018-0473-z.

[25] Gao H, Garrido-Atienza M J, Schmalfuss B. Random attractors for stochastic evolution equations driven by fractional Brownian motion. SIAM J. Math. Anal., 2014, 46(4): 2281–2309. ISSN: 0036-1410. DOI: 10.1137/130930662. URL: https://doi.org/10. 1137/130930662.

[26] Garrido-Atienza M J, Maslowski B, Schmalfuss B. Random attractors for stochastic equations driven by a fractional Brownian motion. Internat. J. Bifur. Chaos Appl. Sci. Engrg., 2010, 20(9): 2761-2782. ISSN: 0218-1274. DOI: 10.1142/S0218127410027349. URL: https://doi.org/10.1142/S0218127410027349.

[27] Garrido-Atienza M J, Lu K, Schmalfuss B. Random dynamical systems for stochastic partial differential equations driven by a fractional Brownian motion. Discrete Contin. Dyn. Syst. Ser. B, 2010, 14(2): 473-493. ISSN: 1531-3492. DOI: 10.3934/dcdsb.2010. 14.473. URL: https://doi.org/10.3934/dcdsb.2010.14.473.

[28] Garrido-Atienza M J, Lu K, Schmalfuss B. Unstable invariant manifolds for stochastic PDEs driven by a fractional Brownian motion. J. Differential Equations, 2010, 248(7): 1637–1667. ISSN: 0022-0396. DOI: 10.1016/j.jde.2009.11.006. URL: https://doi. org/10.1016/j.jde.2009.11.006.

[29] Garrido-Atienza M J, Huang J. Retarded neutral stochastic equations driven by multiplicative fractional Brownian motion. Stoch. Anal. Appl., 2014, 32(5): 820-839. ISSN: 0736-2994. DOI: 10.1080/07362994.2014.938860. URL: https://doi.org/10.1080/ 07362994.2014.938860.

[30] Caraballo T, Garrido-Atienza M J, Schmalfuss B, et al. Attractors for a random evolution equation with infinite memory: theoretical results. Discrete Contin. Dyn. Syst. Ser. B, 2017, 22(5): 1779-1800. ISSN: 1531- 3492. DOI: 10.3934/dcdsb.2017106. URL: https://doi.org/10.3934/dcdsb.2017106.

[31] Bessaih H, Garrido-Atienza M J, Han X Y, et al. Stochastic lattice dynamical systems with fractional noise. SIAM J. Math. Anal., 2017, 49(2): 1495-1518. ISSN: 0036-1410. DOI: 10.1137/16M1085504. URL: https://doi.org/10.1137/16M1085504.

[32] Bessaih H, Garrido-Atienza M J, Schmalfuss B. Stochastic shell models driven by a multiplicative fractional Brownian-motion. Phys. D, 2016, 320: 38-56. ISSN:

0167- 2789. DOI: 10.1016/j.physd.2016.01.008. URL: https://doi.org/10.1016/j. physd.2016.01.008.

[33] Garrido-Atienza M J, Lu K, Schmalfuss B. Local pathwise solutions to stochastic evolution equations driven by fractional Brownian motions with Hurst parameters $H \in (1 = 3; 1 = 2]$. Discrete Contin. Dyn. Syst. Ser. B, 2015, 20(8): 2553-2581. ISSN: 1531-3492. DOI: 10. 3934/dcdsb.2015.20.2553. URL: https://doi.org/ 10.3934/dcdsb.2015.20.2553.

[34] Garrido-Atienza M J, Lu K, Schmalfuss B. Random dynamical systems for stochastic evolution equations driven by multiplicative fractional Brownian noise with Hurst parameters $H \in (1 = 3; 1 = 2]$. SIAM J. Appl. Dyn. Syst., 2016, 15(1): 625‒654. DOI: 10 . 1137 / 15M1030303. URL: https://doi.org/10.1137/15M1030303.

[35] Varzaneh M G, Riedel S. A dynamical theory for singular stochastic delay differential equations II: Nonlinear equations and invariant manifolds. Discrete Contin. Dyn. Syst. Ser. B, 2021, 26(8): 4587‒4612. ISSN: 1531-3492. DOI: 10.3934/dcdsb.2020304. URL: https://doi.org/10.3934/dcdsb.2020304.

[36] Ghani Varzaneh M, Riedel S, Scheutzow M. A dynamical theory for singular stochastic delay differential equations I: Linear equations and a multiplicative ergodic theorem on fields of Banach spaces. SIAM J. Appl. Dyn. Syst., 2022, 21(1): 542‒587. DOI: 10.1137/ 21M1433435. URL: https://doi.org/10.1137/21M1433435.

[37] Duc L H. Random attractors for dissipative systems with rough noises. Discrete Contin. Dyn. Syst., 2022, 42(4): 1873‒1902. ISSN: 1078-0947. DOI: 10.3934/dcds.2021176. URL: https://doi.org/10.3934/dcds.2021176.

[38] Neamţu A, Kuehn C. Rough center manifolds. SIAM J. Math. Anal., 2021, 53(4): 3912‒3957. ISSN: 0036-1410. DOI: 10.1137/18M1234084. URL: https://doi.org/10. 1137/18M1234084.

[39] Hesse R. Local zero-stability of rough evolution equations. Stoch. Dyn., 2022, 22(3): Paper No. 2240015, 16. ISSN: 0219-4937. DOI: 10.1142/S0219493722400159. URL: https: //doi.org/10.1142/S0219493722400159.

[40] Friz P K, Hairer M. A course on rough paths. Universitext. With an introduction to regularity structures, Second edition of [3289027]. Cham: Springer, [2020] ©2020: xvi+346. ISBN: 978-3-030-41556-3; 978-3-030-41555-6. DOI: 10.1007/978-3-030-41556-3. URL: https://doi.org/10.1007/978-3-030-41556-3.

[41] Montgomery R. A tour of subriemannian geometries, their geodesics and applications. Vol. 91. Mathematical Surveys and Monographs. Providence, RI: American Mathematical Society, 2002: xx+259. ISBN: 0-8218-1391-9. DOI: 10.1090/surv/091. URL: https://doi. org/10.1090/surv/091.

[42] Ree R. Lie elements and an algebra associated with shuffles. Ann. of Math., 1958, 62(2): 210 ‒ 220. ISSN: 0003-486X. DOI: 10.2307/1970243. URL: https:// doi.org/10.2307/1970243.

[43] Towghi N. Multidimensional extension of L. C. Young's inequality. JIPAM. J. Inequal. Pure Appl. Math., 2002, 3(2), Article 22, 13. ISSN: 1443-5756.

[44] Ledoux M. Isoperimetry and Gaussian analysis. Lectures on Probability Theory and Statistics (Saint-Flour, 1994). Vol. 1648. Lecture Notes in Math. Berlin: Springer, 1996: 165-294. DOI: 10.1007/BFb0095676. URL: https://doi.org/10.1007/BFb0095676.

[45] Borell C. The Brunn-Minkowski inequality in Gauss space. Invent. Math., 1975, 30(2): 207-216. ISSN: 0020-9910. DOI: 10.1007/ BF01425510. URL: https://doi.org/10.1007/BF01425510.

[46] Sudakov V N, Tsirel'son B S. Extremal properties of half-spaces for spherically invariant measures. Journal of Soviet Mathematics, 1978, 9(1): 9-18.

[47] Cass T, Litterer C, Lyons T. Integrability and tail estimates for Gaussian rough differential equations. Ann. Probab., 2013, 41(4): 3026-3050. ISSN: 0091-1798. DOI: 10.1214/12-AOP821. URL: https://doi.org/10.1214/12-AOP821.

[48] Lê K. A stochastic sewing lemma and applications. Electron. J. Probab., 2020, 25, Paper No. 38, 55. DOI: 10.1214/20-ejp442. URL: https://doi.org/10.1214/20-ejp442.

[49] Föllmer H. Macroscopic convergence of Markov chains on infinite product spaces. Random fields, Vol. I, II (Esztergom, 1979). Vol. 27. Colloq. Math. Soc. János Bolyai. Amsterdam, New York: North- Holland, 1981: 363-371.

[50] Arnold L. Random dynamical systems. Springer Monographs in Mathematics. Berlin: Springer-Verlag, 1998: xvi+586. ISBN: 3-540-63758-3. DOI: 10.1007/978-3-662-12878-7. URL: https://doi.org/10.1007/978-3-662-12878-7.

[51] 黄建华, 黎育红, 郑言. 随机动力系统引论. 北京: 科学出版社, 2012.

[52] Duan J. An introduction to stochastic dynamics. Cambridge Texts in Applied Mathematics. New York: Cambridge University Press, 2015: xviii+291. ISBN: 978-1-107-07539-9; 978- 1-107-42820-1.

[53] Bailleul I, Riedel S, Scheutzow M. Random dynamical systems, rough paths and rough flows. J. Differential Equations, 2017, 262(12): 5792-5823. ISSN: 0022-0396. DOI: 10.1016/j.jde.2017.02.014. URL: https://doi.org/10.1016/j.jde.2017.02.014.

[54] Coutin L, Qian Z. Stochastic analysis, rough path analysis and fractional Brownian motions. Probab. Theory Related Fields, 2002, 122(1): 108-140. ISSN: 0178-8051. DOI: 10.1007/s004400100158. URL: https://doi.org/10.1007/s004400100158.

[55] Castaing C, Valadier M. Convex analysis and measurable multifunctions. Lecture Notes in Mathematics, Vol. 580. Berlin, New York: Springer-Verlag, 1977: vii+278.

[56] Gao H, Atienza-Garrido M J, Gu A, et al. Rough path theory to approximate random dynamical systems. SIAM J. Appl. Dyn. Syst., 2021, 20(2): 997-1021. DOI: 10.1137/20M1325022. URL: https:// doi.org/10.1137/20M1325022.

[57] Oksendal B. Stochastic differential equations: An Introduction with Applications. Berlin: Springer Science & Business Media, 2013.

[58] Cao Q, Gao H, Schmalfuss B. Wong-Zakai type approximations of rough random dynamical systems by smooth noise. J. Differential Equations, 2023, 358: 218 – 255. ISSN: 0022-0396. DOI: 10.1016/j.jde.2023.02.031. URL: https://doi.org/10.1016/ j.jde.2023.02.031.

[59] Kuehn C, Neamţu A. Center Manifolds for Rough Partial Differential Equations. Electron. J. Probab., 2023, 48: 1-31.

[60] Duan J, Wang W. Effective dynamics of stochastic partial differential equations. Elsevier Insights. Amsterdam: Elsevier, 2014: xii+270. ISBN: 978-0-12-800882-9.

[61] Fenichel N. Persistence and smoothness of invariant manifolds for flows. Indiana Univ. Math. J., 1971/72, 21: 193-226. ISSN: 0022-2518. DOI: 10.1512/iumj.1971.21.21017. URL: https://doi.org/10.1512/iumj.1971.21.21017.

[62] Chow S, Lin X, Lu K. Smooth invariant foliations in infinite-dimensional spaces. J. Differential Equations, 1991, 94(2): 266–291. ISSN: 0022-0396. DOI: 10.1016/0022-0396(91)90093-O. URL: https://doi.org/10.1016/0022-0396(91)90093-O.

[63] Kelley A. The stable, center-stable, center, center-unstable, unstable manifolds. J. Differential Equations, 1967, 3: 546 – 570. ISSN: 0022-0396. DOI: 10.1016/0022-0396(67) 90016-2. URL: https://doi.org/10.1016/0022-0396(67)90016-2.

[64] Duan J, Lu K, Schmalfuss B. Smooth stable and unstable manifolds for stochastic evolutionary equations. J. Dynam. Differential Equations, 2004, 16(4): 949–972. ISSN: 1040-7294. DOI: 10.1007/s10884-004-7830-z. URL: https://doi.org/10.1007/s10884-004-7830-z.

[65] Cong N D, Duc L H, Hong P T. Pullback attractors for stochastic Young differential delay equations. J. Dynam. Differential Equations, 2022, 34(1): 605-636. ISSN: 1040-7294. DOI: 10.1007/s10884-020-09894-9. URL: https://doi.org/10.1007/s10884- 020-09894-9.

[66] Duc L H, Garrido-Atienza M J, Neuenkirch A, et al. Exponential stability of stochastic evolution equations driven by small fractional Brownian motion with Hurst parameter in (1=2; 1). J. Differential Equations, 2018, 264(2): 1119-1145. ISSN: 0022-0396. DOI: 10.1016/j.jde.2017.09.033. URL: https://doi.org/10.1016/j.jde.2017.09.033.

[67] Duc L H, Cong N D, Hong P T. Asymptotic stability for stochastic dissipative systems with a Hölder noise. SIAM J. Control Optim., 2019, 57(4): 3046–3071. ISSN: 0363-0129. DOI: 10.1137/19M1236527. URL: https://doi.org/10.1137/19M1236527.

[68] Hairer M, Ohashi A. Ergodic theory for SDEs with extrinsic memory. Ann. Probab., 2007, 35(5): 1950-1977. ISSN: 0091-1798. DOI: 10.1214/009117906000001141. URL: https://doi.org/10.1214/009117906000001141.

[69] Sussmann H J. On the gap between deterministic and stochastic ordinary differential equations. Ann. Probability, 1978, 6(1): 19-41. ISSN: 0091-1798. DOI: 10.1016/0166-218x(83)90112-9. URL: https://doi.org/10.1016/0166-218x(83)90112-9.

[70] Duc L H. Controlled differential equations as rough integrals. Pure Appl. Funct. Anal., 2022, 7(4): 1245-1271. ISSN: 2189-3756.

[71] Cao Q, Gao H. Wong-Zakai approximation for the dynamics of stochastic evolution equation driven by rough path with Hurst index $H \in \left(\frac{1}{3}, \frac{1}{2}\right]$. 2022. arXiv: 2211.14757 [math.PR].

[72] Yang Q G, Lin X F, Zeng G B. Random attractors for rough stochastic partial differential equations. J. Differential Equations, 2023, 371: 50-82. ISSN: 0022-0396, 1090-2732. DOI: 10.1016/j.jde.2023.06.035. URL: https://doi.org/10.1016/j.jde.2023.06.035.

[73] Hocquet A, Hofmanová M. An energy method for rough partial differential equations. J. Differential Equations, 2018, 265(4): 1407-1466. ISSN: 0022-0396. DOI: 10.1016/j.jde.2018.04.006. URL: https://doi.org/10.1016/j.jde.2018.04.006.

[74] Krylov N V, Rozovskii B L. Stochastic evolution equations. Journal of Soviet Mathematics, 1981, 16(4): 1233-1277.

[75] Pardoux E. Stochastic partial differential equations and filtering of diffusion processes. Stochastics, 1979, 3(2): 127-167. ISSN: 0090-9491. DOI: 10.1080/17442507908833142. URL: https://doi.org/10.1080/17442507908833142.

[76] Da Prato G, Zabczyk J. Stochastic equations in infinite dimensions. Second. Vol. 152. Encyclopedia of Mathematics and Its Applications. Cambridge: Cambridge University Press, 2014: xviii+493. ISBN: 978-1-107-05584-1. DOI: 10. 1017 / CBO9781107295513. URL: https://doi.org/10.1017/CBO9781107295513.

[77] Gubinelli M, Lejay A, Tindel S. Young integrals and SPDEs. Potential Analysis, 2006, 25(4): 307-326.

[78] Lions P L, Souganidis P E. Fully nonlinear stochastic partial differential equations. C. R. Acad. Sci. Paris Sér. I Math., 1998, 326(9): 1085-1092. ISSN: 0764-4442. DOI: 10 . 1016 / S0764 - 4442(98) 80067 - 0. URL: https:// doi. org / 10 . 1016 / S0764 - 4442(98)80067-0.

[79] Lions P L, Souganidis P E. Uniqueness of weak solutions of fully nonlinear stochastic partial differential equations. C. R. Acad. Sci. Paris Sér. I Math., 2000, 331(10): 783-790. ISSN: 0764-4442. DOI: 10.1016/S0764-4442(00)01597-4. URL: https://doi.org/10.1016/S0764-4442(00)01597-4.

[80] Friz P K, Oberhauser H. Rough path stability of (semi-)linear SPDEs. Probab. Theory Related Fields, 2014, 158(1/2): 401-434. ISSN: 0178-8051. DOI: 10.1007/s00440-013-0483-2. URL: https://doi.org/10.1007/s00440-013-0483-2.

[81] Deya A, Gubinelli M, Hofmanová M, et al. A priori estimates for rough PDEs with application to rough conservation laws. J. Funct. Anal., 2019, 276(12): 3577-3645. ISSN: 0022-1236. DOI: 10.1016/j. jfa.2019.03.008. URL: https://doi.org/10.1016/j.jfa.2019.03.008.

[82] Kuehn C, Neamţu A, Sonner S. Random attractors via pathwise mild solutions for stochastic parabolic evolution equations. J. Evol. Equ., 2021, 21(2): 2631-2663. ISSN: 1424-3199. DOI: 10.1007/s00028- 021- 00699- x. URL: https://doi.org/10.1007/s00028-021-00699-x.

[83] Leòn J A. On equivalence of solution to stochastic differential equation with antipating evolution system. Stochastic Analysis and Applications, 1990, 8(3): 363-387.

[84] Leòn J A, Nualart D. Stochastic evolution equations with random generators. Ann. Probab., 1998, 26(1): 149 - 186. ISSN: 0091-1798. DOI: 10.1214/aop/1022855415. URL: https://doi.org/10.1214/aop/1022855415.

[85] Russo F, Vallois P. Forward, backward and symmetric stochastic integration. Probab. Theory Related Fields, 1993, 97(3): 403-421. ISSN: 0178-8051. DOI: 10.1007/BF01195073. URL: https://doi.org/10.1007/BF01195073.

[86] Pazy A. Semigroups of linear operators and applications to partial differential equations. Vol. 44. Applied Mathematical Sciences. New York: Springer-Verlag, 1983: viii+279. ISBN: 0-387-90845-5. DOI: 10.1007/978-1-4612-5561-1. URL: https://doi.org/10.1007/ 978-1-4612-5561-1.

[87] Hairer M. An introduction to stochastic PDEs. arXiv preprint arXiv:0907.4178, 2009.

[88] Tanabe H. On the equations of evolution in a Banach space. Osaka Math. J., 1960, 12: 363-376. ISSN: 0388-0699.

[89] Sobolevskiĭ P E. Equations of parabolic type in a Banach space. Trudy Moskov. Mat. Obšč., 1961, 10: 297-350. ISSN: 0134-8663.

[90] Goldstein J A. Semigroups of linear operators and applications. Courier Dover Publications, 2017.

[91] Cialdea A, Maz' ya V. Criteria for the L^p-dissipativity of systems of second order differential equations. Ricerche di matematica, 2006, 55(2): 73-105.

[92] Feyel D, de La Pradelle A, Mokobodzki G. A non-commutative sewing lemma. Electronic Communications in Probability, 2008, 13: 24-34.

[93] Bailleul I, Gubinelli M. Unbounded rough drivers. Ann. Fac. Sci. Toulouse Math. (6), 2017, 26(4): 795-830. ISSN: 0240-2963. DOI: 10 . 5802 / afst . 1553. URL: https : //doi.org/10.5802/afst.1553.

[94] Otto F, Weber H. Quasilinear SPDEs via rough paths. Arch. Ration. Mech. Anal., 2019, 232(2): 873-950. ISSN: 0003-9527. DOI: 10.1007/s00205- 018- 01335- 8. URL: https://doi.org/10.1007/s00205-018-01335-8.

[95] Ladyzhenskaya O, Solonnikov V, Uraltseva N. Linear and quasilinear parabolic equations of second order. Translation of Mathematical Monographs, AMS, Rhode Island, 1968.

[96] Brezis H. Functional analysis, Sobolev spaces and partial differential equations. Universitext. New York: Springer, 2011: xiv+599. ISBN: 978-0-387-70913-0.

[97] Kelley J L. General topology. Graduate Texts in Mathematics, No. 27. Reprint of the 1955 edition [Van Nostrand, Toronto, Ont.] New York, Berlin: Springer-Verlag, 1975: xiv+298.

[98] Diestel J, Uhl J J, Jr. Vector measures. Mathematical Surveys, No. 15. With a foreword by B. J. Pettis. Providence, R.I.: American Mathematical Society, 1977: xiii+322.

[99] Cardona J, Hofmanová M, Nilssen T, et al. Random dynamical system generated by the 3D Navier-Stokes equation with rough transport noise. Electron. J. Probab., 2022, 27, Paper No. 88, 27. DOI: 10.1214/ 22-ejp813. URL: https://doi.org/10.1214/22-ejp813.

[100] Ma H Y, Gao H J. Unstable manifolds for rough evolution equations. Stoch. Dyn., 2022, 22(8), Paper No. 2240033, 33. ISSN: 0219-4937,1793-6799. DOI: 10.1142/S0219493722400330. URL: https://doi.org/10.1142/S0219493722400330.

[101] Khasminskii R. Stochastic stability of differential equations. second. Vol. 66. Stochastic Modelling and Applied Probability. With contributions by G. N. Milstein and M. B. Nevelson. Heidelberg: Springer, 2012: xviii+339. ISBN: 978-3-642-23279-4. DOI: 10.1007/978-3- 642-23280-0. URL: https://doi.org/10.1007/978-3-642-23280-0.

[102] Garrido-Atienza M J, Neuenkirch A, Schmalfuss B. Asymptotical stability of differential equations driven by Hölder continuous paths. J. Dynam. Differential Equations, 2018, 30(1): 359–377. ISSN: 1040-7294. DOI: 10 . 1007 / s10884 - 017 - 9574 - 6. URL: https://doi.org/10.1007/s10884-017-9574-6.

[103] Garrido-Atienza M J, Schmalfuss B. Local stability of differential equations driven by Hölder-continuous paths with Hölder index in $\frac{1}{3}, \frac{1}{2}$. SIAM J. Appl. Dyn. Syst., 2018, 17(3): 2352–2380. DOI: 10.1137/17M1160999. URL: https://doi.org/10.1137/17M1160999.

[104] Duc L H. Stability theory for Gaussian rough differential equations. Part I. arXiv preprint arXiv: 1901.00315, 2019.

[105] Duc L H. Stability theory for Gaussian rough differential equations. Part II. arXiv preprint arXiv: 1901.01586, 2019.

[106] Garrido-Atienza M J, Schmalfuss B. Ergodicity of the infinite dimensional fractional Brownian motion. J. Dynam. Differential Equations, 2011, 23(3): 671–681. ISSN: 1040- 7294. DOI: 10.1007/s10884-011-9222-5. URL: https://doi.org/10.1007/s10884-011-9222-5.

[107] Bates P W, Jones C K R T. Invariant manifolds for semilinear partial differential equations. Dynamics reported, Vol. 2. Vol. 2. Dynam. Report. Ser. Dynam. Systems Appl. Wiley, Chichester, 1989: 1–38.

[108] Guckenheimer J, Holmes P. Nonlinear oscillations, dynamical systems, and bifurcations of vector fields. Vol. 42. Applied Mathematical Sciences. New York: Springer-

Verlag, 1983: xvi+453. ISBN: 0-387-90819-6. DOI: 10 . 1007 / 978 - 1 - 4612 - 1140 - 2. URL: https : //doi.org/10.1007/978-1-4612-1140-2. MR709768.

[109] Henry D. Geometric theory of semilinear parabolic equations. Vol. 840. Lecture Notes in Mathematics. Berlin, New York: Springer-Verlag, 1981: iv+348. ISBN: 3-540-10557-3.

[110] Carr J. Applications of centre manifold theory. Vol. 35. Applied Mathematical Sciences. New York, Berlin: Springer-Verlag, 1981: vi+142. ISBN: 0-387-90577-4.

[111] Kuznetsov Y A. Elements of applied bifurcation theory. Third. Vol. 112. Applied Mathematical Sciences. New York: Springer-Verlag, 2004: xxii+631. ISBN: 0-387-21906-4. DOI: 10.1007/978-1-4757-3978-7. URL: https://doi.org/10.1007/978-1-4757-3978-7.

[112] Boxler P. A stochastic version of center manifold theory. Probab. Theory Related Fields, 1989, 83(4): 509 – 545. ISSN: 0178-8051. DOI: 10.1007/BF01845701. URL: https://doi. org/10.1007/BF01845701.

[113] Boxler P. A stochastic version of center manifold theory. Probability Theory and Related Fields, 1989, 83(4): 509-545.

[114] Boxler P. How to construct stochastic center manifolds on the level of vector fields. Lyapunov exponents (Oberwolfach, 1990). Vol. 1486. Lecture Notes in Math. Berlin, Heidelberg: Springer, 1991: 141-158. DOI: 10 . 1007 / BFb0086664. URL: https : / / doi . org / 10 . 1007 / BFb0086664.

[115] Roberts A J. Normal form transforms separate slow and fast modes in stochastic dynamical systems. Phys. A, 2008, 387(1): 12-38. ISSN: 0378-4371. DOI: 10.1016/j.physa. 2007.08.023. URL: https://doi.org/10.1016/j.physa.2007.08.023.

[116] Mohammed S E A, Scheutzow M K R. The stable manifold theorem for stochastic differential equations. Ann. Probab., 1999, 27(2): 615 – 652. ISSN: 0091-1798. DOI: 10.1214/aop/1022677380. URL: https://doi.org/10.1214/aop/1022677380.

[117] Blömker D, Wang W. Qualitative properties of local random invariant manifolds for SPDEs with quadratic nonlinearity. J. Dynam. Differential Equations, 2010, 22(4): 677-695. ISSN: 1040-7294. DOI: 10.1007/s10884-009-9145-6. URL: https://doi.org/10.1007/s10884-009-9145-6.

[118] Caraballo T, Chueshov I, Langa J A. Existence of invariant manifolds for coupled parabolic and hyperbolic stochastic partial differential equations. Nonlinearity, 2005, 18(2): 747-767. ISSN: 0951-7715. DOI: 10.1088/0951-7715/18/2/015. URL: https://doi. org/10.1088/0951-7715/18/2/015.

[119] Duan J, Lu K, Schmalfuss B. Invariant manifolds for stochastic partial differential equations. Ann. Probab., 2003, 31(4): 2109 – 2135. ISSN: 0091-1798. DOI: 10.1214/aop/ 1068646380. URL: https://doi.org/10.1214/aop/1068646380.

[120] Mohammed S E A, Zhang T, Zhao H. The stable manifold theorem for semilinear stochastic evolution equations and stochastic partial differential equa-

tions. Mem. Amer. Math. Soc, 2008, 196(917): vi+105. ISSN: 0065-9266. DOI: 10.1090/memo/0917. URL: https://doi.org/10.1090/memo/0917.

[121] Chekroun M D, Liu H, Wang S. Approximation of stochastic invariant manifolds. Springer-Briefs in Mathematics. Stochastic manifolds for nonlinear SPDEs. I. Cham: Springer, 2015: xvi+127. ISBN: 978-3-319-12495-7; 978-3-319-12496-4. DOI: 10.1007/978- 3- 319- 12496-4. URL: https://doi.org/10.1007/978-3-319-12496-4.

[122] Chen X, Roberts A J, Duan J. Centre manifolds for stochastic evolution equations. J. Difference Equ. Appl., 2015, 21(7): 606–632. ISSN: 1023-6198. DOI: 10 . 1080 / 10236198.2015.1045889. URL: https://doi.org/10.1080/10236198.2015.1045889.

[123] Kuehn C, Neamtu A. Center Manifolds for Rough Partial Differential Equations. Electron. J. Probab., 2023,28, Paper No. 48, 31 pp. ISSN: 1083-6489. DOI: 10.1214/23-ejp938 URL: https://doi.org/10.1214/23- ejp938.

[124] Caraballo T, Duany J Q, Lu K, et al. Invariant manifolds for random and stochastic partial differential equations. Adv. Nonlinear Stud., 2010, 10(1): 23-52. ISSN: 1536-1365. DOI: 10.1515/ans- 2010-0102. URL: https://doi.org/10.1515/ans-2010-0102.

[125] Neamţu A. Random invariant manifolds for ill-posed stochastic evolution equations. Stoch. Dyn., 2020, 20(2): 2050013, 31. ISSN: 0219-4937. DOI: 10.1142/S0219493720500136. URL: https://doi.org/10.1142/S0219493720500136.

[126] Scheutzow M. On the perfection of crude cocycles. Random Comput. Dynam., 1996, 4(4): 235-255. ISSN: 1061-835X.

[127] Fehrman B, Gess B. Well-posedness of nonlinear diffusion equations with nonlinear, conservative noise. Arch. Ration. Mech. Anal., 2019, 233(1): 249–322. ISSN: 0003-9527. DOI: 10.1007/s00205-019-01357-w. URL: https://doi.org/10.1007/s00205- 019-01357-w.

[128] Deya A, Gubinelli M, Tindel S. Non-linear rough heat equations. Probab. Theory Related Fields, 2012, 153(1/2): 97-147. ISSN: 0178-8051. DOI: 10.1007/s00440-011-0341-z. URL: https://doi.org/10.1007/s00440-011-0341-z.

[129] Garrido-Atienza M J, Lu K, Schmalfuss B. Lévy-areas of Ornstein-Uhlenbeck processes in Hilbert-spaces. Continuous and distributed systems. II. Vol. 30. Stud. Syst. Decis. Control. Cham: Springer, 2015: 167-188. DOI: 10.1007/978-3-319-19075-4_10. URL: https://doi.org/10.1007/978-3-319-19075-4_10.

[130] Temam R. Navier-Stokes equations and nonlinear functional analysis. Vol. 41. CBMS-NSF Regional Conference Series in Applied Mathematics. Philadelphia, PA: Society for Industrial and Applied Mathematics (SIAM), 1983: xii+122. ISBN: 0-89871-183-5.

[131] Mikulevicius R. On the Cauchy problem for stochastic Stokes equations. SIAM J. Math. Anal., 2002, 34(1): 121-141. ISSN: 0036-1410. DOI: 10.1137/S0036141001390312. URL: https://doi.org/10.1137/S0036141001390312.

[132] Stroock D W, Varadhan S R S. Multidimensional diffusion processes. Reprint of the 1997 edition. Classics in Mathematics. Berlin: Springer-Verlag, 2006. xii+338 pp. ISBN: 978-3-540-28998-2; 3-540-28998-4 60-02 (60H05 60J25 60J60 60J65).

[133] Krylov N V. The selection of a Markov process from a Markov system of processes, and the construction of quasidiffusion processes. Izv. Akad. Nauk SSSR Ser. Mat., 1973, 37: 691-708. ISSN: 0373-2436.

[134] Basarić D. Semiflow selection for the compressible Navier-Stokes system. J. Evol. Equ., 2021, 21(1): 277-295. ISSN: 1424-3199. DOI: 10.1007/s00028- 020- 00578- x. URL: https://doi.org/10.1007/s00028-020-00578-x.

[135] Cohen A M. Numerical methods for Laplace transform inversion. Vol. 5. Numerical Methods and Algorithms. New York: Springer, 2007: xiv+251. ISBN: 978-0-387-28261-9; 0-387- 28261-0. 286.

索　引

"非线性发展方程动力系统丛书"已出版书目

1 散焦 NLS 方程的大时间渐近性和孤子分解　2023.3　范恩贵　王兆钰　著
2 变分方法与非线性发展方程　2024.3　丁彦恒　郭柏灵　郭琪　肖亚敏　著
3 粗糙微分方程及其动力学　2024.6　高洪俊　曹琪勇　马鸿燕　著